Anton Zischka

Die alles treibende Kraft

Anton Zischka

Die alles treibende Kraft

Weltgeschichte der Energie

Energie-Verlag

ISBN 3-87200-667-3

Erste Auflage, 1988

Lektorat: Egon Scharschmidt, Heidelberg;
Horst Heinrichs, Kassel; Dieter Klaus, Essen
Gestaltung: Friedrich Vogt
Umschlag: Bernhard Zerwann
Gesamtherstellung: A. Sutter, Essen

„Energeia... das ist die wirksame Kraft; das ist, was das Mögliche in die Wirklichkeit treibt...“

Aristoteles von Stagira,
330 v. Chr.

Vorwort

„Historisch ist derjenige Vorgang der Vergangenheit, dessen Wirksamkeit sich nicht in dem Moment seines Eintretens erschöpft, sondern der auf die folgende Zeit erkennbar weiterwirkt und in dieser neue Vorgänge erzeugt…“

Eduard Meyer, 1907

Als erster „echter” Mensch gilt heute der „homo habilis“, der vor etwa zweieinhalb bis drei Millionen Jahren in Ost- und Südafrika lebte. Er war der erste Werkzeug-Macher. In dem 1972 in der Vulkanasche am Ostufer des Rudolfsees in Kenya gefundenen Schädel des „1470-Mannes“ gibt es einen Abdruck des „Broca-Feldes“, das heißt des Teiles der Großhirnrinde, die den Menschen die artikulierte Sprache ermöglicht.

Können wir etwa drei Millionen Jahre Menschheits-Entwicklung nachvollziehen, so hat es während dieser gut hunderttausend Generationen nur drei wirkliche Welt-Revolutionen gegeben, das heißt Umwälzungen, die nicht nur die jeweiligen Machtverhältnisse, sondern das Leben der Menschheit überhaupt entscheidend veränderten, dauernd und bis heute weiterwirkend. Alle drei waren Energie-Revolutionen:

Die Nutzung des Feuers vor etwa 1,7 Millionen Jahren.

Die „Neolithische Revolution“ um 18 000 bis 8000 v. Chr., die durch Ackerbau und Tierhaltung das produktive Wirtschaften an die Stelle der Jagd- und Sammelwirtschaft setzte.

Die „Industrielle Revolution“ 1769 bis 1794, die durch die Nutzung der in der Kohle gespeicherten Sonnenenergie die Produktion unabhängig von der Zahl der Menschen und Lasttiere machte.

Tiefgreifende und dauernde Veränderungen globalen Ausmaßes haben auch die Nutzung des Mineralöls, der Elektrizität und der Kernenergie mit sich gebracht: drei weitere historische Weltveränderungen durch die Energie.

„Energie“ ist vom griechischen „energos“ abgeleitet, was „tätig“ heißt, und von „energeia“, was „Wirksamkeit“ bedeutet. Schon beim Entstehen des Weltalls ist die Energie die treibende Kraft. Seit es die Erde gibt, sorgt sie dafür, daß „alles fließt“ und die Natur „ewig Neues entstehen läßt aus anderer Dinge Verwesung“.

Damit beherrscht die Energie auch das Leben der Menschen, seit es Menschen gibt, das der Reichsten und Mächtigsten wie das der Ärmsten und Hilflosesten. Aller Menschen, gleich wo sie leben oder was sie tun. Und je mehr Menschen es gibt, desto wichtiger wird für sie die Energie. Denn

längst sorgt die Natur für die Menschen nicht mehr ohne deren eigenes Zutun.

Schon zur „Neolithischen Revolution“ mußte es kommen: Ackerbau- und Viehzucht beginnen, weil die Weltbevölkerung etwa fünf Millionen erreicht hat und beim „aneignenden Wirtschaften“ die Tragfähigkeits-Grenze der Erde erreicht ist. Für mehr Menschen, die nur von der Jagd und dem Einsammeln, das heißt, nur von dem ihnen ohne eigene Arbeit Gebotenen leben, gibt es keinen Lebensraum mehr.

Seither müssen wir selbst für die Deckung unseres Energiebedarfs sorgen. Denn der Zwang, die Naturkräfte zu nutzen, ist uns angeboren: Die verwertbare Muskelkraft des Menschen — unabhängig von Hautfarbe und Regierungsform — entspricht nur etwa hundert Kilowattstunden im Jahr. Nur um nicht zu verhungern, braucht er tausend Kilowattstunden. Um menschenwürdig zu leben, heute 50 000, also das Fünfhundertfache seiner eigenen Leistungsfähigkeit.

Der Mensch ist ein Wunderwerk der Natur. Seine Geisteskräfte scheinen grenzenlos. Aber seine Körperkräfte sind schwach: Unsere jährliche Muskelleistung entspricht der Leistung von etwa 25 Kilogramm Holz, 12 Kilogramm Kohle oder 9 Kilogramm Mineralöl. Sie entspricht einem Zehntel Gramm Uran, wenn es in den heutigen Kernkraftwerken verwendet wird, und zwei Tausendstel Gramm in Brütern. Das heißt: Ohne „Fremd-Energie“ vermochten wir niemals zu leben. Die Jäger und Sammler ebensowenig wie die ersten Ackerbauer und Tierzüchter, und zur „Industriellen Revolution“ mußte es kommen, weil für das rein „biologische Wirtschaften“ um 1800 mit damals etwa 900 Millionen Erdbewohnern erneut eine Grenze erreicht war. Nur weil seither die in Kohle, Erdöl und Erdgas gespeicherte Sonnen-Energie, das heißt das Energie-Kapital der Erde, genutzt wird, konnte es zur heutigen Weltbevölkerung kommen. Ohne diese „harten“ Energien müßten mehr als vier Fünftel aller Menschen untergehen. Ergänzen wir sie nicht rechtzeitig durch die Kernenergie und andere neue Energiequellen, so müssen auch die heute Reichsten der Reichen ins Elend geraten. Nur weil wir „Eiserne Sklaven“ erfanden, wurden ja diejenigen aus Fleisch und Blut frei. Seit jeher gilt:

Wo das Energie-Problem nicht gelöst wird, werden auch alle anderen Probleme unlösbar.

Und seit der „Industriellen Revolution“ setzt sich nur der Staat durch, der die Produktivität seiner Bevölkerung durch die rationellste Naturkräfte-Nutzung am ausgiebigsten und raschesten erhöht: Im 18. und 19. Jahrhundert England durch die Begründung des „Dampf-Zeitalters“. Im 19. und 20. Jahrhundert die Vereinigten Staaten als Begründer des „Öl-Zeitalters“. Im 21. Jahrhundert werden Elektrizität, Wasser- und Wasserstoff-Nutzung über die Geltung und den Wohlstand entscheiden, das heißt die nukleare Meerwasser-Entsalzung, die nukleare Strom- und Wärmegewinnung und die Wasserstoff-Produktion durch Wasser-

Elektrolyse. Wahrscheinlich auch die Kernfusion mit Wasser als Ausgangsstoff und damit die Energie-Freisetzung aus einem ewigen Kreislauf statt aus nicht erneuerbaren Energieträger-Vorräten.

Das Volk, das den naturgegebenen Zwang zu dieser Umstellung verkennt, wird verarmen, wie beispielsweise Indien, einmal das reichste, eines der kulturell höchststehenden Länder unserer Erde, im Maschinenzeitalter verarmte.

Alle diese Feststellungen müßten längst „selbstverständlich" sein. Niemand dürfte als „gebildet" gelten, der nicht den Unterschied zwischen den Geistes- und Körperkräften des Menschen kennt, unsere völlige Unfähigkeit, ohne fremde Hilfe zu existieren. Und längst müßte die Technik- und damit weitgehend die Energie-Geschichte eines der wichtigsten Schulfächer sein. Denn seit die Naturkräfte genutzt werden, werden sie auch mißbraucht. Keine Religion, keine Ideologie und kein Krieg haben die Welt derart tiefgreifend verändert wie neue Energieträger oder neue Formen der Energienutzung. Nur wer das weiß, wird sich rechtzeitig auf die vorprogrammierte Welt-Bevölkerungszunahme um mindestens zwei Milliarden während der heute lebenden Generation und auf das unausweichliche „Nach-Öl-Zeitalter" umstellen. Diese Umstellung aber kann nicht von den Regierungen „verordnet" werden, sie muß von unten nach oben erfolgen. Hunderttausende und Millionen selbstdenkender Bürger und Unternehmer müssen den Weg in die Zukunft bereiten und die Regierenden und Bürokraten zum Langfrist-Denken zwingen.

Dem aber steht eine Geistesverwirrung entgegen, wie es sie im gleichen Ausmaß noch niemals gab. Niemand mehr faßt das Wissen der Spezialisten zusammen. Durch ein Übermaß an Information geht die Möglichkeit der Überschau verloren. Da wird nurmehr auseinander-gedacht statt zusammen-gedacht, verstellt uns die sensationelle „Aktualität" den Blick auf die Grundströmungen. „Energie", das ist heute der Streit um die Kernenergie und um die Wirkungen der Verbrennungsgase auf den Wald. Das ist der Kampf gegen nicht-existente Gefahren und das Ignorieren der echten. Das ist vor allem das Ignorieren zahlreicher Kräfte und Energie-Formen, die entscheidend wichtig sind, aber an die kaum jemand denkt und die weder voll erforscht noch voll genutzt sind.

Die „Adhäsion" zum Beispiel, das Aneinanderhaften der Stoffe durch die Kräfte, die ihre Moleküle aufeinander ausüben, ist „uninteressant". Aber nur solange man nicht weiß, daß es ohne sie keine Bücher und Zeitungen gäbe, nur durch die Adhäsion die Druckerschwärze am Papier haftet, nicht anders wie der Graphit eines Bleistifts, die Tinte unserer Kugelschreiber und wie alle Farbe auf ihren verschiedenen Unterlagen. Wie Lesen und Schreiben ohne Adhäsion unmöglich wären, so aber auch der Eisenbahn- und Straßenverkehr. Lokomotiven wie Autos bewegen sich ja nur durch die Reibungskräfte zwischen ihren Rädern und der Fahrbahn weiter. Andererseits kostet die Reibung heute noch ein Drittel der gesamten auf der Welt zur Verfügung stehenden mechanischen Energie. Sie wird durch Schmiermittel und Kugellager bekämpft. Sie könnte aber auch durch den Magnetismus ungleich wirksamer als heute bekämpft werden. Und darum ist hier von Adhäsion und Reibung die Rede.

Wenn Zentrifugalkraft und Gravitation anscheinend „nur" unser Sonnensystem beherrschen, so nicht minder unser tägliches Leben. Denken wir an die Milch-Separatoren oder die Ultra-Zentrifugen zur Uran-Isotopen-Trennung. Oder an die Schiffahrt und die Luftfahrt, die der Schwerkraft den naturgegebenen oder vom Menschen erzeugten Auftrieb als Gegenkraft entgegensetzen. Und wer denkt schon an die Elastizität? Aber ohne die Kraft des gespannten Bogens, der durch sie in seine ursprüngliche Form zurückzukehren sucht (und den es mindestens seit etwa 46 000 v. Chr. gibt), ohne die Spannkraft als die erste durch eine menschliche Erfindung anwendbar gemachte Energie-Form und dieses erste vom Menschen erfundene Mittel zur Kraftübertragung auf entfernte Objekte, hätten die Jäger kaum überlebt. Schließlich ist der Mensch ja nicht nur ein sehr schwaches, sondern auch ein sehr langsames Lebewesen.

Pfeil und Bogen brauchen wir nicht länger. Aber ohne die Elastizität unserer Luftreifen gäbe es den Autoverkehr sowenig wie Operationshandschuhe für unsere Chirurgen, und nur weil die Chemiker lernten, Synthesefasern so elastisch wie Wollfasern zu machen, laufen wir nicht in zerknitterten Kleidern herum. Da gibt es Uhren ohne Uhrfedern, aber keinen Eisenbahnwaggon ohne Federung und kein Straßen- und kein Luftfahrzeug ohne Luftreifen und Torsions- oder Druckfedern.

Nur wer die unendliche Vielfalt der Energie-Wirkungen und die fast zauberhafte Wandlungsfähigkeit der Energie kennt, wird ihre volle Bedeutung erfassen und immun gegen Propaganda der Interessenten-Gruppen werden, die nur das Öl oder nur die Kohle, nur die Sonne oder nur das Bio-Gas gelten lassen. Und diese Horizont-Ausweitung ist der Haupt-Zweck des vorliegenden Buches, dessen Register und Datums-Hinweise es zum Nachschlagewerk machen, das aber ebenso zum Lesen bestimmt ist. Darum auch zeigt es nicht nur die Auswirkungen der Energie-Nutzung und des Energie-Mißbrauchs auf die Weltgeschichte und damit das Schicksal der Völker, sondern durch die wichtigsten biographischen Daten auch deren Auswirkungen auf oft abenteuerliche Einzel-Schicksale. Es zeigt, wer was wann und warum zustande brachte und wie sich das auf unser heutiges Leben auswirkt. Das Material ist deshalb chronologisch, der Zeitfolge nach, geordnet. Denn nur so sind die Prioritäten klar ersichtlich, werden aber vor allem auch Zusammenhänge und Hintergründe klar, wird aus dieser Energie- und Technik-Geschichte zugleich eine Ideen- und Sozial-, Wirtschafts- und Kriegsgeschichte. Und vor allem wird eindeutig bewiesen, daß es nicht nur auf außerordentliche Einzel-Leistungen ankommt, sondern daß

Leistungs-Ketten entscheidend für tiefgreifende Wandlungen unseres Lebens

sind. Meist unerwartete und oft geradezu groteske Wechsel-Befruchtungen und Wechsel-Wirkungen.

Da entdeckt zum Beispiel der dänische Forscher Hans Christian Oersted 1820 den Elektro-Magnetismus. Der englische Militär-Schuster und Autodidakt William Sturgeon erfindet 1825 den Elektro-Magneten. Dieser wird praktisch brauchbar, weil der Nürnberger Mathematik- und Physiklehrer Johann S. Ch. Schweigger 1820 Oersteds Versuche nachvollzieht und dazu die elektrische Isolations-Technik erfindet, die ersten isolierten Leitungsdrähte herstellt. Mit diesen kann der amerikanische Porträt-Maler Samuel F. B. Morse 1837 seinen elektrischen Telegraphen bauen und durch eine Subvention des amerikanischen Kongresses 1843 die erste öffentliche Telegraphenleitung in Betrieb nehmen. Zu den erfolgreichsten „Telegraphenbau-Anstalten“ wird die vier Jahre später in einem Berliner

Hinterhaus mit drei Gesellen und einer Drehbank gegründete Firma Siemens & Halske. Deren Gewinne ermöglichen die Gründung der ersten Kabelfabrik und die Nutzung des dynamo-elektrischen Prinzips, das Werner Siemens 1866 entdeckt, und das umgekehrt den Elektromotor ergibt. Diese Firma begründet die Starkstrom-Technik, wird zum Welt-Unternehmen und trägt entscheidend zur Elektrizitätsversorgung bei und zu allem, was diese für die heutige Welt bedeutet.

Ähnliche Leistungs-Ketten gibt es viele. Und sie zu kennen ist nicht nur als Ansporn wichtig. Das immunisiert auch gegen die heutige Technik- und Unternehmer-Feindschaft: Das Zurückverfolgen der Leistungen zu ihren Ursprüngen zeigt, daß stets

Allgemein-Nutzen nur durch das Zusammenwirken genialer Forscher und Erfinder mit phantasiebegabten und risikobereiten Unternehmern

zustande kam. Jedermann kennt die Namen Watt oder Diesel. Aber wer die von Roebuck, Boulton und Buz? Wer weiß, daß Roebuck durch seine Finanzierung Watts in Konkurs geriet, und auch der Metallwaren-Fabrikant Boulton um ein Haar zahlungsunfähig geworden wäre, weil es zwei Jahrzehnte dauerte, ehe aus Watts Prototyp eine allgemein brauchbare Maschine wurde?

Wer weiß, welche Rolle Heinrich Buz bei der Durchsetzung des Diesel-Prinzips spielte, nicht nur als Geldgeber, sondern auch als Techniker und Freund?

Und wer weiß, was dieses Prinzip schon bisher an einem unwiederbringlichen Energieträger sparte und was auch in Geld ausgedrückt Geistesarbeit wie die Diesels wert ist? Eine Arbeit, die übrigens ebenfalls nur durch eine phantastische Leistungs-Kette zustande kam, die mit Sadi Carnot 1824 beginnt und ohne Diesels Lehrer Carl Linde, den Begründer der Kältetechnik, undenkbar ist.

Leistungs-Ketten ergeben das Zusammenwirken der verschiedenartigsten Kräfte.

Darauf kam es stets an, heute aber mehr denn je, denn das „Entweder-Oder" des Energie-Streits droht die Existenz-Grundlagen der Industrie-Gesellschaften zu zerstören. Selbstverständlich müssen Sonne und Wind, Erdwärme und Gezeiten besser als heute genutzt werden, brauchen wir Bio-Gasanlagen und Wärmepumpen. Aber deshalb den Verzicht auf die „harten" Energien zu verlangen, ist selbstmörderisch, denn nur sie bedeuten eine fast märchenhafte Multiplikation der Menschenkräfte, auf die wir aus naturgesetzlichen Gründen nicht verzichten können.

Die verwertbare Muskelkraft eines Bergmannes zum Beispiel, beträgt, wie die aller anderen Menschen, hundert Kilowattstunden jährlich. Aber schon, wenn er pro Schicht 3,5 Tonnen Steinkohle fördert, ermöglicht er die Freisetzung von etwa 9 Millionen Kilowattstunden, das Neunzigtausendfache seiner eigenen Leistung.

Beim Bahnbau London-Birmingham bringen es 1834 bis 1838 zwei Mann mit Schaufeln, einem Karren und einem Pferd auf täglich zehn Tonnen Erdaushub. Heute sind im Rheinischen Braunkohlerevier Schaufelrad-Bagger in Betrieb, die täglich 327 000 Tonnen Braunkohle abbauen und von sieben Leuten dirigiert werden: Leistung pro Mann und Schicht 11 000 Tonnen Braunkohle = 77 Millionen Kilowattstunden Strom. Hier wird dank der Millionstel Volt unserer Gehirn- und Nervenströme, das heißt dank der schöpferischen Erfindungskraft des Menschen, dank menschlichem Organisations-Vermögen und dank dem Können und dem Verantwortungsbewußtsein der Maschinen-Bediener, welche die 130 Elektromotoren mit zusammen 27 000 Kilowatt Leistung des Baggers lenken, die menschliche Leistungsfähigkeit auf das 25millionenfache gebracht.

Nur weil es solche Multiplikationsmöglichkeiten gibt, können heute mehr als fünf Milliarden Menschen auf der Erde leben. Aber jede Energie-Freisetzung erfordert auch Energie-Investitionen. Wir müssen für das „Brot der Maschinen“ sorgen wie für unser eigenes. Auch auf die Titanenkräfte, die heute aus dem Uran freigesetzt werden, können wir nicht verzichten, denn mit rund sechs Milliarden Kilowattstunden jährlich leistet zum Beispiel der Block A des Kernkraftwerkes Biblis so viel, wie die Gesamtbevölkerung der Bundesrepublik an Muskelkraft zu leisten vermag.

Ob wir das wissen und dieser unbestreitbaren Tatsache Rechnung tragen, wird mit über das Schicksal unserer Kinder entscheiden. Wissen dieser Art lebendig zu machen; die Menschen zu zeigen, die unsere heutige Welt geschaffen haben, und damit zu beweisen, daß das keine „kapitalistischen Ausbeuter“, keine Kriegshetzer und keine hemmungslosen Fortschritts-Apostel waren, ist eine der Aufgaben dieses Buches.

Der Leser sollte mit einem Thema beginnen, das ihn besonders interessiert, und das er im folgendem Zeitraffer oder im Register findet. Und dann den Hinweisen folgen, die ihn von einer Jahreszahl zur anderen führen, meist von der fernsten Vergangenheit bis in die jüngste Gegenwart. Denn noch immer ist alles in Gang. Die Sonne scheint seit Milliarden Jahren. Aber ob die „Solar-Konstante“ wirklich eine Konstante, wirklich unabänderlich ist, können wir erst heute exakt festzustellen beginnen. Die Gravitation gibt es, seit es das Weltall gibt. Aber erstmals in Arbeitsleistung umgesetzt wird sie in nennenswertem Ausmaß 1966. Ob es Gravitations-Wellen gibt, wissen wir nach wie vor nicht. Das Wissen jedoch, das in Jahrtausenden erarbeitet wurde, sollten wir endlich zur Grundlage unserer Entscheidungen machen.

Zeitraffer

Vor etwa 4,7 Milliarden Jahren	Entstehung unserer Ur-Energiequelle, der Sonne
Vor etwa 4,6 Milliarden Jahren	Entstehung der Erde – Gravitation, Zentrifugalkraft, Schwerkraft, Erdwärme
Vor etwa 4,5 Milliarden Jahren	Entstehung der Ozeane
Vor etwa 3 Milliarden Jahren	Entstehung der Erd-Atmosphäre, damit der Wind-Energie und der Luft-Elektrizität. Sauerstoff-Bildung aus den Ozeanen, Ozon-Strahlenschutzschild
Vor etwa 2,9 Milliarden Jahren	Biologische Sauerstoff-Erzeugung durch photosynthetische Sonnenenergie-Umsetzung der ersten Pflanzen, Umwandlung von Licht in Nahrungs-Energie
Vor etwa 1,8 Milliarden Jahren	Natürliche, nicht vom Menschen ausgelöste Uran-Kettenreaktion
Vor etwa 280 Millionen Jahren	Entstehung der Kohlevorkommen der Erde
Vor etwa 195 Millionen Jahren	Bildung der Welt-Erdöl-Vorkommen
Vor etwa 1,7 Millionen Jahren	Hüten des durch den Blitz auf die Erde gelangten Feuers. Erste Feuerstellen, damit erste Nutzung (im Holz) gespeicherter Energie Reibungswärme dient zum Feuermachen
Um 46 000 v. Chr.	Erste durch eine menschliche Erfindung genutzte Energie: Bogen-Spannkraft als Pfeil-Antriebsmittel
18 000–8000 v. Chr.	Ende der letzten Eiszeit und „Neolithische Revolution“
Um 7250 v. Chr.	Erste Schiffe = erste Auftriebs-Nutzung
Um 4000 v. Chr.	Erste Segelschiffe. Erste Nutzung des Windes und der Wind-Strömungen. Erste Windmühlen
Um 3800 v. Chr.	Erfindung des Rades und der Drehbewegung
Um 3500 v. Chr.	Erste Wasserkraft-Nutzung. Dämme, Stauseen und Wasserkraft-Maschinen

2650 v. Chr.	Erste Kraftmessung, von der wir wissen: Gewichts-System Dungi I von Ur als Schwerkraft-Messung und Normierung
Um 1475 v. Chr.	Intensivierung der Verbrennung durch künstliche Luftzufuhr, Blasrohr und Blasebalg
1368 v. Chr.	Sonnen-Kult als Ägyptens Staats-Religion
1170 v. Chr.	Blitzableiter Ramses III.
1160 v. Chr.	Praktische Magnetismus-Nutzung durch den „Südweiser" Chinas und Kompaß-Entwicklung
Um 740 v. Chr.	Nutzung der Zentrifugalkraft durch die Schleuder
Um 650 v. Chr.	Erste „einfache" Maschinen als Muskelkraft-Verstärker (Hebebäume)
585 v. Chr.	Beschreibung der Reibungs-Elektrizität und des Magnetismus durch Thales von Milet
460 v. Chr.	Atom-Begriff von Demokritos
400 v. Chr.	Erfindung des Flaschenzuges als Voraussetzung großer Segel, des Kranbaus, von Großbauten Erste Erwähnung der Erdgas-Nutzung in Persien und Indien
241 v. Chr.	Eroberung von Arbeitskraft: Beginn der Massen-Sklaverei im Römischen Reich
13 v. Chr.	Tretwerke zum Umsetzen von Muskelkraft in mechanische Arbeit
Um 10 n. Chr.	Erste Warmluft-Zentralheizung
950	Vervielfachung der tierischen Arbeitskraft durch Geschirr und Hufeisen
1030	Der Araber Alhazen (Ibn al Haitam) erkennt, daß die Luft „auf Menschen und Tiere, das Wasser und die Erde drückt"
1113	Steinkohle-Gewinnung in Europa. Verwendungs-Verbote und erste Versuche industrieller Nutzung
1255	Chinesische Erfindung der Pulver-Rakete, Wirkung von Rückstoß und Schub
1232	Erfindung des Schwarzpulvers
1587	Galileis Fallversuche Galilei stellt erstmals Energie-Wirkungen experimentell fest

1598	Das heliozentrische Weltsystem setzt sich durch
1600	William Gilbert begründet die wissenschaftliche Magnetismus-Lehre
1610	Erste unmittelbare Sonnenenergie-Nutzung (Heidelberger Sonnen-Dampfkessel). Energie-Konzentration durch Sonnenspiegel
1638	Begründung der Elastizitäts- und Festigkeitslehre durch Galilei
1643	Erfindung der Luftpumpe. Vakuum-Versuche Otto von Guerickes
1663	Elektrisier-Maschine Guerickes
1664	Der Zusammenhang zwischen Luftdruck und Wetter wird entdeckt
1666—1687	Newtons Gravitations-Gesetz und der entscheidende Schritt von der Einzel-Erfahrung zur Grundlagen-Kenntnis
1690	Erste Versuche, Kraft nicht nur anzuwenden, sondern zu erzeugen: Huygens „Pulver-Maschinen" und Papins Dampfmaschine
1713	Eisenschmelzen durch Koks-Kohle
1714	Erstes brauchbares Wärme-Meßgerät
1736—1738	Jakob Leupolds Propeller und Daniel Bernoullis Aerodynamik
1747	Erste Massenherstellung von (Kartoffel)-Sprit
1766	Entdeckung des Wasserstoffs
1769—1794	Die Dampfmaschine von James Watt und die „Industrielle Revolution", Übergang von den erneuerbaren zu den fossilen Energieträgern, von der Muskel- zur Maschinen-Arbeit
1783	Erste Erzeugung von Auftrieb: Warmluft-Ballon Montgolfiers
1792—1814	Entgasung der Kohle. Begründung der Gasindustrie durch Murdock. Erste „Gas-Anstalten" und Kohlegas-Verteilungsnetze, Gasbeleuchtung
1799	Holzgas-Nutzung wird in Frankreich patentiert Schwachstrom-Technik durch chemische Elektrizität der Volta-Batterie

1802	Flammrohr-Kessel und Hochdruck-Dampfmaschine Trevithicks
1807	Beginn der Dampfschiffahrt
1819–1823	Oersteds Entdeckung des Elektro-Magnetismus, Elektro-Dynamik Ampères, Elektro-Magnet Sturgeons
1820	Elektrische Isolations-Technik Schweiggers
1821	Entdeckung der Thermo-Elektrizität durch Seebeck
1824–1828	Neilsons Winderhitzung revolutioniert die Hochofentechnik
1825	Dampf-Eisenbahn von Stephenson
1826	Poncelet prägt den Begriff „Energie“
1827	Erste industrielle Erdwärme-Nutzung (Larderello)
1828	Entdeckung des Elements Thorium
1831	Entdeckung der elektromagnetischen Induktion durch Faraday „Feuern mit beladenem Wind“ – Kohlenstaub-Feuerung
1833	Beginn der Landwirtschafts-Rationalisierung (Mähmaschine)
1834	Nutzung des Ölschiefers
1842	J. R. Mayer erkennt die Identität aller Energie-Formen und formuliert sein „Gesetz von der Erhaltung der Kraft“
1850	Barisches Wind-Gesetz und Entwicklung der Wetter-Prognose
1851	Entwicklung der Reibungs-Zündhölzer durch Böttger
1854	Vakuum-Elektrizität Muskelkraft-Nutzung mit Hilfe des Fahrrades
1855	Neulandgewinnung durch Dampfpflüge Massen-Stahlerzeugung: Herabsetzung des Energiebedarfs durch Einblasen von Luft in flüssiges Eisen und Sauerstoff-Blasstahlverfahren
1856	Regenerativ-Feuerung von Wilhelm Siemens. Siemens-Martin-Stahl (erste Schrottverwertung) Massenerzeugung von Glas und Porzellan

1857	Erster brauchbarer Kompressor, erste Druckluft-Werkzeuge = verdichtete Luft als Arbeitskraft Beginn der Mechanisierung des Kohlebergbaus durch Sommeilliers Druckluftwerkzeuge
1859	Ölbohrung von Titusville. Beginn der Mineralölwirtschaft Energie-Speicherung durch Plantés Akkumulator
1861	Erste Braunkohle-Massenförderung
1867	Dynamoelektrisches Prinzip von Werner Siemens. Beginn der Starkstrom-Technik Nobel erfindet das Dynamit
1869	Die Luftdruck-Bremse revolutioniert das Eisenbahnwesen
1877	Großindustrielle Sauerstoff-Gewinnung aus flüssiger Luft Carl Linde begründet die Kälte-Technik
1879	Erdöl als Kraftstoff. Die ersten mobilen Verbrennungsmotoren Erfindung der Zentrifuge und Entwicklung der Ultra-Zentrifuge
1882	Erstes der öffentlichen Versorgung dienendes Elektrizitätswerk
1884	Erste Erdgas-Verteilungsleitungen Dampfturbine
1884—1892	Rationalisierung der Kohleverwendung durch Hochdruck-Heißdampf
1866	Elektrochemische Massenerzeugung von Leichtmetallen: Energieeinsparung durch vermindertes totes Gewicht
1888	Luftreifen. Elastizität der Luft und des Gummis als Voraussetzung der Straßenverkehrs-Mechanisierung
1888—1892	Nachweis der Licht-Elektrizität und Erfindung der Photozelle
1890	Erdöl-Veredelung. Benzin als wichtigstes Mineralölprodukt
1891	Wasserkraft wird transportierbar. Erster erfolgreicher Strom-Ferntransport Beginn der Haushalts-Elektrifizierung
1895	Elektronen-Theorie von H. A. Lorentz Erste Groß-Wasserkraft-Stromerzeugung (Niagara)

1896	Entdeckung der natürlichen Radioaktivität
1897	Rationalisierung der Mineralöl-Verwendung durch den Diesel-Motor Reibungs-Verminderung durch Schmiermittel und Kugellager, Reibungs-Überwindung durch magnetisches Schweben
1902	Biogas-Erzeugung
1903	Tragkraft durch dynamischen Auftrieb: Motorflug der Gebrüder Wright Multiplikation der Nahrungs-Energie durch die großindustrielle Luftstickstoff-Bindung
1905	Energie-Konzentration durch autogenes Schweißen und Brennschneiden
1906	Erste Traktoren
1907	Identität von Energie und Materie (mathematisch) von Albert Einstein nachgewiesen: Atom-Eigen-Energie als Energiequelle fast unvorstellbaren Ausmaßes
1908	Erste Nahost-„Wunder-Ölquelle“
1910	Erste Massen-Erzeugung von Wasserstoff (für die Ammoniak-Synthese)
1911	Rutherfords Atom-Modell Heike Kamerlingh-Onnes begründet die Kryogenik, die Tiefsttemperatur-Physik, und entdeckt die Supraleitung
1912	Entdeckung der kosmischen Strahlung
1918—1920	Methylalkohol-Synthese. Holz-Verzuckerung zur Äthylalkoholgewinnung als Treibstoff-Zusatz
1920	Erste Großanlage zur Meerwasser-Entsalzung
1921	Luft-Geo-Magnetik zur Lagerstättenforschung
1922	Die großen Energie-Verbundnetze
1923	Aufzeichnung der Gehirn-Ströme (H. Bergers Encephalograph)
1924	Seismische Explorations-Verfahren durch Explosionswellen
1927	Erste Kohle-Hydrierung (Bergius-Bosch-Hochdruckverfahren) und erstes Synthese-Benzin

1929	Erstes Zyklotron von E. O. Lawrence
1930	Erstes Meerwärme-Kraftwerk
1932	Speicher-Kraftwerke
1937	MIT-Magnet-Labor Bitters und der Weg zu Magnetfeldstärken vom Millionenfachen der natürlichen irdischen
1938	Entdeckung der Uran-Kettenreaktion
1940	Erste brauchbare Brennstoff-Zellen Reaktor-Grundpatent Enrico Fermis Erste Wärmepumpen-Großanlage in Zürich
1942	Erste kontrollierte Kernspaltung in einem Reaktor
1943	Gasdiffusionsverfahren zur Uran-Anreicherung Erste Groß-Rakete
1945	Atombomben-Abwurf auf Hiroshima und Nagasaki
1948	Spaltbares Uran aus Thorium
1949	Erstes Düsen-Passagierflugzeug Erprobung der ersten russischen Atombombe
1952	Erste Wasserstoff-Bombe Erprobung einer amerikanischen thermonuklearen Vorrichtung: erste irdische Kernfusion
1953	Erste Fusions-Wasserstoffbombe
1954	Erstes Kernkraftwerk der Welt in Obninsk (5 MW), erster Atom-Nutz-Strom
1955	Erste brauchbare Solarzellen zur Gewinnung von Licht-Elektrizität
1957	Beginn der Raumfahrt, erste Überwindung des Schwerefeldes der Erde durch „Sputnik“
1959	Erste Gas-Großtanker
1960	Umweglose Stromerzeugung durch Magneto-Hydrodynamische Kraftwerke Erste Feststoff-Laser
1961	Beginn der nuklearen Handelsschiffahrt
1962	Entdeckung des elektromagnetischen Pulses
1966	Erstes Groß-Gezeitenkraftwerk, damit erstmals Gravitation in Arbeit umgesetzt

1968	Erfolgreiche Erprobung des „Tokamak"-Prinzips der Kernfusion Erster Groß-Brutreaktor in Schewtschenko Erste nukleare Meerwasser-Entsalzung
1970	Lichtwellenleiter revolutionieren die Nachrichtentechnik
1974	Spezial-Reaktoren zur Heizwärme-Versorgung
1977	Uran-Isotopen-Trennung durch Ultra-Zentrifugen
1980	Groß-Anlagen zur Erdgas-Synthese Groß-Anlagen zur Kohle-Totalvergasung
1982	Erstes Aufwind-Kraftwerk
1987	Der erste Groß-Kugelbett-Hochtemperatur-Reaktor
1988	Globale Zusammenarbeit zur Entwicklung des ersten Fusionsreaktors

Zeittafeln

4,7 Milliarden Jahre vor heute bis 2. September 1988

Das Verfolgen der Einzel-Energieentwicklungen von den frühesten Anfängen bis heute im zeitlich geschlossenen Zusammenhang ermöglichen die Stichwort-Chronologien im Sachverzeichnis.

Vor etwa 4,7 Milliarden Jahren

Die ältesten verfügbaren „Dokumente" unseres Sonnensystems bilden die Meteoriten, und durch deren Isotopen-Datierung wird das Alter der Sonne heute mit etwa 4,7 Milliarden Jahren angenommen. Sie muß aus einer interstellaren Gas- und Staubwolke entstanden und ihr Radius binnen etwa 75 Millionen Jahren von 30 Millionen auf die heutigen 696 000 Kilometer geschrumpft sein. Damit ist dieser weitaus größte und hellste aller mit freiem Auge sichtbaren Fixsterne einer der kleinsten und am schwächsten leuchtenden Sterne. Verglichen mit dem Stern Antares im „Skorpion" zum Beispiel ist die Sonne winzig, in dessen Mittelpunkt gesetzt, würde sie sich wie ein Stecknadelkopf ausnehmen. Nur gegenüber der Erde ist sie riesig: Die Sonnen-Masse beträgt das 333 000fache der Masse unseres Planeten.

Vor allem aber liegt uns die Sonne dreihunderttausendmal näher als der nächstnahe Fixstern, und so ist sie mit Ausnahme der Kernenergie und der weitgehend aus dem Kernzerfall stammenden geothermischen Energie *(→ vor etwa 4,6 Milliarden Jahren)*

die Urquelle all unserer Energie:

Das Sonnenlicht ermöglicht die Photosynthese *(→ vor etwa 2,9 Milliarden Jahren)* und damit das pflanzliche und tierische Leben auf der Erde. Jede unserer Muskelbewegungen ist in mechanische Leistung umgesetzte Sonnenenergie, sie steckt in jedem unserer Gedanken, in den Gehirnströmen wie in den elektrischen Aktionsströmen unseres Nervensystems. Manche Tiere speichern die aus ihrer Nahrung gewonnene Elektrizität, und gewisse Zitteraale Amerikas können Schläge von bis zu 400 Volt Spannung austeilen und damit Pferde töten. Meeresleuchten wie Glühwürmchen-Leuchten entspringen der Sonnenenergie. Nur sie hält die Ozeane flüssig und die Atmosphäre gasförmig. Sie ist das „primum mobile", das die Meeresströmungen beherrscht, Tag und Nacht scheidet und das Klima bestimmt. Die Sonne hält den Wasserkreislauf in Gang und liefert damit die Wasserkraft. Sie läßt den Wind wehen, liefert die Meerwärme und bildet das Holz. Gespeicherte Sonnenenergie sind der Torf, die Kohle, das Mineralöl und das Erdgas, das Energie-Kapital der Erde, das die „Industrielle Revolution" *(→ 1769 bis 1794)* und damit die heutige Weltbevölkerung ermöglicht hat.

Die Sonne konnte und kann all das, weil sie

ein riesiger Kern-Reaktor,

und zwar ein Fusions-Reaktor, ist. In den Jahren 1928 bis 1940 nachgewiesen *(→ 1968 Kernfusion)*, setzt die Sonne ihre fast unvorstellbaren Energiemengen durch eine komplizierte Kettenreaktion frei: Jede Sekunde werden 4,5 Millionen Tonnen Materie in Energie verwandelt *(→ 14. Mai 1907)*, 657 Millionen Tonnen Wasserstoff zu 652,5 Millionen Tonnen Helium aufgebaut, das sozusagen zu „Atommüll" wird und im Sonneninneren verbleibt. Manchmal allerdings bricht er auch aus: Am 9. August 1973 zum Beispiel registriert der Spektroheliograph des „Skylab“ eine Helium-Eruption, durch die das glühende Gas binnen 90 Minuten 800 000 Kilometer weit in den Raum hinausgeschleudert wird und ein Explosionspilz von der fünffachen Ausdehnung der Erde entsteht. Die Wirkung dieses Ausbruchs vergleicht die NASA mit der von 100 Millionen Atombomben.

Auch „normal“ sind die Kräfte, welche die Kernfusion in der Sonne erfordert und freisetzt, fast unvorstellbar: Voraussetzung dieser Kettenreaktion sind die 16 Millionen Grad (Kelvin) im Sonneninneren und der hier herrschende Druck von etwa 500 Millionen Tonnen. Im heutigen Ausmaß wird die Sonnenenergie seit etwa 4,5 Milliarden Jahren freigesetzt — voraussichtlich wird das noch weitere vier Milliarden Jahre andauern.

Die auf die Erde gelangende Sonnenenergie

beträgt nur den 2735millionsten Teil der in alle Richtungen in den Weltraum abgestrahlten Gesamtenergie, sie verhält sich zu dieser etwa wie eine Sekunde zu einem Menschenalter: Die Sonnen-Oberfläche ist 11 930mal so ausgedehnt wie die Erdoberfläche und hat eine Temperatur von 5800 Kelvin, also von rund 5536° C. Jeder Quadratmeter dieser riesigen Fläche strahlt 61 800 Kilowatt Energie ab, und jeder Quadratmeter der im Durchschnitt 149,6 Millionen Kilometer entfernten obersten Atmosphären-Schicht der Erde erhält davon 1,39 Kilowatt, falls er senkrecht zur Sonne orientiert ist. Dieser Wert heißt „Solarkonstante“ *(→ 9. August 1973)*. Ob es sich tatsächlich um eine unabänderliche Strahlungsenergie-Menge handelt, ist eine der ganz großen Lebensfragen der Menschheit.

1,39 Kilowatt Sonnenenergie je Quadratmeter ergibt für die jeweils der Sonne zugekehrte Erdhälfte 175 Billionen Kilowatt, die Leistung von etwa 135 Millionen unserer derzeit größten (1300 MW) Kraftwerke. Das ist die „extraterrestrische“ Sonnenstrahlung. Auf dem Weg zur Erdoberfläche wird etwa die Hälfte dieser Strahlung verbraucht oder geht verloren, es bleiben von ihr je Quadratmeter nur etwa 0,7 kW übrig. Etwa ein Viertel der Sonnenenergie wird zur Inganghaltung des Wasserkreislaufs gebraucht *(→ vor etwa 4,5 Milliarden Jahren)*, etwa ein Zwanzigstel wird in Wind-Energie umgesetzt *(→ vor etwa 3 Milliarden Jahren)*. Da erfordert der Wärmeausgleich Energie, müssen schräger Lichteinfall, Licht-Reflexion, andere Wirkungen der Atmosphäre, Staub und Dunst usw. berücksichtigt werden. Dennoch gelangen im globalen Durchschnitt täglich etwa 7 Kilowattstunden und selbst in Mitteleuropa

täglich etwa zwei Kilowattstunden Sonnenenergie auf jeden Quadratmeter Boden.

Das heißt, daß die Sonne einem Garten mit einer Fläche von 1000 Quadratmetern Energie zustrahlt, die, von einem Elektrizitätswerk bezogen, etwa 5000 DM monatlich kosten würde.

Der Pro-Kopf-Energiebedarf Hochzivilisierter an Nahrung, Heizung, für die Industrie und den Verkehr beträgt etwa 35 000 kWh jährlich. Dichtbesiedelte Länder (250 Einwohner/km^2) brauchen also etwa 8,75 Millionen kWh je Quadratkilometer und Jahr, während die Sonne selbst in Mitteleuropa auf jeden Quadratkilometer 700 Millionen kWh einstrahlt — das Achtzigfache.

Die Frage ist natürlich, was von dieser Energie praktisch genutzt werden kann. Hängt von der Sonnenstrahlung alles ab, was auf der Erde geschieht, so bedeuten die genannten Zahlen aber nicht „unermeßliche", dem Menschen zur Verfügung stehende Energie. Sonnenenergie ist unerschöpflich. Sie ist allgegenwärtig und niemand kann sie monopolisieren oder ihre Nutzung verhindern. Aber weil sie allgegenwärtig ist, ist

die direkte Nutzung der Sonnenenergie

schwierig und kostspielig, denn dadurch ist sie wenig „dicht", gleicht sie den „dispersen" Metallen: Diese bilden ungeheure Grundstoff-Vorkommen, sind aber von der Natur so wenig angereichert, daß ihre Gewinnung enorme Arbeit, das heißt Energie erfordert.

„Energie-Dichte" oder „Leistungs-Dichte" heißt die auf einer bestimmten Fläche oder in einem bestimmten Raum vorhandene Energie. Das Sonnenlicht ist feinverteilte Energie, direkt nutzbar maximal 250 Watt je Quadratmeter, in Mitteleuropa nur etwa 130 bis 160 je Quadratmeter. Sonnenenergie in Form von Wind ist schon bei weitem „dichter", bei 5 Metersekunden Geschwindigkeit (= 18 km/h) liefert er 960 Watt/Quadratmeter. Aber der Wind weht bekanntlich wie und wann er will. Erreicht er Orkanstärke (126 km/h), so beträgt seine Dichte 350 000 Watt je Quadratmeter, wird er zur alles zerstörenden Kraft.

Praktisch setzt die Nutzung der Sonnenenergie also ihre Konzentration voraus, und konzentriert wird sie von der Natur selber in Form von Kohle und Öl, in Form unserer „harten" Energieträger, die je Kubikmeter bis zu 17 000 Kilowattstunden liefern. Der Mensch kann das Sonnenlicht durch Parabolspiegel verdichten. Für kriegerische Zwecke ist das bereits 212 vor Chr. geschehen, für friedliche Zwecke erstmals 1610. Aber auch heute bleibt das noch eine sehr komplizierte und kostspielige Angelegenheit und erfordert auch einen derartigen Energie-Einsatz, daß er sich nicht lohnt. Aussicht auf Erfolg hat nur die umweglose Umwandlung von Sonnenenergie in Elektrizität, die seit 1955 nennenswerte Wirkungsgrade erzielt.

Auch diese Form der Nutzung wird natürlich darunter leiden, daß wir Energie ständig brauchen, nicht nur, wenn die Sonne scheint, und im Winter, wenn sie am schwächsten ist, am meisten. Sonnenenergie, gleich wie wir sie gewinnen, muß gespeichert werden, und Energie-Speicherung ist eine aufwendige Angelegenheit. Aber das ändert natürlich nichts daran, daß die Sonne stets der Lebensquell der Menschheit bleiben wird und die Verbesserung und Vervielfachung ihrer Nutzung zu den bedeutendsten all unserer Aufgaben gehört. Riesige Möglichkeiten dazu sind vorhanden. Denn Steppen und Wüstengebiete zum Beispiel, die heute die Sonnenenergie ungenutzt zurückstrahlen (und die etwa ein Drittel der Erdoberfläche ausmachen), könnten ja künstlich bewässert und in pflanzliche Photosynthese-Anlagen verwandelt werden *(→ 1920 und → 1968)*.

Vor etwa 4,6 Milliarden Jahren

Exakt Vorgänge zu beschreiben, die tausende Millionen Jahre zurückliegen, scheint ein ebenso groteskes Unterfangen wie

die Erdalter-Berechnungen

des 17. Jahrhunderts: Dem Jüdischen Kalender zufolge ist zum Beispiel das christliche Jahr 1987 das jüdische Jahr 5748, denn er zählt die Jahre nicht nach der Geburt Christi, sondern nach dem Weltschöpfungs-Datum des Alten Testaments – 3761 vor Chr. Die christlichen Theologen bezweifeln die jüdische Chronologie, und so errechnet James Usher, Erzbischof von Armagh in Irland, 1650 in seinen „Annales Veteris et Novi Testamenti" das „genaue" Datum der Schöpfung. Die Erde ist am 26. Oktober im Jahre 4004 vor Christi Geburt um 9 Uhr morgens entstanden.

Offen bezweifelt wird dieses Datum erst 1749 durch Georges Louis Leclerc de Buffon, der in den Fossilien „Beweise eines sehr viel höheren Erd-Alters" sieht. Anfangs des 19. Jahrhunderts wird dieses Alter mit etwa 100 000 Jahren angenommen. Zu Beginn des 20. Jahrhunderts ist man bei 200 Millionen Jahren angelangt. Und 1925 bei einer Milliarde.

All diese Daten sind reine Schätzungen. Aber 1896 hat Henri Becquerel die natürliche Radioaktivität entdeckt, und der Zerfall radioaktiver Elemente wird erforscht. Bereits 1905 legt Ernest Rutherford *(→ 1911)* in einer Vortragsreihe an der Yale-Universität in New Haven, Connecticut,

eine Methode der radioaktiven Datierung

dar: Radioaktivität bedeutet Zerfall des Mutter-Elements in ein End-Element innerhalb einer gewissen Zeit. Diese „Halbwertzeit", die Zeitdauer, während der sich die Hälfte der Ausgangsmenge eines radioaktiven Stoffes umgewandelt hat, ist experimentell festzustellen und beträgt zum Beispiel bei Uran 6 Milliarden Jahre, bei Radon nur 3,83 Tage. Vergleicht man die Menge der Zerfallsprodukte mit der des noch nicht umgewandelten Elements, so läßt sich das Alter des Gesteins, aus dem es stammt, berechnen. Rutherford verwendet 1905 das Mineral Fergusonit, das als Mutterelement 7 Prozent Uran enthält und als Tochterelement 1,8 Kubikzentimeter Helium pro Gramm. Aus dem Verhältnis der beiden errechnet Rutherford das Mindestalter des Fergusonits mit 500 Millionen Jahren. Gleichzeitig weist er darauf hin, daß für die radiometrische Altersbestimmung auch die Uranium-Blei-Methode in Frage komme. Diese verwendet erstmals

der Begründer der Geo-Chronologie,

der englische Geologe Arthur Holmes, im Jahr 1913: Blei ist das Endergebnis des Uranzerfalls, und ein Gramm Uran liefert jährlich 0,000 000 0076 Gramm Blei. Die radiometrische Meßformel lautet also: Menge des Uran-Bleis dividiert durch Menge des Urans multipliziert mit 7600 Millionen = Alter des Gesteins.

Holmes nimmt an, daß alles in einem Mineral enthaltene Blei ein Uranzerfalls-Produkt ist, und das kann zu Irrtümern führen. Sicherer ist die Unterscheidung der Blei-Isotope, denn das Zerfalls-Blei unterscheidet sich vom gewöhnlichen Blei. Nur werden die Isotope erst 1920 von dem Rutherford-Mitarbeiter Francis William Aston entdeckt. Dieser kann diese Methode erstmals 1927 anwenden, weil es vorher die massenspektrometrischen Methoden noch nicht gibt, welche die Isotopen-Unterscheidung ermöglichen. Auch andere Schwierigkeiten müssen überwunden werden, und so erscheint das Standardwerk des englischen Forschers Frederick E. Zeuner „Dating the Past“ erst 1946. Zeuner schildert neben den „Uran-Uhr“-Methoden nun auch ergänzende Tests wie den des Fluor-Gehalts von Fossilien: Fluor gibt es fast überall im Boden. Lange im Boden liegende Knochen nehmen innerhalb eines berechenbaren Zeitraumes eine gewisse Menge dieses Elementes auf und sind so genau zu datieren. Das führt zum Beispiel 1953 zu einer Welt-Sensation: Der hochentwickelte Hirnschädel mit affenartigem Gebiß des in England gefundenen, sogenannten „Piltdown-Menschen“ erweist sich durch diese mikrochemische Untersuchungs-Methode eindeutig als Fälschung.

Für nicht-mineralische Stoffe wichtig ist das 1950 von dem amerikanischen Chemiker und Nobelpreisträger Willard Libby entwickelte Verfahren, das das Alter kohlenstoffhaltiger Proben aus dem Mengenverhältnis der Kohlenstoff-Isotope C-14 und C-12 errechnet. Da gibt es ferner die Rubidium-Strontium-Methode und verschiedene Kombinationen von Datierungs-Verfahren, und so kann heute die Erd-Entwicklung bis zur Entstehung unseres Planeten zurückverfolgt und durch Meteoriten-Analysen selbst das Alter der Sonne festgestellt werden.

Ob die Gas- und Staubmassen unseres Sonnensystems, aus dem sich vor etwa 4,6 Milliarden Jahren und ungefähr gleichzeitig die Planeten Venus, Erde und Mars bilden, aus der Sonne selbst stammen, ist umstritten. Jedenfalls aber bildet sich die Erde nicht nur aus dieser glühenden Materie, sondern

in der Erdmasse gehen eine Vielzahl meteoritischer Körper auf.

Noch heute kreisen ja etwa 1700 Planetoiden vorwiegend zwischen der Mars- und Jupiterbahn um die Sonne, und ursprünglich müssen es ungleich mehr gewesen sein. Die meisten noch bestehenden Planetoiden haben nur Massen von eineinhalb bis zehn Milliarden Tonnen, „Ceres“ aber zum Beispiel mit 770 Kilometer Durchmesser etwa ein Viertel der Mondmasse, die 73,5 Trillionen Tonnen Gewicht entspricht.

In Form der Erde sammelt sich eine Masse von 5960 Trillionen Tonnen an, und bei der Gaswolken-Kondensation wie bei der Zusammenballung mit anderen Himmelskörpern werden gewaltige Energiemengen freigesetzt. In Wärme umgewandelt, werden diese als Strahlungsenergie an den Weltraum abgegeben und teilweise zum Aufschmelzen des Proto-Erde-Materials verwendet. Die mit der Silizium-Schmelze nicht mischbaren Metalle, vor allem das Eisen, bilden im Schwerefeld der jungen Erde, wo ein ungeheurer Druck herrscht, einen festen

Kern, der aber nur 0,7 Prozent des gesamten Erdvolumens ausmacht, mit einem Radius von etwa 1225 Kilometern.

Diesen innersten Erdkern weist mit Hilfe künstlicher, elastischer Wellen *(→ 1924)* Emil Wiechert bereits 1897 nach. Seismologische Daten aus dem Jahr 1936 lassen vermuten, daß dieser feste von einem flüssigen Erdkern umgeben wird, den 1987 an der Carnegie-Institution in Washington und der Johns-Hopkins-Universität in Baltimore durchgeführte Berechnungen und Computer-Simulationen nachweisen. Er besteht aus einer geschmolzenen Mischung aus Eisen mit etwa 15 Prozent Pyrit. In diesem 2260 Kilometer dicken Mantel verursachen wärmeliefernde radioaktive Zerfallsprodukte starke Strömungen, die eine Art Dynamowirkung haben und

die Energie für den Aufbau des Erd-Magnetfeldes und die Konvektionsbewegungen des Erdmantels

liefern. Sie sind auch für die Plattentektonik der Erdkruste verantwortlich und damit für die Erdbeben. Auf dem flüssigen Eisen „schwimmt" der etwa 2800 Kilometer starke, aus Silikaten bestehende Erdmantel, den die nur etwa 40 bis 140 Kilometer messende äußere Erdkruste, die Litosphäre, umgibt.

Den radioaktiven Zerfall gibt es, solange es die Erde gibt, und er dauert an. Unser Planet erkaltet nicht weiter, sondern ist durch den Zerfall verschiedener seiner Baustoffe selbst eine geradezu unvorstellbare Energiequelle, denn

die Erdwärme

wird mit etwa 500 Milliarden Terawatt-Jahren angenommen, und jede Terawatt-Stunde entspricht einer Milliarde Kilowattstunden. Ein Terawatt Jahr von 8760 TWh aber beträgt 1985 die Welt-Stromerzeugung.

Wird dieser ungeheure und sich ständig ergänzende Wärmevorrat der Erde erst seit 1827 genutzt, so ist die Erde aber auch seit ihrer Entstehung

die Quelle der Schwerkraft, der irdischen Sonderform der Gravitation:

Die Erde ist eine ungeheure, rasend rasch bewegte Masse und dem entsprechen die ausgelösten Kräfte, die ja das Produkt von Masse mal Geschwindigkeit sind. Der Rauminhalt der Erde beträgt 1083,3 Milliarden Kubik-Kilometer (zu je einer Milliarde Kubikmeter), was, wie gesagt, 5960 Trillionen Tonnen Materie entspricht. Die Drehung der Erde von West nach Ost dauert 23 Stunden, 56 Minuten, 4,1 Sekunden, scheint also sehr langsam. Aber jeder Punkt des Äquators legt in der Sekunde einen Weg von 500 Metern zurück. Und wie sich die Erde um ihre Achse dreht, dreht sie sich bekanntlich um die Sonne, nur daß kaum jemand weiß, wie rasch. Daß sie die Sonne in 365 Tagen, 5 Stunden, 48 Minuten und 46 Sekunden umkreist (und dabei eine Ellipse beschreibt, in deren Brennpunkt die

Sonne steht), bedeutet eine mittlere Geschwindigkeit von 29,76 Kilometer pro Sekunde.

Die Stundengeschwindigkeit der Erde im Weltall

beträgt also 107 136 Kilometer, das gut Dreifache der schnellsten Interkontinental-Raketen und das Hundertfache unserer Düsenflugzeuge. Denn die Länge der Erdbahn (die Strecke, die die Erde jedes Jahr zurücklegt) mißt 9340 Millionen Kilometer.

Der Erdmasse entspricht, wie die Schwerkraft auch, die durch die Erd-Rotation entstehende

Zentrifugal-Kraft

(→ 1879), die am Äquator höher ist als an den Polen, und durch die die Erde keine Kugel ist, sondern ein an den Polen abgeplattetes Rotations-Ellipsoid, das durch Schwerkraft-Anomalien *(→ 1666 bis 1687)* „verunstaltet“ wird: Aus der Satelliten-Perspektive gesehen und 1986 von einem Computer mit 15 000facher Überhöhung gezeichnet, gleicht die Erde einer Kartoffel. Da verursacht die unterschiedliche Stärke der Erdanziehung selbst in den Weltmeeren Mulden und Buckel.

Die ältesten Gesteine der Erde

sind Zirkone, die 1983 in West-Australien gefunden worden sind. Der Radio-Isotopen-Datierung zufolge müssen sie vor etwa 4,2 Milliarden Jahren entstanden sein, etwa 400 Millionen Jahre nach dem Entstehen unseres Planeten. Die zweitältesten, 1971 entdeckten, stammen aus der Isua-Region West-Grönlands und sind 3,8 Milliarden Jahre alt. Dieses fossile Schottergestein zeigt durch seine Abrundung, daß es damals bereits bewegtes Wasser auf der Erde gegeben hat. Die im Max-Planck-Institut für Chemie in Mainz durchgeführten Untersuchungen mit Elektronen-Mikroskopen und der sogenannten Vaporisations-Gas-Chromatographie-Massenspektrometrie, durch die man in einem Sediment noch Anteile von einem Milliardstel messen kann, beweisen aber auch, daß das Isua-Gestein mehr des Kohlenstoff-Isotops C-12 als C-14 enthält. Da dieser Isua-Kohlenstoff biologischer Herkunft ist, muß es bereits

vor 3,8 Milliarden Jahren Leben auf der Erde

gegeben haben. Das Präkambrium, das bis in die jüngste Vergangenheit für leblos gehalten worden ist, erweist sich mehr und mehr als das „Zeitalter des mikroskopischen Lebens“. Auch im Isua-Gestein finden sich bereits strukturierte Gebilde, fossile Einzeller sowie Abbauprodukte des grünen Blattfarbstoffs Chlorophyll. In größerem Ausmaß kommt es zur sauerstofferzeugenden Form der Photosynthese, zur Sonnenenergie-Nutzung der Pflanzen, allerdings erst etwa eine Milliarde Jahre später *(→ Vor etwa 2,9 Milliarden Jahren).*

Vor etwa 4,5 Milliarden Jahren

In der Schöpfungsgeschichte ist von vier Elementen die Rede: Erde, Luft, Feuer und Wasser. Es gibt Lebewesen, die ohne Luft auskommen. Keines jedoch, das ohne Wasser zu existieren vermag, und im Wasser ist das Leben auf der Erde entstanden.

Diese flüssige Verbindung von je zwei Teilen Wasserstoff und einem Teil Sauer stoff gibt es auf unserem Planeten seit etwa 4,5 Milliarden Jahren. Sie stammt (der biblischen Genesis und der modernen Wissenschaft zufolge) aus dem Erdinnern, ist vorwiegend durch Vulkane gasförmig ausgestoßen worden und hat eine wichtige Komponente der Ur-Atmosphäre gebildet. Aus ihr sind durch Kondensation die Ozeane entstanden.

Diese bedecken nun bekanntlich 71 Prozent der Erdoberfläche, und

das Wasser-„Kapital“ der Erde

besteht zu 97,3 Prozent aus Meerwasser. Die Ozeane enthalten 1350 Millionen Kubikkilometer Wasser (das heißt, 1350 Millionen Milliarden Kubikmeter), während es auf dem Festland nur 38 Millionen Kubikkilometer gibt und davon 77 Prozent „blockiertes“ Kapital sind, das heißt aus dem Eis der Polargebiete und der Hochgebirge bestehen. „Blockiert“ ist auch die Hälfte der 8,4 Millionen Kubikkilometer Grundwasser, weil sie so tief liegen, daß sie nicht zirkulieren.

Im Vergleich zu diesem fast unvorstellbaren Wasser-„Kapital“ ist die Menge des Wassers, das

der Wasserkreislauf der Natur

in Bewegung hält, relativ gering: In den Weltmeeren ist die etwa 17 500fache Menge der jährlich auf das Festland der Erde gelangenden Niederschläge enthalten — und sie werden jahrtausendelang ignoriert. Zwar weiß Aristoteles 330 v. Chr., daß die Erde ohne Regen und Schnee völlig trocken und unbewohnbar wäre. Er weiß auch, daß man Meerwasser durch Destillation entsalzen und in reines Wasser verwandeln kann. Den Wasser-Kreislauf kennen auch die Araber, und Masudi beweist im Jahre 945 experimentell, daß Meerwasser verdunstet. Aber im Mittelalter wird geglaubt, die Quellen entstünden durch unterirdische Dämpfe, seien versickertes und filtriertes Meerwasser oder würden aus riesigen, seit der Schöpfung bestehenden, unterirdischen Vorräten gespeist. Erst der Prior des Klosters St. Martin-sous-Beaune bei Dijon, Edmé Mariotte, registriert 1648 die Regenfälle im Quellgebiet der Seine, berechnet die Wasserführung dieses Flusses und zeigt deren Zusammenhang mit der jeweiligen Regenmenge. Mariotte erklärt auch, wie die Regentropfen aus verdunstetem Wasser entstehen, aber er vermag seine Erkenntnisse nicht durchzusetzen. Erst 1797 faßt Jean-Claude Delaméthrie sie zum

Fundamentalsatz der Hydrologie

zusammen: „Ein Teil des aus der Luft auf die Erde gelangenden Wassers wird ihr sofort wieder durch die Verdunstung entzogen. Ein weiterer (etwa die Hälfte des Regens) gelangt in die Bäche und Flüsse, rinnt oberflächlich zu größeren Wasseransammlungen ab. Der Rest dringt in die Erde und speist Quellen und Brunnen."

Voraussetzung dieses Wasserkreislaufes ist, daß das verdunstende Wasser aufsteigt. Aber daß Wasserdampf leichter als Wasser ist, widerspricht allen chemisch-physikalischen Gesetzen und bildet eine bisher unerklärte Ausnahme. Nur weil Wasserdampf halb so schwer ist wie die Luft, können sich Wolken bilden. Und nur weil das Eis allen Regeln zuwider leichter und nicht schwerer als Wasser ist, nicht zu Boden sinkt, kann die Sonne es auftauen.

Die auf die Erde gestrahlte Sonnenenergie wird, wie gesagt, zu rund einem Viertel zur Inganghaltung des Wasserkreislaufes verwendet, während zum Beispiel sämtliche Pflanzen nur ein Tausendstel für die Photosynthese brauchen. Die Verdunstung von 1176 Milliarden Kubikmetern Wasser täglich bedeutet 14 Millionen Tonnen pro Sekunde. Das heißt, binnen drei Minuten transportiert die Sonne so viel Wasser wie heute die Jahres-Transportleistung der Welthandelsflotte ausmacht.

Rund 95 Prozent des Meerwassers sind zu kalt, um zu verdunsten. Aber die restlichen 5 Prozent genügen, um jährlich im Durchschnitt 353 Billionen Kubikmeter Wasser in die Atmosphäre gelangen zu lassen, und das sind 77 Prozent der gesamten Verdunstung. Vom Festland stammen nur etwa 77 Billionen Kubikmeter, zu denen 30,6 der Meeresverdunstung kommen, die der Wind aufs Festland weht.

Die uns umgebende Luft kann bei einer bestimmten Temperatur nur eine bestimmte Menge Wasserdampf tragen, bei 0° C zum Beispiel je Kubikmeter 4,9 Gramm, bei 20° C 17,3 Gramm. Wird dieser Sättigungspunkt überschritten, so verdichtet sich der überschüssige Wasserdampf zu Nebel oder Regen, Schnee oder Hagel, Tau oder Reif.

Von diesen Niederschlägen fallen rund 75 Prozent auf die Meere. Von den etwa 107 Billionen Kubikmetern jährlich auf das Festland fallenden, fließen etwa 31 Billionen Kubikmeter ins Meer ab und liefern

die Wasserkräfte der Erde.

Denn die Sonne verdunstet ja nicht nur das Wasser, sie hebt es auch hoch. Und aus den Wolken fällt es nicht nur auf die Ebenen nieder, sondern auch auf die riesigen Hochländer der Erde und ihre Gebirge. Durch die Schwerkraft wird das Wasser zu einem Energieträger, der nicht nur unerschöpflich ist, sondern mit einem Welt-Potential von etwa 1,76 Millionen Megawatt 1986 den Gesamt-Strombedarf der Welt hätte decken können.

Nur ist die Kraft fließenden oder fallenden Wassers in mechanische Arbeit oder gar in elektrischen Strom umzusetzen nicht einfach. Zur ersten systematischen Wasserkraft-Nutzung, die dokumentarisch belegt ist, kommt es erst um 3500 v. Chr. Etwa ebenso alt ist der Damm- und Deichbau,

die Wasser-Speicherung,

die allein die rationelle Niederschlags-Nutzung ermöglicht. Denn die Regenmengen sind nicht nur geographisch überaus verschieden, sondern sie verteilen sich auch zeitlich, sehr unregelmäßig über den Jahresablauf. In Westdeutschland zum Beispiel beträgt die jährliche Niederschlagsmenge mit etwa 200 Milliarden Kubikmeter 690 Millimeter, das heißt, das niederfallende Wasser oder der Schnee würden den Boden 69 Zentimeter hoch bedecken, gäbe es keine Verdunstung, keinen Abfluß und kein Versickern. Hier regnet es im Durchschnitt an 164 Tagen, und an 36 schneit es. In anderen Ländern aber geht die vielfache Niederschlagsmenge binnen weniger Tage nieder. In Harvey Creek, Queensland, zum Beispiel fallen im Jahresdurchschnitt 4190 Millimeter Regen, aber nur 15 Prozent davon zwischen Juni und Oktober. In Cherrapunji in den Khasi-Bergen Annams gibt es bis 12 Meter Regen jährlich, aber fast die gesamte Menge zwischen Juni und September. Im größten Teil der Welt sind jedoch

nur durch künstliche Bewässerung sichere und ausreichende Ernten

zu erzielen *(→ 1920 und → 1968),* aber auch heute werden dazu nur etwa ein Zwanzigstel des ins Meer fließenden Wassers gespeichert. Da wird auch noch viel zu wenig Meerwasser entsalzt, der Wasserkreislauf nicht künstlich ausgeweitet und damit auch weniger Sonnenenergie genutzt, als durch künstliche Bewässerung von Trockengebieten genutzt werden könnte.

Vor etwa 3 Milliarden Jahren

Leben wir auf der Erde, so zugleich auf dem Boden eines „Luft-Ozeans", der Erd-„Atmosphäre" oder ihrer Lufthülle, die erst in etwa 1000 Kilometern Höhe in den interplanetarischen Raum übergeht. Von ihr sind aber vor allem die ersten etwa 16 Kilometer — die Troposphäre - für uns lebenswichtig, weil sie die Sonnenstrahlung auf die Erde übertragen, sich hier das Wetter abspielt, der Wasserkreislauf vor sich geht *(→ vor 4,5 Milliarden Jahren)* und es den meisten Sauerstoff gibt. Das Gewicht der Atmosphäre wird auf 5630 Billionen Tonnen geschätzt, ihr Stickstoffgehalt (der sich ständig erneuert) auf 4220 Billionen Tonnen, eine fast unvorstellbare Fruchtbarkeits-Reserve, denn Stickstoff wird heute bekanntlich zu Mineraldünger gebunden *(→ 7. August 1903).*

Durch Raumsonden wissen wir, daß nur die Erde

eine dem Leben günstige Atmosphäre

besitzt, und daß sich zum Beispiel der Oberflächendruck auf dem Mars, der Erde und der Venus wie 1:10:100 verhält. Schon dadurch sind die Gashüllen völlig verschieden, und die Oberflächen-Temperatur der Venus, deren Gashülle fast ausschließlich aus Kohlendioxyd besteht *(→ 1958 bis 1987),* beträgt 500° C. Nur die Erd-Atmosphäre enthält freien Sauerstoff.

Ursprünglich enthält auch sie diesen nicht. Sie muß überhaupt sehr gering gewesen sein, denn die kleinen Himmelskörper, aus denen sich die Erde aufbaut, haben ein zu geringes Schwerefeld, um eine Atmosphäre zu halten. Die Primär-Atmosphäre der Gaskugel-Erde ist im Stadium der Planetenbildung fast sicher ebenfalls verlorengegangen, die Sekundär-Atmosphäre besteht vor allem aus Gasen vulkanischer Herkunft, aus Wasserdampf, Kohlensäure und etwas Wasserstoff. Aber mehr und mehr der Dampfwolken, die die zahlreichen Magma-Seen der frühen Erde einhüllen, schlagen sich zu Wasser nieder und bilden die Ozeane, und durch Photo-Dissoziation des Wassers bildet sich Sauerstoff. Er wird vorerst durch das Eisen an die Erdkruste gebunden. Aber in dem Wasser, das vor der Ultraviolettstrahlung der Sonne schützt, entstehen mehr und mehr Lebewesen, und die Photosynthese der frühen Blaualgen und frühen Planktonformen setzt Sauerstoff frei, der sich langsam in der Atmosphäre anreichert *(→ vor etwa 2,9 Milliarden Jahren).*

Das ist der „gewöhnliche“ Sauerstoff, den wir einatmen, ein aus zwei Atomen bestehendes Element. Seit etwa drei Milliarden Jahren gibt es aber auch das Ozon, einen aus drei Atomen bestehenden Sauerstoff. Er ist ebenso lebenswichtig, denn er bildet in etwa 15 bis 55 Kilometern Höhe den

Schutz-Schild des pflanzlichen und tierischen Lebens der Erde vor der tödlichen Ultraviolett-Strahlung der Sonne.

Ozon entsteht durch diese Strahlung aus zweiwertigem Sauerstoff, verwandelt sie in Wärme (was gewöhnlicher Sauerstoff nicht tut) und verringert die Strahlung so auf ein erträgliches Maß. Diese Wärme spielt eine wichtige Rolle für die Luft-Zirkulation und andere klima-bedingende Faktoren *(→ März 1987).*

„Klima“ wird der durchschnittliche Langfrist-Wetterablauf genannt, „Wetter“ die Gesamtheit der Naturerscheinungen, die durch die Sonnenstrahlung und die physikalischen Gesetze bestimmt wird, denenzufolge die Lufthülle der Erde diese nach Ort und Zeit wechselnde Energie-Zufuhr verarbeitet.

Die Erde gleicht einer ungeheuren Wärmekraft-Maschine,

bei der die Tropen den Heizkessel und die Polargebiete den Kühler bilden. Zwar halten sich die von der Sonne kurzwellig eingestrahlte und die von der Erde und der Atmosphäre langwellig (infrarot) abgestrahlte Energiemenge global das

Gleichgewicht. Aber im Jahresdurchschnitt überwiegt in den Tropen und Subtropen die eingestrahlte die wieder zurückgestrahlte Energie, während in den höheren Breiten die Abstrahlung dominiert. Da es Temperaturänderungen von Jahr zu Jahr praktisch nicht gibt, muß die Wärme polwärts transportiert werden. Wie durch die Jahreszeiten wechselt die Sonnen-Einstrahlung durch Tag und Nacht. Die Wärme-Abstrahlung wiederum hängt von der unterschiedlichen Speicherfähigkeit von Land und Meer ab, von der unterschiedlichen Reflexion kalter Eisflächen, warmer Meere, heißer Wüsten. Warme Luft ist leichter als kalte und steigt hoch, kalte Luft strömt unten nach. Dabei bilden sich „Luft-Berge“ und „Luft-Täler“. Da die Gesamtmenge der Luft gleich bleibt, müssen sich die derart entstehenden Unterschiede des Luftdrucks ausgleichen: Je höher zum Beispiel das „Hoch“ bei den Azoren ist, desto tiefer muß das „Tief“ bei Island sein.

Für den Druck- und damit den Temperatur-Ausgleich sorgt vor allem der Wind: Etwa ein Zwanzigstel der auf die Erde gelangenden Sonnenenergie wird in Wind-Energie umgesetzt.

Das Windkraft-Potential der Erde

ist gewaltig, es entspricht dem etwa Zwanzigtausendfachen des Wasserkraft-Potentials. Nur ist es schwer zu nutzen, vor allem, weil es Stürme gibt, die mit 200 Stundenkilometern und mehr alles vernichten, was sich ihnen in den Weg stellt, andererseits auch langandauernde Flauten. Erst um 4000 v. Chr. wird der Wind zum Antrieb von Segelschiffen benutzt, und die erste (bekannte) Windmühle Europas stammt aus dem Jahre 1150 n. Chr. Rationell möglich wird die Windkraftnutzung erst durch die Aerodynamik, die Daniel Bernoulli 1736 bis 1738 begründet.

Sind die chemische Zusammensetzung der Erd-Atmosphäre und ihre Klima- und Wetterfunktion lebenswichtig, so nicht minder ihre elektrischen Eigenschaften: Zwischen jedem Punkt der Erdoberfläche und jedem Punkt der Atmosphäre besteht ständig eine elektrische Spannung, da die Erde negativ, die Luft (in der Regel) positiv geladen ist. Dieses luftelektrische Potentialgefälle schwankt zwischen 45 und 260 Volt. Die während Gewittern in der Atmosphäre entstehenden Spannungen jedoch erreichen 10 bis 100 Millionen Volt, sie entladen sich in Form von Blitzen.

Die Zahl der Gewitter auf der Erde beträgt etwa 16 Millionen jährlich, 44 000 jeden Tag,

die Zahl der Blitze

(von denen die meisten nicht auf die Erde niedergehen, sondern zwischen den Wolken erfolgen) wird auf 360 000 pro Sekunde geschätzt. Deren Stromstärke schwankt zwischen 10 000 und 300 000 Ampere, und ein mittlerer Blitz entspricht einer Leistung von 12,5 Millionen Kilowatt. Aber solche Blitze weisen auch Geschwindigkeiten von 160 bis 1600 Sekundenmetern auf, fast die halbe Lichtgeschwindigkeit, und damit Stundengeschwindigkeiten von einer halben bis zu sechs Millionen Kilometern. Da ein Blitz, wenn er aus 500 Meter Höhe niederfährt, nur das Hunderttausendstel einer Sekunde dauert, beträgt seine Arbeit nur vier Kilowattstunden. Aber diese genügt, um die etwa hundert Blitze pro Sekunde, die „einschlagen“, sehr viele Menschen und Tiere töten und sehr viele Häuser anzünden zu lassen. Ständig fallen auch unzählige hohe Bäume dem Blitz zum Opfer. Nach wie vor ist der alte Spruch „Von den Eichen sollst du weichen, doch die Buchen sollst du suchen" berechtigt, denn während Buchen flach und breit wurzeln, so dringen die Wurzeln der Eiche fast senkrecht tief in die Erde und stellen so die kürzeste Verbindung zum Grundwasser her, die der Blitz sucht.

Blitze gibt es, seit eine der heutigen ähnliche Erd-Atmosphäre existiert, seit etwa drei Milliarden Jahren. Sie haben

eine der Voraussetzungen der menschlichen Zivilisation

geschaffen, denn sie haben durch das Inbrandsetzen von Bäumen das Feuer auf die Erde gebracht. Ohne das Hüten des Feuers und schließlich das Feuermachen aber *(→ vor etwa 1,7 Millionen Jahren)*, ist die wahre Menschwerdung undenkbar.

Vor etwa 2,9 Milliarden Jahren

In der heutigen Intensität strahlt die Sonne ihre Energie der Erde seit etwa vier Milliarden Jahren zu. Die ersten Lebensspuren sind etwa 3,8 Milliarden Jahre alt, und in großem Ausmaß für das Leben auf unserem Planeten genutzt wird diese Sonnenstrahlung seit etwa 2,9 Milliarden Jahren: So alt ist der Stromatholiten-Kalk aus Rhodesien, der eine schichtweise Aufeinanderfolge von fossilen Blaualgen zeigt.

Sie stellen die ersten biologischen Sauerstoff-Produzenten dar,

das heißt die ersten Pflanzen, die Sonnenenergie photosynthetisch umsetzen. Am Nordufer des Oberen Sees, im Flint eines Eisenerzvorkommens bei Schreiber in Ontario 1954 entdeckte Blaugrüne Algen und einfache Pilzformen sind etwa zwei Milliarden Jahre alt, das 1953 aufgefundene älteste Fossil einer blühenden Pflanze ist vor 65 Millionen Jahren in Colorado entstanden. Und nur weil sich auf der Erde Pflanzen entwickelten, gibt es auf ihr auch Tiere und Menschen, denn nur Pflanzen sind imstande, selbst ihren Energiebedarf zu decken, mit Hilfe des Sonnenlichtes Kohlenstoff in Kohlenwasserstoffe umzuwandeln, „anorganische" Materie in „organische".

Die Photosynthese ist die bei weitem wichtigste aller Energie-Umwandlungen auf der Erde,

denn auf ihr beruht alles höhere Leben: Unmittelbar geben die Pflanzen Energie an die Pflanzenfresser weiter. Die Fleischfresser leben von ihr auf dem Umweg ihrer Jagdbeute oder ihrer Haustiere. Und aus Pflanzen- und Tierresten bildet sich das Energie-„Kapital" der Erde, die in Form von Holz, Torf, Kohle, Mineralöl und Erdgas gespeicherte Sonnenenergie. Diese wiederum kann durch Verbrennung dieser Energieträger nur dank des von den Pflanzen „ausgeatmeten" Sauerstoffs genutzt werden, denn

jede Art Verbrennung erfordert Sauerstoff,

auch die die Körperwärme und Muskelkraft des Menschen liefernde. Auf der Synthese organischer Substanz beruht die menschliche Gehirntätigkeit ebenso wie jede Tätigkeit, die auf Kohlenwasserstoffverbindungen angewiesen ist. Verglichen mit den biochemischen Kreisläufen der Natur sind die menschlich-industriellen Produktionszahlen geradezu lächerlich gering: Die Biosphäre (der gesamte, von Lebewesen bewohnte Raum der Erde) steht in ständigem Austausch mit der Atmosphäre *(→ vor etwa 3 Milliarden Jahren),* und dabei werden zum Beispiel jährlich 24 Milliarden Tonnen Kohlenstoff und 64 Milliarden Tonnen Sauerstoff ausgetauscht. Die Strukturformel der Photosynthese ist damit nicht nur die bei weitem wichtigste aller chemischen Formeln, sondern

die Lebens-Formel überhaupt:

$6\,CO_2 + H_2O + 674\,kcal = C_6H_{12}O_6 + 6\,O_2$. Das ist der Assimilations-Prozeß der Pflanzen, zu dem außer dem Kohlendioxyd der Luft *(→ 1958 bis 1987)* im Boden enthaltene mineralische Stoffe, Wasser, die Sonnenstrahlung und Chlorophyll gebraucht werden. Der Assimilations-Umsatz ist gewaltig, denn soll der Energie-Gewinn der aufbauenden Pflanze den Energie-Verbrauch durch die abbauenden Lebewesen übersteigen, muß

die Pflanzenmasse der Erde

stets der Masse der Tiere um ein Vielfaches überlegen bleiben. Heute nimmt man an Masse an: alle etwa 1,5 Millionen bekannten und 3 bis 4 Millionen vermuteten Tier-Arten und alle Menschen = 6 Kubikkilometer (= 6 Milliarden Kubikmeter), die etwa 300 000 Pflanzen-Arten = weit über 200 Kubikkilometer.

Ist deren Quantität überragend, so auch ihre Widerstandsfähigkeit: Pflanzen leben in heißen Quellen, halten plus 88° C aus wie zum Beispiel Phormidium laminosum; aber auch 70° C unter Null wie Larix sibirica. Es gibt sie auf den höchsten Bergen wie im tiefen Meer, in Wüsten wie im Tropendschungel. Die Pflanzen fangen ein Maximum von Licht auf, indem sie ihre Blätter jeweils so einstellen, daß die größtmögliche Blattfläche der Sonne zugewandt ist. Sie schikken in unermüdlicher Minierarbeit ihr Wurzelwerk in den Boden, um von überallher Nährstoffe zu gewinnen — und jede einzelne Roggen-Pflanze zum Beispiel entwickelt Wurzeln, die zusammen gut 100 Meter lang sind. Als tiefstreichende gelten die eines wilden Feigenbaumes, die in Echo Caves bei Obrigstad in Südafrika bis 120 Meter unter die Erdoberfläche verfolgt worden sind. Geradezu unglaublich ist die Keimfähigkeit der Pflanzen-Samen: James Dewar weist im Jahre 1900 nach, daß in flüssigen Wasserstoff (= minus 260° C) getauchte Samen von Weizen, Gerste, Senf, Kürbissen und Erbsen keimfähig bleiben. Im Grab Tutanchamuns als Toten-Wegzehrung gefundene, 3300 Jahre alte Erbsen werden 1938 in Kew Gardens ausgepflanzt und keimen. Auf der Landwirtschafts-Ausstellung von Harrow Weald sind damals Erbsenpflanzen mit blauen Schoten und grünen Kernen zu sehen, deren Saatgut während der Entstehung der Pyramiden geerntet worden ist.

Ist die Pflanzenwelt eine Wunderwelt, so die Pflanzenkunde eine der ältesten Wissenschaften, das erste Botanik-Buch stammt aus dem Jahre 2700 v. Chr. und hat den chinesischen Kaiser Shen-nung zum Verfasser. Aber so unglaublich es scheint,

die Kohlenstoff-Assimilation der Pflanzen und ihre „Atmung"

entdeckt erst der holländische Arzt und Naturforscher Jan Ingenhousz im Jahre 1779. Nach Studien in Löwen, Leyden, Paris und Edinburgh, in Holland, England und als Leibarzt Kaiserin Maria Theresias in Wien praktizierend, schließlich als Mitglied der Royal Society in London lebend, weist Ingenhousz allerdings in seinen „Experiments upon Vegetables, discovering their great power of purifying the common air in the sunshine" nicht nur die Aufnahme von Kohlendioxyd und Abgabe von Sauerstoff der Pflanzen nach, sondern erkennt auch als erster das lebenserhaltende Gleichgewicht zwischen Pflanzen- und Tierwelt. Er ist damit ein Bahnbrecher der Ökologie, der Wissenschaft vom Verhältnis der Lebewesen zu ihrer Umwelt. Er ist ein Vorgänger Justus Liebigs, des Begründers der Agrikultur-Chemie *(→ 1840)* durch sein 1796 (deutsch 1798) erschienenes Buch „An essay on the food of plants and the renovation of soil". Praktisch niemand kennt heute Ingenhousz. Aber mit ihm beginnt die Erforschung der Photosynthese, er löst die Chlorophyll-Forschung von Jean-Baptiste Dumas, 1824, und Johann Jacob von Berzelius, 1831, aus und die Arbeit Dutzender weiterer Forscher, die schließlich 1960 zur Synthese des Chlorophylls führt, das nahe mit dem menschlichen Blutfarbstoff verwandt ist. Völlig enthüllt sind die einzelnen Phasen der Photosynthese noch immer nicht, die bleiben bis in die jüngste Vergangenheit

eines der bestgehüteten aller Fabrikgeheimnisse.

Denn die zitierte Formel sagt ja nur, was aus welchen Stoffen entsteht. Ebenso kann man sagen: So und so viel Stahl, Leichtmetalle, Kunststoffe usw. werden in einer Automobilfabrik zu so und so vielen Kraftfahrzeugen verwendet. Worauf es ankommt, ist, wie sie fabriziert werden, und ebenso kommt es bei der Photosynthese auf das Wie der Umsetzungen an. Das zu enthüllen wird heute mit Hilfe der von der Nuklear-Chemie geschaffenen Markierungs-Isotope versucht, und nun steht fest:

Längst noch sind die Möglichkeiten, die die Photosynthese bietet, nicht ausgeschöpft.

Ungleich besser als heute könnte die Sonnenenergie mit Hilfe der Pflanzenwelt genutzt werden. Und wie die Pflanzen Sauerstoff freisetzen, könnte durch die Bio-Photolyse *(→ 1973)* Sauerstoff und Wasserstoff gewonnen werden.

Vor etwa 1,8 Milliarden Jahren

Wenn heute der Streit um die Kernenergie vor allem in Europa jede Langfrist-Energieplanung unmöglich macht, so deshalb, weil statt unwiderlegbarer Tatsachen manipulierte Emotionen die Einstellung von immer mehr Wählern bestimmen. Da wird nicht nur ignoriert, daß die „sanfte" Sonnenenergie *(→ vor etwa 4,7 Milliarden Jahren)* aus einem riesigen Kernreaktor stammt, sondern auch die Erdwärme *(→ vor etwa 4,6 Milliarden Jahren)* das Produkt von Kernzerfällen ist, es seit der Entstehung der Erde natürlich-radioaktive Isotope wie Kalium-40, Rubidium-87, Aluminium-26 und Uranium-235 gibt. Bereits vor etwa 1,8 Milliarden Jahren hat es auch, wie eine französische Forschergruppe unter Leitung des Kernphysikers Francis Perrin 1972 eindeutig nachgewiesen hat, in Oklo bei Franceville im äquatorialafrikanischen Gabon

eine natürliche, nicht vom Menschen ausgelöste, spontane Uran-Kettenreaktion

gegeben. Sechs natürliche „Reaktoren" haben hier während etwa einer Million Jahre aus etwa 500 Tonnen Uran schätzungsweise 100 Milliarden Kilowattstunden Wärmeenergie freigesetzt und (der im Juni 1975 in Gabon abgehaltenen Experten-Konferenz der Internationalen Atomenergie-Agentur IAEA zufolge) 5400 Kilogramm Spaltprodukte gebildet. Darunter 1800 Kilogramm Plutonium, das also ebenfalls nicht „Menschenwerk" oder „Teufelswerk" ist. Wie aus den Autoradiographien der Mineralien in Oklo hervorgeht, sind die Spaltprodukte an Ort und Stelle geblieben, haben sie nicht „riesige Gebiete auf ewige Zeiten" verseucht.

Auch die Lagerung radioaktiver Abfälle ist ein Naturvorgang.

Erwiesen sind die spontanen Uran-Kettenreaktionen von Oklo dadurch, daß alle bekannten Uranvorkommen — auch die von den Apollo-Astronauten 1968 vom Mond gebrachten Proben — 0,72 Prozent spaltbares Uran-235 enthalten, gewisse Oklo-Minerale aber nur 0,44 Prozent, und dazu vier Elemente, die nur beim Uranzerfall entstehen. Zur spontanen Kettenreaktion von Oklo — und sehr wahrscheinlich auch an anderen Orten, die wir noch nicht kennen — ist es gekommen, weil ungewöhnliche Umstände zusammengetroffen sind: Wasser muß auf eine Art in diese Vorkommen eingedrungen sein, daß es als Moderator wirken konnte und eine Art Siedewasser-Reaktoren entstehen ließ. In diesen ist das Uran-235 auf eine so niedrige Konzentration abgebrannt, wie sie heute nur die ausgeklügeltste Reaktortechnik erreicht. „Angereichertes" und etwa 3 Prozent spaltbares Uran-235 statt heute 0,72 Prozent enthalten vor etwa 1800 Millionen Jahren aber alle Uranvorkommen der Erde, das ergibt sich aus der Halbwertzeit der Uran-Isotope. Und das wiederum beweist: Die Intensität der naturgegebenen Strahlung muß noch zur Zeit der Menschwerdung ein Vielfaches der heutigen betragen haben:

Alle Lebewesen sind von der Natur für weit höhere ihrer Strahlungen als die heutigen „programmiert“.

Vor etwa 400 Millionen Jahren

Die Sonnenenergie nutzende Pflanzen *(→ vor etwa 2,9 Milliarden Jahren)* gibt es schon ungleich länger, aber die ersten Baumarten treten vor etwa 400 Millionen Jahren auf, und damals beginnt eine Art „Welteroberung“ durch den Wald. Die Vorstöße werden abgelöst durch die Rückzüge während der Eiszeiten, doch in Europa erhalten sich etwa 50, in Kanada 150 und in den USA 850 Baum-Arten. Nach wie vor bedecken Wälder mit 40 Millionen Quadratkilometern 28 Prozent der festen Erdoberfläche. Seit es Menschen gibt, steht ihnen praktisch überall in Form von

Brennholz ein sich ständig erneuernder Energieträger

zur Verfügung. So unglaublich das klingt, noch im Jahr 1850 deckt Brennholz selbst in den Vereinigten Staaten neun Zehntel des Gesamt-Energiebedarfes. Erst 1885 löst die Kohle hier das Holz als wichtigsten Energieträger ab.

Vom Welt-Primärenergieverbrauch deckt Holz (der Wiener Welt-Energie-Konferenz von 1955 zufolge) 1913 noch etwa 18 Prozent, 1935 etwa 13 Prozent, in der Sowjetunion damals noch 20 Prozent. 1950 sind es mit 240 Millionen Tonnen Steinkohle-Einheiten im Weltdurchschnitt 6 Prozent, liefert Holz damals ebensoviel Energie wie das Erdgas.

Heute gibt es nur vereinzelt Welt-Schätzungen über den Holzanteil am Gesamtenergieverbrauch *(→ Oktober 1986)*, aber für die Ärmsten der Armen ist es nach wie vor der Energieträger und damit die Ursache, daß die Wüsten wachsen, das Sahelgebiet zum Beispiel immer trockener und auch anderswo Raubbau an allem getrieben wird, was brennt. Die meisten Energie-Statistiken der Entwicklungsländer sind falsch. Für Indien zum Beispiel (das allerdings kein Entwicklungsland, sondern ein ruiniertes, ehemals hochentwickeltes Land ist) wird der jährliche Pro-Kopf-Energieverbrauch mit etwa 150 Kilogramm Steinkohleeinheiten angegeben. Tatsächlich beträgt er etwa 500 Kilogramm, denn das verbrannte Holz, die Ernterückstände und der verbrannte, getrocknete Dung tauchen in den Statistiken nicht auf. Diese „nicht-kommerzielle Energie“ (die u. a. auch Zugtiere liefern) macht in den Entwicklungsländern etwa ebensoviel aus wie der gesamte Mineralölverbrauch der Industrieländer. Da die Ärmsten Energieträger verwenden müssen, die „nichts kosten", bleiben riesige Landflächen praktisch ungedüngt, nimmt die Erosion erschreckend zu und bleibt der Teufelskreis der Armut geschlossen.

Vor etwa 280 Millionen Jahren

Gibt es Bäume seit etwa 400 Millionen Jahren, so herrschen im Karbon-Erdzeitalter üppige Sumpfwälder vor. Durch sie beginnt vor etwa 280 Millionen Jahren

die Bildung unserer Kohle-Lagerstätten.

Als älteste die von Anthrazit, von Glanzkohle, als jüngste die von Braunkohle, die 40 bis 50 Millionen Jahre alt sind. Die großen Torf-Lagerstätten (die mit 135 Milliarden Tonnen Kohlenwasserstoff-Äquivalent um die Hälfte mehr Energie als alle bekannten Mineralölvorkommen enthalten) entstehen vor ein bis drei Millionen Jahren. Von den verschiedenen „Inkohlungs-Stadien" hängt der Kohlenstoffgehalt und damit der Wärme- oder Brennwert ab. Dieser beträgt abgerundet:

	Kohlenstoff in % der Trockensubstanz	Wärmewert in Kilokalorien je Kilogramm
Torf	58	5580
Braunkohle	70	2700 — 6000
Steinkohle	82	7460 — 8500
Anthrazit	94	8270 — 8580

Im Durchschnitt kommt jede Tonne Steinkohle 8 150 Kilowattstunden elektrischen Stromes gleich, damit der verwertbaren Jahres-Muskelleistung von etwa 80 Menschen *(→ 1882).*

Die erste Beschreibung mineralischer Kohle

stammt von dem chinesischen Chronisten Huan Kuan um 400 v. Chr. Er schildert ihre Gewinnung im Tarimbecken und ihre Verwendung zum Salzsieden. Theophrastos von Eresos berichtet 320 v. Chr. über die Braunkohle-Vorkommen von Elis und ihre Verwendung durch griechische Schmiede. Die Römer gewinnen 77

v. Chr. unter Quintus Sertorius Kohle im spanischen Ebrotal und verwenden sie zum Heizen ihrer Kasernen. Das gleiche tun mit der dortigen Kohle die römischen Truppen am Hadrianswall in England. Aber in größeren Mengen und dauernd wird Kohle erst seit 1113 im Herzogtum Limburg gewonnen.

Vor etwa 195 Millionen Jahren

Wann genau und wie unsere Energieträger-Lagerstätten entstanden sind, ist keineswegs nur für die Erd-Geschichte interessant: Nur dieses Wissen ermöglicht die rationelle Suche nach neuen Vorkommen, denn wenn es zum Beispiel Mineralöl erst seit dem Tertiär geben sollte, einem Erdzeitalter, das vor etwa 64 Millionen Jahren begonnen und vor 1,8 Millionen Jahren aufgehört hat, ist es sinnlos, in Formationen zu bohren, die aus der Jura-Zeit stammen. Oder gar in Gesteinsschichten des Algonkiums, des jüngeren Proterozoikums, Urzeit-Formationen, die vor etwa 1400 Millionen Jahren entstanden sind.

Solche Formationen gibt es an der Nordküste Australiens, im sogenannten McArthur-Becken westlich des Golfes von Carpentaria. Hier ist 1986 in 300 Metern Tiefe und in Ablagerungen Blaugrüner Algen und primitiver Bakterien Öl gefunden worden. Erweist sich diese Datierung als richtig, so kann das die Ölsuche revolutionieren, denn bisher ist

die Bildung der Welt-Mineralöl-Vorkommen

und der sie begleitenden Erdgas-Lagerstätten in die jüngsten Erdzeitalter verlegt worden. Als erwiesen gilt heute: Erdöl und Erdgas sind aus den Überresten tierischer und pflanzlicher Lebewesen entstanden. Aus mikroskopisch kleinen Diatomeen ebenso wie aus riesigen, verwesten Dinosauriern, denn Erdöl enthält Hormone, Blatt- und Blutfarbstoffe, die nur von Organismen gebildet worden sein können. Im Verlauf sehr langer Zeiträume haben sich auf dem Grund seichter Meeresteile riesige Mengen abgestorbener Lebewesen zusammen mit Ton und Sand als „Faulschlamm“ abgelagert, aus dem durch Druck, Wärme und Bakterien die Kohlenwasserstoffe Öl und Erdgas entstehen. Durch Auflagerung weiterer Schichten und gebirgsbildende Vorgänge in der Erdrinde gelangt der Faulschlamm in die Tiefe und wird zu einem festen Gestein, dem Erdöl-Muttergestein, in dessen Poren sich Erdöl findet (und der nicht, wie oft geglaubt wird, unterirdische Seen bildet).

Dieser Prozeß beginnt vor etwa 195 Millionen Jahren und erreicht seinen Höhepunkt vor ungefähr 60 Millionen Jahren. Aber das meiste heute geförderte Öl ist nur 10 Millionen Jahre alt, und ein im November 1958 in Venezuela entdecktes Vorkommen (an dem man die Ölbildung studieren kann) ist vor etwa 10 000 Jahren entstanden. Das jüngste, bekannte Öl stammt aus dem Jahre 1545: Die

Mineralölbildung geht weiter, allerdings in so geringen Mengen, daß sie für die Lebensdauer der Vorräte keinerlei Rolle spielt. Erweisen aber die australischen Bohrungen von 1986, daß das Mineralöl statt etwa 200 Millionen Jahre 1200 Millionen Jahre alt ist, dann könnte das die Vorratsschätzungen entscheidend beeinflussen.

Werden also auch heute noch wichtige Öl-Kenntnisse gewonnen, so ist dieser Energieträger und ihm verwandte Stoffe seit vielen Jahrtausenden bekannt. Schon die Pfahlbauern der mittleren Steinzeit kitten um 10 000 v. Chr. ihre Werkzeuge mit Asphalt an die Holzstiele, und das Rettungsschiff, von dem in den Sintflut-Sagen die Rede ist und die die Bibel übernimmt, wird mit Erdpech gedichtet. Herodot erwähnt 444 v. Chr. die Gewinnung von Bitumen (verdicktem Erdöl) an einem Nebenfluß des Euphrat; aus dem Boden dringendes „Naphta“ beschreiben Strabo, Dioskorides und Plinius der Ältere. Erdölvorkommen in Nordamerika erwähnt der Franziskaner De la Roche d'Allion 1629, und 1694 berichtet Engelbert Kämpfer über die „Ewigen Feuer“ — das brennende Erdgas — der Apscheron-Halbinsel, das heutige Ölgebiet von Baku, das der Araber Masudi bereits 930 besucht hat.

Die weltweite Nutzung von Mineralölvorkommen

aber beginnt erst in der zweiten Hälfte des Neunzehnten Jahrhunderts (28. August 1859), und zwar, um Leuchtpetroleum zu gewinnen. Zu ihrer heutigen Bedeutung steigt die Mineralölwirtschaft erst seit 1890 auf, im Weltmacht-Kampf spielt Öl seit 1903 eine Rolle, und den ersten, großen Ölkrieg gibt es 1922. Wann die Mineralölvorräte der Erde erschöpft sein werden, bleibt umstritten. Jedenfalls aber wird es zu einem „Nach-Öl-Zeitalter“ kommen und damit zu einer von der heutigen sehr verschiedenen Welt, denn seit 1860 sind immense Mengen Öl vergeudet worden und der Raubbau geht weiter.

Vor etwa 1,7 Millionen Jahren

Seit die Erde eine der heutigen ähnliche Lufthülle besitzt *(→ vor etwa 3 Milliarden Jahren),* zucken Blitze über den Himmel, und seit es baumartige Pflanzen gibt *(→ vor etwa 400 Millionen Jahren)* setzt der Blitz Bäume in Brand.

Durch Blitze kommt das Feuer auf die Erde, die älteste Form der chemischen Energie-Freisetzung,

und die „Flammerscheinung eines glühenden Gasstromes, die beim Übergang von energiehaltigen Kohlenstoffverbindungen (von Brennstoffen) durch die Kettenreaktion Verbrennung in die energie-neutralen Stufen Kohlendioxyd und Wasser entsteht".

Wann erstmals der Mensch seine Angst überwindet und sich nicht wie alle Tiere vor dem Blitz verkriecht, sondern einen brennenden Ast zum Bewahren des Feuers benutzt, wissen wir nicht. Aber erwiesen ist, daß vor etwa 1,7 Millionen Jahren Australopithekinen („Südaffenartige" Urmenschen) in einer Höhle etwa 300 Kilometer nördlich von Johannesburg in Südafrika ein Feuer unterhalten haben. Auch die geologischen Schichten, in denen 1921 der vor etwa 600 000 Jahren lebende „Peking-Mensch" (Sinanthropus Pekinensis) gefunden wird, enthalten Reste von Feuerstätten und die Höhle von Tschukontin eine 6,7 Meter mächtige Aschenschicht. Die 1965 an der Basse Corniche bei Nizza in Frankreich ausgegrabene Feuerstätte ist nur etwa 200 000 Jahre alt.

Ungleich jünger noch sind

die ältesten Beweise des Feuer-Machens:

Noch in den frühen Religionen ist das Bewahren des Feuers Aufgabe der Priester, holen sich die Menschen das Feuer von „ewigen" Flammen in Kultstätten. Erst eine etwa aus dem Jahre 3200 v. Chr. stammende Wandzeichnung eines ägyptischen Grabes zeigt einen durch eine Bogen-Sehne *(→ 46 000 v. Chr.)* bewegten „Feuermacher-Stab": Die älteste Art des Feuermachens besteht darin, hartes auf weichem Holz zu reiben und durch

die Reibungs-Wärme

die entstehenden Holzteilchen zum Glimmen zu bringen. Um 2000 v. Chr. gibt es in Babylonien einen Gott „Gebil", und „Ge" bedeutet „Stab", „Bil" = „Feuer". Theophrastos von Eresos beschreibt 320 v. Chr. diese Feuermach-Methode und noch im ersten Jahrhundert unserer Zeitrechnung gibt es — Seneca zufolge — nur zwei Arten des Feuermachens: Entweder aus Feuersteinen durch andere Steine oder durch Eisenstücke Funken zu schlagen oder durch Aneinanderreiben von Holz und Übertragen von dessen Glimmen auf den als Zunder verwendbaren, wildwachsenden Baum-Feuerschwamm (Polyporus fomentarius). Das Feuerschlagen bleibt bis weit ins 19. Jahrhundert auch für die Hochentwickelten unentbehrlich, denn brauchbare Zündhölzer gibt es ja erst seit 1851, Taschenfeuerzeuge seit 1903.

Die ältesten Abbaustätten von Feuerstein oder Flint

stammen aus der Jung-Steinzeit. Sie kommen etwa um 2000 v. Chr. in Betrieb. Als eine der bedeutendsten gilt die bei den „Grimes Graves" unweit Brandon im englischen Suffolk, wo 254 drei bis zwanzig Meter tiefe Schächte und Hacken aus Hirschgeweihen als Abbauwerkzeuge erhalten sind. Auch im nördlichen Frankreich, auf den dänischen Inseln, auf Rügen und überall dort auf der Welt vorkommend, wo Kieselsäure speichernde Meeres-Lebewesen wie Diatomeen oder Radiolarien diese gemeine Form des amorphen Quarzes ablagerten, bildet der Feuerstein, in weiße Kreide eingebettet, grauschwarze oder gelbliche Knollen und Platten, die durch ihre besondere Art der Spaltbarkeit das älteste Material zur Waffen- und Werkzeugherstellung sind. Mindestens seit der Hallstatt-Zeit, um 700 v. Chr., dienen sie aber auch zum Funkenschlagen und zwar mit Hilfe federnder Stahlbandstücke. Eine Kombination, die vom Ende des 15. Jahrhunderts bis 1805 (bis zur Einführung des Perkussions-Gewehrs) für alle Handfeuerwaffen ebenso unentbehrlich ist wie für friedliche Zwecke.

Heute ist das Feuermachen für die Hochentwickelten derart einfach, daß sie dessen Bedeutung vergessen: Erst

mit der Feuer-Nutzung beginnt die wahre Menschwerdung, paßt der Mensch erstmals die Umwelt seinen Bedürfnissen an.

Nur durch das Feuer kann er Wälder roden und in Äcker verwandeln, wird er seßhaft *(→ um 18 000 bis 8000 v. Chr.)*. Da der Mensch als Warmblütler seine Körpertemperatur ständig auf 36 bis 37° C halten muß, von der Natur aber keinen ausreichenden Kälteschutz erhalten hat, bietet diesen erst das Feuer. Es ermöglicht so die Besiedlung der Regionen gemäßigten Klimas, das intensives Arbeiten ermöglicht, das gesündeste und anregendste ist.

Erst durch das Feuer wird die Nutzung roh ungenießbarer Nahrung und das Konservieren von Fischen und Fleisch durch das Räuchern möglich, mit der Feuerbewahrung beginnt die Vorratswirtschaft. Ohne Feuer gäbe es kein Sieden von Salz, das bis in die jüngste Vergangenheit ein unentbehrliches Konservierungsmittel bleibt — und zugleich einer der ältesten Handelsartikel ist.

Das Feuer ermöglicht die Herstellung von Gefäßen aus gebranntem Ton wie von Ziegeln. Mit seiner Hilfe werden aus den Erzen Metalle gewonnen, schließlich Dampf erzeugt, um Wärme in Arbeit umzusetzen: Ohne das Feuer ist Zivilisation jedweder Art undenkbar.

Natürlich bringt die Feuer-Nutzung wie jede Art Energie-Freisetzung Risiken mit sich, und natürlich kommt es auch zu

Feuer-Mißbrauch:

Mindestens seit 424 v. Chr. dient es als Angriffs-Waffe. Da gibt es seit Jahrtausenden Feuer-Katastrophen, aber erst seit 1680 die erste Feuer-Versicherung. Heute verursacht das Feuer im Welt-Durchschnitt jährlich 35 Todesfälle auf je eine Million Menschen, bei rund 5 Milliarden also etwa 175 000 jährlich, davon rund 20 000 in den Vereinigten Staaten (die mit 65 pro Million Einwohner die höchste Feuertod-Rate der Welt haben und wo allein in New York durchschnittlich 12 000 Brandstiftungen jährlich verzeichnet werden). Die Brandschäden in den USA haben 1987 etwa 36 Milliarden Dollar betragen, für die Welt werden sie auf 180 Milliarden Dollar jährlich geschätzt.

Um 46 000 vor Christus

Obwohl erst Galileo Galilei 1638 die Elastizitäts- und Festigkeitslehre begründet, wird durch Elastizität gespeicherte Energie seit mindestens 48 Jahrtausenden genutzt: Bei Border Cave im Norden Natals (Südafrika) ausgegrabene Pfeilspitzen erweisen

> *die Spannkraft als die erste durch eine menschliche Erfindung anwendbar gemachte Energie-Form und das erste vom Menschen erfundene Mittel zur Kraftübertragung auf entfernte Objekte.*

Nur Pfeil und Bogen halten die Menschen als Jäger am Leben, denn die Tiere, denen sie nachstellen, sind mindestens dreimal schneller als sie, jedoch weit langsamer als ein Pfeil.

Spannkraft entsteht durch das Bestreben fester Körper, ihre unter äußerer Krafteinwirkung angenommene Formänderung (Deformation) nach dem Aufhören dieser Einwirkung wieder rückgängig zu machen, das heißt wieder ihre ursprüngliche Form anzunehmen: Ein Bogen — zuerst wohl ein natürlich leicht gekrümmter Baumast — wird mit Hilfe einer (Tier-)Sehne „gespannt", also stärker gebogen, und speichert die dazu aufgewendete menschliche Muskelkraft. Plötzlich losgelassen, schleudert die Sehne den auf sie gesetzten Pfeil im vom Menschen bestimmten Augenblick und in der von ihm bestimmten Richtung 200 bis 300 Meter weit. Beim heutigen, von Millionen gepflegten Sport-Bogenschießen liegen die Weitschuß-Weltrekorde der Fuß- und Hand-Bogenklasse bei 1855 und 1065 Metern.

Dienen Pfeil und Bogen zuerst nur der Jagd und dem Schutz gegen Raubtiere, so werden sie natürlich sehr früh auch gegen menschliche „Feinde" benutzt. Sie dienen noch als Waffe, als es bereits seit zwei Jahrhunderten Schußwaffen gibt: Im Jahr 1602 werden in Cornwall Pfeile benutzt, die auf 500 Schritt Entfernung Ritterrüstungen durchschlagen. Auf ihren Bogenschützen-Heeren beruht die Macht der assyrischen und babylonischen Königreiche. Als die Mongolen ihre Bogenschützen beritten machen und zur Geschwindigkeit der Pfeile die der Pferde hinzufügen (die im Trab 15 Kilometer pro Stunde zurücklegen statt der 5 Kilometer marschierender Truppen), erringen sie im 13. Jahrhundert binnen knapp vier Jahrzehnten, in kürzerer Zeit als je ein Volk zuvor, größere Räume als je andere Völker besessen haben oder bis heute besitzen: Rund 50 Millionen Quadratkilometer, mehr als ein Drittel der festen Landfläche der Erde, Länder, mehr als doppelt so ausgedehnt wie die Sowjetunion.

Die Mongolen-Herrschaft zerfällt und das Bogenschießen ist nur mehr ein Sport. Aber

die Spannkraft ist so wichtig wie nur je,

denn der Straßenverkehr ist ohne Federung so undenkbar wie die Eisenbahn, erfordert elastische Flach- oder Rundstahlglieder zur Aufnahme von Torsions-, Zug- und Druckkräften. Der Elastizitäts-Nutzung dient die Natur- und Synthese-Kautschukgewinnung und die Gummiindustrie. Die Feststellung der Elastizitätsgrenzen bildet eine der Grundlagen der Werkstoffkunde und der Materialprüfungsverfahren *(→ 1638).* Da dienen elastische Wellen der Energieträger-Suche *(→ 1924),* und was spätestens um 46 000 v. Chr. begonnen hat, wirkt weiter, stets neue Elastizitäts-Nutzungsmöglichkeiten werden entdeckt. Ähnlich ist es übrigens bei der Nutzung der Zentrifugalkraft durch die Stein-Schleuder, die vielleicht noch älter als Pfeil und Bogen ist und die als Kriegswaffe *(→ um 740 v. Chr.)* seit mindestens drei Jahrtausenden verwendet wird. Aus ihr werden die heutigen Ultra-Zentrifugen, die u. a. der Uran-Isotopen-Trennung dienen *(→ 1977).*

Um 18 000 bis 8000 vor Christus

Die neben dem Sonnenlicht wichtigste Energie-Form war stets und bleibt die Wärme *(→ 31. Mai 1842).* Wieviel Wärme jeweils wo der Erde zur Verfügung steht, entscheidet über das Klima, das Klima wiederum über die Möglichkeiten der Bodennutzung. Wenn die Sowjetunion der größte Staat der Erde ist, so ist die Sowjet-Arktis größer als ganz Kanada. Mehr als die Hälfte der 22,4 Millionen Quadratkilometer der Sowjetunion sind Permafrost-Böden, das heißt nie auftauende Böden oder aus anderen klimatischen Gründen nicht agrarisch nutzbar.

Von der gesamten festen Erdoberfläche bleiben heute etwa 15 Millionen Quadratkilometer ständig mit Eis bedeckt. Das Eis-Volumen der Erde beträgt rund 28 Millionen Kubikkilometer – acht Zehntel allen Süßwassers der Erde sind in Form von Eis gebunden. Kilometerdicke Eispanzer bedecken nach wie vor die Antarktis und praktisch ganz Grönland.

Vor etwa 600 000 Jahren aber sind (wie wir durch Moränen wissen) mindestens 50 Millionen Quadratkilometer vereist, ein Drittel allen Festlandes und weite Teile des Meeres. Seit 1969 durchgeführte Tiefbohrungen im Eis der Antarktis und Grönlands haben Bohrkerne ergeben, deren Sauerstoff-Isotope die Feststellung der Temperaturen ermöglichen. Diesen zufolge muß es acht, durch kürzere und längere Rückzüge des Eises unterbrochene Eiszeiten gegeben haben.

Die letzte große Eiszeit

dauert von etwa 37 000 bis etwa 12 000 v. Chr. Die tiefste Temperatur wird um 18 000 erreicht, dann steigt sie ständig. Bilden die Gletscher Nordeuropas vor etwa 20 000 Jahren eine einzige, 3000 Meter dicke Eisdecke, die sich über den ganzen Ostsee-Raum bis weit nach Mitteleuropa und Rußland ausdehnt, so schmelzen sie nun ab. Ebenso die Eismassen der Alpen, die bis fast an die obere Donau, den Po und die Rhône gereicht haben und deren Abschmelzen um 8000 v. Chr. beendet ist.

Verursacht hat die Eiszeiten wahrscheinlich eine Veränderung der Erdachsen-Lage und damit der Umlaufbahn der Erde um die Sonne. Der Mensch überlebt sie, weil er seit etwa 1,7 Millionen Jahren das Feuer nutzt, sich durch das Verbrennen von Holz sowie durch Tierfelle warmzuhalten vermag. Mit der Feuer-Nutzung beginnt die eigentliche Menschwerdung, die Entwicklung zu unserer heutigen Welt aber erst, als

die große Klima-Änderung des Neolithikums,

der Jung-Steinzeit, den Menschen zwingt, seine Art des Lebens zu ändern und ihm zugleich diese Änderung ermöglicht.

Die ersten Menschen sind Sammler und Jäger, ihre Wirtschaftsform das „Wildbeutertum". Die erste große Energie-Erfindung, Pfeil und Bogen, wird um 46 000 v. Chr. gemacht, durch sie die Jagdbeute vervielfacht, der „Jetzt-Mensch", der Homo sapiens, der damals auftaucht, hat auch schon weit bessere Werkzeuge als seine Vorfahren. Europa besteht während der letzten Eiszeit aus Tundren, Steppen und wenig Wald. Es gibt überreichlich Wild, Mammuts, riesige Elche und Auerochsen, wollige Rhinozerosse, Steppen-Bisons und Höhlen-Bären. Auf den riesigen Grasflächen tummeln sich wilde Pferde und eine Unzahl von Hirsch- und Antilopen-Arten. Mit dem Wärmerwerden aber dehnen sich die Wälder aus und durch das Abschmelzen des Eises das Meer, das weite Ebenen überschwemmt. Die Fauna verändert sich, nicht nur die Mammuts sterben aus. Und mit dem Klima verändert sich natürlich auch die Pflanzenwelt. Durch die Wärme gedeihen die wilden Obstbäume und verschiedene Knollenpflanzen besser, während manche Beerensträucher zugrundegehen. Vor allem werden die Ähren und Rispen der Gräser schwerer. Als dann erstmals Knollen und Wildgräser-Samen gesammelt und auf einem mit Grabstöcken bearbeiteten Stück Land ausgesetzt und ausgesät werden, beginnt

die erste Wirtschafts-Revolution der Menschheitsgeschichte: Erzeugen statt Aneignen!

Jäger und Sammler schaffen selbst nichts. Sie sind Ausbeuter, nehmen, was sie zum Leben brauchen, der Natur ab. Mit dem Ende der letzten Eiszeit werden

Ackerbau und Tierhaltung zur Wirtschaftsgrundlage und damit die Produktion und die Vermehrung der Güter durch den Menschen.

Diese Umwälzung erfolgt natürlich nur nach und nach und nicht überall zur gleichen Zeit. Wild-Emmer (Triticum dicocoides) und der erste Flug-Hafer (Avena fatma) mögen schon um 15 000 v. Chr. angebaut worden sein. Erwiesen ist der Ackerbau (durch 1971 in Thailand gemachte Funde) seit dem elften vorchristlichen Jahrtausend. In der Oase Anau am Fuß des persischen Grenzgebirges östlich des Kaspischen Meeres haben die Wüstenwinde eine heute über 70 Meter hohe Sanddüne gebildet. Sie lagern Jahr für Jahr die fast gleiche Menge Sand ab, die Schichten sind deutlich zu erkennen, und man kann sich in Anau durch zehn Jahrtausende graben. Fast auf der Sohle dieses Sandberges sind verkohlte Getreidekörner und angebrannte Knochen des Haus-Schafes und des Haus-Rindes gefunden worden. Mindestens seit 8600 v. Chr. ist hier Ackerbau betrieben worden und hat man Haustiere gehalten. Mindestens ebenso alt ist der Ackerbau in den Mündungsgebieten der großen Ströme, die durch ihre Schwemmstoffe den Boden fruchtbar erhalten, im Delta des Nils und des Niger, in den Ebenen zwischen Euphrat und Tigris, am Indus und in den Lössgebieten Chinas. Getreide-Vorräte besitzen Jericho in West-Jordanien und Kosh im Iran spätestens 7800 v. Chr. Der älteste Ur-Weizen Europas ist im Januar 1979 im niederbayerischen Obereltenbach in einem ausgegrabenen, vorgeschichtlichen Vorratsspeicher gefunden worden. Diese zwei Zentner Getreide sind 4500 Jahre alt.

Überall bedeutet der Ackerbau

die erste systematische Nutzung der Sonnenenergie durch den Menschen.

Die Photosynthese der Pflanzen *(→ vor etwa 2,9 Milliarden Jahren)* wird erstmals künstlich vermehrt, indem deren Zahl auf der gleichen Fläche vervielfacht wird. Bei 30 Zentimeter Abstand voneinander gibt es nun auf jedem Hektar 109 000 dieser Miniatur-Sonnenkraftwerke.

Der Ackerbau bedeutet außerdem Vorratswirtschaft. Zwar haben auch die Jäger Vorräte angelegt und die meisten Höhlen haben nicht als Wohnungen, sondern als kühle Fleischlager gedient. Aber

große Mengen gespeicherter Arbeitskraft

bilden erst die Getreide-Vorräte. Erst sie setzen genügend Zeit für andere Tätigkeiten frei. Von diesen gibt es immer mehr, vor allem auch, weil immer mehr Nomaden seßhaft werden, Ackerbau und Tierhaltung einander ergänzen, die Entwicklung der Wild-Pflanzen zu Kultur-Pflanzen mit der Wild-Tiere-Domestikation parallel läuft.

Die ersten gezähmten Tiere

soll es bereits um 18 000 v. Chr., auf dem Höhepunkt der letzten Eiszeit, gegeben haben. Und zwar Herden von Rentieren, die damals nicht, wie heute, im hohen Norden Europas leben, sondern in riesigen Mengen im heutigen Südfrankreich. Erwiesen sind Haustiere im 11. vorchristlichen Jahrtausend in Thailand, und Ziegen werden in Asiab, im Iran, spätestens seit 8050 v. Chr. gezüchtet. Die

Schafzucht ist etwas älter, findet sich seit 7200 v. Chr. auch in Europa und Afrika. Durch sie kommt es zum Spinnen und Weben, wird die Kleidung revolutioniert, die bisher nur aus Pelzen und Tierhäuten bestanden hat (für die aber bereits 23 000 v. Chr. die Nähnadel erfunden worden ist).

Aus der Aurignac-Zeit (um 30 000 bis 16 000 v. Chr.) stammen im Pyrenäen-Vorland Frankreichs, vor allem bei Solutré, riesige Mengen Wildpferd-Knochen, die sich am Fuß steiler Felsabstürze angesammelt haben. Darüber trieben Jäger scheu gemachte Pferdeherden. Aber das erste gezähmte Pferd gibt es (soweit wir wissen) 4350 v. Chr. in der Ukraine.

Bedeutet der Ackerbau Vervielfachung der Sonnenergie-Nutzung durch viele Pflanzen auf kleinem Raum, so die Tierhaltung und Viehzucht Rationalisierung der Futter-Nutzung und Vervielfachung der Fleisch-Nahrungs-Lieferanten des Menschen auf dem gleichen Raum. Zudem aber

die erste Zins-Kapitalbindung,

denn Haustiere vermehren sich bekanntlich. Das Wort „Kapital" leitet sich vom spätlateinischen „caput" ab, was „Stammsumme" bedeutet. Es ist der „Stamm-Bestand eines zu Produktion oder Erwerb von mehr Gütern dienenden Gutes", ursprünglich der Stamm-Viehbestand.

Ist die Viehwirtschaft die Urform der produktiven Kapitalbildung, so werden gezähmte Tiere aber sehr bald auch unentbehrliche Arbeitskraft-Lieferanten. Erst

Zugtiere ermöglichen den Übergang vom Hackbau zum Pflügen

(das der chinesische Kaiser Shen-nung 2700 v. Chr. eingeführt haben soll und das erst 1855 mechanisiert wird). Für viele Millionen Menschen bildet die Muskelkraft der Tiere noch heute die praktisch einzige Ergänzung der eigenen, schwachen Körperkraft. Beträgt die körperliche Höchstleistung des Menschen nur etwa 75 Watt, so die eines Ochsen 200 und eines Pferdes 600 bis 700. Rationell genutzt wird die tierische Arbeitskraft erst seit etwa einem Jahrtausend *(→ um 950)* durch die Erfindung des Zug-Geschirrs und des Hufeisens. Aber

noch im Jahre 1850 stellen Tiere 53 Prozent der gesamten Arbeitskraft der Vereinigten Staaten

(gegen 13 Prozent der menschlichen Muskelkraft). Im Jahre 1900, als es etwa 160 Millionen Pferde, Maultiere, Esel, Ochsen, Büffel und Kamele auf der Welt gibt (gegenüber rund 1600 Millionen Menschen), entfallen auf sie 22 Prozent der Welt-Arbeitsleistung, während die Menschen etwas mehr als 5 Prozent und Maschinen 73 Prozent stellen. Heute sind nur mehr die Ärmsten der Armen auf die tierische Arbeitskraft angewiesen. Aber die (ohne Kleintiere, von denen die zahlreichsten die Milliarden Seidenwürmer sind) etwa vier Milliarden Nutztiere der Welt sind jetzt die Lieferanten des größten Teils des landwirtschaftlichen Welt-Produktionswertes, die Haupt-Einnahmequelle der Bauern in den hochentwickelten Ländern, längst die durch die Tiere geschaffene Kaufkraft unentbehrlich. Und 1879 ist zum Beispiel die Milchwirtschaft schon so wichtig, daß für sie die Zentrifuge erfunden wird.

Hat die „Neolithische Revolution“ den Menschen erstmals produktiv und zugleich seßhaft gemacht, die Arbeitsteilung ermöglicht (und damit allerdings auch zur Sklaverei geführt, denn wenn Jäger und Nomaden keine Sklaven gebrauchen können, so die Ackerbauer sehr wohl), so löst sie Dutzende weiterer Fortschritte aus: Das neue Wirtschaften verändert die menschliche Ernährung. Kochgeschirr wird gebraucht, durch Brennen gehärtete Tongefäße werden erzeugt, zuerst noch ohne Töpferscheibe. Das Seßhaftwerden bedeutet Hausbau. Dieser wiederum erfordert Transporte. Auch die Landwirtschaft kommt ohne diese nicht aus und so kommt es zur

Erfindung des Rades

(→ um 3800 v. Chr.). Aus dem Karren- und Wagenrad werden das Wasserrad, das die Wasserkraft-Nutzung ermöglicht *(→ um 3500 v. Chr.)* und die Töpferscheibe. Räder und Zugseile kombiniert ergeben schließlich *(→ um 400 v. Chr.)* den Flaschenzug. Da werden aus Lehm gebrannte Ziegel gemacht, und da Keramik- und Ziegelöfen mehr Hitze erfordern, als ein gewöhnliches Feuer gibt, werden seit spätestens dem zweiten vorchristlichen Jahrtausend Blasebälge verwendet *(→ um 1457 v. Chr.).* Mit deren Hilfe wird zu Ende des Neolithikums Kupfer erschmolzen, auf die Jüngste Steinzeit folgt die Bronzezeit.

All dies aber wird an heutiger Bedeutung noch durch eine weitere Folge der „Neolithischen Revolution“ übertroffen: Sie ist auch

der Beginn des Bevölkerungs-Wachstums,

das heute eines unserer größten Probleme bildet *(→ 1798)*: Jeder Hektar Weizen ernährt mindestens fünfzigmal soviele Menschen als die besten Jagdgründe und zehnmal mehr als die gleiche Fläche Weideland. Wird für das zehnte Jahrtausend v. Chr. eine Weltbevölkerung von 3 bis 5 Millionen angenommen, so für das fünfte bereits von 20 Millionen, und bei Christi Geburt werden es etwa 160 Millionen gewesen sein.

Diese Bevölkerungszunahme wird durch die Agrarproduktion ermöglicht, andererseits kann sich diese nur durch die genügende Zahl Menschen entwickeln, denn für Ackerbau und Tierhaltung werden ungleich mehr Arbeitskräfte benötigt als für die Jagd- und Sammelwirtschaft. Dazu kommen Handwerk, Transporte, Handel usw. Beim engen

Zusammenhang zwischen Menschen-Zahl und Wirtschafts-Form

bleibt es bis heute. Das Bevölkerungs-Wachstum ist nicht eine kontinuierlich, sondern eine alternierend wirkende Kraft: Bei einer gewissen Dichte muß zu intensiverem Wirtschaften übergegangen werden. Aber erst bei einer meist viel höheren kann das geschehen und so kann Menschen-Mangel ebenso Hunger und Kriege bedeuten wie Übervölkerung. Stets bringen solche Übergänge Krisen aller Art mit sich und wie schwer die jeweils sind, hängt wesentlich von den Zeiträumen ab, die zur Umstellung zur Verfügung stehen, das heißt wesentlich vom Tempo der Bevölkerungszunahme.

Bis zur „Industriellen Revolution" (→ *1769 bis 1794*), das heißt während der etwa zwölf Jahrtausende, die der „Neolithischen Revolution" folgen, gibt es

eine natürliche Wachstums-Bremse,

kann die Bevölkerung nur langsam wachsen: Jede Zunahme der Menschen und ihrer Nutztiere bedeutet nicht nur zusätzliche Produzenten, sondern auch zusätzliche Verbraucher. Der Unterschied zwischen Aufwand und Ertrag bleibt gering, damit auch die „Kapitalbildung". Wie die Produktion völlig auf der Muskelkraft beruht, so auf vorgegebenen, vom Menschen nicht vermehrbaren Naturkräften wie Wasser und Wind. Das Energie-„Kapital" der Erde kann (außer dem nur langsam nachwachsenden Holz) bis weit ins 18. Jahrhundert nicht angetastet werden.

Natürlich vermehrt sich die Weltbevölkerung von Anfang an geometrisch und nicht arithmetisch, aber, wie gesagt, zuerst nur sehr langsam:

Die Menschenzahl verdoppelt sich zwischen den Jahren	von — auf etwa Millionen	Die Verdopplung erfordert also Jahre
7000—4500	10— 20	2500
4500—2500	20— 40	2000
2500—1000	40— 80	1500
1000—Chr. Geburt	80— 160	1000
Chr. Geburt—900	160— 320	900
900—1700	320— 600	800
1700—1850	600—1240	150

Seit Ende des 18. Jahrhunderts nimmt die Menschenzahl rapide zu. Denn durch das „Kohle-Zeitalter", die Nutzung des Energie-Kapitals der Erde, ist es zur

„Abkoppelung" der Produktion von der Bevölkerungsentwicklung

gekommen, gibt es praktisch keine „biologische Bremse" der Produktion mehr. Das bedeutet eine gewaltige Wohlstands-Vermehrung durch rascheres Wachsen der Erzeugung als der Menschenzahl. Das bedeutet Steigerung des Bruttosozialprodukts pro Kopf und zugleich pro Quadratkilometer, aber sehr bald natürlich auch eine

Diskrepanz zwischen zunehmender Bevölkerung und nicht zunehmenden Ressourcen wie Boden und Energie-Kapital.

Was sich durch die „Industrielle Revolution" völlig ändert, ist das Tempo der Bevölkerungszunahme: 1850 bis 1950 wächst die Weltbevölkerung von 1240 auf 2517 Millionen und 1950 bis 1987 weiter auf fünf Milliarden. Die Verdoppelungszeit sinkt auf 100, schließlich auf 26 Jahre statt ursprünglich zweieinhalb Jahrtausende.

Damit stellen sich natürlich die Fragen: Kann die Ackerfläche der Erde auf die Dauer genügen? Wie lange reichen die Grundstoff- und Energieträger-Vorräte?

Daß in einer begrenzten Welt ein unbegrenztes Wachstum nicht möglich ist, ist selbstverständlich, das entdeckt nicht erst 1972 der „Club of Rome“. Aber eine weltweite Diskussion der Bevölkerungsfrage löst erst der Reverend Thomas Robert Malthus 1798 aus. Daß nur ein menschenwürdiges Leben aller Menschen, das heißt

die Durchsetzung des „Menschenrechtes auf Energie“

(→ *Oktober 1986*) das Weltbevölkerungs-Problem zu lösen vermag, ist auch heute noch kein Allgemeingut.

Um 7250 vor Christus

Wenn der Mensch durch die Naturkräfte lebt, so fesseln sie ihn auch an die Erde. Drei Viertel der Fläche unseres Planeten scheinen ihm verschlossen, weil sie von Wasser bedeckt sind und der Mensch durch die Schwerkraft im Wasser zu Boden sinkt, das heißt ertrinkt. Zwar kann er schwimmen lernen — der Welt-Dauer-schwimmrekord steht heute bei 168 Stunden im Schwimmbecken und bei 43 Stunden im (ruhigen) Meer — aber unzählige Menschen ertrinken alljährlich. Erst als

die Nutzung des Auftriebs

zur Überwindung der Schwerkraft mit Hilfe von Schiffen gelingt, beherrscht der Mensch auch die Meere.

Diesen Auftrieb untersucht Archimedes von Syrakus im Jahr 250 v. Chr. und stellt das „Archimedische Prinzip“ auf, das bis heute gilt: „Ein Körper verliert in einer Flüssigkeit soviel von seinem Gewicht, wie das Gewicht der verdrängten Flüssigkeit beträgt.“ Tatsächlich ändert sich das Gewicht natürlich nicht, aber es wird zum Teil von der Flüssigkeit aufgehoben, der Druck nach unten durch den Auftrieb verändert. Verdrängt man durch Schwimmbewegungen mehr Wasser, als dem eigenen Gewicht entspricht, geht man nicht unter. Gibt man Körpern eine Form, durch die sie mehr Wasser verdrängen als ihr Eigengewicht und die Last, die sie tragen, so schwimmen sie ebenfalls, selbst wenn sie aus Eisen sind. Solche Körper sind unsere Schiffe.

Seit wann der Auftrieb genutzt wird, wissen wir nicht, aber sicherlich schon hunderttausend oder mehr Jahre, bevor Archimedes lebt. Das früheste Wasser-fahrzeug ist wohl ein ins Wasser gefallener, abgestorbener Baum, auf den sich ein

Fischer setzt. Große Bäume mit Steinwerkzeugen zu fällen, ist ihm nicht möglich. Zuerst sind also wohl mehrere dünne Stämme mit Schilf und Zweigen zu einem Floß zusammengebunden worden, ehe vom Wind gefällte und durch Feuer ausgehöhlte große Baumstämme richtige Schiffe liefern, das heißt genügend Auftrieb, um nicht nur mehrere Menschen, sondern auch „Nutzlast“ tragen zu können.

Von diesen „Einbäumen“ zu aus Planken gebauten Schiffen (oder gar zum ersten Schiff aus Eisen, das erst John Wilkinson im Jahre 1787 baut und das sich erst im 19. Jahrhundert durchsetzt) ist ein weiter Weg, aber 1971 in der Franchthi-Höhle in Griechenland gefundene Obsidian-Messer und Gräten von Hochsee-Fischen beweisen, daß es um 7250 v. Chr. einen regelmäßigen Seeverkehr zwischen dem griechischen Festland und der Insel Melos gegeben hat, über etwa 500 Kilometer Entfernung.

Ebenfalls aus dem achten vorchristlichen Jahrtausend stammen Ruder, die in den Sümpfen von Magle Mose auf Seeland, Dänemark, und Star Carr, Nord-Yorkshire, England, gefunden worden sind. Den frühen Schiffsantrieb stellt die menschliche Muskelkraft, denn zur Segelschiffahrt kommt es, soweit wir wissen, erst um das Jahr 4000 v. Chr.

Um 4000 vor Christus

Gibt es größere Schiffe seit spätestens 7250 v. Chr., so tauchen die ersten Segelschiffe erst um etwa 4000 v. Chr. auf.

Die Nutzung des Windes als Antriebskraft

bleibt jedoch vorerst beschränkt: Das älteste erhaltene Wasserfahrzeug, ein bei der Pyramide von Khufu in Ägypten gefundenes, etwa 2450 v. Chr. gebautes Nil-Boot von 44 Metern Länge und 40 Tonnen Wasserverdrängung, hat bei 20 Ruderer-Plätzen nur ein kleines Mittelsegel.

Die frühesten großen Segel-Reisen scheinen im Pazifik unternommen worden zu sein: 1972 auf Neuguinea und den Salomon-Inseln gefundene Lapida-Keramik aus dem zweiten vorchristlichen Jahrtausend beweist, daß es damals Verbindungen zwischen der Watom-Insel unweit Rabaul und der 6400 Kilometer südöstlich liegenden Insel Tonga gegeben hat. Der Obsidian von Talasea auf New Britain ist mehr als 2000 km weit nach Gawa in der Santa-Cruz-Inselgruppe verschifft worden.

Auch in der übrigen Welt werden alle Entdeckungsreisen und bis weit ins 19. Jahrhundert *(→ 17. August 1807)* alle Handelsreisen über See mit Segelschiffen durchgeführt, aber sie leiden darunter, daß man die den Windströmungen zugrundeliegenden Gesetze lange nicht kennt. Erst der Grieche Hippalos entdeckt 50 n. Chr. den regelmäßigen, halbjährigen Richtungswechsel des Monsuns – und legt dadurch die Fahrt vom Persischen Golf nach Indien und zurück, die bis dahin zwei Jahre gedauert hat, in zwei Monaten zurück. Die Beständigkeit des Passats wird erst im 16. Jahrhundert für die regelmäßige Schiffahrt Spanien-Iberoamerika und Mexiko-Philippinen genutzt.

Die Passat-Gesetze, die die Ur-Bewegung der Atmosphäre erklären,

entdeckt George Hadley erst 1735, die erste „Trade Winds"-Karte (der Luftströmungen beiderseits des Äquators) zeichnet Edmund Halley 1688.

Zum Mangel an Wissen tritt der Mangel an Navigationsgeräten und der richtigen Schiffs-Typen, vor allem auch exakter, rasch wirkender Schiffs-Steuerungen, denn erst sie ermöglichen das „Kreuzen",

das Segeln gegen den Wind.

Als dessen Pionier gilt König Harald I („der Schönhaarige"), der es erstmals im Jahre 875 angewendet haben soll. Mit welthistorischen Folgen, denn ihre überlegenen Schiffe und ihre Segelkunst ermöglichen den Normannen 910 die Niederlassung in der Normandie und von dort aus 1066 die Eroberung Englands. Sie kommen nach Island, seit 982 nach Grönland und von da um 1000 nach Nordamerika.

Ist die Nutzung des Windes durch die Schiffahrt entscheidend wichtig für die Menschheits-Entwicklung, so soll es um 4000 v. Chr. in China (Ausgrabungen zufolge, über die die amtliche chinesische Nachrichtenagentur am 10. Februar 1979 berichtet) bereits

die ersten Windmühlen

gegeben haben. Die erste in Europa, von der wir wissen, stammt jedoch erst aus dem Jahre 1105 n. Chr. Weitere sechs Jahrhunderte vergehen, ehe die Windkraftnutzung 1736 bis 1738 ihre wissenschaftliche Grundlage erhält, Daniel Bernoulli die Hydro- und Aerodynamik begründet. Seit jeher und für alle Zeiten lebenswichtig bleibend und schon durch die Blütenbestäubung zahlreicher Nutzpflanzen (ohne die zum Beispiel die Getreideähren „taub" bleiben) von größter wirtschaftlicher Bedeutung, spielt der Wind als Energiequelle nach wie vor eine sehr geringe Rolle, weil er zu unregelmäßig weht und trotz der fast unvorstellbaren Kräfte, die er zu entwickeln vermag, seine Energie-Dichte zu gering ist.

Um 3800 vor Christus

Sind Materie und Energie identisch, so sind beide ohne Bewegung ihrer kleinsten Teilchen undenkbar: Alles ist Bewegung, und die aus dem sechsten vorchristlichen Jahrhundert stammende Einsicht Heraklits von Ephesos:

„alles fließt, ist ein ewiges Werden und Vergehen“,

wird von den Astronomen wie von den Nuklearphysikern bestätigt. Auch die Energie wandelt sich ständig, und unsere Technik (was wörtlich „Können“ und „die Fähigkeit, etwas zu erzeugen“ bedeutet) beruht darauf, daß wir diese Wandlungen auslösen oder beschleunigen, um Arbeitskraft zu gewinnen. Dazu müssen wir auch die Bewegungsvorgänge verändern: Die im Kosmos vorherrschende Bewegung ist die Rotation und auch die Erde dreht sich um die Sonne und um sich selbst. Aber das Wasser fließt in einer Richtung, sucht möglichst geradlinig seinen Weg zum Meer. Der Wind weht (mit Ausnahme der Wirbelstürme) linear, und geradlinig ist auch die Fallbewegung. In der Natur gibt es nichts, was einem Rad gleicht. In der Menschenwelt jedoch so gut wie nichts, was ohne Kreisbewegung in Arbeit umgesetzt werden kann. So ist

die Erfindung des Rades und die Nutzung der Drehbewegung

die wichtigste aller menschlichen Errungenschaften und die Voraussetzung unserer Energie-Umwandlungen.

Daß Rollen weniger Kraft erfordert als Schleifen oder Tragen *(→ 1879),* wird sehr früh entdeckt und schweren Lasten Baumstämme untergelegt. Aber sie in Scheiben zu schneiden und damit in Räder zu verwandeln, erfordert Werkzeuge, die es sehr lange nicht gegeben hat. Das älteste von den Sumerern aus drei Teilen zusammengesetzte, fest mit der Achse verbundene Scheibenrad stammt deshalb erst aus dem vierten vorchristlichen Jahrtausend. Am Indus ausgegrabene Räder sind etwas jünger. Speichenräder gibt es im Vorderen Orient etwa seit 2300 v. Chr., in Europa seit etwa 1500 v. Chr., wie eine im Elsaß gefundene Bronzezeit-Schmucknadel beweist, die solch ein Rad zeigt. Radreifen aus Bronze oder Eisen tauchen um 1000 vor der Zeitwende auf. Keinerlei Art von Rädern aber gibt es in Amerika. Auch die hochentwickelten Kulturen der Maya und Inka kennen das Rad nicht, in den Ebenen so wenig wie im Hochgebirge. Erst die spanische Konquista zu Beginn des 16. Jahrhunderts macht es hier bekannt.

Das älteste Bild eines Wagens findet sich auf einer in Lagasch, im südlichen Mesopotamien, gefundenen Steinstele aus dem Jahre 2700 v. Chr. Verschiedene Arten von Straßenfahrzeugen gibt es in Babylonien, im antiken Griechenland und im Römischen Reich, aber es sind alles leichte Wagen. Schwere Lasten werden bis ins 18. Jahrhundert unserer Ära geschleift, auf den steinernen Molen Lübecks wie Venedigs Schlitten verwendet. Noch heute sind solche Last-Schlitten auf den steilen Felswegen Madeiras in Gebrauch. Auch die leichten Wagen verschwinden in der Völkerwanderungszeit fast völlig, denn mit dem Untergang des Römischen Reiches verfällt auch das römische Straßennetz. Bis zum 10. Jahrhundert dienen vor allem Packpferde dem Warentransport, erst Brustblattgeschirr und Hufeisen *(→ um 950)* ändern das.

Erst die Eisenbahnen *(→ 1825)* lösen das Problem der Schwer- und Massentransporte und nur durch Alfred Krupps nahtlosen, aus einem Stück geschmiedeten und gewalzten Radkranz des Jahres 1852, denn mit geschweißten Rädern und Achsen ist die Tragkraft zu gering, ist die eines ganzen Güterzuges mit etwa 60 Tonnen nicht größer gewesen als heute die Tragkraft eines einzigen Großraum-Waggons. Voraussetzung der Straßenverkehrs-Mechanisierung wiederum ist das Luftreifen-Rad, das R. W. Thomson 1845 erfindet, aber erst John Boyd Dunlop seit 1888 durchsetzt.

Ist das Rad das Grundelement unserer Land-Verkehrs- und Transportmittel, so sind Räder aber vor allem auch

das unentbehrlichste Maschinenbau-Element

und die Drehbewegung (wie Vitruv, der Ingenieur Kaiser Augustus, das 25 v. Chr. sagt) „das Kennzeichen der Maschine".

Allerdings ist die Nutzung der Drehbewegung älter als das Rad: Aus der Zeit um 4500 v. Chr. sind mit Fiedelbögen *(Bogen-Sehnen → 46 000 v. Chr.)* betriebene Bohrvorrichtungen zum Durchlöchern von Knochen und Holz erhalten. Bei der Verwendung wird entdeckt worden sein, daß beim Bohren Wärme entsteht, und so kommt es zur lange weitaus wichtigsten

Nutzung der Drehbewegung, zum Feuermachen,

zum Drehen eines Hartholzstabes auf einer Weichholzunterlage *(→ vor etwa 1,7 Millionen Jahren).*

Die erste Weiterentwicklung des Rades vom Stütz- und Fortbewegungsmittel zur „Maschine" sind

Wasser-Schöpfräder

im Süden Mesopotamiens, Doppelräder mit Trögen dazwischen *(→ um 3500 v. Chr.),* die, durch die Flußströmung angetrieben, das Wasser hochheben und durch ihre Drehung in einen Bewässerungskanal schütten.

Etwa in die gleiche Zeit fällt

die Erfindung der Töpferscheibe:

Die ältesten, aus Jericho in Jordanien stammenden Tongefäße, etwa 7000 v. Chr. entstanden, sind mit der Hand geformt, jüngere mit Hilfe geflochtener Formkörbe. Fast gleichzeitig oder nur wenig später als das Wagenrad wird aber auch die Töpferscheibe verwendet, findet sich „Maschinen“-Keramik am Indus wie in Syrien und am Euphrat. Im Ägypten Ramses III, um 1170 v. Chr., ist die Töpferscheibe allgemein in Gebrauch. Da dreht sie nicht länger der Töpfer selbst mit der Hand, sondern ein Gehilfe. Diese Scheiben sind auch bereits so massiv, daß sie

die ersten Schwungräder

und damit weit leistungsfähigere Energie-Speicher als gespannte Bogen bilden. Bei der Töpferscheibe wie bei Watts erster Dampfmaschine mit Drehbewegung des Jahres 1781 und den heutigen Automobilmotoren dient das Schwungrad nur zur Wandlung stoßartiger in kontinuierliche Leistung. Es verteilt damit aber auch die Abgabe der zugeführten Energie auf einen längeren Zeitraum, und diese Speicherfähigkeit steigt mit der Masse und im Quadrat der Geschwindigkeit. Worauf es ankommt, ist also die Umdrehungszahl, die aber durch die Zugfestigkeit des Materials begrenzt wird, denn jede rasche Drehbewegung löst ja Zentrifugalkräfte aus *(→ 1879).* Die ersten Schwungräder sind also möglichst schwer und drehen sich relativ langsam.

Heute aber gibt es Werkstoffe, die leicht und fest genug sind, um sehr rasche Umdrehungen zu ermöglichen. Wenn ein Blei-Akkumulator je Kilogramm Gewicht 0,03 Kilowattstunden speichert und ein Stahl-Schwungrad 0,048, so eines aus Keflar 0,35 und eines aus Spezial-Quarzglas 0,87 Kilowattstunden. Heute dienen mit Motor-Generatoren gekoppelte Schwungräder von 100 Tonnen Gewicht, die 3500 Umdrehungen pro Minute machen, der Umwandlung von Überschuß- in Spitzenstrom, speichern sie 10 000 Kilowattstunden mit einem Wirkungsgrad von 93 Prozent, während Pumpspeicherwerke bestenfalls 70 Prozent erreichen. Bereits 1946 dient in der Schweiz ein Schwungrad, das ein zugleich als Dynamo wirkender Elektromotor mit Energie auflädt, zum Antrieb eines „Gyro-Busses“, und hochfeste Schwungräder können den Nahverkehr revolutionieren. Die modernste Schwungrad-Funktion ist die der Lageregelung von Satelliten. Auch hier erweist sich: Jahrtausendealte Erfindungen werden durch neue Bedürfnisse oder neue Werkstoffe immer wieder hoch aktuell.

Ungleich wichtiger als die Entwicklung des Rades zur Töpferscheibe ist natürlich die zur Werkzeug-Maschine, mit der nicht nur Rad-Achsen, sondern unzählige runde Gegenstände hergestellt werden können. Zu ihr kommt es relativ spät:

Die erste Drehbank,

von der wir eine Beschreibung besitzen, erfindet Theodoros von Samos (dem wir auch Schloß und Schlüssel verdanken) im Jahr 532 v. Chr. Sie wird 1495 durch Leonardo da Vinci entscheidend verbessert. Er führt den Fußantrieb ein, während zuvor Gehilfen mit Fiedelbögen und später mit einer Handkurbel die Antriebskraft liefern. Ebenso entscheidend ist, daß 1561 Hanns Spaidel in Nürnberg den Support erfindet, eine verstellbare Vorrichtung zum Festhalten des Schneidwerkzeugs, die weit genaueres Arbeiten ermöglicht als die menschliche Hand.

Außerordentlich weitreichende Wirkungen hat die Kombination von Rollen und Zug-Seilen,

die Erfindung des Flaschenzug-Prinzips

durch Archytas von Tarent um 400 v. Chr. Undenkbar ist unsere Maschinenwelt auch ohne Zahnräder, deren Wirkung Aristoteles 300 v. Chr. beschreibt. Sind es zuerst Scheiben mit auf dem Umfang in regelmäßiger Entfernung eingesetzten Stiften, die in ein aus zwei Scheiben bestehendes und am Außendurchmesser durch Stifte verbundenes Gegenrad eingreifen, so werden Zahnräder im antiken Griechenland wie im Römischen Reich verwendet. Die wissenschaftliche Verzahnungslehre aber begründet erst Philipp de la Hire im Jahr 1694, und Präzisions-Zahnradfräs- und Schleifmaschinen gibt es erst seit Ende des 19. Jahrhunderts. Heute stellen Automaten Zahnräder von weniger als einem Millimeter Durchmesser her, gibt es aber auch Zahnrad-Hobelmaschinen, die Werkstücke bis 50 Tonnen Gewicht verzahnen, Zahnräder bis 7,35 Meter Durchmesser herstellen.

Ist die Drehbewegung zum Feuermachen heute auf die kurze Bewegung zum Funkenschlagen unserer Feuerzeuge *(→ 1903)* beschränkt, so ist die Textil- und Bekleidungsindustrie nach wie vor auf

die Drehbewegung des Spinnens

angewiesen: Spinnen heißt, Fasern nach dem Parallellegen durch Zusammendrehen in einen haltbaren Faden zu verwandeln.

Das Handspinnen mit Hilfe hölzerner Spindeln gehört zu den ältesten menschlichen Tätigkeiten. Seit wann es in Indien Spinnräder gibt, steht nicht fest, jedenfalls aber kommen sie durch die Kreuzzüge nach Europa und verbreiten sich so rasch, daß 1928 der Probst von Speyer das „Rad-Garn" kontingentiert. Es darf von den Webern nur für den Schuß, nicht auch für die Kette verwendet werden und alle Weber müssen einen entsprechenden Schwur leisten. Beim Spinnrad wie beim Handspinnen betätigt jeder Spinner eine Spindel. Das genügt im 18. Jahrhundert nicht länger und so werden „Spinn-Maschinen" gebaut. Die 1769 patentierte Maschine des Barbiers Richard Arkwright löst zusammen mit Watts Dampfmaschine die „Industrielle Revolution" aus *(→ 1769 bis 1794)*, liefert England den Exportartikel, der es zur führenden Welthandels-Macht aufsteigen läßt. Zwei Jahrhunderte nach Arkwrights mechanischem Spinnstuhl überwacht in japanischen Spinnereien eine Arbeiterin durchschnittlich 3300 Spindeln. Heute liefern Rotor-Spinnmaschinen

dreißig Kilometer Baumwoll- oder Chemiefaser-Garn pro Minute

praktisch ohne Bedienungspersonal, weil auch Kettenbrüche vollautomatisch behoben werden. Aber am Spinn-Prinzip hat sich nichts geändert.

Liefert die mechanische Spinnerei das erste industrielle Massen-Produkt, so verwirklichen Rad und Rotation technisch jederlei Art von kontinuierlicher Erzeugung und Bewegung. Was mit einem rollenden Baumstamm begonnen hat, führt zur Räder-Uhr wie zum Kreisel-Kompaß, zu unseren Spielkasinos wie zur Filmindustrie. Und natürlich ist ohne Rad und Drehbewegung unsere Energiewirtschaft undenkbar, beruht die moderne Mineralölwirtschaft auf dem Rotary-Bohren wie die Elektrizitätswirtschaft auf der Dynamomaschine. Was als „selbstverständlich" gilt, meist aber vergessen läßt, daß die Umsetzung von Energie in Bewegung und Arbeit auch ungeheure Gegenkräfte auslöst, vor allem die Reibung *(→ 1897)*, die beim Ausfallen der Schmiermittel unsere gesamte Maschinenwelt zum Stillstand bringen würde.

Um 3500 vor Christus

Überall auf der Erde und unaufhörlich verdunstet Wasser und wird von der Sonne in die Wolken gehoben, rund 1200 Milliarden Kubikmeter täglich *(→ vor etwa 4,5 Milliarden Jahren)*. In Form der Niederschläge auf die Erde zurückgekehrt, bildet dieses Wasser zahllose Quellen, Bäche und Flüsse, die alle dem Meer zustreben. Sie unterliegen der Schwerkraft und durch die Höhenlage großer Teile des Festlandes entsteht so

das gewaltige Wasserkraft-Potential der Erde:

Die mittlere Erhebung der Kontinente über den Meeresspiegel beträgt (ohne die Antarktis, die im Durchschnitt 2200 Meter hoch liegt) 570 Meter. In Europa sind es zwar nur 300, dafür in Nordamerika 700 und in Asien 940 Meter. Die Hochgebirge machen fast ein Achtel des Festlandes der Erde aus, bedecken eine Fläche halb so groß wie Europa. Diese Höhenlage bedeutet ungeheure Kräfte, denn Kraft ist bekanntlich Masse mal Beschleunigung und die Masse des Wassers, die die Flüsse jährlich ins Meer bringen, beträgt etwa 31 000 Kubikkilometer, 31 Billionen Tonnen. In dem zu Tal drängenden Wasser stecken Urgewalten. Dieses Wasser rollt hausgroße Felsbrocken zu kleinen Kieseln, gräbt sich kilometertiefe Betten, schleppt ungeheure Schlammengen mit sich. Die zerstörende Kraft des Wassers wächst mit seiner Geschwindigkeit und zwar in der sechsten Potenz: Bei doppelt raschem Fluß ist das „Arbeitsvermögen" vierundsechzigmal so groß.

Viel älter als die Wasserkraft-Nutzung ist deshalb

die Zähmung des Wassers,

vor allem des Hochwassers. Denn nicht nur reißende Flüsse richten Zerstörungen an, durch die Jahreszeiten bedingt ist die Wasserführung auch der ruhig fließenden sehr verschieden. Der Jangtsekiang zum Beispiel, der jährlich 620 Milliarden Kubikmeter Wasser ins Meer trägt, hat bei Hankau im Sommer einen um durchschnittlich 12 Meter höheren Wasserstand als im Winter. Beträgt dort die mittlere Wasserführung 60 000 Kubikmeter pro Sekunde, so waren es im August 1931 über 2,8 Millionen, das 233fache der Höchst-Wasserführung des Rheins. Eine der furchtbarsten Überschwemmungs-Katastrophen aller Zeiten war die Folge.

Bereits im Jahr 2220 v. Chr. läßt deshalb Kaiser Yü gewaltige Schutz-Deiche bauen, und schon seit 2350 v. Chr. gibt es ausgedehnte Kanalsysteme zur Ableitung des Hochwassers auf die Reisfelder Chinas. Etwa tausend Jahre älter sind ähnliche Ableitungsanlagen für das Hochwasser des Euphrat und des Tigris. Um nicht nur das Hochwasser nutzen zu können, sondern auch bei niedrigem Wasserstand die Felder zu bewässern, gibt es im Alt-Sumerischen Reich, das den Süden Mesopotamiens, des heutigen Irak, einnimmt, um 3500 v. Chr. (wie sich aus Keilschrift-Berichten ergibt)

Fluß-Schöpfräder,

die „dalu“, die, von der Kraft des Stromes getrieben, Wasser hochheben und somit „unterschlächtige“ Wasserräder sind.

Bei dieser Art „Wasserkraft-Maschinen“ bleibt es jahrtausendelang. Der römische Ingenieur Vitruvius beschreibt sie 13 v. Chr. ausführlich und hebt hervor, daß diese Räder „ungleich mehr leisten als Treträder betätigende Sklaven“. Das noch heute größte Wasserrad der Welt ist das aus der Römerzeit stammende Schöpfrad von Hama in Syrien, das sogenannte Mohammadieh-Noria-Rad, mit einem Durchmesser von 40 Metern. Dieses Rad ist aus Zedernholz gebaut und setzt Bäume voraus, die bis 40 Meter hoch werden und außerordentlich festes Holz liefern. Normalerweise stellt ein Raddurchmesser von 15 Metern das Maximum dar. Damit läßt sich nur geringes Gefälle nutzen, denn Gefälle und Raddurchmesser müssen zur vollen Nutzung gleich sein. Immerhin ist der Wirkungsgrad unterschlächtiger Wasserräder (das heißt solcher, bei denen das Wasser im unteren Drittel des Rades auf die Schaufeln trifft) bereits beachtlich, nutzen sie bis drei Zehntel der Strömungsenergie des Wassers.

Dienen Wasserräder jahrtausendelang nur dem Wasserheben, so läßt Mithridates VI. Eupator 80 v. Chr. in Pontos (Griechisch-Kleinasien)

die erste Wassermühle

bauen, von der wir wissen. Sie wurde durch ein waagerecht angeordnetes Wasserrad „mit der Kraft von vier Ochsen“ angetrieben. Die erste bekannte Schiffsmühle ist 536 n. Chr. von Belisarios auf dem Tiber bei Rom verankert.

Oberschlächtige Wasserräder, bei denen nicht nur die Strömungs-Energie, sondern auch das Gewicht, die potentielle Energie, des von oben zugeführten Wassers auf die Schaufeln wirkt, gibt es (soweit wir wissen) erst seit 1159, als Herrad von Landsberg eines beschreibt. Um 1200 setzen sich in Europa Wasserräder zum Antrieb von Hammerwerken und Blasebälgen durch, aber deren Leistung erreicht kaum je 10 PS, nicht mehr als die der meisten Wasser-Mühlen. Von diesen gibt es schließlich so viele, daß sie die Schiffahrt stören und heftige Kämpfe zwischen den Schiffern und den Müllern ausbrechen.

Das erste „Groß-Wasserkraftwerk“ und zugleich „ein technisches Wunderwerk“ seiner Zeit

entsteht durch eine Fürsten-Laune: Es ist das Wasserkraft-Hebewerk, das Ludwig XIV im Jahr 1684 in Marly-la-Machine an der Seine bauen läßt. Etwa 20 Kilometer westlich von Paris werden hier 14 Wasserräder von je acht Meter Durchmesser hintereinandergeschaltet und betreiben 235 Saug- und Druckpumpen, die stufenweise das Flußwasser 162 Meter hochheben. Ein 700 Meter langes, 75 Meter hohes Aquaedukt bringt es zum Schloß Versailles und speist dessen Springbrunnen. Kosten etwa 80 Millionen Goldmark, Nutzleistung 76 PS, Kapitalkosten pro Kilowatt also 1,43 Millionen Goldmark.

Ehe Daniel Bernoulli 1737 seine „Hydromechanik" veröffentlicht *(→ 1736 bis 1738)* und erstmals die naturgesetzlichen Gegebenheiten des Wasserrad-Baus klarlegt, vergehen weitere zwei Generationen. Erst Jean-Victor Poncelet *(von dem der Begriff „Energie" stammt → 1826)* wendet dessen Erkenntnisse praktisch an, verdoppelt durch sein Wasserrad 1825 den Wirkungsgrad.

Die erste Wasser-Turbine

(von lat. „turbo" = „Kreisel"), die sich durchsetzt, stammt aus dem Jahr 1827.

Sie erfindet der Leiter der Kohlenbergwerke von Le Creusot, Benoit Fourneyron: Er will die Wasserkraft gegenüber der Dampfkraft konkurrenzfähig machen, weiß aber, daß sie dazu große Leistungen erbringen muß. Er baut einen zwischen einem oberen und einem unteren Laufkranz angeordneten Rotor, der 250 Meter Gefälle ebenso zu nutzen erlaubt wie einen Meter Niveauunterschied. Als er 1867 — im Jahr, in dem Werner Siemens die Dynamomaschine erfindet — stirbt, leisten seine Turbinen bereits 300 PS. Er hat Männer wie James Bichenon Francis (der 1849 die Freistrahl-Turbine erfindet), Pelton und andere Wasserrad-Konstrukteure zu ihren Arbeiten angeregt. Zwei Generationen nach Fourneyron (1928) steht der Leistungs-Rekord von Wasser-Turbinen bei 100 000 PS. Wieder ein halbes Jahrhundert später (1978) gibt es Francis-Turbinen, die bei einem Rad-Durchmesser von 8 Metern und einem Gewicht von je 750 Tonnen 750 000 Kilowatt = 1,02 Millionen PS leisten.

Alle Arten von Wasserkraft können heute genutzt werden,

riesige Gefälle ebenso wie riesige Wassermengen. Wenn zum Beispiel Kaplan-Turbinen (die es seit 1912 gibt), die für geringe Fallhöhen und große Wassermengen konzipiert sind, einen Wirkungsgrad von 91 bis 95 Prozent haben, so auch Pelton-Turbinen, die 1800 Meter Fallhöhe bewältigen. Francis-Turbinen, die am besten für dazwischenliegende Aufgaben eingesetzt werden, bringen es auf 90 bis 93 Prozent. Wasserkraft ist nicht nur eine „ewige" Energie, sondern Wasserkraft-Maschinen sind auch die bei weitem rationellsten. Bei ihrer Verwendung gehen 2 bis 8 Prozent der Primärenergie verloren, bei Dampfturbinen 55 bis 70 Prozent. Ist im Schweizer Durchschnitt 1930 aus einem Kubikmeter Wasser bei 500 Metern Fallhöhe eine Kilowattstunde Strom gewonnen worden, so 1970 bereits 2,76, heute sind es über 3 kWh.

Die Fortschritte des Wassermaschinenbaus ändern natürlich nichts daran, daß die Wasserführung der Flüsse erheblich schwankt: Deshalb werden seit dem Mittelalter mehr und mehr Dämme nicht nur zur Vermeidung von Überschwemmungen, sondern auch zur Wasser-Speicherung gebaut.

Der älteste Staudamm

ist der von Sadd al-Kafara, 10 Kilometer südlich von Heluan in Ägypten, der 106 Meter lang und 9 Meter hoch ist und aus dem Jahr 2950 v. Chr. stammt. Heute ist der höchste Damm der Welt mit 285 Metern der von Grande-Dixence im Schweizer Wallis (1961 fertiggestellt). Das meiste Wasser faßt (ebenfalls seit 1961) der künstliche Stausee von Bratsk, der 5300 Quadratkilometer bedeckt und 170 Milliarden Kubikmeter Angara-Wasser speichert, während das größte Natur-Staubecken der Baikal-See mit 23 Billionen Kubikmeter bildet, dessen Wasser die Angara abführt. Flächenmäßig der größte Stausee ist der 1969 vollgelaufene, durch den Akosombo-Damm gebildete Volta-See in Ghana mit 8480 Quadratkilometern und 7250 Kilometer Küstenlänge. Er kann es längst nicht mit dem größten Natur-Süßwasser-See der Erde aufnehmen, dem Lake Superior (Oberer See) Nordamerikas mit 82 350 Quadratkilometern. Insgesamt bedecken heute künstliche Stauseen rund 485 000 Quadratkilometer, die doppelte Fläche der Bundesrepublik Deutschland, etwa 14 Prozent des Abflusses aller Flüsse der Welt werden wasserwirtschaftlich genutzt.

Wo — wie vor allem in Nordamerika — riesige Niederschlagsmengen in Form von Schnee ein halbes Jahr und länger gratis gelagert werden, ermöglicht das Nutzungs-Rekorde.

Das Wasser erfüllt bis zu neun verschiedene Zwecke:

Es tränkt die Wälder, ermöglicht das Flößen des geschlagenen Holzes, füllt einen Bergsee, in dem Fische leben und der dem Tourismus dient, treibt beim Austritt aus diesem See Turbinen, trägt Schiffe, bewässert Weiden und Äcker, liefert Trink- und Gebrauchswasser. Die Hochgebirgs-Regionen der Erde bieten durch mangelnde Ackerkrume, zu steile Hänge und heftige Winde den Menschen unmittelbar keine oder nur äußerst begrenzte Lebensmöglichkeiten. Aber ihr Schnee hat heute nach amerikanischen Berechnungen einen Mindestwert von 680 Dollar pro Hektar.

Die riesigen künstlichen Speicherseen, die es heute gibt, haben natürlich erst Sinn, seit es zur

Transportfähigkeit der Wasserkräfte

kommt, das heißt zu ihrer Umwandlung in elektrischen Strom und *(→ 28. August 1891)* zu Hochspannungs-Leitungen mit erträglichen Übertragungs-Verlusten. Damit erst können für Mühlen oder Hammerwerke viel zu große Wasserkräfte *(→ 1895)* aufgeteilt werden und viele Tausende Elektromotoren zu den verschiedensten Zwecken treiben.

Führen Groß-Wasserkraftwerke zu immer leistungsfähigeren Wasserkraft-Maschinen, so zwingen sie auch zur Vertiefung der hydrologischen Kenntnisse und lösen 1898 die Gründung der ersten Flußbau-Versuchsanstalt der Welt durch Hubert Engels an der TH Dresden aus. Auf den Gesetzen der geometrischen und mechanischen Ähnlichkeit beruhend, lösen diese Anstalten nach und nach alle hydrodynamischen Probleme. Da es praktisch auch keine technischen mehr gibt, beträgt 1987

der Anteil der Wasserkraft an der Gesamt-Stromerzeugung

in Prozent etwa:

Welt	20	Asien	21
Iberoamerika	72	Europa ohne SU	21
Australien	29	Nordamerika	19
Afrika	28	Sowjetunion	14

Als Einzelländer führen Kanada mit 70, die Schweiz und Österreich mit 60 Prozent.

Um 2650 vor Christus

Tontafel-Keilschrift-Aufzeichnungen aus der Zeit Nabukudurrusur II, dem Babylon um 570 v. Chr. regierenden biblischen König Nebukadnezar, nennen König Dungi I von Ur (um 2650 v. Chr.) als Begründer des ersten Maß- und Gewichts-Systems. Damit ist er, soweit wir wissen,

der Erste, der die Schwerkraft mißt und normiert.

Denn Gewicht heißt ja der Druck, den Körper auf ihre Unterlage ausüben, das heißt die Kraft, die infolge der Erdanziehung auf eine Masse in Richtung auf den Erdmittelpunkt hin einwirkt. Die von Dungi I eingeführte babylonische Mine wiegt 982,4 Gramm, die von ihm vorgeschriebene Gewichts-Kontrolle erfolgt durch die Wasser-Menge eines aus Metall getriebenen (punzierten) Gefäßes von rund einem Liter Inhalt.

Um 1457 vor Christus

Wenn das Feuer durch den Blitz auf die Erde gekommen ist und die Nutzung dieses Naturgeschenks *(→ vor etwa 1,7 Millionen Jahren)* vorerst nur Mut erfordert hat, so erhält es seine volle Bedeutung erst durch menschliche Erfindungen. Denn in einem „gewöhnlichen" Feuer sind Lehm und Ton so wenig in gebrannte Ziegel zu verwandeln (die es in Ägypten seit mindestens 12 Jahrtausenden gibt) wie Metalle zu schmelzen, sonst gäbe es keinen eisernen Kaminrost, keine eisernen Öfen und keine Kupferkessel. Kupfer schmilzt erst bei 1083°C, Eisen bei

1535° C und Ziegel- und Keramik-Öfen erfordern 900 bis 1500° C während einer Woche. Solche Temperaturen sind nur durch

künstlich intensivierte Verbrennung,

durch vom Menschen „angefachtes“ Feuer zu erzielen.

Verbrennung heißt „die Reaktion von Sauerstoff mit chemischen Elementen oder Verbindungen unter Freisetzung von Wärme“. Wieviel Wärme freigesetzt wird, hängt vom Wärme- oder Brennwert der oxydierten Stoffe ab. Gibt ein Kilogramm Brennholz im Durchschnitt etwa 4000 Kilokalorien ab, so Anthrazit 8425 und Wasserstoff 28 900. Aber diese Energie ist nur bei vollkommener Verbrennung zu gewinnen, rationell ausgenutzt kann ein Brennstoff nur werden, wenn die Luft-, das heißt Sauerstoff-Zufuhr jeweils optimal ist: Zuwenig Luft bedeutet unvollkommene Verbrennung, zuviel kühlt die Brenngase ab. Wieviel Sauerstoff wirksam wird, hängt von der Form der Brennstoffe ab. Fein gemahlene Kohle zum Beispiel *(→ 1831),* die mit heißer Luft in die Feuerung geblasen wird, gibt ungleich mehr Wärme ab als große, auf einem Rost verbrannte Kohlestücke.

Schweröl brennt überhaupt nur, wenn es fein zerstäubt, das heißt in winzige Tröpfchen verwandelt wird, auf die der Sauerstoff einwirken kann. Kein Brennstoff in irgendeiner Form aber entwickelt hohe Temperaturen ohne „Zug“ oder „Wind“, ohne rasch und konzentriert zugeführten Sauerstoff.

Wann das entdeckt worden ist, wissen wir nicht. Wahrscheinlich hat ein Waldbrand den Menschen gezeigt, wie der Wind das Feuer anzufachen vermag.

Das älteste menschliche Feuer-Anfachungsmittel

ist das Blasrohr, ursprünglich wohl ein hohler Knochen oder hohler Pflanzenstengel wie der Bambus. Aus dem Blasrohr zum Anfachen von Schmelzfeuern entwickelt sich das Lötrohr, das zwar erst 40 n. Chr. schriftlich erwähnt wird, aber bestimmt weit älter ist, denn das Löten soll Glaukos von Chios bereits 692 v. Chr. erfunden haben. Jedenfalls sind mit Lötrohren Temperaturen von 1200 bis 1400° C zu erreichen. Sie dienen 1670 Erasmus Bartholinus zur Begründung der Mineral-Analyse, die Johann Jacob von Berzelius 1820 zur Vollkommenheit bringt, indem er einen feinen Strahl Weingeist-Dampf durch eine Weingeist-Flamme bläst.

Bereits 1570 hat Philibert Delorme die Zug erzeugende Wirkung eines stetigen Wasserdampf-Strahls erkannt. 1802 nutzt Richard Trevithick dies für seinen Dampfwagen, seine Lokomotive und sein Lokomobil: Der aus den Zylindern entweichende Abdampf strömt durch eine Düse in den Schornstein, reißt die Rauchgase mit sich fort, so daß in der Feuerbüchse ein Unterdruck entsteht, der Luftzug das Feuer anfacht. Das Dampf-Blasrohr übernimmt 1816 auch George Stephenson *(→ 1825),* der in seiner „Rocket“ 1829 sogar zwei solcher Zugerzeuger anbringt und damit einen lange gültigen Welt-Lokomotiv-Geschwindigkeits-Rekord von 30 km/h aufstellt. Kaum verändert hält sich das Dampf-Blasrohr bis zum Ende der Dampflokomotiven-Ära.

Bis weit ins 20. Jahrhundert reicht auch eine andere Weiterentwicklung des Feuer-Anblasrohres: Das Blasrohr zum Beschleunigen von Pfeilen (meist Giftpfeilen), das zahlreiche Naturvölker Hinterindiens, Melanesiens, Indonesiens und die Indianer Mittel- und Südamerikas als Jagd- und Kampfwaffe benutzen. Ein paar Löcher im Blasrohr machen es zur Flöte, woraus sich dann auch andere Blas-Instrumente entwickeln.

Die älteste Hütten-„Maschine"

entsteht durch die Weiterentwicklung des Blasrohres zum Blasebalg. Auch er ist sicherlich weit älter, aber die erste Abbildung stammt aus Theben zur Zeit des Pharao Thutmosis III. Sie wird um 1475 v. Chr. datiert: Zwei Männer treten einen großen Ledersack nieder (was ihn entleert) und ziehen ihn an Stricken wieder hoch (wodurch er mit Luft gefüllt wird). Die Kapazität dieses Blasebalges ist mindestens hundertmal größer als die der menschlichen Lunge. Bälge aus Pferde- oder Ochsenleder bleiben bis ins 18. Jahrhundert in Gebrauch, allerdings verstärkt und beschwert durch dicke Bretter. Erst 1550 verbessert Hans Lobsiger in Nürnberg die Ventile, die bisher aus einem dünnen, mit Ziegenfell benagelten Brettchen gebildet worden sind. Nur in Amerika bleibt der Blasebalg (wie das Rad) bis zur spanischen Conquista unbekannt, werden Gold und Silber in kleinen Schmelzöfen mit Hilfe von Blasrohren gewonnen.

Ist der älteste Blasebalg wahrscheinlich ein zugenähter Tierbalg mit einem Schlitz, der geöffnet und geschlossen wird, so gibt es sehr früh auch Stempel-Blasebälge aus ausgehöhlten Baumstämmen, in denen Kolben mit Hilfe langer Stangen bewegt werden. Auf Sulawesi (früher Celebes), der indonesischen Insel, die ihren Namen auf „sula besi" = „Eisenschmieden" zurückführt, sind noch heute in Lemo dicke Bambusröhren mit handbewegten Kolben in Betrieb. Stets gibt es zwei Bälge oder Zylinder, die umschichtig „atmen" und „blasen" und so stetig „Wind" erzeugen.

Besseren Wind liefern Ventilatoren, die 1689 Denis Papin erfindet und aus denen sich die Turbogebläse entwickeln, aber vorerst setzen sich

die Dampf-Zylindergebläse

durch. Deren Prototyp baut John Smeaton 1770 für die Carron-Hütte John Roebucks (des ersten Finanziers von James Watt), angeregt durch die Zylinder und Kolben der „Feuermaschine". Im Jahr 1800 liefern solche Gebläse bereits 70 Kubikmeter „Wind" von 0,2 kg Druck pro Minute. Um einen gleichmäßigen Luftstrom zu erzielen, füllen die vier Zylinder der Smeaton-Gebläse einen großen „Windkasten" aus Eisenblech oder, wie in der Eisenhütte von Devo bei Muirkerk in England, ein in den Fels gesprengtes Gewölbe von 370 Kubikmetern. Das größte Gebläse der Welt ist 1850 das von Dowlais in England, mit einem Zylinder von 3,66 Metern Durchmesser, einem Balancier von 33 Tonnen Gewicht, einem 35 Tonnen schweren Schwungrad von 6,7 Metern Durchmesser. Bei 650 PS Antriebskraft liefert es 1246 Kubikmeter Luft von 0,23 at Druck pro Minute. Es bedient acht Hochöfen.

Hochöfen gibt es in Europa seit dem 15. Jahrhundert. Sie werden seit dem 18. Jahrhundert statt mit Holzkohle mit Steinkohlen-Koks betrieben *(→ 1713)* und seit der „Industriellen Revolution" *(→ 1769 bis 1794)* immer größer und leistungsfähiger, vor allem durch die bahnbrechende Erfindung von James Beaumont Neilson *(→ 1824 bis 1828):* Seit Jahrtausenden wird das Feuer durch künstliche Luft-Zufuhr angefacht, durch mehr und mehr, stets aber kalter Luft. Neilson verwendet heiße Luft. Das revolutioniert die Schmelztechnik, besonders in der Stahl- und Glasgewinnung, führt nicht nur zu großen Energie-Einsparungen, sondern auch zu geringerem Eisenerzbedarf, denn erst die Regenerativ-Feuerung *(→ 1856)* ermöglicht die Schrottverwendung.

1368 vor Christus

Seit es Menschen gibt, fürchten sie die Naturgewalten, fürchten sie Hunger und Kälte. Diese Furcht hat klar erkennbare Ursachen, diesen Bedrohungen kann der Mensch selbst entgegentreten, sie treibt ihn zum Erfinden und Verbessern an, ist einer der bedeutendsten Entwicklungs-Faktoren. Aber da gibt es seit jeher auch die Angst: das Gefühl unbestimmter Gefahren, unsichtbarer und unfaßbarer Feinde. Überall lauern sie, und gegen sie wird seit Urzeiten Schutz bei mächtigen Göttern gesucht.

Früh gibt es Gottheiten der verschiedensten Art und schließlich so viele, daß keine mehr wirkliche Macht besitzen kann. Davon ist jedenfalls der Pharao Amenophis IV überzeugt. Er weiß nichts von „Energie", aber er erkennt in der Sonne das „Allesbelebende" und sagt über sie: „Nur Du beherrschst alle Menschen aller Länder der Erde. Niedergelegt werden alle Arbeiten, sobald Du zur Ruhe gehst und wenn Du wieder aufleuchtest, läßt Du jeden Arm sich rühren. Ohne Dich entsteht nichts!" Die logische Folge dieser Erkenntnis ist, daß Amenophis IV sich selber „Echnaton" nennt = „wohlgefällig dem Aton", dem Sonnen-Gott, und 1638 v. Chr. alle anderen Götter abschafft:

Der Sonnen-Kult wird die Staats-Religion Ägyptens.

Das bedeutet erstmals Monotheismus, den Glauben an einen einzigen, die Welt beherrschenden und lenkenden Gott, damit auch den ersten Glaubens-Kampf, denn viele Priester anderer Gottheiten verlieren durch Echnaton ihr Einkommen und ihre Macht. Monotheismus verführt zum Auserwähltheitsglauben der den allein „richtigen" Gott Anbetenden, zu Absolutismus, Unduldsamkeit, zum Entweder-Oder statt des Sowohl-als-Auch-Denkens *(→ 1666 bis 1687).*

Beeinflußt Echnatons (kurzlebige) Glaubens-Reform das Juden- und Christentum so tiefgreifend wie den Islam, so hat es für Europa umwälzende wirtschaftliche Folgen, daß auch im Inka-Reich der Sonnen-Kult die Staats-Religion ist. In einem Reich, das mit fünfeinhalb Millionen Quadratkilometern zehnmal so groß wie Frankreich ist, zur Zeit der spanischen Conquista das heutige Peru, Bolivien, die Nordhälfte Chiles und das nordwestliche Argentinien umfaßt, als Ostgrenze die Wasserscheide der Anden hat. Der Inka-Herrscher trägt den Titel „Intip Churin" = „Sohn der Sonne". Da Gold „wie die Sonne glänzt", sind alle Kultgegenstände aus Gold und die Innenwände des „Korikancha", des Reichs-Tempels, ebenso wie der Thronsessel, auf denen hier die Mumien aller Inkas sitzen. Da gibt es Ziergärten mit goldenen Blumen und zahlreiche goldene Gebrauchsgeräte der herrschenden Schicht. Aber nur als Sonnen-Symbol hat Gold für die Inka Wert, es dient weder als Zahlungsmittel noch der persönlichen Vermögensbildung.

Für die Spanier, die im November 1532 Peru erobern, scheint Gold der Inbegriff des Erstrebenswerten, sie jagen jedem kleinsten Goldgegenstand nach. Deshalb versucht Atahualpa, der letzte Inka, sein Reich durch Gold zu retten. Er schließt mit Francisco Pizarro einen Vertrag, in dem er ihm verspricht, einen Raum mit 40 Quadratmetern Bodenfläche zwei Meter hoch mit Gold zu füllen, dazu zwei gleich große Nebenräume mit Silber. Und das geschieht. Hernando de Soto schildert, wie zwei Monate lang Trägerkolonnen aus dem ganzen Reich das Edelmetall nach Caxamalca bringen. Doch das größte Lösegeld aller Zeiten rettet weder Atahualpas Reich noch sein Leben. Am 29. August 1533 wird er erdrosselt, „weil der Inka mit seiner eigenen Schwester Kinder gezeugt hat“ (wie es ihm zur Reinerhaltung des Inka-Blutes vorgeschrieben ist).

Nicht nur das Lösegeld von etwa 80 Kubikmeter oder

1540 Tonnen Sonnenkult-Gold

im heutigen Wert von rund 24 Milliarden Dollar und die etwa 3360 Tonnen Lösegeld-Silber werden nach Europa gebracht. Mit dem Tod Atahualpas fallen alle Edelmetall-Vorräte und die Gold- und Silber-Bergwerke den Spaniern in die Hände, bricht der Widerstand gegen sie zusammen, denn der Sonnen-Gott hat sich sichtlich vom Inka-Reich abgewandt — oder der Gott der Eroberer ist mächtiger als er. Das amerikanische Edelmetall, das über Spanien, aber auch über England und Holland, deren Freibeuter zahlreiche spanische Schatzflotten abfangen, nach Europa gelangt, löst hier

die erste große Inflation der Weltgeschichte

aus.

In Europa sind Gold und Silber vor der Entdeckung Amerikas sehr rar. Nur diese bilden das damalige Geld, und so beträgt die gesamte Geldmenge um 1500 umgerechnet nur etwa 800 Millionen DM, rund 8 Mark pro Kopf. Binnen drei Generationen steigt der Geldumlauf auf das Achtfache, um 1700 ist er zwanzigmal höher. Beträgt Europas Silber-Förderung im Durchschnitt der Jahre 1439 bis 1520 etwa 45 000 Kilogramm jährlich, so beläuft sich allein die registrierte Einfuhr in Spanien (für die hohe Abgaben an die Krone zu entrichten sind und die deshalb bestimmt weit geringer als die tatsächliche ist) 1581 bis 1590 auf über 2,1 Millionen kg. Und so vervierfacht sich im westeuropäischen Durchschnitt 1500 bis 1700 der Getreidepreis, gibt es entsprechende Bodenwert-Steigerungen. Da sind Inflations-Raten von 15 Prozent und mehr zu verzeichnen, vereinzelt von 1500 Prozent. Durch den vervielfachten Geldumlauf setzt sich statt der Natural- die Geldwirtschaft durch. Es kommt zum Aufstieg der Städte, zum Ende des Rittertums: Das Sonnenkult-Gold löst nicht nur eine Wirtschafts-Revolution aus, sondern auch eine soziale.

Der heutige „Sonnen-Kult“, die „Wunsch-Energie“ und die Überschätzung der Sonnenenergie-Möglichkeiten als eine Art Energie-Monotheismus können zunichtemachen, was an Wohlstand seit der Entdeckung Amerikas geschaffen worden ist. Daraus entsteht eine durch Katastrophen-Theorien aufgeputschte Angst, die bereits zu Forschungs- und Technik-Feindschaft geführt hat.

1170 vor Christus

In Medinet Habu am linken Nil-Ufer, gegenüber Luksor, läßt der Pharao Ramses III einen Palast und 1170 v. Chr. einen großen Tempelbezirk errichten, der — worauf Inschriften besonders hinweisen — „von hohen, metallbelegten Masten mit goldenen Spitzen geschützt“ wird. Daß es sich um Blitzableiter handelt, wird nicht ausdrücklich gesagt, das geschieht erst in den Tempeln von Dendera und von Edfu in Oberägypten, die aus dem 1. Jahrhundert v. Chr. und aus der Ptolemäer-Zeit stammen. Aber daß

die „Himmels-Elektrizität“,

die atmosphärische Elektrizität, die durch die ionisierende kosmische Strahlung *(→ 7. August 1912)* und irdische radioaktive Strahlungen entsteht, den ägyptischen Priestern des zweiten vorchristlichen Jahrtausends bekannt gewesen ist, gilt als sehr wahrscheinlich und wird auch durch die Bibel gestützt. Mose stammt aus Ägypten, und im 2. Buch Mose (37, 1—5) wird über die Bundeslade gesagt: „... und Bezaleel macht die Lade aus Akazienholz, dritthalb Ellen lang, anderthalb Ellen breit und hoch. Und überzog sie mit feinem Golde inwendig und auswendig und macht ihr einen goldenen Kranz umher...“. Weiter heißt es über die neuvollendete Stiftshütte (40, 34—35): „Da bedeckte eine dunkle Wolke die Hütte ... und Mose kann sie nicht betreten wegen der Wolke“. Und schließlich beschreibt das 3. Buch Mose (10, 2), was geschieht, als die Söhne von Mose's Bruder Aaron, den er zum Hohepriester gemacht hat, unerlaubt ins Allerheiligste treten: „Da fuhr ein Feuer aus von dem Herrn und verzehrte Nadav und Abihu, daß sie starben...“.

Die Bundeslade scheint also ein großer elektrischer Kondensator gewesen zu sein, die dunkle Wolke eine Gewitterwolke und das Feuer des Herrn eine tödliche Kondensator-Entladung.

Elektrische Kondensatoren

sind „Verdichter“, Vorrichtungen zum Ansammeln und Speichern von Elektrizität. Sie bestehen aus zwei gut leitenden Belägen, zwischen denen sich ein Nichtleiter, ein Isolator, befindet. Die Leiter bewahren die angelegte Spannung, bis man sie kurzschließt. Schaltet man Kondensatoren hintereinander, so speichern sie nicht nur die Elektrizität, sondern erhöhen die elektrische Spannung. Heute gibt es Mehrfach-Kondensatoren wie den „Zeus“ des Los Alamos-Labors in New Mexiko, USA, dessen 4032 hintereinandergeschaltete Kondensatoren bei gleichzeitiger Zündung doppelt so viel Strom freisetzen, als alle Generatoren der Welt zu erzeugen vermögen. Allerdings wie Blitze *(→ vor etwa 3 Milliarden Jahren)* nur einige Mikrosekunden lang.

Haben die ägyptischen und jüdischen Priester die atmosphärische Elektrizität und ihre Speichermöglichkeit gekannt, so gaben sie aber ihr Wissen nicht weiter und deshalb dauert es bis 1745, ehe das Kondensator-Prinzip wiederentdeckt wird.

1150 vor Christus

Zu den Ur-Kräften, die wirken, seit sich die Erde um die Sonne dreht, gehört

der Magnetismus:

Jeder große, rotierende Körper ist ein Magnet, die Erde nicht ausgenommen. Einen Elementar-Magneten bildet auch jedes kreisende Elektron. Elektrizität und Magnetismus sind durch ihre Wechselwirkungen eng verbunden: Wie jeder Magnet bildet auch jeder elektrische Strom ein Magnetfeld, und wie Magnete elektrische Energie in mechanische Bewegung umsetzen können, so erzeugen bewegte elektrische Leiter Magnetismus.

Darauf beruhen unsere Dynamomaschinen und Elektromotoren, aber auch Fernsprecher und Lautsprecher, Elektronen-Mikroskope und Teilchenbeschleuniger. „Magnetismus" ist ein Sammelbegriff für alle Erscheinungen des magnetischen Feldes und dessen Wirkung auf die Materie. Sie wird heute auf tausenderlei Art genutzt.

Ihren Namen haben „Magnet" und „Magnetismus" von Magnesia am griechischen Fluß Mäander, wo (wie an zahlreichen anderen Stellen fast überall auf der Erde) ein 40 Prozent Eisen enthaltendes Mineral, der Magneteisenstein, vorkommt, der einzige Natur-Dauermagnet, der Eisen anzieht und der Eisen und Stahl durch Bestreichen magnetisiert. Ist solch ein magnetisiertes Stückchen Eisen frei beweglich, so nimmt es die Nord-Süd-Richtung ein, das heißt, es richtet sich dem Magnetfeld der Erde gemäß aus, und darauf beruht

der Kompaß.

Chinesischen Chroniken zufolge sind der Magneteisenstein und seine besonderen Eigenschaften in China bereits seit etwa 3000 Jahren v. Chr. bekannt. Aber der Kompaß wird erstmals 1160 v. Chr. erwähnt. Da schenkt Kaiser Tsching-wang Gesandten Tonkins zwei „Fse-man" = „Andeuter des Südens". Sie bestehen aus einer wassergefüllten Schale, in der ein Strohhalm schwimmt, der eine magnetisierte Nadel trägt. Sie werden für Überland-Reisen verwendet, als Navigationsmittel chinesischer Schiffe sind sie erst seit 380 n. Chr. bezeugt, als diese regelmäßig Indien und die Ostküste Afrikas anlaufen. Griechen und Römer kennen den Kompaß nicht, ebensowenig anscheinend die Phöniker. Die Araber verwenden ihn seit 854 und im Abendland beschreibt ihn erstmals 1181 der Troubadour Guyot de Provins. Flavio Gioja aus Amalfi kombiniert 1302 die Magnetnadel mit einer nach Windstrichen geteilten Kompaßrose. Etwa um die gleiche Zeit verwenden die Mongolen „Südweiser" für die Durchquerung der Wüste Gobi und ihre Züge durch die weiten Steppengebiete Asiens nach Europa. Das erste Kompaß-Ringgehänge skizziert Leonardo da Vinci im Jahr 1500.

Nur der Kompaß hat die portugiesischen und spanischen Entdeckungsreisen ermöglicht, und allein damit schon hat der Magnetismus die Welt von Grund auf geändert. Aber warum die Magnetnadel nach Norden und Süden weist, interessiert bis zu William Gilberts bahnbrechendem Werk des Jahres 1600 niemanden. Daß Thales von Milet bereits 585 v. Chr. entdeckt hat, daß sowohl Magneteisenstein wie geriebener Bernstein Anziehungskräfte besitzen, hat keine Folgen, weil er seine Erkenntnisse nur zur Begründung seiner philosophischen Anschauungen benutzt. Wie Wissen geheimgehalten wird, so wird es auch immer wieder vergeudet.

Um 740 vor Christus

Seit die Erde existiert *(→ vor etwa 4,6 Milliarden Jahren)*, gibt es die Zentrifugalkraft: Wenn ein Körper durch die Anziehungskraft eines anderen sich nicht geradlinig fortbewegen kann, sondern zu einer kreisförmigen Bewegung gezwungen wird, widersetzt er sich dieser Zentripetal-Kraft durch eine nach außen wirkende Zug- oder Flieh-Kraft, der Zentrifugalkraft. Alle Planetenbewegungen sind, wie Isaac Newton *(→ 1666 bis 1687)* nachgewiesen hat, „Zentralbewegungen um Sonnen":

> *Zentripetal- und Zentrifugal-Kräfte beherrschen das Weltall mit seinen hundert Milliarden Galaxien.*

Sie beherrschen auch die Erde, die, durch die Zentrifugalkraft an den Polen abgeplattet, keine Kugel ist, sondern ein Rotations-Ellipsoid.

Steinzeit-Funde beweisen auch, daß die Zentrifugalkraft schon sehr früh dem Menschen zum Steineschleudern dient, daß er sie nicht viel später als die Spannkraft *(→ um 46 000 v. Chr.)* und vielleicht sogar schon früher als diese zum Jagen und Kämpfen benutzt und die Schleuder erfunden hat.

Schleudern

bestehen aus einem Mittelstück aus Tierfell oder Leder, auf das der Stein gelegt wird, und zwei Hautstreifen oder geflochtenen Schnüren zum Festhalten mit beiden Händen. Horizontal im Kreis rasch über dem Kopf geschwungen, entwickelt die Schleuder eine beträchtliche Kraft, die den Stein beim Loslassen einer der Halteschnüre vorwärtstreibt. Schleudern als Sport wird heute in Form des „Hammerwurfs" betrieben, dabei eine 7,25 Kilogramm schwere, an einem 1,22 Meter langen Drahtseil hängende Eisenkugel freigelassen und über 80 Meter weit geschleudert.

Von den Naturvölkern in Afrika, Südamerika und der Südsee bis in die jüngste Vergangenheit verwendet, dient seit der 23. Dynastie in Ägypten

die Schleuder als Kriegswaffe.

Eine Inschrift aus dem Jahr 740 v. Chr. hebt ihre Wichtigkeit hervor. Stein-Schleuderer werden wiederholt in der Bibel erwähnt (die linkshändigen Benjamins zum Beispiel in Richter 20,16) und von Homer und Herodot beschrieben. Im alten Griechenland heißen sie Sphendoneten, bei den Römern Funditares.

Bevor die Römer selbst Schleuderer-Kompanien aufstellen, machen sie ihnen im Zweiten Punischen Krieg schwere Sorgen: Die Balearen werden im dritten vorchristlichen Jahrhundert von Karthago beherrscht und die Bewohner dieser Inseln sind die besten Steinschleuderer ihrer Zeit. Hannibal setzt sie 219 v. Chr. bei der Eroberung Sagunts ein, mit der er die Eroberung Spaniens abschließt — die wiederum den zweiten Punischen Krieg auslöst. In diesem tragen Schleuderer von den Balearen entscheidend zu Hannibals Siegen am Ticinus 218, am Trasimenischen See 217 und bei Cannae 216 bei.

Werden Schleudern noch im 17. Jahrhundert zum Granatenwerfen verwendet, so dauert es aber bis zum 19. Jahrhundert, ehe die Zentrifugalkraft zu friedlichen Zwecken verwendet wird: 1862 zur Materialzerkleinerung durch die Schleuder-Mühlen John Carrs und Peter Rittingers und seit 1879 durch die Zentrifuge Carl Gustav P. de Lavals, aus der sich nicht nur eine heute unentbehrliche Industrie-Maschine, sondern auch ein wichtiges Forschungs-Instrument entwickelt.

Um 650 vor Christus

Ein aus Ninive, der Hauptstadt von Assyrien, stammendes Relief zeigt, wie Mitte des siebenten Jahrhunderts v. Chr.

die ersten „einfachen" Maschinen

verwendet werden: Die Kraft von zehn Menschen wird durch einen Hebebaum auf einen Punkt konzentriert. Durch Zugseile sind 80 Menschen imstande, ein riesiges Bildwerk zu transportieren: Die betätigende Kraft wird auf Kosten des Weges herabgesetzt. Vor allem, als es um 400 v. Chr. durch die Kombination von Rädern *(→ um 3800 v. Chr.)* und Zugseilen zu einem der größten technischen Fortschritte kommt, zur Erfindung des Flaschenzuges. Die Gesetze der Mechanik, auf denen diese ersten „Maschinen" beruhen, beherrschen auch die modernsten: In Hochdruck-Turbinen zum Beispiel wird die Lage-Energie durch einen Hebelkranz in Bewegungs-Energie verwandelt.

585 vor Christus

Zu den bedeutendsten der frühen griechischen Naturforscher und Philosophen gehört Thales von Milet: 640 v. Chr. geboren, erwirbt er sein Wissen als Kaufmann, der die Euphratländer bereist und Geschäfte mit den Priestern Ägyptens macht. Dieses fremde Wissen durchdenkt er, weitet er aus und wendet er daheim an: Durch die Flußregulierungen in Mesopotamien angeregt, nutzt er den Fluß Halys, um die erste große Bewässerungsanlage Griechenlands zu bauen. Seine in Sardes erworbenen astronomischen Kenntnisse helfen Thales, um den Seefahrern Milets, die bisher wie alle anderen nur untertags und nahe der Küste segeln, die Nacht-Navigation mit Hilfe des Kleinen Bären als sicheren Nordweiser beizubringen. Er läutert das Wissen ägyptischer und chaldäischer Astronomen, teilt das Jahr in 365 Tage und studiert die Mondbewegung so gründlich, daß er die Sonnenfinsternis des 28. Mai 585 v. Chr. vorhersagen kann. Thales nutzt dieses „Zeichen des Unwillens der Götter" auch, um die seit sechs Jahren im Krieg befindlichen Meder und Lyder zum Friedensschluß zu veranlassen.

Ob die Inschrift des Apollo-Tempels in Delphi „Erkenne Dich selbst!" von Thales stammt, ist umstritten. Aber so gut wie sicher hat er die mindestens seit 1170 v. Chr. in Ägypten verwendeten Blitzableiter nach Griechenland gebracht und die Einrichtungen geschaffen, die Herodot im fünften vorchristlichen Jahrhundert schreiben lassen: „Apollo verteidigt seinen Tempel durch himmlische Feuer". Wobei anzumerken ist, daß die antiken Tempel zugleich die Staatsbanken und die Priester die bedeutendsten Kapitalverwalter und Geldverleiher sind.

Jedenfalls ist Thales von Milet der erste, der sich fragt, ob es neben der „himmlischen", der atmosphärischen Elektrizität, nicht auch irdische gibt und der

die Reibungs-Elektrizität

entdeckt: Er sieht Frauen beim Haarkämmen zu und hört das Knistern, das die Kämme aus Horn verursachen. Dieses Knistern beweist angeblich die Anwesenheit böser Geister, vor denen sich die Frauen schützen, indem sie besonders gefaltete Kopftücher in den Tempeln kaufen – und die als Isolatoren gegen die Luft-Elektrizität dienen. Thales fragt sich: Wenn Blitze donnern, knistert dann die schwache, irdische Elektrizität? Er reibt Horn mit Wolltüchern, versucht es mit allen möglichen anderen Stoffen und schließlich 585 v. Chr. mit Bernstein, mit dem jahrmillionenalten, durchsichtig-gelben Harz von Nadelbäumen der Tertiärzeit, das griechisch „elektron" heißt. Mit Wolle gerieben zieht Bernstein Strohhalme, Federn und andere leichte Gegenstände an.

Thales hat auch den dunklen Eisenstein mit Wolle gerieben, der sich bei Heraclea in Lydien und bei Magnesia am Mäander, nicht weit von Milet findet, und dieser zieht nicht nur leichte, sondern auch Eisenstücke an. Auch dann, wie Thales feststellt, wenn man ihn nicht reibt. Damit ist

die abendländische Entdeckung des Magnetismus

gemacht, den die Chinesen seit 1160 v. Chr. zur Ausrichtung von Kompaßnadeln verwenden.

Als Thales von Milet den Magnetismus entdeckt, ist er 55 Jahre alt und er stirbt erst als 92jähriger. Die Reibungs-Elektrizität und den Magnetismus untersucht er jedoch nicht weiter, versucht sie auch nicht praktisch zu nutzen, sondern ihr Wesen zu erklären. Elektrizität und Magnetismus gelten ihm nur als Beweise dafür, daß in der Natur „alles beseelt und belebt" ist und auf seinen Versuchen baut er ein philosophisches System auf. Aristoteles nennt ihn nicht nur den ersten ionischen Naturphilosophen, sondern den ersten Philosophen überhaupt. Dem Mißbrauch der Elektrizität als Machtmittel durch die ägyptischen, jüdischen und griechischen Priester-Kasten folgt ihre Verkennung.

Kommt der Kompaß nicht durch die Griechen und Römer, sondern erst durch die Araber nach Europa, so auch

die medizinische Verwendung des Magnetismus:

Im „Ayur Veda" des indischen Arztes Sukruta wird 500 v. Chr. die Entfernung eiserner Pfeilspitzen aus Wunden durch Magnete beschrieben. 1256 n. Chr. rät der Araber Halifa aus Aleppo, den Magnetismus zum Entfernen abgebrochener Aderlass-Lanzettspitzen zu benutzen, und 1320 empfiehlt der Chirurg Henri de Mondeville, Geschosse mit Magneten zu extrahieren. Hieronymus Brunschwig verwendet 1463 in Straßburg Magneten zu Augen-Operationen – und das geschieht noch heute. Aber verglichen mit der Wirkung des Kompasses ist die von

Extrahier-Magneten gering und völlig unbedeutend im Vergleich zu den Umwälzungen, die die Entdeckung des Elektro-Magnetismus auslöst *(→ 1819 bis 1825).* Er bildet die Grundlage der Elektrotechnik, verändert unser tägliches Leben wie nichts zuvor es verändert hat.

Um 460 vor Christus

Der griechische Naturforscher und Philosoph Demokritos von Abdera baut den vierzig Jahre zuvor von Leukippos von Milet geschaffenen Atom-Begriff aus und lehrt, alle Veränderung der Materie beruhe auf Verbindung oder Trennung ihrer unteilbaren Bausteine, die der Gestalt und Größe nach, nicht aber stofflich verschieden seien. Er erklärt:

> *„Die Natur besteht aus Atomen, die in ständiger Bewegung im leeren Raum herumgeschleudert werden."*

Und er fügt hinzu: „Ein Wirbel mannigfacher Gestalten sondert sich ab aus dem All".

Der Begriff „Atom" als „das Unteilbare" bleibt bis zur Entdeckung der natürlichen Radioaktivität durch Henri Becquerel im Jahr 1895 gültig.

424 vor Christus

Wie der griechische Geschichtsschreiber Thukydides berichtet, verwenden in diesem Jahr die Böotier bei der Belagerung von Delion erstmals

> *Feuer als Angriffswaffe,*

setzen sie einen Flammenwerfer ein. Am vorderen Ende eines faßartig durch eiserne Reifen zusammengehaltenen Holzrohres hängt ein Gefäß mit Pech und Schwefel, am hinteren Ende sind große Blasebälge (um 1475 v. Chr.) angebracht, deren Luftstrom das Feuer als lange Stichflamme gegen die feindlichen Barrikaden treibt.

Der griechische Militärschriftsteller Aeneas der Taktiker beschreibt 360 v. Chr. „Feuertöpfe“ als Wurfgeschoß, die neben Pech und Schwefel Werg und Kienspäne enthalten. Der Römer Ammianus Marcellinus rät 390 n. Chr., von Katapulten abgeschossene Brandsätze zu verwenden, die außer Werg, Harz und Schwefel erstmals Erdöl enthalten, und im Jahr 678 unserer Zeitrechnung erfindet der griechische Baumeister Kallinikos in Heliopolis einen Brandsatz, der den Ost-Römern in der Seeschlacht von Kyzikos den Sieg über die Araber bringt. Die Wirkung dieses „Griechischen Feuers“ beruht darauf, daß Pech und Schwefel ungelöschter Kalk beigesetzt wird, der beim Hinzutritt von Wasser eine explosionsartige Wirkung hervorbringt. Hunderte weitere „Verbesserungen“ des kriegerischen Feuereinsatzes werden gemacht und dieses bis heute nicht aufgegeben, wie der Zweite Weltkrieg und die Verwendung von Napalm im Korea- und im Vietnam-Krieg beweisen.

404 vor Christus

Während der Blütezeit des Pharaonen-Reiches sind die Prinzen stolz auf ihr Vorrecht, den Titel „Vorsteher der Arbeiten des Königs“ führen zu dürfen. Enene, Baumeister und Chef-Ingenieur Amenophis I, der im 16. Jahrhundert v. Chr. lebt, führt 40 Titel, die auf seinem Grabmal eingemeißelt werden. Der wichtigste scheint ihm „Oberster aller Arbeiter”, denn er steht an erster Stelle.

Im antiken Griechenland hingegen wird

die Verachtung der Arbeit

mit dem Recht auf das Regieren gleichgesetzt. Nur das „Denken“ gilt, nicht das Nachdenken über Mittel der Wohlstandsvermehrung oder sozialer Gerechtigkeit, sondern nur das „Philosophieren“. Allein der „Weisheits-Liebende“ oder „Weisheits-Sucher“ hat Anspruch auf die allgemeine Anerkennung und auf öffentliche Ehren. Das antike Athen gilt als „die Geburtsstätte der Demokratie“. Aber durch den griechischen Geschichtsschreiber Athenaios (VI, 272 c) ist ein Volkszählungs-Ergebnis überliefert, das für die Zeit um 400 v. Chr. 21 000 Bürger, 10 000 Metöken („Zugewanderte“ ohne politische Rechte) und 400 000 Sklaven ergibt. Der wirtschaftliche Aufstieg Athens beginnt unter dem Tyrannen Peisistratos (560 v. Chr.) und seinen Söhnen. Dieser Aufstieg ist einmalig in der Kulturgeschichte der Menschheit. Ihn ermöglichen das Silber von Laurion in Attika (aus einem Bergwerk, von dem heute noch etwa 2000 Stollen und Schächte erhalten sind), der Olivenöl-Export, die attische Keramik und Vasenmalerei. Diese Blütezeit aber dauerte nur vier Generationen, geht schon mit der Pest-Epidemie des Jahres 429 v. Chr. zu Ende (die auch Perikles das Leben kostet) und vollends 404 v. Chr. durch die Niederlage im Peloponnesischen Krieg. Obwohl die Silbervorkommen von Laurion noch längst nicht erschöpft sind, verfügt Athen über keine Techniker, welche die Wasserhaltung sichern könnten. In Griechenland gibt es Dutzende von Philosophen-Schulen, aber keine Volksschulen und keinerlei technische Schulen. Es gibt

keinerlei soziale Zirkulation,

keine Ergänzung und Erneuerung der herrschenden Schicht. Als die Mehrzahl der „Führenden" durch die Pest und die Malaria ausgerottet wird, bricht daher das System zusammen — ähnlich wie ein Jahrtausend später die Inka-Herrschaft in Iberoamerika.

Die Verachtung der Arbeit aber wird vom Christentum übernommen, da gilt sie als „Fluch" und Strafe für die Erbsünde. Das sucht zwar 529 n. Chr. Benedikt von Nursia zu ändern, der als Regel seines Mönchsordens „Bete und Arbeite!" aufstellt und von dem das Wort stammt: „Arbeit macht müde? — Arbeit macht stark!" Immer wieder wird seither versucht, den Stolz auf die Arbeit und die Arbeits-Freude zu fördern, der Arbeit ihren Makel zu nehmen. Wie Goethe fordert: „Wir müssen alle schlechte Arbeit hassen lernen wie die Sünde", weiß Bismarck: „Nichts ist geeigneter, die Verschmelzung widerstrebender Elemente zu fördern, als gemeinsame Arbeit an gemeinsamen Aufgaben". Aber das griechische Kulturerbe wirkt immer noch nach. Selbst das deutsche Wort „Arbeit" ist ja vom mittelhochdeutschen „arebeit" abgeleitet, und das bedeutet „Mühsal" und „Not". Der antike Begriff „proletarius" abgeleitet von „proles" = „Nachkommenschaft", weil damit politisch rechtlose Nicht-Steuerzahler bezeichnet worden sind, die dem Staat nur durch die Kinder-Erzeugung dienen, wird schließlich 1848 zum „Proletariat" von Marx und Engels, dem „ausgebeuteten" Lohn-Arbeiter, der sein Schicksal als Fluch empfindet.

Um 400 vor Christus

Alle Energie-Umwandlungen erfordern entsprechende Hilfsmittel. Das wichtigste ist das Rad *(→ um 3800 v. Chr.)* und damit die Drehbewegung. Und einer der größten technischen Fortschritte ist die erste „Räder-Maschine“: Nachdem bereits die Babylonier (Tontafel-Berichten zufolge) Seil- und Rollen-Kombinationen zur Kraftübertragung verwendet haben, findet Archytas von Tarent um 400 v. Chr.

das bis heute gültige und genutzte Flaschenzug-Prinzip.

Werden zum Heben von 100 Kilogramm mit Hilfe einer festen Rolle durch Reibungsverluste etwa 110 Kilogramm Zugkraft benötigt, so genügen bei einer festen und einer beweglichen Rolle 55 und bei zwei festen und zwei beweglichen Rollen 27 Kilogramm. Stets werden 110 kg geleistet, denn was an Kraft gespart wird, wird an Weg (den Seil-Längen) zugesetzt. Praktisch aber kommt die Benutzung von Flaschenzügen einer Vervierfachung (und bei Potenz-Flaschenzügen einer Verachtfachung) der menschlichen und tierischen Muskelkraft gleich. Durch die Kombination des Flaschenzuges mit dem Hebelprinzip kommt es zum Kranbau, und auf Grund der Flaschenzug-Erfahrungen begründet 260 v. Chr. Archimedes von Syrakus die Mechanik-Lehre. Nur das Flaschenzug-Prinzip ermöglicht die antiken Großbauten, aber auch das Heißen großer Segel auf den Schiffen des Entdeckungs-Zeitalters und der Clipper des 19. Jahrhunderts. Es wird bei den modernen Schiffskranen und auch bei allen Elektro-Hebezeugen usw. genutzt.

400 vor Christus

In seiner Beschreibung Persiens und Indiens erwähnt Ktesias von Knidos das Erdgas, das dort (bis zur Erschöpfung der Vorkommen)

„die ewigen Flammen“ der Feueranbeter

speist. Zwei Jahrtausende spielt das Erdgas als Energieträger keine Rolle, erst George Westinghouse begründet 1884 die amerikanische Erdgaswirtschaft und setzt die Nutzung im Großen durch. Aber die verfallenen Tempel der Feuer-Anbeter am Kaspischen Meer und am Persischen Golf führen zur Entdeckung des Nahost-Öls *(→ 28. Mai 1908)*.

241 vor Christus

Sklave (von lat. „sclavus“ = „Unfreier“) ist „ein Mensch, der das Eigentum eines anderen Menschen“ ist. Zur Sklaverei kommt es wahrscheinlich durch die „Neolithische Revolution“ *(→ um 18 000 bis 8000 v. Chr.)*, den Arbeitskräfte-Bedarf des Ackerbaus. Die Sklaverei bildet nicht nur die Wirtschaftsgrundlage der Antike, sondern wird gesetzlich erst im November 1962 in Saudiarabien und erst im Juli 1980 in Mauretanien abgeschafft.

Als Kriegsbeute sind Sklaven von Anfang an begehrt, aber zum systematischen

Massen-Einsatz versklavter Arbeitskräfte

kommt es erst durch den Ersten Punischen Krieg. Die Römer nehmen 241 v. Chr. ihrem Handels-Konkurrenten Karthago Sizilien ab und machen es zur ersten römischen Provinz. Alle brauchbaren Bewohner werden als Sklaven nach Norden gebracht und die kleinbäuerliche Landwirtschaft durch Latifundien ersetzt. Die Folge ist das Entstehen des städtischen Proletariats und des Stimmen-Kaufs durch Brotverteilung und Zirkusspiele. Ebenso die Versumpfung weiter Gebiete wie der Maremmen und das Aufkommen der Malaria. Seit der Eroberung Siziliens begleiten „mangones“ = „Sklavenhändler en gros“ alle römischen Heere und machen Rom nicht nur in der ganzen damaligen Welt verhaßt, sondern lösen auch immer öfter Sklaven-Aufstände aus. Bereits Plinius sagt 80 n. Chr.: „Die Sklaverei hat Italien zerstört“.

Sklavenarbeit aber gibt es, bis die Treträder *(→ 13. v. Chr.)* durch Maschinen ersetzt werden, die Naturkräfte die schwere Fronarbeit übernehmen, die keinerlei Befriedigung gewährt und die erzwungen werden muß, gleich ob durch obrigkeitliche Macht oder durch den Hunger.

Der wirtschaftliche Nachteil dieser Art Muskelkraft-Nutzung, gleich ob menschlicher oder tierischer, besteht nicht nur im äußerst geringen Wirkungsgrad, der kaum je zwei Prozent übersteigt, sondern darin, daß sie eine

biologische Produktions-Beschränkung

bedeutet: Mehr erzeugt kann nur werden, wenn die Zahl der Arbeitskräfte und damit der Verbraucher zunimmt. Dauergüter — vor allem zusätzliche Produktionsmittel — können so nur mit der sehr geringen Differenz zwischen Energie-Aufwand und Energie-Ertrag geschaffen werden. Je schlechter Sklaven und tierische Helfer versorgt werden, desto weniger leisten sie. Darum gibt es Wohlstand außer für eine hauchdünne Schicht Herrschender erst seit der „Industriellen Revolution“ *(→ 1769 bis 1794)*. Erst durch sie kommt es zur Abschaffung der Sklaverei, weil diese nun völlig unrentabel wird. Und sie macht schließlich jede Art von Ausbeutung „kontraproduktiv“, weil sie den Zwang zum Produzieren mit sich bringt und der Mensch als Abnehmer dieser Produktion immer wichtiger wird.

13 vor Christus

Der Ingenieur und Baumeister Kaiser Augustus, Marcus Vitruvius Pollio beschreibt in seinem Werk „De architectura“

Tretwerke zum Umsetzen von Muskelkraft in mechanische Arbeit.

Menschen oder Tiere versuchen auf einer beweglichen Bahn emporzusteigen und bewirken dabei unter Ausnutzung ihres Körpergewichts eine Bewegung des Tretwerkes. Dieses gibt es in Form von Tret-Trommeln (Tretmühlen) mit im Innern laufenden Menschen und in Form waagerechter oder geneigter Tretscheiben. Auch nach Abschaffung der Sklaverei *(→ 241 v. Chr.)* gibt es sie als „penal appliance“. Um „Strafgefangene nützlich zu beschäftigen“ führt sie Sir William Cubitt 1818 in England ein, 1870 sind in britischen Gefängnissen noch 54, im Jahr 1895 noch 39 „treadmills“ in Betrieb. Im Zeughaus von Toulon ist die Tretrad-Arbeit zu Beginn des 19. Jahrhunderts noch so schwer, daß die Sträflinge sie im Durchschnitt nur sieben Monate lang aushalten. Heute werden Treträder in zahlreichen Entwicklungsländern noch zum Wasserschöpfen benutzt — und hundertmillionenfach sind sie als Fahrräder in Gebrauch *(→ 1854)*. Wie jahrhundertelang der Fußantrieb bei Drehbänken vorherrscht, so ist er im 19. und weit bis ins 20. Jahrhundert bei Nähmaschinen allgemein.

Um 10 nach Christus

Von allen Warmblütlern wird nur der Mensch von der Natur nackt ins Leben gesetzt und muß selbst dafür sorgen, daß seine Körpertemperatur ständig auf 36 bis 37° C gehalten wird. Was nicht einfach ist, denn die Monatsmittel-Temperatur-Unterschiede auf der Erde betragen bis zu 100° C, als bisher niedrigste und höchste Lufttemperatur sind minus 88,3° C und plus 58° C gemessen worden. Der Mensch braucht also, seit es ihn gibt, Kleider. Um diese (deren Grundstoffe und andere Textilien) zu beschaffen, sind zeitweilig (1912), mit ihren Angehörigen, drei Zehntel der Weltbevölkerung beschäftigt. Das bringt jetzt alljährlich etwa 300 Milliarden Dollar in Umlauf, allein die Bekleidungs-Ausfuhr ist rund 50 Milliarden Dollar wert. Der Mensch muß seine Unterkünfte heizen, hat nur dadurch, daß er das gelernt hat, die Eiszeiten überlebt. Selbst in gemäßigten Klimaten ist heute

der Energie-Aufwand für die Wohnungsheizung mehr als dreimal höher als der Energie-Aufwand für die menschliche Ernährung:

Er beträgt in Mitteleuropa etwa 3250 Kilowattstunden (kWh) pro Kopf und Jahr gegenüber durchschnittlich 1000 kWh des Nahrungskalorien-Bedarfes.

Heizungen, das heißt Vorrichtungen zum Erwärmen von Räumen auf eine höhere als die Umgebungs-Temperatur, gibt es, seit der Mensch das Feuer nutzt *(→ vor etwa 1,7 Millionen Jahren)*. Der Herd, die Feuerstelle zum Kochen und Heizen, besteht ursprünglich aus einer schüsselförmigen Vertiefung im Boden der Wohnhöhlen oder unter einem Schutzdach (aus dem sich die Häuser entwickeln). Später wird das Feuer durch Steine eingefaßt, schließlich auf einen gemauerten, viereckigen oder runden, etwa meterhohen Block verlegt.

Die ältesten Öfen

sind aus Lehm geformte Backöfen aus der Jung-Steinzeit (die im Vorderen Orient etwa im 8., in Europa im 6. vorchristlichen Jahrtausend beginnt und um 2000 bis 1800 v. Chr. endet). Etwa gleichzeitig tauchen Wärmetöpfe auf, mit glühender Holzkohle gefüllte Tongefäße. Aus den Backöfen entwickeln sich die Kachelöfen, die es im antiken Rom gibt, in Mitteleuropa aber erst seit dem 8. nachchristlichen Jahrhundert und in einer Form, die sie zu guten Wärmespeichern macht, erst in Süddeutschland um 1230. Nun erhalten die Kacheln auch Vertiefungen, um die wärmespendende Oberfläche zu vergrößern. Aus Herdfeuern in Wandnischen werden im 14. Jahrhundert in Italien die Kamine.

Geben Kachelöfen je Quadratmeter Oberfläche etwa 500 bis 600 Kilokalorien Wärme ab, so eiserne Öfen 1500 bis 2000. Diese gibt es erst seit dem 15. Jahrhundert, gleichzeitig werden die Kamine mit eisernen Rückwänden zur Wärmeabstrahlung versehen. Gußeiserne Kaminplatten sind wie die Kachelöfen während der Renaissance oft hervorragende Kunstwerke. Aber kaum ein Ofen oder Kamin setzt mehr als ein Fünfzehntel der im Brennstoff (bis weit ins 19. Jahrhundert ausschließlich Holz) enthaltenen Energie in nutzbare Wärme um. Die kleinen, eisernen Öfen, die im 17. Jahrhundert auftauchen, bringen es auf 8 bis 10 Prozent.

Während der gut 50 000 Generationen Menschen, die vor dem Beginn unserer Ära das Feuer genutzt haben, hat es zwar zahlreiche Verbesserungen des Heizens gegeben, aber keine wirkliche Neuerung. Diese stammt erst aus der Zeit des römischen Kaisers Augustus, und das sind

die ersten Warmluft-Zentral-Heizungen.

Nachdem Sergius Orata 80 v. Chr. ein reicher Mann geworden ist, indem er in Rom den Wert alter Häuser durch den Einbau von Warmluftheizungen vervielfacht, setzen sich diese um 10 n. Chr. im ganzen Römischen Reich durch. In einem unterirdischen Heizraum — „Hypocaustum" — wird Luft erhitzt und steigt durch senkrecht in den Mauern eingelassene Kanäle in die höheren Stockwerke.

Erhalten ist solch eine Anlage zum Beispiel im Kaiser-Palast von Trier. Nach dem Verfall des Römischen Reiches wird das Prinzip erstmals wieder 1050 in der Kaiserpfalz von Goslar angewendet, um 1130 im Marienburger Schloß des Deutschen Ritterordens. Als erste Warmluft-Zentralheizung der Neuzeit gilt die 1750 im Petersburger Winter-Palais eingerichtete. Das Arbeitszimmer Friedrich des Großen in Potsdam erhält 1769 eine Warmluftheizung, Frankreichs Könige hingegen frieren in Versailles wie alle ihre Vorgänger in anderen Prunksitzen.

Bleiben Warmluft-Zentralheizungen auf Paläste und einige wenige, große öffentliche Gebäude beschränkt, so dauert es auch eineinhalb Jahrhunderte, ehe Dampf- und Warmwasser-Zentralheizungen allgemeine Bedeutung erhalten.

Die erste Dampfheizung

richtet (nach verschiedenen mißglückten Versuchen anderer) James Watt 1784 für sein Arbeitszimmer in Soho bei Birmingham ein. Größere Verbreitung finden Dampfheizungen erst seit 1823 durch Jacob Perkins, der 1830 statt Röhren erstmals Rippen-Heizkörper aus Gußeisen verwendet. Die erste englische Warmwasserheizung stammt zwar aus dem Jahr 1716, doch die erste brauchbare ist hundert Jahre jünger und in größerer Zahl gibt es Warmwasserheizungen erst seit Ende des 19. Jahrhunderts. Die heute in den Industrieländern vorherrschenden Ölheizungen setzen sich auch in Amerika erst seit Ende des Ersten Weltkrieges durch. Es sind vorwiegend individuelle Heizungen, die nur den Wärmebedarf einzelner Familien decken. Wirklich „zentral" versorgt, das heißt durch Fernheizwerke bedient, werden auch heute in den hochindustrialisierten Ländern nur etwa zwei Prozent der Haushaltungen, obwohl das erste Fernheizwerk der Welt bereits 1880 in Lockport im Staat New York in Betrieb genommen worden ist, das erste Berlins 1884. Kernenergie-Wärme (ohne Umweg über Elektroheizungen) wird seit 1974 verwendet.

Ebenso erstaunlich wie der „Heiz-Individualismus" ist

die jahrtausendelange Vernachlässigung der Heizungs-Forschung.

Bis in die jüngste Vergangenheit beruhen alle unsere Heizungsmethoden allein auf Erfahrung, haben sie keinerlei wissenschaftliche Grundlage. Seit Jahrtausenden wird das Feuer künstlich angefacht, um höhere als die „normalen" Temperaturen zu erzielen *(→ um 1475 v. Chr.)*, gibt es Blasebälge und wird künstlich der „Zug" erhöht. Der hängt u. a. von der Höhe des Schornsteins und seiner Form ab. Aber mit diesem Zusammenhang beschäftigt sich erstmals Benjamin Franklin (der als Erfinder des Blitzableiters berühmt wird) im Jahr 1758, erst 1785 veröffentlicht er seine „Beobachtungen über die Ursachen und die Abhilfe von rauchenden Kaminen". Das exakte Studium der verschiedenen Heizungs-Möglichkeiten begründet 1796 Benjamin Thompson, Graf von Rumford, der erstmals den Heizwert der wichtigsten Brennstoffe feststellt, das Volumen des abziehenden Rauches mißt, dementsprechend die Rauchabzugsspalte der Kamine auf 15 Zentimeter beschränkt. Schon 1778 hat Thompson durch einen bahnbrechenden

Versuch festgestellt, was Wärme eigentlich ist, was aber erst eine Generation später zur exakten Thermodynamik führt *(→ 31. Mai 1842)*. Und nach wie vor ist

die Vergeudung von Energie durch Heizungen

enorm, vor allem auch, weil Erkenntnisse der Wärmelehre von den Architekten und Baumeistern ignoriert werden. Noch 1976 ergeben zum Beispiel amtliche Untersuchungen in England, daß der durchschnittliche Wärme-Verlust bei Wohnungen und Bürohaus-Heizungen 75 Prozent beträgt: 40 Prozent gehen durch Fenster und Dächer verloren, 25 Prozent durch die Wände, 10 Prozent durch Zugluft.

Wissen und dessen Anwendung klaffen auch bei der Wärmefreisetzung auseinander: Das Prinzip der Wärmepumpe ist seit 1851 bekannt, seine erste praktische Anwendung erfolgt in nennenswertem Ausmaß 1940. Bleiben die für die Wohnungsheizung verwendeten Öfen jahrtausendelang Zufalls-Produkte, so beruhen auch die Industrie-Öfen unglaublich lange allein auf Erfahrung: Öfen zum Ziegelbrennen und zum Glasmachen gibt es seit Urzeiten, aber ihren Wärmefluß erforscht der Russe Groume-Grijimailo erstmals 1910. Die erste große Ofen-Versuchsstation richten die Königlichen Hochöfen in Ijmuiden 1934 ein. Sie wird 1949 zu einem internationalen Versuchsbetrieb ausgebaut, an dem sich neben Holland zuerst Frankreich und England, später acht Länder beteiligen. Hauptaufgabe dieses „International Flame Research Joint Committee“ ist es, die verschiedenen Arten von Flammhitze-Entwicklung und Abstrahlung zu studieren und ihnen die Ofenformen anzupassen. Diese Organisation ist jedoch ausschließlich für Industrie-Öfen zuständig, es gibt heute noch keine internationale Zusammenarbeit auf dem Gebiet der Haushalt-Heizungen, weder auf technischem Gebiet noch auf dem des Umweltschutzes, obwohl die privaten Ölheizungen ungleich mehr als die (jetzt reglementierten) Auto-Abgase oder die (ebenfalls reglementierten) Großkraftwerks-Feuerungsanlagen zur Luftverschmutzung beitragen.

529

Energiequellen müssen nicht nur vorhanden sein, man muß sie auch nutzen wollen. Das ist in der griechischen Antike weitgehend nicht der Fall *(→ 404 v. Chr.)*. Da gibt es zwar

Dutzende Philosophen-Schulen, aber keine Ingenieur-Schule.

Was einzelne große Naturforscher wissen, wird nur unvollständig oder überhaupt nicht überliefert, im antiken Rom dagegen gibt es eine bedeutende technische Literatur ebenso wie technische Hochleistungen, nur geht dieses Wissen im Chaos der Völkerwanderungszeit verloren. Das Elend, das der Verfall des Römischen Reiches mit sich bringt, läßt das Christentum die Welt als Jammertal betrachten, das nur auf das wahre und ewige Leben im Himmel vorbereiten soll. Die irdische Existenz gilt als unwichtig, Arbeit als nutzlos. Die gilt ja auch schon der Genesis als „Fluch", sie ist dem Heiligen Augustinus zufolge eine Strafe und wie der Heilige Hieronymus empfiehlt er sie nur als Mittel der Kasteiung, um die ewige Seligkeit zu erlangen.

Dieser Weltanschauung widersetzt sich der Sproß einer altrömischen Landadelsfamilie, Benedikt von Nursia, indem er erkennt, daß nur Arbeit das verzweifelnde Volk wieder hochbringen, nur Neulandgewinnung und

die Nutzung aller von Gott gebotenen Möglichkeiten

eine Erneuerung der abendländischen Kultur ermöglichen. Er gründet im Jahre 529 auf halbem Weg zwischen Rom und Neapel, unweit der kleinen Stadt Cassino auf einem Fels-Massiv das Stammkloster des Benediktiner-Ordens. Aus kleinsten Anfängen baut Benedikt von Nursia hier die erste internationale Wirtschaftshilfe-Organisation auf, bildet durch „die Schule des Lebens" Missionare heran, die nach England und von dort nach Deutschland gehen, Angelsachsen und Germanen nicht nur das Christentum predigen, sondern Wälder roden, Mustergüter schaffen, vergessene Handwerks-Kenntnisse verbreiten. Durch seine „Benedicti Regula Monachorum" überwindet der Gründer des Benediktiner-Ordens die Auswüchse des orientalischen Mönchtums und das Bettelmönch-Unwesen und setzt in seinen Klöstern den römischen Geist der Ordnung durch. Er sieht im Mönchsleben einen „Kriegsdienst unter der Fahne Christi", verlangt im Gegensatz zur Antike, die Handarbeit verachtet hat, tägliche Handarbeit. Die Grundregel Benedikts lautet

„ora et labora" = „bete und arbeite".

Geistig und körperlich haben die Mönche tätig zu sein, Tätigkeit, nicht Betrachtung, ist ihre Aufgabe.

Zu dieser Tätigkeit gehört es auch, antikes Wissen aufzuspüren. Rasch wird die Bibliothek von Monte Cassino berühmt und Benedikt arbeitet eng mit dem Römer Cassiodorus zusammen, der überall nach antiken Handschriften suchen und sie seit 535 in Vivarese am Golf von Spillace durch seine Schreiber vervielfältigen läßt. Überall in Europa werden Benediktiner-Klöster zu Wirtschafts-Motoren. Wenn manche auch rasch zu reich werden und auf das Selbstarbeiten verzichten, so kommt es 1114 durch Bernhard von Clairvaux zur Erneuerungsbewegung der Zisterzienser. Allein während der Lebenszeit Bernhards entstehen 160 solcher Klöster, die keine Grundstücke kaufen und keine verpachten dürfen, die ihren Boden selbst urbar machen und bebauen müssen wie die ersten Benediktiner. Auch die Zisterzienser müssen Handwerke ausüben und Handwerker-Schulen einrichten — und sie gehören auch zu den ersten, die systematisch Windmühlen und Wasserräder verwenden. Die erste Windmühle Europas, von der wir wissen, ist ein Kloster-Windrad unweit Lüttich aus dem Jahr 1156, 1341 betreiben alle Klöster der Diozöse Utrecht Windräder. Die erste Kohlengrube Europas erschließt 1113 das Kloster Kerkrade im Herzogtum Limburg.

Wieder werden viele Pionier-Klöster zu reich. Da Kirchengut nicht verkauft werden darf, gerät zuviel Boden in die „tote Hand“, und nicht zuletzt das Kloster-Unwesen führt zur Reformation — und auch zum Calvinismus, der in irdischem Reichtum einen Beweis der Auserwähltheit sieht und in unermüdlicher Arbeit den Gottesdienst. Jedenfalls ist schon seit Benedikt von Nursia für zahllose Schöpferische

Arbeit kein Fluch mehr.

Nur diese Mentalitäts-Änderung ermöglicht die intensive Nutzung der Naturkräfte und damit unsere heutige Welt.

Für Marx und Engels allerdings ist Arbeit wiederum eine von Ausbeutern erzwungene Fron des Proletariats, und zahllose „Philosophen“ predigen heute Wissenschafts- und Technik-Feindschaft: Wie dem antiken Griechenland droht nun die Gefahr des Untergangs durch das Nicht-Nutzen-Wollen der Kernenergie und anderer „harter“ Energien.

Um 950

Die Hilfe, die Tiere dem Menschen bei der Arbeit zu leisten vermögen, hängt von deren Kraft ab und diese wiederum von Konstitution, Rasse und Futter. Aber auch vom „Geschirr", der Art der Anspannung, durch die vor allem die Zugtiere mit den Fahrzeugen oder dem Pflug verbunden sind.

Bis zum zehnten Jahrhundert drückt alles Leder- und Riemenzeug auf die Halsschlagader der Pferde, die Joche auf die Stirn der Zugochsen. Nur ruckweise ist die Arbeitskraft in Zugkraft umzusetzen und die Höchst-Wagenlast beträgt so zum Beispiel unter Kaiser Theodosius in Ost-Rom 390 n. Chr. nur 450 Kilogramm. Erst 950 entstandene Miniaturen zeigen

Brustblatt-, Sielen- und Kumt-Geschirr,

die sich als revolutionärer Fortschritt erweisen. Nun können sich Zugtiere erstmals „ins Zeug" legen und vier, sechs und mehr Zugtiere zusammengespannt werden. Der Güterverkehr nimmt zu, die Handelsstädte wachsen und damit die Kapitalbildung, Kathedralen und andere Großbauten entstehen. Vor allem wird auch tieferes Pflügen möglich, die Nahrungs- und Futtermittel-Versorgung verbessert sich, der Wohlstand der Bauern und damit ihre Kaufkraft wächst. Etwa um die gleiche Zeit, in der es zur

Vervielfachung der tierischen Muskelkraft-Nutzung

kommt, setzen sich Hufeisen durch, welche die übermäßige Huf- oder Klauen-Beanspruchung auf harten Böden verhindern. Zwar haben Hufeisen bereits die Kelten der Hallstatt-Zeit und die Kelt-Iberer gekannt, aber diese werden weder im antiken Griechenland noch im alten Rom allgemein verwendet. Nun nehmen die Huf-Krankheiten ab, die Stillstandszeiten im Stall verringern sich.

Etwa ein Jahrhundert früher hat es eine andere, revolutionäre Intensivierung der Tierkraft-Nutzung gegeben, kommt es durch den Steigbügel zur

Entstehung der Ritter-Heere und der feudalistischen Aristokratie,

zu einer gesellschaftlichen Umwälzung, die ein Jahrtausend lang nachwirkt.

Seit prähistorischen Zeiten und weit länger schon als zum Ziehen von Wagen wird das Pferd als Reittier benutzt. Technische Hilfsmittel dazu gibt es lange nicht, der Reiter hält sich durch Kniedruck auf seinem Tier fest, wenn nötig durch Mähnengriff. Sattel und Trense werden erfunden, aber der Halt des Reiters bleibt unsicher. Für kriegerische Zwecke können nur Bogenschützen *(→ um 46 000 v. Chr.)*

oder mit leichten Speeren oder Säbeln bewaffnete Krieger Pferde benutzen, denn jeder Stoß mit einer schweren Lanze oder jeder Schlag mit einem schweren Schwert, der den Gegner verfehlt, hätte den Krieger zu Boden gerissen.

Das ändert der Steigbügel, der um 500 n. Chr. wahrscheinlich in China erfunden worden und durch die Araber nach Europa gekommen ist. Karl Martell besiegt im Jahr 732 die Araber bei Tours durch ein Heer, das fast ausschließlich aus Fußvolk besteht. Zwei Jahrzehnte später aber erheben die Franken ihre Kriegs-Tribute nicht länger in Ochsen, sondern in Pferden. Diese sind nun nicht länger nur Transportmittel, sondern durch schwere Lanzen, die der Reiter festhält, wird die Stoß-Energie der rasch bewegten Tiere gegen den Feind eingesetzt, in den Steigbügeln stehend kann der Reiter auch schwere Schwerter schwingen.

Das ist jedoch eine kostspielige Angelegenheit: Pferd, Waffen und Rüstung können sich Bauern nicht leisten. Der Staat — das Fränkische Reich — hat keine nennenswerten Bar-Einnahmen und so entstehen die ersten Ritter-Heere, indem Karl Martell und seine Nachfolger Kirchen-Güter enteignen und an Vasallen unter der Bedingung verteilen, daß sie und ihre Gefolgschaft ihnen als Ritter zur Verfügung stehen. 825 wird zwischen den „liberi" und den „liberi secundi ordinis" unterschieden, den „Freien" und den „Freien zweiten Ranges", aus den Elite-Kriegern entsteht die feudalistische Aristokratie, die von ihren „Hörigen" lebt. Als die Kämpfe gegen die Araber siegreich beendet sind, werden die Ritter seit 1096 in den Kreuzzügen beschäftigt. Das hat Folgen, die bis heute weiterwirken, denn der enge Kontakt mit der arabischen Kultur führt nicht nur zur Erneuerung des von den Arabern übernommenen antiken Wissens, zur „Renaissance", sondern bringt auch Zuckerrohr und Baumwolle, die Seide, den Kompaß und das Spinnrad, die arabischen Ziffern und die Zinseszins-Rechnung nach Europa. Nicht durch den Steigbügel allein natürlich, aber er löst diese Entwicklung aus wie das Brustblatt-Geschirr die Kräfte, die schließlich den Feudalismus überwinden: Die der aufblühenden Handelsstädte, die mit Hilfe des Schießpulvers die Ritterburgen *(→ 1232)* zerstören.

1030

Der arabische Naturforscher Alhazen (Ibn al Haitam) erkennt, daß die Luft auf alles, „auf Menschen und Tiere, das Wasser und die Erde drückt“. Er berechnet aus dem Augenblick, in dem die soeben untergegangene Sonne noch die Wolken beleuchtet, die Höhe der Atmosphäre und kommt (im heutigen Maßstab) auf etwa 70 Kilometer. Aber endgültig wird

das Vorhandensein des Luftdrucks

erst am 8. September 1648 erwiesen, als Blaise Pascal auf dem Puy de Dôme die erste barometrische Höhenmessung durchführen läßt und im gleichen Jahr Otto von Guericke, der 1641 die Luftpumpe erfunden hat, seine berühmten „Magdeburger Halbkugeln“ vorführt, die, luftleer gepumpt, durch den Luftdruck so fest zusammengehalten werden, daß auch je 16 in die entgegengesetzte Richtung gejagte Pferde sie nicht auseinanderzureißen vermögen.

Vor allem von der jeweiligen Verteilung des Luftdrucks (die weitgehend von der Temperatur der Luftmassen abhängt) hängt das Wetter ab, vom Wetter weitgehend die Ernte-Erträge *(→ 6. Oktober 1664 und → 1850).* Eine andere Form der Luftdruck-Änderung heißt

Schall und Lärm.

Sie ermöglicht nicht nur die Schallplattenindustrie, die Musik, sondern auch die menschliche Sprache, ein Mittel der Gemeinschaftsbildung, das uns von allen anderen Lebewesen unterscheidet.

1113

Die ältesten Steinkohle-Vorkommen der Erde sind vor etwa 280 Millionen Jahren entstanden. Die ältesten Nachrichten über die Verwendung von Kohle stammen aus China, wo sie um 400 v. Chr. zum Salzsieden verwendet wird. Mit Kohle heizen die Römer um 80 v. Chr. in England. Aber abgebaut wird sie dort nach dem Zusammenbruch des Römischen Reiches erst wieder im 9. Jahrhundert. Und ein nennenswertes Außmaß erreicht

die Steinkohle-Gewinnung in Europa

erst im 12. Jahrhundert. 1113 beschreibt die Chronik des Augustiner-Klosters Kerkrade im Herzogtum Limburg den Steinkohle-Bergbau der dortigen Mönche im Aachener Flöz. Andere Klöster folgen dem Beispiel. Die Abtei Wadgassen an der Saar, die Abteien Essen und Werden an der Ruhr, in England die Klöster Finchdale, Durham und Tynemouth. 1233 werden in Newcastle erstmals „Schiffsladungen" Kohle erwähnt. Ende des 13. Jahrhunderts wird Kohle in London verheizt.

Aber 1306 entspricht König Eduard I von England einer Bittschrift des Parlaments und verbietet das Heizen mit Kohle in der Hauptstadt, „da ihr Schwefel die Gesundheit beeinträchtigt". In Frankreich untersagt Heinrich II im Jahr 1554 die Kohleverwendung, weil die Pariser Sorbonne die Verbrennungsgase für giftig erklärt. Und die Kohle-Feindlichkeit hält sich: Als die Königliche Porzellanmanufaktur zu Berlin 1790 eine Dampfmaschine aufstellen will, erhebt sich ein Sturm der Entrüstung und Freiherr Franz von der Reck organisiert eine „Bürger-Initiative", die das Vorhaben zwölf Jahre lang verhindert. In dem Protest heißt es: „Jetzt soll eine Tag und Nacht durch Steinkohlen betriebene Dampfmaschine angelegt werden; wer vermag vorauszusehen, welch Unheil das bringen mag! Ist es wohl billig, Gesundheit und Leben durch die ständigen und abscheulichen Ausdünstungen des Steinkohlenrauches zu untergraben? Wir sind es unseren Eigentumsrechten wie der Erhaltung der Gesundheit unserer Familien schuldig, alles aufzuwenden, um dieses tötende Ungemach von unseren Häusern zu entfernen!"

Nur über einen Umweg wird die Kohle zur Energiequelle:

Im Jahr 1584 versucht Herzog Julius von Braunschweig bei seiner Kohlengrube im Harz Koks aus Steinkohle auf die Art zu gewinnen, wie in Meilern Holzkohle gewonnen wird, um ihn zum Eisenschmelzen zu verwenden. Der Versuch bleibt erfolglos. Dud Dudley gewinnt 1619 im Worcestershire brauchbaren Koks. Aber es vergeht noch ein Jahrhundert, ehe er sich durchsetzt. 1636 gelingt Robert Mansell erstmals

die Glaserzeugung mit Steinkohle-Feuerung,

indem er bedeckte Tiegel verwendet und so die Verschmutzung durch Ruß und Schwefel vermeidet. Um das Schmelzen zu erleichtern, setzt er Sand und Soda

Bleioxyd zu und erfindet zugleich das Bleiglas. Aber fast alle Glashütten bleiben bei der Holzfeuerung. Zur Massen-Kohleförderung kommt es erst, als Englands Wälder zu verschwinden drohen, das Holz immer teurer wird und deshalb Koks statt Holzkohle zum Eisenschmelzen verwendet werden muß *(→ 1713)*. Nun steigt der Kohlebedarf derart rasch, daß vom Stollen- zum Schachtbau übergegangen wird, das wiederum zur Entwicklung von Dampf-Pumpen zwingt und damit die „Industrielle Revolution" einleitet *(→ 1769 bis 1794)*. Durch sie schaukeln sich Kohle und Eisen gegenseitig hoch — und verändern die Welt.

1232

Die Annalen der Sung-Dynastie schildern die kriegerische Verwendung des Schwarzpulvers durch den Heerführer Wei Tsching und fügen hinzu, daß es bereits im 10. Jahrhundert in China erfunden, bisher aber nur zu Feuerwerks-Vorführungen verwendet worden sei.

Zum Unterschied von den bereits im Altertum verwendeten Brandsätzen *(→ 424 v. Chr.)* aus Pech, Schwefel und Kohle zerfällt dieses Gemisch von Salpeter, Schwefel und Holzkohle explosionsartig, das heißt mit starkem Knall und in extrem kurzer Zeit. Das Volumen der dabei entstehenden Gase wächst durch die entwickelte Hitze weiter an und erreicht das Vieltausendfache des Pulver-Volumens:

> ***Erstmals wird Energie in Form von Treibkraft freigesetzt, zugleich ist der erste Sprengstoff geschaffen.***

Alle Sprengstoffe sind relativ energiearm: Die Verbrennungswärme von Schwarzpulver beträgt maximal 685 Kilokalorien pro Kilogramm, die von rauchschwachem Schießpulver 900 bis 1290 kcal und auch die von Nitroglyzerin *(→ 1867)* nur 1500, während zum Beispiel die Verbrennungswärme von Benzin 11 000 übersteigt. Aber ähnlich wie beim Blitz *(→ vor etwa 3 Milliarden Jahren)* wird die in Sprengstoffen gespeicherte Energie binnen Millisekunden-Bruchteilen freigesetzt, was verheerende Wirkungen haben kann. In China haben sie diese nicht, denn die Chinesen erfinden zwar die Rakete *(→ 1255)*, nicht aber die Schußwaffen. Sie sind eine europäische Errungenschaft: Arabische Quellen benutzend, geben um 1250 Roger Bacon, Albertus Magnus und Marcus Graecus in ihren Schriften Schwarzpulver-Rezepte. Sie weichen allerdings stark voneinander ab, die Salpeter-Anteile schwanken zwischen vier und sieben Zehntel, die von Schwefel und Holzkohle zwischen je zwei und drei Zehntel, während chemisch „richtig", das heißt den Atomgewichten entsprechend, 74,6 Prozent, 13,5 und 11,8 Prozent sind. Jedenfalls aber kann 1331 bei der Belagerung von Cividale in Friaul durch die deutschen Ritter von Crusperg und von Spilimberg Schießpulver schon sehr wirkungsvoll eingesetzt werden. Zehn Jahre später gibt es geschmiedete eiserne Büchsen, seit 1385 fahrbar gemachte, eiserne Geschütze. Die erste Beschreibung von Handgranaten stammt aus dem Jahre 1435.

Die friedliche Nutzung des Schwarzpulvers

hingegen ist erst für das Jahr 1627 belegt, da wird es gelegentlich im Bergbau Ungarns eingesetzt, macht jedoch die Spitzhacke und die Muskelarbeit, die seit mindestens sechs Jahrtausenden alle Erze geliefert haben, noch lange nicht überflüssig. Erst der Wissensdrang eines Magdeburger Bürgermeisters und die Phantasie eines holländischen Gelehrten leiten die Entwicklung ein, welche die explosive Energie-Freisetzung nicht nur der Zerstörung und dem Tod dienen läßt.

Der holländische Gelehrte ist der Mathematiker und Physiker Christian Huygens, der u. a. die Pendeluhr erfunden hat und 1673 bis 1680 seine „Pulver-Maschine" konstruiert, den

Ur-Typ unserer Explosions-Motoren.

In einem Hubzylinder schleudert eine Pulverpatrone den Kolben über die Öffnungen zweier Ventilklappen, durch die die Verbrennungsgase entweichen, im Zylinder entsteht ein Vakuum. Das Gewicht der Außenluft — die „Kraft aus dem Nichts" — *(→ 1643)* drückt den Kolben mit so großer Kraft nieder, daß er über einen Flaschenzug Lasten hebt.

Vorerst bleibt dies ohne praktische Folgen. Aber 1687, als bei der Belagerung Athens durch die Venezianer der Parthenon in die Luft fliegt, weil die damals Griechenland beherrschenden Türken dieses einmalige Baudenkmal als Pulvermagazin verwendet haben, erläßt der Stiftshauptmann von Zödtenburg einen „Aufruf an alle Gelehrten und Ingenieure". Er bittet sie, „die Kraft des Pulvers zum Guten zu wenden, nicht länger nur der Zerstörung dienen zu lassen, sondern wie der erleuchtete Christian Huygens das bereits getan hat . . . das Pulver aus einem Mordwerkzeug zu einem Werkzeug des Friedens zu machen . . .". Dieser Aufruf hat Erfolg: Aus der „Pulver-Maschine" werden Explosions-Motoren und in einer Parallel-Entwicklung die atmosphärische Dampfmaschine, die Huygens Mitarbeiter Denis Papin 1690 erfindet. Etienne Lenoir wie Otto, Daimler und Benz *(→ 31. Dezember 1879)* arbeiten für den Frieden. Das tut auch Alfred Nobel, der 1867 im Dynamit einen Sprengstoff erfindet, der die Bergbau-Produktion vervielfacht, Kraftwerks- und Tunnelbauten ermöglicht, wie sie vorher undenkbar gewesen sind. Er stiftet die bis heute bedeutendsten aller Forschungs- und Kulturförderungs-Preise, und von ihm stammt auch der erste große Friedenspreis der Welt.

1255

Zu den Kräften, von denen kaum je die Rede ist, die aber nichtsdestoweniger die Welt verändert haben und in unserer heutigen Welt eine überragende Rolle spielen, gehört der aus Masse und Geschwindigkeit resultierende Impuls, den ein Körper erfährt, wenn von ihm durch einen inneren Vorgang Masse abgestoßen wird, das heißt

der Rückstoß.

Erstmals wird durch chemische Energie erzeugter Rückstoß vor acht Jahrhunderten genutzt: Die Annalen der Sung-Dynastie beschreiben 1255 eine „Lanze des ungestümen Feuers" („To Huo-tsiang"), ein pulvergefülltes Bambusrohr, das die erste Rakete bildet. Den Rückstoß nennt Isaac Newton 1687 in seinen „Mathematischen Prinzipien der Naturphilosophie" seherisch „das Prinzip, welches den Menschen späterer Jahrhunderte einmal den Flug zu den Sternen ermöglichen wird". Denn Raketen sind Flugkörper, die sowohl ihren Treibstoff wie den zu dessen Verbrennung benötigten Sauerstoff selbst mitführen, also auch im luftleeren Raum durch den Rückstoß der ausströmenden Verbrennungsgase vorwärtsbewegt werden.

Der Schub,

die Kraft, mit der ein durch Rückstoß bewegter Körper seine Lage verändert, wird bei der chinesischen Rakete des 13. Jahrhunderts wohl nur wenige Kilogramm betragen haben. Aber aus dem Bambus-Rohr werden durch den Zweiten Weltkrieg Groß-Raketen *(→ 3. Oktober 1943),* durch den „Kalten Krieg" wird erstmals das Schwerefeld der Erde überwunden *(→ 4. Oktober 1957)* und kommt es 1968 zur „Saturn-V"-Rakete, deren Schub 1,2 Millionen Kilogramm beträgt. Dieser Schub entspricht — wenn auch nur kurzfristig — 130 000 Megawatt oder 176 Millionen PS:

der Rückstoß erbringt die höchste, je erzielte Motorleistung

und trägt 1969 die ersten Menschen auf den Mond. Aus den Raketen entwickeln sich die Strahltriebwerke oder Düsentriebwerke *(→ 27. Juli 1949)* und 1952 beginnt mit den englischen „Comet-1"-Maschinen der regelmäßige Düsen-Luftverkehr. Drei Jahrzehnte später werden praktisch alle der nun rund 700 Millionen Luft-Passagiere mit Hilfe des Rückstoßes befördert.

Die ersten Strahl-Flugzeuge sind jedoch nicht für den Frieden, sondern für den Krieg entwickelt worden: Als erstes fliegt die He-178 bereits am 27. August 1939. So ist es auch von Anfang an gewesen. Bereits 1257 wenden die Araber Pulver-Raketen an, als ihre Festung Niebla unweit Huelva in Spanien durch Alfons den Weisen von Kastilien belagert wird. Diese „springen von selbst unter die Feinde . . . und versprühen tödliches Feuer . . .", erschrecken die Kastilier aber vor allem durch ihren Lärm und ihre gewaltige Rauchentwicklung. Die Christen erobern nach sechs Monaten mörderischer Kämpfe dennoch die Stadt und die Raketen setzen sich vorerst nicht durch. Das erstaunlichste an ihrem Einsatz durch die Araber aber ist, daß diese schon zwei Jahre nach ihrem Auftauchen in China die Raketen kennen, daß ihre Kenntnis fremder Länder und deren neuester „Fortschritte" damals ungleich größer ist als im „Entdeckungs-Zeitalter" der Portugiesen und Spanier Jahrhunderte später.

Zum zweiten Mal von Europa „entdeckt" werden die Raketen erst durch Sir William Congreve, der sie in Indien kennengelernt hat: Die Engländer setzen Brand-Raketen 1806 gegen Boulogne ein, 1807 gegen Kopenhagen, 1809 gegen Vlissingen und 1813 gegen Danzig, Wittenberg und Leipzig. Der österreichischen Artillerie zugeteilte Raketen-Regimenter erzielen „große Erfolge" im Italien-Feldzug 1848 und gegen die revoltierenden Ungarn 1849.

Erneut verlieren Raketen durch die Fortschritte im Geschützbau ihre Bedeutung, nicht aber der Rückstoß. Denn je widerstandsfähiger die Kanonenrohre werden, je größer die Reichweiten und die Durchschlagskraft der Geschosse, desto größer müssen ja auch die Pulvermengen werden, je größer die Treibkraft wird, desto größer auch der Rückstoß. Dessen „Unschädlichmachung" wird zur technischen Aufgabe, denn er behindert das Zielen. Das führt als „Nebenprodukt" zu den Selbstlade-Waffen, vor allem zum vollautomatischen Maschinengewehr des Amerikaners Hiram Stevens Maxim *(→ 1883)*.

1589

Wenn die Araber im 13. Jahrhundert binnen weniger Monate wissen, was es in China an Fortschritten gibt *(→ 1255)*, so ist ihnen auch bekannt, was im antiken Griechenland erdacht und erforscht worden ist, denn im Koran heißt es: „Die Wissenschaft dient der Ehre Gottes. Darum erwerbet sie, aus welcher Quelle sie auch stammen mag . . . auch von den Lippen Ungläubiger." Das ermöglicht die im 14. Jahrhundert von Italien ausgehende

Kulturwende vom Mittelalter zur Neuzeit,

die „Renaissance" = „Wiedergeburt" heißt, weil nun das von den Arabern gesammelte und überlieferte Wissen der Antike auch im Abendland wiederbelebt wird.

Beherrscht wird die wissenschaftlich-geistige Haltung der Renaissance, der „Humanismus", vom Denken des 384 v. Chr. in Stagira geborenen Makedoniers Aristoteles, der im Lykeion Athens 335 seine Schule gegründet hat und dessen

Anhänger nach dem Wandelgang dieser Akademie, dem „peripatos", „Peripatetiker" heißen. Aristoteles ist der Begründer dessen, was wir heute Wissenschaft nennen: Sein Lehrer Platon sucht alle Wahrheit allein im logischen Denken. Er verachtet die Umwelt als „Schein" und beurteilt alles Sinnliche vom Übersinnlichen her. Aristoteles hingegen ist überzeugt, daß unsere Sinneseindrücke den wirklichen physischen Eigenschaften der Dinge entsprechen, er sucht sein Weltbild auf Beobachtung und Erfahrung zu gründen. Aristoteles ist

der größte Wissens-Sammler und Systematiker der Antike

und der erste Philosoph, der zugleich Naturforscher ist. Auch er fragt jedoch nicht nach den die Natur beherrschenden Gesetzen, sondern nach dem Sinn und dem Zweck der Welt. Er beobachtet, aber er experimentiert noch nicht, vermag nicht immer zwischen Sein und Schein zu unterscheiden und kann mit den seiner Zeit verfügbaren Mitteln auch seine Überlegungen nicht kontrollieren.

So behauptet Aristoteles zum Beispiel, daß Körper um so schneller fallen, je schwerer sie sind. Das erscheint „logisch", so wird diese These 1919 Jahre lang von niemandem überprüft. Erst daß dies 1589 geschieht, führt zu unserer heutigen Welt, denn mit seinen Fall-Versuchen wird Galileo Galilei

der Begründer der auf erwiesenen Tatsachen beruhenden Naturwissenschaft

und der Experimental-Forschung. Galilei erklärt, daß es ihm „um die sinnlich erfaßbare Welt, nicht um eine gedachte Bücherwelt" gehe und „eine einzige Erfahrung und auf dieser beruhender, schlüssiger Beweis alle erdenklichen unbewiesenen Argumente übertrifft".

Als Sohn eines bedeutenden Mathematikers und Musik-Theoretikers 1564 in Pisa geboren, studiert Galilei Medizin, sattelt aber auf Mathematik und Physik um und macht schon als 22jähriger eine bedeutende Erfindung, die der hydrostatischen Waage zur Bestimmung des spezifischen Gewichts fester Körper. Sie beruht auf der Messung des Auftriebs. Im Jahr 1589 wird er Mathematik-Professor der Universität Pisa, für einen Fünfundzwanzigjährigen eine einmalige Leistung.

Daß er dies in Pisa wird, ist für die Welt ein Glücksfall, denn hier – und bis heute auf der ganzen Erde nur hier – steht der berühmte schiefe Turm, der 1173 begonnene und erst 1350 vollendete, achtstöckige Campanile, dessen Sandgrund sich gesenkt hat und der so in 55 Metern Höhe um mehr als vier Meter von der Senkrechten abweicht. Auf diesen Turm führt Galilei seine Studenten und läßt 1589 eine Kugel von einem Viertelkilogramm Gewicht und gleichzeitig eine andere von 50 Kilogramm Gewicht fallen: Beide kommen gleichzeitig am Boden an. Ebenso gleich große Kugeln aus Blei, Marmor und Holz. Galilei läßt auch Messingkugeln auf einer schiefen Ebene herabrollen und entwickelt an ihrem Bewegungsverlauf den

Begriff der Beschleunigung und der Trägheit,

begründet damit die Dynamik. Aber ungleich wichtiger noch ist: Er erschüttert die als absolut geltende Autorität Artistoteles. Was dieser gelehrt hat, gilt seinen Renaissance-Anhängern als unanzweifelbar. Nun aber widerlegt Galilei in seinen

„Sermones de motu gravium" das antike Fall-„Gesetz", und so sorgen die „Aristoteliker" dafür, daß er seinen Posten in Pisa verliert.

Aber 1592 wird Galilei Professor der Mathematik in Padua, dem „Quartier Latin von Venedig", wie Renan es genannt hat. Hier gewinnt er durch seine Experimentalvorlesungen europäischen Ruf, zu seinen Schülern gehört Cosimo II von Medici, zu seinen Bewunderern Kardinal Maffeo Barberini, der spätere Papst Urban VIII. Er erbittert die Aristoteles-Gläubigen erneut, als er einen im Oktober 1604 aufgetauchten und 1605 wieder verschwundenen neuen Stern als Beweis gegen dessen Lehre der Unveränderlichkeit des Universums anführt.

Vier Jahre später erfindet der holländische Brillenmacher Johann Lippershey das Fernrohr, indem er eine bikonvexe und eine bikonkave Glaslinse derart anordnet, daß sie die Bildgröße verdreifachen. Als Galilei von diesem Instrument hört, baut er es sofort nach, verbessert es ständig und erzielt schließlich eine zweiunddreißigfache Vergrößerung. Im Laufe der Jahre stellt er eigenhändig mehr als hundert Fernrohre her und verkauft sie in ganz Europa. Vor allem aber ist Galilei 1609

der erste, der ein Fernrohr zur Himmelsbeobachtung benutzt.

Am 7. Januar 1610 entdeckt er die drei ersten Jupiter-Trabanten und wenig später den vierten — und das beweist, daß sich „auch ein Zentrum der Bewegung selber bewegen kann". Galilei entdeckt die Mondgebirge, erkennt in der Milchstraße eine „Anhäufung unzähliger Sterne" und beobachtet 1611 die Sonnenflecken. Kurz nach seiner Thronbesteigung ernennt ihn Cosimo II von Medici 1610 zu seinem „Ersten Großherzoglichen Mathematiker und Philosophen", holt ihn nach Florenz und schenkt ihm ein großes Haus. Durch den Großherzog der Toskana kann Galilei 23 Jahre lang sorgenfrei forschen und seine Sternwarte in Arcetri zur

Propaganda-Zentrale des heliozentrischen Welt-Systems

machen.

Daß die Sonne das „Zentral-Gestirn" ist, wissen die Ägypter bereits im zweiten vorchristlichen Jahrtausend, und 1368 v. Chr. macht Echnaton den Sonnen-Kult zur Staatsreligion. Im Jahr 260 v. Chr. lehrt Aristarchos von Samos, daß die Sonne unbeweglich ist, die Erde sich in einer schief geneigten Ebene um die Sonne bewegt und sich gleichzeitig um sich selbst dreht. Aristoteles aber hat die Erde für das Zentrum des Weltalls gehalten. Er weiß zwar 33 v. Chr., daß sie rund ist, denn bei Mondfinsternissen wirft sie einen kreisförmigen Schatten und der einzige Körper, der das tut, ist die Kugel. Aber über die evidente Bewegung der Himmelskörper sagt Aristoteles nur: „Das All wird von der Gottheit bewegt, die selber unbewegt ist". Die Erde ist für die Bibel das Zentrum des Universums und ebenso für Claudius Ptolemaeus von Alexandria, der 150 n. Chr. in seinem „Almagest" dem geozentrischen Weltbild die Form gibt, die weitere 1450 Jahre lang die allgemeingültige bleibt. Zwar hat Nicolaus von Cusa 1440 erklärt, das Universum sei nur als „unendlich“ vorstellbar und die Erde könne nicht sein Mittelpunkt sein, weil unbegrenzte Räume keinen Mittelpunkt haben. Aber dieses Argument hat keinerlei Wirkung, bis zu Galileis Kampf ebensowenig

das Kopernikanische Welt-System.

Der 1473 in der Deutschordensstadt Thorn als Sohn eines Großkaufmanns geborene Nikolaus Kopernikus ist durch seinen Onkel, den Bischof von Ermland, schon als Vierundzwanzigjähriger Domherr des ostpreußischen Stiftes Frauenburg geworden, obwohl er nie Theologie, sondern an der Universität Krakau Mathematik und Astronomie studiert hat. Die reichen Einkünfte seiner Pfründe benutzt er, um in Bologna, Padua und Ferrara auch Medizin und die Rechte zu studieren und nach seiner Rückkehr in Frauenburg eine Sternwarte einzurichten. Seine Beobachtungen überzeugen ihn, daß das Ptolemaeische Weltbild unhaltbar ist. Er sucht „sicheren Grund für die Bewegung der Weltmaschine“ und verbreitet seit 1507 mündlich und schriftlich seine Erkenntnis, daß die Sonne den Mittelpunkt des Planetensystems bildet und die Erde sich wie die übrigen Planeten um sie dreht.

Dabei bleibt es aber. Kopernikus entfacht weder einen Gelehrten-Streit, noch rüttelt er an der Bibel. Er hilft seinem Freund, dem letzten Hochmeister des Deutschen Ritterordens und erstem weltlichen Herzog von Preussen, Albert, eine Finanz- und Geldreform mit Hilfe einer Silberwährung durchzuführen, bringt die heruntergewirtschaftete Domäne Allenstein wieder zur Blüte, betätigt sich auch als Arzt. Sein Wissen faßt er erst seit 1540 in einem Werk zusammen, das er „De revolutionibus“ nennt, „Vom Umsturz“, nämlich des Weltsystems, dem aber der Nürnberger Drucker Johann Petri „orbium coelestium“ hinzufügt, was den Titel in „Über die Umwälzungen der himmlischen Bahnen“ verändert. Osiander fügt dem Papst Paul III gewidmeten Werk (ohne Wissen Kopernikus) ein Vorwort hinzu, das dessen konkrete Beobachtungen als Hypothesen hinstellt. Kopernikus kann sich nicht wehren, denn das erste Exemplar erhält er am 24. Mai 1543, seinem Todestag.

Unbehindert erscheinen auch die Ausgaben des Werkes in Basel 1566 und Amsterdam 1617, denn wenn es auch die biblische Weltschöpfungs-Lehre widerlegt, so hat es nirgendwo Aufsehen erregt und keine der katholischen Kirche unliebsame Diskussionen ausgelöst: Der Astronom Kopernikus hat ein astronomisches Werk verfaßt, das alle Astronomen benutzen, um ihre Messungen zu verbessern. Aber es hat das herrschende Weltbild nicht verändert, hat vor allem in Italien, dem Bollwerk der Renaissance, keinerlei Wirkung. Die Wissenschaft ist damals noch nicht „glaubensstiftend“, die Erkenntnisse irgendwelcher Fachleute werden von den Philosophen so wenig ernstgenommen wie von den Theologen. Erst Galilei verändert das.

Dieser ist 1613 in seinem Buch über die Sonnenflecken offen für das Kopernikanische, heliozentrische System eingetreten und hat am 21. Dezember 1613 einem seiner Bewunderer, dem Priester Arnoldo Castelli, der im Jahr zuvor Mathematik-Professor in Pisa geworden ist, auf die Frage nach der Vereinbarkeit der heliozentrischen Lehre mit der Heiligen Schrift geantwortet: „Die Bibel ist kein Lehrbuch der Astronomie. Kopernikus Buch kein Lehrbuch der Theologie. Aber die Theologie hat die katholische Lehre mit den naturwissenschaftlichen Tatsachen in Einklang zu bringen, nicht umgekehrt“.

Dieser Brief veranlaßt zwei Mitglieder des Dominikaner-Ordens, Galilei am 15. Februar 1615 bei der Inquisition anzuklagen. Und am 23. Februar 1616 erklären elf Theologen als „Qualifikatoren des Heiligen Officiums" die Behauptung „Die Sonne ist der Mittelpunkt der Welt und darum unbeweglich" und „Die Erde ist nicht der Mittelpunkt der Welt und nicht unbeweglich, sondern sie bewegt sich täglich, auch um sich selbst" für „philosophisch absurd und ketzerisch". Kardinal Bellarmin „ermahnt" Galilei, nicht länger für die kopernikanische Lehre einzutreten. Denn ist die Erde nicht das Zentral-Gestirn, so ist schwer begreifbar, warum Gott seinen Sohn gerade auf diesen Planeten gesandt hat.

Aber Galilei hat, wie gesagt, Kardinal Barberini zum Freund, einen der mächtigsten Prälaten, und dieser fordert ihn auf, mit ihm das geozentrische und heliozentrische System zu diskutieren. Barberini wird 1623 Papst, erweist sich als Kunst- und Wissenschafts-Förderer und als Kirchen-Reformator. Er bittet Galilei, Forschung und Glauben getrennt zu halten, wie er das auch selbst zu tun gedenke. Ob Galilei das versprochen hat, ist umstritten. Jedenfalls vollendet er im April 1630 sein Hauptwerk „Dialogo ... sopra i due massimi sistemi del mondo, Tolemaico e Copernicano ...", das im Februar 1632 sowohl mit dem Imprimatur des Römischen wie des Florentinischen Inquisitors erscheint. Schon daß es italienisch und nicht lateinisch verfaßt ist, bedeutet für die damalige Zeit eine revolutionäre Neuerung. Der Inhalt ist noch umstürzlerischer. Galilei tritt nicht nur überzeugend für Kopernikus ein, er stürzt Aristoteles von seinem Thron und bestreitet damit eine Autorität, die mit der katholischen Kirche verschmolzen worden ist. Galilei greift sogar den Papst persönlich an: Das Werk ist in Gesprächsform gehalten, stellt die Anhänger der modernen Forschung denen des Aristoteles in der Person des Salviati, eines aufgeklärten Kopernikaners, des lernbegierigen Sagredo und des dummen und eingebildeten Simplicio gegenüber. Diesem legt er die Argumente in den Mund, die Kardinal Barberini ihm gegenüber verwendet hat.

Das empört den Papst natürlich. Im August 1632 wird der Verkauf des „Dialogo ..." verboten und Galilei aufgefordert, nach Rom zu kommen. Galilei verzögert die Reise bis zum Februar 1633, aber zwischen dem 12. April und dem 22. Juni wird er viermal von einem aus zehn Kardinälen bestehenden Inquisitions-Ausschuß verhört, und am 22. Juni 1633 muß er öffentlich und feierlich der Kopernikanischen Lehre abschwören. Nie ist er in ein Gefängnis gebracht worden. Nie ist auch nur daran gedacht worden, ihn zu foltern. Nie ist er im Büßerhemd vor der Inquisition erschienen. Und nie hat er „Eppur si muove" gesagt, „Und sie dreht sich doch!" Aber der Kirche unterworfen hat sich Galilei, denn er will weiterarbeiten.

Das tut er, obwohl 1636 sein Augenlicht schwindet und er im Dezember 1637 völlig erblindet. Er begründet 1638 die Elastizitäts- und Festigkeits-Lehre, und das Material, das er bei seinem Tod im Jahr 1642 hinterläßt, ermöglicht es Isaac Newton, 1666 bis 1687 die Fundamente der heutigen Naturwissenschaft zu vollenden. Als Erster hat Galilei physikalische Probleme durch mathematische Analyse gelöst und die Ergebnisse durch Experimente kontrolliert. Dabei bleibt es seither. Und nur das hat auch die rationelle Naturkräfte-Nutzung ermöglicht, die Energie beherrschbar gemacht.

1600

Forschen heißt Fragen beantworten wollen. Fragen gestellt werden aus vielerlei Gründen, meist um einen Gelehrten-Streit zu entscheiden, sehr oft aber auch aus höchst praktischen Gründen. Und so ist es kein Zufall, daß

die wissenschaftliche Erforschung des Magnetismus

im Jahr 1600 und in England beginnt. Denn seit die Portugiesen in Sagres am Kap Sao Vicente 1416 nicht nur die erste Seefahrer-Schule der Welt, sondern auch die erste aller Wirtschafts-Spionage-Organisationen gegründet haben, ist die Verlagerung des Weltgeschehens vom Mittelmeer zum Atlantik im Gang. Da haben die portugiesischen und spanischen Entdeckungsreisen das Handelsmonopol der Araber und die Sperren durchbrochen, welche die Türken 1453 durch die Eroberung von Konstantinopel errichtet haben. Portugal und Spanien haben ungeheure Gebiete in Afrika, Asien und Amerika in Besitz genommen, und in aller Form hat Papst Alexander VI die Welt unter ihnen geteilt. Das vor allem veranlaßt König Heinrich VIII zum Abfall von Rom, zur Gründung einer eigenen Staatskirche und zur Konfiszierung aller Kloster- und Kirchengüter in England, um eine Flotte bauen zu können. Aber diese spielt auch zur Zeit seiner Tochter Elisabeth I noch keine nennenswerte Rolle. Elisabeth hat nur drei Millionen Untertanen, Englands Nationalvermögen und seine Staatseinnahmen sind geringer als die von Florenz, einer einzigen, italienischen Handelsstadt. Alle britischen Handelshäuser zusammengenommen verfügen nur über ein Zwölftel des Kapitals, das die Fugger in Nürnberg besitzen. Aber Elisabeth I dienen Leute wie Sir Walter Raleigh, dessen Wappenspruch „Dem Kriege und dem Erwerb" lautet, und Sir Francis Drake, der sich auf die Kaperung spanischer Schatzflotten spezialisiert *(→ 1368 v. Chr.).* Dessen großer Raubzug der Jahre 1577 bis 1580 bringt seinen Teilhabern 4700 Prozent Gewinn. Zu ihnen gehört die Königin, deren Gewinnanteil 278 000 Pfund beträgt. Sie kann all ihre Schulden — damals gleich den Staatsschulden — bezahlen und 50 000 Pfund in der „Levante-Kompagnie" anlegen, aus der die „Ostindische Kompanie" hervorgeht, die „Muttergesellschaft des Britischen Weltreiches".

Zu Sir Francis Drake's Freunden gehört William Gilbert. Sproß einer alten Suffolk-Familie und 1544 in der südenglischen Landstadt Colchester geboren, hat Gilbert in Cambridge Medizin studiert und nach ausgedehnten Studienreisen auf dem Kontinent 1537 eine Arztpraxis in London eröffnet. Er interessiert sich für alle Naturwissenschaften, und ein Freund seines Vaters, der mächtige Sir Francis Walsingham, und vor allem Francis Drake veranlassen ihn, sich mit dem Magnetismus zu befassen und als erster aller Engländer im Jahr 1600 in London ein naturwissenschaftliches Werk zu veröffentlichen. Denn der Kompaß ist damals ein sehr unzuverlässiges Navigationsgerät. Seine Mißweisung, die Deklination, führt immer wieder Schiffe in die Irre und obwohl der Kompaß mindestens seit 1160 v. Chr. verwendet wird, ist die Ursache der Deklination ebenso unbekannt geblieben wie die der Neigung der Magnetnadel gegen die Horizontale.

Gilbert wird Leibarzt der Königin und dient als solcher auch König Jakob I, hat kaum Pflichten, erhält aber ein hohes Jahresgehalt und kann so frei forschen. Er untersucht erstmals die Magnetwirkungen *(→ 585 v. Chr.)* systematisch und erkennt, daß

die Erde ein einziger, riesiger Magnet

ist. Er läßt eine „Terella", einen Globus aus Eisen, herstellen und magnetisiert ihn, kann so empirisch die Magnetnadel-Abweichungen von Pol zu Pol und die dem Äquator parallellaufenden Kreise der Inklination bestimmen. Seit Gilbert kann der Kompaß-Kurs exakt korrigiert werden, was sich für den

Aufstieg Englands zur Seemacht

als entscheidend wichtig erweist. Denn wenn Sir Francis Walsingham den britischen Geheimdienst aufgebaut hat und es bei seinem Tod im Jahr 1590 bereits 53 hochgestellte britische Agenten an fremden Höfen gibt, Agenten London auch die geheimen Routen der spanischen Silber-Flotten mitteilen, daß die englischen Freibeuter diese Flotten in den unermeßlichen Weiten des Ozeans finden, verdanken sie Gilbert.

Gilberts Forschungen sind aber keineswegs nur für England von Bedeutung. Seine entscheidende Leistung als Naturforscher ist

die „Ent-Materialisierung" der Physik und das Aufzeigen unsichtbarer Energie-Fernwirkungen:

Da Archimedes 260 v. Chr. nicht nur die theoretischen Grundlagen der Mechanik geschaffen, sondern auch den Flaschenzug *(→ um 400 v. Chr.)* verbessert hat, sieht man bis Gilbert Massen, die sich das Gleichgewicht halten, immer nur an Seilen hängen. Erst er beschreibt Kräfte, die ohne sichtbare Verbindungen, schiefe Ebenen oder Ansatzpunkte für Hebel wirken. Wie mit dem Magnetismus beschäftigt sich Gilbert mit der Elektrizität, der er als „Vis electrica" ihren heutigen Namen gibt, und das veranlaßt Otto von Guericke 1663 zur Erfindung der Elektrisiermaschine, eines unentbehrlichen Mittels zur näheren Erforschung dieser Naturkraft. 1629 erscheint Gilberts klassisches Werk „De magnete magnetisque corporibut et magno magnete tellure nova philosophia", 1638 auch in Frankreich, 1633 in Stettin, es wird von Kepler, Galilei und Newton gelesen und regt Hunderte Forscher an. Kann das auch dank Gutenbergs Buchdruck. Denn nicht nur das Philosophieren Thales von Milet hat die Erforschung des Magnetismus um Jahrtausende verzögert, sondern auch der Mangel an Informations-Speicherung und Informations-Verbreitungsmitteln. Gilberts Erkenntnisse werden nicht mehr vergessen. Dennoch aber vergehen noch mehr als zwei Jahrhunderte, ehe die Anziehungskraft, die der Magneteisenstein ausübt und die, die der Bernstein durch Reiben erhält, als identisch erwiesen werden, und es nicht nur zur Entdeckung, sondern zugleich auch zur Nutzung des Elektro-Magnetismus kommt *(→ 1819 bis 1825)*.

1610

Die lebenswichtigste aller Energie-Umsetzungen wird durch

die Atmung

in Gang gehalten. Sie ermöglicht den Zellen-Stoffwechsel, führt dem Blut Sauerstoff zu und sorgt für die Ausscheidung des Kohlendioxyds. Die Atmung ist ein Ur-Lebensvorgang. Aber daß die Luft bei der Atmung eine ähnliche Rolle spielt wie bei der Unterhaltung eines Feuers, erkennt Jan Baptist van Helmont erst 1610.

Einer alten Adelsfamilie Brabants entstammend und 1577 in Brüssel geboren, macht ein großes Vermögen Helmont unabhängig und ermöglicht ihm entscheidend wichtige Grundlagen-Forschungen: Als erster nimmt er die uns umgebende Luft nicht einfach hin, sondern erkennt, das es viele Arten „Luft" gibt, und begründet den Begriff „Gase". Er beschreibt das Kohlendioxyd und seine wäßrige Lösung, die Kohlensäure, regt Robert Boyle zu deren Untersuchung an. Boyle entdeckt 1674, daß die Luft durch die Atmung „verdorben" wird und in allen geschlossenen Räumen entsprechend erneuert werden muß. Van Helmont beschreibt den Wasserstoff, erkennt, daß die Wirkung des Schießpulvers auf seiner Gasentwicklung beruht und regt Dutzende andere Forscher zu ihren Arbeiten an.

Die Zusammensetzung der Luft ergeben allerdings erst 1774 die Gasanalysen Priestleys und Scheeles. Und erst seit 1868 wird

die menschliche Atem-Leistung

und ihre Selbststeuerung untersucht.

Diese Leistung ist gewaltig: Im Durchschnitt atmet jeder Mensch täglich 14 000 Liter Luft ein. In der Ruhe braucht ein Erwachsener nur 6 bis 8 Liter Luft in der Minute. Bei angestrengter Arbeit jedoch steigt die Atemleistung auf 50 bis 60, vereinzelt bis 150 Liter an. Dementsprechend schwankt die Zahl der Atemzüge zwischen durchschnittlich 18 pro Minute in der Ruhe und 120 beim Wettrudern. Das heißt, schon im Ruhezustand braucht der Mensch täglich 28 320, wenn er 70 Jahre alt wird, rund

980 Millionen „Luft-Mahlzeiten" während eines Menschenlebens.

Mit jeder gelangt alles in die Lungen und ins Blut, was die Luft enthält, ihre Verunreinigungen ebenso wie ihr Sauerstoff. Daraus aber werden erst drei Jahrhunderte nach van Helmont nennenswerte Folgerungen gezogen *(→ 1909 bis 1916).*

1610

Ist die Sonnenenergie *(→ vor etwa 4,7 Milliarden Jahren)* „allgegenwärtig", so ist sie gerade deshalb wenig „dicht": Auf einem Quadratmeter sind maximal 250 Watt zu gewinnen, außer man konzentriert das Sonnenlicht durch Brennspiegel. Das ist bereits 212 v. Chr. geschehen, damit auch

die erste unmittelbare Sonnenenergie-Nutzung

geglückt. Allerdings nur zu kriegerischen Zwecken. Damals hat es in der griechischen Hafenstadt Syrakus auf Sizilien einen Aufstand gegen die Römer gegeben. Um ihn niederzuschlagen, wird eine römische Flotte ausgesandt, und der gegenüber scheinen die Syrakusaner hilflos. Aber in Syrakus lebt auch Archimedes, einer der größten Mathematiker und Naturforscher, und er läßt aus poliertem Kupferblech Spiegel herstellen, die die römischen Schiffe in Brand setzen. Das ist bis in die jüngste Vergangenheit angezweifelt worden, hat sich aber durch ein 1973 durchgeführtes Groß-Experiment der griechischen Marine eindeutig als wahr erwiesen.

Nach diesem ersten Spiegel-Einsatz vergehen mehr als sieben Jahrhunderte, ehe Anthemios von Tralles 525 n. Chr. Parabolspiegel berechnet und exakt ihren Brennpunkt fixiert. Es vergehen fast weitere elf Jahrhunderte, ehe im Jahr 1610 der aus Dieppe stammende Hugenotte Salomon de Caus als Baumeister des Kurfürsten Friedrich V von der Pfalz im Heidelberger Schloßgarten

die erste Sonnenkraft-Maschine

errichtet. Er konzentriert die Sonnenstrahlung durch 16 große Glaslinsen auf einen kupfernen Wasserkessel. Dadurch entsteht Dampf, der Wasser unter Druck setzt und durch eine Düse als Springbrunnen hochtreibt.

Das ist nur ein „Fürsten-Plaisir". Aber 1615 erscheint in Frankfurt de Caus' bahnbrechendes Werk über die Expansion und Kondensation des Wasserdampfes, auch sein Heidelberger Experiment hat Aufsehen erregt und wird nicht vergessen: Im Jahr 1687 erzeugt der Mathematiker, Physiker und Philosoph Ehrenfried Walter Graf von Tschirnhaus auf seinem Gut Kieslingwalde bei Görlitz, auf dem er drei Glashütten und ein Wasserrad zum Schleifen von Parabolspiegeln errichtet hat, im Brennpunkt solch eines Spiegels glasartige Massen, aus denen Johann Friedrich Böttger 1710 das Meißner Porzellan, das erste Hart-Porzellan Europas, entwickelt. 1772 erzielt Antoine-Laurent Lavoisier in seinem „Sonnen-Ofen" 1750° C und verbrennt mit konzentriertem Sonnenlicht einen Diamanten.

Praktische Arbeit leistet Sonnenenergie 1878 auf der Pariser Weltausstellung: Augustin Mouchot führt einen Hohlspiegel von 20 Quadratmetern Fläche vor, der 70 Liter Wasser innerhalb von 30 Minuten in Dampf von 6 Atmosphären Überdruck verwandelt. Dieser Dampf betreibt eine Pumpe, die pro Stunde 1800 Liter Wasser 2 Meter hoch hebt. 1913 kommt unweit Kairo eine Spiegelanlage in Betrieb, die rund 35 Kilowatt leistet und 200 Hektar Baumwoll-Land bewässert.

Heute steht der Rekord der künstlichen Sonnen-Hitze, der durch einen Zeiß-Parabolspiegel aufgestellt worden ist, bei 6000° C. Praktisch genutzt werden 3000 bis 3800° C. Die größte Anlage dazu ist die von Félix Trombe entworfene von Odeillo auf dem 1600 Meter hohen Mont Louis unweit Perpignan in den französischen Pyrenäen, die

die Sonnenstrahlung auf das Sechzehntausendfache verstärkt.

Hier werfen seit 1960 auf den umgebenden Berghängen angebrachte Spiegel ihr Licht auf einen zehn Stockwerke hohen, aus 21 000 Einzel-Reflektoren zusammengesetzten Hohlspiegel, der es auf einen Brennkreis von etwa einem Meter Durchmesser, seit 1970 nur 45 Quadratzentimeter, konzentriert und da 3800° C Hitze erzeugt. Die Leistung beträgt etwa ein Megawatt und dient jetzt metallkeramischen Versuchen, der Silikatforschung und der Erstellung von Schmelzdiagrammen. Denn

nur die Sonne liefert reine Hitze

und nur die Probe wird extrem heiß. Schon drei Zentimeter entfernt beträgt die Temperatur nur mehr 1600° C. Jede Beeinflussung der Experimente durch Tiegel, Kohleelektroden usw. entfällt. Allerdings haben Privatkunden in Odeillo für die Stunde konzentrierten Sonnenschein etwa 3000 DM zu bezahlen.

Praktisch noch untragbar sind auch die Kosten der Sonnenenergie-Umwandlung in Elektrizität. Seit September 1982 ist als erstes der Welt

ein Sonnenspiegel-Kraftwerk

in Betrieb, „Solar One" an der Straße von Los Angeles nach Las Vegas, 20 Kilometer von Barlow entfernt in der Mohave-Wüste Kaliforniens. Hier stehen auf 53 Hektar 1818 je um zwei Achsen drehbare „Heliostaten" aus je 12 Einzelspiegeln von zusammen rund 40 Quadratmetern Fläche, die jeder 15 000 Dollar gekostet haben. Die Heliostaten konzentrieren das Sonnenlicht auf einen 90 Meter hohen „Empfänger"-Turm mit einem Dampferzeuger, der Dampf wird durch eine konventionelle Dampfturbine und Dynamomaschine in Strom verwandelt: Spitzenleistung 10 Megawatt. Dazu besitzt das Kraftwerk einen thermischen Speicher aus 6200 Tonnen Granit und Sand mit Öl als Wärmeträger, durch den es bis zu vier Stunden nach Sonnenuntergang maximal 7 MW Strom erzeugen kann.

Nachts liegt das Werk natürlich still, und untertags muß für jeden einzelnen Heliostaten und für jede Stunde und jeden Tag des ganzen Jahres die dem jeweiligen Sonnenstand und der jeweiligen Sonnenzeit entsprechende Winkel-Einstellung berechnet werden. Das geschieht durch eine zentrale elektronische Rechenanlage, die auch die Spiegel automatisch in Sicherheitsstellung bringt. Denn die gebündelten Sonnenstrahlen können hier bis 2500° C Hitze erreichen und haben bei den ersten Heliostat-Versuchen in Albuquerque in New Mexico binnen zwei Minuten ein 30 × 60 Zentimeter messendes Loch in den Stahlkessel gebrannt.

Die Kosten von „Solar One“ haben 144,4 Millionen Dollar betragen, obwohl der Wüstenboden umsonst zu haben war. Ohne Berücksichtigung der Personalkosten kommt hier die Kilowattstunde Sonnenspiegel-Strom schon auf über einen Dollar zu stehen, das Dreißigfache der damaligen Atomstrom-Kosten. Vor allem aber ist die Anlage derart kompliziert, daß sie 55 Jahre in Betrieb sein müßte (statt der vorgesehenen 25 Jahre), um die in der Anlage investierte Energie zurückzugewinnen.

Der Betrieb aller in den Jahren 1980 bis 1983 in den USA, in Frankreich, Italien, Spanien und Japan gebauten Versuchs-Solarturm-Kraftwerke hat ergeben, daß sie nicht nur viel zu teuer, sondern unzuverlässig sind: Die bis zu vier Zentimeter dicken, geschwärzten, von Natrium oder Salzgemischen durchströmten Rohrbündel, auf welche die Heliostaten die Sonnenstrahlung konzentrieren, werden auf etwa 1000° C erhitzt. Sie verzundern und verformen sich nicht nur und werden leck, sondern strahlen auch einen beträchtlichen Teil der eingestrahlten Energie ungenutzt zurück in die Atmosphäre. In den Hochalpen und in verschiedenen Wüstengebieten wird es, sobald die Sonne untergeht, eiskalt, gefrieren flüssige Wärmeträger und sprengen die Rohre.

In Almeria, dessen Solarturm-Kraftwerk von Spanien, Deutschland und der Schweiz finanziert wird, ist deshalb im August 1987 Luft als Wärmeträger erprobt worden. Statt auf Rohre wird die Sonnenstrahlung auf Drahtgeflechte konzentriert, durch welche die Umgebungsluft gesaugt und auf 600° C erhitzt wird. Die Strahlung kann so etwa zehnmal so stark gebündelt werden wie bei Rohranlagen. Die 120 Ringe mit drei Zentimeter dickem Drahtgeflecht aus nichtrostendem Stahl nehmen bis zu 100 Kilowatt je Quadratmeter auf. Der Wirkungsgrad dieser von dem Schweizer Ingenieur Hans Fricker entworfenen Anlage beträgt 70 Prozent. Ein 30-Megawatt-Demonstrations-Kraftwerk „Phöbus“ soll 1992 in Betrieb kommen und 80 Prozent erreichen.

Natürlich gibt es außer der Konzentration der Sonnenenergie durch Spiegel auch noch andere Nutzungs-Methoden, vor allem die „photo-voltaische“. Mit ihr werden seit 1955 Wirkungsgrade erzielt, die eines Tages die großtechnische Umwandlung von Sonnenlicht in elektrischen Strom ermöglichen könnten.

1638

Bogen und Pfeil gibt es seit mindestens 48 Jahrtausenden *(→ um 46 000 v. Chr.)*. Damit ist

die Spannkraft oder Elastizität

die erste durch eine menschliche Erfindung genutzte Energie-Form. Vom griechischen „elaunein" = „antreiben" abgeleitet, heißt Elastizität das Bestreben fester, flüssiger und gasförmiger Körper, ihnen aufgezwungene Formveränderungen wieder rückgängig zu machen. Die Elastizitäts-Grenze, das Maximum der Deformation, das Körper aushalten und damit ihre Bruchfestigkeit, ist nicht nur für das Bauwesen oder die Maschinenkonstruktion entscheidend wichtig, sondern auch für jeden einzelnen Menschen. Nur dadurch, daß unsere Knochen im Durchschnitt doppelt so elastisch wie Nußbaumholz-Nachbildungen und in allen Richtungen dehnbar sind, macht uns nicht jeder Fall zum Krüppel.

Die Spannkraft liegt allen Federwirkungen zugrunde. Aus der ersten Biegungs-Feder, dem Bogen, entwickeln sich die Katapulte ebenso wie die federnden Metallstreifen, die zum Funkenschlagen aus Feuerstein dienen *(→ vor etwa 1,7 Millionen Jahren)*. Übereinandergelegte und in der Mitte zusammengehaltene Stahlblechstreifen bilden die Blattfedern, wie sie vor allem die Eisenbahnen verwenden und die lange auch die Wagenkasten der Straßenfahrzeuge mit den Achsen verbinden. Spiralfedern aus Stahl ermöglichen 1505 dem Nürnberger Mechaniker Peter Hele (oder Henlein) die Konstruktion der ersten Taschenuhr, denn der Bogen ist ja auch ein

Energie-Speicher,

eine „Trieb-Feder", die die zum Spannen aufgewendete Kraft erst beim Loslassen der Sehne in Bewegung umsetzt. Das gleiche geschieht beim Aufziehen einer Feder-Uhr und besonders seit 1674, als Christian Huygens die ersten flachen (und regulierbaren) Stahl-Spiralfedern verwendet, ist die Elastizität für die Zeitmessung unentbehrlich, denn erst 1929 erfindet W. A. Marrison die erste Quarzuhr. Uhr-Federn erreichen eine derartige Perfektion, daß für ein Kilogramm bis zu 35 000 Dollar bezahlt werden, das Hunderttausendfache des Rohstahl-Preises.

Schraubenförmige Spiralfedern dienen seit 1850 als Waagen, denn die Verkürzung der Körper ist (innerhalb der Elastizitäts-Grenze) der angreifenden Kraft direkt proportional. Sie ermöglichen seit 1790 als Dynamometer die Kraftmessung, die Messung der Maschinenleistungen *(→ 1882)*. Neben Biegungs-Federn gibt es heute Verdrehungs- oder Torsions-Federn, vor allem aber

die Kombination der Festkörper- und der Gas-Elastizität

durch die luftgefüllten Gummireifen unserer Straßen-Verkehrsmittel. Bereits bei 60 Stundenkilometern Geschwindigkeit schlägt jeder Punkt einer Laufradfläche etwa siebenmal pro Sekunde auf die Straße. Jede dieser rund 25 000 schlagartigen

Berührungen pro Stunde erzwingt eine Formveränderung und sucht das Rad zu zerstören. Stahlfedern allein vermögen diese Zerstörung nicht zu verhindern, wohl aber Gummi, der sich auf die sieben- bis zehnfache eigene Länge ausdehnen läßt, und die elastische Luft, die seit 1888 die Luftreifen füllt.

Nicht nur wegen der Luftreifen beträgt 1988 die Welterzeugung von Natur- und Synthese-Kautschuk etwa 14 Millionen Tonnen statt der 54 000 Tonnen des Jahres 1900, die Gummiindustrie stellt heute mehr als 50 000 verschiedene Produkte her. Aber etwa sieben Zehntel allen Kautschuks gehen in die Reifenindustrie, sparen durch die elastische Reibungs-Verminderung *(→ 1897)* riesige Mengen Energie und verhindern den raschen Verschleiß der Fahrzeuge.

Wovon die Elastizität von Molekülverbänden abhängt, ist aber nach wie vor nicht völlig geklärt, obwohl bereits Galilei 1638

die Elastizitäts- und Festigkeitslehre

begründet hat. In seinen „Discorsi e Dimostrazioni matematiche" sucht er die Natur des Widerstandes fester Körper gegen Bruch wissenschaftlich zu erklären und erkennt als Erster, daß die Sicherheit aller technischen Gebilde nicht nur von der genauen Kenntnis aller auf sie einwirkenden Kräfte abhängt, sondern auch von der Kenntnis der höchst unterschiedlichen Belastbarkeit der verschiedenen Werkstoffe. Durch Galilei beschäftigt sich einer der Begründer der wissenschaftlichen Chemie, Robert Boyle, 1660 bis 1685 mit der Elastizität und ihren Grenzen, gleichzeitig der Engländer Robert Hooke, aber erst 1825 beschreibt der englische Physiker George Green die Energie-Funktion elastischer Kräfte. Es dauert bis 1840, ehe der englische Ingenieur Eaton Hodgkinson experimentell die Elastizitäts-Grenze von Baumaterialien bei Druck- und Zugbelastung feststellt und damit

die exakte Werkstoff-Prüfung

begründet.

Natürlich kann erst seit die verschiedenen Elastizitäts-Grenzen (ausgedrückt in Kilogramm Belastung je Quadratmillimeter) bekannt sind, versucht werden, diese systematisch zu erhöhen. Heute aber gibt es gehärteten Stahl mit der Elastizitätsgrenze 197 statt der 27,4 von Gußstahl, kaltgewalzte Aluminiumlegierungen mit 87 statt der 13 unlegierten Aluminiums und Chemiefasern, die weit elastischer sind als die Seide, die elastischste Naturfaser. Kaum je ist von der physikalischen Spannkraft die Rede. Aber nur sie ermöglicht die Welt-Automobilindustrie, nur die exakte Kenntnis der Belastbarkeit sichere Brücken und riesige Staudämme: Auch die Wasserkraft-Nutzung setzt Spannkraft-Kenntnisse voraus. Und schließlich helfen

elastische Wellen

auch, Erdöl-, Erdgas- und andere Energieträger-Vorkommen zu entdecken, bilden sie seit 1924 eines der wichtigsten Hilfsmittel der Geophysik. Stets neue Wechselwirkungen zwischen den verschiedenen Energie-Formen werden entdeckt und genutzt, und die Kraft, die vor 48 Jahrtausenden die Eiszeit-Jäger am Leben erhalten hilft, hilft heute die Großstadtbevölkerung vor dem Erfrieren zu schützen.

1643

Mit dem ersten Atemzug des Menschen tritt die Luft ihre Herrschaft an, bis zu seinem letzten gibt sie diese nicht auf. Die Luft ist das Allgegenwärtigste in unserem Leben — und dadurch so „selbstverständlich", daß sich nur sehr wenige Menschen jemals Gedanken über sie gemacht haben. Noch heute ist die Erd-Atmosphäre voller Rätsel und wissen wir über die ungeheuren Kräfte, die ständig in ihr wirken und sich wandeln, noch längst nicht genug *(→ vor etwa 3 Milliarden Jahren, → 1030 und → 1850).*

Zum ersten folgenreichen Nachdenken über die Lufthülle der Erde kommt es im 17. Jahrhundert durch einen Theologie-Streit. In der Heiligen Schrift heißt es: „Außer der Welt ist nur das Nichts, das Nichts ist allenthalben". Hiob erklärt: „Über dem Nichts hanget die Erde". Aber kann es ein „Nichts" geben, wenn Gott „allgegenwärtig" ist? Muß er dann nicht auch das „Vakuum", das „Leere", erfüllen? Den Zweiflern wird erwidert: „Gott ist auch allmächtig. Da Gott die oberste aller Wirksamkeiten ist, kann es auch das Nichts geben."

Den Magdeburger Bürgermeister Otto von Guericke regt dieser Streit zum Nachdenken darüber an, was dieses „Nichts" denn nun eigentlich ist und wo es das geben könnte. Auf der Erde? Im Meer? In der Luft? Höchstens dort, wo die Luft aufhört. Und so beschließt Guericke, einen luftleeren Raum zu schaffen, denn „ein Beweis, der auf Erfahrung beruht, ist jedem Beweis aus Vernunftgründen vorzuziehen", wie er später schreibt.

Zuerst versucht Guericke ein mit Wasser gefülltes Faß leerzupumpen, denn nichts kann in dem geschlossenen Raum an die Stelle des Wassers treten. Eine entsprechende Pumpe gibt es nicht, und so erfindet sie Guericke 1641. Drei Männer sind nötig, um den Kolben zu bewegen. Aber ein Vakuum entsteht nicht, denn die Luft dringt durch die Poren des Holzes in das gut verpichte Faß. Statt einem Holzgefäß verwendet Guericke also eine Kupfer-Hohlkugel. Bevor das Wasser völlig ausgepumpt ist, drücken unsichtbare Kräfte das Gefäß mit lautem Knall zusammen, zerknittern sie das Metall wie ein Tuch. Und damit ist 1643

„die Kraft aus dem Nichts"

entdeckt. Guericke läßt eine stärkere Kupferkugel herstellen, die zwei Hähne hat. Auch sie kann nicht völlig leergepumpt werden, aber genug Druckunterschied entsteht, um beim Öffnen des oberen Hahnes die Atmosphäre mit derartiger Gewalt einströmen zu lassen, „als wolle sie einen davorstehenden Menschen mit sich reißen". Guericke läßt 1648 seine berühmten „Magdeburger Halbkugeln" herstellen, die nur durch das Auspumpen der Luft derart fest aneinanderhaften, daß auch je 16 in die entgegengesetzte Richtung getriebene Pferde sie nicht auseinanderzureißen vermögen. Er macht über 30 Jahre lang Versuche mit der Luft, erkennt, daß man sie verdünnen und verdichten kann, beweist 1654 ihre Elastizität *(→ 1638).* Er weist nach, daß sie sich durch Wärme ausdehnt, daß sie (was der Araber Alhazen allerdings bereits 1030 weiß) auf alles drückt und daher gewogen werden kann. Er beschreibt diese Versuche schließlich 1672 in seinen

„Neuen Magdeburgischen Versuchen", schon im Jahr darauf regen diese Christian Huygens zu seiner „Pulver-Maschine" an *(→ 1232).* 1690 erscheint Denis Papin's „Neue Methode, die stärksten Treibkräfte mit leichter Mühe zu erzeugen". Papin versucht eine atmosphärische Dampfmaschine zu bauen, doch erst 1769 wird diese brauchbar.

Aber auch Watts Maschine ist eine „atmosphärische": In ihr wird durch Kondensation des Dampfes im Zylinder ein „Nichts" erzeugt, in das die Außenluft, das Gewicht der Atmosphäre, den Kolben drückt. Die „Kraft aus dem Nichts" leistet die Arbeit, die die „Industrielle Revolution" auslöst und — da sie das erstmals in England tut — England zur Weltmacht werden läßt.

Schon Guerickes Nachdenken über das „Nichts" verändert also die Welt. Aber er interessiert sich auch für die Elektrizität und wie die Luftpumpe erfindet er 1663 die Elektrisiermaschine, ermöglicht er erstmals, genug Reibungselektrizität zu erzeugen *(→ 585 v. Chr.),* um sie zu studieren, ihre vielfältigen Wirkungen zu erkennen und schließlich zu nutzen. Auf Guericke geht nicht nur das „Dampf-Zeitalter", sondern auch das „Elektro-Zeitalter" zurück. Ebenso die Energie-Messung. Denn 1654 stellt durch ein luftleer gemachtes Glasrohr Herzog Ferdinand II der Toskana das erste Thermometer her, so entwickelt 1714 Fahrenheit das Quecksilber-Thermometer, mit dessen Hilfe die Erforschung der Wärme beginnt.

1663

Wenn die Elektrizität seit mindestens drei Jahrtausenden bekannt ist *(→ 1170 v. Chr.)* und Thales von Milet sie bereits 585 v. Chr. beschreibt, so bleibt das bis ins 17. Jahrhundert unserer Ära praktisch wirkungslos, weil das Wissen immer wieder mit den Wissenden stirbt. Erst der Buchdruck ermöglicht Ende des 15. Jahrhunderts die Wechselbefruchtung der Gehirne, durch die Leistungs-Ketten entstehen und Wissen bewahrt wird, bis die Zeit „reif" zu seiner Nutzung ist.

Für die Elektrizität ist das das 17. Jahrhundert, weil sich da England anschickt, zur See- und Kolonial-Macht aufzusteigen, die genaue Kenntnis der Magnetnadel-Abweichungen für die Navigation entscheidend wichtig geworden ist. In seinem im Jahre 1600 in London erschienenen Werk über den Magnetismus hat William Gilbert erstmals alles Wissen über diese Naturkraft zusammengefaßt. Da wie diese auch die Elektrizität „eine unsichtbare, in die Ferne wirkende Kraft" ist, beschäftigt sich Gilbert auch mit ihr. Dessen Buch „De magnete . . ." liest Otto von Guericke, den ja unsichtbare Fernwirkungen ganz besonders interessieren und der 1643 die „Kraft aus dem Nichts" entdeckt.

Dazu hat er die Luftpumpe erfinden müssen und um die Elektrizität zu studieren, ist Guericke zur

Erfindung der Elektrisiermaschine

gezwungen, denn ein kleines Stück Bernstein mit einem Wolltuch zu reiben, wie Thales und Gilbert das getan haben, gibt nicht genug Elektrizität, um ihre Wirkungen zu erforschen. Gilbert hat das erste elektrische Meßinstrument geschaffen, eine mit einem Seidenfaden an einem Strohhalm aufgehängte Magnetnadel, die ausschlägt, wenn ein elektrisch geladener Gegenstand in ihre Nähe gebracht wird. Gilbert hat sie auch durch einen geriebenen Glasstab, durch geriebenen Siegellack und besonders stark durch geriebenen Schwefel zum Ausschlagen gebracht. Und so füllt Guericke 1663 eine große Glaskugel mit pulverisiertem Schwefel, erhitzt sie, bis er schmilzt, zertrümmert das Glas und hat so eine Schwefelkugel von einem halben Meter Durchmesser. Sie wird von einer eisernen, auf Holz gelagerten Handkurbelachse durchbohrt und liefert, rasch gedreht, Elektrizität, die Guericke mit einem Wollhandschuh abnimmt.

Die Versuche mit diesem aufgeladenen Handschuh ergeben, daß es nicht nur eine elektrische Anziehungs-, sondern auch eine elektrische Abstoßungs-Kraft gibt. Guericke entdeckt die elektrische „Influenz“ oder Entstehung elektrischer Ladungen auf einem Leiter durch Einwirken eines elektrischen Feldes und sieht, daß so auch Gegenstände, die nicht unmittelbar mit seinem Handschuh oder der Elektrisiermaschine in Berührung kommen, elektrisch wirksam werden können.

Solch eine Maschine, die bis 1798, bis zu Alessandro Volta's Batterie, die einzige Stromquelle bleibt, hat Guericke Gottfried Wilhelm Leibnitz geschenkt. Und hat er selbst beim Drehen seiner Schwefelkugel nur deren Leuchten und ein lautes Knistern wahrgenommen, so führen Leibnitz' Versuche mit ihr 1672 zur

Entdeckung des elektrischen Funkens.

Von diesem schwachen Funken aber führt ein direkter Weg zu Dalibards und Franklins Nachweis der Identität zwischen der „himmlischen“ Elektrizität, den Blitzen, und der „irdischen“ im Jahre 1752. Ebenso zu Humphrey Davy's elektrischem Lichtbogen des Jahres 1813; zu unseren Elektro-Schmelzöfen wie zu Léon Foucaults Bogenlampe des Jahres 1848 und zum Birkeland-Eyde-Lichtbogen-Verfahren der Stickstoffbindung des Jahres 1903. Aus diesem Funken werden die Zündkerzen und Magnetzünder unserer Autos wie die „Funken-Telegraphie“ von Hertz und Branly.

Mit Guerickes Elektrisier-Maschine arbeitet 1727 der englische Naturforscher Stephen Gray. Er entdeckt dabei den Unterschied zwischen elektrischen Leitern und elektrischen Isolatoren, und ihm gelingt

die erste elektrische Kraftübertragung:

Über eine nasse, an Seidenfäden aufgehängte Hanfschnur leitet Gray Elektrizität 122 Fuß = 37 Meter weit. Später verwendet er einen Eisendraht, schließlich einen Kupferdraht als Leiter und mit diesem überwindet er 1729 ganze 124 Meter. Grays Freund Charles-Francois de Cisternay-Dufay schlägt diesen Rekord und entdeckt dabei den Unterschied und die Gegensätzlichkeit von positiver und negativer Elektrizität. Schließlich leitet Thomas Watson 1746 Strom 10 600 Fuß — rund drei Kilometer — weit durch einen Draht und benutzt die Erde als Rückleiter.

Im Jahr zuvor hat der Dekan des Domherrenkollegs von Cammin in Pommern, Ewald Jürgen von Kleist, ein Dichter und Freund Lessings, Versuche mit Guerickes Elektrisiermaschine gemacht, sie führen zur Wiederentdeckung des Kondensator-Prinzips *(→ 1170 v. Chr.)*. Kleist hat einen eisernen Nagel elektrisch geladen, der im Kork einer feuchten Flasche steckt, und als er diese anfaßt, einen starken, elektrischen Schlag erhalten. Denn die innere Feuchtigkeitsschicht, durch das isolierende Glas von der äußeren Feuchtigkeitsschicht getrennt, bildet mit dieser einen Konsendator. Und damit gibt es buchstäblich

„auf Flaschen gezogene Elektrizität",

kann Elektrizität gespeichert und durch Hintereinanderschalten solcher Flaschen verstärkt werden.

Da der Professor der Universität Leiden Pieter van Musschenbrook Kleist's Flasche nachbaut, heißt sie heute „Leidener Flasche". Sie wird verbessert, 1749 beklebt sie William Watson außen und innen mit Zinnfolie. Sein Freund Francis Bevis erkennt, daß die Flaschenform unwesentlich ist, er erfindet die Ur-Form des Platten-Kondensators, indem er zwei Bretter mit Blech benagelt und, durch Luft getrennt und isoliert, nebeneinander aufhängt. Da auch Benjamin Franklin solch einen Kondensator benutzt, heißen die Platten nun „Franklinsche Tafeln". Alle Forscher, die sich mit Elektrizität beschäftigen, benutzen fortan Kondensatoren. Das hat auch noch 1887 immense Folgen: Da verwendet Heinrich Hertz die Funken von Leidener Flaschen, um die Fernwirkungen elektrischer Schwingungen nachzuweisen. Die Radiotechnik und der Rundfunk entwickeln sich daraus. Das ist möglich, weil es seit Guericke ja auch das Vakuum gibt und die Wirkungen der Elektrizität im luftleeren Raum erforscht worden sind *(→ 1854)*.

1664 — 6. Oktober

Alles irdische Leben hängt von der Sonnenstrahlung *(→ vor etwa 4,7 Milliarden Jahren)* und von der Lufthülle der Erde ab *(→ vor etwa 3 Milliarden Jahren)*. Vor allem aber auch von deren ständigen Wechselwirkungen, denn sie bestimmen

das Klima und das Wetter unseres Planeten.

Erst das Ende der Eiszeit ermöglicht die „Neolithische Revolution" *(→ um 18 000 bis 8000 v. Chr.)*, den Übergang von der Aneignungs- zur Produktions-Wirtschaft, von der Jagd zur Tierhaltung und zum Ackerbau. Alle großen Kulturen und

Zivilisationen entstehen in gemäßigten Klimaten und nur in diesen wird erdacht und erfunden, was die Existenz der heutigen Weltbevölkerung ermöglicht.

„Klima“ wird definiert als „der durchschnittliche Zustand der Atmosphäre eines bestimmten Gebietes und des für dieses Gebiet charakteristischen Durchschnitts-Ablaufes der meteorologischen Erscheinungen“. „Wetter“ heißt „die Gesamtheit der Naturerscheinungen, die durch die Sonnenstrahlung und die physikalischen Gesetze bestimmt wird, denen zufolge die Lufthülle der Erde diese nach Ort und Zeit wechselnde Energie-Zufuhr verarbeitet“.

Im Griechischen bedeutet „Klima“ = „Neigung“, nämlich der Erdachse, von der der Einfallswinkel der Sonnenstrahlung abhängt. Nur er wird in der Antike berücksichtigt, werden die Klima-Zonen mathematisch konstruiert. Da gibt es die beiden Polar-Gebiete, zwischen den Wendekreisen liegen die Tropen und zwischen den Wende- und Polarkreisen die beiden gemäßigten Zonen.

Tatsächlich ist der Langfrist-Wetterablauf, den wir Klima nennen, ein wesentlich anderer, denn er wird durch die Verteilung von Land und Meer, Gebirgen und Wüsten und Dutzenden anderen Faktoren beeinflußt. Eine exakte Abgrenzung ist unmöglich, aber allgemein wird heute angenommen, daß

die Klima-Zonen der Erde

folgende Anteile an der Gesamt-Landfläche einnehmen:

Sub-Arktis	28,0 Prozent
Wüsten und Steppen	25,0 Prozent
Tropen	20,0 Prozent
Sub-Tropen und gemäßigte Zonen	16,5 Prozent
Periodisch trockene Savannen	10,5 Prozent

Sind die Klima-Zonen naturgegeben, so hängt ihre Nutzung teilweise aber doch vom Menschen ab. Mindestens ein Viertel der 37 Millionen Quadratkilometer Wüsten- und Trockengebiete, die heute als „Ödland“ gelten, könnten durch Ausweitung des Wasserkreislaufes mit Hilfe der Meerwasser-Entsalzung *(→ 1920 und → 1968)* fruchtbar gemacht werden. Und bekanntlich gibt es das „Wüsten-Öl“ und andere Ödland-Mineralvorkommen. Aber wenn zum Beispiel die Sowjetunion Getreide einführen muß, so nicht nur wegen Kollektivierung von Grund und Boden, sondern weil der Boden riesiger Gebiete ewig gefroren bleibt und aus diesem und anderen klimatischen Gründen etwa die Hälfte des Areals landwirtschaftlich nicht genutzt werden kann. In den Vereinigten Staaten hingegen gibt es alle Klima-Zonen, wachsen Baumwolle, Zuckerrohr und Südfrüchte ebenso wie Hartweizen. Mais zum Beispiel, der mehr als 500 Millimeter Regen jährlich und mehr als 20°C Juli-Temperatur erfordert, kann auf dem halben Staatsgebiet der USA angebaut werden. In der Sowjetunion regnet es nur dort genug, wo es zu kalt ist, und ist es nur warm genug, wo die Niederschläge nicht ausreichen. Beide Mais-Wachstumsfaktoren zusammen bieten sich bestenfalls auf einem Zwanzigstel des Sowjet-Gebietes.

Begrenzt das Klima die Anbaumöglichkeiten, so werden

die Ernten weitgehend vom Wetter bestimmt.

Immer wieder wird der Kaffee-Preis durch Frost-Schäden hochgetrieben, denn in einem Jahr wie 1967 bringt Frost in Brasilien über 200 Millionen Kaffee-Bäume um. Ein einziger Regenfall zur unrechten Zeit kann Baumwoll-Ernten vernichten, und den im September 1986 in Bern veröffentlichten Daten des International Council of Scientific Unions zufolge genügen ein oder zwei Nächte mit weniger als 15° C, um Reis-Ernten zu zerstören. In Kanada führt ein Absinken der Durchschnitts-Temperatur während der Wachstums-Periode um 3° C zum Verlust der gesamten Weizenernte. Die Welt-Weizengewinnung schwankt wetterbedingt auf der gleichen Anbaufläche jährlich um Dutzende Millionen Tonnen. 1983 zum Beispiel ist sie um 52 Millionen Tonnen größer als 1980, 1968 um 33 Millionen Tonnen größer als 1965. Das Wetter kann Indiens Reis-Ernte von einem Jahr auf das andere um 12 bis 20 Millionen Tonnen verändern.

Wetter-Katastrophen gibt es schon immer, und so verfaßt bereits der aus Apameia in Syrien stammende und auf Rhodos lebende griechische Naturforscher Poseidonios im Jahre 100 v. Chr. eine Wetterkunde. Den halbjährigen Richtungswechsel des Monsuns, von dessen rechtzeitigem Eintreffen die Ernten eines Großteils Asiens abhängen, entdeckt der Grieche Hippalos um 50 n. Chr. Im gleichen Jahr bringt Andronikos von Kyrrhos auf einem Turm in Athen eine Windfahne an, das erste meteorologische Instrument, von dem wir wissen. Aber entscheidend für den Wetterablauf ist

die Veränderung des Luftdrucks,

den Alhazen 1030 entdeckt hat, doch das Barometer stammt erst aus dem Jahr 1643.

In diesem Jahr macht Otto von Guericke seine bahnbrechenden Vakuum-Versuche *(→ 1643)* und will Galileis Schüler und Nachfolger an der Universität Florenz, Evangelista Torricelli, feststellen, warum man Wasser mit Saugpumpen 10 Meter und 25 Zentimeter hoch, aber niemals höher heben kann. Er füllt ein meterlanges, an einem Ende zugeschmolzenes Glasrohr mit Quecksilber und stellt es mit dem offenen Ende in eine mit Quecksilber gefüllte Wanne. Das Quecksilber sinkt auf 760 Millimeter ab, denn eine Quecksilbersäule dieser Höhe hält dem äußeren Luftdruck das Gegengewicht, so wie das eine Wassersäule von 10,25 Metern tut.

Ist durch Torricelli der Luftdruck meßbar geworden, so entdeckt dessen ständige Änderung und den Zusammenhang zwischen hohem Luftdruck und „schönem" Wetter und niedrigem mit „schlechtem" erst 1664 der englische Naturwissenschaftler Robert Hooke. In einem Brief an den Chemiker Robert Boyle schreibt er am 6. Oktober dieses Jahres,

der Zusammenhang zwischen Barometerstand und Wetter

müsse zu Wetter-Prognosen und zu Sturm-Warnungen benutzt werden. In seiner der Royal Society vorgelegten „Method for making a History of the Weather" verlangt Hooke die regelmäßige Luftdruck-Messung an „so vielen Stellen der

Erde wie nur möglich“, ebenso die Feststellung der Windstärke und Windrichtung, der Temperatur und der Luft-Feuchtigkeit, also alles, was heute die Grundlage der Wetterkarten bildet.

Dazu erfindet Hooke den ersten brauchbaren Windstärkemesser und 1670 den ersten selbstregistrierenden Regenmesser. Wie andere bahnbrechende Ideen und Vorschläge wird auch dieser erst Generationen später verwirklicht, aber vergessen wird er nicht.

Zu den Kennern des Aufrufes Hookes gehört der Kurfürst Karl Theodor von der Pfalz, der 1780 als Abteilung der Mannheimer Akademie der Wissenschaften die Pfälzische Meteorologische Gesellschaft gründet und seinen Hof-Kaplan Johann Jakob Hemmer beauftragt, eine weltweite meteorologische Datensammlung zu organisieren. Mit von der Pfalz zur Verfügung gestellten Instrumenten werden 39 Beobachtungsstationen errichtet, die von Bologna bis Grönland und vom Ural bis Nordamerika reichen.

Zwar ermöglichen auch diese Stationen noch keine Wetter-Voraussagen und Wetter-Warnungen, denn gefährliche Stürme haben Stundengeschwindigkeiten bis zu mehr als 200 Kilometern. Voraussetzung ist weiter die Kenntnis weltweiter Wetter-Zusammenhänge, doch dazu kommt es erst in der zweiten Hälfte des 19. Jahrhunderts. Vor allem durch den Holländer Christoph Heinrich Buijs-Ballot, der 1850 das Barische Windgesetz formuliert und der internationalen Zusammenarbeit bei der Wetter-Prognose den Weg bahnt. Der entscheidende Anstoß zu dieser Entwicklung ist aber der Brief Hookes des Jahres 1664 und die entscheidende Entdeckung die des jahrtausendelang ignorierten Zusammenhanges zwischen Luftdruck und Wetter.

1666 bis 1687

Wenn die Sonne die Urquelle unserer Energieversorgung ist, so beherrscht sie die Erde auch durch

die Ur-Kraft Gravitation,

die Kraft, mit der sich Massen gegenseitig anziehen und deren irdische Sonderform die Schwerkraft ist. Diese Massenanziehung hält den glühenden Gasball aufgespaltener Atome der Sonne zusammen und liefert in ihr (und den anderen Fixsternen) zugleich den Druck, der die Abstoßungskräfte der positiv geladenen Wasserstoffkerne überwindet, aus diesen den Aufbau der Heliumkerne und die Freisetzung der Energie ermöglicht, von der wir leben.

Die Gravitation ist eine der vier Elementarkräfte, die alles Geschehen in der Natur bestimmen. Die stärkste ist die Kraft, die den Atomkern zusammenhält. Hundertmal schwächer ist der Elektro-Magnetismus, der die negativ geladenen Elektronen in ihren Bahnen um den Atomkern hält, Bahnen, von denen die physikalischen Eigenschaften der Materie und ihr chemisches Verhalten abhängen. Die dritte Kraft beeinflußt die beiden genannten. Sie ist nur ein Billionstel so stark wie der Elektro-Magnetismus, aber noch immer billionenmal stärker als die Gravitation.

Nichtsdestoweniger beherrscht die Gravitation die Bewegungen des Universums. Denn die drei anderen Elementarkräfte sind in ihren Wirkungen beschränkt. Zwei auf das Atom, auf die Welt des Allerkleinsten. Der Magnetismus ist allgegenwärtig, aber da sich positive und negative Ladungen außerhalb des Atoms gegenseitig aufheben, ist auch diese Kraft in ihrer Wirkung beschränkt. Soweit wir heute wissen *(→ 1969, Anti-Gravitation),* vermag aber nichts die Gravitation aufzuheben oder ihre Reichweite zu beschränken. Und deshalb beherrscht sie alles. Was immer es in der Natur gibt, übt Anziehungskraft aus und wird selbst angezogen, nicht nur alle Arten von Materie, sondern auch alle Formen von Energie: Eine aufgezogene Uhr ist durch die in der Feder gespeicherte Energie schwerer als eine nicht aufgezogene. Eine bewegte Masse ist schwerer als eine unbewegte. Und alle Körper werden von der Gravitation gleich beschleunigt, unabhängig von ihrer Masse. Was Galilei allerdings erst 1589 feststellt.

Daß „die schnellere oder langsamere Bewegung der Erde aus dem Maße zu erklären ist, in dem sie sich der Sonne nähert oder von ihr entfernt", erkennt Johannes Kepler erst 1609 in seiner „Neuen Astronomie" und schreibt auch: „Wie die Sonne die Quelle des Lichts ist, ist sie auch die Quelle der Bewegung ... die die Planeten um so schneller antreibt, je näher sich diese bei ihr befinden." Erstmals exakt berechnet werden die irdischen wie die Weltall-Wirkungen der Gravitation 1666 bis 1687 von Isaac Newton. Erst er erkennt

die Identität der im Weltall und auf der Erde geltenden Naturgesetze.

In Wollsthorpe im Lincolnshire als Sohn eines kurz vor seiner Geburt verstorbenen Grundbesitzers 1642 geboren, ist Newton als Siebenmonatskind so schwach, daß er nicht lebensfähig scheint. Aber er wird 84 Jahre alt und ist während seines ganzen Lebens kaum je krank. In der Primarschule von Grantham ist er der Letzte der Klasse, gilt er als „dumm, träge und faul". Aber 1661 schafft er die Aufnahmeprüfung ins Trinity College von Cambridge spielend, als Zweiundzwanzigjähriger entwickelt er die Differential-Rechnung, wendet er für seine Mondbahnbestimmung die Methode an, die heute der Berechnung der Satelliten- und der Nuklearraketen-Bahnen dient.

Diese ersten Arbeiten führt Newton in einer Art Klausur durch: 1665 bricht die „Great Plague", die Pest-Epidemie, aus, derentwegen auch die Universität Cambridge geschlossen wird. Newton zieht sich auf das isoliert liegende Familiengut zurück, denkt da 18 Monate lang über die Ursache der Planetenbahnen und der Fallkraft nach und erkennt 1666:

„Die gleiche Kraft läßt den Apfel vom Baum fallen und den Mond um die Erde kreisen!“.

Das erscheint grotesk, denn der Apfel kreist nicht um die Erde und der Mond fällt nicht vom Himmel. Dennoch aber ist es so. Newton faßt erstmals die Begriffe von Kraft, Masse und Trägheit zusammen. Das Trägheits-Gesetz hat Galilei erkannt: Alle Körper verharren ewig in Ruhe oder in einer geradlinigen Bewegung konstanter Geschwindigkeit, solange keine Kraft auf sie einwirkt, die diesen Zustand ändert. Diese Kraft, die die Planeten zwingt, ellipsenförmige Bahnen zu beschreiben, statt tangential in den Weltraum hinauszufliegen, ist Newton zufolge die Gravitation. Er erkennt, daß jede Masse im Universum jede andere anzieht, ebenso aber, daß die enorme Masse, die die Erde darstellt, Anziehungskraft ausübt. Und er weist mathematisch nach, daß die gegenseitige Anziehung den betreffenden Massen direkt proportional ist, jedoch im Quadrat der Entfernung abnimmt.

Das ist

das Grund-Gesetz der Mechanik,

das Newton zur Berechnung der Planeten-Bahnen benutzt. Diese Berechnung ermöglicht 1803 Herschel seine Doppelstern-Entdeckungen. Leverrier und Adams verwenden 1845 bis 1846 Newtons Formeln, um die maximal zwei Bogenminuten betragende Abweichung der Uranus-Bahn festzustellen, aus der sie auf das Vorhandensein eines weiteren Planeten (des Neptun) schließen. Am ersten Abend nach der Übermittlung der von Leverrier bezeichneten Position entdeckt ihn Gallo in Berlin. Richtig wie seine Berechnungen erweisen sich auch Newtons Prognosen. In seinen „Principia“ schreibt er zum Beispiel 1687: „Der Gravitation wirkt der Rückstoß entgegen. Und der wird den Menschen späterer Jahrhunderte den Flug zu den Sternen ermöglichen“. Was seit 1957 geschieht.

Vor allem aber mit seinen Berechnungen vollendet Newton, was Galilei 1589 begonnen hat: Nicht länger philosophische Überlegungen oder religiöse Dogmen bestimmen das Weltbild, sondern exakt nachprüfbare Tatsachen. Schon Galilei berechnet physikalische Vorgänge und kontrolliert die Berechnung durch Experimente. Newton faßt das gesamte Wissen über die „himmlischen“ und die „irdischen“ Kräfte zusammen und leitet aus seinen Berechnungen allgemeingültige Gesetze ab. Ihm gelingt

der entscheidende Schritt von der Einzel-Erfahrung zur Grundlagen-Kenntnis.

Erst diese aber macht die verschiedenartigsten, auf die gleiche Ursache zurückführbaren Wirkungen berechenbar. Sie ermöglicht dem Aerodynamiker und Flugzeugbauer zu nutzen, was ein Wasserbau-Ingenieur erarbeitet hat, führt zur Bio-Chemie wie zu Dutzenden anderen Forschungs-Symbiosen.

Allerdings erst, nachdem der „Monismus“ Newtons überwunden ist, das Bestreben, alles einem einzigen Gesetz zu unterwerfen. Newton gerät in die Irre, als er auch Licht und Schall, Farben und Klänge durch die gleichen mechanischen Formeln erfassen will.

Der Grund-Fehler der mechanistischen Naturerklärung

(auf den Wilhelm Ostwald erst 1895 hinweist) liegt darin, daß ihren Gleichungen zufolge alle Vorgänge ebensogut vorwärts wie rückwärts verlaufen können. Kein Lebensvorgang aber ist umkehrbar, alle verlaufen in einer Richtung, und keine Sekunde ist rückgängig zu machen. Alles dem gleichen „Gesetz“ unterwerfen wollen, führt zum Marxismus wie zur Milieu-Theorie, zu Darwins „Kampf ums Überleben“ als „Kampf aller gegen alle“ (dem die in der Natur weitverbreitete gegenseitige Hilfe widerspricht) wie zum „Monetarismus“ und „Keynesianismus“ der Währungs-Theoretiker. Newtons bahnbrechende Arbeiten erhellen, sie verwirren aber auch.

Diese Arbeiten erstrecken sich über zwei Jahrzehnte, ihre große Zusammenfassung, die „Principia mathematica philosophiae naturalis“ erscheint 1687. Denn Newton ist nicht nur als Sechsundzwanzigjähriger Professor der Mathematik in Cambridge geworden (und bleibt es von 1669 bis 1696), sondern auch mit 31 Jahren Königlicher Münzmeister und Direktor der Bank of England. Er schafft die Grundlagen zur Berechnung von Ebbe und Flut (und rationalisiert damit die Hafen-Benutzung), er konstruiert 1671 das erste brauchbare Spiegel-Teleskop und erfindet 1701 den Spiegel-Sextanten. Newton ist einer der vielseitigsten Forscher und besitzt auch eine außerordentliche Arbeitskraft: Sein Hauptwerk schreibt er zweimal. Das Manuskript der ersten Fassung liegt auf seinem Schreibtisch, als sein kleiner Hund „Diamant“ die Kerze umwirft. Jahrelange Berechnungen verbrennen. Aber er wiederholt sie.

Gibt Newton genau an, wie die Gravitation wirkt, so weiß er allerdings nicht, was sie verursacht, was sie eigentlich ist — und das wissen wir auch heute noch nicht *(→ 10. Juni 1969)*. Newton schreibt 1687: „Ich gebe nicht vor, die Ursache der Gravitation zu kennen. Ihr Agens wirkt überall und immer, aber ob diese wirkende Kraft materieller oder immaterieller Art ist, überlasse ich dem Urteil des Lesers.“

Da wir nicht wissen, was die Gravitation ist, wissen wir auch nicht, was die irdische Schwerkraft ist, aber fest steht:

Die Schwerkraft ist allgegenwärtig und einer der wichtigsten Umwelt-Faktoren.

Denn jeder in der Nähe der Erdoberfläche losgelassene Körper fällt in Richtung des Erdmittelpunktes. Er wird von der Schwerkraft gegen den Boden gepreßt, und diesen Druck nennt man sein Gewicht *(→ 2650 v. Chr.)*. Masse und Gewicht sind nicht identisch, das Gewicht hängt nicht von der Masse allein, sondern von der jeweiligen Anziehungskraft ab, und selbst auf der Erde ist das Schwerefeld nicht überall gleich. Die Erdanziehung hängt auch von der Dichte der Erdkruste ab, und diese kann bei gleichem Volumen an einer Stelle weit mehr Materie, das heißt Masse, als an einer anderen enthalten. Ein Kilogramm in Locarno ist durch den überaus dichten Untergrund des sogenannten „Ivrea-Körpers“, eines riesigen, kristallinen Gesteinsbrocken, schwerer als in Genf. Und durch die Schwerefeld-Anomalien ist auch

der Spiegel der Weltmeere nicht eben.

Die Oberfläche des Indischen Ozeans weist unweit der Insel Sri Lanka eine Mulde von rund hundert Metern Tiefe auf, der Spiegel des Atlantik liegt bei Island 65 Meter höher als in seiner Mitte. Das wissen wir allerdings erst durch Satelliten-Laser-Vermessungen. Aus der Satelliten-Perspektive und 1986 von einem Computer mit 15 000facher Überhöhung gezeichnet, gleicht die Erde so nicht einer abgeplatteten Kugel, einem Ellipsoid, sondern eher einer Kartoffel.

Natürlich sind andere Schwerefeld-Wirkungen wichtiger, und Gravimeter dienen heute zum Beispiel der Energieträger- und Metallsuche, ergänzen die Geo-Magnetik *(→ 1921)* wie die seismischen Explorations-Verfahren *(→ 1924)*. Erstmals zu messen versucht wird die Schwerkraft 1789 durch Henry Cavendish mit Hilfe einer Drehwaage. Das Resultat ist unbefriedigend. Ein besseres erzielt erst Philipp von Jolly 1878. Er bringt auf einer Balken-Waage ein Fünfkilogramm-Gewicht mit einer entsprechenden Menge Quecksilber ins Gleichgewicht. Unter der Waage wird eine Bleikugel von einem Meter Durchmesser angebracht und dadurch das Quecksilber um 0,589 Milligramm schwerer, obwohl es in keinerlei Verbindung mit dem Blei steht und auch keinerlei magnetische Kräfte wirksam werden. Heute werden zwei Osmium-Kugeln von je einer Tonne Gewicht verwendet. Osmium ist 22,5mal schwerer als Wasser und fast doppelt so schwer wie Blei. Deshalb beträgt der Kugel-Durchmesser nur 44 Zentimeter, der Abstand der Kugel-Mittelpunkte nur einen halben Meter. Massen wirken um so stärker aufeinander ein, je geringer ihr Abstand ist. Aber die Anziehung entspricht auch in diesem Fall nur einem Gewicht von 35 Milligramm: Die Schwerkraft ist wie die Gravitation fast unvorstellbar schwach. Dennoch aber ist

die Überwindung der Schwerkraft,

das heißt das Entgegenwirken durch jeweils größere Kräfte, eines der Hauptanliegen der menschlichen Technik. Denn das geschieht ja durch:

Um 7250 v. Chr.:	Nutzung des Auftriebs durch Schiffe.
Um 650 v. Chr.:	Hebebäume und um 400 v. Chr. Flaschenzüge, durch Kombination beider später Kräne.
1255:	Die erste Nutzung des Rückstoßes durch Raketen.
1783:	Auftriebs-Nutzung durch den ersten Aufstieg eines Warmluft-Ballons.
1903:	Die Verminderung des „toten Gewichts" und die Tragflächen-Auftriebswirkung, das heißt durch den ersten Motorflug.

Und durch die jeweiligen Weiterentwicklungen. Die den Menschen zum Herrn der Meere und der Luft machen, zahllose Verbesserungen seines Lebens mit sich bringen, aber auch stets mehr Energie-Bedarf bedeuten.

1680

Das Feuer ist ein treuer Diener, aber ein schrecklicher Herr: Immer wieder gibt es

Brand-Katastrophen,

oft von Naturgewalten, noch öfter aber von Menschen verursacht. 390 v. Chr. wird Rom von den Galliern niedergebrannt, mit dem kleinen Stadt-Staat scheint es vorbei. Die Römer werden jedoch zu den Herren Italiens und Rom schließlich die Hauptstadt eines Weltreiches. Aber während der Herrschaft Kaiser Neros, im Jahr 64 unserer Zeitrechnung, wütet eine Feuersbrunst sieben Nächte und sechs Tage. Alles, was von der reichsten Stadt des Abendlandes an griechischen, römischen und den Kulturschätzen anderer Völker angesammelt worden ist, geht für immer verloren.

Hunderte andere große Stadtbrände folgen, der Brand von Moskau *(→ 15. bis 18. September 1812)* hat umwälzende Folgen für ganz Europa, vernichtet Napoleons Macht und sichert die Weltmacht Englands. Die größte Brand-Katastrophe ist die vom Erdbeben des Jahres 1923 in Tokio ausgelöste, sie fordert mehr als 65 000 Todesopfer und macht mehr als eine Million Menschen obdachlos.

Bis 1680 steht der Einzelne diesen Katastrophen hilflos gegenüber, denn niemand ersetzt ihm den Schaden, den er durch das Feuer erleidet, unzählige ruinierte Existenzen sind die Folge. Zwar gibt es bereits im Altertum Genossenschaften, die Risiken auf ihre Mitglieder verteilen — zuerst die griechischer Reeder —, und die „Hamburger Feuerkasse" (die noch heute besteht) hilft Brandopfern unter ihren Anteilhabern seit dem 3. Dezember 1593. Aber erst durch das „Große Feuer" von London, das 1666 vier Tage und Nächte lang wütet und 13 400 Gebäude — damals vier Fünftel der Stadt — zerstört, kommt es zur

Feuerversicherung für jedermann

und damit zur ersten modernen Versicherungsgesellschaft der Welt überhaupt.

Ihr Gründer ist der in Holland ausgebildete Londoner Arzt, Bankier und Freihandels-Pionier Nicholas Barbon. Er erkennt, daß der Wiederaufbau der Stadt nur deshalb so langsam vorangeht, weil neue Katastrophen gefürchtet werden, und sucht diese Angst durch breite Risiko-Streuung zu überwinden. Er bringt durch jahrelanges Zusammentragen von Daten die erste, halbwegs verläßliche Brand-Statistik zustande und hat durch niedrige Prämien Erfolg. Zahlreiche andere Feuerversicherungs-Gesellschaften werden in England gegründet, sie organisieren erstmals einen effizienten Feuerschutz und eine wirksame Brandbekämpfung. Seit 1858 im „Fire Office Committee" zusammengeschlossen, übertragen 1868 die Londoner Gesellschaften ihre Ausrüstungen der Stadt und diese bildet die „Metropolitan Fire Brigade", zu deren Kosten die Versicherer damals je Million Pfund Versicherungssumme 35 Pfund jährlich beitragen.

In Deutschland und den Vereinigten Staaten (deren Feuerschäden heute die weitaus höchsten der Welt sind) gibt es die öffentliche Feuerversicherung erst seit Mitte des 18. Jahrhunderts, die erste Gesellschaft Frankreichs wird 1816, die erste Rußlands 1827 gegründet. Heute werden die finanziellen Feuerschäden praktisch überall gedeckt — aber keine Versicherungsgesellschaft kann Schutz vor dem Feuer-Tod bieten.

Die Zahl der jährlich auf der Welt an Brandwunden Sterbenden beträgt etwa 175 000 Menschen, schwer verletzt (und meist fürs Leben entstellt) werden etwa 1,3 Millionen Menschen. Halbwegs verläßliche Statistiken gibt es nur für die jüngste Vergangenheit. Aber für die Welt nehmen vorsichtige Schätzungen etwa 40 Millionen durch Feuer Getötete für die Jahre 1915 bis 1985, für nur zwei Generationen an.

Haben sich seit 1680 die Feuerbekämpfungs-Methoden enorm verbessert, so wird natürlich auch seit Jahrtausenden versucht, den Ausbruch von Bränden zu verhüten. Bereits in der Antike wird Holz durch Wasserglas-Überzüge feuerfester gemacht, aber diese Methode setzt sich nie allgemein durch und wird durch den Niedergang des Römischen Reiches vergessen. Erst der französische Forscher Louis Joseph Gay-Lussac erhält 1821 das erste Patent für

chemische Feuerschutzmittel,

eine Mischung von Ammonphosphat, Ammoniumchlorid und Borax zur Imprägnierung von Holz und Geweben, die deren Entzündlichkeit merklich herabsetzt. Besonders die Flammfest-Ausrüstung von Baumwoll-Textilien erweist sich als wichtig, da sie die Kleiderbrände verringert, die damals etwa sechs Zehntel aller durch Feuer entstandenen Todesfälle verursachen. Auch heute noch entfallen aber etwa vier Zehntel aller Feuer-Toten und Feuer-Schwerverletzten auf Textilienbrände, vorwiegend Bettwäsche, die durch eingeschlafene Raucher in Brand gerät.

1690

Durch die „Neolithische Revolution“ geht der Mensch *(→ um 18 000 bis 8000 v. Chr.)* vom „aneignenden“ Wirtschaften zum „produktiven“ über. Wie er seither selbst für seine Nahrung sorgt, entwickelt er den Bergbau und erzeugt aus den Rohstoffen die verschiedenartigsten Güter. Aber auf die Idee, auch die Kraft, die er zu all dem braucht, nicht nur anzuwenden, sondern zu erzeugen, kommt er bis Ende des 17. Jahrhunderts nicht: Nur in Form der eigenen Muskelkraft und der der Tiere und in Form des Holzes, des Windes und des fließenden Wassers nutzt er die Energie, das heißt so, wie die Natur selbst sie ihm liefert. Was um so erstaunlicher ist, als die ältesten Keramik-Funde (die aus Jericho in Jordanien) aus der Zeit um 7000 v. Chr. stammen und anzunehmen ist, daß Wasser seither auch zum Kochen gebracht wird. Der Mensch muß früh entdeckt haben, daß sich Wasser in Dampf verwandelt und nicht viel später, daß dieser schwere Deckel zu heben vermag. Aber

der Erste, der sich mit dem Wasserdampf beschäftigt,

ist, soweit wir wissen, Heron von Alexandria, der um 120 v. Chr. den Dampf für Luft hält, die das Feuer aus dem Wasser vertreibt, einen Dampfkessel herstellt und mit Hilfe des Dampfes Tempeltüren öffnet und schließt. Heron konstruiert auch ein Röhrenkreuz, das sich durch den Rückstoß des austretenden Dampfes dreht.

Dabei bleibt es bis 1616, als Giovanni Branca versucht, aus Herons Spielerei ein Arbeit leistendes Dampfrad zu machen. Er ist dazu nicht imstande und so erfolgt

der Anstoß zur Dampfkraft-Nutzung

auf einem weiten Umweg: Der Bürgermeister von Magdeburg, Otto von Guericke, will als Anhänger Galileis *(→ 1589)* einen Theologen-Streit über die Allgegenwart Gottes und damit die Existenz-Möglichkeit eines leeren Raumes, eines Vakuums, experimentell entscheiden. Er erfindet die Luftpumpe und untersucht 1643 den von ihm erzeugten luftleeren Raum und den Luftdruck. Er entdeckt dabei die „Kraft aus dem Nichts", die gewaltige Wirkung des Gewichts der Atmosphäre und faßt seine Erkenntnisse und Erfahrungen 1672 in seinem Werk „Neue Magdeburgische Versuche" zusammen.

Das liest auch der große holländische Naturforscher, Mathematiker und Erfinder Christian Huygens und versucht 1673 eine „Pulver-Maschine" zu bauen, um die Luft durch Schießpulver *(→ 1232)* aus einem Zylinder zu entfernen, in den dann der Luftdruck einen Kolben niederpressen soll. Praktische Folgen hat dieser Versuch nicht, aber Huygens Assistent Papin nimmt die Idee auf, läßt den Wasserdampf die Luft aus einem Zylinder verdrängen und beweist, daß man ihn dazu verwenden kann, die Luft zur Arbeitsleistung zu zwingen.

Denis Papin

ist der 1647 in Blois an der Loire geborene Sohn eines protestantischen Arztes, der auch selbst in Angers Medizin studiert und sich als Arzt in Paris niederläßt. Aber Mathematik und Physik interessieren ihn mehr und so hilft er dem damals in Paris lebenden Huygens, das Verhalten von Flüssigkeiten bei Unterdruck aufzuklären. Der englische Naturforscher Robert Boyle lädt ihn 1671 nach London ein, um mit ihm Luftdruck-Experimente durchzuführen, zu denen Guericke ihn angeregt hat, 1674 veröffentlicht Papin seine klassische und heute überaus seltene Untersuchung „Nouvelle Expérience du Vide avec la description des machines, qui servent à le faire" („Neue Erfahrungen mit der Luftleere und Beschreibung der Maschinen, um sie zu erzeugen"). Im gleichen Jahr entdeckt Papin

die Abhängigkeit der Siedetemperatur des Wassers vom Luftdruck,

die eine der Voraussetzungen der heutigen Heißdampf- und Hochdruck-Dampftechnik bildet. Fünf Jahre später führt er der Londoner Royal Society seinen

„New Digester“ vor, den „Papin'schen Kochtopf“, der durch seinen festgeschraubten Deckel und den resultierenden Dampfdruck Brennstoff und Zeit spart und für den er eine der Voraussetzungen der Dampf-Nutzung, das Sicherheitsventil erfindet. 1684 wird Papin „zeitweiliger Kurator der Experimente“ der Royal Society, macht für sie vor allem hydraulische Versuche, kann aber von dem, was sie ihm bezahlt, nicht leben und beschließt, nach Frankreich zurückzukehren.

Da er das als Protestant nicht kann, weil Ludwig XIV 1685 das Edikt von Nantes aufhebt, nimmt Papin eine Einladung des Landgrafen von Hessen-Kassel an und wird November 1685 Mathematik- und Physik-Professor an der Universität Marburg, wo er bis 1689 bleibt. Sein neuer Landesherr ist an Wasserspielen, die Leiter der Hessischen Salzbergwerke und die Besitzer der Eisenerzbergwerke im Lahn- und Dilltal sind an Wasserhalte-Maschinen interessiert. Deshalb konstruiert Papin 1689 durch die Umkehrung des Wasser-Schaufelrad-Prinzips

die Kreisel- oder Zentrifugal-Pumpe,

die heute gebräuchlichste Pumpenart. Zu ihrem Antrieb baut er eine Dampfmaschine: Er macht 1690 aus seinem Kochtopf einen Dampfzylinder. Aus dem Deckel den Kolben. Durch Kondensation des Dampfes wird im Zylinder ein Vakuum erzeugt, denn wenn (bei Normaldruck) jeder Liter Wasser 1700 Liter Dampf gibt, so umgekehrt 1700 Liter Dampf nur ein Liter Wasser: Mit gewaltiger Kraft drückt der Luftdruck den Kolben nieder. Papin erfindet damit die atmosphärische Dampfmaschine,

die erste Maschine, die nicht wie bisher nur Kraft anwendet, sondern zur Kraft-Gewinnung dient

und damit zu den verschiedensten Zwecken verwendet werden kann.

Nur ist die Zeit noch nicht reif: Papins Prototyp funktioniert nur wenige Minuten lang. Der damalige Eisenguß hat viel zu viele Poren, Werkzeugmaschinen, mit denen Zylinder hergestellt werden könnten, in die die Kolben genau genug passen, gibt es nicht. Die Leistung des Kessels genügt so wenig wie die des Kondensators. Aber 1690 erscheint auch Papins Bericht „Neue Methode, die stärksten Triebkräfte mit leichter Mühe zu erzeugen“ und regt andere zur Verwirklichung seiner Idee an. Obwohl es vorerst für Papin's Zentrifugal-Pumpe keinen genügend schnellaufenden Antrieb gibt, erweist sie sich als wichtiger Fortschritt. Sie wird als Ventilator verwendet, liefert „Wind“ für Schmelzöfen *(→ um 1475 v. Chr.)* und reinigt Getreide, Johann Justus Partels verwendet Papins Erfindung 1711 in Zellerfeld im Harz als Aspirations-Ventilator, baut

die erste Gruben-Lüftungsanlage,

welche die verbrauchte Luft durch frische ersetzt und so die Vertiefung der Bergwerke um viele Hunderte Meter ermöglicht. Bereits 1687 hat Papin übrigens auch vorgeschlagen, die Luft durch Komprimierung Arbeit leisten zu lassen. Aber sein Kompressor bleibt auf dem Papier, erst 1857 verwirklicht Germano Sommeiller diese Idee.

Die Dampfmaschinen-Idee Papins hat der englische Schmied Thomas Savery 1698 zu verwirklichen versucht. Dessen Dampf-Pumpe rettet zahlreiche englische Bergwerke vor dem Absaufen, obwohl ihr Wirkungsgrad minimal ist und sie

Unmengen Kohle verschlingt. Papin erhält von Gottfried Wilhelm Leibnitz, mit dem er seit langem in Korrespondenz steht, 1705 eine Zeichnung der Savery-Maschine und beschließt daraufhin, auch selbst wieder einen Versuch zu machen. Er faßt all sein entsprechendes Wissen 1707 in dem in Kassel veröffentlichten Buch „Ars nova ad aquam ignis adminiculo efficacissima elevandam" zusammen und beschreibt (mit Abbildungen) darin die verbesserte Form seiner „atmosphärischen Feuermaschine". Als „Manière de lever l'eau par la force du feu" –

„Die Art, Wasser mit der Kraft des Feuers zu heben"

erscheint das Werk im gleichen Jahr in Kassel in französisch und dient in dieser Version James Watt als wichtige Datensammlung. In Kassel kommt 1707 auch Papins Dampf-Pumpe in Betrieb, die das Wasser der Fulda in den Schloßgarten des Landgrafen heben soll. Sie funktioniert eine Stunde lang, dann platzen die Dampfleitungen und die Steigleitung. Die Pumpe selbst wird durch den Eisgang des Flusses zerstört und „der französische Dampf-Narr" abgeschrieben.

Nun reist Papin wieder nach England, um dort Helfer für den Bau einer besseren Maschine zu finden. Aber dort hat bereits 1705 Thomas Newcomen begonnen, eine Dampfmaschine zu bauen. Newcomen setzt sich durch, während Papin verarmt und vergessen 1712 in London stirbt. Nicht auf dem Kontinent, sondern in England ist die Zeit reif für das „Dampf-Zeitalter", wirken Forschung, technischer Fortschritt und die Kapitalkraft weitsichtiger und risikobereiter Unternehmer zusammen, um James Watt's atmosphärische Dampfmaschine zum Motor der „Industriellen Revolution" *(→ 1769 bis 1794)* werden zu lassen. Aber darüber sollten Guericke und Papin nicht vergessen werden, denn

das Ingangsetzen von Entwicklungen ist nicht weniger wichtig als das Erreichen des Zieles,

und ohne Vordenker wie Papin gäbe es unsere heutige Welt nicht.

1713

Steinkohle entsteht vor etwa 280 Millionen Jahren. Sie wird in Europa in nennenswerten Mengen seit 1113 genutzt. Aber erst Herzog Julius von Braunschweig-Lüneburg versucht 1548 im Harz Steinkohle in Meilern zu verkoken und erst Dud Dudley gelingt 1619 in England

die Koks-Herstellung

durch Entgasen der Kohle unter Luftabschluß. Er gewinnt dadurch ein Reduktionsmittel, das bis zu 93 Prozent aus Kohlenstoff besteht, verwendet erstmals Koks statt Holzkohle zum Eisenschmelzen, setzt sich aber nicht durch. Erst Abraham Darby in Coalbrookdale betreibt 1713 seinen Hochofen erfolgreich mit Steinkohle-Koks, gewinnt 10 Tonnen Gußeisen wöchentlich und begründet eine Hüttentechniker-Dynastie, die unter seinem Enkel Abraham Darby III 1779 durch den Bau der ersten eisernen Brücke der Welt, der über den Severn, Geschichte macht. Zwar wird der Vorteil der Koksverwendung in England und Schottland erst seit 1735 allgemein anerkannt und der erste Koks-Hochofen an der Ruhr erst 1849 in Betrieb genommen. Aber das Jahr 1713 bedeutet nichtsdestoweniger einen Wendepunkt der Energie-Nutzung:

Die Entwaldung Europas

wird entscheidend eingeschränkt, Holz für andere Zwecke (vor allem auch für die Papiererzeugung) freigesetzt und die Kohle-Eisen-Symbiose beginnt, ohne die die „Industrielle Revolution" *(→ 1769 bis 1794)* undenkbar ist.

1714

Energie-Forschung wie rationelle Energie-Nutzung sind unmöglich ohne

exakte Energie-Messung.

Messen heißt Vergleichen und ist die Grundlage allen planmäßigen Arbeitens. So gibt es Balken-Waagen seit mindestens fünf Jahrtausenden, und das erste Gewichts-System, von dem wir wissen (damit die erste Kraft-Messung), führt Dungi I von Ur 2650 v. Chr. ein. Eine aus der Chaldäer-Zeit — um 2500 v. Chr. — stammende Figur im Pariser Louvre zeigt einen Mann mit einem Maßstab in der

Hand. Aber wenn Feuerstellen bekannt sind, die vor etwa 1,7 Millionen Jahren entstanden, so stammt

das erste brauchbare Wärme-Meßgerät

aus dem Jahr 1714, beginnt die Temperatur-Messung erst mit dem Quecksilber-Thermometer.

Zwar kennt Philo von Byzanz 210 v. Chr. die Abhängigkeit des Wasser- und Luft-Volumens von der Temperatur und weiß auch, daß die Sonnenstrahlung die Luft stärker als das Wasser ausdehnt. Darauf beruht sein „Thermoskop", sein „Wärme-Sichtbarmacher": Die sich ausdehnende Luft preßt Wasser aus einem teilweise gefüllten in einen leeren Behälter. Auch Heron von Alexandria baut 100 n. Chr. solch ein Instrument. Aber beide messen die Menge des verdrängten Wassers nicht. Aus einem Thermoskop ein Thermometer zu machen, versucht erst Galilei im Jahr 1597. Er füllt ein dünnes, an einem Ende zu einer Kugel ausgeblasenes Glasrohr teilweise mit gefärbtem Wasser und taucht es mit dem offenen Ende in ein Wassergefäß. Wird die Luft in der Kugel wärmer, so verringert sich die Wassersäule, kühlt sie sich ab, so steigt das Wasser. Aber das Instrument ist zugleich ein Barometer, zeigt Temperatur und Luftdruck-Unterschiede an, die es vermengt.

Thermometer bestehen aus einem luftleer gemachten Kapillarrohr. Das setzt eine Luftpumpe voraus, die Otto von Guericke 1641 erfindet und mit der er 1643 seine berühmten Vakuum-Versuche macht. Und so kann 1654 Großherzog Ferdinand II der Toskana, der Gründer der Naturforscher-Gesellschaft Accademia del Cimento in Florenz, ein mit Weingeist gefülltes Thermometer herstellen, dessen luftleeres Glasrohr eine Skala aus aufgeschmolzenen Emailpunkten trägt.

Daß eine solche Skala nur Sinn hat, wenn sie auf allgemein anerkannten Fundamentalpunkten beruht, weist der holländische Forscher Christian Huygens 1665 nach und schlägt dazu den Schmelzpunkt des Eises und den Siedepunkt des Wassers vor.

Die heutige Form des Quecksilber-Thermometers

stammt aber nicht von Huygens, sondern das stellt 1714 der Danziger Kaufmann Gabriel Daniel Fahrenheit her, der nach Amsterdam übersiedelt, um Geschäfte zu machen, dort aber zum hervorragenden Physiker und Chemiker wird. Er unterteilt seine Skala in 212 Grade — nach „Fahrenheit" wird noch heute die Temperatur in den Vereinigten Staaten und England gemessen. Erfolg mit seiner 90-Grad-Skala hat 1730 auch René-Antoine Ferchault de Réaumur, und als 1742 der schwedische Astronom Anders Celsius seine 100-teilige Skala einführt, gibt es bereits 35 verschiedene.

Alle damaligen Thermometer sind (und bleiben bis 1836) Ausdehnungs-Messer.

Der Wärme-Meßbereich

ist also durch die verwendeten Füllstoffe, das heißt durch deren Siede- und Gefrierpunkte begrenzt. Mit Alkohol-Thermometern kann man Temperaturen bis minus 112°C messen. Dann gefriert der Alkohol, der aber bereits bei 78,3°C siedet. Quecksilber siedet erst bei plus 357° C, aber er gefriert bereits bei minus 39° C. Nun hängt der Siedepunkt vom Druck ab, und macht man ein Quecksilber-Thermometer nicht luftleer, sondern füllt es mit einem Gas von 50 Atmosphären Überdruck, so können bis 600° C gemessen werden — bei höheren Temperaturen wird das Glas weich. Erst Quarz-Glas (das es seit 1899 gibt) erweitert den Meßbereich auf plus 750° C, insgesamt also auf 789° C.

Damit ist aus dem Thermometer ein „Pyrometer" geworden, ein „Feuer-Messer", das heißt ein Meßgerät für hohe Temperaturen. Nur genügen 750° C weder für die Kontrolle von Metallschmelz-Vorgängen noch für keramische Zwecke. 1836 führt der französische Physiker Claude S. M. Pouillet

die ersten Wärme-Messungen mit Hilfe von Thermoelementen

aus, das heißt durch die von Th. J. Seebeck 1821 entdeckte Thermoelektrizität, die durch das Erhitzen der Lötstelle zweier verschiedenartiger Metalle entsteht. Der Meßbereich dieser Instrumente wird ständig erhöht. 1904 stellt W. C. Heraeus ein Pyrometer-Element aus reinem Iridium und einer Legierung von Iridium und 10 Prozent Ruthenium her, das die Messung aller unter 2100° C liegenden Temperaturen ermöglicht. Andere Metall-Kombinationen zeigen Temperaturen bis minus 260° C an, der Meßbereich thermoelektrischer Instrumente beträgt also 2360° C.

Temperaturen können ferner durch die Abhängigkeit des elektrischen Leitungs-Widerstandes von der Temperatur gemessen werden. Das tut Wilhelm Siemens erstmals 1869 mit Hilfe eines Platindrahtes und eines Galvanometers. Seit Ende des vorigen Jahrhunderts gibt es Meßgeräte, welche die Druckveränderung von Gasen durch Temperaturänderungen registrieren, und mit Stickstoff in einem Iridiumgefäß können ebenfalls Temperaturen bis etwa 2000° C gemessen werden. Mit einem Wasserstoff-Thermometer mißt James Dewar 1902 — als Weltrekord — minus 266° C. Um dem absoluten Nullpunkt möglichst nahekommende Temperaturen festzustellen (was u. a. für die Erforschung der Supraleitung 1911 wichtig ist), gibt es heute auch akustische Methoden. Da wird der Unterschied der Schallgeschwindigkeit in flüssigem Helium in Grad Kelvin umgerechnet. Alle diese Instrumente aber erfordern eine unmittelbare Berührung mit dem Stoff, dessen Temperatur gemessen werden soll. Damit bleibt der Schmelzpunkt des Pyrometer-Materials die oberste Meß-Grenze und der höchste Schmelzpunkt, der von Zirkonkarbid, liegt bei 3540° C. In Sonnenöfen aber werden heute 6000° C erreicht und der „Weltrekord" des Laboratoriums für Plasma-Physik in Princeton steht seit Juli 1986 bei 200 Millionen ° C.

Diese Temperaturen werden durch

die berührungslose Temperatur-Messung

festgestellt: Wärme und Licht sind wesensgleich, beide elektromagnetische Schwingungen, nur die Wellenlängen sind verschieden *(→ 31. Mai 1842)*. Die Wärme-Licht-Strahlungsgesetze formuliert Max Planck im Jahr 1900, im Jahr darauf baut H. Wanner das erste optische Pyrometer: Die durch einen elektrischen Widerstand regulierte Strahlung einer Glühlampe wird mit der Wärmestrahlung verglichen.

Seit 1960 gibt es gebündeltes Licht, die Laser-Strahlen, und so ist heute

jede vorstellbare Temperatur durch Laser-Reflexion meßbar:

Ähnlich wie sich der reflektierte Radar-Strahl bei einer Geschwindigkeits-Kontrolle im Straßenverkehr ändert und die Geschwindigkeit ergibt, so wird ein gepulster Laser-Strahl durch die bewegten = heißen Elementarteilchen eines Plasmas gestreut und die Farbe des Streulichts verändert. Durch einen Halbleiter-Lichtdetektor kann die Plasma-Temperatur abgelesen werden und (durch die Streudichte) zugleich die Teilchen-Dichte des Plasmas.

Allerdings dringt nur der zehntausendmilliardste Teil der Eingangs-Energie eines Laserpulses als Streulicht wieder zu dem Lichtempfänger, dementsprechend muß die Pulsenergie sein. Seit 1982 gibt es Neodym-YAG-Laser, die bis zu 8 Sekunden lang pro Sekunde 100 Pulse Infrarot-Licht abfeuern. Jeder Puls dauert nur 10 Milliardstel Sekunden, hat aber während dieser Dauer eine Leistung von etwa 100 Megawatt. Durch Schwingspiegel wird dieser Beobachtungs-Strahl pro Sekunde zu zehn verschiedenen Punkten im Plasma geführt und ermöglicht so eine zeitliche und räumliche Auflösung der Temperaturverläufe.

Messen ermöglicht das Regeln,

und so besitzen wir durch diese Methode heute bereits Regelgeräte für zukünftige Kernfusions-Kraftwerke.

Ähnliche Entwicklungen wie auf dem Gebiet der Wärme-Messung hat es auch bei der Elektrizitäts-Messung gegeben. Wie heute die Registrierung der Gehirnströme von Millionstel Volt „selbstverständlich" ist *(→ 1923),* werden (in Elektrochemie-Anlagen) Hunderttausende Ampere und (in Hochspannungs-Laboratorien) Dutzende Millionen Volt gemessen. Aber stammt das erste brauchbare Thermometer aus dem Jahr 1714 und J. S. C. Schweiggers „Multiplikator" als erstes „modernes" elektrisches Meßgerät aus dem Jahr 1820, so begründet Jaques Arsène d'Arsonval die Arbeitsphysiologie erst 1882, wird erstmals die menschliche Muskelleistung gemessen und noch viel später die körperliche Leistung des Menschen mit der Maschinen-Leistung verglichen. Erst damit wird klar, daß der „Kampf ums Überleben" ein Kampf um genügend Energie geworden ist *(→ 1887).*

1736 bis 1738

Seit es die Lufthülle der Erde gibt *(→ vor etwa 3 Milliarden Jahren),* weht der Wind, und etwa ein Zwanzigstel der die Erde erreichenden Sonnenenergie wird in Windkraft umgesetzt:

Das Windkraft-Potential ist gewaltig,

es gibt etwa zwanzigtausendmal mehr Wind-Energie als Wasser-Kräfte und alljährlich entwickelt der Wind etwa sechsmal mehr Energie, als sämtliche bekannten Kohlevorräte unseres Planeten enthalten. Als nutzbar gelten davon etwa 38 Billionen Kilowattstunden, das rund Vierfache der Welt-Stromerzeugung des Jahres 1987.

Nur beweisen auch immer wieder Orkan-Katastrophen, wie gewaltig Windströmungen sind. Da wird zum Beispiel am 12. April 1934 auf dem Mount Washington in New Hamsphire, USA, eine Windgeschwindigkeit von 369,6 Stundenkilometern gemessen. Aber es treten auch langandauernde Windstille, Wochen und Monate dauernde Flauten auf, durch die im Segelschiff-Zeitalter ganze Schiffsbesatzungen durch Durst und Hunger umgekommen sind. Größter Nachteil ist

die extrem unsichere Verfügbarkeit der Wind-Energie.

Zwar gibt es seit etwa sechs Jahrtausenden Segelschiffe *(→ um 4000 v. Chr.)* und etwa ebenso lange soll es in China bereits Windmühlen geben. Aber im Iran werden sie erst 680 n. Chr. erwähnt, und die älteste Urkunde über den Bau von Windmühlen in Europa stammt aus dem Jahr 1105. Da erhält ein französisches Kloster unweit Lüttich die erzbischöfliche Erlaubnis zum Errichten von „malendina ad ventum". Ob diese gratis erteilt worden ist, wissen wir nicht. 1341 erklärt der Erzbischof von Utrecht, der Wind gehöre ihm und hebt eine hohe Abgabe von einem Kloster ein, das eine Windmühle baut.

Keine mittelalterliche Windmaschine, über die es Berichte gibt, leistet mehr als etwa 12 Kilowatt = 16 PS. Fortschritte zeichnen sich erst im 16. Jahrhundert durch die Bock-Windmühlen ab, deren Flügel samt dem Mühlhaus in die Windrichtung gedreht werden können. Diese Flügel sind jedoch nach wie vor lange Rechtecke aus mit Leinen überzogenen Holzlatten, deren Maße allein auf Erfahrung beruhen.

Eine revolutionäre Verbesserung der Windkraft-Nutzung

hätte es 1726 geben können. Da wird von Jakob Leupold der Wind-Propeller von lateinisch „propellere" = „fortstoßen") erfunden, eine Luftschraube mit vier gekrümmten Flügelblättern, die an einer Nabe sitzen und die der Wind weit rascher und kräftiger dreht als die üblichen Windmühlen-Flügel. Die, wenn man sie in rasche Umdrehung versetzt, sich wie ein Korkenzieher in die Luft schrauben, dabei immer neue Luftmassen erfassen und als Strahl nach hinten schleudern: Solch ein Propeller ermöglicht den ersten Motor-Flug *(→ 17. Dezember 1903).* Bis in die jüngste Vergangenheit wird der Auftrieb aller Flugzeuge durch Propeller erzeugt — und seit 1986 kommen gegenläufige, von Gasturbinen getriebene Luftschrauben erneut zu Ehren, weil sie unter Umständen wirtschaftlicher als Düsentriebwerke sind.

Leupold denkt jedoch weder an Flugzeuge noch an neuartige Windmaschinen, er hat den Propeller zum Messen der Wind-Geschwindigkeit erfunden. Auch das ist als eine der Voraussetzungen der Meteorologie *(→ 1850)* keineswegs unwichtig. Aber für die Windkraft-Nutzung erhalten Propeller-Flügel erst 1920 Bedeutung. Leupold, Sohn eines Handwerkers aus Planitz bei Zwickau, wird nicht durch seine Erfindung, sondern sein „Theatrum machinorum" berühmt, ein 1724 bis 1739 in neun Bänden mit 472 Großformat-Kupfertafeln in Leipzig erschienenes Lehrbuch der Instrumenten- und Maschinenbau-Kunde. Dieses Werk regt Daniel Bernoulli zur

Begründung der Hydrodynamik und Aerodynamik

an, löst die mathematisch-physikalische Begründung der Wasser- und Windkraft-Nutzung und damit ihrer Rationalisierung aus.

Bernoulli gehört einer aus Antwerpen stammenden Basler Gelehrten-Familie an, die in drei Generationen sieben berühmte Mathematiker und einen Astronomen hervorbringt. Er ist 1725 bis 1733 Professor der Mathematik in St. Petersburg, dann Professor der Anatomie und der Botanik in Basel, seit 1750 Professor der „experimentellen und spekulativen Philosophie", praktisch der Physik. Er kennt die Werke Vitruvs, der 28. v. Chr. Wasserräder beschreibt, und weiß, daß schon 410 n. Chr. Schiffsmühlen benutzt worden sind. Er sieht nun zahlreiche Abbildungen von Wasser- und Windrädern im Werk Leupolds — aber kein Gelehrter hat bisher die physikalischen Gesetze formuliert, auf denen diese Maschinen beruhen. Und so entwickelt Bernoulli 1736 die Theorie des Wasserstoßes und der Wind-Wirkung. Er weist mathematisch nach, daß der Wind-Druck im Quadrat der Geschwindigkeit wächst, doppelte Geschwindigkeit also achtfache Kraft bedeutet. Als erster unterscheidet Bernoulli zwischen dem Druck des ruhenden Wassers und der ruhenden Luft (dem hydro-statischen Druck) und dem der bewegten Massen (dem hydro-dynamischen Druck). Bernoulli zeigt auf mathematisch-analytischem Weg, um wieviel vorteilhafter doppelt gekrümmte Flächen zur Übertragung der Windkraft sind als ebene und verbessert den Propeller Leupolds. Er regt den Reaktions-Propeller an und schlägt auch vor, zum Schiffsantrieb am Heck aus Düsen ausströmendes Wasser zu verwenden. Schließlich weist er die Vorteile von Windrädern mit vertikalen Achsen bei Wind-Turbinen nach.

Einige der Anregungen Bernoullis verwirklicht John Smeaton seit 1752 in England. Die Bedeutung der aero- und hydrodynamischen Berechnungen wird keineswegs unterschätzt, Bernoulli erhält alleine oder zusammen mit seinem Freund Leonard Euler zehn der höchsten Preise der Pariser Akademie der Wissenschaften. Aber

die naturgegebenen Nachteile der Windkraft

behindern ihre Anwendung bis heute. Die Windräder zum Beispiel, die der Amerikaner Daniel Halladay 1876 auf der Weltausstellung von Philadelphia vorführt, drehen sich nicht nur selbsttätig in den Wind, sondern passen sich auch automatisch der Windgeschwindigkeit an. Aber wenn diese 10 Metersekunden beträgt, liefert sie etwa 80 Kilowatt, bei 2 Metersekunden nur ein halbes. In Deutschland herrschen von den 8760 Stunden des Jahres durchschnittlich 8440 Stunden Wind, das sind mehr als 96 Prozent der Zeit. Aber der Wind weht in 65 Prozent mit nur 3,5 Metersekunden, das heißt zu schwach, oder in 18 Prozent der Zeit zu stark. „Richtig" viel zu kurz. Jedenfalls zu kurz für die Windmaschinen, die es bis 1920 gibt.

Nun aber bringt der pensionierte Major Kurt Bilau Leupolds Erfindung und Bernoullis Berechnungen zu Ehren und kombiniert sie mit den Daten, die Windkanal-Versuche ergeben. Er konstruiert Stromlinien-Windkraft-Flügel, an denen im Göttinger Windkanal 287 Meßreihen durchgeführt werden. Die üblichen Windmühlen beginnen sich bei 4 Metersekunden Wind zu drehen, Bilaus Doppelflügel drehen sich schon bei 1,3 Meter, und eine in Oxford in England gebaute Versuchsanlage mit 9 Meter langen Flügeln erreicht 1924 bis 1925 einen Durchschnitts-Wirkungsgrad von 59 Prozent.

Bilau entwickelt auch die erste, voll wirksame aerodynamische Bremse. Er macht seinen Windmotor technisch reif und erkennt, wofür Windkraft-Anlagen in Frage kommen: Sie eignen sich ideal zum Wasserpumpen, denn das Wasser ist billig zu speichern. Daß es in Holland schon jahrhundertelang viele Tausende Windmühlen gibt, liegt daran, daß sie vor allem dazu dienen, das unter dem Meeresspiegel liegende Land zu entwässern, wofür nur eine geringe Hubhöhe gebraucht wird. Bilau sieht die Grenze der Wirtschaftlichkeit seiner Windmotoren bei etwa 300 Kilowatt, denn wenn man auch weit stärkere bauen kann, so sind die entsprechenden Windstärken zu selten und die Anlagekosten zu hoch.

Die Phantasie aber wird natürlich durch

Groß-Windkraftwerke, die „technische Wunder" darstellen,

weit mehr angeregt als durch bescheidene Windkraft-Anlagen (oder gar die 16 200 „gewöhnlichen" Windmühlen, die es noch 1890 im Deutschen Reich gegeben hat). Besonders die Tatsache, daß die Windströmungen in 200 bis 500 Metern Höhe stärker und vor allem regelmäßiger sind als dicht über dem Boden, regt schon in den zwanziger Jahren zahlreiche Erfinder zu gigantischen Projekten an. Der deutsche Bau-Ingenieur Gottfried Ribbe-Dresden zum Beispiel sieht einen 360 Meter hohen Beton-Turm vor, der acht übereinander angeordnete Wind-Turbinen von je 70 Meter Durchmesser trägt. Der Ingenieur Hermann Honnef hat den 256 Meter hohen Funkturm von Königswusterhausen erbaut und entwirft Wind-Türme von 250 bis 525 Metern Höhe für Propeller von 60 bis 120 Meter, die 10 000 und 13 000 Kilowatt Strom liefern sollen — und zwar für einen Pfennig pro Kilowattstunde, „falls ein Höhenzonen-Windkraftfeld geschaffen wird, das 60 solcher Kraftwerke zusammenschließt". Honnef's 1933 von der Deutschen Windkraft GmbH in Berlin herausgegebene Schrift trägt den Titel: „Umstellung der Wirtschaft durch technischen Fortschritt. Die Beseitigung der Arbeitslosigkeit durch Einführung der Groß-Stromversorgung unter Ausnützung der Windenergie in Großkraftwerken".

Honnef's Projekte sind nie verwirklicht worden, seine Ideen aber nach wie vor wirksam: 1977 bis 1984 wird an der deutschen Elb-Mündung die Groß-Windkraft-Anlage „Growian" von 150 Metern Höhe erbaut, in deren Rotor-Nabe ein Einfamilienhaus hineinpassen würde, deren Maximal-Leistung aber dennoch nur drei Megawatt beträgt. Sie wird 1986 wieder abgebaut, weil der Wind bereits Schäden angerichtet hat, die zu reparieren 30 Millionen DM gekostet hätte.

Was natürlich nicht bedeutet, daß Windkraft wertlos ist und ihre rationelle Nutzung keinen Sinn hätte. Nur ist sie alles andere als eine „sanfte" Energie *(→ 1977)* und keine „Alternative" zu den „harten", sondern eine Ergänzung für Spezialzwecke. Vermieden werden sollten „Gigantomanie" und Pläne, die nicht auf durch die Praxis erhärteten Daten beruhen. Solche liefern nur Versuchs-Anlagen wie das 1982 bei Madrid erbaute erste Aufwind-Kraftwerk, das im Kleinen nachzuahmen versucht, was in fast unvorstellbarem Ausmaß ständig in der Erd-Atmosphäre geschieht und unser Wetter bestimmt *(→ 1850).*

1747

Wenn mehr als vier Fünftel der heutigen Menschheit nur dank der „Industriellen Revolution" *(→ 1769 bis 1794)* existieren, so denkt bis in die jüngste Vergangenheit kaum jemand daran, der weitaus wichtigsten all ihrer zahllosen Wirkungen Rechnung zu tragen, nämlich dem

Übergang vom Zins-Verbrauch zum Kapital-Verzehr:

Jahrmillionenlang begnügt sich der Mensch mit der nachwachsenden Nahrung, dem nachwachsenden Holz und mit den „ewigen Kräften" des Windes und des Wassers. Seit dem 18. Jahrhundert sind die nicht erneuerbaren Energieträger maßgebend. Zwar spielt die Bio-Energie nach wie vor eine existenzbedingende Rolle in Form der Ernährung, nicht aber als mechanische Kraft. Nicht zuletzt, weil die uns von der Natur gebotene

„dichte" Sonnenenergie in Form von Alkohol

jahrtausendelang als Rauschgift mißbraucht und nicht als Energieträger verwendet wird.

Äthylalkohol ist neben Kohlendioxyd das wichtigste Gärungs-Produkt. Die Gärung oder Fermentation gehört zu den häufigsten Naturvorgängen, ist ein von Mikroorganismen und/oder Enzymen verursachter Abbauprozeß organischer Verbindungen, durch den diese zu einfacher aufgebauten Stoffen zerfallen. Die häufigste Form ist die alkoholische Gärung durch Hefepilze. Ihr unterliegen viele Hunderte Pflanzensäfte, der Saft der afrikanischen und iberoamerikanischen

Agaven wie der von Kirschen und Äpfeln und der von vielerlei Beeren. Funde wilder Weinreben stammen bereits aus dem Tertiär, sind bis 30 Millionen Jahre alt und in Grönland wie in Afrika gemacht worden. Vor etwa zwei Millionen Jahren, im Diluvium, taucht bereits eine Rebe auf, die der heute angebauten vitis vinifera ähnlich ist. Man hat sie u. a. in Tegelen am Niederrhein gefunden. Die wildwachsenden Weinreben sind mächtige Schlingpflanzen, die die Kronen der Waldbäume mit ihrem Laubwerk überziehen. Sie tragen saure und bittere, aber auch oft recht süße Trauben. Im Boden, in dem sie wurzeln, leben Hefepilze, die ihren Saft vergären.

Wann der Mensch die berauschende Wirkung dieses Saftes entdeckt hat, ist nicht festzustellen. Aber Pfahlbauten-Funde erweisen, daß in Europa

Wein seit mindestens vier Jahrtausenden hergestellt

wird, wie aus Reben seit mindestens 3000 Jahren auch aus Wildbienen-Honig. Diesen Honig kochen die Germanen in Regenwasser, schöpfen die abgeschiedenen Eiweißstoffe ab und setzen Hefe zu. Im Jahr 105 n. Chr. schreibt Tacitus: „Gibt man der Trunksucht der Germanen nach und verschafft man ihnen zu trinken, soviel ihr Herz begehrt, so eignet sich dieses Laster ebensogut zu ihrer Bekämpfung wie Schwerter und Lanzen . . .“. Dieses Rezept wird seit dem 16. Jahrhundert von den Sklavenhändlern in Afrika und noch im 19. Jahrhundert gegen die Indianer in den USA angewandt. Beim Weintrinken bleibt es weltweit. Heute schwankt der Pro-Kopf-Verbrauch in Europa zwischen 28 Litern jährlich in Westdeutschland und 92 Litern in Italien.

Bier wird gebraut, wie Funde aus der Zeit der Obed-Kultur beweisen, im fruchtbaren Tiefland am Unterlauf des Euphrat und Tigris seit dem dritten vorchristlichen Jahrtausend. Um 1690 v. Chr. erläßt der babylonische König Hammurapi in seinem berühmten Gesetzbuch Vorschriften über die Führung der gewerblichen Brauereien und der Schankstätten, die Prüfung der Braumeister, den Malzgehalt und den Preis des Biers. Um die gleiche Zeit gibt es in Ägypten Gersten-Bier mit einem sehr hohen Alkoholgehalt, und bereits 2200 v. Chr. wird in China Reis-Bier getrunken. Auch beim Biertrinken bleibt es, 1986 überschreitet die Welt-Bierproduktion erstmals eine Milliarde Hektoliter. Diese 100 Milliarden Liter sind das Zweieinhalbfache des Jahres 1960 und das rund Zehnfache von 1860, sie bedeuten 20 Liter pro Kopf und Jahr der Weltbevölkerung. In der Bundesrepublik sind es 146 Liter pro Kopf und Jahr.

Die Branntwein-Herstellung

ist in Indien bereits seit 800 v. Chr. Steuerobjekt, aber die erste genaue Anleitung zur Spiritus-Herstellung gibt Rhazes erst im 9. christlichen Jahrhundert. Wie der Alkoholgehalt gemessen werden kann, lehrt Giovanni Michel Savonarola 1440. Den ersten absoluten Alkohol stellt Cardanus 1554 her.

Ist Weingeist in italienischen Klöstern bereits im 11. Jahrhundert gebrannt worden, so ist dieses „aqua vita“ genannte Destillat als Genußmittel nur für die Reichsten erschwinglich, dient es fast nur als Arzneimittel, obwohl Alkohol nichts zu heilen vermag, hingegen zahlreiche Krankheiten verursacht. Erst als Mitte des 16. Jahrhunderts Alkohol aus Getreide gewonnen wird, sinkt der Preis. Zur „Branntwein-Pest" kommt es aber erst Mitte des 19. Jahrhunderts durch den

Kartoffel-Sprit.

In den Anden-Hochländern, vor allem in Peru, seit dem 2. Jahrhundert unserer Ära eine bedeutende Nutzpflanze, ist die Kartoffel in Europa seit dem frühen 16. Jahrhundert bekannt, wird aber erst im 18. Jahrhundert in größerem Ausmaß angebaut. Wie Friedrich der Große sucht Peter der Große die Kartoffel zur Massen-Nahrung zu machen, Zar Nikolaus I will die Dorfgemeinden zum Anbau zwingen. Aber das führt noch 1842 zu den „Kartoffel-Aufständen". Werden heute auf der Welt etwa 300 Millionen Tonnen Kartoffeln jährlich geerntet, so sind es 1785 höchstens 3 Millionen.

Die Entdeckung, daß auch aus Kartoffeln Alkohol gewonnen werden kann, wird 1747 gemacht. Das ist wichtig, denn gedeihen Weintrauben (wie Zuckerrohr) nur auf besonderen Böden und in beschränkten Klimaten, so werden heute bis zu 260 Doppelzentner Kartoffeln pro Hektar auch auf relativ armen Böden geerntet, das Achtfache der besten Brauerei-Gerste-Erträge. Nur ist Stärke, in der Kartoffel bis zu drei Zehntel enthalten, nicht wie der Zuckerrohr- und Zuckerrübensaft oder wie die Melasse unmittelbar vergärbar, sondern muß durch Enzyme zuerst in Zucker und Dextrin verwandelt werden. Daß das durch Gerstenmalz (keimende Gerste) möglich ist, beweist der Chemiker Franz Lautingshausen, der 1747 der Schwedischen Akademie der Wissenschaften eine entsprechende Abhandlung vorlegt. Er verweist auch darauf, daß die Kartoffel-Schlempe ein hervorragendes Tierfuttermittel ist.

Da sich der Kartoffel-Anbau nur langsam durchsetzt, erhält auch der Kartoffel-Sprit nur allmählich Bedeutung, erst 1798 konstruiert zum Beispiel der Lampenfabrikant Aimé Argand einen leistungsfähigen Destillationsapparat. Aber bei Ausbruch des Ersten Weltkrieges beträgt die Weltproduktion von Kartoffel Alkohol etwa 30 Millionen Hektoliter, von denen rund 5 Millionen in Rußland und 4 Millionen in Deutschland gewonnen werden.

Dazu kommt der auch in Europa und den USA aus Melasse, dem Rückstand der Rohrzuckergewinnung erzeugte Alkohol, denn er kostet hier nur wenig mehr als die Fracht. Diese ist minimal, weil englische und andere europäische und amerikanische Dampfer, die Kohle in die Zuckerrohr-Länder bringen, Melasse als Rückfracht laden. Natürlich gibt es seit dem 19. Jahrhundert auch Zuckerrüben-Alkohol, und so ist bereits 1914

Alkohol das mengenmäßig bedeutendste künstlich hergestellte Bio-Energieprodukt.

Aber nach wie vor nur, weil er den menschlichen Körper ausgiebig und rasch erwärmt, weit schneller als Nahrungsmittel „verbrennt", denn Alkohol gerät nicht erst durch die Verdauung, sondern direkt durch die Magenwände in die Blutbahn. Und noch viel mehr, weil er berauscht. Das ist auch heute noch seine weitaus bedeutendste Wirkung mit entsprechenden gesundheitlichen, wirtschaftlichen und sozialen Folgen. Alkohol kostet zur Herstellung wie als Folge seines Gebrauchs sehr große Mengen Arbeitskraft, ist negativ wie positiv eine Wirtschafts-Macht. Denn auf absoluten Alkohol umgerechnet schwankt 1987 der Verbrauch pro Kopf und Jahr zwischen 5,7 Litern in Japan und 15,2 Litern in Frankreich. In der Bundesrepublik steigt er 1950 bis 1985 von 3,3 auf 12,4 Liter. Betragen die Trinkalkohol-Ausgaben im Deutschen Reich 1926 etwa 5 Milliarden Reichsmark, so in der Bundesrepublik 1986 über 43 Milliarden DM.

Natürlich wird Alkohol längst nicht nur getrunken, er spielt schon im 19. Jahrhundert als Lösemittel eine Rolle und verschiedene Chemikalien werden aus ihm gewonnen. Auch, daß Alkohol ein Brennstoff ist, wird genutzt.

Seit Ende des vorigen Jahrhunderts sind

die Vorteile des Alkohols als Treibstoff

bekannt. Zwar hat Äthylalkohol nur etwa sechs Zehntel des Heizwertes von Benzin, aber er enthält zum Unterschied von Benzin reichlich Sauerstoff, braucht zur Verbrennung weniger Luft und so ist der „Gemisch-Wärmewert" praktisch gleich, je Kolbenhub wird bei der Alkoholverwendung die etwa gleiche Energiemenge wie bei Benzin angesaugt. Alkohol ist durch seine hohe Kompressionsfähigkeit aber auch viel klopffester als gewöhnliches Benzin, das heißt, er entzündet sich nicht vorzeitig, der Motor läuft ruhiger. Durch die höhere Verdampfungswärme des Alkohols wird die Temperatur des Brennraumes niedriger als bei Benzin gehalten, vermindert sich der Verschleiß.

Bereits in der Frühzeit der Verbrennungsmotoren wird deshalb Alkohol als Treibstoff verwendet: 1897 legt Max Ringelmann der Pariser Académie des Sciences seine Versuchs-Ergebnisse mit „Spiritus-Motoren" vor, 1902 baut Adolph Altmann einen Alkohol-Motor mit Treibstoff-Zerstäuber und Wasserkühlung. Aber gegen den Benzin-Motor *(→ 31. Dezember 1879)* kommt er nicht auf, denn seit 1890 ist Benzin billiger als Alkohol in Massen herzustellen, setzt sich das „Cracking" durch, das die Benzin-Ausbeute von ursprünglich 17 Prozent des Rohöls auf schließlich 44 Prozent und durch Hydrierung auf über 70 Prozent bringt.

Dem Benzin beigemischt wird Alkohol seit 1905 und vor allem während des Ersten Weltkrieges. Nicht zuletzt, weil durch die Verarmung der Bevölkerung der Trinkbranntwein-Absatz der Reichs-Monopolverwaltung 1922 bis 1934 von 886 000 Hektoliter auf 411 000 sinkt, wird

die Alkohol-Beimischung zum Benzin

staatlich propagiert. Die Verwendung von Branntwein als Motortreibstoff steigt 1927 bis 1934 von 167 000 auf 2,1 Millionen Hektoliter, auf 60 Prozent der Spiritus-Erzeugung. In den Dreißigerjahren besteht in Deutschland der Großteil der Motor-Treibstoffe nur zu 50 Prozent aus Benzin, zu 35 Prozent aus Benzol und zu 15 Prozent aus Sprit. In Amerika hat vor allem Henry Ford die Verwendung von Alkohol als Treibstoff propagiert, nicht zuletzt um der Landwirtschaft neue Abnehmer zu verschaffen und sich selbst mehr Farmer-Kunden. In den Weltkrisen-Jahren wird vor allem im Mittelwesten „Agrol" abgesetzt, ein Gemisch von Benzin und aus Mais gewonnenem Alkohol. Aber der gewöhnliche, 96prozentige Alkohol bildet mit Benzin keine permanente Mischung, die beiden Flüssigkeiten trennen sich rasch wieder, nur absoluter Alkohol tut das nicht. Er aber bleibt lange viel zu teuer, erst der Zweite Weltkrieg macht ihn als Treibstoff-Zusatz interessant, 40 Länder verwenden ihn nun, und in Deutschland, der Schweiz und Skandinavien stammt Alkohol nun auch aus Holz-Zucker *(→ 1918 bis 1920)*. Erst die OPEC und die Ölpreis-Vervielfachung seit 1973 bringt den Durchbruch, läßt in Brasilien 1975

eine Bio-Treibstoff-Großindustrie

entstehen.

1766

Besteht die Sonne aus Wasserstoff und liefert dieser ihre Energie *(→ vor etwa 4,7 Milliarden Jahren)*, so besteht das Wasser der Erde volumenmäßig aus doppelt so viel Wasserstoff als Sauerstoff, und das Wasser bedeckt mehr als sieben Zehntel der gesamten Oberfläche unseres Planeten. Die Weltmeere enthalten 1350 Millionen Kubik-Kilometer Wasser, jeder davon rund 666 Millionen Kubikmeter Wasserstoff. Damit ist

der Wasserstoff-Vorrat der Erde

nicht nur fast unermeßlich groß, sondern wird durch den Wasser-Kreislauf auch ständig erneuert.

Als Gas entdeckt den Wasserstoff 1766 Henry Cavendish, der ihn „eine eigentümliche Luft-Art" nennt, „die entsteht, wenn man Eisen, Zink oder Zinn in verdünnter Schwefel- oder Salzsäure auflöst". Im Jahr 1781 zeigt Cavendish, daß bei der Verbrennung von Wasserstoff, das heißt durch seine Verbindung mit Sauerstoff, Wasser entsteht und klärt damit auch die Zusammensetzung des Wassers auf.

Genutzt jedoch wird der Wasserstoff erst seit dem 19. Jahrhundert, großindustrielle Bedeutung erhält er erst durch die Fetthärtung und vor allem durch die Ammoniak-Synthese, seine Verbindung mit dem Luft-Stickstoff *(→ 7. August 1903)*. Als Energieträger mißbraucht wird der Wasserstoff durch die Entwicklung thermonuklearer Bomben *(→ 6. November 1952 und → 16. und 23. August 1953)*, genutzt durch die Raketen-Technik *(→ 4. Oktober 1957)*. In absehbarer Zeit wird der Wasserstoff neben der Elektrizität der Energieträger werden: Durch Elektrolyse aus Wasser gewonnen der umweltfreundlichste Brennstoff und Düsen-Treibstoff, durch seine Isotope die Quelle der friedlich genutzten Kernfusions-Energie. In beiden Fällen jedoch eine sich ständig erneuernde Energiequelle.

1769 bis 1794

Energie gibt es seit jeher und gibt es auch heute in fast unvorstellbaren Mengen. Aber nicht, daß es sie gibt, ist wichtig, sondern daß sie in der richtigen Form zur richtigen Zeit am richtigen Ort verfügbar ist.

Heute zum Beispiel hängen die Transporte und der Verkehr der Hochindustrialisierten zu praktisch 100 Prozent vom Mineralöl ab, alle Maschinen stehen ohne Mineralöl-Schmiermittel *(→ 1897)* still. Ohne Öl kommt der Welthandel zum Erliegen, verhungern und erfrieren unsere Großstadt-Bevölkerungen. Daran ändern die riesigen Kohlevorkommen der Erde nicht das geringste. Ebensowenig helfen im frühen 18. Jahrhundert die riesigen Wälder Skandinaviens, Rußlands oder seiner nordamerikanischen Kolonien England bei der Überwindung seines akuten Holz-Mangels. Wenn England auch große Mengen Kohle besitzt, so vermag es nicht genug abzubauen, weil die Energie-Nutzung nicht nur vom Vorhandensein der entsprechenden Energieträger abhängt, sondern vom rechtzeitigen Vorhandensein der nötigen technischen Mittel. Diese wiederum setzen nicht nur Wissen, sondern auch gespeicherte Arbeitskraft in Form von Geldkapital voraus.

Die atmosphärische Dampfmaschine

zum Beispiel hat Denis Papin bereits 1690 erfunden. Aber de facto Arbeit im benötigten Ausmaß zu leisten beginnt sie erst 1769, denn erst im England Watt's ist die Zeit für die Dampf-Nutzung „reif", wirken die verschiedenartigsten Faktoren zusammen, um den

Übergang vom Holz zur Kohle als wichtigsten Energieträger

zu erzwingen.

Wie überall wird in England ursprünglich Eisen nur mit Hilfe von Holzkohle erschmolzen. Aber seit 1713 wird dazu auch Steinkohle-Koks verwendet, und mehr und mehr Hüttenwerke in den englischen Kohlegebieten entstehen. Holz wird immer teurer, der Brennholz-Preis ist 1650 achtmal so hoch wie im Jahr 1500, während sich das Gesamt-Preisniveau nur verdreifacht hat. Die englische Kohlenförderung steigt 1570 bis 1670 auf das Dreizehnfache, von etwa 0,2 auf 2,6 Millionen Tonnen. Aber damit scheint die Grenze erreicht, denn die meisten Abbaustellen liegen nun schon so tief, daß die Wasserhaltung nur mehr mit Mühe zu bewältigen ist. Seit Bergbau betrieben wird, ist das Wasser der große Feind, dringt es in die Stollen und Schächte ein. Er wird in Eimern hochgehoben, zuerst mit handbetriebenen Haspeln (Trommeln zum Aufwickeln des Zugseils), später mit Hilfe pferdegetriebener Göpel. Große Wasser-Mengen sind mit diesen Mitteln nicht zu heben, und so „ersäuft" zum Beispiel Athens berühmte Silbermine bei Laurion, mit deren Ertrag Themistokles 485 v. Chr. die Flotte gebaut hat, die fünf Jahre später bei Salamis den Weltmacht-Träumen der Perserkönige ein Ende setzt und die Tetra-Drachme zur damaligen Welthandels-Währung gemacht hat. Mit dem Versiegen des Silbers von Laurion geht die Blütezeit Athens zu Ende *(→ 404 v. Chr.)*. Und mit dem „Ersaufen" der englischen Kohlebergwerke droht das Ende des gerade in Gang gekommenen englischen Aufstiegs zur Kolonialmacht. Denn das meiste Eisen dient damals dem Gießen von Kanonen.

1690 hat Denis Papin die Dampfmaschine erfunden, hat seine Erkenntnisse und Erfahrungen publiziert und seinen Prototyp beschrieben. Acht Jahre später baut Thomas Savery für die Zinn-Minen Cornwalls

die erste funktionierende Dampf-Pumpe.

Zwar braucht diese etwa 30 kg Kohle pro PS-Stunde, ihr Wirkungsgrad beträgt weniger als ein Viertel Prozent. Nur die Savery-Pumpen jedoch halten sehr bald auch zahlreiche Kohlebergwerke in Gang und werden die „Eisernen Engel" genannt. In den Jahren 1705 bis 1711 verwirklicht Thomas Newcomen, ein Schmied und Eisenhändler aus Darthmouth, die Ideen Papins. Als Schmied kennt er das Material, an dem Papin gescheitert ist, und wenn aus seinem Zylinder auch noch immer eine Unmenge Dampf ungenutzt entweicht, so beträgt der Wirkungsgrad der Newcomen-Maschine immerhin das Doppelte der Savery-Pumpen. Sie bewährt sich im tiefsten Kohlenbergwerk des Warwickshire, wird auch in zahlreichen anderen aufgestellt und Katharina II von Rußland läßt mit einer Newcomen-Maschine das Kronstädter Trockendock leerpumpen. In London wird 1720 die „Gesellschaft zur Verwendung des Feuers zum Wasserheben" gegründet,

die erste Dampfmaschinen-Verkaufsgesellschaft der Welt.

Diese weiß, daß es vor allem auf den Bergwerksbesitzer-Nachwuchs ankommt, damit auf deren Lehrer, dadurch wieder auf die Physik-Professoren und so schenkt sie englischen Universitäten funktionsfähige Modelle der Newcomen-Maschine. Das verändert die Welt. Denn an solch einem Modell erkennt James Watt die Konstruktionsfehler Newcomens, lernt, wie eine brauchbare Dampfmaschine wirken muß.

Watt entstammt einer der angesehensten Familien Schottlands. Er wird 1736 als viertes Kind eines Reeders, Schiffbauers und Großkaufmanns in Greenock am Clyde, nicht weit von Glasgow, geboren. Aber den Vater ruinieren unglückliche Spekulationen, er muß Watt aus dem Gymnasium nehmen und zu einem Mechaniker in die Lehre geben. Dieser kann selbst so wenig, daß Watt als Neunzehnjähriger nach London reitet (damals eine Reise von 12 Tagen), um Lehrling des berühmten Instrumentenmachers John Morgan zu werden. Der verlangt zwar ein horrendes Lehrgeld, aber das bringt die Familie schließlich auf. Watt wird ein hervorragender Mechaniker, lernt auch das scheinbar unwichtigste Schräubchen vollkommen herzustellen, darüber aber nie die Funktion des Instruments zu vergessen.

Nach seiner Heimkehr will Watt 1756 in Glasgow eine eigene Instrumentenmacher-Werkstatt eröffnen. Das verbietet ihm die Zunft, weil er seine Lehre nicht in Schottland gemacht hat. Durch einen Freund der Familie, den berühmten Chemiker Joseph Black, damals Professor der Universität Glasgow, wird er deren Instrumentenmacher und erhält eine Kellerwerkstatt. Er verdient fast nichts, aber er darf die Bibliothek benutzen und Vorlesungen hören, hat reichlich Zeit und lernt zu Latein und Griechisch, die er seit seiner Gymnasialzeit kennt, Deutsch, Französisch und Italienisch hinzu. Sehr viel technische Literatur gibt es damals nicht. Aber die es gibt, kennt Watt, und das macht ihn nicht nur zum interessanten Gesprächspartner Black's, sondern zum Beispiel auch des Edinburgher Physik-Professors und Mathematikers John Robinson, der Rußland und Amerika bereist hat und ihm politische und weltwirtschaftliche Zusammenhänge klarmacht.

1762 wird bei einer Vorlesung das Modell der Newcomen-Maschine beschädigt, das die Universität Glasgow besitzt, Watt soll es reparieren. Er hat sich bereits seit drei Jahren mit den Problemen der Dampfkraft-Nutzung beschäftigt, denn er findet es grotesk, daß man

die Vergeudung von 99,75 Prozent des Energiegehalts der Kohle

hinnimmt. An dem Modell erkennt er, wieso der Wirkungsgrad der Newcomen-Maschine derart gering ist: Nicht nur Kessel- und Zylinder-Größe stimmen nicht. Auch in nur einem Zylinder den Dampf sich zugleich ausdehnen und kondensieren zu lassen, ist unsinnig, denn Dampf muß, um Arbeit zu leisten, möglichst heiß sein, der Kondensationsraum aber möglichst kalt. Aber wie groß müssen Kessel und Zylinder sein? Wieviel Dampf gibt ein Liter Wasser bei welchem Druck und welcher Temperatur? Savery und Newcomen haben das nicht gewußt, und scheinbar niemand weiß es. Watt findet wichtige Zahlen in Papin's französischem Buch des Jahres 1707. Aber er lebt zwei Generationen vor Sadi Carnot, dem ersten großen Theoretiker der Wärmekraft-Maschinen *(→ 31. Mai 1842)*, muß noch sehr viel selbst herausfinden. Er sieht an dem Newcomen-Modell, daß die Wärme-Verluste durch ungenaues Arbeiten eine der Ursachen des geringen Wirkungsgrades sind.

Frucht der Beobachtungen und Überlegungen Watt's ist eine Versuchsmaschine, die aus dem Jahr 1765 stammt und heute der größte Schatz des Londoner Science-Museums ist. Die erste Bestellung auf eine Dampfmaschine erhält Watt jedoch erst 1775. Diese zehn Jahre Entwicklungsarbeit kosten mehr als 50 000 Pfund, mehr als eine Million Goldmark und in heutiger Kaufkraft mindestens 30 Millionen DM. Ideen und Erfindungen allein genügen nie, stets muß sich zu ihrer Durchsetzung auch das nötige Kapital finden, muß es zum

Zusammenwirken von Forschern und Erfindern mit phantasiebegabten und risikobereiten Unternehmern

kommen. Schon Watt's Prototyp in Gang zu bringen, hat 1000 Pfund gekostet. Die hat er sich zu Wucherzinzen geliehen, und nur Dr. John Roebuck rettet ihn vor dem Schuldgefängnis. Ihn hat er durch John Black kennengelernt. Roebuck ist persönlich an rationell arbeitenden Dampf-Pumpen interessiert, weil er einer der größten Koksverbraucher Englands ist. Er hat in Edinburgh und Leyden Medizin studiert und in Birmingham eine Arzt-Praxis eröffnet. Aber er hat auch ein sehr großes Vermögen geerbt, ist an Wollwebereien und Hüttenwerken beteiligt. In Schottland gibt es hervorragende Wolle und auch ausgezeichneten Flachs. Aber die Sonne zum Bleichen der Gewebe ist hier rar und das damals einzige Bleichmittel, die Pottasche, wird immer teurer und immer schwieriger aufzutreiben, nicht anders als die Holzkohle, weil Englands Wälder am Verschwinden sind. Deshalb sucht Roebuck andere Bleichmittel zu finden als die drei Kilogramm kohlensauren Kaliums, die den wirksamen Bestandteil der Holzasche bilden und durch das Verbrennen von 1000 kg Buchen- oder 2000 kg Eichenholz gewonnen werden. Er erfindet das „Schwefeln", das Behandeln der Gewebe mit verdünnter schwefeliger Säure, und baut 1746 die ersten Bleikammern, in denen ein Gemisch von Schwefel und Salpeter verbrennt, deren Gase er in Wasser leitet. Roebuck schafft damit eine der Aufstiegs-Voraussetzungen der Textilindustrie — damit der „Industriellen Revolution". Ebenso trägt er entscheidend zur Weltgeltung der englischen Hüttenindustrie bei, indem er erstmals die Kohlenasche analysiert, feststellt, welche Kohlesorten den besten Koks liefern. Er gründet 1760 am Carron-Fluß im Stirlingshire ein Eisenwerk, das Gußeisen von bisher unerreichter Qualität erzeugt und dessen Schiffsgeschütze, die „Carronaden", weltberühmt werden.

Nur bringen Roebuck's Pionier-Taten lange zu wenig ein. Die Entwicklung der Watt'schen Dampfmaschine erweist sich als ungleich kostspieliger als erwartet und so muß Roebuck 1772 seinen Konkurs anmelden. Aber zu seinen Gläubigern gehört Matthew Boulton, der Watt durch einen gemeinsamen Freund kennengelernt hat. Boulton erläßt Roebuck seine Schuld von 1200 Pfund und nimmt dafür sozusagen Watt in Zahlung, übernimmt die Rechte und Pflichten Roebucks gegenüber dem Erfinder. Boulton ist

der größte Industrielle seiner Zeit,

aber auch ein überaus gebildeter Mann, verbindet Weitblick mit nüchternem Realismus, ist ein hervorragender Geschäftsmann und ein Propaganda-Genie. Er ergänzt Watt ideal. In den von seinem Vater geerbten „Soho Engineering Works" stellt Boulton über hundert Export-Artikel her und macht sie zum größten Metallverarbeitungs-Betrieb Englands, gründet aber auch die erste Berufsschule des Königreichs und trägt entscheidend dazu bei, daß Birmingham ein Weltbegriff für Qualitätserzeugnisse wird.

Durch Boulton kann Watt eine Maschine bauen, für die er am 29. April 1769 das Patent No. 913 erhält,

eines der wirkungsreichsten aller je erteilten Patente.

Boulton sorgt dafür, daß die Geltungsdauer dieses Patentes bis zum Jahr 1800 verlängert wird, denn es dauert schließlich bis 1782, ehe aus der Hub- die Drehbewegung der Dampfmaschine wird, und nur diese macht sie für den Fabriksbetrieb brauchbar. Die Kosten drohen auch für Boulton untragbar zu werden, aber der hält zäh an seinem Entschluß fest: „to sell, what all the world desires to have — power!" („zu verkaufen, was alle Welt sich wünscht — Kraft!"), wobei im Englischen „power" sowohl „Macht" wie „Kraft" bedeutet.

Hätte sich Watt ohne Roebuck und Boulton nie durchgesetzt, so ist an seinem Erfolg aber auch entscheidend der Eisengießer John Wilkinson aus Bersham beteiligt. Nicht nur, weil er Watts erster Kunde ist, bei ihm 1775 eine 50-PS-Maschine bestellt, sondern weil Wilkinson die zehn Jahre zuvor von John Smeaton erfundene Zylinder-Bohrmaschine derart verbessert, daß ein Mindestmaß von Genauigkeit erzielbar wird. Durch seine Dampfmaschine und die durch ihn entwickelten Werkzeugmaschinen besitzt Wilkinson (der 1787 auch als erster eiserne Schiffe baut)

die erste Fabrik der Welt, die Maschinen benutzt, um Maschinen herzustellen.

Er rüstet auch die 1775 von Boulton & Watt in Soho bei Birmingham gegründete erste aller Dampfmaschinen-Fabriken aus. Watts Mitarbeiter William Murdock verbessert die Zylinder-Bohrmaschine weiter, aber noch 1799 dauert das Ausbohren eines Dampfzylinders von 65 Zoll 27 ½ Tage.

Was Watt's Maschine zum Ziel verhilft, ist, daß sie mit vier kg Kohle pro PS-Stunde auskommt statt der 30 der Savery-Pumpen und der 16 kg der Newcomen-Maschinen. Zwar bedeutet auch das nur einen Wirkungsgrad von zwei Prozent, aber Watts Maschine ist einfach und betriebssicher, und da sie mit nur geringem Überdruck arbeitet, ist sie auch gefahrlos. Binnen einer einzigen Generation, 1775 bis 1810, werden in England rund

fünftausend Dampfmaschinen, die so viel leisten wie sechs Millionen Muskelarbeiter,

aufgestellt, während damals in England und Wales insgesamt 10 Millionen Menschen leben. Frankreich hat fast dreimal so viele Einwohner. Dennoch besitzt Napoleon I im Kampf gegen England keine Chance: Leisten Englands Dampfmaschinen 1810 rund 300 000 PS, so die knapp 200 Frankreichs bestenfalls 10 000, kommen die nur 200 000 Muskelarbeitern gleich. Bereits damals kommt es auf die Maschinenkräfte an *(→ 1887),* wenn es um Sieg oder Niederlage geht.

Wodurch die Dampfmaschine die Welt verändert,

ist aber nicht ihre Tier und Mensch weit überlegene Kraft, sondern weil sie den Energiegehalt der Kohle in Arbeit umsetzt, in Jahrmillionen gespeicherte Sonnenenergie. Erstmals in der Menschheits-Geschichte kann das Energie-Kapital der Erde genutzt und damit das Tempo wie das Ausmaß der Naturkräfte-Nutzung revolutionär gesteigert werden. Bis zu Watt's Erfolg unterliegen Erzeugung und Verbrauch biologischen Gesetzen, sind sie aneinandergekettet und können nicht unabhängig voneinander erhöht werden. Jeder zusätzliche Arbeiter und jedes zusätzliche Lasttier bedeutet zusätzliche Esser. Auch Sklaven kann man nicht verhungern und erfrieren lassen. So bleibt jahrtausendelang die Kapitalbildung, das Ansammeln gespeicherter Arbeitskraft, gering. Nun aber wird Arbeitsleistung gewonnen und die Erzeugung vervielfacht, ohne gleichzeitig die Zahl der Verbraucher zu steigern, das „Brot“ der Maschinen bildet die Kohle.

Die Differenz zwischen Aufwand und Ertrag vervielfacht sich.

Diese Differenz kann neu investiert werden. Das macht die Industrieländer reich und hält bis heute die nicht über genügend „Eiserne Sklaven“ verfügenden Länder arm.

Schon damit hat die Dampfmaschine die Welt verändert. Aber die Nutzung der in der Kohle gespeicherten Arbeitskraft allein führt noch nicht zur „Maschinenwelt“.

Die „Industrielle Revolution“ ist das Produkt von Wechselbefruchtungen und Wechselwirkungen,

die in ihrer Art bisher einmalig blieben. Watt's Maschine ist vorerst ein praktisch auf den Kohlebergbau beschränkter Pumpen-Antrieb, er steigert die Kohleförderung. Die Dampfmaschinen selber werden wichtige Kohleverbraucher, aber sie sind kein nennenswerter Exportartikel und erhöhen auch die Binnen-Kaufkraft nicht wesentlich. Nie hätte der Bergbau allein den Verkauf von 5000 Dampfmaschinen binnen einer Generation ermöglicht. Aber im gleichen Jahr 1769, in dem Watt sein Patent erhält, erhält auch Richard Arkwright sein Privileg für seinen mechanischen Spinnstuhl und dieses Zusammentreffen verändert die Welt.

Fasern durch Zusammendrehen in einen haltbaren Faden zu verwandeln, gehört zu den ältesten menschlichen Tätigkeiten *(→ um 3800 v. Chr.)*. Dazu dient jahrtausendelang die Handspindel. Leistungsfähiger sind Spinnräder, die aus Indien stammen und seit dem 13. Jahrhundert auch in Europa verwendet werden. Aber jedes Spinnrad erfordert eine Spinnerin, wie jeder Webstuhl eine Weberin oder einen Weber verlangt. Zu Garn-Mangel kommt es, als John Kay 1733 den „Schnell-Schützen“ erfindet, der die Leistung der Weber verdoppelt. Zahlreiche Erfinder versuchen nun, aus dem Spinnrad eine Spinn-Maschine zu machen, die Spindelzahl ohne Vervielfachung der Spinnerinnen zu vervielfachen. Garn-Mangel tritt auch durch den Rückgang der Schafhaltung ein. Schließlich drängt der Zwang, mehr und mehr Wolle durch Baumwolle zu ersetzen, zu einer Textil-Revolution, aber die Erfinder haben nicht nur technische Schwierigkeiten zu überwinden, verschiedene Prototypen werden auch von Hand-Spinnern zerstört, die um ihr Brot fürchten. Erfolg hat so erst der Barbier Richard Arkwright aus Preston im Lancashire. Er hat den Narren gespielt, der ein Perpetuum mobile bauen will, seine wahre Absicht selbst der eigenen Frau verheimlicht. Er hat sich mit zwei einflußreichen Bankiers, den Brüdern Wright in Nottingham, verbündet, die in Amerika Baumwoll-Plantagen besitzen, und 1769 erhält er sein Patent auf einen „Apparat, der mit Rollen versehen, aus Rohbaumwolle feine, starke Fäden spinnt“. Vier Jahre später eröffnet er ganz im stillen in Cromford im Derbyshire

die erste mechanische Spinnerei der Welt,

deren 3000 Spindeln von einem Wasserrad und zwei Pferde-Göpeln betrieben werden. Arkwright hat durch Woll-Mangel arbeitslos gewordene Wollspinner „umgeschult“, erfindet nicht nur die erste brauchbare Spinnmaschine, sondern auch den Stundenlohn. Schließlich stellt er so hervorragende Baumwollwaren her, daß er angeklagt wird, sie aus Indien einzuschmuggeln. Bereits 1776 bestellt Arkwright zwei Dampfmaschinen bei Watt, die, wie erwähnt, noch keine Drehbewegung ausführen. Sie pumpen Brunnenwasser in einen kleinen Stausee, der sechs zusätzliche Wasserräder versorgt. Natürlich ist das nur ein Notbehelf und Arkwright liegt Watt und vor allem Boulton ständig in den Ohren, Maschinen mit Drehbewegung zu bauen, reist dazu vierzehnmal nach Soho. 1783 erhält er die erste doppeltwirkende Rotations-Dampfmaschine und installiert sie in seiner neuen Fabrik in Nottingham, die elfmal größer als seine 1779 von Maschinenstürmern zerstörte in Birkacre ist.

Arkwright hat es auch sonst nicht leicht gehabt: Sein Patent wird angefochten und 1785 vom Parlament „im Interesse des Volkswohls" aufgehoben. Aber im Jahr darauf erhält er den Titel „Sir". Als er 1792 stirbt, ist dieses 13. Kind eines Taglöhners Königlicher Richter und Multi-Millionär. Arkwright hat den

Übergang vom Handwerk zum Fabrikwesen

ausgelöst, der allein die Firma Boulton & Watt dauernd lebensfähig macht. Sie liefert schon 1775 bis 1800 an die Textilindustrie 114 ihrer Maschinen, und die 206 Maschinen, die der Bergbau kauft, werden gebraucht, weil Kohle und Eisen sich gegenseitig hochtreiben, die Industrialisierung mehr und mehr Eisen, dieses wiederum mehr und mehr Koks erfordert. Vor allem aber: Erst durch Arkwright besitzt England einen

Massen-Exportartikel, der die „Industrielle Revolution" finanziert

und Englands Aufstieg zur Welthandels-Macht ermöglicht. Einen Aufstieg, der dadurch gesichert wird, daß nur Maschinen-Produkte, nicht aber die Maschinen selbst exportiert werden. Bis 1843 bleibt deren Ausfuhr verboten.

Zu Arkwrights mechanischem Spinnstuhl tritt 1786 folgerichtig der mechanische Webstuhl des Pfarrers Edmund Cartwright. Das Zusammenwirken von Dampf und Kattun hat natürlich nicht nur wirtschaftliche Folgen. In seiner „Geschichte Englands im 18. Jahrhundert" sagt der berühmte britische Historiker E. H. Lecky: „Die wichtigste und augenscheinlichste Tatsache ist wohl die, daß der siegreiche Ausgang des französischen Krieges weitgehend dem Baumwoll-Spinnstuhl und der Dampfmaschine zu verdanken ist. England könnte ruhig die Standbilder von Watt und Arkwright an die Seite derjenigen von Wellington und Nelson setzen, denn ohne den von ihnen geschaffenen Reichtum hätte es die Gelder für die Kriegführung nie aufgebracht . . .".

Nun wäre natürlich die „Industrielle Revolution" auf England beschränkt geblieben ohne

die „Versandfähigkeit" der Dampfkraft,

ohne das Zusammenwirken der Produktions- und der Transportmittel-Verbesserung. Zu den Auslösern dieser nach der „Neolithischen Revolution" größten Umwälzung in der bisherigen Menschheitsgeschichte gehört auch Richard Trevithick *(→ 1802)*, der erstmals Hochdruck-Dampfmaschinen baut, die man auf Räder setzen kann, gehören der Maler Robert Fulton *(→ 17. August 1807)*, der das erste brauchbare Dampfschiff baut, und George Stephenson *(→ 1825)*, durch den die Dampf-Eisenbahn zum Massen-Transportmittel wird. Die Eisenbahnen sind zudem nicht nur unmittelbar Großabnehmer für Kohle, jeder Kilometer Gleis erfordert etwa 100 Tonnen Eisen oder Stahl, somit Koks. Durch Englands Eisenbahnen steigt Englands Roheisenerzeugung 1810 bis 1860 von etwa 350 000 auf 4 Millionen Tonnen, nimmt im gleichen Zeitraum die Kohleförderung von 10,3 auf 85 Millionen Tonnen zu. Abnehmer der Kohle sind nicht nur Fabriken und

Eisenbahnen sowie Hüttenwerke, sondern auch die „Gasanstalten", die es dank der Bevölkerungs- und Wohlstands-Zunahme Watts Mitarbeiter William Murdock ermöglichen, die Gasbeleuchtung durchzusetzen *(→ 1792 bis 1814).*

Der Welt-Bestand an Dampfmaschinen

wird erstmals für das Jahr 1840 angegeben (von Mulhall in seinem 1899 in London erschienenen „Dictionary of Statistics"). Damals beträgt ihre Leistung insgesamt 1,65 Millionen PS, davon entfallen 830 000 auf stationäre Dampfmaschinen, 490 000 auf Lokomotiven, 330 000 auf Schiffs-Dampfmaschinen. Nur etwa die Hälfte der Gesamtleistung entfällt also auf die Industrie, fast ebensoviel auf das Verkehrs- und Transportwesen.

Die meisten Dampfmaschinen Europas besitzt 1840 England mit 620 000 PS, in weitem Abstand folgen Frankreich mit 90 000, Belgien und Deutschland mit je 40 000 PS. Die meisten Dampfmaschinen überhaupt aber haben nun bereits die Vereinigten Staaten, auf die mit 760 000 PS 46 Prozent aller Dampfkraft entfallen gegen nunmehr 37,6 Prozent Englands. Und nicht nur, weil die USA weit größer sind, sondern weil Richard Arkwright auch den

Weltmarkt für die amerikanische Baumwolle

geschaffen hat, durch die britische Baumwollindustrie die USA ihren ersten Massen-Exportartikel erhalten haben und mit den rapide steigenden Baumwoll-Erlösen weitgehend ihre Industrialisierung finanzieren: 1790 bis 1890 steigt Englands Baumwoll-Einfuhr auf das Siebentausendfache. Nur Baumwolle kann den durch die Industrialisierung entstehenden Massen-Bedarf an billigen Kleidern decken, und so überflügelt die Baumwolle, die bis zum Industrie-Zeitalter keine nennenswerte Rolle gespielt hat, Wolle und Flachs, steigt ihr Anteil am Welt-Gesamt-Faserverbrauch 1793 bis 1913 von 4 auf 84 Prozent. Führen die Vereinigten Staaten 1793 noch Baumwolle (aus Westindien) ein, so sind sie eine Generation später der größte Exporteur der Welt. Was allerdings nur durch eine weitere Erfindung möglich geworden ist,

die mechanische Baumwoll-Entkernung

durch Eli Whitney im Jahr 1794. Denn nur sie macht die Baumwolle zum Massenartikel, ermöglicht die Deckung zuerst des englischen und bald auch des Welt-Faserbedarfes.

Die Baumwollzone der Vereinigten Staaten ist 2300 Kilometer lang und 800 Kilometer breit. Die erste Baumwollsaat ist bereits 1621 eingeführt worden, aber die erste erfolgreiche Ernte gibt es 1790. Sie beträgt 4000 Ballen zu je 500 Pfund, das heißt rund 870 Tonnen. Aber nicht nur das Klima und die Qualität des Bodens beschränken den Baumwollanbau, sondern auch die verfügbaren Arbeitskräfte zum Entkernen. Die Fasern der im Süden der USA am besten gedeihenden Sorte haften so fest an den Samen, daß in zehn Stunden harter Handarbeit nur ein Pfund zu gewinnen ist. Dazu ist selbst Sklavenarbeit zu teuer.

In Westboro in Massachusetts gibt es jedoch einen Bauern, der sich nebenbei als Hufschmied betätigt, eine englische Drehbank kauft und vom Schmied zum Mechaniker wird. Dessen Sohn und Helfer erfindet schon als Neunzehnjähriger eine Maschine, die pro Stunde 90 Nägel erzeugt, während mit Amboß und Hammer nur 60 pro Tag zustandegebracht werden. Er verdient als einziger Hutnadel-Fabrikant der USA genug Geld, um die Universität Yale besuchen zu können, lernt durch Zufall die Witwe eines Revolutions-Generals kennen, die bei Savannah eine große Plantage besitzt und die ihn von der Notwendigkeit überzeugt, die Baumwoll-Entkernung zu mechanisieren. Whitney analysiert den Entkernungs-Vorgang, sucht nicht die Handbewegungen der Neger nachzuahmen, sondern findet ein Prinzip, das auch heute noch allen Entkernungs-Maschinen zugrundeliegt. Präsident George Washington persönlich unterzeichnet 1794 das Patent, das Whitneys Erfindung schützt.

Diese ist für den Süden der USA derart wichtig, daß niemand sich um die Rechte Whitneys kümmert. Er selbst wird nicht reich, wohl aber die USA: 1790 bis 1810 steigen deren Baumwoll-Ernten auf das Zwanzigfache. 1830 beträgt die Ernte eine Million Tonnen, bei Ausbruch des Sezessionskrieges 3,85 Millionen Tonnen. Ist alle Baumwolle der Vereinigten Staaten 1790 wenig mehr als eine halbe Million Dollar wert, so nun mehr als 400 Millionen, obwohl der Baumwollpreis im gleichen Zeitraum auf ein Drittel gesunken ist. Der Anteil der Vereinigten Staaten an den Welt-Baumwollernten steigt 1790 bis 1860 von 0,4 auf 80 Prozent, Baumwolle ist nun der weitaus bedeutendste all ihrer Exportartikel, bringt mehr als sechs Zehntel des gesamten Exporterlöses ein.

Das verschärft allerdings auch den Nord-Süd-Gegensatz derartig, daß es zum amerikanischen Bürgerkrieg kommt. Dieser wirkt sich verheerend auf das Lancashire aus und macht die Baumwollarbeiter in Frankreich und Deutschland arbeitslos. Denn nur die amerikanische Baumwolle hat die Verzehnfachung der Zahl englischer Baumwoll-Spinnereien innerhalb eines halben Jahrhunderts ermöglicht. Bereits 1835 gibt es 1236, die über 63 000 PS Dampfkraft (plus 19 000 PS Wasserkraft) verfügen, dennoch aber auch 220 000 Arbeiter beschäftigen.

Allerdings sehr schlecht bezahlte Arbeiter. Nicht mehr derart verelendete Arbeiter wie die der ersten Jahre der Umstellung von der Hand- auf die Maschinenarbeit, aber noch immer Leute, die für sich und ihre Familien knapp das Existenz-Minimum verdienen. Die „Industrielle Revolution" bedeutet einen immensen Investitions-Bedarf, keineswegs nur Fabriken müssen ja gebaut werden, ebenso Eisenbahnen und Häfen, Straßen und Kanäle und alles, was die Verdoppelung der Bevölkerung binnen einer einzigen Generation erfordert. Denn mit dem Wegfall der Produktions-Bremse ist ja auch ein Regulator der Bevölkerungs-Zunahme weggefallen *(→ 1789)*. Bei den schlechten Löhnen bleibt es nicht. Und zwar, weil

die „Industrielle Revolution" die erste und bisher einzige echte Revolution ist,

nicht nur eine Machthaber-Auswechslung bedeutet wie die Französische oder die Russische, sondern zu sozialem Denken zwingt. Jahrtausendelang können die Handwerker ihr Werkzeug selbst herstellen oder selbst verdienen. Sie wohnen meist im eigenen Haus, sind oft auch für ihre Ernährung Selbstversorger. Die Dampfmaschine und Fabrikbetriebe zwingen zur Aufnahme von Fremdkapital, das Zinsen kostet. Zinsen sind Fixkosten. Ebenso Versicherungsprämien, Pensionsverpflichtungen usw. Der technische Fortschritt läßt den Kapitalbedarf rapide steigen. Heute sind die Fixkosten oft höher als die Lohnkosten. Und das bedeutet:

Es muß produziert werden. Und das wiederum bedeutet, Kaufkraft muß geschaffen werden.

Durch die Nutzung gespeicherter Energie sind Produktion und Verbrauch nicht länger aneinandergekettet, das heißt die Produktion nicht länger durch die Menschenzahl beschränkt. Aber nun ist die Produktion vom Verbrauch abhängig und so erstmals in der Menschheitsgeschichte nicht nur Sklaverei unrentabel, sondern

Ausbeutung in jeder Form kontra-produktiv,

in einer Maschinen-Welt völlig „überholt" *(→ 31. Dezember 1879, Ford-Lohn-Vervielfachung).* Ganz abgesehen davon, daß in einer Welt, in der schon die fixen Kosten und nicht nur das Gewinn-Streben zum Produzieren zwingen, nicht länger die Produktionsmittel-Besitzer die wahre Macht haben, sondern die Produktionsmittel-Bediener. Die fixen Kosten, die weiterlaufen, gleich ob gearbeitet wird oder nicht gearbeitet wird, sind heute, wo Arbeitsplätze, die jeder eine oder zwei Millionen DM kosten, nicht mehr selten sind, derart hoch, daß auch finanzstarke Unternehmen langdauernde Streiks vermeiden müssen. Mit Watt und Arkwright, Trevithick und Whitney ist eine wahrhaft neue Welt entstanden. Und nicht eine Welt der Ausbeuter, wie das Karl Marx behauptet hat und noch heute behauptet wird, sondern eine ungleich humanere Welt als die der „sanften" Energien. Zugleich eine Welt, geschaffen durch den Zwang der Notwendigkeit, unsere Lebensmöglichkeiten durch Forschen und Erfinden immer wieder neu dem Bevölkerungswachstum anzupassen.

1782

Obwohl Edelsteine seit vielen Jahrtausenden begehrt sind, auch Naturwunder wie der Bergkristall gesammelt werden und es schließlich umfassende Mineralien-Sammlungen gibt, so kommt es zur

Begründung der wissenschaftlichen Kristallkunde

erst zu Ende des 18. Jahrhunderts. Der in einem entlegenen Dorf des Departements Oise als Sohn eines armen Webers 1743 geborene René Just Hauy ist ein so eifriger Chorsänger, daß der Pfarrer ihm einen Freiplatz am Collège de Navarre in Paris verschafft. Dort ist er ein so hervorragender Schüler, daß man ihn nach dem Abitur gleich als Physik-Lehrer behält. Hauy ist 22 Jahre alt, als sein Physik-Lehrbuch die damaligen Größen der französischen Naturwissenschaft auf ihn aufmerksam macht und Louis Marie Daubenton ihm einen Posten am Pariser Musée Naturelle anbietet.

Dieses Naturkunde-Museum besitzt eine hervorragende Mineralien-Sammlung. Hier gibt es Riesen-Morione, schwarze Bergkristalle, die mehr als 100 kg und Kristalle, die nur Bruchteile eines Grammes wiegen. „Kristall" ist vom griechischen „krystallos" = „Eis" abgeleitet. Wie Wasser beim Festwerden Kristalle bildet, so auch alle Stoffe. Von deren Kristall-Struktur hängen ihre physikalischen Eigenschaften ab, die Veränderung dieser Struktur führt zum Beispiel zur „Metall-Ermüdung", kann das Einstürzen von Brücken oder Flugzeug-Katastrophen auslösen. Die diese Strukturen bildenden Kristalle sind nur mit Elektronen-Mikroskopen zu sehen, aber auch die mit freiem Auge sichtbaren sind unendlich vielfältig. Es gibt sie in unzähligen Farben und Formen, Kristalle, die nur eine Fläche haben und andere mit 48 Flächen. Hauy erkennt 1780: Die Bildekraft, die sich in den Kristallen äußert, ist einmalig in der Natur. Nur hier gibt es strenglinige Geraden und völlig ebenmäßige Flächen, herrschen die Gesetze der Geometrie.

In seinem 1784 erschienenen Hauptwerk „Essai d'une théorie sur la structure des cristaux" stellt Hauy das Grundgesetz der Rationalität der Kristallachsenschnitte und der Symmetrie auf, weist er die Konstanz der Spaltform jedes kristallisierten Stoffes nach. Hier findet sich auch bereits die Molekular-Theorie des Kristallbaus, schon 1782 hat Hauy durch Härteprüfung des Doppelspalts auch

eine neue Energieform, die Piezo-Elektrizität

entdeckt. „Piezein" heißt griechisch „drücken", und durch Druck werden verschiedene Kristalle elektrisch geladen, Quarz, Turmalin usw. auch durch Zug. Kristalle haben nicht nur eine optische, sondern auch verschiedene elektrische Achsen.

Hauy selbst nutzt seine Entdeckung nur zur Konstruktion eines einfachen, sehr empfindlichen Elektroskops. Aber auf der Piezo-Elektrizität beruht die gesamte Ultraschall-Technik wie die Quarzuhr oder die Quarz-Oszillatoren, die heute die Einhaltung der Rundfunk-Frequenzen ermöglichen. Die Piezo-Elektrizität liefert die Funken unzähliger Gas-Anzünder, sie wirkt in Tonabnehmern und Mikrophonen, ermöglicht die Übertragung tausender Telefongespräche durch die gleiche Glasfaser. Und ohne die von Hauy begründete wissenschaftliche Kristallographie ist die Halbleiter-Technik undenkbar, Transistoren und Solarzellen *(→ 1955)* so wenig wie Thyristoren, mit deren Hilfe heute Gleichstrom von eineinhalb Millionen Volt Spannung über Tausende Kilometer übertragen wird *(→ 1895)* und die Elektrochemie Strom von Hunderttausenden Ampere erhält. Nur wenige Fachleute kennen heute noch den Namen Hauy. Doch nur wenn dank der Hilfe Wohlwollender immer wieder „aus der großen Masse" Leute wie er zu Begründern langer Leistungsketten werden können, ist unsere Zivilisation und Kultur zu erhalten.

1783 — 15.Oktober

Ob sie wirklich gelebt haben, ist nicht mehr festzustellen, jedenfalls aber ist aus dem zweiten vorchristlichen Jahrtausend die Geschichte des Erfinders Daidalos (griechisch = „der Kunstreiche“) und seines Sohnes Ikaros überliefert. Der Athener Daidalos hat König Minos auf Kreta einen Palast und das Labyrinth erbaut, ist durch eine Intrige ins Gefängnis geraten und mit Hilfe von Flügeln entflohen. Sein Sohn Ikaros verbessert diese, erhebt sich hoch in die Lüfte, kommt aus Übermut der Sonne zu nahe und das Wachs, das die Flügelfedern zusammenhält, schmilzt, Ikaros stürzt ins Meer, ein Opfer der Hybris, der frevlerischen Vermessenheit.

Die uralte menschliche Sehnsucht, zu fliegen wie die Vögel, spornt weiter unzählige Erfinder an. Schließlich erkennt Joseph-Michel Montgolfier: Den Vogelflug nachahmen zu wollen, ist unsinnig. Der Kraft, die uns am Boden festhält, muß eine stärkere und eine die Menschenkraft weit übersteigende entgegengesetzt werden. Das gelingt ihm durch

die erste Erzeugung von Auftrieb,

nicht nur dessen Nutzung, wie es seit mindestens 7250 v. Chr. durch die Schiffahrt geschieht. Montgolfier erkennt, daß sich diese der Schwerkraft entgegenwirkende Kraft wie im Wasser auch in der Atmosphäre auswirkt, daß warme (leichtere) Luft in kalter (schwererer) Luft aufsteigt und nutzt das Feuer, um warme Luft zu machen. Erst damit lernt der Mensch fliegen.

In Vidalon-les-Annonay in Südfrankreich 1740 als Sohn eines Papierfabrikanten geboren, ist Montgolfier ein schlechter Schüler und schlechter Kaufmann, aber durch Selbststudium ein guter Naturwissenschaftler. Er kennt Joseph Priestleys 1777 erschienene Schrift über die Eigenschaften der Luft, die „Observations on different kinds of air“, und ist selbst ein guter Beobachter. Er sieht, wie sich ein über dem Herdfeuer trocknendes Hemd aufbläht und macht Versuche mit rauchgefüllten Papiersäcken. Sein Bruder Jacques Etienne-Stephane hilft ihm, einen zimmergroßen Sack aus Taftseide zu machen, mit Papier auszufüttern und mit einem Hanfnetz zu überspannen. Unten offen, wird der große Sack an einem Gestell aufgehängt und darunter ein Strohfeuer gemacht. Die warme Luft bläht ihn auf und hebt ihn in die kalte Luft.

Ob das

der erste Luftballon der Welt

gewesen ist, wird angezweifelt, denn einen Ballon aus einem papierüberzogenen Weidengeflecht soll der Pater Bartholomeo Laurenco de Gusmao bereits 1709 in Lissabon gebaut haben. Erfolg haben jedenfalls erst die Brüder Montgolfier, die ihren Ballon am 5. Juni 1783 den Stadtvätern von Annonay vorführen, der „majestätisch in den Wolken verschwindet“. Das Experiment wird nach Paris gemeldet und der König lädt die Montgolfiers zu einer Vorführung in der Hauptstadt ein. Diese erfolgt am 12. September 1783. Der Wind treibt den Ballon 15 Kilometer weit zum Dorf Gonesse, wo er Schrecken verbreitet und schließlich „wie ein schwer atmendes Ungeheuer“ auf dem Boden zu liegen kommt. Die Bauern beschießen ihn, zerschlagen ihn mit Dreschflegeln und binden ihn an den Schweif eines Pferdes, das mit ihm über die Felder jagt, bis er zerfetzt ist. Die Regierung klärt am Tag darauf das Volk auf: „Es ist gelungen, einen Ballon herzustellen, der in den Himmel fliegen kann. Man wird das Experiment des öfteren wiederholen . . . und jedermann, der solch einen Globus in der Luft sieht, soll begreifen, daß es kein Unhold ist, sondern eine Konstruktion aus Taft und Papier, die keinerlei Schaden anrichtet und bald dem Nutzen der menschlichen Gesellschaft dienlich sein wird“.

Dienlich wozu? Am 19. September 1783 lassen die Brüder Montgolfier einen Ballon aufsteigen, der einen Käfig mit einem Hammel, einem Huhn und einer Ente 450 Meter hoch in die Luft trägt. Es ist ein „Fessel-Ballon“, er wird an seinem Halteseil zum Boden zurückgeholt — und das Schaf frißt friedlich Gras. Am 15. Oktober 1783 steigt als erster Mensch der Naturforscher Pilâtre de Rozier mit einer am Fesselseil gehaltenen „Montgolfiere“ auf, damit ist

erstmals durch menschliche Erfindungskraft der Mensch nicht länger erdgebunden.

Am 21. November vertrauen sich einem etwa 2800 Kubikmeter Warmluft fassenden Ballon Rozier und der Marquis d’Arlandes ohne Halteseil an, gelingt der erste Passagier-Flug im Freiballon.

Das Volk jubelt. Aber natürlich gibt es Leute, die fragen: Wozu soll das gut sein? Benjamin Franklin antwortet ihnen: „Wozu ist ein neugeborenes Kind gut? Es kann in der Wiege sterben oder ein Gimpel werden. Aber wer weiß, ob es nicht eine Leuchte seines Zeitalters wird, ein Wohltäter der Menschheit?“ Jedenfalls ist nun die Luft erobert. 1784 wagt der aus Boston stammende Naturforscher John Jeffries mit dem französischen Ballonfahrer Nicolas Blanchard in London den ersten rein wissenschaftlichen Zwecken dienenden Ballonaufstieg, bei dem 2740 Meter Höhe erreicht werden. Er bedeutet den

Beginn der Erforschung der Atmosphäre

und schafft eine der Voraussetzungen der modernen Wetterkunde.

Höhen, wie sie am 31. Juli 1901 die deutschen Ballonfahrer Süring und Berson erreichen — 10 800 Meter — und einen Weltrekord aufstellen, der mehr als 30 Jahre bestehen bleibt, oder die 16 940 Meter Höhe, in die am 18. August 1932 der Schweizer Physiker Auguste Picard gelangt, sind allerdings nicht mit Warmluft, sondern nur mit Gas-Ballons zu erreichen. Aber auch die gibt es bereits seit 1783. Der Physiker Alexandre Charles ersetzt die warme Luft durch den 1766 entdeckten Wasserstoff, und am 1. Dezember dieses Jahres steigt sein Ballon ohne Feuer hoch. Am 7. Januar 1786 fliegen die ersten Menschen mit der „Charlière“ über den Ärmelkanal, wird die erste Luftpost befördert. 1790 organisiert Nicolas Jaques Conté die militärische Verwendung des Luftballons und 1794 wird er zum ersten „Luftwaffen-Chef“ der Welt ernannt. Bei der Belagerung von Venedig durch die Österreicher werfen am 10. August 1849 die Brüder Franz und Josef Uchatius aus zwei Heißluft-Ballons die ersten Luftbomben ab . . .

Da baut aber auch drei Jahre später Henry Giffard einen spindelförmigen Luftballon, der eine 3-PS-Dampfmaschine trägt, eine Luftschraube und eine Steuervorrichtung besitzt und am 24. September 1852 beweist, daß

das Fliegen gegen den Wind

möglich ist. Es ist ein weiter Weg zum „LZ-1", dem lenkbaren Luftschiff des Generals der Kavallerie Graf Ferdinand von Zeppelin, das im Jahr 1900 mit zwei Daimler-Motoren zu fliegen beginnt, aber der Schwerkraft werden nun immer größere Motorkräfte entgegengesetzt. Zu den „Leichter-als-Luft"-Fahrzeugen treten seit dem 17. Dezember 1903 die „Schwerer-als-Luft"-Vorrichtungen, da beginnt die heutige Luftfahrt. Schließlich wird der Schwerkraft nicht nur der Auftrieb, sondern auch der Rückstoß entgegengesetzt, seit dem 4. Oktober 1957 das Schwerefeld der Erde durch Raketen überwunden.

1789

Der aus Wernigerode stammende Apotheker und spätere Berliner Chemie-Professor Martin Heinrich Klaproth, der durch seine exakten Mineral-Analysen auch die Elemente Strontium, Titan, Zer und Zirkon entdeckt, findet 1789 in aus Joachimsthal in Böhmen stammender Pechblende

das neue Element Uranium,

das generationenlang so wenig praktische Verwendbarkeit zu besitzen scheint wie seine übrigen Entdeckungen. Erst 1896 kommt es durch das Uran zur Entdeckung der Radioaktivität, beginnt die Entwicklung, durch die das spaltbare Uran-Isotop U-235 seit 1943 als Kern-Sprengstoff und ab 1954 als Kernbrennstoff weltverändernde Bedeutung erhält.

1792 bis 1814

Daß Kohle nicht nur selbst brennt, sondern durch Erhitzen unter Luftabschluß auch ein brennbares Gas liefert, ist bekannt, seit Dud Dudley 1619 Koks erzeugt und sich 1713 die Kohle-Verkokung durchsetzt. Johann Joachim Becher hat dieses Gas und andere Kohle-Destillationsprodukte bereits 1680 untersucht, aber erst Jan Pieter Minckelaers, Chemie-Professor in Löwen (Louvain) beschreibt 1784

die Kohle-Entgasung

ausführlich und beleuchtet im Jahr darauf mit Kohlegas seinen Hörsaal. Schon im November 1783 soll er einen Leuchtgas-Ballon gestartet haben *(→ 15. Oktober 1783)*. Aber wie sich die elektrische Beleuchtung – und damit die Elektrizität überhaupt – erst durchsetzen kann, als Edison 1882 die öffentliche Stromversorgung begründet, so setzt sich das Kohlegas erst durch, als

Öffentliche „Gasanstalten" und Gasleitungen

es den Verbrauchern ins Haus bringen.

Dazu kommt es 1792 bis 1814 durch William Murdock, einem Schotten, der durch Selbststudium eine hervorragende Allgemeinbildung erworben hat und als Dreiundzwanzigjähriger ein so guter Mechaniker ist, daß er 1777 einen leitenden Posten in der ersten Dampfmaschinen-Fabrik der Welt, bei Boulton & Watt in Soho bei Birmingham, erhält *(→ 1769 bis 1794)*. Nach einem Jahr Tätigkeit als Betriebsingenieur richtet er in Redruth in Cornwall eine Niederlassung der Firma ein, um die Installation von deren Maschinen in den umliegenden Bergwerken zu überwachen. Ansehen erwirbt er sich dabei nicht nur als Techniker, sondern auch als bester Boxer von ganz Südwest-England, denn nur so kann er bei den meisten Bergwerksbesitzern die vereinbarten Anteile an deren Förderung eintreiben.

Ansonsten still und in sich gekehrt, verbessert Murdock die Dampf-Pumpen durch zahlreiche kleine Erfindungen, erfindet aber u. a. auch den Kreisexzenter. 1784 fährt in seinem großen Wohnzimmer ein Modell-Dampfwagen herum, von dem Matthew Boulton bei einem Besuch in Redruth im September 1786 begeistert ist, von dem aber James Watt nichts wissen will, weil der „eine Verzettelung der Kräfte" bedeute und die Firma ja nicht einmal mit der Lieferung ihrer stationären Dampfmaschinen den Bestellungen nachkomme. So baut Murdocks junger Gehilfe Richard Trevithick *(→ 1802)* die ersten Dampfwagen, Lokomotiven und Lokomobile. Murdock stellt weiter Wasserhaltungs-Anlagen auf und ist vor allem nach Watts Tod im Jahr 1819 (und bis 1830) der führende Techniker der Firma. Nur „nebenbei" kann er sich der

Durchsetzung der Kohlegas-Verwendung

widmen. Dazu konstruiert er die ersten brauchbaren Entgasungs-Öfen mit eisernen Retorten, eine Gas-Reinigungsanlage und den ersten brauchbaren Gasbehälter. Murdock beleuchtet 1792 die Werkstätten und sein Wohnhaus in Redruth mit Gas. Nachdem er 1799 nach Birmingham zurückgekehrt ist, setzt er mit viel Mühe durch, daß auch die Fabrik und die Büros von Boulton & Watt in Soho mit Gas beleuchtet werden. Den ersten großen Erfolg bringt ihm die Gas-Festbeleuchtung von ganz Soho zur Feier des (kurzlebigen) 1802 geschlossenen Friedens zwischen England und Napoleon. 1802 bis 1803 beleuchtet er die Hauptstraßen von Birmingham und Manchester. 1812 kommt es in London zur Gründung der „The Gas Light & Coke Company“, 1814 werden von dieser

die ersten Gas-Versorgungsleitungen

in Betrieb genommen und den Kunden unter Druck stehendes Gas geliefert, während bisher Kohlegas in Blechbehältern verkauft worden ist, wie heute Butan oder Propan in Stahlbehältern verkauft wird. Gleichzeitig dienen diese Leitungen auch der öffentlichen Straßenbeleuchtung. Wenn 20 Jahre nach Murdocks Festbeleuchtung in London 68 000 Gaslaternen brennen und es solche 1822 in 52 englischen Städten gibt, so bereits seit 1817 in Philadelphia und schon 1818 in Wien.

Durch seine Gasleitungen aber ist William Murdock nicht nur der Pionier des Fließtransports, sie bedeuten auch

erstmals Energie- statt Energieträger-Transport.

Statt Kohle oder Koks wird sozusagen deren „Essenz“ verfrachtet, Fließ-Transport ist zudem die rationellste Transport-Art, denn nur da sind Transportweg und Transportmittel identisch, und Rohrleitungen zum Unterschied von Straße und Schiene, Schiffen oder Flugzeugen kontinuierlich in Betrieb, amortisieren sie das investierte Kapital pausenlos. Auch steigen die Kosten von Rohrleitungen nicht proportional ihrer Leistung: Wird der Leitungs-Durchschnitt verdoppelt, steigt die Durchsatzmenge auf das 5,6fache.

Sind Druck-Gasleitungen die Voraussetzung der Gasbeleuchtung, so spielt

Kohlegas als Wärmequelle

erst eine Rolle, seit Robert Wilhelm Bunsen 1855 den nach ihm benannten Brenner erfunden hat. Zwar gibt es in England schon seit 1830 Gas-Öfen zur Wohnungsheizung. Aber die taugen so wenig wie die Industrie-Gas-Öfen, denn erst Bunsen stellt fest, wie heiße Flammen entstehen. Er ist 1852 Chemie-Professor in Heidelberg geworden, hat durchgesetzt, daß die Universität ein Chemisches Institut baut und in diesem auch Leitungen für die Gasbeleuchtung legen lassen. Da die damals üblichen Spiritus-Brenner unter den Laborgeräten wenig Wärme geben, macht Bunsen Versuche mit Leuchtgas und erkennt, daß Gas nicht erst am Verbrennungsort mit Luft in Kontakt kommen darf, sondern daß man Luft und Gas vorher mischen muß. Er erzielt schließlich eine nichtleuchtende, völlig rußfreie und etwa 1700° C heiße Flamme: Das Gas strömt aus einer engen Düse in ein weiteres Rohr und saugt durch seitliche Öffnungen, die man vergrößern und verkleinern kann, Luft an. Ein Rückschlag der Flamme ist durch den Gasdruck ausgeschlossen. Mit diesem „Bunsenbrenner“ ist

die Grundform aller Gas-Heizbrenner

geschaffen. Sie findet sich heute nicht nur in unzähligen Küchenherden oder Badeöfen, sondern wird bei mehr als 4000 industriellen Arbeitsprozessen angewandt, auch wenn sie jetzt statt mit Kohle-Gas mit Erdgas *(→ 1884)* betrieben werden.

Dieses „Naturgas“ hat das „fabrizierte“ Gas verdrängt wie die elektrische Beleuchtung die Gasbeleuchtung und die Benzin- und Diesel-Motoren die Gas-Motoren. Aber mit diesen beginnt die Entwicklung der Verbrennungs-Kraftmaschinen *(→ 31. Dezember 1879),* und mit Murdocks Gaserzeugung beginnt

die Kohle-Veredlung und die Nutzung der Kohle-Wertstoffe,

die bei der Kokserzeugung mißachtet worden sind. Mit dem „Abfall“ der „Gasanstalten“, dem Kohleteer, wird die Kohle-Chemie geschaffen, zahllose Heilmittel ebenso wie die ersten synthetischen Farben. Da liefern die „Gasanstalten“ und schließlich auch die Kokereien den Grundstoff für buchstäblich Hunderttausende neue chemische Verbindungen. Kaum jemand kennt heute seinen Namen, aber William Murdock setzt nicht nur einen neuen Energieträger durch, sondern löst damit Dutzende Entwicklungen aus, ohne die unsere heutige Welt nicht möglich wäre. Und auch für die ist das Kohlegas nicht „überholt“, zwar das durch Entgasung gewonnene, nicht aber das bei der Vergasung entstehende. Zwar gibt es riesige Mengen Erdgas. Aber nicht dort, wo sie gebraucht werden, und in den Vereinigten Staaten zum Beispiel drohen 1,4 Millionen Kilometer Ferngasleitungen Schrott zu werden, weil die eigenen Erdgasvorkommen nur mehr für etwa elf Jahre reichen und wie beim Öl generationenlang hemmungsloser Raubbau getrieben worden ist. Insgesamt gibt es auf der Erde etwa

dreißigmal mehr sichere Kohle- als Erdgas-Vorkommen.

Der (an den Öl-Preis gebundene) Erdgas-Preis wird in absehbarer Zeit dazu zwingen, naturgemäß zu wirtschaften und den nach den Kernbrennstoffen am reichlichsten vorhandenen Energieträger, die Kohle, rationell zu nutzen.

Schon die Kohle-Entgasung hat die Verwendungsmöglichkeiten der Kohlevorkommen bedeutend ausgeweitet. Aber das Leuchtgas ist ein Koppelprodukt, je nach dem Verfahren müssen für je 1000 Kubikmeter Gas auch 1800 bis 4000 kg Koks verkauft werden, und der Hüttenwerks-Bedarf hat sich nie im Gleichschritt mit dem Wärmebedarf entwickelt. Kohle kann aber auch vergast werden, liefert dann nur Gas und nicht nur mehr als doppelt soviel Gas wie bei der Entgasung, sondern auch Gas mit dem doppelten Heizwert. Entsprechende Groß-Verfahren *(→ 1980)* gibt es. Deren Synthese-Gas wird nicht nur das Erdgas ersetzen, das heute die Grundlage der wichtigsten Mineraldüngemittel bildet, sondern Dutzende Aufgaben sowohl als Energieträger wie als Chemie-Ausgangsstoff erfüllen.

1798

Hat die „Industrielle Revolution" *(→ 1769 bis 1794)* die Sklaverei und in den Industrieländern jede Art Ausbeutung unwirtschaftlich gemacht und geradezu unvorstellbaren Reichtum geschaffen, weil durch die Nutzung des Energie-Kapitals der Erde die Güter-Produktion nicht länger durch die Menschen-Zahl beschränkt ist, so bedeutet das natürlich auch den

Wegfall der automatischen Bevölkerungs-Beschränkung.

Die „Industrielle Revolution" setzt die Maschinen-Arbeit an die Stelle der Muskel-Arbeit, „Brot" für die Maschinen kann praktisch in jeder Menge in Form von Kohle und später von Erdöl und Erdgas gewonnen werden. Die „Industrielle Revolution" ist zugleich eine Verkehrs- und Transport-Revolution. Ist der Welthandel im Segelschiffs-Zeitalter praktisch auf Luxusgüter beschränkt und gibt es auch auf dem Festland keine Massen-Transporte, so kann nun die ganze Erde zum Lieferanten gemacht, können Nahrung und Rohstoffe von überallher in die Industrieländer gebracht werden *(→ 26. Juni 1846).*

Bereits die „Neolithische Revolution" *(→ um 18 000 bis 8000 v. Chr.)* hat durch Ackerbau und Tierhaltung die Lebensmöglichkeiten vervielfacht und die erste große Bevölkerungs-Zunahme ermöglicht, natürlich eine ungleich langsamere als die im 18. Jahrhundert.

Die erste Bevölkerungs-Verdoppelung

von etwa 10 auf 20 Millionen erfordert zweieinhalb Jahrtausende zwischen 7000 und 4500 v. Chr. Noch die sechste Verdoppelung, von 300 auf 600 Millionen Menschen im Zeitraum 900 bis 1700 nach Chr., dauert 800 Jahre. Für die siebente Verdoppelung hingegen, auf 1240 Millionen 1700 bis 1850, genügen 150 Jahre.

Diese revolutionäre Tempo-Veränderung ist in England bereits Ende des 18. Jahrhunderts zu erkennen: England und Wales, Schottland und Irland haben 1066 etwa 3,5 Millionen Einwohner, 1660 wenig mehr als doppelt so viele. Zwischen 1700 und 1800 aber nimmt die Bevölkerung von rund 8 auf 16 Millionen zu. Die Verdoppelungszeit ist hier auf ein Sechstel gesunken. Damit erhebt sich die Frage: Können all diese zusätzlichen Esser ernährt werden? Der Reverend Thomas Robert Malthus verneint das 1798 emphatisch und seither bleibt

der Streit über die „Tragkraft" der Erde und das Ausmaß unserer Ressourcen.

Die Angst vor „zuviel Menschen" ist alt. Große Teile der Erde sind noch heute leer, und schon in der Antike ist nur ein kleiner Teil unseres Lebensraumes erschlossen. Ballungsgebiete gibt es jedoch schon seit dem Ende der Eiszeiten, und besonders zur Zeit der griechischen Stadtstaaten (und erneut der italienischen) drängen sich viele Menschen auf kleinem Raum zusammen. Schon Aristoteles befürwortet deshalb 330 v. Chr. „Maßnahmen zur Verhinderung zu rascher Bevölkerungszunahme", Tertullian warnt in seinem „De anima" 30 v. Chr. vor Übervölkerung. Begründer der Bevölkerungs-Theorie ist der Piemontese Giovanni Botero, der 1589 in seinem „Della ragion di Stato" Kultur und Wohlfahrt nur dann für möglich hält, wenn

die Produktions-Zunahme im Einklang mit der Bevölkerungs-Zunahme

steht, weder zu gering noch zu groß ist. Ernstgenommen wird aber erst Malthus, dessen Aufruf zur radikalen Bevölkerungs-Beschränkung schon zu seiner Lebzeit in alle Kultursprachen übersetzt wird und eine ungeheure Sekundär-Literatur auslöst: Die Bibliographie in D. V. Glass' 1953 erschienener „Introduction to Malthus" zum Beispiel umfaßt 30 Kleindruck-Seiten.

Als Sohn eines reichen Landedelmannes 1766 in Rookery bei Guildford geboren, studiert Robert Malthus in Cambridge Theologie und wird 1789 Pfarrer der Kirche von England in Albury. Die Frühzeit der Industrialisierung hat furchtbare Not mit sich gebracht, denn kein Mensch kann mit Maschinen konkurrieren *(→ 1882)* und für die brotlos gewordenen Handarbeiter gibt es damals keine staatliche Hilfe. Diese fordert u. a. William Godwin 1793 in seiner „Enquiry concerning political justice" (Untersuchung über politische Gerechtigkeit). Malthus tritt ihm (zuerst anonym) mit seinem „Essay on the Principles of Population" entgegen, dem 1807 deutsch in Altona erschienenen Buch „Versuch über die Bedingung und die Folgen der Volksvermehrung". Danach trägt nicht die Regierung Schuld am Elend und nicht das herrschende politisch-soziale System, sondern die Regierten selbst durch ihren ungehemmten Fortpflanzungstrieb. Nur dieser läßt die Bevölkerung weit rascher ansteigen als die Lebensmittelproduktion (wobei Malthus unter „Lebensmittel" alles versteht, was der Mensch zum Leben braucht). Malthus behauptet:

„Die Subsistenzmittel nehmen in arithmetischer, die Bevölkerung jedoch in geometrischer Progression zu."

Er rechnet für England, das damals 8 Millionen Einwohner hat, für das Jahr 1900 mit 112 Millionen, während höchstens 35 ernährt werden können. Denn lautet die arithmetische Reihe 1-2-3-4-5-6-7, so die geometrische 1-2-4-8-16-32-64 usw.

Malthus behauptet also, es gebe kein natürliches oder lineares Wachstum des Bedarfes, sondern

eine exponentielle Verbrauchs-Zunahme,

die zwar theoretisch möglich ist, die es de facto aber noch niemals gegeben hat und die es nie geben wird: Natürliches Wachstum nimmt anfangs stark zu, schwächt sich zunehmend ab, um schließlich lange Zeit auf einem bestimmten (bei Lebewesen Gen-bestimmten) Stand zu bleiben. Kein Baum wächst in den Himmel, kein Erwachsener wächst wie ein Kind. Exponentielles Wachstum beginnt langsam, wird von Stufe zu Stufe immer schneller und wächst schließlich lawinenartig an. Der Erfinder des Schachspiels soll sich von seinem König als Belohnung eine bestimmte Menge Getreidekörner, bezogen auf die 64 Felder des

Spieles erbeten haben. Auf das erste Feld ein Korn, das zweite zwei, das dritte vier und auf jedes weitere jeweils die doppelte Menge des vorhergehenden. Bei einer mit Eins beginnenden linearen Zunahme hätte er insgesamt 2000 Körner erhalten oder einen Teller voll. Selbst wenn er tausend Körner auf dem ersten Feld verlangt hätte, wären es nur zwei Millionen geworden oder ein Sack voll. Die exponentielle Reihe hätte den König 16 Trillionen Körner gekostet und dazu hätte alles Getreide der Welt nicht gereicht.

Malthus' Bevölkerungs-Theorie beruht also auf einer völlig unrealistischen Annahme. Aber sein Rezept: Völlige Enthaltsamkeit der Armen, Kinder nur, wer sie sich leisten kann, entspricht den Anschauungen sehr vieler seiner Zeitgenossen und heute denen der Leute, die jede Entwicklungshilfe ablehnen. Seine Lehre des „unabänderlichen" Nahrungsspielraums und der „naturgegeben beschränkten Existenzmöglichkeiten" läßt auch Hungerlöhne bei 16stündiger Arbeitszeit und Slums als naturgegeben erscheinen. Es ist auch kein Zufall, daß Malthus 1804 Professor der Geschichte und der Politischen Ökonomie am Kollegium der Ostindischen Kompagnie in Aylesbury wird, Angestellter der Gesellschaft, die Indien erobert hat und ihre Herrschaft über das britische Indien erst am 1. November 1858 der britischen Krone überträgt. Malthus predigt gegen die Bevölkerungs-Zunahme, „die automatisch zu Eroberungen und Krieg treibt", erst nachdem England Indien und Kanada und weite Teile der übrigen Welt besitzt. Noch im Juni 1919 faßt die „Malthusianische Liga" auf ihrer Londoner Jahresversammlung den Beschluß: „Der vorgeschlagene Plan eines Völkerbundes versäumt die wichtige Frage des Bevölkerungsdruckes zu berücksichtigen, der den großen, internationalen Wirtschaftskampf hervorruft ... Jede Nation, die in den Völkerbund einzutreten wünscht ... müßte geloben, ihre Geburtenrate derart einzuschränken, daß ihr Volk bequem in seinem eigenen Herrschaftsgebiet leben kann und anerkennen, daß Bevölkerungswachstum keinerlei Forderung nach Gebietsvergrößerung oder die Ausübung eines Druckes auf andere Nationen rechtfertigt, ihre Auswanderer aufzunehmen ...". Das Britische Reich umfaßt damals die 119fache Fläche des Mutterlandes, 35 Millionen Quadratkilometer ...

Ist Malthus' Annahme einer exponentiellen Bevölkerungs-Zunahme unhaltbar, so ignoriert er die Möglichkeiten der Produktionssteigerung durch Wissenschaft und Technik. Godwin erklärt, die Menschheit könne glücklich werden, sobald sie ihre Vernunft gebrauche, sieht in den Maschinenkräften ein Mittel der Befreiung von Hunger und Fron. Malthus zufolge sind „die Hindernisse auf dem zukünftigen Weg der Menschheit von einer Art, daß ihr Hinwegräumen aussichtslos ist". Immer wieder setzt sich das Denken Godwins durch und 1840 begründet Justus Liebig die Agrikultur-Chemie, können die Hektar-Erträge vervielfacht werden. Heute lebt der Großteil der Menschheit buchstäblich von „Brot aus der Luft", ist durch die Luftstickstoff-Bindung *(→ 7. August 1903)* eine sich ständig erneuernde, unerschöpfliche Fruchtbarkeitsquelle geschaffen worden.

Dennoch: Unser Lebensraum ist begrenzt, und in einem begrenzten Raum kann es kein unbegrenztes Wachstum geben. Der Boden ist nicht vermehrbar und so bleibt natürlich die Frage:

Wieviele Menschen kann die Erde tragen?

Als Watt sein Dampfmaschinen-Patent erhält, leben etwa 750 Millionen. Die erste Milliarde wird um 1830 erreicht, die zweite 1930, die dritte Milliarde 1960, die vierte 1976 und die fünfte 1987. Nach wie vor hält nur die Photosynthese der Pflanzen Menschen und Tiere am Leben. Das Pflanzenwachstum können wir nicht nur durch den Luftstickstoff, sondern auch durch die Ausweitung des Wasserkreislaufes, die Meerwasser-Entsalzung *(→ 1920 und → 1968)* weiter vermehren. Aber das Ackerland?

Die Ackerfläche der Welt

beträgt heute mit rund 15 Millionen Quadratkilometern oder rund eineinhalb Milliarden Hektar etwa 10 Prozent der Gesamt-Festlandfläche der Erde. Davon entfallen etwa 700 Millionen Hektar auf die Entwicklungsländer, rund 230 Millionen auf die Sowjetunion (statt 1913 erst 118) und 184 Millionen Hektar (ebensoviel wie 1913) auf die Vereinigten Staaten. Die 12 EG-Länder verfügen über 62 Millionen Hektar Ackerland. Ist in Europa praktisch kein zusätzlicher Ackerboden mehr zu gewinnen, so im Rest der Welt sehr wohl: Allgemein werden mindestens drei Milliarden Hektar als intensiv nutzbar angenommen. Vor allem aber: Erst ein Bruchteil aller Äcker gibt heute die Ernten, die möglich sind.

Die agrarische Sonnenenergie-Nutzung bringt heute nur einen Bruchteil des naturgegebenen Maximal-Ertrages.

Der ist sehr lange sowohl überschätzt wie unterschätzt worden. Von der auf jeden Hektar Ackerland gelangenden Sonnenenergie sind in Mitteleuropa etwa 4,5 Millionen Kilowattstunden jährlich photosynthetisch nutzbar, in den Tropen etwa 7 Millionen kWh, während der Mensch bei ausreichender Ernährung nur etwa 1000 kWh braucht, die nutzbare Sonnenstrahlung auf jedem Hektar also für den Unterhalt von 4500 bis 7000 Menschen genügt. Was natürlich reine Theorie ist, denn keine Energiequelle ist hundertprozentig nutzbar und die der Sonne am allerwenigsten. Aber wie hoch kann der Wirkungsgrad des Ackerbaus sein? Wieviel Energie brauchen die Pflanzen für sich selbst, für die Entwicklung ihrer Wurzeln zum Beispiel und für ihre Atmung?

Exakte Antworten auf diese Fragen gibt es erst seit 1972, als Ergebnis jahrzehntelanger Versuche und der Koordination weltweit gesammelter Daten durch eine holländische Arbeitsgruppe unter Professor De Witt. Das Ergebnis der Photosynthese *(→ vor etwa 2,9 Milliarden Jahren)* hängt vom Einfallswinkel des Lichts, der Temperatur, dem Kohlendioxydgehalt der Luft und dem Wassergehalt des Bodens usw. ab. Das alles berücksichtigt, können für das landwirtschaftlich nutzbare Areal der Erde angenommen werden: Potentieller Photosynthese-Ertrag 7800 Kilogramm Trockensubstanz je Hektar, landwirtschaftlich nutzbar 1570 kg/Hektar. Wobei die Erträge zwischen 240 kg in den Gebieten um den Polarkreis und 2500 kg in den Tropen schwanken. Das heißt:

Etwa ein Viertel der kultivierbaren Erdoberfläche genügt, um die heutige Nahrungsmittel-Produktion zu verachtfachen,

jedenfalls was die energetischen, biologischen und technischen Voraussetzungen betrifft. Zu diesen müßten natürlich auch weltpolitische, vor allem die Friedens-Erhaltung, treten; sozialinnenpolitische, vor allem eine gerechte Bodenbesitz-Struktur, das heißt sowohl das nötige Investitions-Kapital wie Agrarpreise, die eine rationelle Produktion ermöglichen und zu ihr anreizen. Vor allem auch müßten die „Neolithische" und die „Industrielle Revolution" zusammenwirken, ist zum Beispiel die Bewässerung riesiger, heute ungenutzter Flächen und damit die Vervielfachung der Sonnenenergie-Nutzung nur durch die Kernenergie-Nutzung möglich.

Ob alle diese Voraussetzungen je erfüllt werden, ist heute sehr die Frage. Aber wenn der Mensch die Eiszeiten überstanden hat, wird er dann nicht auch seine heutige geistig-moralische Verwirrung überstehen? Und dann dafür sorgen, daß

das „Menschenrecht auf Energie"

durchgesetzt wird *(→ Oktober 1986)*, auch den Menschen der heutigen Entwicklungsländer genug Maschinenkräfte zur Verfügung stehen und sie ihre heutige viel zu große Kinderzahl weder als Arbeitskräfte noch zur Altersversorgung brauchen?

Malthus konnte das noch nicht wissen, heute aber steht unanzweifelbar fest: Mehr Wohlstand bedeutet nicht mehr Kinder, sondern weniger. In keinem industrialisierten Land, gleich welcher Wirtschaftsform und gleich welcher Klima-Zone und Religion, gibt es zu viele Kinder, eher zu wenige. Die Geburtenzahlen in den Vereinigten Staaten wie in Japan und der Sowjetunion beweisen das gleiche wie die Europas: Nur die Not zwingt zu vielen Kindern. Auch in der Frühzeit der englischen Industrialisierung müssen die Armen viele Kinder haben, denn nur wenn auch diese in den Bergwerken und den Textilfabriken arbeiten, verhungern sie nicht. Und da es auch heute noch in vielen Ländern keine staatliche Altersversorgung und keinen staatlichen Gesundheitsdienst gibt, wodurch auch die Kindersterblichkeit hoch bleibt, müssen die Ärmsten der Armen viele Kinder zeugen, ist deren Hilfe die einzige, die sie zu erwarten haben.

Das Weiterwachsen der Weltbevölkerung ist heute noch „vorprogrammiert". Aber nicht der „Neo-Malthusianismus" kann die Zunahme bremsen und in absehbarer Zeit Geburten- und Sterberaten ins Gleichgewicht bringen, sondern nur ein menschenwürdiges Dasein für alle Menschen. Weltweit wiederbelebt wird der Pessimismus und Egoismus Malthus' durch den am Massachusetts Institute of Technology ausgearbeiteten, u. a. von der Volkswagen-Stiftung mit einer Viertelmillion Dollar finanzierten Bericht an den „Club of Rome", der als

„Grenzen des Wachstums"

1972 erschienen ist. Auch er stellt ein exponentielles Verbrauchs-Wachstum beschränkten Ressourcen gegenüber und fordert einen Wachstums-Stopp. Aber worauf es ankommt ist, was Botero bereits 1589 erkennt: Auf das in Einklang bringen von Bevölkerung und Produktion. Dort, wo heute die Naturkräfte-Nutzung viel zu gering ist, muß sie gesteigert werden, dort die Kaufkraft zunehmen und zwar mit Hilfe derjenigen Länder, deren Produktion im Verhältnis zu ihrer Bevölkerung zu hoch ist, durch Kapital- und Know-how-Exporte der Hochindustrialisierten. Daß heute

die kultivierte Fläche der Erde

zwischen 0,2 Prozent der Gesamtfläche in Oman und 68 Prozent in Bangladesch schwankt, hat teilweise naturgegebene Gründe. Aber weit öfter Gründe, die behoben werden können. Nur wenn das geschieht, wird rasch genug die Bevölkerungs-Stabilität, die es in zahlreichen Industrieländern bereits gibt, weltweit erreicht werden. Und nur so ist auch das Arbeitslosigkeit-Problem der Armen und der Reichen zu lösen.

1799

Elektrizität hat bereits Thales von Milet 585 v. Chr. gewonnen, indem er Bernstein mit einem Wollappen reibt. Zweieinviertel Jahrtausende vergehen, ehe Otto von Guericke 1663 nennenswerte Mengen durch seine Elektrisiermaschine erzeugt, und erst seit 1745 kann durch die Leidener Flasche Elektrizität gespeichert werden. Aber wenn diese auch relativ hohe Spannungen liefert, so macht sie sie nur für einen Augenblick verfügbar.

Die praktische Nutzung der Elektrizität

wird erst möglich, als sie kontinuierlich zur Verfügung steht, Alessandro Giuseppe Volta 1799 erstmals chemische in elektrische Energie verwandelt und durch fließende Ströme die Elektro-Dynamik begründet.

Dazu kommt es nicht durch die Frage „Was ist Elektrizität?“ (die erst 1895 von H. A. Lorentz beantwortet wird), sondern die Frage „Was ist Leben?“, die sich seit 1766 Luigi Aloysius Galvani, Professor der Anatomie in Bologna, stellt. Galvani sucht den Sitz der „Lebenskraft“, von der er annimmt, daß sie auch über Gesundheit und Krankheit entscheidet, und seziert dazu die verschiedenartigsten Tiere. Auch einen Zitterrochen, der starke elektrische Schläge austeilt, und Galvani fragt sich, ob nicht vielleicht die Elektrizität die „Lebenskraft“ sei. Er stellt die elektrische Leitfähigkeit der Nerven fest. Er riskiert sein Leben, indem er auf Metallplatten liegende, tote Frösche möglichst nahe an Blitze heranbringt, um zu sehen, wie sie zucken. Schließlich ist Galvani 1786 überzeugt: Alle Lebewesen erzeugen elektrische Ströme. Die „animalische Elektrizität“ ist die „Lebenskraft“.

Tatsächlich sind die Gehirn- und Nervenströme die wichtigste Form der Elektrizität und eine „Lebenskraft“, ohne sie vermögen wir keine Gedanken zu fassen und keinen Finger zu bewegen. Aber erst seit 1923 können wir sie registrieren. Was Galvani gemessen hat, ist nicht „animalische“, sondern

chemische Elektrizität,

entstanden durch die Metallunterlagen seiner Versuchstiere und deren Körpersäfte. Diese chemische Elektrizität weist der junge Physikprofessor der Universität Pavia, Alessandro Volta, nach. Er hat 1789 die Versuche Galvanis wiederholt, aber andere Schlüsse aus ihnen gezogen. Er erkennt, daß die Froschschenkel um so heftiger zucken, je verschiedenartiger die Metalle sind, mit denen sie in Berührung kommen, und stellt schließlich 1801 die „Volta'sche Spannungsreihe" Zink, Blei, Zinn, Eisen, Kupfer, Silber, Kohle auf. Jeder dieser Stoffe wird bei Berührung mit dem nachfolgenden positiv elektrisch. Um so mehr, je weiter diese Stoffe in der Reihe voneinander entfernt sind. Bereits 1799 hat Volta die nach ihm benannte „Säule" aus aufeinandergeschichteten Kupfer- und Zinkscheiben mit feuchten Leitern dazwischen gebaut. Diese Batterie liefert erstmals ständig fließenden Strom. Volta entdeckt auch, daß man diesen Strom summieren, beliebig viele Elemente hintereinanderschalten kann. Humphrey Davy stellt 1813 im Keller des Royal Institute in London eine Volta'sche Batterie von 2000 Zink-Kupfer-Elementen auf und erzeugt zwischen zwei Holzkohlestäben einen blendend weißen Lichtbogen von zehn Zentimeter Länge.

Weit wichtiger als diese erste „Bogenlampe" ist

die Schwachstrom-Technik,

die dank der Volta-Elemente entsteht. Diese ist durch die elektrische Zug-Signalisierung für das Eisenbahnwesen entscheidend wichtig, führt zum elektrischen Telegraphen, der das Nachrichtenwesen und damit die Wirtschaft revolutioniert. Aus „Telegraphenbauanstalten" wie der von Siemens & Halske *(→ 17. Januar 1867)* entsteht die Welt-Elektroindustrie. Bereits 1800 entdeckt der französische Chemiker Antoine-Francois Fourcroy mit Hilfe einer Volta-Batterie die Wärmewirkung des elektrischen Stromes, damit die Grundlage der elektrischen Beleuchtung, der Elektro-Chemie und Elektro-Metallurgie wie zahlreicher elektrischer Haushaltsgeräte. Vor allem aber ermöglicht die von Volta geschaffene Stromquelle die Entdeckung des Elektro-Magnetismus durch Oersted, die Erfindung des Elektromagneten durch Sturgeon und der elektrischen Induktion durch Faraday *(→ 1819 bis 1825 und → 1831),* die für die heutige Elektrowirtschaft unentbehrliche Grundlagenforschung.

Dazu bedeutet chemischer Strom

umweglose Elektrizitäts-Gewinnung,

werden keine Feuerungen und Kessel, Energieübertragungsmedien usw. gebraucht. Man taucht zwei Streifen verschiedenartiger Metalle in eine geeignete Salzlösung und schon entsteht ein elektrisches Potential. Bereits 1803 entwickelt Johann Wilhelm Ritter eine „Trocken-Batterie" und wenn diese auch erst durch Jakob Gassner eine praktisch brauchbare Form erhält, so ist auch sie denkbar einfach. Nur ist

Strom, wie ihn Volta-Batterien erzeugen, unbezahlbar,

nur für besondere Zwecke verwendbar und niemals in großen Mengen: Drei Trockenbatterie-Zellen ergeben bei etwa 4 Volt Gebrauchsspannung zehn Stunden lang 0,3 Ampere oder insgesamt 12 Wattstunden, 0,012 kWh. Da solch eine Batterie mindestens zwei Mark kostet, kommt eine Kilowattstunde Batteriestrom auf 160 DM zu stehen. Das aber hat einen sehr einfachen Grund: Die Elektroden werden im Verlauf des Umsetzungsprozesses, der chemische in elektrische Energie verwandelt, zerstört. Eine Regeneration der Polplatten ist nur möglich, wenn ihnen wieder Strom zugeführt wird. Darauf beruht der Akkumulator *(→ 1859)*, aber er ist bekanntlich ein Strom-Speicher, keine Strom-Quelle.

Ohne Zerstörung der Elektroden kann Strom umweglos durch Brennstoffzellen gewonnen werden, deren erste brauchbaren aus dem Jahr 1940 stammen. Aber auch sie werden stets nur eine Ergänzung der Massen-Stromerzeugung durch Dynamomaschinen sein, die seit dem 17. Januar 1867 die Starkstrom-Technik ermöglichen.

1799 — 21. September

Daß Holz bei beschränkter Luftzufuhr nicht zu Asche verbrennt, sondern sich in

Holzkohle

verwandelt, ist seit Urzeiten bekannt, denn Holzkohle findet sich in den ältesten bekannten Feuerstätten *(→ vor etwa 1,7 Millionen Jahren)*. Auch der Beruf des Köhlers ist alt, besteht zumindest seit Anfang der Eisenzeit, länger als drei Jahrtausende, Holzkohle hat nicht nur den doppelten Heizwert des Holzes, sie ist auch das älteste Reduktionsmittel. Bevor sich der Steinkohle-Koks durchsetzt *(→ 1713)*, kann Eisen nur durch Holzkohle gewonnen werden. Die üblichen Meiler bestehen aus etwa 50 Kubikmetern kunstvoll aufgeschichteten und mit Erde und Rasen bedeckten Holzes, das 10 bis 14 Tage zur Umwandlung braucht, etwa auf die Hälfte seines Volumens schrumpft und ein Viertel bis ein Drittel seines Gewichts an Holzkohle ergibt. Das Nebenprodukt Pech dient u. a. zum Kalfatern der Schiffe, bleibt bis weit ins 19. Jahrhundert für die Schiffahrt (und damit den Welthandel) unentbehrlich.

Was in einem Holzkohle-Meiler vor sich geht, ist die trockene Destillation des Holzes. Bei ihr entsteht nicht nur Holzteer, sondern auch Holzessig und

Holzgas.

Wird durch ein offenes Holzfeuer bestenfalls ein Zwanzigstel der im Holz enthaltenen Energie genutzt und durch einen guten Holzofen bestenfalls ein Viertel, so durch einen Holzgas-Generator bis 85 Prozent. Der Holz-Brennwert beträgt nur etwa die Hälfte des Steinkohle-Brennwerts, der von Holzgas ist fast ebenso groß wie der von Kokerei-Gas. Erfordert die Verkokung von Kohle 800 bis 1300° C, so die Holzdestillation nur etwa 500° C.

Daß bei der Holzverkohlung ein Gas entsteht, weiß Vanuccio Biringuccio bereits 1540. Aber erst am 21. September 1799 erhält Philippe Lebon ein Patent auf sein „Verfahren, verschiedene Produkte aus dem Brennholz zu gewinnen“, kommt es zur Holz-Chemie. Im Jahre 1801 erhält Lebon auch ein Patent auf eine durch ein Gemisch von Holzgas und Luft betriebene, doppeltwirkende Zylindermaschine.

Auf einem großen Gut in Bruchay, im Departement Haute-Marne, geboren, zu dem ausgedehnte Wälder gehören, studiert Lebon in Paris Naturwissenschaften und wird schon als Fünfundzwanzigjähriger Staatsingenieur der Straßen- und Brückenverwaltung. Holz zu verbrennen, erscheint ihm als Vergeudung und so macht er Destillations-Versuche, um Holzgas zu Beleuchtungszwecken zu gewinnen. Er konstruiert 1792 eine Holzgas-„Thermo-Lampe", entwirft eiserne Retorten und erhält zur Finanzierung seiner Versuche einen Staatsforst in Rouvray bei Le Havre. In diesem Hafen kommt 1799 sein mit Holzgas betriebener Leuchtturm in Betrieb.

Inzwischen hat aber William Murdock *(→ 1792 bis 1814)* die Kohlegas-Beleuchtung durchzusetzen begonnen, entstehen öffentliche „Gasanstalten", die Leitungsnetze zur Versorgung der Gasverbraucher anlegen. Gegen das Kohlegas vermag sich das Holzgas nicht durchzusetzen. Anlagen wie zum Beispiel die von Max von Pettenkofer 1851 zur Beleuchtung des Münchner Hauptbahnhofs bleiben Ausnahmen.

Auch die ersten Verbrennungsmotoren laufen mit Kohle- und nicht mit Holzgas, später mit Spiritus, Petroleum, Benzin und Dieselöl. Erst im Ersten und Zweiten Weltkrieg zwingt der Mangel an flüssigen Treibstoffen zur Entwicklung brauchbarer, mobiler Holzgas-Generatoren und zur

Nutzung der Pyrolyse,

das heißt der Zersetzung chemischer Verbindungen durch Temperatur-Einwirkungen: Zerkleinertes Holz verbrennt zu Kohlendioxyd. Durch die Glut geführt, wird es zu Kohlenmonoxyd reduziert und auf dem Weg durch das glühende Holz und die gleichzeitig entstandene, glühende Holzkohle werden auch die den Motor schädigenden Gasbestandteile Essigsäure und Teer zersetzt. Die Holzgas-Fahrzeuge des Ersten Weltkrieges sind noch primitiv. Aber fast drei Zehntel der festen Erdoberfläche sind mit Wald bedeckt und viele waldreiche Länder zu arm, um genügend Öl zu kaufen. Öl muß zudem in Dollars oder Pfunden bezahlt werden, die viele Länder damals nicht besitzen. So ist 1935 anläßlich der in London abgehaltenen, internationalen Holznutzungs-Konferenz der „Ford" der deutschen Delegation die Sensation, der mit einem Holzgas-Generator international kontrolliert 1500 Kilometer mit Kosten von 3 Dollar (damals 7,60 Reichsmark) zurücklegt. In Frankreich erinnert Marschall Pétain an Philippe Lebon, wird die militärische Bedeutung der Energie-Autarkie erkannt, werden Prototypen entwickelt, durch die sechs Monate nach Ausbruch des Zweiten Weltkrieges die ersten 100 000 Holzgas-Generatoren zur Verfügung stehen. In Deutschland gibt es 1942 rund eine Million Holzgas-Fahrzeuge. Hier wird weitergearbeitet, gibt es seit 1952 die „Grieß-Vergasung" Hans Linneborns, die nicht nur Holz, sondern auch Agrarabfälle wie Reis-, Nuß- und Mandelschalen in Energie umsetzt. Auf 0,6 Millimeter Korngröße gebracht, verhalten sich diese Stoffe wie Flüssigkeiten und können im Schwebezustand vergast werden. Die Verbrennungsluft wird durch Gebläse zugeführt, dadurch die Energieausbeute erhöht. Der ganze Vorgang ist heute voll automatisiert, und im März 1980 weist selbst in den Vereinigten Staaten die Econ Co. in Alexander City, Alabama, durch die Durchquerung des Kontinents mit einem Holzgas-Lastwagen nach, daß dieser nicht nur in Notzeiten konkurrenzfähig ist.

1802

Wenn Watts Dampfmaschine und Arkwrights mechanischer Spinnstuhl *(→ 1769 bis 1794)* die „Industrielle Revolution" auslösen, so ist das vorerst eine auf England beschränkte Revolution, die jedoch durch den Mangel an Massen-Transportmitteln behindert ist. Nun gibt es zwar maschinelle Arbeitskraft, aber weder diese selbst noch ihre Produkte sind im nötigen Ausmaß versandfähig und schon gar nicht weltweit exportfähig. Denn wenn Watts Dampfmaschine einen gewaltigen technischen Fortschritt bedeutet, so braucht sie als Gestell ein eigenes Haus, ist sie viel zu groß und schwer, um auf Räder gesetzt oder in Schiffe eingebaut werden zu können. Den

Zwang, die Transportleistung vervielfachter Produktion anzupassen,

hat zwar auch Watts Mitarbeiter William Murdock *(→ 1792 bis 1814)* erkannt. Aber Watts Patent erlischt erst 1800, nachdem sein Dampfwagen-Modell bereits 1786 funktioniert. Murdock will die Kräfte der Firma Boulton & Watt nicht verzetteln und so ist es sein junger Gehilfe Richard Trevithick, der eine kompakte und relativ leichte Dampfmaschine erfindet und damit die Dampfkraft mobil macht.

Als Sohn eines Kohlengruben-Aufsehers 1771 in Cornwall geboren, erwirbt Trevithick all sein Wissen selbst, durch eigene Beobachtungen, aus denen er Schlüsse zieht, und durch Fragen an Leute mit Erfahrung. Murdock, dem er beim Aufstellen der Watt-Maschinen hilft, ist ein sehr gebildeter Mann, der ihm alles erklärt, was er über den Dampf wissen will. So baut Trevithick 1797 nicht nur eine Wasserpumpe, durch die die damalige Schachttiefe verdoppelt wird, sondern auch deren entsprechend leistungsfähigen Antrieb. Wenn erst Sadi Carnot 1824 die theoretische Grundlage der Thermodynamik schafft *(→ 31. Mai 1842)*, so „spürt" Trevithick den Zusammenhang zwischen Dampf-Druck und Dampf-Leistung, nutzt er den Einfluß des Drucks auf die Siedetemperatur des Wassers und die Dampftemperatur. Während Watt ursprünglich mit nur einem Viertel Atmosphäre Überdruck gearbeitet hat und mehr als eineinhalb für „verbrecherischen Leichtsinn" hält, baut Trevithick

die erste „Hochdruck"-Dampfmaschine der Welt,

arbeitet er mit 6 bis 10 Atmosphären Überdruck.

Natürlich erfordert das auch entsprechende Dampfkessel. Die eisernen Kofferkessel, die Watt benutzt, werden von außen beheizt wie die kupfernen Wasserkessel der Antike. Trevithick erfindet den Flammrohr-Kessel, einen zylinderförmigen, von innen geheizten Kessel, in dem das Feuer in einem allseits von Wasser umgebenen Rohr brennt und so die Heizfläche vervielfacht wird. Diese Kessel sind so klein, daß sie mit der Dampfmaschine zusammengebaut werden können. Das ganze Aggregat wird so leicht und klein, daß man es auf Räder setzen kann. Am 24. März 1802 erhalten Trevithick und sein Mitarbeiter Andrew Vivian ein Patent auf ihre „bewegliche Dampfmaschine" und zugleich für den „Dampf-Straßenverkehr", denn bereits am Weihnachtsabend des Jahres 1800 hat Trevithick mit seinem „Dampfwagen" Passagiere befördert. Im Jahr 1803 baut er

die erste leistungsfähige Lokomotive,

die im Jahr darauf in Pen-y-darran in Wales Waggons mit 20 Tonnen Eisen zieht. Eine weitere Lokomotive verkauft Trevithick 1804 an die Wylam-Kohlenzeche in Newcastle. Dann baut er den ersten Dampf-Bagger der Welt und schließt 1806 einen Vertrag mit Trinity House, der zuständigen Londoner Behörde, um jährlich 500 000 Tonnen Thames-Schlamm für Sixpence die Tonne (= etwa eine halbe Goldmark) auszubaggern.

Dampf-Bagger bedeuten bereits

transportable Maschinen-Arbeitskraft.

Aber Trevithick weiß auch, was Albrecht Philipp Thaer 1801 in die Worte gefaßt hat: „Manufakturen und Landwirtschaft gehen nur Hand in Hand sicher vorwärts... Um eine zu heben, die andere niederdrücken zu wollen, heißt: einen Fuß lähmen, damit der andere besser fortschreiten könne." Trevithick erkennt die enorme Bedeutung der Landwirtschafts-Mechanisierung und baut 1812 das erste „Lokomobil", eine transportable Kraftanlage, mit der er in Trewithen in Cornwall eine Dreschmaschine betreibt. Er ersucht den Board of Agriculture, die damals höchste Landwirtschafts-Behörde Englands, um Förderung, weil „wenn die schwere Landarbeit vom Dampf übernommen wird, England die billigsten Nahrungsmittel der Welt hat und damit alleine schon all seinen Industrie-Konkurrenten überlegen wird. Nicht nur in Fabriken, sondern auch auf dem Lande eingesetzt, wird der Dampf binnen kürzester Zeit die Bevölkerung des Königreiches verdoppeln."

Das wird von der Bürokratie als „Phantasterei" abgetan, und je mehr Hochdruck-Maschinen Trevithick verkauft, desto lauter werden die Warnungen von James Watt vor der „wachsenden Gefahr verheerender Kessel-Explosionen". Die gibt es auch und sie werfen die Hochdruck-Technik um Jahrzehnte zurück, erst Ende des vorigen Jahrhunderts gibt es verläßliche Werkstoffe. Aber als 1812 die reichsten Silber-Vorkommen Perús ersaufen und die Wasserhaltung der Pasco-Mine auf Dampfbetrieb umgestellt werden muß, erhält Trevithick den Auftrag. 1816 reist er in das damals spanische Vicekönigreich, und 1821 sind die Silbergruben gerettet. Die Kirchenglocken läuten, und Trevithick wird ein Monument gesetzt.

1821 ist auch das Jahr der Unabhängigkeitserklärung Perús. Seit langem hat England die revolutionären Bewegungen Iberoamerikas gefördert, weil, wie der Außenminister George Canning es 1826 offen sagt, „Frankreich, das sich in

Spanien einnistet, zumindest nicht Spanien mit seinen amerikanischen Kolonien haben soll, ich die Neue Welt ins Leben rief, um das Gleichgewicht in der Alten wiederherzustellen." Während Trevithick die Währungsgrundlage Südamerikas rettet, organisiert der englische Admiral Thomas Cochrane, Earl of Dundonald, die Abfallbewegung. Bei den Kämpfen um Pasco werden Trevithicks Anlagen zerstört, nie wird er bezahlt. Er kommt 1826 als Bettler nach England zurück, hat seine Überfahrt schuldig bleiben müssen. Als er 1833 stirbt, kommt er in ein Armengrab.

Die Hochdruck-Dampfmaschine setzt Oliver Evans in Amerika durch und als 1802 das erste brauchbare Dampfschiff der Welt, Fulton's „Clermont", den Hudson aufwärts fährt, treibt Dampf von 32 atü die 20-PS-Maschine. 1825 setzt Stephenson die Eisenbahn durch und Fowler seit 1855 weltweit das Dampf-Pflügen. Nun hört die von Trevithick eingeleitete

Wirkungsgrad-Verbesserung der Dampfmaschinen

nicht mehr auf. Immer widerstandsfähigere Werkstoffe werden geschaffen. 1884 bis 1892 entwickelt Wilhelm Schmidt Heißdampf-Hochdruck-Dampfmaschinen, die mit fast idealen Temperatur-Gefällen arbeiten. 1884 entwickeln Laval und Parsons auch die Dampf-Turbine, seit 1885 die Brüder Reinhard und Max Mannesmann in Remscheid das Schrägwalzen nahtloser Röhren. Heute gibt es sechs Stock hohe Dampfkessel, durch deren 60 bis 100 Kilometer Wasserrohre Heißdampf von 650° C mit 200 km/h Geschwindigkeit strömt. Sie liefern pro Stunde 4,23 Millionen Kilogramm Dampf, was 1330 Megawatt Strom entspricht. Mit Dampf werden nun Wirkungsgrade bis zu 46 Prozent erzielt, gegen die 2 Prozent Watt's und die 6 Prozent Trevithick's. Tausende Forscher, Erfinder und Unternehmer haben das „Dampfzeitalter" geschaffen und Unzählige die „Industrielle Revolution" durchgesetzt. Deren weltweiten Auswirkungen aber und damit erstmals weltweiter Arbeitsteilung und weltweiter nicht nur technischer und wirtschaftlicher, sondern auch sozialer und kultureller Wechselbefruchtung *(→ 26. Juni 1846)* hat Richard Trevithick die Bahn gebrochen. Heute kennt ihn niemand mehr.

1807 — 17. August

Da das Wasser seit spätestens 3500 v. Chr. Räder treibt, sollte man meinen, daß sehr früh auch das Prinzip umgekehrt und Schaufelräder zum Schiffsantrieb verwendet worden seien. Die erste Beschreibung und Zeichnung solch eines Antriebs findet sich jedoch erst in einer Handschrift des Jahres 1045 n. Chr. In seiner (in lateinischen Hexametern verfaßten) kriegstechnischen Enzyklopädie „Bellifortis" zeigt der in Italien ausgebildete und vor allem arabische Quellen benutzende deutsche Festungs-Baumeister Konrad Kyeser ein Schiff, dessen zu beiden Seiten angeordnete Schaufelräder ein flußaufwärts befestigtes Seil aufwinden, dadurch die Kraft des strömenden Wassers in eine gegenseitige Bewegung umwandeln und das Schiff gegen den Strom ziehen.

Soweit wir wissen, hat es ein solches Schiff nie gegeben. Nur um eine Phantasie-Zeichnung handelt es sich auch im ersten aller gedruckten technischen Bücher, dem „De Re Militari" Roberto Valturius, des Kriegstechnikers Papst Pius II, in dem dieser 1472 zwei Galeeren ohne Ruder, aber mit je fünf Schaufelrädern an beiden Seiten zeigt. Ein Heck-Schaufelrad besitzt erst

„ein Schiff, das sich ohne Segel und Ruder bewegt",

das Blasco de Garay 1543 Kaiser Karl V im Hafen von Barcelona vorführt. Mit einem Muskelkraft- (und nicht Dampfkraft-) Schaufelrad-Boot fährt Denis Papin *(→ 1690)* am 24. September 1707 auf der Fulda von Kassel nach Münden. Und schließlich bringt der Schotte Patrick Miller 1787 ein Schaufelrad zwischen zwei Booten an, das durch Treträder in diesen Booten bewegt wird. 1788 und 1789 verwendet er eine von William Symington gebaute Dampfmaschine.

Praktisch genutzt wird die Dampfkraft seit 1698, die Welt verändert sie seit Watts Maschine *(→ 1769 bis 1794)*. Dutzende Erfinder versuchen Dampfschiffe zu bauen. Der „Pyroscaphe" des Marquis Jouffroy d'Albans fährt 1783 von Lyon die Saône aufwärts und der Dampf-Schlepper „Charlotte Dundas" stammt aus dem Jahr 1802. Aber wie James Watt nur dadurch Erfolg hat, daß er potente Geldgeber findet, so leitet erst der amerikanische Porträt-Maler Robert Fulton die Verdrängung der Windkraft *(→ um 4000 v. Chr.)* durch

die Dampfkraft als Schiffsantrieb

ein, weil erst er in Robert Livingston einen Förderer findet, der Weitsicht mit Kapitalkraft, politischen Beziehungen und Organisationsgabe verbindet. Als Fulton 1803 sein erstes Dampfschiff auf der Seine in Paris Napoleons Marineminister vorführt, verkennt dieser die Bedeutung dieser Erfindung für den Kampf gegen England. Livingston, der damalige amerikanische Gesandte in Frankreich, verkennt sie nicht, holt den Erfinder zurück in die Vereinigten Staaten und trägt dadurch entscheidend dazu bei, daß diese England als Wirtschaftsmacht überholen. Mit Fultons 160-Tonnen-Passagierschiff „Clermont" wird am 17. August 1807 die erste Dampfschiffahrts-Linie der Welt eröffnet. Mit einem holzgeheizten Dampfkessel und einer 20-PS-Dampfmaschine überwindet dieser Raddampfer die starke Strömung des Hudson-River und legt in 32 Stunden die 240 Kilometer zwischen New York und Albany zurück. Binnen fünf Jahren gibt es in Amerika über 500 Dampfer, 1840 allein auf dem Mississippi mehr als tausend. Die regelmäßige Transatlantik-Schiffahrt wird erst 1840 aufgenommen. Nur sie ermöglicht binnen einem Jahrhundert

die Auswanderung von 38 Millionen Europäern in die USA

und nur sie und die für diese Einwanderer gebauten und fast ausschließlich von Europa finanzierten Eisenbahnen *(→ 1825)* machen die Vereinigten Staaten zu einer Wirtschafts-Macht. Durch die Dampfschiffahrt kommt es auch zum Massen-Seegütertransport, der nun (1987) mit mehr als 4000 Millionen Tonnen jährlich das 200fache des Jahres 1800 beträgt. Er macht die weltweite Arbeitsteilung möglich *(→ 26. Juni 1846)* und läßt den Welthandels-Umsatz von 1800 mit etwa 500 Millionen Dollar auf heute fast 5000 Milliarden steigen.

1812 — 15. bis 18. September

Als Kaiser von Frankreich beherrscht Napoleon I im Jahr 1812 rund 715 000 Quadratkilometer Europas mit 44 Millionen Einwohnern. Aber England beherrscht nach wie vor die See und die Einigung Europas ist nicht militärisch, sondern nur wirtschaftlich, durch Napoleons „Kontinental-Sperre", das Aussperren englischer Exportgüter, durchzusetzen. Da Rußlands Häfen trotz aller Bemühungen und Versprechungen für britische Schiffe offen bleiben und die Schmuggelware über Rußlands Grenzen selbst bis Frankreich gelangt, versucht Napoleon, auch Rußland zu unterwerfen und zieht am 14. September 1812 in Moskau ein, um Zar Alexander I seine Friedensbedingungen zu diktieren.

Nur gibt es da niemanden, mit dem er verhandeln könnte. Die Stadt, die 240 000 Einwohner gehabt hat, ist menschenleer. Denn ihr Gouverneur, Feodor Wassiljewitsch Graf Rostopschin, hat den

Brand von Moskau, die größte Brandstiftung aller Zeiten und die erfolgreichste Anwendung des Feuers als Waffe

vorbereitet. Das Feuer, das am 15. September 1812 beginnt, dauert drei Tage und drei Nächte, bringt die Napoleonische Armee um ihre Winterquartiere und vernichtet alle Vorräte, die von den Russen nicht abtransportiert worden sind. Am 19. Oktober 1812 muß Napoleon den Rückzug der „Großen Armee" aus Rußland befehlen, von deren ursprünglich 600 000 Mann nur knapp ein Zwanzigstel zurück nach Westeuropa kommt. Englands Vorherrschaft bleibt erhalten, Europas Bruderkriege dauern an, mit Hilfe des Feuers ist bis heute weiterwirkende Weltpolitik gemacht worden.

1819 bis 1825

Umwälzende Fortschritte kommen fast immer nur durch das Zusammenwirken ganz verschiedenartiger Erfindungen oder Entdeckungen zustande. Das „Industrie-Zeitalter" zum Beispiel nur durch die gleichzeitige Durchsetzung der Dampfmaschine und des mechanischen Spinnstuhls und durch die rechtzeitige Erfindung der Baumwoll-Entkernungsmaschine *(→ 1769 bis 1794).* Zu weitreichenden Wirkungssteigerungen kommt es aber auch, wenn eine Entdeckung höchst unterschiedliche Reaktionen auslöst, vor allem, wenn sie gleichzeitig die Grundlagen-Forschung und die Praxis befruchtet wie im Fall der Elektrizitäts-Nutzung.

1777 wird auf der kleinen dänischen Insel Langeland, auf der es damals keine Schule gibt, Hans Christian Oersted geboren. Er lernt Lesen, Schreiben und Deutsch bei einem deutschen Perückenmacher und dessen Frau, wird Apotheker wie sein Vater, durch Selbststudium und Stipendien aber einer der hervorragendsten Naturforscher seiner Zeit. Seit 1806 ist er Physik-Professor in Kopenhagen. Im Winter 1819 bis 1820 erklärt er seinen Hörern die Wärmewirkung des elektrischen Stromes, indem er mit einer Volta-Batterie *(→ 1799)* einen dünnen Platindraht zum Glühen bringt. Zufällig ist ein Kompaß auf dem Experimentiertisch liegengeblieben. Oersted bemerkt, daß während seines Versuchs die Magnetnadel leise zuckt. Nach Beendigung seiner Vorlesung geht er diesem Phänomen nach,

die Entdeckung des Elektro-Magnetismus

ist die Folge. Oersted beweist, daß jeder elektrische Strom ein Magnetfeld bildet, dessen Kraftlinien mit denen von Stabmagneten identisch sind.

Diese Entdeckung, die Oersted am 21. Juli 1820 den wissenschaftlichen Gesellschaften Europas bekanntgibt, macht ihn über Nacht berühmt. Sie löst aber auch Reaktionen aus, die durch deren Verschiedenartigkeit ihre Wirkung potenzieren: André-Marie Ampère, der damals Physik am Collège de France lehrt, wiederholt Oersteds Experimente und fragt sich: Wenn Ströme auf Magnete wirken, wirken dann nicht auch Ströme auf Ströme? Er stellt es fest, und darauf folgt

die Begründung der Elektro-Dynamik,

der Lehre von den Kräften, die stromdurchflossene Leiter aufeinander oder auf Magneten ausüben. Ampère erkennt den fundamentalen Unterschied zwischen „statischer" (ruhender) und „dynamischer" (fließender) Elektrizität, unterscheidet erstmals zwischen „Spannung" und „Strom", in denen er Ursache und Wirkung sieht. Die Untersuchung der Anziehungs- und Abstoßungskräfte der Elektrizität, der „elektromotorischen Kräfte", führt unter vielem anderen zum Elektro-Motor.

Ist Ampère einer der Hauptbegründer der theoretischen Grundlagen der Elektrotechnik, so löst Oersteds Entdeckung aber auch höchst praktische Folgerungen aus. 1820 wiederholt Johann Salomo Christoph Schweigger Oersteds Versuche.

Hat Oersted die Magnetnadel durch eine stromdurchflossene, blanke Kupferdrahtschleife abgelenkt, so stellt Schweigger fest, daß diese Ablenkung wesentlich verstärkt wird, wenn man statt eines einzelnen Drahtringes eine große Anzahl Drahtwindungen verwendet und ermöglicht das, indem er

die elektrische Isolations-Technik

begründet *(→ 1820),* isolierte Drähte herstellt, die es bisher nicht gegeben hat. Was das sowohl für die Schwachstrom- wie für die Starkstrom-Technik bedeutet, braucht hier nicht näher ausgeführt zu werden. Beide sind ohne sie undenkbar.

Praktische Folgen aus Oersteds Entdeckung zieht aber auch der 1783 im Lancashire geborene William Sturgeon, der Sohn eines Tagelöhners, der Schuhmacher geworden ist und 18 Jahre lang als Soldat der Royal Artillery für diese mehr als 11 000 Paar Stiefel gesohlt hat. Sturgeon erwirbt als Autodidakt umfassende Kenntnisse der Elektrizität und kommt durch die Nachvollziehung der Experimente Oersteds 1825 zur

Erfindung des Elektromagneten:

Er erkennt, daß ein von Stromleiterwindungen umgebener Weicheisenkern zum Magneten wird, der die permanenten Magneten an Zugkraft weit übertrifft und durch Schließen und Öffnen des Stromkreises nach Belieben in und außer Wirksamkeit gesetzt werden kann.

Dieser Elektromagnet, den Sturgeon der Society of Arts vorführt, was ihm den Posten eines Experimentators an der Militärakademie der East-India-Company in Addiscombe einbringt, besteht aus einem hufeisenförmig gebogenen, etwa 30 Zentimeter langen Weicheisenstab von etwa eineinhalb Zentimeter Durchmesser, den Sturgeon durch eine dicke Schellackschicht isoliert und auf dem er 18 Windungen eines blanken Kupferdrahts anbringt. Der Eisenkern dieses ersten Elektromagneten wiegt etwa 200 Gramm. Wird der Strom einer Volta-Batterie eingeschaltet, trägt er 4100 Gramm. Wird dieser Strom ausgeschaltet, läßt er die Last sofort fallen. Und damit ist nicht nur ein völlig neuartiger Magnet geschaffen, sondern zugleich das Relais erfunden, das W. F. Cooke 1836 zur Begründung des elektrischen Eisenbahn-Signalwesens und S. F. B. Morse 1837 bis 1843 zur Durchsetzung des öffentlichen Telegraphen benutzen und das heute unzählige Anwendungen findet.

Ist Sturgeon ein Schuhmacher, der nicht bei seinen Leisten geblieben ist, so ist der Amerikaner Joseph Henry ein Uhrmacher-Lehrling, der nachts Chemie und Sprachen studiert hat, Landmesser und Mathematik-Lehrer geworden ist, Schweiggers und Sturgeons Erfindungen kombiniert und statt des Eisenkerns die Drähte des Elektromagneten isoliert. Deren Windungen kann er derart vervielfachen, daß sein für die Universität Princeton gebauter Magnet 340 kg trägt und der dem Yale-College verkaufte Magnet 947 Kilogramm. Sturgeon ist 1838 nach Manchester gezogen und hat dort den Bierbrauer J. P. Joule kennengelernt, der als Physiker weltberühmt wird. Zusammen haben sie die Hubkraft der Elektromagneten derart gesteigert, daß Lasthebe-Magneten heute in zahllosen Stahlwerken und auf allen Schrottplätzen verwendet werden.

Ungleich wichtiger aber ist, daß durch den Dänen Oersted, den Franzosen Ampère, den Deutschen Schweigger, den Engländer Sturgeon und den Amerikaner Henry alle theoretischen und praktischen Grundlagen für Michael Faradays große Entdeckung des Jahres 1831 geschaffen sind, die der elektromagnetischen Induktion, auf der alle unsere heutigen elektrischen Maschinen beruhen.

1820

Wie alle Naturkräfte dient die Elektrizität dem Menschen nur, wenn er sie beherrscht und lenkt. Wie der Blitz harmlos wird, sobald er über einen Blitzableiter den ihm vom Menschen vorgeschriebenen Weg in die Erde nimmt, so funktionieren alle elektrischen Geräte nur, solange sie nicht „durchbrennen", der Strom den ihm durch die Leitungen vorgeschriebenen Weg nimmt, er nicht Abkürzungen sucht und es zu „Kurzschlüssen" kommt, die nicht nur Geräte zerstören, sondern immer wieder auch katastrophale Brände auslösen.

Sein Weg vorgeschrieben wird dem Strom durch

die elektrische Isolations-Technik,

zu der es erst 24 Jahrhunderte nach der Beschreibung der Elektrizität durch Thales von Milet 585 v. Chr. kommt. Fast ein Jahrhundert, nachdem Stephen Gray *(→ 1663)* die Leitfähigkeit der Elektrizität entdeckt, 1727 den Unterschied zwischen Leitern und Isolatoren erkannt und in Form eines Harzkuchens einen „Isolierschemel" erfunden hat, auf den er die Gegenstände stellt, die er mit einer Guericke'schen Elektrisiermaschine auflädt. Die ersten isolierten Drähte stellt Johann Salomo Christoph Schweigger her, dessen Namen kaum noch jemand kennt und der nie berühmt war, ohne den es aber die Schwachstrom-Technik so wenig gegeben hätte wie die Starkstrom-Technik oder die Elektronik.

In Erlangen 1779 geboren, entstammt Schweigger einer Nürnberger Harnischmacher- und Bronzegießer-Familie. Er studiert Philosophie und Naturwissenschaften, wird Mathematik- und Physik-Lehrer an den Gymnasien von Nürnberg und Bayreuth und kann durch eine kleine Erbschaft eine Reise nach Frankreich und England machen, durch die er Ampère, Fourcroy, Davy und andere große Naturforscher seiner Zeit kennenlernt. Im Jahr seiner Rückkehr nach Deutschland, 1819, entdeckt Oersted den Elektro-Magnetismus *(→ 1819 bis 1825)*. Schweigger vollzieht dessen Versuche nach und endeckt, daß die elektromagnetische Wirkung des Stroms von der Zahl der Drahtwindungen abhängt, die dieser durchfließt und die auseinandergehalten werden müssen. Das aber ist damals praktisch unmöglich, denn isolierte Drähte gibt es nicht, alle bisherigen Versuche mit der Elektrizität sind mit blanken Drähten gemacht worden.

Schweigger weiß, daß Gray erstmals Strom dadurch geleitet hat, daß er eine nasse Hanfschnur an Seidenfäden aufhängt, deshalb isoliert er Kupferdraht durch eine Seidenumhüllung. Einfacher ist es, den Draht in flüssigen Siegellack zu tauchen und schließlich in Schellack, ein Gemisch von Wachsen und Harzen, das gewisse indische Pflanzen nach dem Stich ganz bestimmter Baumwanzen ausscheiden. Aus derart isolierten Drähten stellt Schweigger 1820

die erste Magnetspule der Welt

her und erfindet damit den „Multiplikator", indem er in deren Magnetfeld eine Magnetnadel schwingen läßt. Die Spule verstärkt die Wirkung derart, daß auch bisher unmeßbare schwache Ströme entdeckt werden können. Mit Schweiggers Multiplikator entdeckt 1821 Thomas Johann Seebeck die Thermo-Elektrizität. Zum Nadel-Galvanometer weiterentwickelt, wird Schweiggers Instrument rasch zu einem unentbehrlichen Forschungs-Hilfsmittel, ebenso aber zum Hauptbestandteil des Nadel-Telegraphen und zur Voraussetzung der Induktoren, mit denen später Hertz und Marconi arbeiten und auf denen die Radiotechnik und der Rundfunk beruhen.

Sind Ruhmkorff-Induktoren mit 342 000 Windungen, wie es sie 1876 gibt, ohne Schweiggers Isoliertechnik so undenkbar wie die Drehspulen der heutigen Belichtungsmesser, die kaum ein halbes Gramm wiegen, aber nichtsdestoweniger aus 2500 Drahtwindungen bestehen, so auch alle elektrischen Maschinen. Schweigger erfindet auch eine Methode, Kupferdrähte mit Seide zu umspinnen und dann erst in Schellack zu tauchen. Als der Amerikaner Thomas Davenport, ein Grobschmied aus Brandon in Vermont, der durch Selbststudium zum Elektropionier geworden ist, 1834 einen Elektromotor zu bauen versucht, zieht er Faden für Faden aus dem seidenen Hochzeitskleid seiner Frau, um seine Wicklungsdrähte zu isolieren.

Beginnt mit der Isolation (wörtlich „Absonderung") die Elektrotechnik, so muß es natürlich erst zur Kabel-Industrie kommen, ehe Schweiggers Erfindung sich voll auswirkt, denn er stellt isolierte Drähte nur für den Eigengebrauch her. Auch Faraday macht 1831 seine wahrhaft weltbewegenden Entdeckungen noch mit Hilfe von Drähten, die er nach Schweiggers Rezepten selbst isoliert.

Die erste Kabelfabrik der Welt

gründet Wilhelm (seit 1883 Sir William) Siemens, ein jüngerer Bruder des Erfinders der Dynamomaschine, erst 1847 in England.

Selbst ein großer Erfinder *(→ 1856)*, vertritt Wilhelm Siemens die „Telegraphen-Anstalt" seines Bruders in England und beschafft ihr in der Londoner City das Kapital für ihre phänomenal rasche Entwicklung zum Weltunternehmen. Er erkennt die Notwendigkeit, mehr und mehr von Freileitungen zu unterirdischen Telegraphenleitungen überzugehen und untersucht systematisch alle in Frage kommenden Isoliermittel, die billig genug sind, um schließlich Hunderte Millionen Kilometer Leitungen herzustellen. Und das ist der Haken: Seide und Schellack sind unerschwinglich wie die Glas- oder Porzellanrohre, die Morse vorschlägt. Wilhelm Siemens experimentiert mit Gesteinsmehl, das er mit Asphalt, Pech und Kolophonium durchtränkt. Er verwendet Glimmer und Asbest und entdeckt schließlich 1846 in der Guttapercha einen für die Kabelerzeugung ideal geeigneten Stoff. Der eingetrocknete Milchsaft der in Malaya heimischen Bäume der Gattung Palaquium und Payena wird durch tiefe Einschnitte in die Rinde der lebenden Bäume gewonnen und erstarrt an der Luft zu einer braunen, schwammigen Masse, die in Wasser von 65° C plastisch wird und die bei dieser Temperatur angenommene Form in der Kälte bewahrt. Durch eine Vorrichtung gepreßt, die einer Nudelmaschine ähnelt, entsteht eine nahtlose Guttapercha-Röhre, die Drähte hervorragend isoliert und die durch eine Bleipresse „armiert" werden kann.

Nur diese Isolations-Technik ermöglicht die Telegraphen-Verbindung zwischen Europa und Nordamerika, die am 27. Juli 1866 zustande kommt, für die Siemens das 3750 Kilometer lange Unterseekabel liefert — und deretwegen Charles Wyville Thomson

die Tiefsee-Forschung

begründet. Nur die entsprechende Isolierung ermöglicht die von Siemens & Halske 1867 bis 1870 gebaute, rund 11 000 km lange „Indoeuropäische Telegraphenlinie" zwischen London und Kalkutta, die bis 1931 in Betrieb bleibt. Alle unterirdischen und Unterwasser-Leitungen werden bis 1933, als der Kunststoff Polyäthylen in größeren Mengen erzeugt werden kann, mit Guttapercha isoliert, zahllose andere mit Gummi, dessen Verwendung ebenfalls durch Wilhelm Siemens durchgesetzt wird.

Wieviele Hunderte Milliarden Kilometer elektrische Leitungen es heute auf der Welt gibt, ist nicht bekannt und nicht zu berechnen. Hundert Jahre nach Schweiggers erstem isolierten Draht sind auf der Welt 122 Millionen Kilometer unterirdische Telegraphen- und Fernsprechleitungen verlegt, Leitungen, die die dreihundertfache Entfernung der Erde vom Mond überbrücken. 1970 sind es weit über zwei Milliarden Kilometer, allein in den USA 660 Millionen. Zwar vollbringen die „nackten" Drähte der Hochspannungsleitungen die eindrucksvollsten Transportleistungen *(→ 28. August 1891),* aber die „isolierten" Drähte speisen die ungleich längeren Verteiler-Netze und diese wiederum unzählige Geräte, die ohne Isolation nicht denkbar sind.

1821

1800 hat Francois de Fourcroy mit Hilfe des zuvor von Alessandro Volta erfundenen chemo-elektrischen Elements *(→ 1799)* einen Draht zum Glühen gebracht und damit die Wärmewirkung des elektrischen Stromes entdeckt. Sein Schüler Thomas Johann Seebeck fragt sich: Wenn sich Elektrizität in Wärme verwandelt, kann dann nicht auch Wärme in Elektrizität verwandelt werden? Seine Versuche bleiben lange ergebnislos. Erst mit Hilfe des 1820 von J. S. Chr. Schweigger erfundenen „Multiplikators“, eines hochempfindlichen Meßinstruments, gelingt ihm 1821

die Entdeckung der Thermo-Elektrizität,

die durch das Erhitzen der Lötstelle zweier verschiedenartiger Metalle entsteht und damit eine umweglose Umwandlung von Wärme in elektrischen Strom bedeutet.

Die dabei entstehende Spannung und Strommenge ist aber derart gering, daß die Thermo-Elektrizität nur für die Meßtechnik Bedeutung erhält *(→ 1714)*. Die durch je 1° C Temperatur-Differenz von Antimon-Wismut erzielte thermoelektrische Kraft beträgt nur einige Mikro-Volt, das heißt Millionstel Volt. Zwar wird durch die Halbleiter-Technik *(→ 1955)* der Wirkungsgrad von Thermoelementen von ursprünglich 0,7 auf über 10 Prozent gebracht und mit Blei-Tellur oder Wismut-Tellur und Zusätzen werden Leistungen von 100 bis 500 Watt erzielt. Theoretisch sind auch weit höhere Leistungen möglich: Ein Westinghouse-Projekt aus dem Jahr 1960 sieht eine 75-Kilowatt-Anlage mit einer Betriebstemperatur von 650° C vor und die Abgasnutzung durch eine Gasturbine. Aber die Anlage ist nicht gebaut worden und auch noch keiner der vielen Vorschläge verwirklicht, in Großanlagen die Sonnenstrahlung thermoelektrisch zu nutzen.

In Serien hergestellt hat man bisher nur thermoelektrische Mini-Generatoren, die Strom von 2 Ampere und 1,5 Volt liefern: In der Sowjetunion und in China werden sie in den sechziger Jahren zum Betrieb von Radios verwendet. Als Wärmequelle dient eine Petroleumlampe, welche die radial angeordneten Thermoelemente erhitzt und zugleich durch große Rippen den Raum heizt.

1824 bis 1828

Wenn die menschliche Zivilisation mit dem Feuer beginnt, ein Naturgeschenk, das durch den Blitz auf die Erde kommt, so braucht der Mensch seit Urzeiten höhere Temperaturen, als sie durch „normale“ Verbrennungsvorgänge entstehen. Daher facht er seit Jahrtausenden das Feuer durch Zug-Erzeugung sowie durch Blasrohre und Blasebälge an *(→ um 1475 v. Chr.)*. Aus den primitiven Luft-Zuführungsmitteln werden mächtige Gebläse, aber stets wird kalte Luft ins Feuer geblasen. Erst James Beaumont Neilson entdeckt 1824 die viel größere Wirksamkeit heißer Luft und setzt

die „Winderhitzung“

durch, die revolutionäre Folgen auf den verschiedensten Gebieten hat.

Sohn eines schottischen Gruben-Maschinisten, der zuerst den Beruf seines Vaters ausübt, wird Neilson 1817 Aufseher und vier Jahre später durch Selbststudium und Ideen Chef-Ingenieur der „Gasanstalt“ von Glasgow. Er entdeckt bei Leuchtgas-Brennversuchen, daß erwärmte statt kalte Verbrennungsluft die Flammentemperatur steigert. Versuche mit einem Schmiedefeuer ergeben das gleiche Resultat. Seit 1824 versucht Neilson die Winderhitzung für die Hüttentechnik zu nutzen, aber dies widerspricht den Erfahrungen der Hochofenbetreiber, die im Winter viel bessere Resultate als im Hochsommer erzielen. Allerdings liegt das nicht an der Temperatur, sondern am Feuchtigkeitsgehalt der Luft, der im Sommer höher ist. Aber erst 1828 kann Neilson das durch einen entscheidenden Versuch auf der Clydehütte Collin Dunlops nachweisen und sein Verfahren patentieren. Die Winderhitzung rationalisiert nicht nur die Hüttentechnik entscheidend, sondern auch die Energiewirtschaft, denn sie senkt den Koksverbrauch je Tonne Roheisen von 8 auf 5,2 und schließlich 2,25 Tonnen. Die Wind-Temperatur beträgt zuerst 93, dann 138, schließlich 315° C. Als Neilson seine Arbeiten beginnt, wird den Hochöfen die Luft durch Lederschläuche zugeführt. Natürlich halten diese solche Temperaturen nicht aus, deshalb entwickelt er wassergekühlte Kupferleitungen, erfindet neue Einblasdüsen usw. Andere setzen Neilsons Arbeit fort, aber am Prinzip der Winderhitzung ändert sich bis heute nichts. Eineinhalb Jahrhunderte nach Neilsons bahnbrechender Erkenntnis (1974) sind in Japan Hochöfen in Betrieb, die jeder jährlich 3,8 Millionen Tonnen Roheisen liefern, dreimal so viel als 1824 die Welt-Roheisengewinnung betragen hat. Sie brauchen für die Tonne Roheisen nur mehr 470 kg Koks, nicht zuletzt, weil ihre Winderhitzer eine Stundenleistung von 235 000 Kubikmetern haben und die eingeblasene Luft nun 1100° C heiß ist.

Schon die Herabsetzung des Koksverbrauches auf ein Zwanzigstel bedeutet gewaltige Energie-Einsparungen, aber dazu kommt 1832

die Nutzung des Gichtgases.

Koks dient im Hochofen nicht nur als Wärmequelle, sondern vor allem als Reduktionsmittel. Er verbrennt nur unvollkommen und bildet das sogenannte

Gichtgas, das aus der „Gicht", der zur Beschickung dienenden oberen Öffnung der Hochöfen, ausströmt und jahrhundertelang „abgefackelt", das heißt angezündet und nutzlos verbrannt wird. Erst der Württembergische Bergrat Friedrich von Faber du Faur, der seit 1811 das Hüttenwerk Wasseralfingen leitet, schließt die Gicht 1832 durch die „Gichtglocke" ab und benutzt das sich unter diesem Deckel ansammelnde Gas zur Winderhitzung. Zwar besteht Gichtgas vorwiegend aus Stickstoff, aber auch bis zu 45 Prozent aus Kohlenmonoxyd und Kohlendioxyd. Sein unterer Heizwert beträgt 4200 Kilokalorien. Jede Tonne Koks liefert etwa 5000 Kubikmeter Gichtgas, und so kann Faber du Faur nicht nur seine Winderhitzer, sondern auch Flammöfen mit Hochofen-„Abfall"-Gas betreiben. In England wird das Gichtgas noch mehr als ein Jahrhundert abgefackelt, in Deutschland aber verschwinden die nachts den Himmel erhellenden Hüttenfeuer mehr und mehr.

Eine noch bedeutendere Folge von Neilsons Entdeckung der Heißluft-Wirkung ist

die Erfindung der Regenerativ-Feuerung

durch Friedrich und Wilhelm Siemens im Jahr 1856. In deren Öfen wird heißes Kohlegas mit heißer Luft verbrannt. Es werden dadurch bisher unerreichbare Temperaturen erzielt, die u. a. den „Abfall" Schrott zu einem wichtigen Grundstoff machen.

1825 — 27. September

Die erste brauchbare Lokomotive hat Richard Trevithick bereits 1803 gebaut und mit Eisenblech benagelte Holzbohlen als Schienen für pferdegezogene Kohlewaggons gibt es in englischen Bergwerken seit Mitte des 18. Jahrhunderts. Aber

die Dampf-Eisenbahn

setzt George Stephenson erst 1825 bis 1830 durch. Er erkennt, daß „Geleise und Lokomotive ein- und dieselbe Maschine" sind, die Schienen nicht nur große Lasten tragen, sondern auch die Lokomotiv- und Waggonräder lenken müssen. Stephenson macht aus dem Schotterbett des berühmten Straßenbauers John Loudon McAdam die tragfähige Unterlage für (erstmals 1820 von John Birkinshaw) gewalzte Schienen der entsprechenden Form. Er erkennt sowohl, daß die Zugkraft der Lokomotiven von ihrem Gewicht abhängt und entwickelt der erhöhten Zugkraft entsprechende Kupplungen, als auch, daß der Widerstand der Straßen- und Kanalbauer, Fuhrleute und Kanalschiffer wie der zahlreichen Technik-Feinde seiner Zeit gegen Eisenbahn-Konzessionen nur zu brechen ist, wenn der Eisenbahn-Personenverkehr viele Menschen von dessen Vorteilen überzeugt. Er kann die Linie Stockton-Darlington bauen, weil diese die reichen Kohlevorkommen der Grafschaft Durham mit der Nordsee verbindet. Auf diesen 18 Kilometern verkehren seit dem 27. September 1825 auch

die ersten Personenzüge der Welt,

deren insgesamt 90 Tonnen Gewicht Stephensons Lokomotive „Active“ mit 17 Kilometer Stundengeschwindigkeit zieht. Diese Bahnlinie löst erbitterte Debatten aus, aber schließlich wird eine Schienenverbindung zwischen Liverpool und Manchester vom Parlament mit 36 gegen 35 Stimmen genehmigt. Das bedeutet weltweit die Durchsetzung der Dampf-Eisenbahn. An den Eröffnungs-Feierlichkeiten der Linie nehmen am 15. September 1830 der Herzog von Wellington und Englands Premierminister Robert Peel teil. Zwischen 1830 und 1930 wächst das Welt-Schienennetz von 330 Kilometern auf 1,3 Millionen Kilometer. Dadurch vor allem wird

die Kohle der wichtigste aller Energieträger.

Sie stellt im Jahr 1900 über 96 Prozent der Welt-Primärenergie, direkt durch den Bedarf an Kesselkohle, indirekt durch den an Eisen, den Koksbedarf der Hüttenwerke, und durch die Wirtschafts-Intensivierung, welche die Eisenbahn-Massentransporte ermöglichen. Erst durch das Zusammenwirken der Schienentransporte mit der 1807 in Gang gekommenen Dampfschiffahrt kann sich auch der Welthandel voll entwickeln.

Ausgelöst hat diese Entwicklung der vom Hilfsarbeiter zum Erfinder und Großunternehmer aufgestiegene George Stephenson, aber nur bahnbrechende Erfindungen auf den verschiedensten Gebieten und die Leistungen zahlloser Unbekannter machen die Eisenbahn leistungsfähig und sicher. Stahl-Schienen setzen die Massen-Stahlerzeugung voraus, die Henry Bessemer 1855 mit Hilfe der Luft ermöglicht, die Zugkraft der Lokomotiven und die Tragkraft der Waggons können wesentlich erst erhöht werden, als Alfred Krupp 1852 seinen aus einem Stück geschmiedeten und gewalzten Radkranz auf den Markt bringt, denn geschweißte Räder und Achsen sind nicht widerstandsfähig genug. Ebenso unentbehrlich ist George Westinghouse's Luftdruckbremse des Jahres 1869, denn erst sie macht die nötige Geschwindigkeit möglich. Auch bei der Entwicklung des Eisenbahnwesens ist es auf Leistungs-Ketten angekommen, auf das Zusammenwirken der verschiedensten Kräfte.

1826

Wenn die Energie seit dem Entstehen des Weltalls die „treibende Kraft" ist, so gibt es den Begriff nichtsdestoweniger erst seit 1826. Noch 1924 wird die Welt-Energie-Konferenz *(→ Oktober 1986)* als „Welt-Kraft-Konferenz" gegründet und heißt so bis 1968. Kraft und Energie aber sind nicht das gleiche. Die Kraft hat bereits Leonardo da Vinci 1510 definiert als „eine unsichtbare Macht, die den Körpern innewohnt und mit ihnen verschmolzen ist... und sie aus ihrem natürlichen Zustand herauszureißen vermag...". Aber Kraft ist nicht nur unsichtbar, sondern an sich wirkungslos. Fühlbar und meßbar wird sie erst, wenn sie Bewegung auslöst. Auch Bewegung an sich bedeutet nichts. Erst wenn die an einem Körper haftende Kraft in eine bestimmte Richtung gelenkt einen sinnvollen Weg zurücklegt, leistet sie Arbeit. Worauf es ankommt, ist nicht die Kraft, sondern

das Wirken einer Kraft.

Das ist auch James Watt nicht klar, als er 1780 den Begriff „Pferde-Kraft" („Horse Power") festlegt. Einem Brauerei-Besitzer muß er beweisen, daß seine Dampfmaschine *(→ 1769 bis 1794)* beim Wasserheben mehr leistet als ein Göpel-Pferd. Seither gilt (aus den englischen Maßen umgerechnet): 1 PS = 75 mkg/sec = 0,736 kW. Aber das ist nicht nur eine Rekordleistung, die kein normales Pferd erreicht, sondern die Bezeichnung ist falsch, weil es sich hier nicht um eine Kraft, sondern das Wirken einer Kraft auf einer bestimmten Wegstrecke und innerhalb eines bestimmten Zeitraumes handelt. Auch Pferde-Stärke ist falsch, richtig wäre Pferde-Leistung. Diesen entscheidenden Unterschied erkennt erst

Jean Victor Poncelet.

In Metz 1788 geboren, lernt Poncelet bei einem Pfarrer Lesen und Schreiben, der ihm einen Freiplatz im Lyzeum dieser Stadt verschafft. Durch seine erstaunliche mathematische Begabung erhält Poncelet auch einen Freiplatz in der Pariser Ecole Polytechnique, die er binnen drei statt fünf Jahren absolviert. Er wird 1810 Pionier-Offizier, nimmt unter Marschall Ney am Rußland-Feldzug Napoleons teil und überlebt ihn, weil er 1812 beim Bau einer Brücke in Smolensk gefangengenommen und nach Saratow an der Wolga gebracht wird. Erst 1814 kann er nach Frankreich zurückkehren, hat aber inzwischen ohne Unterlagen, nur auf sein Gedächtnis angewiesen, sein 1822 veröffentlichtes Werk „Traité des propriétés projectives des figures" verfaßt, mit dem er die projektive Geometrie begründet.

Als Lehrer an der Artillerie- und Ingenieurschule in Metz begründet Poncelet auch die technische Mechanik und die theoretische Maschinenbaulehre. Er erkennt die Bedeutung der Schubspannung für die Festigkeit und erfindet 1825 ein unterschlächtiges Wasserrad mit gekrümmten Schaufeln, das mit 60 Prozent den doppelten Wirkungsgrad der bisherigen Wasserräder hat.

Und als Erster fragt sich Poncelet: Was dreht diese Räder? Wasser fließt zu und das gleiche Wasser fließt ab, keinerlei Unterschied ist zu erkennen. Aber das ablaufende Wasser ist „verbraucht". Es hat etwas Geheimnisvolles an die Radwelle abgegeben und die gibt dieses Unsichtbare an einen Mühlstein oder an einen Schmiedehammer weiter. Ist das „Kraft"? Poncelet erkennt: Das ist Kraft-Wirkung, Arbeits-Leistung. Er schreibt 1826: „... Arbeit leisten bedeutet vom Standpunkt der technischen Anwendung Widerstände überwinden oder vernichten, wie die Adhäsion, die Spannkraft, die Schwerkraft oder die Massenträgheit sie darstellen ... und

alles Arbeits-Vermögen entspringt der Energie,

der in den Körpern gespeicherten Arbeitskraft." Poncelet definiert die Energie als „Fähigkeit eines physikalischen Systems, Arbeit zu leisten".

Wie die Wirkung der Wasserkraft untersucht Poncelet die Wirkung der Pulvergase in Geschützrohren und des Wasserdampfes in Zylindern und drückt sie erstmals in Meterkilogramm als Arbeitseinheit aus. Er wird so — wie Sadi Carnot durch seine Arbeiten des Jahres 1824 — zu einem der großen Anreger Julius Robert Mayers *(→ 31. Mai 1842)*, der 1840 schreibt: „Was Kraft, was Wärme ist, brauchen wir nicht zu wissen ... es mag jedermann über das Wesen der Dinge denken, was und wie er will. Aber das müssen wir wissen, wie man die Arbeit und die Wärme nach unveränderlichen Einheiten zählt. Dieses Messen ist es ... welches eine Neugestaltung der Naturwissenschaften hervorruft ..."

Zu seiner Zeit hoch angesehen, seit 1834 Mitglied der Akademie der Wissenschaften, seit 1838 Professor der angewandten Mechanik an der Sorbonne, 1848 Generalmajor und Direktor der Ecole Polytechnique, ist Poncelet heute weitgehend vergessen, aber nichtsdestoweniger einer der großen

Klärer der Begriffe.

Schon Kung Fu-tse weiß 495 v. Chr., daß „ohne Richtigstellung der Bezeichnungen" keinerlei echter Fortschritt in der Welt möglich ist.

Allgemein verbreitet sind klare Energie-Begriffe allerdings auch heute noch keineswegs. Meist wird ignoriert, daß „Energie" ein Sammelbegriff ist und strikt zwischen Primärenergie (Rohenergie), Gebrauchsenergie (Sekundär- oder Endenergie), Nutzenergie und aktiver Energie unterschieden werden muß.

Ausgegangen wird vom Energiegehalt der Energieträger, der „Primärenergie". Praktisch nur sie wird von den globalen Statistiken erfaßt. Aber sie muß freigesetzt werden, was Umwandlungs-, Übertragungs- und Verteilungs-Verluste mit sich bringt. Nicht das Erdöl kann verwendet werden, sondern nur Mineralölprodukte, die Kohle muß aufbereitet werden usw. Was wir brauchen, ist aber auch nicht Benzin oder Kohle, sondern mechanische Energie, Wärme, elektrisches Licht usw., das heißt Nutz-Energie. Diese Umwandlung ist mit naturgesetzlich unvermeidbaren und mit technisch vermeidbaren Verlusten verbunden. Wirkliches Energie-Sparen ist nicht mit dem Ausschalten von Lichtreklamen zu erzielen und in nennenswertem Ausmaß auch nicht mit dreifach verglasten Fenstern, sondern durch revolutionäre technologische Fortschritte, zum Beispiel Elektro- statt Benzin-Autos.

Der Nutzenergie-Verbrauch in Prozent des Primärenergie-Bedarfs

hat im Weltdurchschnitt betragen:

In den Jahren	rund =	Umwandlungs-Verluste
1913	14 %	86 %
1930	20 %	80 %
1950	35 %	65 %
1985	47 %	53 %

In den Vereinigten Staaten aber werden bereits 52 und in der Bundesrepublik Deutschland 58 Prozent Nutzenergie aus der Primärenergie gewonnen, relativ kurzfristig erreichbar sind 60 bis 62 Prozent, weitere Wirkungsgradverbesserungen jedoch äußerst schwierig.

Auch die Nutzenergie dient noch nicht der tatsächlichen Bedarfsbefriedigung, das tut erst

die aktive Energie:

Die Wärme zum Beispiel, die nicht durch die Fenster und Wände verlorengeht oder bei Autos zum Beispiel, was von der Bewegungs-Energie nicht vom Luftwiderstand, der Reibung usw. aufgezehrt wird, sondern was von dieser für die Ortsveränderung oder den Gütertransport übrigbleibt. Den Primärenergie-Verbrauch in der Bundesrepublik Deutschland gleich 100 gesetzt, beträgt die Nutzenergie, wie gesagt, 58. Die aktive Energie jedoch nur im Durchschnitt:

Beim Verkehr	18
Im Haushalt	45
In der Industrie	55

Entscheidend ist also nicht nur der Wirkungsgrad, der bei der Energie-Freisetzung und Umwandlung erreicht wird, sondern wozu die Energie verwendet wird. Das zu wissen, ist leider nicht Allgemeingut. Ignoriert wird zudem nicht nur, daß die Industrie dreimal so viel aktive Energie aus der Primärenergie gewinnt wie der Verkehr, sondern auch, daß Energie, die der Herstellung von Investitions- oder Dauergütern dient, unzähligemale und Jahre und oft jahrzehntelang Dienste leistet, die für die Ortsveränderung, das Heizen usw. aufgewendete durch die Verwendung selbst aufgezehrt wird.

1827

Daß das Innere unseres Planeten *(→ vor etwa 4,6 Milliarden Jahren)* nach wie vor teilweise feurig-flüssig ist, beweisen uns immer wieder Vulkan-Ausbrüche, und jeder Bergmann weiß, wie rasch es mit zunehmender Schachttiefe heiß wird. Es gibt große Abweichungen, aber im allgemeinen steigt die Temperatur alle 33 Meter um 1 °C. Das Gestein in 3 bis 5 Kilometern Tiefe ist bereits heiß genug, um Wasser in Dampf zu verwandeln. Durch die Natur selbst geschieht das an zahlreichen Stellen der Erde. Besonders dort, wo es noch tätige Vulkane gibt, steigt Magma durch Felsspalten bis nahe an die Erdoberfläche und verdampft einsickerndes Wasser. In einem hügeligen Gebiet der Toskana zum Beispiel, das zur Zeit der Etrusker wegen seines Metallreichtums berühmt ist, brechen seit Urzeiten riesige, übelriechende Dampfwolken aus der Erde, die Ende des 13. Jahrhunderts Dante Alighieri zu seiner Höllen-Vision inspirieren und in denen 1777 der aus Köln stammende Hof-Chemiker des Großherzogs der Toskana, Hubert Franz Höfer, Borsäure feststellt.

Diese gewinnt seit 1818 der Graf Francesco de Larderel hier aus den „lagoni", seichten, sumpfigen Heißwasseransammlungen. Ehe die Borsäure auskristallisiert, muß das Wasser noch stundenlang durch Holzfeuer abgedampft werden, und da Brennholz immer teurer wird, benutzt Larderel seit 1827 den vulkanischen Dampf als Wärmequelle, beginnt

die erste industrielle Erdwärme-Nutzung der Welt.

Diese neue Energiequelle macht das Unternehmen des Grafen erst wirtschaftlich, bald braucht er so viele Leute, daß die Stadt Larderello entsteht. Sein Enkel Florestano de Larderel beginnt Borax herzustellen (wasserhaltiges, borsaures Natrium), der unentbehrlich für die Herstellung hitzebeständigen Glases ist, in der Gerberei, der Textil-Appretur, vor allem aber für die Waschmittelerzeugung gebraucht wird. Dessen Schwiegersohn, Fürst Piero Ginori Conti, schließlich nutzt nicht nur den Dampf, der von selbst aus dem Boden dringt, sondern er bohrt Dampfquellen und nimmt 1904

das erste geothermische Kraftwerk der Welt

in Betrieb: Leistung 30 Kilowatt.

Bald allerdings ist das Innere seiner Dampfmaschine durch Borsäure, Schwefelsäure und andere Verunreinigungen des Vulkandampfes zerfressen. Neue Werkstoffe für Wärmeaustauscher lösen 1912 das Problem und eine 220-kW-Dampfturbine wird installiert, 1916 folgen drei Maschinensätze von je 2500 Kilowatt. Im Jahr 1930 liefert die Erdwärme 12 Megawatt und Larderello-Strom wird nach Volterra, Siena, Livorno und Florenz übertragen. Im Jahr darauf wird in 360 Metern Tiefe Dampf angebohrt, der allein 15 MW liefert, und 1950 beträgt die Kraftwerksleistung von Larderello 180 Megawatt.

Das zweite geothermische Kraftwerk der Welt kommt erst am 16. November 1958 in Wairakei auf Neuseeland in Betrieb. Zwei Jahrzehnte später gibt es solche in 16 Ländern, zusammen leisten sie 1450 Megawatt elektrisch.

Das Erdwärme-Potential

jedoch, das zu etwa drei Zehntel aus der Frühzeit unseres Planeten stammt und zu sieben Zehntel aus dem ständigen radioaktiven Zerfall von Uranium-,Thorium- und Kalium-Atomkernen, ist kaum vorstellbar. Der im Erdinnern gespeicherte Vorrat an geothermischer Energie wird auf 500 Milliarden Terawattjahre geschätzt (1 TW = eine Millarde Kilowatt), denn die Temperatur im äußeren Erdkern beträgt etwa 3000° C, in der Erdkruste schwankt sie zwischen 525 und 15° C. Der Energievorrat in nur fünf Kilometern Tiefe (viel weniger als heute zahlreiche Erdölbohrungen tief sind) wird mit 10 Millionen Terawattjahren angenommen. Gelänge es, hiervon im Bereich der Kontinente nur ein Prozent zu nutzen, so würde das dem heutigen Gesamt-Weltenergie-Bedarf von vier Jahrtausenden entsprechen.

Solange noch Öl- und Erdgas-Bohrungen fündig werden, ist mit dieser Nutzung allerdings kaum zu rechnen, denn Heißwasser und selbst Dampf bringt weniger ein. Außerdem sind die Bohrkosten für die geothermische Energie höher, weil entweder zwei Löcher (eines für das eingeleitete Wasser und ein zweites für das erhitzte) nötig sind oder eines mit viel größerem Durchmesser für ein Doppel-Rohr. Noch bleiben vor allem die Probleme der unterirdischen Gesteinszerkleinerung und der Abgrenzung der Nutzungszonen, der Wasser- und Dampfwege, Verluste durch geologische Bruchzonen usw. ungelöst. Aber im Nachöl-Zeitalter wird die Erdwärme eine Rolle spielen.

1828

Nachdem der Apotheker Martin Heinrich Klaproth 1789 das Element Uranium entdeckt hat, entdeckt der Schöpfer der chemischen Formelschrift und Hauptbegründer der analytischen Chemie Jöns Jakob von Berzelius 1828 in einem bei Brevig in Norwegen gefundenen Mineral, das er nach dem Donner-Gott Thor Thorerde nennt, das Element Thorium, das er im Jahr darauf als Metall isoliert.

Den mit 59 bis 79 Prozent Thoriumoxyd höchsten Thoriumgehalt besitzt der Thorianit, der sich vor allem im Flußsand Sri Lankas findet (und auch 13 Prozent Uranoxyd enthält) und fast so radioaktiv wie Pechblende ist. Würfelförmige Thorianit-Kristalle kommen auf Madagaskar, in Transbaikalien und Sibirien vor. Riesige Mengen von Thorium enthält der Monazitsand (die Cererde) Südindiens und Brasiliens. Cheranit (nach Chera, dem antiken Namen von Travancore) besteht aus durchschnittlich 31 Prozent Thoriumoxyd und zu 4 Prozent aus Uranoxyd, während Uran-Erze schon als „reich" gelten, wenn sie 2 Prozent Uranoxyd enthalten. Thorium findet sich (wie Uran) schließlich auch im Granit, dem weitverbreitetsten aller Eruptivgesteine, das in geologischen Formationen vorkommt. Allerdings nur 12 Gramm Thorium und 4 Gramm Uran je Tonne. Der Energiegehalt ist jedoch gleich dem von 50 Tonnen Kohle.

Die Radioaktivität des Thoriums wird 1898 von Gerhard C. Schmidt und wenig später im gleichen Jahr von Marie Curie entdeckt,

Thorium als Spaltmaterial

jedoch erst am 8. März 1948, als Glenn T. Seaborg das nichtspaltbare Thorium-Isotop Th-232 in spaltbares Uranium-233 verwandelt. Praktisch brauchbar wird es erst in Brutreaktoren *(→ 10. Oktober 1968).* Generationenlang scheint Thorium zu nichts zu gebrauchen. Vorübergehend wird es in den Glühstrümpfen Carl Freiherr Auer von Welsbach's (1881) und 1936 bis 1945 als Katalysator der Synthese-Benzinherstellung nach dem Fischer-Tropsch-Verfahren verwendet.

1831

Die bei der Verbrennung entstehenden Temperaturen und Wärmemengen hängen nicht nur vom Energiegehalt der Brennstoffe (deren Wärme- oder Heizwert) ab, sondern auch von der Luftzufuhr. Sie wird seit Jahrtausenden künstlich erhöht *(→ um 1475 v. Chr. und → 1824 bis 1828).* Die Verbrennung hängt weiterhin vom Aggregatzustand und der Vermischungsfähigkeit der Brennstoffe mit der Verbrennungsluft ab, ein Gasgemisch wie Azethylen und Sauerstoff zum Beispiel ergibt mit 3500° C die gut zehnfache Verbrennungs-Temperatur eines Stückkohle-Feuers. Auch feingemahlene Kohle brennt ganz anders als Stückkohle. Das jedoch entdeckt der Oberbergrat Carl Henschel in Kassel erst 1831 und benutzt es zum

„Feuern mit beladenem Wind":

Er bringt durch eine Transportschnecke Kohlenstaub in einen Druckluft-Strom und bläst ihn in eine Kesselfeuerung. Das bedeutet zugleich die Mechanisierung der Kesselfeuerung, bisher einer der schwersten aller Muskelarbeiten, und eine Revolutionierung der Heiztechnik. Da das Kesselblech damals der entstehenden Hitze nicht gewachsen ist, setzt sich Henschels Erfindung nicht durch. 1872 nimmt Thomas Russel Crampton die Idee auf, ein berühmter englischer Lokomotiven-Konstrukteur, aber erst seit 1885 gibt es nahtlose Stahlrohre für Hochleistungs-Kessel. Erst Ende des vorigen Jahrhunders ist die Zeit für die Kohlenstaub-Feuerung reif.

Heute erzeugen Kohlenstaub und heiße Luft *(→ 1824 bis 1828)* in den Brennkammern von Benson-Kesseln bis zu 1800° C, entstehen bis zu 3000 Tonnen Dampf stündlich. Dazu werden 350 Tonnen aufbereitete Kohle verbraucht, alle drei Stunden ein Kohlenzug voll, über eine Million Tonnen jährlich. Sie werden in solch einer Anlage in jährlich 5 Milliarden Kilowattstunden Strom umgesetzt, aber deren Verbrennung bedeutet natürlich auch entsprechende Rauchgas-Mengen, eine entsprechende Umweltbelastung.

Deshalb erprobt zum Beispiel seit 1978 die Bergbauforschung Essen

die Wirbelbett-Kohleverbrennung.

Kohle — auch asche- und schwefelreiche Sorten — wird fein gemahlen und zusammen mit feinkörnigem Kalkstein vermischt auf einen Düsenboden gebracht. Durch diesen „Anströmboden" wird heiße Luft mit hohem Druck und derartiger Geschwindigkeit in die Brennkammer eingeführt, daß die Schüttung aufgewirbelt wird, in einen fluiden Zustand gerät und sich wie eine siedende Flüssigkeit verhält. Die Kohle verbrennt bei nur 800 bis 900° C, aber derart intensiv, daß ebensoviel Dampf erzeugt wird wie bei weit höheren Temperaturen. Der Stickoxydanfall aber vermindert sich um ein Drittel, der Kalkstein verwandelt sich bei diesen Temperaturen in Kalziumoxyd und bindet das freiwerdende Schwefeloxyd *(→ 21. März 1987)* unter Bildung von Gips. Bereits im Feuerungsraum werden also die Rauchgase entschwefelt, die entstehende Asche ist umweltneutral und kann als Baustoff-Zusatz verwendet werden.

Wie Benson-Kessel liefert die Wirbelschicht-Feuerung Dampf von 550 bis 600° C. Dieser treibt einen Turbogenerator. Das Abgas der Wirbelschicht aber wird einer Gasturbine zugeführt, denn es hat einen Druck von 5 bis 10 bar und so wird der Gesamtwirkungsgrad der Anlage auf etwa 50 Prozent gebracht. Die Wärmeübergangswerte der Wirbelbett-Feuerung sind derart, daß die Heizflächen verkleinert werden können, die Anlagen kompakter und damit die Anlagekosten geringer werden. Noch gibt es technische Schwierigkeiten, aber was der Oberbergrat Henschel 1831 begonnen hat, trägt heute unerwartete Früchte und macht auch die Kohlefeuerung wieder zu einer hochmodernen Energienutzungs-Methode.

1831 — 29. August

Ergibt die Forschungs- und Technik-Geschichte zahlreiche wichtige Erkenntnisse, so beweist sie vor allem, daß sich in sämtlichen Schichten der menschlichen Gesellschaft schöpferische Kräfte finden. Ist zum Beispiel Henry Cavendish, der 1766 den Wasserstoff entdeckt, der reichste Engländer seiner Zeit, Sohn des Herzogs von Devonshire und einer Tochter des Herzogs von Kent, so ist William Sturgeon, der 1825 den Elektromagneten erfindet, Sohn eines Tagelöhners und von Beruf Schuhmacher. Michael Faraday, der Sohn eines Grobschmieds, hat als Buchbinder-Lehrling und nur durch die Bücher, die er bei den Kunden zu holen und abzuliefern hat, selbst Lesen gelernt. Durch einen Glücksfall ist er im März 1813 Laborgehilfe der 1799 gegründeten „Royal Institution of Great Britain" geworden, die zum Unterschied von der aus dem Jahr 1660 stammenden „Royal Society" die Naturwissenschaften „zu praktischen Zwecken" fördert, und hat in deren Bibliothek ein umfassendes Wissen erworben.

1816, als Fünfundzwanzigjähriger, hält Faraday Experimental-Vorlesungen in der Royal Institution und im Sommer 1821 schreibt er für die „Annals of Philosophy" eine historische Übersicht über Oersteds Entdeckung des Elektromagnetismus (*→ 1819 bis 1825*) und deren erste Folgen. Faraday's Gönner Humphrey Davy hat ihm Robert Boyle's Diktum des Jahres 1661 eingeschärft:

> *„Nur der Versuch ist schlüssig, nie die unbewiesene Behauptung."*

Faraday kontrolliert deshalb nicht nur alle Versuche, bevor er sie beschreibt, sondern ergänzt sie auch, wo sie ihm zu fehlen scheinen, durch eigene. Dadurch entdeckt er im September 1821 die elektromagnetische Rotation: Eine freigelagerte Magnetnadel dreht sich, wenn über oder unter ihr eine Metallscheibe gedreht wird. Die Metallscheibe selbst dreht sich, wenn man unter ihr einen Magneten dreht. Faraday beschäftigt sich, durch elektrochemische Versuche und Entdeckungen unterbrochen, zehn Jahre lang mit elektromagnetischen Problemen und beweist schließlich am 29. August 1831, daß man nicht nur (wie Oersted, Ampère, Schweigger und Sturgeon das getan haben) Elektrizität in Magnetismus verwandeln kann, sondern auch umgekehrt Magnetismus in Elektrizität. Faraday entdeckt

> *die elektromagnetische Induktion, das Grundprinzip der Elektrotechnik,*

im gleichen Jahr durch Experimente mit leitenden Flüssigkeiten eine der Grundlagen der umweglosen Stromerzeugung, den Magneto-Hydrodynamismus (*→ 1960*).

Er beweist, daß elektrische Spannungen und Ströme durch die Bewegung eines elektrischen Leiters im magnetischen Kraftfeld entstehen und baut einen entsprechenden Generator: Zwischen den Polen eines Hufeisen-Magneten kreist eine durch eine Handkurbel in Bewegung gesetzte Kupferscheibe, von der zwei Kollektorbürsten den Strom abnehmen. Zwar ist die auf diese Weise gewinnbare Strommenge minimal, denn die Kräfte des Naturmagneten sind gering und für Elektromagneten fehlt es an ausreichenden Stromquellen, aber die Entdeckung der Induktions-Elektrizität erweist sich als im wahrsten Sinn des Wortes „weltbewegend". Heute liefert sie nicht nur praktisch allen Strom, sondern setzt ihn durch die Elektromotoren auch in Arbeit um. Sie ermöglicht durch Transformatoren, deren Grundform Faraday angibt, den Strom-Transport über Tausende Kilometer *(→ 28. August 1891)*. Die Induktion liefert flammenlos und binnen Sekunden höchste Temperaturen, sie ermöglicht die Hochfrequenztechnik, damit den Fernsprecher und Lautsprecher, den Rundfunk und das Fernsehen.

Als Faraday seine Entdeckung macht, liegt das alles noch in weiter Ferne und so fragt ihn der spätere Premierminister Englands, William Gladstone, welchen praktischen Nutzen die Induktion denn nun eigentlich habe. Aber Faraday antwortet: „Vielleicht wird sie der Ausgangspunkt einer großen Industrie, die Sie dann besteuern können!" Und das geschieht. Denn 1867 baut Werner Siemens seine Handkurbel-Dynamomaschine, die zwar auch nur maximal 29 Watt leistet, die aber für so viele andere, bessere und größere zum Vorbild wird. Hundert Jahre später erzeugen die ortsfesten Dynamomaschinen 3200 Milliarden Kilowattstunden Strom. Mit Faradays elektromagnetischer Induktion beginnt die Starkstrom-Technik.

1833

Ist seit der „Neolithischen Revolution", dem Beginn des Ackerbaus *(→ 18 000 bis 8000 v. Chr.)*, die Sonnenenergie-Umwandlung in Nahrungsmittel

die lebenswichtigste aller Energienutzungs-Arten,

so wird sie erst rationalisiert, als der Hunger dazu zwingt. Ende des 18. Jahrhunderts leben in Europa mit etwa 160 Millionen drei Zehntel aller Menschen (gegen heute weniger als ein Zehntel). In den dicht besiedelten Teilen der „Alten Welt" mangelt es immer mehr an Äckern und Weiden, weil nur immer längere und ausgedehntere Brache den Boden halbwegs fruchtbar hält. Was heute Mißernten in Afrika bedeuten, bedeuten sie bis ins 19. Jahrhundert auch in Europa: Im Jahr 1715 verhungert ein Drittel der Bevölkerung Frankreichs, noch 1846/47 in Irland eine Viertelmillion Menschen. Hunger und durch den Hunger verursachte Auswanderung halbieren 1840 bis 1900 die Bevölkerung Irlands von rund 8 auf 4

Millionen. Zwei der schwersten Hungersnöte in Europa gibt es 1771 und 1772. So setzt sich seit 1774 Johann Christian Schubart durch, der als

Bahnbrecher des Futterpflanzen-Anbaus

die Tierhaltung revolutioniert, indem er die Herden seßhaft macht. 1789 beginnt die Fruchtwechselfolge, die von Albrecht Philipp Thaer gepredigte Symbiose von Ackerbau und Tierhaltung, Erfolge zu bringen. Thaer kann 1807 auch die erste Landbau-Hochschule der Welt gründen. Franz Karl Achard hat 1901 durch die Zuckerrüben-Zucht die systematische Nutzpflanzen-Verbesserung eingeleitet, bricht durch die Begründung der Zuckerrüben-Industrie auch erstmals ein Klima-Monopol. Schließlich kommt es 1840 durch Justus Liebig zur Agrikultur-Chemie, begründet John Bennet Lawes 1843 die Mineraldünger-Industrie.

Hat in Europa die sinkende Bodenfruchtbarkeit zu Hunger geführt, so ist

Amerikas Problem der Mangel an Arbeitskräften.

Da gibt es ungeheure fruchtbare Ebenen, die schon zur Zeit der Napoleonischen Kriege durch mehr und mehr vom Hunger aus Europa Vertriebene besiedelt werden. Aber die „Great Plains“, die Prärien der Vereinigten Staaten, erstrecken sich 600 Kilometer breit von der Grenze Kanadas 2400 Kilometer weit bis an den Golf von Mexiko. Sie bilden ganz oder zum Teil zehn der heutigen Bundesstaaten der Union. Diese immensen Flächen binnen weniger Tage mit Sensen abernten? Getreide muß reif sein, ehe man es einbringen kann. Aber es darf nicht zu reif werden, denn dann fallen die Körner aus. Nur mit Maschinen ist dieses Problem in Amerika zu lösen.

Nun ist von einer „Mähmaschine“ schon 78 n. Chr. in Plinius' „Historia Naturalis“ die Rede. 1784 versucht Capel Lloft aus Bury im englischen Lancashire sie nachzubauen, seit 1820 auch der Farmer Robert McCormick in Valley of Virginia in den USA. Aber die Modelle können nur einmal im Jahr, zur Erntezeit, erprobt werden, und immer wieder versagen sie. Erst Roberts Sohn Cyrus Hall McCormick hat Erfolg. Wie Eli Whitney 1794 die Baumwoll-Entkernmaschine *(→ 1769 bis 1794)* erfindet, weil er nicht die Handbewegungen des Faser-Abpflückens nachzuahmen sucht, findet McCormick ein Ernte-Prinzip, das nichts mit dem menschlichen Sensen-Mähen zu tun hat (und bis heute gültig ist). Auf einem Feld bei Lexington beweist er 1831, was seine Maschine zu leisten vermag und verkauft die ersten vier Stück. 1833 baut er seine erste Fabrik und

mit der ersten brauchbaren Ernte-Maschine beginnt die Landwirtschafts-Mechanisierung,

wird verwirklicht, was Richard Trevithick bereits 1802 geplant hat. Zugleich beginnt der Weizen das nach der Baumwolle wichtigste Exportprodukt der Vereinigten Staaten zu werden.

Vorerst allerdings ruiniert die amerikanische Bodenspekulations-Krise von 1837 McCormicks Vater und zahllose andere Farmer. Lange haben sie kein Geld, um Maschinen zu kaufen, erst die Fabrik, die Cyrus Hall McCormick 1847 in Chicago gründet, bringt den Durchbruch. Binnen zehn Jahren erreicht die Jahresproduktion 4000 Stück. Er findet einen potentiellen Teilhaber und kann Langfrist-

Kredite geben sowie eine Export-Organisation aufbauen. 1851 ist seine Mähmaschine die Sensation der Londoner Weltausstellung. 1855 wird sie in Paris mit Gold-Medaillen ausgezeichnet, drei Jahre später ist McCormick Millionär. Er erfindet Bindevorrichtungen, kauft Dreschmaschinen-Patente und entwickelt den „Combine“, den Mähdrescher, den zuerst 30 Maultiere oder Pferde über die Prärien ziehen und der 1900 motorisiert wird. Von einem Mann bedient, ernten Mähdrescher heute jeder 10 Hektar täglich ab und liefern 15 Tonnen reines Getreide. Jede Tonne Weizen entspricht etwa 3000 Kilowattstunden Energie und damit dem Jahresbedarf von etwa drei Menschen:

Ein Mensch erntet pro Tag, wovon 45 Menschen ein Jahr lang leben können.

Die Mähmaschine ist ein Energie-Multiplikator, wie das die Düngemittel sind *(→ 1840)* oder die Schaufelrad-Bagger der Braunkohle-Tagebaue *(→ 1861)*.

Natürlich ist die landwirtschaftliche Nutzfläche der Vereinigten Staaten 1830 bis 1860 nicht nur durch den Mähdrescher auf das fast Viereinhalbfache, von rund 38 auf 163 Millionen Hektar, ausgedehnt worden. Ebenso unentbehrlich sind dazu die (von Europa finanzierten) Eisenbahnbauten gewesen. Aber ohne Erntemaschinen wäre

die Steigerung der amerikanischen Weizenausfuhr auf das Fünfundvierzigfache binnen zwei Generationen,

von 133 000 Tonnen 1830 auf 6 Millionen Tonnen 1890, niemals möglich gewesen.

Eine Steigerung, die Millionen europäische Bauern zum Auswandern zwingt, weil sie mit dem Maschinen-Weizen, der zudem von ungedüngten Feldern stammt, nicht konkurrieren können. Eine Entwicklung, die mit zum amerikanischen Bürgerkrieg führt, die Maschinen-Ernten über die Sklaven-Ernten siegen läßt. Und die in den dreißiger Jahren des 20. Jahrhunderts zu Staubstürmen führt, wie es sie nie zuvor gegeben hat, die riesige Ebenen, in denen mit Hilfe der Maschinen Raubbau getrieben worden ist, in Steppen und Wüsten verwandeln.

Was aber nichts daran ändert, daß die Menschheit heute nur dank der Maschinenhilfe zu existieren vermag. Folgerichtig kommt es durch die Mähmaschine zum Dampf- und Motor-Pflügen *(→ 1855)*, muß auch maschinell gesät werden. Bevölkerungszunahme und Naturkatastrophen zwingen schließlich die amerikanischen Farmer auch zur Erhaltung der Bodenfruchtbarkeit. Heute versorgt jeder in den USA agrarisch Tätige 70 andere Menschen mit Nahrungsmitteln, sind die Vereinigten Staaten nicht nur die größte Industrie-Nation, sondern auch das bedeutendste Agrar-Exportland. Heute besitzen wir alle materiellen Mittel, um den Hunger für immer aus der Welt zu verbannen *(→ 1798)*, die materiellen, aber längst noch nicht die politisch-organisatorischen und die finanziellen, obwohl nun Kapital „aus dem Nichts“ geschaffen werden könnte.

1834

Entsteht die Mineralölwirtschaft *(→ 28. August 1859),* um durch Leucht-Petroleum dem Tran- und Pflanzenöl-Mangel abzuhelfen, so führt dieser schon eine Generation früher zur

Nutzung des Ölschiefers.

Der französische Chemiker Ernest Selligue gewinnt durch Erhitzen dieses dunkelgrauen Sedimentgesteins 1834 ein „Teeröl", das er raffiniert und in von ihm entwickelten Lampen verwendet. 1837 stellt er aus dem gleichen Grundstoff die ersten Paraffin-Kerzen her.

Ölschiefer ist kein Schiefer, sondern eine Mergel-Art. Er enthält kein Öl, sondern Kerogen, eine wachsartige Substanz fossilen Ursprungs, die vorwiegend aus höheren Kohlenwasserstoffen besteht und zwischen 4 und 25 Prozent dieses Gesteins bildet. Ölschiefer mit hohem Kerogen-Gehalt brennt, was die Ute-Indianer, die in den USA zwischen dem Colorado- und dem White-River leben, angeblich seit Urzeiten wissen, und was im frühen 19. Jahrhundert ein Farmer im Westen Colorados entdeckt, als er aus dem feinkörnigen Stein einen Kamin baut. Durch diesen brennt sein Blockhaus nieder.

In Colorado, Utah und Wyoming liegen die größten Ölschiefer-Vorkommen der Erde, das sogenannte Piceance Creek Basin soll mindestens 600 Milliarden Faß Mineralöl-Äquivalent enthalten, etwa 85 Milliarden Tonnen oder so viel wie die sicheren flüssigen Mineralölvorkommen der Welt. Geologisch mit den amerikanischen vergleichbare Lagerstätten gibt es in Brasilien, der Sowjetunion, in Zaire und China, in Venezuela und Schottland. Große Lager besitzen Deutschland, Frankreich und Schweden.

Die Welt-Ölschiefer-Vorkommen

enthalten (dem U.S. Geological Survey, der British Petroleum und der Continental Petroleum Co. zufolge) 410 bis 540 Milliarden Tonnen Öl-Äquivalent. Als wirtschaftlich gewinnbar gelten allerdings nur etwa 6 Prozent davon, etwa 25 Milliarden Tonnen.

Abgebaut wird Ölschiefer in Frankreich durch Selligue seit 1838 in Igornay im Departement Saône-et-Loire, erst 1913 wird dort die Kerogen-Gewinnung aufgegeben. In Schottland wird seit Mitte des vorigen Jahrhunderts Ölschiefer verwendet und noch 1916 aus 3 Millionen Tonnen 280 000 Tonnen Öl, 25 000 Tonnen Paraffin und 57 000 Tonnen Ammonsulfat gewonnen. In den USA gibt es 1850 rund 60 Abbau- und Destillationsbetriebe, aber keiner überlebt die Erdölbohrungen in Pennsylvanien, denn der ersten Bohrung des Jahres 1859 folgen binnen weniger Monate Hunderte weitere. Bereits 1860 wird das Öl zu Schleuderpreisen verkauft und bleibt bis 1973 zu billig.

Aber auch mit Mineralöl zu 30 Dollar pro Faß ist das Kerogen nicht konkurrenzfähig: Wenn es Ölschiefer mit 20 bis 25 Prozent Kerogen-Gehalt gibt, so enthalten die meisten Vorkommen nur 5 bis 8 Prozent. Kann Ölschiefer auch im Tagebau gewonnen werden, so erfordert die weitaus überwiegende Menge Schachtanlagen. Der Fels muß zerkleinert und auf 500 bis 900°C erhitzt werden. Die dabei gebildeten Gase bilden abgekühlt eine schwere, dickflüssige Masse, die unmittelbar nur zur Kesselfeuerung verwendbar ist. Für alle anderen Zwecke muß sie raffiniert werden und hydrieren kann man sie nur nach dem Abscheiden von Stickstoff und Arsen, welche die Katalysatoren „vergiften" würden. Der Energie-Einsatz ist sehr hoch, aber auch der Wasserbedarf. Je Tonne Schieferöl werden bis zu 7 Kubikmeter Wasser gebraucht, das es in großen Teilen des amerikanischen Ölschiefergebiets nicht gibt. Ein Problem bildet auch der enorme Abraum. Er enthält Fluor, Bor und Molybdän, die das Grundwasser und die Flüsse verschmutzen.

Da nach der Ölpreis-Vervielfachung von 1973 die Regierung der USA die Ölschiefer-Nutzung subventioniert, investieren vier amerikanische Ölfirmen etwa vier Milliarden Dollar in entsprechenden Unternehmen. Sie erweisen, daß die Nutzung nicht nur zuviel Kapital, sondern auch zuviel Energie kostet. Erst grundlegende Verfahrens-Verbesserungen oder derart akuter Öl-Mangel, daß der Preis keine Rolle mehr spielt, werden die Ölschiefer-Nutzung in großem Maßstab ermöglichen.

Das gleiche gilt für

die Ölsand-Vorkommen der Erde.

Über deren Entstehung gibt es die verschiedensten Theorien, aber keine Gewißheit. Die größte Lagerstätte, die zusammen 30 000 Quadratkilometer oder die Fläche Belgiens umfassenden vier Felder am Athabasca-River im Norden des kanadischen Bundesstaates Alberta, soll dadurch entstanden sein, daß hier vor 200 Millionen Jahren unter einem See ein Vorkommen flüssigen Mineralöls lag. Das Seebett hob sich, das Wasser floß ab und vom Wasserdruck befreit drang das Öl in sandige Bodenschichten. Entdeckt wird der Ölsand 1778 durch den Pelzhändler Peter Pond, der sieht, wie die Indianer diesen Sand erhitzen, um damit ihre Kanus abzudichten.

Der Öl-Inhalt der Welt-Ölsand-Vorkommen wird auf 260 bis 570 Milliarden Tonnen geschätzt, von denen etwa 150 Milliarden in Kanada, 100 bis 400 Milliarden in Venezuela liegen. Aber auch die optimistischsten Schätzungen nehmen als gewinnbar nur insgesamt 150 Milliarden Tonnen an. Abgesehen vom Geld-Kapital müßten dazu mindestens 120 Milliarden Öl-Äquivalent an Energie eingesetzt werden.

1840

Wenn es die Photosynthese seit 2,9 Milliarden Jahren gibt und den Ackerbau seit dem Neolithikum *(→ um 18 000 bis 8000 v. Chr.)*, so begründet Justus Liebig, ein Apotheker-Lehrling, der als 21jähriger Professor der Universität Gießen geworden ist, erst 1840

die Agrikultur-Chemie.

Erst Liebig stellt fest, was die Pflanzen brauchen, um die Sonnenenergie nutzen zu können, welche Nährstoffe sie dem Boden entziehen. In seinem berühmten Buch „Organische Chemie in ihrer Anwendung auf Agrikultur und Physiologie" schreibt er: „Die Aufgabe des Landwirts besteht nicht alleine darin, die höchsten Erträge auf seinem Feld zu gewinnen, sondern sein Ziel soll die ewige Dauer und Wiederkehr dieser Erträge sein. Als Prinzip des Ackerbaus muß angesehen werden, daß der Boden in vollem Maße wiedererhält, was ihm durch jede Ernte genommen wird . . ."

Aufgrund von Liebigs Erkenntnissen begründet 1843 John Bennet Lawes

die Mineraldünger-Industrie,

indem er in Deptford bei London zuerst Knochen, dann Koprolith durch Schwefelsäure zu Superphosphat aufschließt. 1862 gewinnt Adolph Frank in Stassfurt aus dem Abraum der dortigen Steinsalz-Vorkommen Chlorkalium und begründet die Welt-Kaliindustrie. Stickstoff liefert vor allem der Chile-Salpeter, der den „Salpeter-Krieg" zwischen Chile und Bolivien sowie dessen Verbündeten Peru um die Atacama auslöst, von 1879 bis 1884 dauert und der Bolivien sein ganzes Küstengebiet kostet, es bis heute vom Meer abschließt. Seit dem 7. August 1903 wird Stickstoff aus der Luft gewonnen. Insgesamt stehen der Welt (an Rein-Nährstoffen) im Jahr 1900 etwa 1,5 Millionen Tonnen Mineraldünger zur Verfügung, 1950 etwa 14 Millionen und 1985 rund 120 Millionen Tonnen. Gebraucht würden heute mindestens 150 Millionen Tonnen jährlich, denn der Mindestbedarf pro Kopf wird auf 30 kg geschätzt, wenn niemand hungern soll, alle Menschen menschenwürdig ernährt werden sollen.

Die Erzeugung dieser Pflanzennährstoffe erfordert Grundstoffe, die beim wichtigsten, dem Stickstoff, unerschöpflich sind, denn die ungeheure Fruchtbarkeits-Reserve, die der Stickstoff der Atmosphäre darstellt, wird ständig durch den Stickstoff-Kreislauf der Natur erneuert. Der zur Stickstoffbindung benötigte Wasserstoff kann durch Elektrolyse aus Wasser gewonnen werden, ebenfalls aus einem Natur-Kreislauf. Phosphor und Kali gibt es in praktisch unbeschränkten Mengen. Aber jede Art Mineraldüngergewinnung erfordert einen entsprechenden Energie-Aufwand. Je nach dem Verfahren schwankt zum Beispiel der Energiebedarf für die Tonne Rein-Stickstoff (die etwa 5 Tonnen Handelsdünger entspricht) zwischen 8000 und 11 000 Kilowattstunden. Die Sonnenenergie kann nur genutzt werden, wenn wir für genug irdische Energie sorgen.

Der Energie-Einsatz für Pflanzennährstoffe aber lohnt sich wie kaum ein anderern, denn

Düngemittel sind hervorragende Energie-Multiplikatoren.

Die auf den Hektar Ackerland eingestrahlte Sonnenenergie ist naturgegeben. Es kommt darauf an, wie rationell sie genutzt wird. Eine Vervielfachung der Hektarerträge bedeutet eine Vervielfachung der Sonnenenergie-Umsetzung in Agrarprodukte.

Für 1000 kg Vielfachdünger zum Beispiel werden etwa 300 kg Mineralöl gebraucht. Dieser Dünger bringt Mehr-Ernten, die den Kalorienbedarf von etwa 13 Menschen während eines Jahres decken. Dieser Kalorien-Mehr-Ertrag entspricht 2800 kg Öl, dem fast Zehnfachen des Energie-Einsatzes. Düngemittel liefern indirekt riesige Mengen Energie, denn heute ermöglichen sie etwa die Hälfte aller Ernten Europas und ein Fünftel der Welt-Ernten. Jedes Kilogramm Rein-Stickstoff ergibt im Durchschnitt 20 kg Getreidewert Mehr-Ernten, bei Kartoffeln sind es mindestens 70, bei Zuckerrüben 90 und bei Futterrüben bis zu 260 Kilogramm. Jedes Kilogramm Rein-Phosphor bringt bis zu 83 kg Mehr-Ertrag, ein Kilogramm Kali bis 45 kg. Der Geld-Wert der Mehrernten beträgt durchschnittlich das Siebenfache der Düngekosten, wobei der Zeitgewinn und die verminderten Transportkosten nicht berücksichtigt sind. Denn Stalldünger besteht zu 85 bis 90 Prozent aus Feuchtigkeit, seine wirksame Trockensubstanz macht nur ein Siebtel bis ein Zehntel aus. Vor allem aber:

Erst die Erhaltung der Bodenfruchtbarkeit macht die Menschheit dauernd seßhaft, beendet die Völkerwanderungen und zwingt nicht länger zu Raubkriegen.

Wie die Germanen im zweiten vorchristlichen Jahrhundert nach Süden und Osten ziehen müssen, weil ihre Felder sie nicht länger ernähren, wandern im 19. Jahrhundert unserer Ära 30 Millionen Europäer nach Amerika aus, müssen die Indianer der Pampas und Prärien vertrieben werden, um Neuland in Kultur nehmen zu können. Heute können wir Wüsten fruchtbar machen *(→ 1920 und → 1968)* und sichern wir unsere Existenz durch Fruchtbarkeits-Erhaltung und Fruchtbarkeits-Steigerung der Äcker.

Wie groß diese während der vergangenen fünf Generationen gewesen ist, wird meist ignoriert.

Die Entwicklung der Hektarerträge

in Deutschland zum Beispiel ist folgende:

Ernten in Doppelzentnern	Weizen	Roggen	Kartoffeln
Ø 1800 bis 1810	10,3	8,6	92
Ø 1900 bis 1910	19,3	15,8	129
Ø 1975 bis 1985	51,0	42,3	309

Im Welt-Durchschnitt sind die Hektarerträge seit Beginn des 19. Jahrhunderts nur auf das etwa Dreifache gestiegen. Aber wenn 1950 zum Beispiel auf 602 Millionen Hektar 400 Millionen Tonnen Getreide geerntet worden sind, so 1986 auf der praktisch gleichen Fläche 1820 Millionen Tonnen. Im gleichen Zeitraum ist die Welt-Bevölkerung von 2,4 auf 5 Milliarden gewachsen, die Getreide-Ernten pro Kopf also von 166 auf 364 Kilogramm. Diese Mengen werden allerdings nicht unmittelbar von den Menschen verzehrt, denn etwa die Hälfte des Getreides ist nun Tierfutter; Mais zum Beispiel wird ebensoviel angebaut wie Weizen. Nur dieses „Kraftfutter“ ermöglicht die heutige Tierhaltung. Zur Zeit Liebigs werden für jedes Stück Großvieh noch etwa vier Hektar Weideland benötigt. Für den Weltbestand von 1986, etwa 4 Milliarden Stück Großvieh, wären also etwa 16 Milliarden Hektar Weiden nötig, während es nur 2 Milliarden gibt.

Um je einen Städter mitzuerhalten, sind zu Liebigs Zeit vier Bauern tätig. Allein in den sechs größten Ballungsgebieten der Bundesrepublik Deutschland leben heute 25 Millionen Menschen. Würde rein „biologisch“ gewirtschaftet, müßten für diese also 100 Millionen landwirtschaftlich tätig sein. Nur dank der Agrikultur-Chemie, der Pflanzenzüchtung, Schädlingsbekämpfung usw., das heißt

nur durch den Intensivierungs-Effekt hohen Energie-Einsatzes und dessen Multiplikation durch Argrar-Chemie und Agrar-Mechanisierung kommen wir mit dem gegebenen Raum aus,

erweisen sich die Lehren des Reverend Malthus als falsch *(→ 1798)*. Schon mit den heutigen Mitteln könnte der Hunger weltweit und für immer überwunden werden.

1842 — 31. Mai

Seit der Mensch das Feuer nutzt *(→ vor etwa 1,7 Millionen Jahren)* ist die Wärme die neben der Nahrungs-Energie weitaus wichtigste aller Energie-Formen. Daran hat sich nichts geändert:

> *Vom Gesamt-Nutzenergie-Verbrauch der Hochindustrialisierten entfallen heute 88 Prozent auf die Wärme, nur 11 Prozent auf motorische Kraft und ein Prozent auf das Licht.*

Mehr als die Hälfte aller Energie, die die Industrie benötigt, entfällt auf die Prozeßwärme; mehr als drei Viertel des Haushaltsverbrauchs auf Energie für die Wohnungsheizung und Warmwasserbereitung. Um nicht zu erfrieren, braucht der Mensch mehr als dreimal so viel Energie als um satt zu werden.

Dennoch aber weiß bis Mitte des vorigen Jahrhunderts niemand, was Wärme eigentlich ist und welche Naturgesetze für sie gelten. Es gibt nur unbewiesene Theorien. Nach der vorherrschenden Meinung besteht die Wärme aus einem unsichtbaren Stoff, der fein genug ist, um in die Poren aller Körper eindringen zu können. Wärme ist ein „Fluidum", das untrennbar mit der Luft verbunden ist, ohne Luft kann es keine Wärme geben. Die Frage, wieso dann heiße Körper nicht schwerer sind als kalte, wird mit der Unvollkommenheit der Waagen erklärt.

Dieser Anschauung treten im 17. Jahrhundert die Anhänger der „kinetischen" (oder mechanischen) Wärme-Theorie entgegen. In seinem „Novum Organum" erklärt Bacon von Verulam 1620 die

> *Wärme als Bewegung der kleinsten Körperteilchen.*

René Descartes fügt 1649 hinzu, die Wärme sei um so größer, je stärker die Teilchen vibrieren. 1664 schreibt Robert Hooke in seiner „Micrographia": „Die Wärme ist nichts weiter als eine sehr heftige Bewegung der Körpermoleküle".

Mehr als eineinhalb Jahrhunderte aber vergehen, ehe diese Behauptungen bewiesen werden. Daß sich Wärme nur bei Luftzutritt zu entwickeln vermöge, widerlegt 1778 Benjamin Thompson, Graf von Rumford, ein amerikanischer Farmers-Sohn, der in England zum Naturforscher und später als bayerischer Minister geadelt wird. Er läßt im Münchner Zeughaus 1789 ein Kanonenrohr unter Wasser, bei völligem Luftabschluß also, ausbohren, bringt durch die Reibungswärme das Wasser zum Sieden und beweist zugleich, daß Wärme aus mechanischer Energie entsteht. Der englische Chemiker Humphrey Davy bringt 1799 in einem luftleeren Rezipienten, dessen Temperatur unter dem Gefrierpunkt gehalten wird, zwei Eisstücke durch Aneinanderreiben zum Schmelzen und schließt daraus, daß die Wärme unmöglich ein Stoff sein kann. Schließlich entdeckt 1827 der englische Botaniker Robert Brown die nach ihm benannte Zitterbewegung, welche, nur im Mikroskop sichtbar, kleinste Materieteilchen wie zum Beispiel feiner Staub in Flüssigkeiten ausführen. Diese Bewegung kommt dadurch zustande, daß sich Materie-Moleküle ungeordnet bewegen und durch Anstoßen die fremden Stoffteilchen in Bewegung versetzen. Um so heftiger, je höher die Temperaturen, um so langsamer, je niedriger sie sind. Was beweist: Wärme ist eine Molekularbewegung.

Bereits 1807 hat Thomas Young in der Wärme auch eine Schwingung wie die des Lichts gesehen, nur langsamer als diese. 1831 untersucht Leopoldo Nobili mit Hilfe eines thermoelektrischen Galvanometers die Strahlungswärme und weist nach, daß sie den Gesetzen der optischen Brechung und Reflexion gehorcht. 1835 erklärt auch André Marie Ampère Licht und Wärme für eine einheitliche Naturerscheinung.

Wärme und Licht sind wesensgleich, beide sind elektromagnetische Wellen,

nur die Wellen-Längen sind verschieden. Heute gibt es Ultrarot-Geräte, die das Sehen in der Nacht und durch Wolken und Nebel ermöglichen. Wärme ist die Bewegungsenergie atomarer Teilchen. Je heftiger die Molekularbewegung, desto höher die Temperatur. Durch immer weitere Lockerung des Molekülzusammenhangs schmelzen feste Stoffe, verdampfen flüssige, zerfallen Gase in ihre chemischen Bestandteile. Wärme ist auch das Endprodukt aller Energieumwandlungen. Wird zum Beispiel ein Geschoß durch eine Stahlplatte gebremst, so wandelt sich die geordnete kinetische Energie des Geschosses in die ungeordnete Molekülbewegung der Stahlplatte um, das heißt in Wärme und diese schmilzt ein Loch in den Stahl. Ebenso wandelt sich die geordnete (hier potentielle) Energie eines Uranium-235-Atoms bei der Kernspaltung durch Aufeinanderstoßen der Kernbruchteile in ungeordnete Energie, in Wärme um.

Natürlich kann

die Erforschung der Wärme-Gesetze

erst beginnen, nachdem das Wesen der Wärme erkannt ist, kommt es erst zwei Generationen, nachdem sich die Dampfmaschine durchgesetzt hat, zur Thermodynamik. Deren Pionier ist Nicolas Léonard Sadi Carnot, der älteste Sohn Lazar Carnots, des Organisators der französischen Revolutions-Heere. Nach seinem Studium an der Ecole Polytechnique wird Sadi Carnot Pionier-Offizier wie der Schöpfer des Energie-Begriffs J. V. Poncelet *(→ 1826)*, quittiert aber 1828 als Hauptmann den Dienst, um sich ganz der Naturwissenschaft zu widmen. Bereits 1824 sind seine „Réflexions sur la puissance motrice du feu et sur les machines propres à developper cette puissance" erschienen, auf denen die heute geltenden thermodynamischen Erkenntnisse beruhen. Deren Quintessenz lautet: „Die bewegende Kraft der Wärme ist unabhängig von ihren jeweiligen Wirkungsmitteln. Ihre Menge hängt lediglich vom Temperatur-Unterschied der Körper ab, zwischen denen sich die Übertragung der Wärme vollzieht." Carnot weist experimentell nach, daß es bei der Umwandlung von Wärme in Arbeitsleistung allein auf das Wärme-Gefälle ankommt. Wie sich die potentielle Energie eines Steines nur auswirkt, wenn es einen Schacht gibt, in den er stürzen kann, so muß es ein

Wärmegefälle geben. Je größer dieses Gefälle ist, desto größer die Leistung und so wird heute Dampf von 600° C und mehr verwendet statt Watts 120° C *(→ 1884 bis 1892)*.

Die Umwandlung von Wärme in Arbeitsleistung

fasziniert Sadi Carnot. Er sucht Klarheit über die theoretischen Wirkungsbedingungen aller Art Wärmekraftmaschinen zu gewinnen, keineswegs nur der Dampfmaschinen, und schreibt 1829: „Wärmekraftmaschinen scheinen dazu bestimmt, eine große Umwälzung in der Kulturwelt herbeizuführen und sie können, sobald sie weniger kostspielig in der Anlage und bezüglich ihres Brennmaterials werden, einen industriellen Aufschwung ermöglichen, dessen Bedeutung kaum zu überschätzen ist . . .“

Zu diesem Aufschwung aber trägt Carnot unmittelbar bei, denn seine Arbeiten führen zur Entwicklung des Dieselmotors *(→ 17. Februar 1897)*, der Wärmekraftmaschine mit dem höchsten Wirkungsgrad aller. Rudolf Diesel schreibt 1913 über die thermodynamischen Vorlesungen, die er 1878 am Münchner Polytechnikum gehört hat: „Damals stellte ich mir die Aufgabe! Der Wunsch der Verwirklichung des Carnot'schen Idealprozesses beherrschte fortan mein Dasein . . .“

Carnot regt aber nicht nur Diesel zu seiner Erfindung an, sondern auch Julius Robert Mayer zur

Formulierung des Gesetzes von der „Erhaltung der Kraft“, des Fundamental-Energiegesetzes.

Als drittältester Sohn eines Apothekers 1814 in Heidelberg geboren, wächst Mayer in einem Haus voller Bücher, chemischer und physikalischer Apparate sowie naturwissenschaftlicher Sammlungen auf. Mehr als der Griechisch-Unterricht interessieren ihn die Mühlen und Fabriken am Neckar, und als Zehnjähriger versucht er ein Perpetuum mobile zu bauen. Seit ihn sein älterer Bruder von der Unmöglichkeit solch einer Maschine überzeugt, hört er nicht auf, über die die Energie beherrschenden Gesetze nachzudenken.

Mayer studiert in Tübingen und kurz in München und Paris Medizin, macht sein Krankenhaus-Praktikum im Haag und legt da auch die Prüfung als „Sanitäts-Offizier“ ab, weil er als Schiffsarzt die Welt kennenlernen will. Im Frühjahr 1840 geht er an Bord des Dreimasters „Java“, der 100 000 Backsteine von Rotterdam nach Niederländisch-Indien zu bringen hat, und nimmt für die 98 Tage dauernde Reise zwei Koffer voll wissenschaftlicher Literatur mit. Darunter findet sich Lavoisiers Arbeit über die menschliche Ernährung als Verbrennungsvorgang und die über die Unzerstörbarkeit der Materie. Und Sadi Carnots „Von der bewegenden Kraft des Feuers“.

Auf der Überfahrt bleibt die Besatzung gesund, aber in Surabaija werden 14 der 28 Mann krank. Mayer läßt sie, wie damals üblich, zur Ader. Das aus den Armvenen entnommene Blut ist so hell, als ob es aus Arterien stammen würde. Er fragt einen ansässigen Arzt um Rat und der erklärt ihm, überall in den Tropen sei das Blut heller als in gemäßigten Klimaten. Und so fragt sich Mayer, was vor ihm noch niemand getan hat: Wieso? Er erkennt: In den Tropen braucht der Körper zur Aufrechterhaltung der Eigenwärme weniger Sauerstoff als in kälteren Regionen. Das Venenblut enthält also einen höheren Anteil unverbrauchten Sauerstoffs. Das wiederum heißt, der Energieverbrauch des Körpers steht in einer bestimmten Beziehung zur Außentemperatur.

Zu dieser Erkenntnis kommt der damals 26 Jahre alte Arzt, weil ihn schon an seinen Schulbüchern gestört hat, daß da von Ereignissen die Rede ist, nicht aber von ihren Folgen, und von Wirkungen, ohne deren Ursachen anzugeben. Seine eigene Überzeugung aber ist seit dem Perpetuum mobile-Mißerfolg:

„Nichts kommt aus Nichts, und Nichts wird zu Nichts."

Und so heißt es in seinem durch die Aderlaß-Erfahrungen in Surabaija ausgelösten, am 31. Mai 1842 in Justus Liebigs „Annalen der Chemie und Pharmacie" erschienenen Aufsatz „Bemerkungen über die Kräfte der unbelebten Natur": „Da für die verschwindende Bewegung in vielen Fällen ... keine andere Wirkung gefunden werden kann als die Wärme; für die entstandene Wärme keine andere Ursache als die Bewegung, so ziehen wir die Annahme, Wärme entsteht aus Bewegung, der Annahme einer Ursache ohne Wirkung und einer Wirkung ohne Ursache vor ... Wenn Fallkraft und Bewegung gleich Wärme, so muß natürlich auch Wärme gleich Bewegung und Fallkraft sein. Wie die Wärme als Wirkung entsteht bei Volumensverminderung und aufhörender Bewegung, so verschwindet die Wärme als Ursache unter dem Auftreten ihrer Wirkungen, der Bewegung, Volumensvermehrung, Lasterhebung." Robert Mayer ist überzeugt:

„Es gibt nur eine einzige Kraft; in ewigem Wechsel kreist sie in der toten wie in der lebendigen Natur."

Er erkennt: „Fallkraft, Bewegung, Wärme, Licht, Elektrizität und chemische Energie sind ein und dasselbe Objekt in verschiedenen Erscheinungsformen ... Einmal gegebene Kräfte, gleich den Stoffen, sind quantitativ unveränderlich ... Sowohl die Wissenschaft, die sich mit der Art des Seins der Stoffe (Chemie), als die, welche sich mit der Art des Seins der Kräfte (Physik) beschäftigt, haben die Quantität ihrer Objekte als das Unveränderliche, und nur die Qualität derselben als das Veränderliche zu betrachten..."

Damit stellt Julius Robert Mayer 1842 den Fundamentalsatz der

Erhaltung der Energie und Äquivalenz aller Formen der Energie

auf, der (in der Wilson'schen Nebelkammer sichtbar) für die Quanten- und Nuklear-Physik ebenso gilt wie die als Folge der Arbeiten Mayers 1880 bis 1890 von Svante Arrhenius, Jacobus Henricus van't Hoff und Walter Nernst begründete physikalische Chemie. Mayers überragende Leistung besteht darin, daß er anscheinend so grundverschiedene Dinge wie Arbeit, Bewegung und Wärme auf eine gemeinsame Ursache zurückführt und eine Vereinheitlichung der naturwissenschaftlichen Anschauungen durchsetzt, die nur mit der von Isaac Newton *(→ 1666 bis 1682)* erreichten zu vergleichen ist.

Das aber wird 1842 von der Fachwelt ignoriert. Ein zweiter Aufsatz Mayers wird abgelehnt, weil er die Formelsprache der Physik nicht beherrscht, seine Behauptungen nicht mathematisch unterbauen kann. Diesen Mangel überwindet er durch Selbststudium und die Zweifel von Autoritäten wie die des Heidelberger Mathematik- und Physikprofessors Philipp von Jolly (des Lehrers von Max Planck) durch experimentelle Beweise. Dieser hält Mayer entgegen, wenn seine Theorie stimme, müsse Wasser durch Schütteln warm werden. Daß starker Wind die Meerwasser-Temperatur erhöht, wissen zwar alle Seeleute, Mayer hat das auch vom Kapitän der „Java" gehört. Aber nun beweist er es Jolly durch heftiges Umrühren von Wasser in einem Eimer.

Mayer widerlegt Dutzende Einwände. Er weiß von Anfang an: „Eine einzige Zahl hat mehr wahren und bleibenden Wert als eine kostbare Bibliothek von Hypothesen." So hält er seinen Gegnern Zahlen und Versuchsergebnisse vor und 1844 ist er überzeugt: „Ganz gewiß wird der Tag kommen, da die von mir ausgebreiteten Wahrheiten Gemeingut der Wissenschaft sind." Das geschieht auch. Nur daß sich dann andere, vor allem Hermann Ludwig Ferdinand von Helmholtz (dessen „Über die Erhaltung der Kraft" 1847 erscheint) und James Prescott Joule (dessen „New Theory of Heat" aus dem Jahr 1850 stammt) die Entdeckung des Energie-Fundamentalsatzes zuschreiben.

Steht Mayers Priorität eindeutig fest, so ist auch er es, der erstmals das „Wärme-Äquivalent", das Verhältnis zwischen mechanischer Arbeit und Wärme, feststellt. Er kommt 1842 auf 365 Kilogrammeter für eine Kilokalorie. Diese Zahl stimmt allerdings nicht, sie beträgt 1 kcal = 427 mkp (Meterkilopond) = 4,18 Joule. Die richtige Zahl hat sich durch die Nachvollziehung der Versuche Mayers durch Joule mit besseren Instrumenten ergeben und heißt deshalb heute „Joul'sche Zahl". Aber das ändert nichts daran, daß es Mayers Überlegungen und Experimente sind, die

erstmals exakte Energie-Bilanzen

ermöglichen. Nur durch sie aber kann festgestellt werden, wieviel Sekundär- und aus dieser Nutz-Energie durch diese oder jene Vorrichtung aus der Primärenergie (dem Energiegehalt der Energieträger) gewonnen wird *(→ 1826).* Nur Energie-Bilanzen erweisen, ob diese oder jene Energie-Investition sich lohnt oder nicht mehr Energie-Aufwand erfordert, als während der Lebensdauer der Anlage (zum Beispiel von Wind- oder Sonnen-Kraftwerken) zurückzugewinnen ist.

Natürlich ist die Korrektur der Wärme-Äquivalenz-Zahl Mayers durch Joule wichtig und noch wichtiger die Ergänzung des von Mayer stammenden ersten Hauptsatzes der Wärmelehre durch den von Rudolph Clausius 1850 aufgestellten zweiten Hauptsatz. Der erste lautet: „Wärme kann in andere Energieformen übergeführt und aus diesen erzeugt werden. Sie kann aber nicht ins Nichts vergehen oder aus dem Nichts entstehen." Der zweite stellt fest:

> *„Mechanische Arbeit kann vollständig in Wärme übergeführt werden. Nicht aber Wärme vollständig in Arbeit."*

Zuerst Lehrer an der Artillerie- und Ingenieurschule in Berlin, weist der 1822 in Köslin in Pommern geborene Rudolph Clausius als frisch habilitierter Privatdozent der Physik an der Berliner Universität 1850 in seiner Arbeit „Über die bewegende Kraft der Wärme und die Gesetze, welche sich daraus für die Wärme selbst ableiten lassen" nach: „Wärme kann niemals von selbst (das heißt ohne einen entsprechenden Energie-Aufwand) aus einem kälteren in einen wärmeren Körper übergehen. Kann durch Reibung, Stoß usw. Arbeit völlig in Wärme umgewandelt werden, so ist es unmöglich, Wärme wieder völlig in Arbeit umzuwandeln, weil dabei immer ein Teil in kältere Körper übergeht." So gibt es nicht nur die „Energie", sondern auch

die „Exergie".

Diese wird wie die Energie definiert als „Fähigkeit, Arbeit zu leisten", aber mit der entscheidenden Einschränkung „unter den gegebenen Umweltbedingungen und technischen Möglichkeiten". Exergie ist technische Arbeitsfähigkeit, die größtmögliche Arbeit, die eine Maschine oder andere technische Vorrichtung naturgesetzlich gegeben aus einem Arbeitsmedium, zum Beispiel aus Energieträgern wie fließendem Wasser, Wasserdampf oder Verbrennungsgasen gewinnen kann. Diese „Wirkungsgrade" schwanken zwischen 98 und wenigen Prozent.

Der gewaltige Unterschied zwischen „Energie" und „Exergie" erweist sich tagtäglich: Vermischen wir das heiße Wasser eines Boilers in unserer Badewanne mit kaltem Wasser, so hat die Mischung den genau gleichen Energiegehalt wie das heiße und das kalte Wasser zusammen. Die Exergie aber ist nicht die gleiche. Denn erfolgt die Mischung „von selbst", so entmischt sich laues Wasser niemals wieder zu heißem und kaltem. Der Unterschied der „Exergien" muß von außen zugeführt werden.

Jede Energieform aber wird durch menschliche Nutzung „zerstreut". Der Autofahrer kann keine Energie „verbrauchen", aber fast die gesamte chemische Energie des Benzins wird von ihm in Wärme umgesetzt. Es gibt Auto-Motoren, die eine thermische Leistung von einem Megawatt haben, was 500 Haushalt-Heizkörpern von je zwei Kilowatt entspricht. Diese Abwärme aus der Luft zurückzugewinnen, ist so unmöglich wie aus den durch die Reifenreibung erwärmten Straßen. De facto wird „Energie" verbraucht, denn mit ihr meinen wir ja „Exergie".

Wie den Begriff der „technischen Arbeitsfähigkeit" prägt Clausius den der „Entropie", des Maßes der Nichtumkehrbarkeit von Prozessen. Er regt damit zum Beispiel den Begründer der Kältetechnik Carl Linde zu seinen Arbeiten an, der über seinen Werdegang sagt: „Als ich Clausius erstmals die Verhältnisse erörtern hörte, welche zwischen Wärmeaufwand und Arbeitsproduktion bestehen, gewann ich einen Eindruck, der niemals aufgehört hat, meine Gedanken zu beschäftigen ... da wurde der Grund gelegt, auf welchem mein Lebenswerk verankert ist." Ohne dieses Lebenswerk *(→ 1877)* ist unsere heutige Welt nicht zu denken, und durch Lindes Schüler Rudolf Diesel *(→ 17. Februar 1897)* schließt sich der Kreis: Was mit Sadi Carnot 1824 beginnt, löst immer neue Gedankenketten aus und durch diese umwälzende Erfindungen.

1846 — 26. Juni

Seit Handel getrieben wird, suchen die Obrigkeiten Gewinn aus ihm zu ziehen. Seit Jahrtausenden wird der Güteraustausch durch Abgaben an Stadt-Toren und Brücken behindert, gibt es zahllose Arten von Mauten und Zöllen. Allerdings mangelt es den Herrschenden lange an der nötigen Organisation und den nötigen Machtmitteln, um

die Schaffung eines „geschlossenen nationalen Handelsraumes"

durchzusetzen, können praktisch nur lokale Märkte geschützt und für die Zulassung zu diesen Märkten Geld eingehoben werden. Erst Jean-Baptiste Colbert bringt als Finanzminister Ludwig XIV seit 1664 ein halbwegs funktionierendes nationales Zollwesen zustande, das aber noch unter Napoleon I so unvollkommen ist, daß er seine „Kontinentalsperre" gegen England praktisch nicht durchzusetzen vermag.

Immerhin bestehen zahllose Handelsschranken, als es zur „Industriellen Revolution" kommt *(→ 1769 bis 1794)*. Diese hätte niemals ihre volle Wirkung erlangt, wenn zum technischen Fortschritt nicht auch eine neue Art des Wirtschafts-Denkens getreten wäre. Zu den bedeutendsten Folgen dieser Energie-Revolution gehört

die weltweite Arbeitsteilung.

Das Dampfschiff *(→ 17. August 1807)* und die Eisenbahn *(→ 27. September 1825)* haben diese möglich gemacht, aber technische Mittel allein genügen nicht. Man muß sie auch nutzen wollen und sie nutzen dürfen. Darüber entscheiden jedoch bis heute nicht die Erfinder und Techniker, sondern die Politiker. Deren Ideen stammen von „Vor-Denkern", die so rar wie große Erfinder sind und die selten zur rechten Zeit leben, das heißt dann, wenn die Zeit reif für ihre Überlegungen ist. So ist es ein Glücksfall, daß am 9. März 1776, ein Jahr, nachdem James Watt seine erste Dampfmaschine verkauft hat, Adam Smith's epochemachendes Werk „Inquiry into the Nature and Causes of the Wealth of Nations" erscheint, seine „Untersuchung der Natur und Ursachen des Reichtums der Nationen", die

die liberale Wirtschaftsordnung

begründet und deren Anhänger den Freihandel durchsetzen.

In Schottland als Sohn eines Advokaten, der Oberster Zoll-Inspektor geworden ist, und einer reichen Grundbesitzerstochter aufgewachsen, lernt Adam Smith nach Studien an der Universität Glasgow und am Balliol College von Oxford als Erzieher des Herzogs von Buceleugh, des Stiefsohnes des damals einflußreichsten englischen Politikers, Charles Townshend, durch ausgedehnte Reisen Europas führende Geister kennen, u. a. Voltaire in Genf, Turgot und Quesnay in Paris. Er interessiert sich weniger für Literatur und Kunst als für die wirtschaftliche Lage und zieht aus ihr selbständige Schlüsse. Auch im 17. und 18. Jahrhundert gibt es viele Intellektuelle, die erfolgreiche Kaufleute und Unternehmer als „Profiteure" verachten. Für Smith aber heißt Gewinn, daß mit einem geringeren Aufwand ein höherer Ertrag erzielt worden ist, darin sieht er den Sinn des Wirtschaftens und die Grundlage allen Wohlstands. Adam Smith gilt mit Recht als

der Begründer der Nationalökonomie,

weil er als Erster die vielen, von seinen Vorgängern behandelten Teilgebiete der Volkswirtschaftslehre zu einem Gesamtsystem zusammenfaßt und aus den realen Gegebenheiten klare Verhaltensregeln ableitet. Smith wendet sich nicht an die Fachgelehrten, sondern an „alle Leute mit gesundem Menschenverstand". Er verschmilzt Philosophie, Geschichte und Wirtschaftskunde zu einem neuen Weltbild und hält seine Darstellung durch praktische Beispiele lebendig. Smith sagt: „Jede Nation deckt ihre jährlichen Lebensbedürfnisse durch die Summe der Arbeit, die sie während dieses Jahres leistet, entweder unmittelbar oder durch die Einfuhren, die diese Arbeit ermöglicht. Entscheidend ist die Gesamt-Wirtschaftsleistung." Deren Steigerung ist am besten durch

die Mechanisierung der Arbeit, möglichst weitgehende Arbeitsteilung und die freie Entfaltung des Wettbewerbs

zu erreichen. Smith bekämpft die „Lobbies" seiner Zeit, welche die Regierungen zu falschen Entscheidungen drängen; den Monopolisierungs-Geist und die „gemeine Raubgier" gewisser Kaufleute und Fabrikanten, die die Verbraucher auszuplündern versuchen. Als bestes Mittel gegen diese Versuche erscheint ihm internationale Arbeitsteilung, der Welthandel, das heißt entsprechend große Märkte ohne Zollgrenzen. Smith macht

die Vorteile der Marktwirtschaft gegenüber der staatlichen Reglementierung

derart überzeugend klar, daß sie sich in England durchsetzt und diesem einen entscheidenden Vorsprung vor seinen kontinentalen Konkurrenten verschafft. Als Smith 1723 geboren wird, herrscht der nationalistische Ständestaat, der möglichst weitgehende Autarkie erstrebt. Als er 1790 (als Oberster Aufseher des schottischen Zollwesens und Lord-Rektor der Universität Glasgow) stirbt, ist in England

die Welt-Wirtschaft als Idealzustand

erkannt. Statt Adel, Kirche und Königtum gibt eine neue „bürgerliche" Schicht den Ton an, die allein imstande ist, die Erfindungen Watts und Arkwrights und die vielen anderen, die diese Schlüssel-Erfindungen auslösen, richtig zu nutzen. Freiheit des Erwerbs und Freiheit des Güterverkehrs treten an die Stelle des staatlichen Protektionismus. 1786 leitet William Pitt der Jüngere die neue Ära durch seinen Handelsvertrag mit Frankreich ein, der zahlreiche Handelshindernisse beseitigt.

Natürlich gibt es erbitterten Widerstand. Rund 7000 Adlige besitzen damals 80 Prozent des gesamten Bodens Großbritanniens und sind an billigen Nahrungsmittel-Importen nicht interessiert. Um so mehr jedoch die aufstrebende Industrie, vor allem die Textilindustrie. Ein Kattun-Fabrikant aus Manchester, Richard Cobden, organisiert mit seinem Kompagnon John Bright die „National Anti-Corn-Law-Laegue". Den englischen Tarif-Reformen Huskissons im Jahr 1823 und denen Sir Robert Peels der Jahre 1842 und 1845 folgt am 26. Juni 1846

die Aufhebung der britischen Getreide-Einfuhrzölle

durch Peel und schließlich praktisch totaler Freihandel durch Gladstone. Stanley Jevons kann 1865 schreiben: „Die weiten Flächen Nordamerikas und Rußlands sind unsere Getreidefelder. Kanada und die Gestade der Ostsee unsere Nutzholz liefernden Wälder. Australien unterhält unsere Schafzüchtereien, und auf den Pampas Argentiniens und den Prärien des amerikanischen Westens weiden unsere Rinderherden. Peru schickt uns sein Silber. Das Gold Südamerikas und Australiens fließt nach London. Die Hindu und die Chinesen bauen Tee für uns an. Unsere Baumwollpflanzungen, die früher nur den südlichen Teil der Vereinigten Staaten einnahmen, erstrecken sich heute über alle warmen Regionen der Erde ...".

Bereits Adam Smith hat geschildert, wie eine Nähnadel hergestellt wird, wie sie durch Arbeitsteilung und Spezialisierung besser und billiger hergestellt werden kann. Im Jahr 1900, als neben England das Deutsche Reich im Welthandel führt und ein

Höhepunkt der weltweiten Arbeitsteilung

erreicht wird, untersucht Professor Wilhelm Launhardt an der TH Hannover die Herkunft des Materials, das eine Berliner Schirmfabrik verwendet: Das Holz für den Stock stammt aus Venezuela und wird mit einem Lack aus Japan präpariert. Der Griff ist aus Mammuth-Elfenbein, das in Jakutien gefunden worden ist, und wird durch einen Ring abgeschlossen, dessen Silber aus dem Harz kommt, aber mit Kupfer aus Mexiko legiert worden ist. Eine Messingzwinge ist aus peruanischem Kupfer und Zink aus Belgien hergestellt und mit Blei aus Colorado in den USA ausgefüllt, zu dessen Härtung Antimon aus dem Ural gedient hat. Das Schirm-Gestell besteht aus Saar-Stahl. Die Bügelspitzen aus Fischbein liefert ein Wal, den Schotten vor Grönland gefangen haben und das in London auf den Markt gekommen ist. Der Seidenstoff ist in Krefeld aus chinesischer Seide und aus Baumwolle gewebt worden, die aus den USA stammt, aber in Bradford in England versponnen und von einem Großhandelshaus in Hamburg importiert worden ist. Die Farbe zum Färben des Stoffes ist in Höchst am Main aus Teer des Kölner Gaswerkes hergestellt worden, das die Kohle von der Ruhr bezogen hat. Der Überzug des Schirms wird von einem Bändchen zusammengehalten, dessen Gummi in Hannover aus Kautschuk vom Kongo und Hanf von den Philippinen hergestellt worden ist. Für diesen Schirm sind noch achtzehn andere Bestandteile verwendet worden, die aus weiteren elf Ländern stammen.

Die Welt ist damals ein großer Markt, auf dem jeder anbietet, was er am besten und billigsten herzustellen vermag.

Nur ist sie durch den Freihandel nicht, wie Smith und Cobden gehofft haben, friedlicher geworden. Cobden sagt 1843: „Freihandel? Was ist das? Nichts anderes, als die Schranken niederreißen, welche die Völker trennen. Die Schranken, hinter denen sich Haß und Neid einnisten; jene Gefühle ... die das Gift des Krieges und der Eroberung nähren, die weismachen, daß man ohne Eroberungen keinen Handel treiben kann ...". Cobden leitet den ersten internationalen Friedens-Kongreß, der 1848 in Brüssel stattfindet. Aber was da beschlossen wird, bleibt auf dem Papier wie Adam Smith's Forderung, die Finanzierung von Kriegen durch Anleihen zu verbieten. Die sollen ausschließlich durch Steuern bezahlt werden: „Wenn nicht erst die Kinder und Kindeskinder merken, was Kriege kosten, sondern jeder Bürger selbst, dann werden sie friedlicher werden und die Generäle und Staatsmänner besser in Zaum halten." Smith's „gesunder Menschenverstand" hat mit Hilfe der von Watt ausgelösten Energie-Revolution die Welt fast unvorstellbar reicher gemacht als zuvor, hat den Welthandels-Umsatz von etwa einer Milliarde Gold-Dollar 1820 auf 40 Milliarden 1913 steigen lassen. Aber wenn Englands Anteil an diesem Handel 1820 über vier Zehntel betragen hat, so bei Ausbruch des Ersten Weltkrieges nur mehr weniger als ein Siebentel, während Deutschlands Anteil im gleichen Zeitraum von 4 auf 13 Prozent gestiegen ist. In seinem Buch „Great Britain and the German Trade Rivalry 1875 bis 1914" schreibt der amerikanische Historiker Ross J. S. Hoffman 1933: „Der Erste Weltkrieg war nicht ‚Made in Germany', aber ‚Made in Germany' war eine seiner Haupt-Ursachen."

Handels-Kriege gibt es seit Jahrtausenden. Schon der Erste Weltkrieg ist aber auch ein Energie-Krieg, bereits 1887 erklärt der österreichische Physiker Ludwig Boltzmann, der Kampf ums Dasein sei nun vor allem ein Kampf um die Energieversorgung *(→ 1903)*. Versailles kostet das Deutsche Reich nicht nur seine Kolonien, sondern auch seine Ölfelder im Elsaß und seine Öl-Beteiligungen sowie die Kohle Oberschlesiens. Der Erste Weltkrieg läßt das Währungssystem zusammenbrechen, das die rapide Welthandels-Entwicklung möglich gemacht hat, er zerschlägt große Wirtschaftsräume wie die Österreichisch-Ungarische Monarchie, läßt Tausende Kilometer neue Zollgrenzen entstehen und macht vor allem die Vereinigten Staaten zum Macht-Nachfolger Englands. Diese sind seit jeher ein Hochschutzzoll-Land und setzen Londons Freihandels-Politik nicht fort.

Heute wäre weltweite unbehinderte Arbeitsteilung wichtiger denn je. Ungeheure Arbeit bleibt ungetan, während es in den westlichen Industrieländern 33 Millionen Arbeitslose gibt und in den Entwicklungsländern (den UN zufolge) mehr als 300 Millionen. Nur wenn diese produktiv und damit kaufkräftig werden, ist im Westen Vollbeschäftigung möglich. Und kaufkräftig können sie nur werden, wenn ihnen wie den durch die „Industrielle Revolution" reich Gewordenen die entsprechenden Maschinenkräfte zur Verfügung stehen.

1850

Da vom Wind die Segelschiffahrt abhängt *(→ um 4000 v. Chr.)*, wird er seit Jahrtausenden beobachtet. Den regelmäßigen Richtungswechsel des Monsuns entdeckt der Grieche Hippalos bereits im Jahr 50 n. Chr., die Beständigkeit des Passats nutzen seit Ende des 15. Jahrhunderts die Portugiesen und Spanier. Aber wie es zu diesen Windströmungen kommt, bleibt unbekannt und noch 1860 erklärt der englische Arzt und Naturforscher Martin Lister den Nord-Ost-Passat durch „das Atmen des Seetangs im Sargasso-Meer".

Der englische Naturforscher Robert Hooke hingegen erkennt den Zusammenhang zwischen Wind, Luftdruck und Wetter *(→ 6. Oktober 1664)*, fordert weltweite, regelmäßige Luftdruck-Messungen. Diese organisiert seit 1780 Johann Jakob Hemmer. Langsam wächst die Zahl der meteorologischen Daten, und alle je publizierten und für ihn erreichbaren Daten sammelt und vergleicht der 1817 in Seeland geborene Lektor der Geologie und Professor der Mathematik an der Universität Utrecht, Christoph Heinrich Diedrich Buys-Ballot. Das Ergebnis dieser Arbeit sowie eigener Berechnungen und Beobachtungen ist 1850

das barische Wind-Gesetz,

das nach Buys-Ballot benannt ist und demzufolge die Windströmungen durch die Erd-Rotation auf der nördlichen Halbkugel stets nach rechts, auf der südlichen stets nach links abgelenkt werden. Auf dem Weg vom Punkt des höchsten Luftdrucks zum nächstgelegenen niedrigsten weht der Wind genau parallel den Linien des gleichen Drucks (den Isobaren), je näher diese Linien beieinanderliegen, desto größer ist die Windgeschwindigkeit.

Bildet das barische Wind-Gesetz eine der Grundlagen der heutigen Wetterkunde, so organisiert Buys-Ballot aber auch 1849

das erste staatliche Wetteramt der Welt,

das „Niederländische Amt für Maritime Meteorologie", das 1854 zum „Königlich-Niederländischen Meteorologischen Institut" in Utrecht ausgebaut wird und das er über 30 Jahre lang leitet. Buys-Ballot drängt unermüdlich auf internationale Zusammenarbeit und eine weltweite Vereinheitlichung der Datensammlung, gewinnt dafür u. a. den Ozeanographen Matthew Fontaine Maury. Am 23. August 1853 findet in Brüssel die „Erste Maritime Konferenz" statt, auf der die beteiligten Regierungen ein einheitliches Beobachtungs-Schema festlegen. Bereits am 14. Juni 1849 ist in England

die erste Wetterkarte aufgrund telegraphischer Wetter-Meldungen

des gleichen Tages erstellt worden. Aber der Vorschlag der Niederlande, fortan alle Wetterstationen mit Telegraphenapparaten auszurüsten, wird in Brüssel als zu kostspielig abgelehnt.

Im Jahr darauf kommt den Meteorologen der Krim-Krieg und ein Wirbelsturm zu Hilfe. Dieser vernichtet am 14. November 1854 an der Schwarzmeer-Küste 34 der dort operierenden französischen und englischen Kriegsschiffe, darunter das Linienschiff „Henri IV". Der Sturm vernichtet auch das Lager Balaklava, und der Direktor der Pariser Sternwarte, Urbain Leverrier, weist der französischen Regierung nach, daß tägliche, telegraphische Wettermeldungen die Katastrophe hätten verhindern können. Er erhält den Auftrag, den entsprechenden Dienst zu organisieren. In England wird 1855 das „Meteorological Department" des Handelsministeriums gegründet, werden Sturm-Warnzeichen an allen Küsten Englands errichtet und die Häfen durch direkte Telegraphenlinien mit dem Londoner Wetterbüro verbunden. Buys-Ballot findet mehr und mehr Anhänger und im Juni 1860 ist

das erste gesamt-europäische Sturm-Warnsystem

perfekt.

Seit nicht nur das der Schiffahrt, sondern auch das militärische Interesse für die Wetterkunde geweckt ist, wird sie mehr und mehr gefördert. So errichtet zum Beispiel 1873 der U.S. Signal-Service auf dem Pike's Peak in den Rocky Mountains in 4320 Metern Seehöhe die erste Höhen-Wetterstation. Im Deutschen Reich kommt es 1879 auf Drängen des Generalstabs zum ersten Agrar-Wetterprognose-Dienst der Welt.

Daß das Wetter das körperliche Wohlbefinden beeinflußt, ist schon in der Antike bekannt. Aber erst 1888 begründet Heinrich Lahmann, der Leiter der Heilanstalt „Weißer Hirsch" in Dresden,

die Bio-Klimatologie

und unternimmt die ersten exakten Studien über den Einfluß des Luftdrucks auf den Menschen. Über ihn hat Goethe bereits am 7. Oktober 1827 zu Eckermann gesagt: „Wir wandeln alle in Geheimnissen. Wir sind von einer Atmosphäre umgeben, von der wir nicht wissen, was sich alles in ihr regt und wie sie mit unserem Geist und unserem Körper in Verbindung steht." Seither ist ein gewaltiger Wissens-Stoff gesammelt worden. Entscheidend wichtige Vorgänge in der Lufthülle der Erde bleiben aber ungeklärt und inwieweit der Mensch „ein Spielball des Drucks der Luft" ist, ist ebenso umstritten wie die Klima-Wirkung der Kohlendioxyd-Zunahme der Atmosphäre *(→ 1958 bis 1987)* oder die Gefahr eines Ozon-Schwunds *(→ 10. März 1987)*. Denn

die meteorologischen Vorgänge sind so vielfältig, daß sie sich nur mit den Lebensvorgängen vergleichen lassen.

Was unter der Einwirkung der Sonnenstrahlen in der Atmosphäre vor sich geht, ist fast unvorstellbar kompliziert. Schon weil das einfallende Sonnenlicht die Luft nicht unmittelbar erwärmt, sondern erst auf der Erde fast völlig in Wärmestrahlen umgewandelt wird, die dann die Lufthülle erwärmen. Die Stärke dieser infraroten Strahlung aber hängt von der Oberflächenbeschaffenheit der Erde ab. Die Luft über dem Meer wird ganz anders erwärmt wie die über Wüsten oder Gletschern, über Wäldern ganz anders als über Äckern und Weideland. Zur umgewandelten Sonnenenergie tritt aber auch die abgestrahlte gespeicherte Wärme und Kälte der Erde, stehen die Meeres-Strömungen mit den Wind-Strömungen in Beziehung. Die Geschwindigkeit und Temperatur des Golfstromes, der das westeuropäische Winterklima und das Wetter an der Ostküste Nordamerikas wesentlich beeinflußt, ändern sich ebenso ständig wie die des kalten Labrador-Stromes.

Noch 1948 sagt deshalb der damalige Chef des US-Weather Bureau, Dr. Francis W. Reichelberger:

„Wir wissen noch immer nicht genau, warum es regnet."

Damals hätte das Errechnen einer 24-Stunden-Wettervoraussage bei Berücksichtigung aller relevanten Faktoren 200 Jahre pausenloses Rechnen eines Meteorologen erfordert. Dieses Rechnen ist heute kein Problem mehr, kaum eine Wetterkarte verarbeitet nun weniger als 12 000 Einzelbeobachtungen. Zu diesen Beobachtungen stehen seit dem 1. April 1960, als der amerikanische „Tiros" gestartet wird, Satelliten zur Verfügung. Seit 1970 gibt es auch „Ocean Data Stations", in den Weltmeeren verankerte Wetterstationen, die automatisch Daten sammeln und bis 4000 Kilometer weit übermitteln. Aber die Weltmeere bedecken bekanntlich mehr als sieben Zehntel der Erde, umfassen 362 Millionen Quadratkilometer. Was in und über diesen Wasserflächen vorgeht, wissen wir nach wie vor nicht genau genug.

Die globale Wetterdaten-Sammlung

erfolgt heute koordiniert durch die 150 Mitglieder der „World Meteorological Organisation" der Vereinten Nationen, die es seit dem 19. März 1951 gibt. Sie betreiben heute 9200 Boden-Stationen, 850 Stationen in der Oberen Atmosphäre, 10 Satelliten und Meß-Stationen auf 700 Schiffen. Aber im Vergleich zu den bewegten Luft-, Wasser- und Energie-Mengen, um die es beim Klima und Wetter geht, sind alle menschlichen Meßmittel gering: Die Lufthülle der Erde bildet eine Masse von 5630 Billionen Tonnen. Von der Sonne höchst unregelmäßig erhitzt, saugt diese ungeheure Luftmasse täglich mehr als tausend Milliarden Tonnen Wasser auf und diese Verdunstung erfordert gut dreißigtausendmal mehr Energie, als die Menschheit während eines Jahres verbraucht. Bei allen Klima-Katastrophen-Theorien sollte berücksichtigt werden: Die Wirkung einer Wasserstoffbombe kommt energiemäßig einer Minute mehr oder weniger Sonnenschein auf einer Fläche von 100 Quadratkilometern gleich. Die Energie, die nötig ist, um ein mittleres Tiefdruckgebiet drei Tage lang in Bewegung zu halten, kommt der von 16 000 Wasserstoffbomben gleich, und um die Wirkung eines mittleren Hurrikans zu erzielen, müßten tausend Nuklear-Sprengköpfe pro Minute gezündet werden.

Das soll keineswegs den Wahnsinn der Nuklearwaffen verharmlosen. Wohl aber Weltuntergangs-Szenarien entkräften, die Zukunfts-Prognosen aufgrund von Wissen stellen, das nicht ausreicht, um mit Sicherheit das Wetter des nächsten Wochenendes vorauszusagen.

1851

Wenn die Heizungen der Hochindustrialisierten heute meist durch einen Fingerdruck in Betrieb gesetzt werden, automatische Zündungen monatelang für das nötige Feuer sorgen und auch zum Kochen kein Feuer mehr angemacht werden muß, so ist für Milliarden Menschen

das individuelle Feuermachen nach wie vor lebenswichtig,

Zündhölzer sind für sie ein täglich neu genutzter, gewaltiger Fortschritt gegenüber den früheren Methoden *(→ vor etwa 1,7 Millionen Jahren).*

Das erste Zündholz stammt aus dem Jahr 1805, wird aber von seinem Erfinder, dem Franzosen Jean Chancel, als „briquet oxigéné" („Sauerstoff-Feuerzeug") in den Handel gebracht. Mit einer Mischung von Gummiarabicum, Schwefel und Kaliumchlorat überzogene Hölzchen werden in konzentrierte Schwefelsäure getaucht. Sie entzündet das chlorsaure Kali, dieses setzt den Schwefel und das Holz in Brand. Diese „Tauchzündhölzer" werden bis nach Amerika verkauft, kosten dort aber in Fünfzigerpackungen zwei Dollar, nach heutigem Geldwert etwa 30 Dollar. Dazu ist Schwefelsäure alles andere als harmlos, und so müssen bessere und billigere Mittel des Feueranzündens gesucht werden.

In Frage kommt der Phosphor, der sich so leicht mit Sauerstoff verbindet, daß man ihn in Wasser aufbewahren muß, weil er an der Luft von selbst Feuer fängt. Phosphor stellt Godfrey Hauwitz erstmals 1680 in London her, aber der Preis beträgt (umgerechnet) 250 Dollar die Unze (= 8800 Dollar/kg). Erst 1780 wird Phosphor erschwinglich und in Frankreich (seit 1785 auch in Italien) in luftleer gepumpte Glasröhrchen eingeschmolzen, die zum Feuermachen aufgebissen werden, eine unbequeme und nicht ungefährliche Methode, denn Phosphor ist giftig. Seit 1816 werden Versuche mit Phosphor-Zündhölzern gemacht, 1827 erhalten der englische Apotheker John Walker und 1837 der Pulverfabrikant Alonzo Dwight Philips in Massachusetts entsprechende Patente, aber erst Christian Rudolf Böttger, der an der Frankfurter Gewerbeschule Chemie und Physik lehrt, entwickelt 1832 bis 1851

die heutige Form der Sicherheits-Zündhölzer.

Sie setzen die ungefährliche Bewegung an einer Reibfläche in Wärme um, lösen dadurch chemische Umwandlungen aus, die die Wärme bis zum Flammpunkt steigern. Böttger erfindet eine neue Zündmasse und die Zündholzschachtel, deren Seitenwände durch eine Mischung von Graphit mit Glaspulver aufgerauht sind. Genügend Kapital für die Fabrikation aber vermag Böttger nicht aufzutreiben und so verkauft er sein Verfahren dem Schweden Edvard Lundström, der seit 1845 in Jönköping am Vätternsee Zündhölzer herstellt. Lundström nimmt 1851 ihre Massenherstellung auf, konstruiert die ersten Maschinen, aus denen schließlich Automaten werden, die bis zu 25 Millionen Zündhölzer pro Stunde liefern.

Lundströms Erfolg ist derartig, daß 160 weitere schwedische Zündholzfabriken entstehen, obwohl sie alle ihre chemischen Grundstoffe importieren müssen. Diese Überproduktion macht das Feuermachen einfach und billig, zahlreiche kleine Fabriken aber auch unrentabel. So kommt es 1903 zum ersten Zusammenschluß der schwedischen Hersteller. Den ersten Zündholz-Konzern bringt 1913 der Ingenieur Ivar Kreuger zustande, er hat einen Jahresumsatz von 3 Millionen Dollar.

Kreuger hat den Ersten Weltkrieg kommen sehen, große Chemikalien-Vorräte angelegt und bringt durch diese 1917 den Zusammenschluß der praktisch gesamten schwedischen Zündholzindustrie zur „Svenska Tändsticks Aktiebolaget" zustande. Die Kriegsfolgen machen aus diesem Produktions- und Verkaufs-Kartell einen Finanz-Trust, der sich nicht nur in Schwedens Papier- und Stahlindustrie einkauft und sich reiche Erzvorkommen sichert, sondern eine überragende Rolle als internationale Finanzgesellschaft spielt. Kreuger gibt Staaten (1929 auch dem Deutschen Reich) Kredite, falls sie ihm Zündholz-Verkaufsmonopole erteilen und erhält allein in Europa zwölf. Seine 1923 gegründete „International Match Co." kauft weltweit Zündholzfabriken auf und beschäftigt schließlich 60 000 Leute in 35 Ländern, beherrscht den riesigen Markt Indiens ebenso wie den zahlreicher afrikanischer und iberoamerikanischer Länder, den japanischen wie den chinesischen. Kreuger verspekuliert sich aber, durch die Weltwirtschaftskrise werden 285 Millionen Dollar von ihm erteilte Kredite notleidend, 1932 begeht er Selbstmord. In diesem Jahr setzt der schwedische Zündholz-Trust 247 000 Kisten mit je 10 000 Schachteln zu je 48 Hölzern ab, 188,6 Milliarden „Konsumhölzer" also oder etwa 60 für jeden der damals zwei Milliarden Erdbewohner. Die Kreuger-Organisation stellt drei Viertel aller Zündhölzer der Welt her.

Der Rest der Produktion stammt damals vorwiegend aus der Sowjetunion, bedeutendster privater Konkurrent ist die „Diamond International Corporation", an der die Rockefeller-Familie beteiligt ist und die 1880 mit der Herstellung von Küchenhölzern begonnen hat. Diese Gesellschaft zeigt, was so unscheinbare Dinge wie Zündhölzer an Kapital zu bilden vermögen: Durch Diversifikation hat sie 1970 rund 500 Millionen und als „Diamond Shamrock" 15 Jahre später mehr als 4 Milliarden Dollar Umsatz. Die Kreuger-Nachfolgegesellschaft „Swedish Match" setzt heute jährlich rund zwei Milliarden Dollar um, obwohl es seit 1903 auch brauchbare Feuerzeuge gibt, die nun ebenfalls ein Massenartikel sind.

Das erste Feuerzeug

erfindet der Jenaer Chemie-Professor Johann Wolfgang Döbereiner 1824. Er entdeckt, daß schwammiges Platin in einem Luft-Wasserstoffstrom zu glühen beginnt, stellt den Wasserstoff dazu durch Eintauchen von Zink in verdünnte Schwefelsäure her. Aber Platin ist kostspielig, und so setzt sich diese Erfindung nicht durch.

Versuche mit Benzin-Feuerzeugen werden gemacht, seit in den sechziger Jahren des 19. Jahrhunderts Benzin — damals noch als unerwünschter Abfall — bei der Leuchtpetroleum-Herstellung anfällt. Diese Feuerzeuge setzen sich nicht durch, weil es keinen einfachen und verläßlichen Zünd-Mechanismus gibt. Erst 1903 stellt der Pionier des Gas-Glühlichts, Carl Auer von Welsbach, aus den im Monazit-Sand enthaltenen seltenen Erden die erste „pyrophore" (griechisch = „Feuerträger") Legierung, das „Auermetall" genannte Zer-(Cerium-)

Eisen her, das durch Reibung besonders heiße Funken gibt, und schafft damit die Voraussetzung für

die heutigen Taschen-Feuerzeuge.

Diese sind in Zündholz-Monopolländern zeitweilig verboten, werden aber in alle eingeschmuggelt. Heute gibt es praktisch keinen Raucher mehr auf der Welt, der nicht eines besitzen würde. Die jährliche Zigaretten-Produktion übersteigt nun (ohne China) vier Billionen Stück, was 4000milliardenmaliges Anzünden bedeutet. Die Raucher Westdeutschlands zünden im Durchschnitt jeder jährlich etwa 4000 Zigaretten an.

1854

Treträder *(→ 13 v. Chr.)* dienen jahrtausendelang auf unmenschliche Art der menschlichen Muskelkraft-Nutzung. In ihrer heutigen Form sind sie nicht nur

das billigste individuelle Verkehrsmittel,

sondern sie dienen mehr und mehr auch der Erholung und dem Vergnügen: Im Durchschnitt kommt jetzt ein Fahrrad auf etwa je fünf Erdbewohner, in der reichen Schweiz besitzt jeder zweite Bürger eines.

Als Erfinder des Fahrrades gilt der badische Offizier und Forstmeister Carl Friedrich Drais, Freiherr von Sauerbrunn, der 1813 seine „Laufmaschine" vorführt. Im Museum von Nischnij Tagil im Ural steht eine ähnliche Vorrichtung, die der Schmied Artamonow im Jahr 1800 gebaut haben soll. Aber erst der 1812 in Oberndorf bei Schweinfurt geborene Mechaniker Philipp Moritz Fischer findet 1854

die heutige Form des Fahrrades,

indem er am Vorderrad Tretkurbeln anbringt. Unabhängig von Fischer kommt der Franzose Ernest Michaux auf die Idee der Tretkurbeln, erfindet auch eine Fahrrad-Bremse und hat Geldgeber, durch die er 1867 in Paris die Fabrikation seines „Velocipeds" (= „Schnellfuß") aufnehmen kann. Zwei Jahre später verwendet er erstmals Kugellager *(→ 1897)*. Aber ehe das Fahrrad zum Massenartikel wird, muß John Boyd Dunlop den Luftreifen durchsetzen *(→ 23. Juli 1888)*. Durch das Fahrrad kommt es zu zwei Erfindungen, welche die heutige Energieversorgung entscheidend beeinflussen. Während die Kugellager-Industrie durch

Reibungsverminderung riesige Mengen Energie spart, ermöglicht die Luftreifen-Industrie das Autofahren, das riesige Mengen Energie kostet.

Auch aus Fahrrad-Fabriken wie der Adam Opels in Rüsselsheim werden Auto-Fabriken, und wie es mehr und mehr Autos gibt, so mehr und mehr Motorräder. Dennoch aber wird der Weltbestand an Fahrrädern heute auf etwa eine Milliarde geschätzt, statt 1940 auf etwa hundert Millionen. Denn das Fahrrad ist nicht länger nur

die wichtigste Muskelkraft-Maschine,

sondern auch ein Sportgerät und durch seine gesundheitsfördernde Wirkung „in". In der Schweiz sind von den 1987 registrierten 2,45 Millionen die „Mountain Bikes" am beliebtesten, die „Berg- und Gelände-Velos" mit 18-Gang-Schaltung und Stollenbereifung, die 800 bis 1600 Franken kosten. Wettbewerbe wie die „Tour de France" oder die „Vuelta de Espana" sind Fernseh-Großereignisse.

1854

Als Otto von Guericke 1643 in Magdeburg die „Kraft aus dem Nichts" entdeckt, beginnt eine neue Welt zu entstehen, die der „Eisernen Sklaven" statt der Sklaven aus Fleisch und Blut. Eine weitere Umwälzung löst der Glasbläser Heinrich Geißler aus Igelshieb im Thüringer Wald aus, indem er Guerickes Kolben-Luftpumpe 1854 durch die Quecksilber-Luftpumpe ergänzt und statt eines Vakuums von 7 Millimetern Quecksilbersäule eines von 7 Hunderttausendstel Millimetern zustande bringt.

Zwar hat es eine ähnliche Luftleere als

das erste Hoch-Vakuum der Welt

bereits im Jahr von Guerickes Luftdruck-Versuchen gegeben. Damals erfindet Evangelista Torricelli das Barometer *(→ 6. Oktober 1664)*, indem er ein an einem Ende zugeschmolzenes Glasrohr mit Quecksilber füllt und es mit dem offenen in eine mit Quecksilber gefüllte Wanne stellt. Die Quecksilbersäule sinkt ab, bis ihr Gewicht dem der umgebenden Luft das Gleichgewicht hält und über dem Quecksilber entsteht die nach Torricelli benannte „Leere". Niemand untersucht damals die Wirkung dieses Vakuums auf Körper oder Kräfte. Erst Geißler, der sich auf wissenschaftliche Glas-Instrumente spezialisiert, an den Universitäten Göttingen, München und acht Jahre an der von Leiden gearbeitet hat, stellt 1854 in seiner neu eröffneten Bonner Werkstatt die nach ihm benannten luftleeren Röhren her. Werden diese mit verschiedenen, stark verdünnten Gasen gefüllt und hochgespannter Strom angelegt, so leuchten sie farbig.

Geißlers Quecksilber-Luftpumpe benutzt im Jahr ihrer Erfindung der Uhrmacher Heinrich Goebel, um Glühfäden in luftleere Glasbehälter einzuschmelzen und damit Glühlampen herzustellen, die jede so viel Licht geben wie sechs Kerzen. Diese locken auf Jahrmärkten Neugierige zu Goebels Fernrohr, durch das sie für 10 Pfennig die Venus bewundern können. Erst Thomas Alva Edison macht die Glühlampe 1879 technisch reif und durch dessen öffentliche Stromversorgung *(→ 4. September 1882)* erhält sie Bedeutung. Aber ob ihr Glaskolben 3 Millimeter Durchmesser hat oder 390 Millimeter; ob sie nur 0,3 Watt braucht oder 60 Kilowatt, alle Glühlampen, die es heute gibt, müssen wie die ersten luftleer gemacht werden, auch wenn man sie anschließend mit Edelgasen füllt.

Hat die elektrische Beleuchtung die Welt verändert, so nicht minder

die Erforschung der Elektrizität im Vakuum,

zu der der Bonner Mathematik- und Physikprofessor Julius Plücker die Geißlerröhren benutzt. Er entdeckt 1859 die Kathodenstrahlen, die in einer Hoch-Vakuumröhre austretenden Elektronen, deren Erforschung und Anwendung zu Radio, Radar und Fernsehen, zum Elektronen-Mikroskop, Elektronen-Fernrohr, zu den Elektronen-Rechnern und zu all dem andern führt, was heute unter dem Begriff Elektronik zusammengefaßt wird.

Die Geißlerröhren führen aber auch zur Nuklear-Physik. Denn 1895 macht der Würzburger Physikprofessor Konrad Wilhelm Röntgen Versuche mit ihnen. Er deckt sie durch schwarzes Papier, durch Holz und durch Stoff ab, aber nach wie vor treten Strahlen aus, die keine Kathodenstrahlen sind, jedoch einen Barium-Platincyanür-Schirm zum Leuchten bringen. Am 8. November 1895 hält Röntgen seine Hand vor die Röhre — und sieht das Skelett dieser Hand auf dem Schirm, denn Fleisch und Knochen sind für diese mysteriösen Strahlen, die er

„X-Strahlen“

nennt, verschieden stark durchlässig. Diese neuen Strahlen enthüllen dem Arzt das Innerste des lebendigen Körpers. Sie enthüllen dem Chemiker den Aufbau der Moleküle und ermöglichen dem Techniker, rechtzeitig Werkstoff-Fehler zu entdecken. Und sie führen zur Überwindung des seit 460 v. Chr. gültigen Atombegriffs, weil sich Dutzende Forscher fragen: „Wodurch entstehen diese Strahlen?“ So auch Henri Becquerel, der dadurch am 24. Februar 1896 die Alphastrahlen entdeckt, die natürliche Radioaktivität, den natürlichen Atomzerfall. Was mit Geißlers ausgepumpten Röhren des Jahres 1854 begonnen hat, führt zum Atom-Zeitalter ebenso wie zur farbigen Licht-Reklame; zur Verlängerung unseres aktiven Lebens durch die elektrische Beleuchtung, zur Spektralanalyse ebenso wie zu einem seinerzeit beliebten Kinderspielzeug.

1855

Daß die Verbrennung durch künstliche Luftzufuhr intensiviert wird, ist seit Urzeiten bekannt, mindestens seit 1475 v. Chr. gibt es Blasebälge. Natürlich erfordert heftig angefachtes Feuer mehr Brennstoffe als ruhig brennendes, kosten hohe Hitzegrade viel Energie. Dennoch aber beruht

die Massen-Stahlerzeugung

auf der Herabsetzung des Energie-Bedarfes durch Einblasen von Luft in flüssiges Eisen.

Stahl unterscheidet sich von Eisen durch seinen geringen Kohlenstoffgehalt. Den zu senken aber ist jahrtausendelang sehr schwierig, langwierig und teuer. So beträgt die Welt-Stahlgewinnung im Jahr 1800 höchstens 5000 Tonnen. Die erste Statistik gibt es für das Jahr 1867, da sind es 22 000 Tonnen, 1987 dreiundreißigtausendmal so viel, 725 Millionen Tonnen, und zwar vor allem durch Hochofengebläse *(→ 1824 bis 1828)* und Luft (oder den reinen Sauerstoff) der Bessemer- und LD-Stahlwerke.

In Charlton im englischen Herfordshire 1813 geboren, arbeitet Henry Bessemer in der Schriftgießerei seines Vaters und überlegt, wie man Lettern aus Stahl statt aus Blei herstellen könnte. Guß-Stahl soll Georg Memmendörfer in Nürnberg bereits im Jahr 1700 gewonnen haben, und aus dem Inhalt zahlreicher Tiegel gießt Peter Friedrich Krupp 1811 in Essen erstmals einen nennenswerten Block. Alfred Krupp stellt seit 1843 Gewehrläufe aus Gußstahl her. Der Stahl aber ist nach wie vor nur durch „Puddeln" zu gewinnen: Der Kohlenstoff flüssigen Eisens wird durch „Umrühren" mit Luft in Verbindung gebracht, um ihn zu „reduzieren". Das geschieht nicht nur unvollkommen, sondern für jede Tonne Stahl werden so für die Hoch- und Puddelöfen auch mindestens zehn Tonnen Steinkohle gebraucht.

Bessemer fragt sich: Warum werden nicht Gebläse verwendet? Im Juli 1855 bläst er kalte Luft in einen 20 kg fassenden Tontiegel mit geschmolzenem Eisen und sieht, was er erwartet hat: Das Silizium wird ausgeschieden und schwimmt als Schlacke auf der Oberfläche. Dann beginnt ein lautes Gurgeln, das in dumpfes Brausen übergeht und das Eisen strahlt Hitzewellen aus. Kein Fachmann ist auf die Idee gekommen, kalte Luft in die Eisenschmelze zu blasen, denn erst Heißluftgebläse haben die Roheisenerzeugung rationalisiert. Aber beim Stahl geht es um das Entfernen des Kohlenstoffs und den verbrennt die eingeblasene Luft. Sie kühlt das Eisen nicht ab, sondern erhöht dessen Temperatur auf etwa 1650° C und diese wandelt das Eisen zehnmal so rasch in Stahl um wie das „Puddeln". Stahl schmilzt erst bei weit höheren Temperaturen als Eisen, was durch das Lufteinblasen erzielt wird.

Natürlich ist es noch besser, statt Luft reinen Sauerstoff in das Eisen zu blasen. Aber das setzt die Massenerzeugung von Sauerstoff voraus, die es erst durch die Linde-Kältetechnik *(→ 1877)* und die Wasser-Elektrolyse *(→ 1913)* gibt. Das ist großtechnisch so schwierig, daß

das Sauerstoff-Blasstahl-Verfahren

erst 1939 patentiert wird und der erste, kippbare 15-Tonnen-Konverter im Linzer Hüttenwerk der Vereinigten Österreichischen Eisen- und Stahlwerke erst im Juni 1949 in Betrieb kommt. Nach Linz-Donawitz „LD-Verfahren" benannt, setzt sich die Sauerstoff-Blasstahlerzeugung rasch weltweit durch. Heute sind 500-Tonnen-Tiegel nichts besonderes mehr. 1974 wird auf der Welt mehr Blasstahl hergestellt als durch andere Verfahren. Beträgt die Welt-Bestleistung 1950 pro Arbeiter 122 Tonnen Rohstahl jährlich, so steht sie 1985 bei 1180. Vor allem aber werden heute durch die Verwendung von Luft oder Luft-Sauerstoff zur Stahlgewinnung riesige Energiemengen,

alljährlich Milliarden Tonnen Kohle, gespart.

Bessemers „einfache" Überlegung beweist, was scheuklappenfreies Denken und zähes Durchsetzen als richtig erkannter Ideen auch auf dem Energie-Sektor zu erreichen vermag, selbst wenn es um Fortschritte auf ganz anderen Gebieten geht.

1855 bis 1862

Setzt die seit jeher lebenswichtigste Art der Sonnenenergie-Nutzung, die durch die Landwirtschaft, die Möglichkeit voraus, die durch jede Ernte dem Boden entzogenen Pflanzen-Nährstoffe zu ersetzen *(→ 1840)*, so nicht minder die entsprechende Bodenbearbeitung, vor allem die Lockerung und Durchlüftung der Ackerkrume durch

das Pflügen.

Die frühesten Pflüge sind besonders kräftige und große Grabstöcke, an die man einen Querbalken befestigt hat und die einen oder zwei Handgriffe zum Lenken besitzen. Sie werden, unabhängig voneinander, etwa um 6000 v. Chr. in Ägypten, Indien und China erfunden. Noch 1970 verwenden (einer Schätzung der FAO zufolge) von den damals 360 Millionen Bauernfamilien der Welt 240 Millionen solche Haken-Holzpflüge, die den Boden nicht umzuwenden vermögen. So unglaublich es klingt, den ersten „modernen" eisernen Pflug erfindet der Amerikaner Jethro Wood erst 1819.

Gezogen werden die ersten Pflüge von Frauen, später von Rindern, Büffeln, Pferden usw. Richard Trevithick *(→ 1802)* baut 1812 sein „Lokomobil" vor allem, um die Dampfkraft durch die Landwirtschaft verwendbar zu machen. 1833 versucht John Heathcote, mit Dampf zu pflügen.

Die Durchsetzung des Dampf-Pfluges

gelingt dem englischen Ingenieur John Fowler erst 1855 bis 1862. Er erfindet einen Balanzier-Pflug, den zwei Lokomobile durch über Rollen geführte, endlose Drahtseile über die Felder ziehen. Dieses System ermöglicht erstmals das Tiefpflügen und die maschinelle Neulandgewinnung. Fowler wendet sie in Ägypten, Indien und Australien an. Mit dem Dampfpflug wird die 1833 durch die Getreide-Mähmaschine Cyrus Hall McCormicks begonnene

Mechanisierung der Landwirtschaft

entscheidend vorangetrieben, mit Hilfe der Kohle-Energie die Nutzung der Sonnenenergie erneut vervielfacht. In den Vereinigten Staaten sind 1910 über 72 000 „Dampf-Zugmaschinen" in Betrieb, aber auch schon etwa 10 000 Traktoren mit Verbrennungsmotoren *(→ 1906)*, die das Dampfpflügen rasch ablösen.

Was das Pflügen bedeutet, weiß kaum jemand. Aber heute bewegt die Landwirtschaft bei etwa 1,6 Milliarden Hektar Ackerfläche und 20 Zentimeter Furchentiefe alljährlich 3200 Kubik-Kilometer Boden = 3,2 Billionen Kubikmeter gegen die 6 bis 8 Kubikkilometer, die der Bergbau jährlich versetzt, oder die 100 Millionen Kubikmeter, die in zehnjähriger Arbeit beim Bau des Suezkanals bewegt worden sind.

1856

Friedrich und Wilhelm Siemens, die Brüder des Erfinders der Dynamomaschine, nutzen die Entdeckung James Beaumont Neilsons, daß heiße Luft höhere Verbrennungs-Temperaturen als kalte ergibt *(→ 1824 bis 1828)*, zur

Erfindung des Regenerativ-Ofens.

In diesem wird heißes Kohlegas mit heißer Luft auf eine Art verbrannt, die ungleich mehr Wärme-Energie freisetzt als bisher möglich war und bisher unerreichbare Temperaturen ergibt. Diese ermöglichen die Massenherstellung von Glas und Porzellan und seit 1864, durch das Siemens-Martin-Verfahren, erstmals die Verwendung von Schrott zur Stahlerzeugung. Damit wird der Eisenerz-Bedarf halbiert, kommt es zum teilweisen

Eisen-Kreislauf,

und die zur Roheisen-Gewinnung aufgewendete Energie wird teilweise zurückgewonnen. 1878 baut Wilhelm Siemens, der auch der Begründer der Kabelindustrie ist *(→ 1820),* einen Lichtbogen-Ofen zum Stahlschmelzen, mit dem

die industrielle Elektrowärme-Nutzung

beginnt. Finanziert werden diese Erfindungen durch das Familien-Unternehmen, das sich aus der 1847 in Berlin gegründeten „Telegraphenbau-Anstalt Siemens & Halske" entwickelt *(→ 17. Januar 1867).*

1857

Die Steinkohle-Förderung der Welt hat sich zwischen 1850 und 1900 fast verzehnfacht, steigt von 72 auf 707 Millionen Tonnen, weil die Welt-Industrialisierung in vollem Gang ist und sich die Länge des Eisenbahn-Netzes der Erde mehr als verzwanzigfacht. Der sprunghaft steigende Bedarf kann gedeckt werden, weil 1857

die Mechanisierung des Kohlebergbaus

beginnt, das jahrtausendelang einzige Werkzeug des Bergmanns, die Spitzhacke, und die schwere Eisenstange, die seit 1627 als Bohrmeißel dient, um Sprenglöcher zu bohren *(→ 1232, Schwarzpulver),* durch die Druckluft-Bohrmaschine und den pneumatischen Bohrhammer ersetzt werden.

Deren Erfinder ist der 1815 im französischen Savoyen geborene, an der Universität Turin ausgebildete Ingenieur Germano Sommeiller, der sich schon als Junge für einen Tunnel durch die Savoyer Alpen begeistert, ausgedehnte Gesteins-Untersuchungen durchführt und dabei erkennt, daß der solide Granit, aus dem sie bestehen, mit den vorhandenen Mitteln niemals bewältigt werden könnte. Nur Bohr-Maschinen kommen in Frage, ideal wären Druckluft-Bohrer, weil sie den Tunnel zugleich belüften könnten.

Nun hat der Grieche Ktesibios von Askra bereits 230 v. Chr. Luft in einem Metallzylinder derart durch einen Kolben zusammengepreßt, daß sie Wasser ins Feuer spritzt und Geschosse schleudert.

Verdichtete Luft als Arbeitskraft

zu verwenden, hat auch Denis Papin im Jahr 1687 versucht. Luftverdichter sind im Grunde schon die Blasebälge, die es seit 1475 v. Chr. in Ägypten gibt. Aber den ersten brauchbaren Kompressor baut Sommeiller. Er erfindet auch die nötigen Druckleitungen und kombiniert den Druckluft-Antrieb mit der 1857 von dem Genfer Uhrmacher Auguste Leschot erfundenen Diamant-Drehbohrung, bei der eine mit Industrie-Diamanten besetzte, hohle Kranz-Bohrkrone durch Wasser gekühlt wird, das zugleich das Bohrloch rein hält. Sommeillers Gesteinsbohrmaschine ermöglicht 1860 bis 1870 den Bau des Mont-Cenis-Tunnels zwischen Italien und Frankreich, der mit seinen 13 Kilometern Länge nicht nur der erste Alpen-Tunnel, sondern der erste nennenswerte Tunnel der Welt überhaupt ist.

Revolutioniert der Tunnelbau den Eisenbahnverkehr schon unmittelbar, so Sommeiller ihn indirekt weiter, da George Westinghouse von seinen Arbeiten liest und dadurch 1869 zur Erfindung der Luftdruck-Bremse kommt, die die Vervielfachung der Waggonzahl und der Fahrgeschwindigkeit ermöglicht. Und die Westinghouse auch das Kapital liefert, mit dem er den Wechselstrom durchsetzt. Die Druckluft-Technik führt zur Erfindung der Unterwasser-Torpedos wie zu der von Farbspritz-Pistolen. Die weitaus bedeutendste Folge der Erfindung Sommeillers aber ist

die Vervielfachung der Welt-Energiegewinnung durch die Rationalisierung des Kohleabbaus.

Der Mensch vermag dauernd höchstens 15 Hammerschläge pro Minute auszuführen, einen schweren Bohrmeißel höchstens zehnmal pro Minute fallenzulassen. Ein halber Meter Bohrloch pro Stunde ist eine Rekordleistung. Eine pneumatische Schlag-Bohrmaschine oder ein Druckluft-Bohrhammer machen 1750 bis 2000 Schläge pro Minute. Ihre Bohrleistung beträgt 4 bis 8 Zentimeter pro Minute in härtestem Granit, 40 bis 80 Zentimeter in weniger harten Gesteinen. Das ergibt dreieinhalb bis 48 Meter Bohrlöcher pro Stunde. Und nur diese Leistungssteigerung ermöglicht die Massen-Anwendung des 1867 erfundenen Dynamits. Ohne die neue Antriebskraft Druckluft kombiniert mit dem neuen Sprengstoff ist die Deckung des Kohlebedarfs im 19. Jahrhundert nicht denkbar. Denn

der Anteil der Steinkohle am Welt-Primärenergie-Verbrauch steigt 1800 bis 1900 von höchstens einem auf 93 Prozent.

Das ermöglicht die Industrialisierung. Und die Dampfmaschine macht aus dem „Holz-Ersatz" zugleich die „Macht hinter den Mächten" *(→ 1887)*, Englands große Kohlevorkommen sichern ihm ein Jahrhundert lang nicht nur die industrielle und die Handels-Vormacht, sondern die Welt-Macht.

In den Vereinigten Staaten gibt es wahrscheinlich hundertmal mehr Kohle als in Großbritannien und auch die sicheren Vorräte sind zehnmal größer. Bereits 1766 beklagen sich die Indianer Pennsylvaniens beim Gouverneur der Kolonie, daß ihnen die Weißen den Brennstoff stehlen, den sie „seit unvordenklichen Zeiten" verwenden. Die erste Zahlenangabe über die amerikanische Kohleförderung stammt aus dem Jahr 1810, da beträgt sie 13 000 Tonnen — 1,8 kg pro Kopf der Bevölkerung. Ein Jahrhundert später sind es 517 Millionen Tonnen und 5500 kg pro Kopf. England gewinnt aus seiner Kohle 120-Millionen-PS-Jahre Arbeitsleistung, die USA aber 260 Millionen. In den Vereinigten Staaten stellt die Kohle acht Zehntel der gesamten Primärenergie und macht sie nun zur mächtigsten Industrie-Nation.

Wenn es heute weniger als zwei Zehntel sind, so deshalb, weil seit Beginn der amerikanischen Mineralölförderung *(→ 28. August 1859)* Raubbau getrieben wird und durch die Entwicklung der Verbrennungsmotoren *(→ 31. Dezember 1879)* und neue Raffinerie-Methoden seit 1890 das Benzin das wichtigste Mineralölprodukt ist. Der Benzin-Bedarf steigt rapide. Benzin aber ist ein Koppelprodukt. Will man Benzin gewinnen, muß man auch Heizöl gewinnen und so kann dieses als eine Art „Abfall" derart billig verkauft werden, daß es die Kohle seit 1903, als die Schiffahrt zur Ölfeuerung überzugehen beginnt, mehr und mehr verdrängt. 1918 bis 1948 bleibt der amerikanische Kohleverbrauch gleich, während sich der Verbrauch von Mineralöl mehr als vervierfacht, der von Erdgas *(→ 1884)* mehr als verfünffacht. 1950 wird das Öl als Energieträger wichtiger als die Kohle. 1970 entfallen auf Öl und Erdgas 78 Prozent des Primärenergie-Verbrauchs, auf die Kohle 18 Prozent, obwohl Kohle 88 Prozent aller Energie-Vorräte der USA ausmacht, Öl nur 2 und Erdgas nur 3 Prozent.

Ähnlich ist die Entwicklung in allen Industrieländern, denn bis in die jüngste Vergangenheit ist ja der amerikanische Ölpreis der Weltmarkt-Preis.

Die Welt-Kohleförderung

und der Kohle-Anteil am Gesamt-Energieverbrauch beträgt:

	Millionen Tonnen	= Prozent Anteil
1900	707	93
1925	1185	81
1950	1430	59
1985	3100	28

Ist der Kohle-Anteil an der Gesamt-Energieversorgung heute viel zu gering und hätten schon längst Kohle-Hydrieranlagen *(→ 2. April 1927)* und Kohle-Totalvergasungsanlagen gebaut werden müssen *(→ 1980)*, so muß bei den Förderziffern allerdings berücksichtigt werden, daß

heute jede Tonne Kohle etwa 25 Tonnen Kohle der Industrialisierungs-Frühzeit

entspricht und wir beim technischen Stand von 1905 im Jahr 1985 nicht rund drei Milliarden, sondern etwa 17 Milliarden Tonnen Kohle gebraucht hätten *(→ 1884 bis 1892)*.

1859

Die Elektrizität ist zwar die vielseitigste aller Energie-Formen und bietet gegenüber anderen zahlreiche Vorteile, doch hat sie einen großen Nachteil: Erzeugung und Verbrauch müssen gleichzeitig erfolgen. Die Elektrizitäts-Nutzung beruht auf dem Strom-Fluß, und Elektrizität zu speichern ist schwierig und kostspielig.

Zwar gibt es die „Leidener Flasche“ bereits 1745. Aber sie speichert statische Elektrizität und wenn mit ihr auch hohe Spannungen angesammelt werden können, so nur geringfügige Leistungen, denn ihre Entladung erfolgt in Sekunden-Bruchteilen. Für die Schwachstrom-Technik brauchbare Stromquellen gibt es seit 1799 durch die Volta-Batterien, die durch chemische Reaktionen Strom gewinnen. 1803 versucht Johann Wilhelm Ritter den Vorgang umzukehren und durch Elektrizität chemische Veränderungen auszulösen, durch die Strom gespeichert wird. Aber seine „Ladungssäule“ aus 50 Kupferscheiben mit feuchten Zwischenlagen ist praktisch unverwendbar. Erst der französische Physiker Gaston Planté erfindet 1859 ein brauchbares „Sekundär-Element“, den nach dem lateinischen „accumulare = anhäufen“ benannten

Leistungs-Akkumulator.

Werden zwei gut voneinander isolierte Bleiplatten in verdünnte Schwefelsäure gehängt, so entsteht durch deren Einwirkung an beiden Platten Bleisulfat. Wird Strom eingeleitet, so verwandelt sich dieses am negativen Pol in feinverteiltes Blei, am positiven Pol in Blei-Superoxyd. Hört die Stromzufuhr auf, so ist eine Platte stark negativ, die andere stark positiv elektrisch geladen, aber den Stromausgleich verhindert der Isolator. Erst wenn der Akku wieder entladen, das heißt an einen Stromverbraucher angeschlossen wird, kommt es zum Stromfluß, durch den am negativen Pol das Blei wieder Bleisulfat wird, am positiven das Blei-

Superoxyd zu Bleisulfat. Die Klemmenspannung beträgt dabei rund zwei Volt. Je nach der Konstruktion ist

das Laden und Entladen eines Akkumulators

50- bis 3000mal wiederholbar. Meist werden 6 Zellen zu einem 12-Volt-Akku hintereinandergeschaltet. Jedes der heute gut 500 Millionen Kraftfahrzeuge auf der Welt funktioniert nur durch einen Akku, ebenso unentbehrlich sind diese Stromspeicher für Eisenbahnzüge, Schiffe und Flugzeuge.

Auto-Akkus genügen für den Anlasser, die Zündanlage, die Beleuchtung usw., nicht jedoch für den Auto-Antrieb, obwohl früher oder später der Elektroantrieb den durch Benzin- und Dieselmotoren ersetzen muß. Denn speichert Benzin trotz des schlechten Wirkungsgrades des Verbrennungsmotors je Kilogramm seines Gewichts durchschnittlich 1870 Wattstunden, so eine Blei-Batterie nur etwa 30. Die heutigen Akkus sind mehr als sechzigmal schwerer, als sie es sein dürften, um mit deren Benzin-Energiespeicherung konkurrieren zu können. Und

um ein Megawatt Wind-Energie eine Woche lang zu speichern, wären 250 000 Auto-Akkus nötig,

ebensoviele für die Lagerung der gleichen Menge Sonnenenergie.

Zwar gibt es seit 1984 als größten Blei-Akkumulator der Welt den der Wolverine and Northern Michigan Electric Cooperatives in den USA, der eine Fläche von 2000 Quadratmetern bedeckt, dessen abnormal dicke Bleiplatten 1760 Tonnen wiegen und dessen Kapazität 45 Millionen Watt — 45 Megawatt — beträgt. Er kann einen Abend lang 10 000 Wohnhäuser versorgen, hat aber 8,5 Millionen Dollar gekostet und ist nur durch drei staatliche amerikanische Partner, das Department of Energy, das Electric Power Research Institute und die Rural Electrification Authority zustandegekommen, die feststellen wollen, ob solche Super-Akkus für die Speicherung von Sonnenenergie-Strom in Frage kommen, das heißt wie lange sie betriebssicher bleiben und was ihr Betrieb kostet.

Natürlich hat es seit der Erfindung des Blei-Akkumulators Hunderte von Versuchen gegeben, ihn durch bessere zu ersetzen.

Der Alkali-Akkumulator

des Schweden Jungner stammt aus dem Jahr 1901. 1903 bis 1913 macht ihn Thomas Alva Edison durch fast 50 000 Experimente technisch reif. Die Elektroden werden aus Nickel-Graphit und Eisen-Graphit-Preßmassen gebildet, als Elektrolyt dient Ätzkali. Speichern Blei-Akkus etwa 30 Wattstunden pro Kilogramm Gewicht, so Nickel-Eisen-Akkus 45 bis 80 Wattstunden, ihre Lebensdauer ist zwei- bis fünfmal länger. Alle erdenklichen Elektroden-Kombinationen und Elektrolyte werden versucht, 1967 entwickeln General Motors zum Beispiel eine Silber-Zink-Batterie, die bei gleichem Gewicht fünfmal so viel Energie speichert wie Blei-Akkumulatoren. Aber sie ist praktisch unbezahlbar. 1978 versucht es Westinghouse in Pittsburgh mit einer Eisen-Silber-Zelle, die eine Kapazität von 3500 Wattstunden hat und pro Kilogramm eine dreimal höhere Kapazität als Bleibatterien besitzt. Noch immer aber werden für die Silber-Elektroden 10 kg Metall gebraucht und dieser 26,4-Volt-Akku kostet über 10 000 Dollar. Seit 1968 gibt es auch die vom Massachusetts Institute of Technology entwickelte Nickel-Kadmium-Batterie; Preis 76 000 DM. Gleichzeitig erprobt das California Institute of Technology eine Blei-Kobalt-Batterie, die nur 2400 DM kostet, aber nur ganz wenige Lade-Zyklen aushält.

Das Grund-Prinzip all dieser Akkumulatoren ist über hundert Jahre alt. Erst die 1947 durch die Transistor-Erfindung ausgelöste Halbleiter-Technologie *(→ 1955)* und die für diese unentbehrliche Festkörper-Forschung führt 1967 in den Laboratorien der Ford Motor Co. zur Entdeckung, daß im Natrium-Beta-Aluminat die Elektrizität nicht durch Elektronen, sondern durch die Natrium-Ionen geleitet wird. Damit beginnt

die Untersuchung der „solid state Ionics“,

können Natrium-Schwefel-Stromspeicher gebaut werden, deren Kapazität pro Kilogramm Gewicht etwa 650 Wattstunden beträgt, das mehr als Zwanzigfache der Blei-Säure-Batterien — aber nur bei einer Temperatur von 300° C.

Mit Festkörper-Batterien (die nicht auslaufen können und eine Lebensdauer von etwa zehn Jahren haben) beschäftigen sich zahlreiche Firmen und Forschungsstätten. 1978 wird im Max-Planck-Institut für Festkörperforschung entdeckt, daß Lithiumnitrid ein hervorragender Ionenleiter ist, und zwar auch bei Zimmertemperatur. Lithium ist das leichteste Metall, daher beträgt die Speicherkapazität solcher Batterien 200 Watt/Kilogramm. Aber sie eignen sich vorerst nur für wiederaufladbare Miniatur-Batterien. Lithium-Chlor-Batterien geben hohe Leistungen und bis zu 2000 Wattstunden/Kilogramm. Damit scheint das Benzin eingeholt, aber hier erfolgt die Stromspeicherung erst bei 650° C. Praktisch kommt auch dieser Akku für Elektromobile nicht in Frage.

Die Suche nach effizienten mobilen wie nach stationären elektrochemischen und elektrothermischen Akkumulatoren geht weiter. Wer eines Tages die Massen-Verwendung von Elektromobilen möglich macht, revolutioniert nicht nur die Automobilindustrie und nicht nur die Welt-Energieversorgung, sondern verhindert auch eine Weltverkehrs-Katastrophe, die die Erschöpfung der Mineralölvorräte der Erde sonst bedeuten müßte. Und trägt entscheidend zur Luftreinhaltung bei.

1859 — 28. August

Die Mineralölvorkommen der Erde sind vor etwa 195 Millionen Jahren entstanden und seit vielen Jahrtausenden bekannt, weil das Öl an vielen Stellen von selbst aus dem Boden dringt. Es wird als Arzneimittel und zu allem möglichen anderen verwendet, aber als 1840 der Gouverneur von Aserbeidschan eine Ölprobe an die Kaiserlich Russische Akademie der Wissenschaften in St. Petersburg sendet, wird ihm erklärt, außer zum Schmieren von Wagenrädern tauge dieser Stoff zu gar nichts.

Schon damals aber wird die Wal-Jagd immer schwieriger, der Wal-Tran als Beleuchtungsmittel immer teurer. 1834 hat der französische Chemiker Ernest Selligue durch Erhitzen von Ölschiefer Leuchtöl gewonnen und für dieses Schieferöl eine geeignete Lampe konstruiert. In Galizien werden 1845 Versuche mit Mineralöl-Lampen gemacht, die aber oft explodieren, und so beginnt die moderne Öl-Geschichte erst 1852. Da kommen drei ruthenische Bauern zu Ignazy Lukasiewicz, dem polnischen Apotheker der Kreisstadt Krosno unweit Lemberg im damals österreichischen Galizien und verlangen, daß er aus der hellbraunen Flüssigkeit, die aus ihren Äckern dringt, Wodka destilliere. Das kann er zwar nicht, aber er untersucht und destilliert den Fund. Zwar weiß er nicht, daß der deutsche Chemiker Karl von Reichenbach bereits 1830 durch Erdöl-Destillation Benzin gewonnen hat, aber er trennt das Benzin vom Petroleum und erkennt, daß dieses Benzin die Explosionen verursacht hat, welche die Beleuchtungsversuche beendet haben. Lukasiewicz erfindet eine Petroleumlampe, baut in Krakau eine kleine Raffinerie und beliefert u. a. die Österreichisch-Ungarischen Eisenbahnen. Sein Rohöl stammt aus Tümpeln, zu denen es von selbst zusammenläuft.

Solche Tümpel hat in Nordamerika der Franziskaner-Mönch De La Roche d'Allion bereits 1629 beschrieben. Öl aus solch einem Tümpel untersucht der Amerikaner Benjamin Silliman, der als Nachfolger seines Vaters 1847 Professor der Chemie an der Universität Yale geworden ist. Silliman erfindet 1855 nicht nur eine Petroleumlampe mit Docht und gläsernem Zugzylinder, die sich zur Massenerzeugung eignet, sondern gründet, um den Brennstoff für seine „Photogen-Lampen" zu gewinnen, mit dem New Yorker Kaufmann George H. Bissell und dem Bankier Lawrence Townsend 1857 mit 6000 Dollar Kapital die „Pennsylvania Rock Oil Company" und erwirbt Bohrrechte in Titusville. Dort gibt es einen Bach, dessen Wasser eine dicke Ölschicht trägt. Dieses Öl ist abgeschöpft und in kleine Fläschchen gefüllt worden, Marktschreier haben es als Wundermittel gegen alle erdenklichen Krankheiten und als Haarwuchsmittel verkauft und so 50 Dollar und mehr für den Liter erzielt. Die „Rock Oil Co." aber gedenkt Öl nicht abzuschöpfen, sondern aus der Primärlagerstätte zu gewinnen, das heißt zu erbohren.

Das ist allerdings leichter gesagt als getan. Der Boden in Titusville ist so wasserhaltig, daß die ersten Bohrungen ersaufen. Bohrleiter ist Edwin Laurent Drake, der Farmer, Matrose auf den Großen Seen, Drogist, Nachtportier und schließlich

Schaffner der New York-New Haven-Eisenbahn gewesen ist und sich „Oberst" nennt, weil er auch in der Nationalgarde gedient hat. Drake hat die entscheidende Idee: Er dichtet seine Sonde durch Eisenrohre ab, die er aneinanderschraubt und in denen sich sein Bohrseil und sein Bohrmeißel bewegen. Am 28. August 1859 stößt er in 21 Metern Tiefe auf ein Ölvorkommen, das drei Tonnen täglich liefert. Das bedeutet

die Begründung der amerikanischen und der Welt-Mineralölindustrie,

denn Professor Johannes Hunäus, der 1858 im späteren Hannover'schen Erdölgebiet die erste systematische Ölbohrung der Welt niedergebracht hat, ist nicht fündig geworden.

Daß das erste Öl in den USA und nicht in Deutschland erbohrt wird, bedeutet den ersten Öl-Boom und eine Entwicklung, die zum Raubbau zwingt und

die verheerendste Energieträger-Vergeudung aller Zeiten

auslöst. Drake stirbt verarmt und verbittert. Auch Silliman, Bissell und Townsend werden durch ihr Öl nicht reich, denn bereits 1860 gibt es neben ihrer Ölgesellschaft 600 andere und 1862 über 1100 mit 600 Millionen Dollar Nominal-Kapital. Wie 1848 das Gold-Fieber erfaßt nun ein Öl-Fieber die Vereinigten Staaten. Die „Pennsylvania Rock Oil Co." hat ihren Preis auf 48 Dollar pro Faß — etwa 50 Cents je Liter — festgesetzt, denn das Faß Wal-Tran kostet damals 80 Dollar und das Leuchtpetroleum soll den Tran verdrängen. Aber schon Ende 1859 muß der Preis auf 20 Dollar gesenkt werden, Ende 1860 steht er auf 10 Cents. Er erholt sich auf einen Dollar und im Durchschnitt des Jahrhunderts 1859 bis 1958 beträgt er 2,70 Dollar. Von Anfang an wird Amerikas Öl verschleudert, jede Krise zwingt die Produzenten, durch erhöhte Absatz-Mengen die Einkommens-Schrumpfung unter dem Konkurs-Niveau zu halten. Nicht Silliman macht die amerikanische Mineralölindustrie groß, sondern John D. Rockefeller sen., ein Händler, nicht ein Produzent. Da es beim Handel nur auf den Unterschied zwischen Ein- und Verkaufspreis ankommt und billiges Öl leichter zu verkaufen ist als teures, wird vom ersten Tag der amerikanischen Ölförderung an noch ärgerer Raubbau als an den Walen getrieben. Bis in die jüngste Vergangenheit wird, um Bohrkosten zu sparen, nur 15 bis 20 Prozent des im Boden vorhandenen Öls gefördert, während technisch 60 bis 85 Prozent möglich wären. Der amerikanische Ölpreis aber ist bis zum Beschluß der OPEC am 10. September 1962 der Welt-Preis. Auch alle Konkurrenten Rockefellers sind zum Raubbau gezwungen. Und das Öl verdrängt die Kohle *(→ 1857),* weil sehr bald Benzin wichtiger als Leuchtöl wird, Heizöl sozusagen als „Abfall" anfällt, dessen Preis fast bis zu den Vernichtungskosten gesenkt werden kann. Vieles trifft zusammen: Wie die Gründung des ersten Öl-Trusts, der Standard Oil of Ohio mit einer Million Dollar Kapital im Jahr 1882, entscheidend wichtig ist, so 1914 die Umwandlung der Anglo-Persian Oil Co. *(→ 28. Mai 1908)* in die erste Staats-Mineralölgesellschaft der Welt. Das Öl hätte seine Weltbedeutung nicht ohne die Mechanisierung des Straßenverkehrs, nicht ohne die Umstellung der Welt-Schiffahrt auf Ölheizung und Dieselantrieb *(→ 1903)* und nicht ohne die Luftfahrt erlangt. Aber Tatsache ist eben:

1860 bis 1960 steigt die Welt-Ölförderung auf das 15 700fache,

von 67 000 Tonnen auf 1052 Millionen Tonnen. Auf dem bisherigen Höhepunkt, im Jahr 1979, sind es 3255 Millionen Tonnen. Der Anteil des Mineralöls an der Welt-Energieversorgung beträgt im Jahr 1860 null und auch im Jahr 1900 erst 3,7 Prozent. Das ist naturgemäß, denn von den Energieträger-Vorkommen der Erde macht das Öl etwa 3,8 Prozent aus, das fast immer aus Ölgebieten stammende Erdgas etwa 3,2 Prozent, zusammen aber decken diese Kohlenwasserstoffe heute nicht sieben Hundertstel, sondern sieben Zehntel des Gesamtenergiebedarfs der Welt. Dieser Bedarf ist 1987 etwa zwölfmal so groß wie im Jahr 1900. Die Welt-Mineralölförderung aber beträgt nun das 137fache. Und dieses

Wirtschaften gegen die Natur

hat keineswegs nur wirtschaftliche Folgen. Es löst schon 1920 einen Öl-Krieg aus *(→ 22. März 1922),* der entscheidend zum Ausbruch des Zweiten Weltkrieges beiträgt, führt zum Pazifik-Ölkrieg *(→ 2. August 1942)* und zu einer Ölpreis-Entwicklung *(→ 10. September 1962),* die für die heutige Welt-Schuldenkrise und die Dollar-Misere mitverantwortlich ist. Dieses Wirtschaften gegen die Naturgegebenheiten läßt das „Öl-Zeitalter" zu Ende gehen und zwingt zu einer

Energieversorgungs-Umstellung,

mit der verglichen die vom Holz auf die Kohle geringfügig erscheint. Denn wenn die Weltwirtschaft heute angeblich nur zu etwa 46 Prozent vom Öl abhängt, so die Welt-Schiffahrt zu 98,3 Prozent — und ohne diese gibt es keinen Welthandel. Da ist die Luftfahrt zu 100 Prozent ölabhängig und auch sie dient nicht nur dem Tourismus oder dem Militär. Ohne Traktoren und Mähdrescher können unsere Felder nicht bebaut werden und ohne Lastkraftwagen ist die Ernte nicht zu den Bahnstationen, Häfen oder in die Großstädte zu bringen. Ölmangel bedeutet Hunger ebenso wie Kälte. Nicht zuletzt, weil nun auch die wichtigsten Düngemittel auf Erdöl- und Erdgas-Basis hergestellt werden.

Das Nach-Öl-Zeitalter bedeutet, daß die Schiffahrt weitgehend auf Nuklearantrieb *(→ 1962)* und die Luftfahrt auf flüssigen Wasserstoff *(→ 1910)* umgestellt werden muß.

Daß nicht nur die Düngemittel, sondern Hunderttausende chemischer Produkte nicht länger Erdöl und Erdgas als Ausgangsstoffe haben können. Daß andere Wärmequellen für die Zement-, die Keramik- und die Glas-Industrie gefunden werden müssen. Und so weiter. Diese Umstellung bietet gewaltige Rationalisierungs-Möglichkeiten und kaum vorstellbare Arbeit. Aber auch einen Kapitalbedarf, wie es ihn noch niemals gegeben hat und wie er nur durch neue Methoden *(→ 1968)* gedeckt werden kann. Diese Umstellung erfordert Generationen Zeit, sie hätte längst begonnen werden müssen. Und sie ist technisch längst möglich. Denn seit dem 2. April 1927 zum Beispiel gibt es Groß-Kohlehydrieranlagen, kann Kohle verflüssigt werden, die statt 3,8 Prozent der Energieträger-Vorräte der

Erde deren 35 Prozent stellt. Aber viele Ölproduktions-Länder sind heute derart verschuldet, daß sie erneut zu Schleuderpreisen verkaufen müssen, Langfrist-Politik sich nicht „rentiert" und mit der Umstellung gewartet wird, bis es zum Kampf um das Rest-Öl gekommen ist.

1861

Über die Verwendung von Braunkohle *(→ vor etwa 280 Millionen Jahren)* berichtet Theophrastos von Eresos bereits 320 v. Chr. Sie ist weit leichter zu gewinnen als Steinkohle, bildet ungleich mächtigere Flöze, die meist so wenig tief liegen, daß sie im Tagebau genutzt werden können.

Die Welt-Vorräte an Braunkohle

werden heute auf etwa 2700 Milliarden Tonnen geschätzt, beim jetzigen Verbrauch ausreichend für 2450 Jahre. Etwa 65 Prozent dieser Vorkommen liegen in der Sowjetunion, 24 Prozent in den Vereinigten Staaten. Aber große Lagerstätten finden sich auch in 26 anderen Ländern.

Nur hat Braunkohle meist nicht mehr als ein Drittel des Wärmewertes von Steinkohle. Es ist „junge" Kohle, und fünf bis sechs Zehntel ihres Gewichts stammen von ihrem Wassergehalt. Braunkohle ist ein hervorragender Energieträger, aber nur an Ort und Stelle zu verwenden, nennenswerte Transporte unwirtschaftlich. Abgesehen davon, daß manche Braunkohle-Vorkommen wie zum Beispiel die sehr großen von Kansk-Achinsk an der Transsibirischen Eisenbahn „pyrophorisch" sind, „selbstentzündlich", und Kohlenzüge von selbst zu brennen beginnen würden.

Es dauert bis 1861, ehe Carl Adolph Riebeck in Halle a. d. Saale

Braunkohle als Chemie-Rohstoff

verwendet, sie im Vakuum destilliert, Leuchtöl und Paraffin gewinnt und eine Entwicklung einleitet, die in den dreißiger Jahren des 20. Jahrhunderts zum Bau riesiger Werke in Mitteldeutschland führt, die vor allem Luftstickstoff-Dünger und Synthese-Benzin herstellen. Riebeck erfindet 1872 aber auch ein Trocknungs- und Brikettier-Verfahren, das Braunkohle als Hausbrand geeignet macht. Die 1883 gegründeten „Riebeckschen Montanwerke" erschließen die mitteldeutschen Braunkohlevorräte, die heute die Energie-Grundlage der DDR bilden. Durch Riebeck steigt die deutsche Braunkohlenförderung 1860 bis 1913 von 4 auf

87 Millionen Tonnen. Auf Steinkohlewert umgerechnet sind das aber nur etwa 20 Millionen Tonnen, wenig mehr als ein Achtel der damaligen deutschen Steinkohleförderung. Weltweit beginnt

der Aufstieg der Braunkohle durch ihre Verstromung

erst 1913 durch die deutsche Elektro-Verbundwirtschaft: In Essen ist 1898 das Rheinisch-Westfälische Elektrizitätswerk (RWE) gegründet worden, um die Kohle der Zeche Viktoria Matthias nicht als Kohle, sondern an Ort und Stelle „veredelt" als Strom zu verkaufen. Das im Jahr darauf auf dem Gelände dieser Zeche gebaute Kraftwerk erzeugt jährlich 2,7 Millionen Kilowattstunden. Zehn Jahre später ist aus diesem ersten Zechen-Kraftwerk der Welt bereits ein Unternehmen geworden, welches das größte Kraftwerk Europas bauen kann, das Goldenberg-Werk in Knapsack bei Köln im Rheinischen Braunkohlerevier als erstes Braunkohle-Großkraftwerk der Welt. Ist schon der Steinkohle-Strom des RWE aus dem Herzen des Ruhr-Reviers konkurrenzlos billig erzeugt worden, so wird der Strom aus dem Zentrum des Rheinischen Braunkohle-Reviers noch viel billiger gewonnen. Und schließlich wird

das Zusammenwirken von Steinkohle, Braunkohle und Wasserkraft

organisiert. Als erstes Elektrizitäts-Versorgungsunternehmen der Welt baut 1929 das RWE eine 220-kV-Leitung, die mit 220 000 Volt Hochspannung betriebene Leitung Köln-Bludenz, werden die österreichischen und süddeutschen Wasserkräfte an das Braunkohle- und Steinkohle-Netz angeschlossen. Der Nachteil von Wasserkräften ist ihre Abhängigkeit von der jahreszeitlich variierenden und auch vom Wetter beeinflußten Wasserführung. Der Nachteil öffentlicher Stromversorgung jeder Art ist der schwankende Strombedarf. Je großräumiger ein Netz ist, desto geringer sind diese Schwankungen und damit der Zwang, teure Reserve-Kapazitäten zu unterhalten.

Mit 3,5 Milliarden Kilowattstunden liefert das RWE 1929/30 bereits tausendmal mehr Strom als im Jahr 1900. Nun werden dank der Verstromung in Deutschland rund 175 Millionen Tonnen Braunkohle gewonnen statt der 40 des Jahres 1900. Bei Ausbruch des Zweiten Weltkrieges sind es 212 Millionen Tonnen, und die Braunkohle liefert 48 Prozent allen elektrischen Stromes des Deutschen Reiches.

Beim Wiederaufbau nach 1945 spielt die Braunkohle eine entscheidende Rolle. Nun ist es ein Segen, daß sie nicht weit transportiert werden kann, denn die deutsche Steinkohle muß exportiert werden. Und nun werden Maschinen-Giganten entwickelt, wie man sie nicht für möglich gehalten hat und wie sie bis Australien verkauft werden. Nach dem Krieg gibt es in Deutschland bis auf Borken in Hessen keinen Tiefbau auf Braunkohle mehr, werden fast 100 Prozent im Tagebau gewonnen. Aber da müssen im Rheinischen Revier 1950 für rund 70 Millionen Tonnen Kohle 50 Millionen Tonnen Abraum beseitigt werden.

Braunkohle-Gewinnung heißt buchstäblich Berge versetzen.

Das geschieht heute mit Schaufelrad-Baggern, die täglich 240 000 Kubikmeter gewachsenen Deckgebirges oder 237 000 Tonnen Braunkohle abbauen. Der Abraum wird im Rheinland über ein Schienennetz von über 500 Kilometern Länge entfernt, das für einen Achsdruck von 30 Tonnen ausgelegt ist. Die Lokomotiven von 2500 Kilowatt ziehen Züge von 2000 Tonnen Nutzlast, bewegen eine halbe Milliarde Tonnen pro Jahr. Für den Kohletransport in die Kraftwerke dienen mehr als 100 Kilometer drei Meter breite Förderband-Systeme. Der Tagebau Hambach ist jetzt

der größte Tagebau der Welt.

Hier sind acht Bagger eingesetzt, von denen jeder 220 Meter lang und 87 Meter hoch ist, so hoch wie ein dreißigstöckiges Haus. Jedes Schaufelrad hat 18 Schaufeln von 6,64 Kubikmetern Inhalt. Dessen Aushub von 20 000 Kubikmetern pro Stunde bedeutet täglich ein Loch von 500 Metern Länge, 100 Metern Breite und 48 Metern Tiefe, die Ausschachtung für zehn große Häuserblocks mit Tiefgaragen. Die Tagesleistung eines solchen Baggers kommt der von 60 000 Handschauflern bei äußerster Anstrengung gleich.

Natürlich gibt es solche Maschinen nur, weil für sie genügend Energie zur Verfügung steht. Auf diese Art Braunkohle-Strom zu gewinnen, erfordert für jeden dieser Bagger 120 Elektromotoren von 16 000 Kilowatt = 22 000 PS Gesamtleistung. Aber pro Bagger und Schicht nur sieben Mann Bedienungspersonal. Die durchschnittliche Tagesförderung an Braunkohle hat im Rheinischen Revier pro Abbaustelle und in Tausenden Tonnen betragen:

Bis 1885 bei Handarbeit	3
1885 bis 1925 teilmechanisiert	10
1925 bis 1955 vollmechanisiert	40
1955 bis 1978 Massenförderung	150
1978 Super-Massenförderung	237

Das aber bedeutet: Schichtleistung pro Mann 11 285 Tonnen, bei 260 Schichten 2,93 Millionen Tonnen Braunkohle-Förderung pro Jahr. Bei 700 kWh/t ergibt das rund zwei Milliarden Kilowattstunden. Die verwertbare Jahres-Muskelleistung des Menschen beträgt 100 kWh. Durch Schaufelrad-Bagger-Braunkohlegewinnung ist also eine

Steigerung der menschlichen Leistung auf das rund Zwanzigmillionenfache

möglich *(→ 1882 Mensch-Maschinenleistung).*

Natürlich ist das nicht Energie-„Reingewinn“: Die Bagger müssen gebaut werden, ihr Baumaterial wie ihr Bau erfordern Energie und Arbeitskräfte, deren Unterhalt Energie kostet. Der Bagger-Betrieb erfordert etwa so viel Energie wie eine Stadt von 60 000 Einwohnern braucht. Aber die Rechnung zeigt, was die Nutzung der Naturkräfte und was unsere „Maschinenwelt“ bedeutet.

Für Deutschland bedeutet dieser Erfolg, daß Braunkohle nun in der Bundesrepublik rund 12 Prozent des gesamten Primärenergiebedarfes stellt und in der DDR weit über die Hälfte, daß in der Bundesrepublik mehr als ein Viertel und in der

DDR 83 Prozent allen Stroms aus Braunkohle gewonnen werden. Weltweit jedoch wird die Braunkohle noch nicht genutzt, wie sie es sollte. Zwar ist

die Braunkohle-Weltförderung,

die 1870 höchstens 10 Millionen Tonnen betragen hat, 1970 auf rund 768 und 1985 auf rund 1100 Millionen Tonnen gestiegen. Die Rheinische Braunkohlenwerke AG in Köln (eine RWE-Tochtergesellschaft) stellt jetzt ihre Experten Indien und Jugoslawien, Kanada, Rumänien, Westafrika und Australien zur Verfügung. Aber der Anteil der Braunkohle am Gesamt-Primärenergie-Verbrauch der Welt beträgt doch nur rund 6 Prozent. Längst müßte die Braunkohle auch in Form von Synthesegas *(→ 1980)* dazu beitragen, die Anpassung der Weltwirtschaft an das Nach-Öl-Zeitalter zu erreichen. Aber noch ist das nicht wirtschaftlich genug.

1861

Daß er ohne Nahrung stirbt, weiß der Mensch, und Millionen Jahre lang ist der Hunger die wirksamste aller Lebens-Triebkräfte. Aber welche Art Nahrung für ihn das beste ist und wieviel er von ihr braucht, weiß er bis Mitte des vorigen Jahrhunderts nicht.

Den Zusammenhang zwischen Körperkräfte aufzehrender Arbeit und ihre Ersetzung durch Nahrung versucht Albrecht von Haller zwar schon 1757 aufzuklären, und Justus Liebigs Ernährungs-Theorie stammt aus dem Jahr 1842. Aber erst Max von Pettenkofer und Karl von Voit bauen 1861 einen Respirations-Apparat, mit dem sie den „Grundumsatz“, den Gesamt-Stoffwechsel des lebenden Menschen, feststellen und damit den

Energie-Bedarf in Form der Ernährung.

Voit errechnet den täglichen Nahrungsbedarf eines Erwachsenen mit etwa 56 Gramm Fett, 118 Gramm Proteinen und 500 Gramm Kohlehydraten. Das entspricht, wie der englische Chemiker Edward Frankland 1865 durch die Ermittlung der Verbrennungswärme zahlreicher Nahrungs- und Genußmittel feststellt, einem Energiebedarf, der zwischen 2200 Kilokalorien bei sitzender Beschäftigung und 5000 bei schwerster Muskelarbeit schwankt. Heute wird der tägliche Kalorienbedarf im Durchschnitt von Frauen, Männern und Kindern, Leicht- und Schwerarbeitern einschließlich des „Grundumsatzes“, den auch der ruhende Mensch braucht und der zwischen 1000 und 2000 kcal schwankt, mit 2400 kcal angenommen, was 2,8 Kilowattstunden entspricht. Jeder Mensch braucht also in

Form von Nahrung rund 1000 Kilowattstunden Energie jährlich. Damit entfallen jetzt auf

Nahrungs-Kalorien etwa 28 Prozent des Gesamt-Energiebedarfes der Welt,

vom Menschen unmittelbar verbraucht etwa 12 Prozent, als Tierfutter 16 Prozent.

Diese Feststellung stammt nicht aus dem 19. Jahrhundert. Wie erst in der jüngsten Vergangenheit der Durchschnitt des menschlichen Energie-Aufwandes für praktisch alle Tätigkeiten festgestellt worden ist, so die immense Bedeutung der Art der Ernährung für den realen Kalorienverbrauch. Kein Forscher kommt im 19. Jahrhundert zum Beispiel auf die Idee, die Hausarbeit zu berücksichtigen, denn praktisch ist das ja seit jeher und bleibt Frauenarbeit. Und so wissen wir noch nicht lange, daß in Kilokalorien pro Stunde gebraucht werden

Kohleabbau von Hand	420
Fußboden schrubben	420
Kohleabbau mit Druckluftwerkzeugen	350
Betten machen	320
Bedienen einer Gesteinsbohrmaschine	300
Wäsche aufhängen	300

Wie die Arbeit der Frauen — die Arbeit der Hälfte der Menschheit — ignoriert worden ist, so aber auch

der reale Nahrungs-Energiebedarf der Industrieländer.

Da ist der Kalorienbedarfs-Mittelwert von 2400 pro Tag falsch, denn er ignoriert den Umweg unserer Nahrung über den Tiermagen. Als sich Japan nach dem Ersten Weltkrieg auf den Weltmärkten durchsetzt, wird das „Dumping-Preisen durch Hunger-Löhne" zugeschrieben. Niemand denkt daran, daß Japan anders lebt als die westlichen Industrieländer, daß dort Fische und Soja den Eiweißbedarf decken statt Fleisch, Milch und Butter wie bei uns. Erst 1960 ergibt eine amerikanische Untersuchung, daß in den USA der Tages-Durchschnittsverbrauch 2200 Kilokalorien pflanzlicher und 870 Kilokalorien tierischer Herkunft beträgt. Da der Umweg über den Tiermagen sechs Siebentel Verlust an primären Kalorien bedeutet, die tierischen „Protein-Fabriken" durchschnittlich 85 Prozent ihres Energiebedarfes für sich selbst verbrauchen, beträgt der amerikanische Kalorienverbrauch de facto nicht 3070, sondern $2200 + 870 \times 7 = 8290$ Kilokalorien. Japans Durchschnittsverbrauch hingegen beträgt damals de facto 2700 primäre Kalorien, nämlich 2000 pflanzliche oder aus Fischfleisch stammende und nur 100 auf dem Umweg über Tierfutter gewonnene. Heute erfordern Amerikas Eß-Sitten jährlich etwa 1000 Milliarden Kilowattstunden mehr, als wenn wirklich nur 2400 Kilokalorien verbraucht würden. In Westeuropa ist es ähnlich. Nicht zuletzt diese Tatsache erklärt die Exporterfolge Süd-Koreas oder Taiwans. Die Art der Ernährung spielt auch heute noch beim japanischen Export eine Rolle, wenn auch eine weit geringere als früher und eine weiter geringer werdende.

1867

Explosiv- oder Sprengstoffe werden Stoffe oder Stoffgemische genannt, die in extrem kurzer Zeit in Gase zerfallen und die in ihnen gespeicherte Energie innerhalb von Millisekunden-Bruchteilen freigeben. An sich ist diese Energiemenge gering, in einer Tonne Sprengstoff sind meist nicht mehr als 2000 Kilowattstunden enthalten. Aber binnen einer halben Millisekunde abgegeben, entspricht das 10 Millionen Megawatt, der Kapazität von 10 000 großen Kernkraftwerken.

Ohne Sprengstoffe ist heute der Bergbau so undenkbar wie der Tunnelbau oder Straßen- und Wasserbau, erst sie geben der 1857 von Sommeiller entwickelten Druckluft-Bohrtechnik ihren vollen Wert. Wie Sprengstoffe die Schiffahrts-Hindernisse im Rhein beseitigt haben, so beseitigen sie 1958 im Campbell River, der Zufahrt zum Hafen von Vancouver, 370 000 Tonnen Fels, an dem zahllose Schiffe gescheitert waren. Im gleichen Jahr wird der Baikalsee-Ausfluß durch eine Sprengung derart erweitert und vertieft, daß das Angara-Kraftwerk Bratsk genug Wasser erhält, um jährlich 23 Milliarden kWh Strom liefern zu können. 1978 wird von den Präsidenten Brasiliens und Paraguays die Explosion von 58 Tonnen Dynamit ausgelöst, um den Paraná während des Baus des Itaipu-Dammes umzuleiten und das mit 12 600 MW größte Wasserkraftwerk der Welt zu ermöglichen, das seit 1986 jährlich 75 Milliarden Kilowattstunden Strom liefert:

> *In Form von Sprengstoffen zusammengeballt, helfen an sich geringfügige Energie-Mengen generationenlang, ungeheure Energiemengen zu nutzen.*

Da gibt es auch andere Zusammenhänge, an die kaum je gedacht wird. Nur durch Fels-Sprengungen kann zum Beispiel Morton Henry Stanley 1874 die Kongo (Zaire)-Schnelle umgehen und auf dem Kongo erstmalig Zentralafrika durchqueren. Das ermöglicht die Gründung Belgisch-Kongos, dessen Kautschuk und Kupfer wichtig für die Entwicklung der Elektroindustrie sind. Aus der Pulverfabrik, die der französische Einwanderer Eleuthère Irénée Du Pont de Nemours 1802 in Wilmington gründet, wird nicht nur das größte Chemie-Unternehmen der USA, sondern der Welt. Aus der Nitrozellulose, der Schießbaumwolle, die Christian Friedrich Schönbein 1845 herstellt, gewinnt der Vicomte St. Hilaire de Chardonnet 1885 die Kunstseide, die erste Chemiefaser.

Den ältesten Sprengstoff bildet das 1232 in China erfundene Schwarzpulver, das erstmals 1627 im Bergbau verwendet wird. Aber dessen Wirkung ist schwach, erst das 1847 von Ascanio Sobrero entdeckte Nitroglyzerin erweist sich als genügend brisant und ist auch einfach herzustellen. Es entsteht durch Behandlung von Glyzerin, das 8 bis 10 Prozent der Fette bildet und als Nebenprodukt bei deren Verseifung anfällt, mit einem Gemisch konzentrierter Schwefel- und Salpetersäure. Aber Nitroglyzerin ist flüssig und überaus empfindlich gegen Erschütterung, explodiert so sehr leicht ungewollt. Andererseits ist es durch Funken usw. schwer zu zünden, praktisch kaum brauchbar.

Das ändert der in Rußland aufgewachsene Schwede Alfred Nobel. Er erfindet 1864 die Knallquecksilber-Sprengkapsel, ein scheinbar sicheres Verfahren der Sprengöl-Herstellung und baut in Heleborg bei Stockholm die erste Nitroglyzerin-Fabrik der Welt. Diese fliegt am 3. September 1864 in die Luft. Es gibt drei Tote, darunter Nobels jüngsten Bruder Emil, und sein Vater erleidet einen Schlaganfall, von dem er sich nicht mehr erholt. Die Polizei verbietet jede Weiterarbeit in der Nähe von Siedlungen. Alfred Nobel aber gibt nicht auf. Er richtet sein Laboratorium auf einem alten Prahm ein und läßt sich in die Mitte des Mälarsees schleppen. Er weist nach, daß Nitroglyzerin ungefährlich gemacht werden kann und baut, von Hamburger Kaufleuten finanziert, auf dem Krümmel bei Lauenburg an der Elbe eine neue Fabrik.

Nobels Sprengöl geht nun in alle Welt, doch als im April 1866 der Dampfer „European", der Nitroglyzerin für Kalifornien an Bord hat, in Aspinwall/ Panama mit 47 Menschen in die Luft fliegt, scheint es mit dem neuen Sprengstoff vorbei zu sein. Nobel aber hat inzwischen die letzten Tücken des Sprengöls entdeckt und erkennt, daß eine Struktur-Stabilisierung nur durch seine Verfestigung zu erzielen ist. In Krümmel erprobt er alle möglichen Mischungen und 1867 kommt es zur

Erfindung des Dynamits

(von griechisch „dynamis" = „Kraft" oder „Gewalt"), indem er Infusorienerde bis zur Sättigung mit Nitroglyzerin durchtränkt. Das außerordentliche Absorptionsvermögen dieses Kieselgurs, der winzigen Reste Millionen Jahre alter Kieselalgen, der Diatomeen-Gehäuse, die sich in der niederdeutschen Tiefebene wie in Böhmen, Rußland, Spanien, Japan, Afrika und Australien sowie in der USA finden, löst das Problem. Dynamit läßt sich zu Stäben formen und ist gegen Schlag und Stoß, Druck und Hitze praktisch unempfindlich. Es bewährt sich beim Bau des Simplon-Tunnels und bei dem des Panama-Kanals, ermöglicht zahllose Gebirgsstraßen und Eisenbahnen, vervielfacht die Leistung der Bergleute. Als Nobel 1896 stirbt, stellen mehr als 300 Fabriken in aller Welt Dynamit her. Ein Bohrloch genügt nun, wo bisher 15 und mehr mit Pulver gefüllte nötig gewesen sind, und je härter der Fels ist, desto besser wirkt es. Nobel hinterläßt etwa 35 Millionen Goldmark, damals ein enormes Vermögen und Einkünfte, die weiterlaufen. Er hinterläßt es der nach ihm benannten Stiftung, deren Wert durch die wissenschaftlichen Fortschritte, zu denen sie anspornt, unermeßlich ist. Als geborene Gräfin Kinsky ist zeitweilig Bertha v. Suttner seine Sekretärin, die 1889 durch ihr Buch „Die Waffen nieder!" zur Vorkämpferin der Friedensbewegung wird. Durch sie angeregt stiftet Nobel seinen Friedens-Preis. In der Hoffnung, daß „an dem Tag, an dem zwei Armeekorps sich binnen einer Stunde gegenseitig vernichten können, alle zivilisierten Nationen vor dem Krieg zurückschrecken und abrüsten werden..."

Darin hat sich Alfred Nobel bekanntlich getäuscht, auch sein Sprengstoff wird mehr und mehr durch Ammoniumnitrat, Wassergel-Sprengstoffe usw. verdrängt. Aber die fast unvorstellbaren Kräfte, die im Verlauf eines Jahrhunderts in Form von Dynamit eingesetzt worden sind, wirken durch die Werke, die sie geschaffen haben, weiter, und auch Nobels Geist wirkt weiter.

1867 — 17. Januar

Elektrizität in praktisch brauchbaren Mengen kann seit 1799 mit Hilfe von Volta-Batterien gewonnen werden. Damit beginnt die Schwachstrom-Technik, wird vor allem Morse's elektrischer Schreib-Telegraph möglich. Rasch werden aus der ersten, 1843 zwischen Baltimore und Washington eingerichteten öffentlichen Telegraphenleitung der Welt Hunderte, und 1867 bis 1870 entsteht die 11 000 Kilometer lange Indo-Europäische Telegraphenleitung, die London mit Kalkutta verbindet und auf der erstmals Automaten die Depeschen weitergeben.

Diese Linie hat die Firma Siemens & Halske gebaut, die am 1. Oktober 1847 in einem Berliner Hinterhaus ihren Betrieb mit einer Drehbank und drei Gehilfen aufgenommen hat und in deren Geschäftsbericht vom 1. Januar 1850 ein Anlagekapital von 6840 Thalern und ein Umsatz von 45 850 Thalern ausgewiesen wird, von 20 520 und 137 550 Mark. Ihr Chef Werner Siemens hat das preußische und das russische Telegraphennetz geschaffen, sein Bruder Wilhelm 1846 im Guttapercha den ersten brauchbaren Stoff zum Isolieren von Kabeln gefunden und die Verlegung der ersten Transatlantik-Telegraphenkabel ermöglicht. Binnen zwei Jahrzehnten ist die „Telegraphenbau-Anstalt Siemens & Halske" ein Weltunternehmen geworden, hat sie ihre Belegschaft verhundertfünfzigfacht und mit Schwachstrom-Geräten genug Kapital gebildet, um

die Starkstrom-Technik

zu begründen.

Zu ihr muß es kommen, denn je mehr Telegraphenleitungen und Eisenbahn-Signalanlagen gebaut werden, desto dringender werden bessere und billigere Stromgewinnungs-Verfahren gebraucht als die durch chemische Umsetzungen möglichen. Zwar hat Michael Faraday 1831 die elektromagnetische Induktion entdeckt und im gleichen Jahr einen auf diesem Prinzip beruhenden Generator gebaut. Aber was dieser an Strom liefert, ist minimal. Alle Verbesserungs-Versuche scheitern daran, daß die Leistung natürlicher Dauermagnete gering ist. Zwar hat William Sturgeon bereits 1825 weit kräftigere Elektromagneten hergestellt *(→ 1819 bis 1825)* und seit 1852 werden Erreger-Wicklungen in Stromerzeugern verwendet. Aber auch diese brauchen eine eigene Stromquelle, man bleibt auf Volta-Elemente angewiesen oder auf eigene Erreger-Maschinen, die den Wirkungsgrad des Stromerzeugers unter das Tragbare drücken. Erst Werner Siemens hat im Winter 1866 die Idee, Dynamo und Erregermaschine zu vereinen. Er entdeckt

das dynamoelektrische Prinzip

und verwendet Feld-Magneten, deren Erreger-Strom direkt von der Anker-Spannung geliefert wird. Siemens faßt seine Erkenntnisse in drei Sätzen zusammen, die (da er selbst nicht Mitglied ist) Professor Heinrich Gustav Magnus am 17. Januar 1867 der Berliner Akademie der Wissenschaften vorlegt:

1. „Der im Anker einer Dynamomaschine erzeugte Strom kann statt einer fremden Stromquelle unmittelbar zur Erregung des Magnetfeldes benutzt werden.“
2. „Zur Einleitung der gegenseitigen Verstärkung von Ankerstrom und Magnetfeld genügt der stets im Eisen verbleibende ‚remanente‘ Magnetismus.“
3. „Dynamomaschine und Elektromotor sind nur verschiedenartige Schaltungen und Verwendungszwecke der gleichen Vorrichtung.“

Die Erkenntnis dieser drei Tatsachen verändert die Welt, denn mit Recht hat Siemens am 4. Dezember 1866 seinem Bruder Wilhelm geschrieben: „Magnetelektrizität wird billig werden. Sie kann nun für Licht, Metallurgie usw. und selbst für kleine elektromagnetische Maschinen, die ihre Kraft von großen erhalten, möglich und nützlich werden.“

Siemens' Handkurbel-Dynamo

gibt zwischen 26 und 29 Watt Gleichstrom, weniger als drei Hundertstel Kilowatt also. Sein Trommelanker-Motor des Jahres 1872 leistet 0,7 Kilowatt. Aber 1878 sind Dynamomaschine und Elektromotor technisch reif, die Eignung zum Dauerbetrieb erwiesen. 1879 baut Siemens die erste 3-PS-Elektro-Lokomotive der Welt. 1903 stellt eine deutsche Elektrolok mit 201 km/h einen Welt-Geschwindigkeits-Rekord auf, den ein Flugzeug erst 1913 überbietet. In Berlin-Lichterfelde geht 1881 die erste elektrische Straßenbahn in Betrieb, 1882 fährt der erste Oberleitungs-Elektrobus und 1896 — in Budapest — die erste Untergrundbahn der Welt.

Die Verkehrs-Elektrifizierung

hat begonnen und bereits 1880 hat Siemens auch den ersten elektrischen Personen-Aufzug gebaut, wird dadurch der Hochhaus-Bau möglich. Der elektrische Einzel-Antrieb von Maschinen revolutioniert das Fabrikwesen, denn der Transmissions-Antrieb bedeutet 30 bis 40 Prozent Energie-Verlust. Bereits 1880 hat der „Telegraphen-Ingenieur“ Werner Siemens schreiben können: „Wenn man früher einem Elektrotechniker eine Aufgabe stellte, bei welcher die Elektrizität größere Arbeit auszuüben hatte, dann pflegte er wohl zu sagen, die Elektrizität tut keine Hausknechtarbeit, die ist für feine Arbeit bestimmt. Sie kommandiert, dirigiert, löst Kräfte aus, aber schwere Arbeit selbst zu tun, ist nicht ihre Sache. Das hat sich nun vollständig geändert. Die dynamoelektrische Maschine befähigt uns jetzt, elektrischen Strom von jeder gewünschten Stärke billig zu erzeugen. Die Elektrizität kann mithin jetzt auch in die Reihe schwerarbeitender Mächte eintreten.“

Und das ist ihr größter Vorteil:

Elektrizität ist die vielseitigste aller Energieformen.

Ihre praktisch unbeschränkte Aufteilbarkeit ermöglicht Motoren von 7 Tausendstel Kilowatt ebenso wie von 30 000 Kilowatt. Winzige Antriebe, die nur ein Achtel Gramm wiegen, und Giganten, die Windtunnel-Orkane auslösen oder Kaltwalz-Blechstraßen binnen 10 Sekunden auf 110 Stundenkilometer Geschwindigkeit bringen. Da gibt es für Spezialzwecke einen Elektromotor, der 500 000 Umdrehungen pro Minute macht und andere, die ganz langsam riesige Zementöfen drehen. Nur die Elektrizität kann mit dem gleichen, hohen Wirkungsgrad in geringsten wie in größten Mengen eingesetzt werden. Sie steht mit Spannungen von Minivolt wie von Millionen Volt zur Verfügung, mit Stromstärken von Ampere-Bruchteilen und mit Hunderttausenden Ampere, wie sie die Elektrochemie braucht. Ebenso willig liefert die Elektrizität die 20° C, die wir zu unserem körperlichen Wohlbefinden brauchen, wie die Tausende Wärmegrade, die zum Metallschmelzen nötig sind. Und so hält der Strom Lebensmittel frisch, kocht er Mahlzeiten, spült er das Geschirr und wäscht die Wäsche — aber gleichzeitig erschließt er uns durch Elektronenmikroskope neue Bereiche des Mikrokosmos und durch die Radio-Astronomie Weltraum-Geheimnisse. Ohne Strom kommt kein Bauer und kein Handwerker, aber auch kein Arzt, kein Forscher und kein Künstler aus. Wie ihn jeder Haushalt braucht, so jede Fabrik und jedes Büro. Fällt der Strom aus, so stehen Ölheizungen ebenso still wie alle Autos:

Strom ohne Öl und Kohle gibt es. Kohle und Öl ohne Strom nicht.

Jede Energieform, natürlich auch die aus Wasser und Wind, der Erdwärme oder der Sonnenstrahlung gewonnene, muß den menschlichen Bedürfnissen angepaßt werden, und das ist heute praktisch nur mit Hilfe der Elektrizität möglich. Ganz abgesehen davon, daß ohne die Gehirnströme des Menschen nichts getan und gedacht werden kann, was seine Existenz sichert oder sein Wohlergehen fördert *(→ 1923)*.

Ist das Jahr 1867 durch die Erfindung der Dynamomaschine ein Schlüssel-Datum der Elektrogeschichte, so jedoch noch nicht der Beginn des „Elektrozeitalters". Denn noch kann man Strom nicht kaufen wie Öl, Kohle oder Kohle-Gas. Wer elektrische Energie verwenden will, muß selbst für eine Erzeugungsanlage sorgen. Erst am 4. September 1882 nimmt T. A. Edison in New York das erste öffentliche Elektrizitätswerk in Betrieb. Und Edison wie Siemens schwören auf den Gleichstrom, lehnen den Wechselstrom ab, den vor allem George Westinghouse durchsetzt *(→ 28. August 1891)*. Nur Wechselstrom aber ist bis in die jüngste

Vergangenheit auf weite Strecken transportabel, und nur mit Drehstrom-Generatoren ist die heutige Welt-Stromversorgung möglich. Denn

die mit jedem Generator erzielbare Höchstleistung

beträgt in den Jahren:

	Kilowatt Gleichstrom	Kilowatt Drehstrom
1867	0,02	–
1873	4,5	–
1881	100,0	–
1892	1 000,0	220
1900	1 200,0	2 000
1912	2 000,0	15 000
1925	7 000,0	208 000
1955	7 200,0	260 000
1980	–	805 000
1985	–	1 300 000

Die Leistung des 1983 von Brown Boveri für die Tennessee Valley Authority gebauten 1300-MW-Drehstrom-Generators ist rund 6000mal größer als die des ersten, zur Hochspannungs-Stromübertragung Lauffen-Frankfurt 1891 gebauten, während die Leistung von Gleichstrom-Generatoren in der gleichen Zeit nur versiebenfacht werden kann und heute hochgespannter Gleichstrom oder der Gleichstrom für die Elektrochemie durch Umformung von Drehstrom mit Hilfe von Thyristoren gewonnen wird *(→ 1895)*.

Hat der Siemens-Generator, der 1980 für das Guri-Kraftwerk am Rio Caroni in Venezuela geliefert worden ist, einen Durchmesser von 17 Metern und 6 Meter Höhe, so ist er dennoch Präzisionsarbeit: Der Innendurchmesser des Stators stimmt überall auf ein Zehntel Millimeter. Ähnlich ist es in der gesamten Elektrotechnik: Die ständige Leistungssteigerung ist nur durch immer besseres Konstruieren und immer präziseres Arbeiten möglich. Die Elektro-Industrie, die sich seit 1867 aus der Elektro-Feinmechanik entwickelt hat, ist heute mit einem Weltproduktions-Wert von etwa 2000 Milliarden Dollar nicht nur ein entscheidend wichtiger Wirtschaftsfaktor, sondern auch ein Mittel zur Verbesserung der Arbeitserziehung.

1869

Jede Energie-Freisetzung zwingt dazu, Vorsorge für ihre Beherrschbarkeit zu treffen. Die Feuer-Nutzung ist ohne Brand-Schutz so gefährlich wie die Elektrizität ohne Isolation oder der Dampfkessel ohne Sicherheitsventil. Auch beschleunigte Massen geraten leicht außer Kontrolle und so sollen bereits die Streitwagen der Hethiter im zweiten vorchristlichen Jahrtausend

Bremsen zur Verstärkung der Reibung

besessen haben. Bewegung wird durch die Reibung behindert, weil diese Kraft die kinetische Energie in Wärme umwandelt. Wird die Reibung entsprechend erhöht, so verlangsamt sich die Bewegung oder hört bei genügendem Druck ganz auf *(→ 1897).* Diesen Druck üben Bremsbacken aus, die gegen Wellen, Achsen oder Räder gepreßt werden, was jahrtausendelang von Hand geschieht.

Als sich 1825 die Dampf-Eisenbahn durchsetzt, genügt die Muskelkraft nicht länger. Daher baut Robert Stephenson nicht nur die ersten erfolgreichen Dampf-Lokomotiven, sondern erfindet 1833 auch die Dampf-Bremse. Aber Dampf kühlt sich rasch ab und wird zu wirkungslosem Wasser. Deshalb schlägt der französische Ingenieur Francois Andraud 1854 vor, komprimierte Luft als Bremskraft zu verwenden. Nur wird der erste brauchbare Luft-Kompressor erst von Germano Sommeiller 1857 konstruiert, verwirklicht wird die Idee 1869 von George Westinghouse.

Westinghouse ist eines von neun Kindern eines Landmaschinen-Fabrikanten in Schenectady im Staat New York und dieser Betrieb ist seine Schule. Er nimmt als Siebzehnjähriger am Sezessionskrieg teil, zuerst als Kavallerist, dann als Hilfsmaschinist bei der Marine, mit 19 erhält er sein erstes Patent auf eine Dampfmaschinen-Verbesserung. 1865 überlebt er einen Zugzusammenstoß. Ursache die damals übliche: Versagen der Bremsen. Besser der Bremser: Diese blicken damals, auf jedem Waggon einer, über die Dächer hinweg auf die Lokomotive, und wenn der Lokführer das Signal gibt, ziehen sie die Handbremsen an. Meist sind sie zuverlässiger als die frühen Dampf-Bremsen, aber nicht kräftig genug.

Westinghouse hat von den Druckluft-Werkzeugen Sommeillers gelesen, mit denen der erste Alpen-Tunnel gebaut und die Kohleförderung revolutioniert wird, und erfindet 1869

die den Eisenbahnverkehr revolutionierende Druckluft-Bremse.

Diese macht den Schienenverkehr nicht nur sicher, sondern ermöglicht ungleich rascheres Fahren als bisher und Güterzüge von schließlich hundert Waggons zu je 60 Tonnen Tragkraft. Aber je schneller und schwerer ein Körper ist, desto schwieriger ist er zu bremsen. Als Westinghouse seine Bremse zu entwickeln beginnt, bestehen die längsten Züge aus 30 Waggons mit zusammen 90 Tonnen Nutzlast und ihre Maximalgeschwindigkeit beträgt 27 Stundenkilometer. Als er 1914 stirbt, gibt es Züge bis zu 145 Waggons, die mit 65 km/h 1450 Tonnen Nutzlast transportieren und heute, wie gesagt, sind 6000 Tonnen Nutzlast bei 80 km/h nichts Besonderes mehr. Und das trägt entscheidend dazu bei, daß 1880 bis 1980 das Welt-Schienennetz von 367 000 auf 1,3 Millionen Kilometer und die Gütertransportleistung von 400 auf 8000 Milliarden Tonnenkilometer zunimmt.

Westinghouse hat seine Bremse ständig verbessert, besonders 1875 und 1887. Seine vollautomatische Vakuum-Schnellbremse läßt schwerbeladene Kohlenzüge über die steilsten Bergstrecken ebenso sicher herabgleiten wie sie über 100 Kilometer schnelle Personenzüge binnen Sekunden zum Stehen bringt. Sein durch über hundert Patente geschütztes System setzt sich weltweit durch und

die Westinghouse Air Brake Company

prosperiert. Sie ermöglicht es Westinghouse, zum großen Wechselstrom- und Erdgas-Pionier zu werden *(→ 1884 und → 28. August 1891)*. Westinghouse hinterläßt bei seinem Tod 60 von ihm gegründete Unternehmen mit 200 Millionen Dollar Aktiva und besitzt mehr als 400 Patente. Er hat entscheidend dazu beigetragen, daß Elektrizität und Erdgas heute zu den wichtigsten Energieträgern gehören. Und das völlig aus eigener Kraft und dank eigener Leistung.

Natürlich bleiben Luftdruck-Bremsen nicht auf Eisenbahn-Waggons beschränkt. In Straßburg baut E. L. Müller 1905 das erste Auto mit Vierrad-Bremse. Kein einziges der heute rund 500 Millionen Kraftfahrzeuge der Welt würde ohne sicher funktionierende Bremsen zugelassen. Jetzt wird auf die verschiedenste Art gebremst, hydraulisch und elektrisch wie mit Druckluft. Wie es ohne Hebmaschinen-Bremsen keinen Bergbau gäbe, so ohne automatische Bremsen keine Aufzüge und damit keine Hochhäuser. Daß Sommeiller seit 1857 die Luft als Arbeitskraft und Westinghouse seit 1869 als Beherrschungs-Mittel der Bewegung einsetzt, wirkt sich heute auf unzähligen Lebensgebieten aus. Und wie die Schwachstrom-Technik die Starkstrom-Technik finanziert *(→ 17. Januar 1867)*, so die Druckluft die Erdgas-Nutzung und die Wechselstrom-Entwicklung, damit die Hochspannungs-Technik.

1877

Während der Mensch sehr früh lernt, sich zu wärmen und Wärme für die verschiedensten technischen Zwecke zu verwenden, die „Menschwerdung“ mit der Feuer-Nutzung gleichgesetzt wird *(→ vor etwa 1,7 Millionen Jahren),* ist

die Gewinnung künstlicher Kälte

eine der jüngsten Errungenschaften. Zwar gibt es ägyptische Wandbilder aus dem dritten vorchristlichen Jahrtausend, die Sklaven zeigen, welche große Fächer über irdenen Krügen schwingen, um das Trinkwasser durch Verdunstung abzukühlen. Aber dabei bleibt es bis zum 18. nachchristlichen Jahrhundert, als Kältemischungen hergestellt werden, die niedrigere Temperaturen als die von der Natur gebotenen liefern. Eis und Schnee bilden jahrtausendelang die wichtigsten Kältequellen. Richtet ein Sultan in Kairo im 11. Jahrhundert einen Eildienst ein, der ihn mit täglich 14 Kamel-Ladungen Schnee aus dem Libanon-Gebirge versorgt, so kauft auch Deutschland kurz vor dem ersten Weltkrieg noch jährlich rund 200 000 Tonnen Natur-Eis im Wert von etwa zwei Millionen Mark vor allem in Norwegen. 1890 gibt es am Hudson-River noch 135 Eishäuser. Mit Sägespänen isoliert, exportieren die USA Natur-Eis damals bis Havanna und selbst bis Kalkutta, norwegisches Eis geht bis Südafrika und Niederländisch-Indien.

Eis durch Maschinen herzustellen und damit die Kälte zu einem der wichtigsten menschlichen „Kunstprodukte“ zu machen, gelingt erst dem Pfarrers-Sohn Carl Linde aus Berndorf in Oberfranken. Nachdem er 1870 bis 1871 als Professor der theoretischen Maschinenbaulehre am Polytechnikum München seine bahnbrechenden Arbeiten „Die Wärmeentziehung bei niedrigen Temperaturen durch mechanische Mittel“ und „Verbesserte Eis- und Kühlmaschinen“ veröffentlicht hat, baut Linde 1877 für die Dreher'sche Brauerei in Triest die erste Kühlanlage mit Ammoniak-Kompressoren, die sich im Dauerbetrieb bewährt. Im Jahr darauf gründet er in Wiesbaden

die erste Kältemaschinen-Fabrik der Welt,

die binnen zwölf Jahren tausend Kühlanlagen installiert. Er entwickelt seine Maschinen derart weiter, daß sie Temperaturen bis zu minus 200° C liefern. Linde gelingt 1895 die Verflüssigung der Luft und 1902 durch fraktionierte „Destillation“ flüssiger Luft die großindustrielle Herstellung von Sauerstoff, der die Schweißtechnik ermöglicht *(→ 1905),* später das Blasstahlverfahren u. a. m. Mit Kältemaschinen werden Stickstoff, Wasserstoff und die Edelgase ebenso verflüssigt wie heute Milliarden und Abermilliarden Kubikmeter Erdgas *(→ 20. Februar 1959),* das nur so weltweit transportfähig wird. Ohne Linde ist

die Tieftemperatur-Physik, die Kryogenik

undenkbar *(→ 1911),* die u. a. zur Entdeckung der elektrischen Supra-Leitfähigkeit führt und damit eine der Voraussetzungen der friedlichen Kernfusions-

Nutzung schafft. Nur durch die Erzeugung tiefster Temperaturen ist auch die fast unvorstellbar hoher Temperaturen möglich.

Gut 85 Prozent der maschinell erzeugten Kälte aber dienen der

Lebensmittel-Frischhaltung.

Kälte verhindert heute in vielen Hunderten Millionen Haushaltungen wie in Millionen Betrieben der Nahrungsmittel-Industrie und des Handels sowie in Kühlhäusern mit 1986 rund 240 Millionen Kubikmetern Lagervolumen den Verderb. Sie ermöglicht eine rationelle zeitliche und örtliche Verteilung der Lebensmittel. Nur durch Kühlschiffe, wie sie Charles-Louis Tellier erstmals 1876 baut, durch Kühlwaggons und die mit Kältemaschinen ausgerüsteten Lastwagen, von denen 1986 allein in den Vereinigten Staaten 440 000 in Betrieb sind, können die Ballungsgebiete hinreichend versorgt werden. Erst künstliche Kälte macht Australien, Argentinien und andere Überseeländer zu Fleisch- und Obst-Lieferanten, läßt Bananen- und Zitrusplantagen u. a. entstehen. Schon als Carl Linde 1934 stirbt, entspricht die Leistung der deutschen Kältemaschinen 36 000 Güterwaggons voll Eis täglich, die der Welt beträgt heute das gut Vierhundertfache.

Carl Linde aber begründet nicht nur die Kältetechnik. Er ist am Münchner Polytechnikum auch der Lehrer Rudolf Diesels und regt diesen zur Erfindung des Diesel-Motores an *(→ 17. Februar 1897)*, hilft so Unmengen an Öl sparen.

1879

Die Zentrifugalkraft gehört zu den Ur-Kräften. Sie wird vom Menschen seit der Steinzeit zum Jagen und mindestens seit drei Jahrtausenden *(→ um 740 v. Chr.)* zum Kriegführen eingesetzt, doch

die Zentrifugalkraft-Gesetze

werden erst 1673 von Christian Huygens aufgestellt. Als Zug- oder Fliehkraft widersetzt sich die Zentrifugalkraft der Anziehungskraft, die ihre geradlinige Bewegung in eine kreisförmige zu zwingen trachtet. Die Zentrifugalkraft nimmt wie das Quadrat der Geschwindigkeit zu und wird in dem Verhältnis kleiner, in dem der Radius zunimmt. Ihre Wirkung ist stets der Gegenwirkung gleich. Daraus ergibt sich, daß Körper um so weiter nach außen geschleudert werden, je schwerer sie sind; um so näher bleiben sie bei der Rotationsachse, je leichter sie sind. Auf den Gesetzen der Zentrifugalkraft beruht

die Wirkung der Zentrifugen

(Separatoren oder Trennschleudern) und der Kreisel-Pumpen. Zentrifugen sind heute nicht nur für die Chemie unentbehrlich, sondern für Dutzende auf Stoff-Trennungen angewiesene gewerbliche Tätigkeiten. Sie entfernen das Wachs aus den Motor-Schmierölen, Hefezellen aus dem Wein, Bakterien aus ihren Kulturen. Zentrifugen dienen der Fruchtsaft-Herstellung und der Rückgewinnung des Silbers aus gebrauchten Photofilmen. Die heutige Milchwirtschaft der Welt ist undenkbar ohne Zentrifugen, die 1987 etwa eine halbe Milliarde Tonnen Milch verarbeitete statt 1917 etwa 70 Millionen Tonnen. Ihr Produktionswert ist in Deutschland schon vor dem Zweiten Weltkrieg ebenso groß gewesen wie der der Stahlindustrie.

Mit dem Milch-Separator beginnt

die systematische Nutzung der Zentrifugalkraft durch den Menschen.

So unglaublich es erscheint, erst 1879, mehr als zwei Jahrhunderte nach Huygens Berechnungen. Zwar baut James Ferguson 1749 eine Vorrichtung, welche die Bewegung einer senkrecht stehenden Achse durch eine Handkurbel ermöglicht, aber das hat keinerlei praktische Folgen. Erst 1862 werden Versuche mit Schleudermühlen gemacht und erst Carl Gustav Patrick de Laval stellt Fliehkraft künstlich derart her, daß sie nicht nur der Wirtschaft, sondern auch der Wissenschaft ungeahnte neue Möglichkeiten eröffnet.

In Blasenborg in Schweden 1845 geboren, schließt de Laval sein Ingenieur-Studium ab, als die Tierhaltung in West- und Nordeuropa rasch zunimmt und durch den Futterpflanzen-Anbau und die Fruchtwechselfolge aus halbverhungerten Kühen richtige Milchkühe werden. In Schweden steigt 1800 bis 1850 der durchschnittliche jährliche Milchertrag von 400 auf 800 Liter (und beträgt heute rund 4000), die ersten Molkereien entstehen. Kuh-Milch enthält etwa 3,8 Prozent Fett, das „abgerahmt" wird, um Butter und Käse zu gewinnen. Das geschieht zur Zeit Lavals wie zur Zeit der Skythen, die (wie Herodot 450 v. Chr. berichtet) „seit undenklichen Zeiten Butter aus Pferdemilch gewinnen": Durch Stehenlassen über Nacht, das heißt durch die Schwerkraft, die das schwerere Fett zu Boden sinken läßt.

Bei dieser Art „Abrahmen" bleibt mindestens 1 Prozent Fett in der Milch zurück und so schlägt der Physiker J. C. Fuchs 1859 vor, statt der Schwerkraft die Zentrifugalkraft zur Trennung des Butterfetts von der Milch zu benutzen. Verschiedene Versuche werden gemacht, aber erst Laval konstruiert 1879 eine kontinuierlich arbeitende Milch-Zentrifuge, die er „Separator" nennt und die der Milch bis auf 0,05 (heute 0,02) Prozent alles Fett entzieht. Er baut eine kleine Fabrik und hundert Jahre später hat der Alfa-Laval-Konzern 80 Tochtergesellschaften mit 45 Fabriken und 18 000 Beschäftigten in 30 Ländern, besitzt er Verkaufs-Büros in 120 Ländern und hat einen Jahresumsatz von 1,3 Milliarden Dollar. Das persönliche Vermögen, das der Milch-Separator de Laval bringt, ermöglicht ihm, 1883 die erste brauchbare Dampfturbine zu bauen, die sich zwar gegen die im Jahr darauf *(→ 1884)* von Charles Algernon Parson konstruierte nicht durchsetzt, aber eine Pionierleistung wie der „Separator" bleibt.

Denn aus diesem werden

die Ultra-Zentrifugen

entwickelt. Die ersten Milchzentrifugen machen etwa 2000 bis 3000 Umdrehungen pro Minute, ebensoviel wie ein Automobilmotor. Die in der Bakteriologie verwendeten Zentrifugen machen 10 000 bis 30 000, das heißt, etwa 500 Umdrehungen, während wir einmal Atem holen. Ultra-Zentrifugen drehen sich bis zu 160 000mal pro Minute, 2700mal jede Sekunde. Sie schleudern Teilchen mit 500 Metersekunden Geschwindigkeit ab, beschleunigen sie auf Überschall-Geschwindigkeiten. Solche Ultra-Zentrifugen entwickelt vor allem Theodor Svedberg an der Universität Uppsala, der sie für Kolloid-Forschungen braucht, für die er 1926 den Nobelpreis erhält. Die nach Svedbergs Angaben von Arvon Boestad 1935 gebauten Zentrifugen haben einen Spezialstahl-Rotor von nur 6,5 cm Durchmesser, der durch eine Ölturbine, Druckluft oder elektrisch angetrieben, in einer unterkühlten, auf ein Dreißigstel des Luftdrucks verdünnten Wasserstoff-Atmosphäre läuft. Die Antriebs-Turbine hat nur einen Zentimeter Durchmesser, die Turbinenflügel sind nur etwas höher als ein Millimeter — aber die bei 160 000 Umdrehungen entstehende Beschleunigung beträgt

das Millionenfache der Erdbeschleunigung, die künstlich erzeugte Zugkraft ist 60 000mal größer als die Gravitation.

Diese Zentrifugen ermöglichen die Feststellung von Molekulargewichten und Teilchengrößen hochkomplizierter Stoffe — und damit deren chemische Synthese.

Und Ultra-Zentrifugen ermöglichen heute auch die rationelle Trennung der spaltbaren und nicht-spaltbaren Uran-Isotope *(→ 1977):* Die Nutzung einer Energie-Form ermöglicht die einer völlig verschiedenen anderen. Mit Gustav de Lavals Milch-Separator beginnt eine Entwicklung, die heute Europas Kernkraftwerke unabhängig von den amerikanischen und sowjetischen Uran-Anreicherungsanlagen macht.

1879 — 31. Dezember

Binnen einem Jahrhundert hat die Dampfmaschine *(→ 1769 bis 1794)* die Welt verändert wie kein Menschenwerk zuvor und alle ihre frühen Mängel sind nun behoben. Aber nur die technischen, die inhärenten bleiben. Der größte Nachteil ist der, daß jede Dampfmaschine ihren eigenen Dampferzeuger braucht, der sich aber nur bei großen Leistungen lohnt. Zwar gibt es Lokomobile *(→ 1802)* und Lokomotiven, aber keine brauchbaren Dampf-Straßenfahrzeuge. Und so suchen Hunderte Erfinder nach kleineren, leichteren und billigeren Kraftmaschinen, werden schließlich

die ersten brauchbaren Verbrennungs-Motoren

gebaut.

Sie gehen auf die „Pulver-Maschine" *(→ 1232)* zurück, die Christian Huygens 1673 bis 1680 vorgeschlagen hat. Die Antriebskraft liefert zuerst die Kohle, die ja seit Beginn des 19. Jahrhunderts auch vergast wird *(→ 1792 bis 1814)*, denn daß Leuchtgas mit Luft gemischt explosionsartig verbrennt, hat sich früh gezeigt. Erstmals zu brauchbarer Arbeitsleistung verwendet wird das Kohlegas durch Etienne Lenoir. Das ist ein ohne Schulbildung und in ärmlichsten Verhältnissen aufgewachsener, aus Luxemburg stammender Autodidakt. Als Lenoir 1838 nach Paris kommt, arbeitet er als Kaffeehaus-Kellner und Koch, ehe er in einer Emaillier-Werkstatt unterkommt. Er hat Ideen, verdient mit allen möglichen kleinen Erfindungen Geld und lernt durch einen Gas-Emaillierofen den Treibstoff gut genug kennen, um einen „Motor, betrieben durch Luft, die durch Verbrennen von Leuchtgas ausgedehnt wird" zu bauen. Dieser wird ihm am 10. November 1859 patentiert. Die doppeltwirkende, atmosphärische Gasmaschine mit Schiebersteuerung besitzt die erste elektrische Zündanlage, die sich bewährt. Sie leistet maximal zwei PS und verbraucht, da sie ohne Verdichtung arbeitet, drei Kubikmeter Leuchtgas pro PS-Stunde. Aber Hunderte Pariser Gewerbetreibende kaufen sie.

Dieser Erfolg regt den jungen Kölner Kaufmann Nikolaus August Otto zur Beschäftigung mit Gasmotoren an. Er entdeckt 1864

das Verdichtungs- und Viertakt-Prinzip,

auf dem bis heute alle Verbrennungsmotoren beruhen. Aber erst 1874 funktioniert seine Maschine klaglos, 1877 wird sie ihm patentiert und am 13. Dezember 1884 das Patent aufgehoben, weil ein Prioritäts-Streit zu Ungunsten Ottos endet.

Durch die Maschinenfabrik Köln-Deutz wird der Otto-Motor dennoch zu einem Welterfolg. Aber brauchen Dampfmaschinen einen eigenen Kessel, so Gasmotoren Anschluß an eine „Gasanstalt" oder eine eigene Gasfabrik. Deshalb bleiben sie stationäre Maschinen. Immer dringender aber werden mobile Kräfte gebraucht. Das Welt-Eisenbahnnetz ist innerhalb einer Generation, zwischen 1840 und 1870, von weniger als 8000 auf 210 000 Kilometer gewachsen. Die Hälfte dieser Linien gibt es in Europa. Sie brauchen Zubringer. Pferde-Lastwagen aber legen auf den nun eineinhalb Millionen Kilometer Straßen West- und Mitteleuropas nur bestenfalls 4 Kilometer pro Stunde zurück, ehe Reisende zu einer Eisenbahnstation gelangen, vergeht oft zehnmal so viel Zeit, als die Reise selbst dauert.

Das beschließt Carl Friedrich Benz zu ändern. In Karlsruhe 1844 als Sohn eines Lokomotivführers geboren, kann er die dortige Technische Hochschule besuchen und erklärt schon als Zwanzigjähriger, er werde „eine Kapitalerfindung machen, die über die alte Dampfmaschine hinauswachsen soll". Das interessiert die Unternehmen nicht, in denen er als Ingenieur arbeitet, deshalb gründet er 1872 in Mannheim eine eigene mechanische Werkstatt. Hier entwickelt er einen Zweitakt-Motor, der es zuerst nur auf 125 Umdrehungen pro Minute bringt und 200 Kilogramm pro PS wiegt, aber

der erste brauchbare Benzin-Motor der Welt

ist und damit nicht nur den Straßenverkehr, sondern auch die Mineralölwirtschaft *(→ 1890)* revolutioniert.

Einige Stunden lang läuft dieser Motor erstmals in der Silvester-Nacht des Jahres 1879. Benz aber braucht nicht nur einen Motor. Er will einen Motor-Wagen schaffen und seinen Motor nicht in eine Pferdekutsche einbauen, sondern in ein völlig neues Fahrzeug. Er erfindet ein entsprechendes Fahrgestell, ein Ausgleichsgetriebe und die Kupplung, entwirft einen brauchbaren Kühler und eine elektrische Zündanlage. Am 29. Januar 1886 erhält Benz das DRP 37 435 für seinen „Selbstfahrer", am 25. März ein französisches Patent. Ohne sein Wissen macht Benz' Frau Berta mit ihren 15- und 13jährigen Söhnen Eugen und Richard die erste Auto-Fernfahrt der Welt, legt sie die 80 Kilometer nach Pforzheim zurück. Maximalgeschwindigkeit 12 Stundenkilometer. Aber durch diese Fahrt kommt auch

der erste Auto-Verkauf der Welt

zustande: Der Pariser Finanzier Emil Roger erwirbt einen 0,8-PS-Dreirad-Benz.

Im gleichen Jahr 1887 macht in Esslingen auch ein vierrädriger „Daimler-Wagen" seine erste Ausfahrt und Robert Bosch erfindet seinen Magnet-Zünder. Gottlieb Daimler hat 1883 ein Patent auf seinen schnellaufenden Benzin-Motor erhalten, der 900 Umdrehungen pro Minute macht und „nur" 40 Kilogramm je PS wiegt. 1890 wird in Cannstatt die Daimler-Motorengesellschaft gegründet. Die „Benz & Cie. Gasmotorenfabrik Mannheim" besteht bereits seit 1883. 1903 scheidet Benz durch eine Finanzkrise aus seinem Unternehmen aus, aber erst drei Jahre vor seinem Tod, 1926, kommt es zur Fusion der beiden Pionier-Firmen. Im Jahr 1986 hat die Daimler-Benz AG einen Welt-Umsatz von mehr als 65 Milliarden DM. Aber sie stellt an Personenwagen und Nutzfahrzeugen weniger als eine Million her, während die Welt-Kraftfahrzeugs-Produktion nun über 50 Millionen beträgt.

Diese Entwicklung hat zahlreiche Erfindungen zur Voraussetzung, vor allem die des Luftreifens von Dunlop *(→ 23. Juli 1888)* und das 1890 patentierte „Cracken", die Massen-Benzinherstellung. Voraussetzungen sind auch neue Fabrikationsmethoden und

das Schaffen der zum Autokauf nötigen Kaufkraft,

die lange nur in Amerika für den Massenabsatz von Automobilen groß genug ist und zu der es vor allem durch Henry Ford kommt. Ford macht aus einem Spielzeug der Reichen ein Massen-Verkehrsmittel, gründet 1903 mit einem Stammkapital von 28 000 Dollar die „Ford Motor Company" in Detroit. Als er 1947 stirbt, betragen deren Aktiva 1026 Millionen Dollar — das 36 643fache. Und zwar ausschließlich durch Selbstfinanzierung, denn Ford hält nichts von Banken, hat nie einen Bank-Kredit aufgenommen.

Ford selbst hat auch keine einzige nennenswerte Erfindung gemacht und sagt in Köln-Deutz bei der Besichtigung des ersten Otto-Motors ehrlich: „Ohne den wäre ich nichts." Aber er hat auf der Farm seiner Eltern, eines Iren und einer Holländerin, hart arbeiten müsen und haßt seither „das Herumschleppen toten Gewichts". Er verwendet als erster in Amerika Vanadium-Stahl (den er 1905 noch aus Frankreich beziehen muß) und kommt schließlich mit einem Motorgewicht von 0,8 Kilogramm pro PS aus, mit 1400mal weniger als seinerzeit James Watt. Vor allem aber konstruiert Henry Ford sen.

„das erste von der Technik geschaffene Haustier"

und stellt dieses „Modell T" seit dem 1. Oktober 1908 in Serien-Fließfertigung her. Binnen 20 Jahren verkauft er 15 Millionen dieses Modells, hat das ursprünglich 850 Dollar gekostet, so ist der Preis auf 360 gesenkt worden. Angekündigt hat es Ford mit den Worten: „Ich werde ein Automobil für die breite Masse herstellen. Groß genug, damit eine ganze Familie darin Platz hat und klein genug, daß jeder es bezahlen und halten kann." Lange vor dem deutschen VW ist das „Modell T" ein Volks-Wagen, unentbehrlich für die auf dem Land lebenden Amerikaner.

Ist das eine technische Leistung Fords, so ist für den Erfolg seine Erkenntnis entscheidend, daß Kaufkraft geschaffen werden muß, ehe es einen Massenabsatz geben kann. Am 1. Januar 1914 führt er einen Minimal-Lohn von 5 Dollar pro Tag ein und acht Stunden Arbeit täglich, statt der damals üblichen zehn, denn zum Autofahren braucht man ja auch Zeit. Ford zahlt zehnmal so viel wie damals acht Zehntel aller amerikanischen Fabriksarbeiter verdienen und wird als Wahnsinniger und als Verbrecher gebrandmarkt. Aber sein Erfolg zwingt die Konkurrenten, auch ihrerseits die Löhne zu vervielfachen. Ford führt ein Abzahlungssystem ein, das die anderen ebenfalls imitieren müssen. Statt bisher nur Kredit auf Grund und Boden, auf Waren oder andere bereits vorhandene Güter, gibt es nun

erstmals Kredit auf die Arbeitskraft und zukünftige Leistung.

Wenn Ford so die amerikanische Schuldenwirtschaft hochtreibt wie niemand zuvor, so macht er auch die Automobilindustrie zu einem Wirtschaftsfaktor, der heute aus keiner Industriegesellschaft mehr wegzudenken ist und deren Weltumsatz binnen zwei Generationen (1908 bis 1978) von etwa 220 Millionen auf 280 Milliarden Dollar steigt.

Und zwar, weil Ford instinktiv erfaßt hat, daß das eigene Auto

die Verwirklichung des uralten menschlichen Freiheits- und Unabhängigkeits-Dranges

bedeutet. Bereits 1909 schreibt „Harpers Weekly" in New York: „Das Automobil bringt uns das Gefühl der Unabhängigkeit, die Freiheit von Fahrplänen und festgelegten Routen, von Menschen, deren Nähe wir nicht selber suchten, die Möglichkeit, selber zu bestimmen, wohin man gelangen will und wann . . .". So steigt der Welt-Kraftfahrzeugbestand von etwa 260 000 im Jahr 1908, damals einem auf je 17 000 Erdbewohner, auf rund 450 Millionen oder eines je elf Menschen 1985. Und von diesen Kraftfahrzeugen sind 340 Millionen Personenautos — was

eine kaum vorstellbare Energie-Vergeudung

bedeutet. Denn ist schon der Wirkungsgrad der Vergasermotoren kaum je höher als 25 Prozent, so gibt es noch andere Verlustquellen. Von je 100 Litern Treibstoff braucht ein Durchschnitts-PKW für:

Auspuffgase	36
Kühlwasser	33
Luftwiderstand	10
Wärmeabstrahlung	7
Motorreibung	6
Rollwiderstand	4

Verluste also 96 Prozent.

Für die Fortbewegung eines Personenautos bleiben im Weltdurchschnitt vier Prozent der aufgewendeten Benzin-Energie übrig,

nach japanischen Berechnungen des Jahres 1985 maximal 4,67 Prozent.

Der Jahres-Energieverbrauch der Personenkraftwagen beträgt jetzt etwa 9600 Milliarden Kilowattstunden, mehr als die Welt-Stromerzeugung des Jahres 1986. Und wie bei allen Ortsveränderungen von Personen und Gütern ist die eingesetzte Energie nach einmaligem Gebrauch unwiederbringlich verloren. Nichts Nutzbares bleibt übrig, während die zur Stoffwandlung eingesetzte Energie der oftmaligen, meist viele Jahre langen Befriedigung unserer Bedürfnisse dient.

Nichtsdestoweniger sind heute Automobile ein unentbehrlicher Wirtschafts-Faktor; durch ihre Verkehrs- und Transport-Leistungen, durch die Zahl der durch sie unmittelbar und mittelbar Beschäftigten; durch die Kaufkraft, die sie damit schaffen; und durch die Steuereinnahmen, die sie direkt und indirekt auslösen. Ohne motorisierten Straßenverkehr ist das Leben der Hochindustrialisierten heute undenkbar, obwohl naturgegeben die Transportkosten auch auf den besten

Straßen mindestens fünfmal höher als auf Schienenwegen und zwanzigmal höher als auf nicht strömendem Wasser sind. Obwohl Benzin-Autos entscheidend zur Luftverschmutzung beitragen, Auto-Diebstähle das häufigst begangene Verbrechen sind und es durch Autos bereits ungleich mehr Verkehrsunfall-Tote gibt als Kriegs-Tote während der ganzen Menschheits-Geschichte. Sehr wohl aber könnte der Straßenverkehr weniger energievergeudend gemacht werden als heute. Und nicht nur durch mehr und mehr Diesel- statt Benzin-Autos *(→ 17. Februar 1897),* sondern vor allem durch Elektromobile *(→ 1859).*

1882 — 4. September

Seit 1867 ist Elektrizität in großen Mengen billig zu erzeugen. Werner Siemens, der das durch seine Dynamomaschine möglich gemacht hat, verschafft dem Strom 1878 durch die Herstellung erstmals im Dauerbetrieb brauchbarer Elektromotoren und 1879 bis 1882 durch die Verkehrs-Elektrifizierung Groß-Abnehmer. Aber Strom zu kaufen, wie Mineralöl, Kohle oder Kohlengas zu kaufen sind, gibt es nicht. Auch in Amerika nicht, wo der Hüttenbesitzer William Wallace in Connecticut 1874 die erste Dynamomaschine aufstellt und 1877 Charles Brush Stromerzeuger und Bogenlampen für Festlichkeiten zu vermieten begonnen hat. Erst Thomas Alva Edison erkennt, daß

die öffentliche Stromversorgung

die Voraussetzung für die Anerkennung der Elektrizität als die dem Dampf und dem Kohlengas überlegene Energieform bildet.

Edison ist seit seinem zwölften Lebensjahr so gut wie taub, hat nur drei Monate lang eine öffentliche Schule besucht und Lesen und Schreiben von seiner Mutter gelernt. Mit der Elektrizität kommt er als Eisenbahn-Hilfstelegraphist in Berührung, als Siebzehnjähriger macht er die erste seiner schließlich 1180 patentierten Erfindungen. 1869 bricht das telegraphische Übermittlungs-System des Börsenkurs-Dienstes zusammen, für den er in New York arbeitet, und er entwickelt ein neues System, für das er 40 000 Dollar erhält. Mit diesem Startkapital macht sich Edison in Newark, später in Menlo Park, New Jersey, selbständig. Die Erfindung des Phonographen macht ihn 1878 weltberühmt und im gleichen Jahr kann er die „Edison Electric Light Co." gründen, die 300 000 Dollar Kapital besitzt. Aus ihr entwickelt sich die „General Electric", die heute rund 300 000 Leute beschäftigt und 35 Milliarden Dollar Jahresumsatz hat. Die Edison Co. soll die elektrische Beleuchtung durchsetzen. Dazu muß zuerst einmal

die elektrische Glühlampe

praktisch brauchbar gemacht werden.

Die hat Heinrich Goebel 1854 erfunden, aber nur als Jahrmarkts-Attraktion. 1859 beleuchtet der Amerikaner Moses G. Farmer ein Millionärshaus in Newport News mit 42 Platindraht-Glühlampen, die (da Platin schon bei 1715° C schmilzt) ganze vier Stunden brennen. Der Engländer Joseph Wilson Swan stellt schließlich Leuchtfäden aus nitrierter Zellulose her und begründet damit 1884 die Chemiefaser-Industrie, nicht aber die Glühlampen-Industrie. Ehe Edison am 21. Oktober 1879 eine Kohlenfadenlampe erproben kann, die 40 Stunden lang brennt, hat er 1600 vergebliche Versuche gemacht, und ehe seine Lampen 600 Stunden lang 16 Kerzenstärken Licht geben, haben Edisons Geldgeber, zu denen John Pierpont Morgan gehört, die Geduld verloren, er kann seine rund hundert Mitarbeiter nicht länger bezahlen. Auch seine Glühlampen-Patente werden angefochten und der Kurs der Edison Electric Light Co.-Anteile fällt ins Bodenlose. Aber Europa rettet den Erfinder: Edison hat eine Dynamomaschine und tausend Lampen nach Paris geschickt, wo 1881

die Erste Internationale Elektrizitäts-Ausstellung

abgehalten wird. Da leuchten die tausend Lampen gleichzeitig, kein Windstoß bläst sie aus, sie rußen nicht, blaken nicht, stinken nicht. Sie brennen in jeder beliebigen Stellung, nach unten hängend ebenso wie „normal" nach oben gerichtet. Riesige Menschenschlangen bilden sich, weil die Ausstellungsbesucher selbst ausprobieren wollen, ob wirklich ein leichter Fingerdruck genügt, um das Licht ein- und auszuschalten.

Dazu aber hat Edison nicht nur entsprechende Schalter erfinden müssen, sondern ein neues Schalt-Prinzip. Um wirksam zu werden, muß Elektrizität in einem geschlossenen Stromkreis fließen. Bis zu Edison wird das durch das Hintereinanderschalten der Stromverbraucher erreicht, durch die „Serienschaltung". Sollen mit einer Dynamomaschine zehn Bogenlampen betrieben werden, so durchläuft der Strom alle, erreicht er die zehnte erst, nachdem er neun passiert hat. Alle zehn müssen gleichzeitig brennen. Fällt eine aus, so auch alle übrigen, denn dann ist ja der Strom unterbrochen. Jeder muß aber seine Beleuchtung ein- und ausschalten können, wann er will und dennoch muß die Netzspannung gleichbleiben. Das ermöglicht die „Parallel-Schaltung", bei der der Strom durch zwei Drähte fließt, zwischen denen die Stromkreise der einzelnen Lampen sprossenartig angeordnet sind.

Edison muß auch Sicherungen, praktische Glühlampenfassungen u. a. m., ein komplettes neues Beleuchtungs-System erfinden. Das stellt er in Paris aus. Leute wie Emil Rathenau und Oskar von Miller erkennen dessen Bedeutung, ebenso Engländer wie der Oberst R. E. Crompton und sie nehmen von Edison Lizenzen. Er kehrt als Sieger nach Amerika zurück, bekommt wieder Geld und kann in der New Yorker Pearl Street

das erste der öffentlichen Versorgung dienende Elektrizitätswerk der Welt

bauen, die nötigen unterirdischen Leitungen verlegen und am 4. September 1882 die ersten 54 „Abonnenten" mit zuerst 400 und wenig später 2300 Lampen in 85 Gebäuden versorgen. Kraftwerksleistung 90 Kilowatt, nach dem Vollausbau 480 kW. Ein Kessel, der 2600 kg Dampf pro Stunde liefert, versorgt fünf Dampfmaschinen, diese wiederum acht Dynamomaschinen. Das Gleichstrom-Netz ist für 4000 Ampere bei 120 Volt Spannung ausgelegt und versorgt schließlich 170 Bogenlampen, 7100 Glühlampen und seit Januar 1883 den ersten Elektromotor der Vereinigten Staaten, der in einem Lebensmittelgeschäft der Pearl Street eine Kaffeemühle antreibt. Ausnutzung der Anlage im ersten Betriebsjahr 2600 Stunden.

Aber diese Zentrale, der im gleichen Jahr das erste öffentliche E-Werk Englands in London folgt, 1883 bis 1884 das von Crompton gebaute in Wien und als erstes Deutschlands 1885 das durch Rathenau in der Berliner Markgrafenstraße, leitet keineswegs nur eine neue Ära der Energie-Nutzung ein. Sie ist außer einer großen technisch-organisatorischen Leistung auch eine kulturelle und soziale. Die meisten Leute haben nur abends Zeit zum Lesen und Weiterlernen. Schriftsteller und Verleger verdanken Edison mehr als allen Kultur-Aposteln. Gutes, billiges Licht verdoppelt praktisch unser aktives Leben und hat ungeheure indirekte Folgen. Daß nun jedermann Strom kaufen kann, bedeutet aber auch

die Demokratisierung der Energie-Nutzung:

Dampfmaschinen mit komplizierten Transmissionsanlagen erfordern ungleich mehr Kapital, als Handwerker oder Klein-Unternehmer besitzen, kleine Elektromotoren aber können sie sich leisten (und in der Frühzeit der Elektrifizierung auch mieten). Eine eigene Krafterzeugungsanlage brauchen sie nicht länger. Und so beginnt mit der Pearl-Street-Zentrale der Aufstieg der Elektrizität. Nicht widerstandslos, denn es gibt ja die Petroleum- und die Gasbeleuchtung, und die „Gas-Leute“ warnen vor der „Photoelektrischen Ophthalmie“, einer angeblich vom elektrischen Licht verursachten Augenkrankheit. Die Elektrifizierung wird als „Verschleuderung von Volksvermögen“ angeprangert, denn die Petroleum-Raffinerien und die Gasanstalten gibt es bereits und warum dann „irrsinnige Beträge“ für neue Elektrizitätswerke ausgeben? Aber die elektrische Beleuchtung setzt sich durch. Der Elektromotor setzt sich durch. Elektrische Eisenbahnen und Straßenbahnen und Untergrundbahnen setzen sich durch. Und so wird

die Welt-Stromerzeugung

des Jahres 1900 auf 900 Millionen Kilowattstunden geschätzt, werden damals etwa 0,006 Prozent des Gesamt-Energieverbrauchs in Form von Elektrizität verwendet. Heute sind es etwa 34 Prozent. Und die Stromerzeugung in Milliarden Kilowattstunden hat betragen:

	1913	1963	1983	= % der Welt-erzeugung
Welt	52	2772	8402	
davon Verein. Staaten	20	1008	2304	27,4
Europa ohne SU	26	826	2020	24,0
Rußland/SU	2	390	1402	16,7
Japan	2	160	586	7,0
Deutschland/BR	2,8	147	370	4,4

Ist die Welt-Stromerzeugung während der drei Generationen 1900 bis 1985 auf das rund Neuntausendfache gestiegen, so steht aber längst noch nicht allen Menschen Elektrizität zur Verfügung. Zwar beträgt nun die Pro-Kopf-Versorgung im Welt-Durchschnitt 1800 kWh pro Jahr gegen etwa eineinhalb Kilowattstunden zu Beginn unseres Jahrhunderts. Aber

sieben Länder gewinnen 70 Prozent allen Stroms, 120 andere nur 30 Prozent.

Wenn es in den USA 9560 kWh pro Kopf sind, so in Portugal nur 950 und in Kenya 95 kWh. Auch die nationalen Pro-Kopf-Zahlen täuschen, denn das Sechstel der Gesamtbevölkerung Argentiniens zum Beispiel, das in Buenos Aires lebt, verbraucht mehr als die Hälfte allen Stroms des Landes.

Praktisch kann mit den heute vorhandenen Mitteln jede Menge Elektrizität erzeugt werden. Ungleich mehr Strom als heute muß morgen erzeugt werden, nicht nur, um den Bedürfnissen der Dritten Welt und der Zunahme der Weltbevölkerung Rechnung zu tragen, sondern zur Erzeugung von Elektrolyse-Wasserstoff und zur Elektrifizierung des Straßenverkehrs. Und das ist nicht nur eine Finanzierungs-Frage, sondern mehr und mehr eine der Geisteshaltung *(→ 1977 und → 1982).*

1882

Wenn der Marxismus heute schon durch seine Geltung in der Sowjetunion eine „weltbewegende“ Kraft ist, so ist er nichtsdestoweniger eine politische Doktrin, die auf mangelndem Wissen beruht. Marx und Engels empören sich mit Recht über die heute kaum noch vorstellbare Not der arbeitenden Massen in der Frühzeit der Industrialisierung. Aber sie schreiben diese den „kapitalistischen Ausbeutern“ zu, während sie naturgegeben ist, eine Anpassungskrise, welche die „Industrielle Revolution“ *(→ 1769 bis 1794)* ausgelöst hat. Mit ihr beginnt das „Maschinenzeitalter“ und damit

die Überwindung der menschlichen Fron,

gegen die weder Religionsstifter und Philosophen noch Sklavenbefreier etwas zu tun vermocht haben. Diese „Industrielle Revolution“ ist auch die bisher einzige echte soziale Revolution. Aber seit der Nutzung der Kohle-Energie durch die Dampfmaschine kann kein Mensch mehr mit den Naturkräften konkurrieren. Die „Eisernen Sklaven“, über die wir seit Ende des 18. Jahrhunderts verfügen, sind die wahren Befreier. Aber während der Übergangszeit vom Handwerk zur Fabrikarbeit werden sie mit Recht die „Stahl-Dämonen“ genannt. Denn sie zwingen die Kinder in die Bergwerke und die Frauen in die Spinnereien, und

der Mensch-Maschinen-Leistungsunterschied

ist derart, daß die Batistweber Nordenglands, die im Jahre 1788 durchschnittlich 21 Shilling die Woche verdient haben, 1814 nur mehr sechseinhalb bekommen und das Einkommen der Strumpfwirker des Nottinghamshire 1810 bis 1820 von 15 auf 5 Shilling sinkt, während der Brotpreis um 35 Prozent steigt, Kartoffel und Milch um die Hälfte teurer werden.

Warum das so ist, weiß damals niemand. Es gibt alle möglichen Lohn-Theorien, und Marx und Engels sind keineswegs die einzigen, die falsche Schlüsse aus dem ziehen, was sie sehen. Denn wenn James Watt bereits 1780 den (falschen) Begriff „Pferdekraft“ schafft und die Pferdeleistung mit (umgerechnet) 736 Watt angibt, so denkt damals niemand daran, auch

die menschliche Körperleistung

zu messen. Wie Watt seinen Kunden nachweisen muß, wieviel mehr seine Maschine leistet als die Göpel drehenden Pferde, müssen das alle Maschinenbauer tun, und so gibt es seit 1790 den Kraftmesser (Dynamometer) Edmé Regniers, der die Zugkraft durch die Ausdehnung einer Spiralfeder mißt, und 1821 erfindet der französische Physiker Gaspard Claude Baron Prony das Brems-Dynamometer, drückt er zwei Bremsklötze durch einen mit Gewicht belasteten Hebel gegen die Motorwelle. Was der Mensch körperlich zu leisten vermag, interessiert jedoch niemanden. Wieviel Energie er in Form von Nahrung braucht, stellen Karl von Voit und Max von Pettenkofer seit 1861 fest. Aber wieviel er von dieser Energie naturgegeben und unabänderlich in verwertbare Arbeit umzusetzen vermag, welchen Wirkungsgrad der menschliche „Muskelmotor“ hat, bleibt bis Ende des vorigen Jahrhunderts unbekannt.

Der Erste, der mit einem von ihm 1871 erfundenen tragbaren Respirationsapparat zur Gaswechselmessung den Sauerstoffverbrauch bei der Arbeit feststellt, ist der deutsche Physiologe Carl Speck. Aber er bleibt auf sich allein gestellt, die Fachwelt ignoriert seine Forschungsergebnisse. Erst Jacques Arsène d'Arsonval, der Sohn, Enkel und Urenkel berühmter französischer Ärzte, kann 1882 im Pariser Collège de France ein „Laboratorium für physikalische Biologie“ einrichten,

das erste arbeitsphysiologische Institut der Welt.

D'Arsonval (der 1892 auch die Hochfrequenz-Therapie begründet und seit 1881 die Meerwärme-Nutzung propagiert hat) wird 1894 Professor der Experimental-Physiologie an der Pariser Sorbonne. Seine Arbeiten lösen schon 1884 die Erfindung des Ergometers (Ergographen) zur Messung der Muskel-Arbeitsleistung durch Angelo Mosso aus und veranlassen 1887 Hugo Münsterberg als Privatdozent der Psychologie an der Universität Freiburg im Breisgau zur

Begründung der Psychotechnik

und der Einrichtung eines Arbeits-Forschungslabors. Münsterberg wird 1891 Professor in Freiburg und im Jahr darauf der Harvard-Universität in Cambridge, Massachusetts. Seit 1890 widmet sich in München der Psychiater Emil Kraepelin der Ermüdungsforschung und erkennt: „Wenn man Freude und Gemütswerte in die Arbeit einführt, steigert sich der Ertrag, jeder Verdruß aber mindert ihn.“

Jahrzehnte vergehen, ehe sich diese Einsicht durchsetzt, denn seit 1880 hat auch Frederick Winslow Taylor Arbeitsstudien durchgeführt. Taylor ist damals „gang boss“, Aufseher einer Arbeiter-Kolonne, der Midvale Steel Co. in Pennsylvanien geworden und hat festgestellt, was ein Arbeiter leisten kann, um so zu einer „Norm“ als Grundlage der Akkordlohn-Berechnung zu kommen. Taylor ist der Begründer der Betriebsorganisation, hat die Leistung seiner Arbeiter, die Roheisen zu verladen haben, von 12 auf 47 Tonnen pro Mann und Arbeitstag gebracht, indem er die Wege verkürzt und die Hubhöhe vermindert. Er macht später auch 26 000 Drehversuche, um die optimale Schnittgeschwindigkeit und den besten Spanquerschnitt festzustellen, veranlaßt die Entwicklung der ersten Schnelldreh-Spezialstähle und ist auch durch andere Arbeiten ein hervorragender Industrie-Rationalisierer. Aber seine Arbeitsversuche gipfeln 1896 (in seinem Buch „The adjustment of Wages to Efficiency“) in der Feststellung: „Das Ideal der Industrie-Rationalisierung ist

eine Vereinfachung der Arbeit bis zum Punkt, wo ein dressierter Gorilla sie tun kann.“

Seit d'Arsonval hört jedenfalls die Beschäftigung mit der Arbeits-Physiologie und der Arbeits-Psychologie nicht mehr auf — obwohl es bis 1927 dauert, ehe in

Dortmund das Institut für Arbeitsphysiologie der Kaiser-Wilhelm-Gesellschaft gegründet wird, und bis 1933, ehe A. B. Lamb von der Harvard-Universität erstmals

die Welt-Muskelarbeits- und Welt-Maschinenarbeits-Leistung

auf Grund halbwegs verläßlicher Zahlen vergleicht.

Zur Feststellung der menschlichen Muskelleistung sind inzwischen dutzenderlei Methoden verwendet worden. Auch die etwa 600 Muskeln, die jeder Mensch besitzt, sind ein Wunderwerk der Natur. Sie sind die einzigen „Motoren", die ihren Brennstoff, das Glykogen, in sich selbst tragen, und der trainierte Mensch vermag über 40 Prozent der zugeführten Kalorien in Muskelleistung zu verwandeln. Unsere Muskeln sind zu erstaunlichen Höchstleistungen imstande. Ein Mensch zum Beispiel, der 75 Kilogramm wiegt und, immer zwei Stufen auf einmal nehmend, so schnell er kann, eine Treppe emporrennt, bringt es auf sechs Stufen pro Sekunde. Das entspricht etwa einem Meter Höhenunterschied. Damit hat er 75 Meterkilogramm/Sekunde geleistet, ebensoviel, als wenn er 210 Kilogramm auf einen Tisch gehoben hätte und ebensoviel wie Watts Rekord-Pferd. Aber diese Art Treppenlaufen gleicht Kurzfrist-Sport-Rekorden. Schon im Dauerlauf sind bestenfalls ein Zehntel PS zu leisten. Diesen Wert ergeben auch die mechanischen Leistungsversuche: Läßt man zum Beispiel auf einen 25 Zentimeter hohen Bleizylinder aus 5 Metern Höhe ein Gewicht von 20 Kilogramm fallen, so wird er auf 20 Zentimeter zusammengedrückt. Die dazu eingesetzte Kraft beträgt 100 Meterkilogramm/Sekunde. Um einen gleich großen Bleizylinder ebenso zusammenzudrücken, braucht ein kräftiger, geübter Schmied fünf Schläge mit einem Vorschlaghammer. Während eines Achtstundentages vermag er bestenfalls 23 Hammerschläge von je 20 Meterkilogramm pro Minute auszuführen, was umgerechnet ein Zehntel PS ergibt und ebenfalls eine Rekordleistung darstellt. Im Durchschnitt von über tausend Versuchen haben es Kesselschmiede nur auf 2560 Hammerschläge täglich und nicht auf 11 000 gebracht. Sie haben also bestenfalls ein Vierzigstel PS geleistet.

Andere Leistungsprüfungen haben in verschiedenen Ländern und zu verschiedenen Zeiten ergeben: Sechs Stunden Wasserziehen aus einem Brunnen = menschliche Muskelleistung ein Zwanzigstel PS, acht Stunden Radfahren auf ebener Straße = ein Zwanzigstel PS; ununterbrochenes Drehen einer 60-Watt-Handkurbel-Dynamomaschine = Maximum 13 Minuten = ein Zwanzigstel PS. Das heißt: Die Körperkräfte des Menschen sind nicht nur unvergleichlich geringer als die unserer Maschinen, der Mensch ermüdet auch ungleich rascher. Und dazu muß er schlafen. Muß er die Wege zu seinem Arbeitsplatz machen. Muß er nicht nur für sich selbst, sondern auch für seine Familie arbeiten. Da muß er mehr und mehr auch für die Gemeinden, die Länder und den Staat arbeiten, Unproduktive miterhalten. Und aus all dem ergibt sich: Naturgegeben, das heißt Gen-bedingt und damit unabänderlich für alle Menschen, gleich welcher Rasse und gleich unter welchem Wirtschafts- und Sozial-System sie leben, ist

jedwede Konkurrenz zwischen menschlicher Körperarbeit und Maschinenarbeit völlig ausgeschlossen.

Der Mensch ist von der Natur zum Denken und Lenken, nicht zu schwerer Fron geschaffen. Die menschliche Hand ist einzigartig in der Natur, allen Pfoten und Tatzen unendlich überlegen, als Tastorgan unglaublich fein, als Werkzeug unerreicht vielseitig. Handfertigkeit wird nie überflüssig werden, so wenig, wie ohne die Hand Kunstwerke oder Konstruktionszeichnungen denkbar sind. Aber um Spitzhacken oder Schmiedehämmer zu schwingen, ist sie heute zu gut. Der Wirkungsgrad eines Einzel-Muskels kann, wie gesagt, bis zu 40 Prozent erreichen. Insgesamt jedoch ist der menschliche Körper nur imstande, bestenfalls ein Fünzigstel der Nahrungskalorien, die er braucht, um nicht zu verhungern, in verwertbare Arbeit umzusetzen. Der körperliche Gesamt-Wirkungsgrad des „Muskelmotors" beträgt also zwei Prozent gegen die 98 und mehr moderner Wasserturbinen oder die 50 Prozent und mehr großer Dieselmotoren. Der Wirkungsgrad der schlechtesten Maschine beträgt heute 15 Prozent. Das „Brot der Maschinen" — Kohle, Mineralöl usw. — kostet im Durchschnitt ein Zwanzigstel der menschlichen Nahrungsmittel.

Daher ist

der Einsatz der schlechtesten Maschine einhundertvierzigmal rentabler als der ihrer Leistung gleichkommender Muskelkräfte.

Das hat zur Not der Muskelarbeiter in der Frühzeit der Industrialisierung geführt.

Aber keineswegs nur um die „Rentabilität" geht es. Naturgegeben sind die Geisteskräfte des Menschen grenzenlos, seine Körperkräfte schwach:

Die verwertbare menschliche Muskelleistung entspricht etwa hundert Kilowattstunden pro Jahr.

Aber nur um nicht zu verhungern, braucht der Mensch 1000, um halbwegs menschenwürdig zu leben 3000. Um wie heute in den Industrieländern zu leben, 8000 bis 12 000 Kilowattstunden, das 120fache seiner eigenen Körperkraft.

Das für unsere Existenz Entscheidende sind die Millionstel Volt unserer Gehirn- und Nervenströme. Aber nur wenn wir diese benutzen, um die Naturkräfte für uns arbeiten zu lassen, vermag die heutige Menschenzahl zu existieren. Auch die heute Reichsten versinken in Not und Elend, sobald sie nicht für genug „Maschinen-Brot" sorgen, ihre „Eisernen Sklaven" nicht ausreichend zu versorgen vermögen.

Naturgegeben und unabänderlich ist und bleibt:

Die menschliche Muskelarbeit entspricht jährlich etwa 12 Kilogramm Kohle oder 9 Kilogramm Öl. Sie entspricht einem Zehntel Gramm Uran, wenn es in den heutigen Kernreaktoren verwendet wird, und etwa zwei Tausendstel Gramm Uran in Brütern.

Und das heißt: Nur weil wir die in Kohle, Öl und Erdgas gespeicherte Energie nutzen gelernt haben, ist die Weltbevölkerung von etwa einer Milliarde 1830 auf fünf Milliarden im Jahr 1987 gestiegen. Drei Viertel der heutigen Menschheit wären zum Untergang verdammt, wenn wir die „harten" Energien aufgeben oder sie nicht rechtzeitig durch die Kernenergie ergänzen würden *(→ 1977)*. Selbst leistet der Mensch 100 kWh im Jahr. Aber als Bergarbeiter setzt er schon beim EG-Durchschnitt von 3,5 Tonnen Steinkohleförderung pro Schicht und Mann jährlich 9 Millionen kWh frei, das Neunzigtausendfache seiner Eigenleistung. Da gilt beim Bahnbau London-Birmingham 1834 bis 1838 als Rekord, daß zwei Mann mit einem Karren und einem Pferd täglich 10 Tonnen Erdaushub bewältigen. Heute gewinnt im Tagebau Hambach der Rheinischen Braunkohle AG *(→ 1861)* jeder Schaufelradbagger, den sieben Leute dirigieren, täglich 237 000 Tonnen Braunkohle. Leistung pro Mann und Schicht rund 11 000 Tonnen Braunkohle, an Energie das rund 20millionenfache der Eigenleistung. Durch seine geistige Schöpferkraft, durch sein Erfinden und Organisieren ist

der Mensch ein fast märchenhafter Multiplikator seiner Kräfte

geworden, für den es heute kaum noch materielle Probleme gibt, allerdings um so mehr mitmenschliche, soziale und moralische. Und die können sehr wohl zum Zusammenbruch unserer Maschinenwelt führen.

Längst gibt es aus ihr kein Zurück mehr. Eine für die Vereinigten Staaten (vom Twentieth Century Found) aufgestellte Berechnung zum Beispiel ergibt schon für das Jahrhundert 1850 bis 1950 folgende

Verteilung der Gesamt-Arbeitskraft

in Prozent:

	Menschen	Tiere	Maschinen
1850	13,0	52,4	34,6
1900	5,3	21,5	73,2
1950	0,9	0,6	98,5

Heute beträgt der Primärenergie-Verbrauch der Welt etwa 10 Milliarden Tonnen Steinkohleeinheiten jährlich — etwa siebenhundertmal soviel wie im Jahr 1800.

Diese Primärenergie entspricht 81 400 Milliarden Kilowattstunden. Die Weltbevölkerung beträgt 1987 rund 5 Milliarden, die menschliche Muskelarbeitsleistung insgesamt also rund 500 Milliarden kWh:

> ***Es gibt rund 163mal so viele Maschinen als Menschenkräfte, für jeden Menschen aus Fleisch und Blut arbeiten im Weltdurchschnitt 163 „Eiserne Sklaven",***

für die „Hochentwickelten" 500 bis 1000. Die „Industrielle Revolution" rückgängig machen zu wollen, ist Wahnsinn oder Aufruf zum Massenmord.

1883 bis 1885

Rückstoß heißt die Kraft, die entsteht, wenn ein Körper durch einen inneren Vorgang Masse abstößt *(→ 1255)*. Wer ein Gewehr abschießt, fühlt diese Kraft, sie behindert das Zielen. Als im 19. Jahrhundert Kanonenrohre aus Stahl gegossen werden, nimmt die Reichweite der Geschütze zu, weil die Pulverladungen vergrößert werden können. Nicht aber ihre Zielsicherheit, denn auch der Rückstoß wird kräftiger und reißt die Kanonen aus ihrer Stellung. Man bekämpft ihn mit den verschiedensten Mitteln, aber jahrzehntelang begrenzt er die Waffenwirkung.

Das ändert sich radikal, als nicht länger versucht wird,

> ***die Rückstoß-Wirkung***

aufzuheben, sondern sie zu nutzen. Der Amerikaner Hiram Stevens Maxim, dem das erstmals gelingt, „entmenschlicht" dadurch zugleich die Waffenverwendung.

In Sangerville, Maine, 1840 geboren, ist Maxim Tellerwäscher, Kellner und Boxer gewesen, ehe er 1877 Versuche mit Schreibtelegraphen, Bogenlampen und automatischen Kesselfeuerungen macht und ein Dutzend Patente erhält. Diese bringen ihm das Kapital für die Firma „Schuyler, Maxim & William Co.", die erfolgreich Kraftwerke baut und ihn reich genug macht, um sich ganz der Waffenentwicklung widmen zu können. Maxim beschafft sich alles Material über Schnellfeuergewehre, die schon Leonardo da Vinci erfinden will und für die seither 34 Patente erteilt worden sind. Aber erst Maxim erfaßt, worauf es ankommt: Schnelles Feuern kann nur automatisch erreicht werden. Vier Mann zur Bedienung des Nordenfeldt-Maschinengewehrs einzusetzen, ist sinnlos, denn die Maximalgeschwindigkeit, mit der ein Mensch einen Handgriff ausführen kann, ist naturgegeben viel zu gering und vier langsame Handgriffe ergeben keinen schnellen. So baut Maxim 1883 ein Maschinengewehr, das

durch die Nutzung des Rückstoßes die erste vollautomatisch wirkende Waffe

ist und nur einen Mann zum Zielen erfordert. Mit der Rückstoßkraft werden die leeren Patronenhülsen ausgeworfen, das Schloß gepannt, die neue Patrone eingeführt und der Schuß abgefeuert. Als Maxim 1885 sein Maschinengewehr dem Prinzen von Wales, dem späteren König Eduard VII, vorführt, macht es bereits 400 Schuß pro Minute. 1887 in Wien sind es 500, und Maxim schießt auf tausend Meter Entfernung das Monogramm Kaiser Franz Josephs in die Scheibe. Im Jahr darauf fusionieren die Firmen Maxim und Nordenfeldt und 1889 wird das Maxim-Maschinengewehr von der britischen Armee eingeführt. Diese hat vier Jahre zuvor 8000 Mann verloren, als der Mahdi Khartum erobert und England durch dessen fanatisierte Anhänger den Sudan verliert. 1896 beginnt die Rückeroberung. Horatio Herbert Kitchener stehen wiederum nur 8000 englische Soldaten zur Verfügung, während der Mahdi bei Omdurman 60 000 seiner Derwische gegen sie aufbietet. Aber von diesen sind binnen einer halben Stunde 20 000 tot, 16 000 verwundet und 4000 gefangen, während die Verluste Kitcheners nur 30 Mann betragen. Denn er kann den dichtgeschlossenen Reihen der Mahdi-Krieger seine Maxim-Maschinengewehre entgegensetzen. Damit sind die zweieinhalb Millionen Quadratkilometer des Sudan und vor allem dessen Baumwolle für das Empire gesichert, erst 1956 wird der Sudan ein souveräner Staat.

Hat der Rückstoß bereits Ende des vorigen Jahrhunderts

die Automatisierung des Tötens

ermöglicht, so ist seine Wirkung in Form des Maschinengewehrs und selbst von Maschinen-Kanonen wie der 25 Millimeter-Oerlikon KBB, die 1987 pro Minute 3400 Schuß abgeben, gering, verglichen mit der, die er heute in Form der Nuklear-Raketen ausübt *(→ 3. Oktober 1943 und → 4. Oktober 1957).* Andererseits ist auch die friedliche Wirkung des Rückstoßes in Form des Düsen-Luftverkehrs *(→ 27. Juli 1949)* gewaltig.

1884

Mit rund 9200 Millionen Tonnen Steinkohle-Einheiten ist die Primärenergie-Versorgung der Welt 1985 zwölfmal so groß wie zu Beginn unseres Jahrhunderts. Die Welt-Kohleförderung steigt 1900 bis 1985 von rund 700 auf 3100 Millionen Tonnen, das Vierfache. Die Erdölförderung *(→ 28. August 1859)* aber von 20,5 auf 2860 Millionen Tonnen, auf das 140fache. Und die Erdgasgewinnung von 3,6 auf 1850 Milliarden Kubikmeter, auf das 514fache:

Erdgas ist der am weitaus schnellsten zur Weltgeltung gelangte Energieträger.

Wenn im Jahr 1900 Erdgas nur 0,6 Prozent aller Primärenergie stellt, so heute 24 Prozent, während im gleichen Zeitraum der Anteil der Kohle von 93 auf 28 Prozent gesunken ist.

Erdgas ist ein Gemisch von Kohlenwasserstoffen: Algerien-Gas zum Beispiel besteht zu 86,5 Prozent aus Methan, zu 9,4 Prozent aus Aethan und zu 2,6 Prozent aus Propan. Es gibt Erdgas mit nur 80 Prozent Methangehalt, in Rumänien aber Vorkommen mit 99 Prozent. Das Nordseegas besteht zu 95 Prozent aus diesem auch „Sumpfgas" und „Grubengas" genannten CH_4. Der Heizwert hängt auch vom Stickstoffgehalt usw. ab, und das nach Westeuropa gelieferte Sowjet-Erdgas zum Beispiel hat einen um 20 Prozent höheren Heizwert als das niederländische. Meist ergibt ein Kubikmeter Erdgas 9400 Kilokalorien gegen die 4200 des durch Steinkohle-Entgasung gewonnenen Brennstoffs. Im Weltdurchschnitt gilt:

Eine Milliarde Kubikmeter Erdgas entspricht etwa einer Million Tonnen Steinkohle.

Erdgas kommt in Begleitung von Erdöl und von Solquellen vor, aber auch allein. Es hat sich vor etwa 195 Millionen Jahren aus Überresten tierischer und pflanzlicher Lebewesen zu bilden begonnen. Sehr tief liegende Vorkommen könnten aber auch aus der früheren Erdatmosphäre stammen, die zeitweilig aus Methan bestand. In heißem Meerwasser gelöst, finden sich sehr große Mengen Erdgas auch in den Aquiferen am Golf von Mexiko.

Ist Erdgas sehr „dichte" Energie, so vor allem aber auch

ein „Fertigprodukt" der Natur,

es braucht nicht wie Erdöl raffiniert zu werden. Es liefert Wärme ohne Umwandlungsverluste und steht von Natur aus meist unter 20- bis 100mal so hohem Druck wie die Atmosphäre, erfordert nur für sehr lange Rohrleitungen Kompressoren. Und Rohrleitungen sind die rationellsten aller Transportmittel.

Dennoch aber spielt Erdgas noch im Jahr 1900 beim Primärenergie-Verbrauch der Welt keinerlei Rolle und noch 1950 hat es an diesem erst 10 Prozent Anteil, das heißt, es ist zwei Jahrtausende lang mißachtet worden. Denn bereits 400 v.

Chr. erwähnt es Ktesias von Knidos in seiner Beschreibung Persiens und Indiens. In der japanischen Provinz Eschigo wird Erdgas 1613 verwendet, 1659 ein Vorkommen im Lancashire entdeckt und 1775 eines im Kanaweh-Tal West-Virginias. Schließlich dringt Erdgas in Fredonia, im Staat New York, aus dem Boden und wird da 1821 zur Straßenbeleuchtung benutzt, sein Wert mit 2800 Dollar jährlich verbucht. Die industrielle Nutzung beginnt 1841, da werden Salz-Sudpfannen mit Erdgas beheizt.

Als in Titusville in Pennsylvanien 1859 die erste Erdölbohrung fündig wird, beginnt ein Öl-Boom, keineswegs aber ein Erdgas-Boom. Das mit dem Öl hochsteigende Gas wird als höchst lästig empfunden und abgefackelt. Die erste Erdgasleitung der USA — achteinhalb Kilometer — wird zwar bereits 1872 in Pennsylvanien gebaut, bringt aber nie ihre Kosten ein. Erst George Westinghouse *(→ 1869)* begründet 1884

die amerikanische Erdgas-Wirtschaft

und leitet die Entwicklung ein, durch die es hundert Jahre später in den USA 1,6 Millionen Kilometer Erdgasleitungen gibt, in denen damals 68 Milliarden Dollar investiert sind.

Westinghouse ist einer der großen Elektro-Pioniere, trägt entscheidend zur Durchsetzung des Wechselstroms *(→ 28. August 1891)* und der Wasserkraft-Nutzung bei, weiß aber auch, daß

der Anteil der Wärme am Gesamt-Nutzenergieverbrauch der Industrieländer achtmal so groß ist wie der der motorischen Kraft,

und Erdgas für viele Prozesse rationeller Wärme liefert als der elektrische Strom. Er entwickelt deshalb Trennanlagen, welche die Flüssiggas-Anteile vom Trockengas scheiden, erfindet automatische Druckregulierungs- und Sicherheits-Anlagen und tut für das Erdgas vor allem, was Edison 1882 für die Elektrizität getan hat: Er organisiert die öffentliche Versorgung durch die Gründung der „Pittsburgh Fuel Gas Company".

Das Erdgas, das diese Gesellschaft vor allem an Fabriken verkauft, ist ein Nebenprodukt der Erdölförderung, zur systematischen Gas-Suche kommt es erst 1919 durch

die Entdeckung des Panhandle-Gasfeldes in Texas,

das mit 1980 Milliarden Kubikmetern eine für damalige Begriffe fast unvorstellbare Menge Erdgas enthält, das mehr als Hundertfache der damaligen Welt-Förderung. Ein halbes Jahrhundert nach der Gründung der ersten Erdgas-Gesellschaft wird das Texas-Gas 1600 Kilometer weit nach Denver in Colorado geleitet, Gas aus Louisiana 2400 km weit nach New York, sind die Oklahoma-Vorkommen mit dem 1500 km entfernten Chicago verbunden. Zwar gibt es 1934 noch immer 10 Millionen Abnehmer von „manufactured gas", von Steinkohlegas *(→ 1792 bis 1814)* der „Gasanstalten" der USA, dagegen nur 7 Millionen Erdgas-Kunden. Aber der Wert des Erdgases an den Verbrauchsstellen beträgt nun statt 6

Millionen Dollar im Jahr 1885 rund 442 Millionen — und das ist das fast Vierfache des Wertes an der Quelle.

Vier Jahrzehnte später beträgt der Erdgas-Verkaufserlös in den Vereinigten Staaten 13 Milliarden Dollar, gibt es (der „American Gas Association“ zufolge) 43 Millionen Erdgas-Kunden. Da ist die Erdgas-Förderung der USA zehnmal höher als 1934. Aber deren Maximum ist 1973 mit 679 Milliarden Kubikmetern erreicht worden, seither sinkt sie stetig, und

werden 1935 in den Vereinigten Staaten 93 Prozent allen Erdgases der Welt gewonnen, so 1985 nur mehr 28 Prozent.

In der Sowjetunion hat sich die Erdgas-Nutzung noch ungleich rascher erhöht als in den USA. Die Russen exportieren nun immense Mengen, während die Amerikaner drei Zehntel ihres Erdgas-Bedarfs importieren müssen.

Wird in den USA seit 1859 nach Öl gebohrt, so beginnt die russische Mineralölförderung 1865 mit 9000 Tonnen, wie in Amerika wird das vom Baku-Öl hochgetragene Erdgas abgefackelt. Die erste russische Erdgasleitung stammt aus dem Jahr 1942. Da wird in aller Eile in Jelschanka am Wolga-Knie eine Erdgas-Sonde niedergebracht und durch eine 18 km lange Leitung mit Saratow verbunden. Sie hat eine Kapazität von einer Million Kubikmeter täglich und hält ein durch die Deutschen von der Kohlezufuhr abgeschnittenes Industriegebiet in Gang, erweist sich während der Schlacht um Stalingrad als lebenswichtig. Die systematische Erdgassuche beginnt in der Sowjetunion erst nach dem Zweiten Weltkrieg, obwohl ein Geologen-Team der Sowjet-Akademie der Wissenschaften bereits 1932 in

Nordwest-Sibirien das weitaus reichste aller Erdgas-Gebiete der Erde

sieht. Noch 1960 wird hier nur jede zwanzigste sowjetische Such-Bohrung niedergebracht, denn die vielversprechendsten Regionen sind verkehrsmäßig unerschlossen und die klimatischen Bedingungen abschreckend.

Im Jahr 1964 jedoch werden hier 17 große Erdöl- und 21 große Erdgas-Funde gemacht, darunter die von Tjumen, wo 1974 sicher 16 000 Milliarden Kubikmeter Erdgas festgestellt sind. Allein Urengoj liefert mit 300 Milliarden Kubikmetern 1984 mehr Erdgas, als 1964 die Gesamtförderung der Sowjetuntion betragen hat.

Die erwiesenen, durch Probebohrungen sicheren Erdgas-Vorkommen der Sowjetunion

betragen in Milliarden Kubikmeter:

1950	3 140
1965	10 200
1975	22 650
1982	31 740 = 41 Prozent der 77 580 Welt-Vorkommen

und bei der damaligen Sowjet-Förderung ausreichend für 63 Jahre, gegen nur elf Jahre Lebensdauer der sicheren US-Vorkommen. Für möglich halten die internationalen Statistiken in der Sowjetunion weitere 63 000 Milliarden Kubikmeter Erdgas, während es dem Moskauer Geologie-Ministerium zufolge in der Sowjetunion wahrscheinlich insgesamt 3,7 Trillionen Kubikmeter Erdgas gibt, allein in der Tjumen-Region 1,5 Trillionen. Diese Schätzungen beruhen auf den rund 90 Millionen Metern Forschungs-Bohrungen, die 1950 bis 1985 niedergebracht worden sind.

Sind die Erdgasvorkommen der Sowjetunion zweifellos die größten der Erde, so ist aber auch ihre Qualität hervorragend und das hat

das rasante Tempo des sowjetischen Erdgas-Leitungsbaus

ermöglicht. Er wird weitgehend durch Erdgas-Exporte finanziert und erfolgt mit Hilfe westlicher Rohr- und Pumpstations-Lieferungen.

Insgesamt verfügt die Sowjetunion 1950 nur über 2200 Kilometer Erdgasleitungen. Bereits 1970 sind es 84 000, das fast Vierzigfache und 1985 dann 162 000 Kilometer. 35 000 Kilometer dieser Gasleitungen haben Durchmesser, wie es sie anderswo nicht gibt: 1490 Millimeter, fast eineinhalb Meter hoch oder soviel, daß ein Mann gebückt in ihnen gehen kann. Sechs solcher Leitungen führen von Urengoj im Abstand von einigen Kilometern parallel in den europäischen Teil der Sowjetunion und haben Anschluß an das westeuropäische Verteilungsnetz. Ihre Jahreskapazität von 200 Milliarden Kubikmetern ist so groß wie 1950 die Welt-Erdgasgewinnung.

Das erste große Lieferabkommen schließt die Sowjetunion im März 1967, das ermöglicht den Bau der Erdgasleitung Tjumen-Triest. 1974 kommt unter Federführung der Ruhrgas AG in Essen und der Deutschen Bank ein Vertrag über die Lieferung von 950 000 Tonnen deutscher Spezialrohre und von insgesamt 200 Milliarden Kubikmeter Sowjetgas in den Jahren 1980 bis 2000 zustande. 1983 werden durch Verträge die sowjetischen Lieferungen verdoppelt. Natürlich werden die für diese Lieferungen vom Westen finanzierten Leitungen nicht nur für den Erdgas-Export verwendet. Sie versorgen nicht nur sämtliche Ostblock-Staaten, sondern werden auch in der Sowjetunion selbst angezapft und steigern so den Anteil des Erdgases an deren Gesamt-Primärenergieverbrauch 1960 bis 1985 von 7,6 auf 35 Prozent. Bereits 1970 werden in der Sowjetunion 90 Prozent allen Zements, 80 Prozent des Roheisens und 70 Prozent des Rohstahls mit Hilfe von Erdgas gewonnen. Insgesamt gehen heute 58 Prozent des Erdgas-Eigenverbrauchs in die Industrie, 27 Prozent an Kraftwerke, 15 Prozent an Haushaltungen. Alle größeren Städte sind nun an das Erdgasnetz angeschlossen. In Europa aber nun auch zum Beispiel Marseille und Mailand ebenso wie Brüssel und Paris, Wien, München und Bonn.

Dementsprechend entwickelt sich

die Sowjet-Erdgasgewinnung.

Diese beträgt 1923 insgesamt knapp 2 Milliarden Kubikmeter, 1960 rund 45 Milliarden, aber 1985 mit rund 600 Milliarden 36 Prozent der Weltförderung.

Die Vereinigten Staaten und die Sowjetunion gewinnen nun also wenig mehr als die Hälfte, während diese beiden Länder 1935 mit 96 Prozent praktisch allein über alles Erdgas der Welt verfügt haben. Denn heute gibt es vierzig nennenswerte Förder-Länder, und zwar weil Erdgas nicht nur viele Tausende Kilometer weit durch Rohrleitungen in die Verbrauchsgebiete gebracht wird, sondern es durch

die Erdgas-Verflüssigung und die LNG-Transporte

(→ 20. Februar 1959) keinerlei Grenzen der Verwendung mehr gibt. Nur dadurch kann die Welt-Erdgasgewinnung von 1955 rund 270 Milliarden Kubikmeter auf 1985 über 1850 Milliarden oder das Siebenfache steigen — und damit auf das mehr als 30 000fache des Jahres 1870. Das war das erste Jahr, für das es eine Statistik gibt: Weltverbrauch etwa 60 Millionen Kubikmeter. Erneut hat sich gezeigt: Auf Wechselbefruchtungen kommt es an, auf das Zusammenwirken der verschiedenartigsten Fortschritte. Denn nur die Kältetechnik *(→ 1877)* ermöglicht die Erdgas-Verflüssigung, macht sie zur universellen Wärmequelle.

1884

Watts Dampfmaschine hat die Welt verändert wie keine Maschine zuvor oder danach *(→ 1769 bis 1794)*. Ihr Kolben führt eine hin- und hergehende Bewegung aus wie die Kolben unserer Benzin- oder Dieselmotoren. Sie muß durch Kreuzkopf, Pleuelstange, Kurbel und Schwungrad oder durch eine Kurbelwelle in Drehbewegung umgesetzt werden, was einen Leistungsverlust von 10 bis 15 Prozent verursacht. Dampfmaschinen sind aber auch langsam. Zum Antrieb von Dynamomaschinen genügt ihre Tourenzahl nur, wenn man sie durch komplizierte Getriebe erhöht oder (wie in der Frühzeit der Stromgewinnung) den Durchmesser der Dynamomaschinen abnorm vergrößert. Und schließlich ist aus technischen wie aus Raum- und Gewichtsgründen die Leistung der Einzelmaschinen begrenzt. Die zwei größten je gebauten Kolben-Dampfmaschinen sind die des Lloyd-Schnelldampfers „Kronprinzessin Cäcilie" aus dem Jahr 1904: Je 22 000 PS = rund 16 200 Kilowatt. Für ein Großkraftwerk von 1200 Megawatt wären 74 der größten Kolbendampfmaschinen nötig.

Besonders seit dem Entstehen der Elektrowirtschaft *(→ 17. Januar 1867 und → 4. September 1882)* wird deshalb versucht,

die Rationalisierung der Dampfkraft-Nutzung

durch die Methoden zu erreichen, welche die Leistung und den Wirkungsgrad der Wasserkraft-Maschinen vervielfacht haben.

Deren Wirkungsgrad hat bereits 1825 Jean-Victor Poncelet (*der Formulierer des „Energie"-Begriffes → 1826)* statt der damals 3 bis 5 Prozent der Dampfmaschinen von 30 auf 60 Prozent verdoppelt, indem er durch eine entsprechende neuartige Schaufelform nicht nur den Druck des Wassers nutzt wie oberschlächtige Wasserräder oder nur die Strömungsenergie des Wassers wie unterschlächtige, sondern beide. Die Kolbendampfmaschine nutzt nur den statischen Druck des Dampfes und ist schon dadurch in ihrer Leistung beschränkt, da sich die Expansion in einem geschlossenen Gefäß vollzieht, dessen Dimensionen technisch begrenzt sind. Wie sich aus dem Wasserrad die Wasserturbine entwickelt hat, muß also auch die Strömungsenergie des Dampfes umweglos in Drehbewegung umgesetzt, das heißt es müssen auch Dampfturbinen entwickelt werden.

Solch ein „Dampfrad" zu bauen, hat bereits 1616 Giovanni Branca in Padua versucht, indem er Dampf gegen gekrümmte Schaufeln strömen läßt. Der Versuch scheitert schon deshalb, weil damals Dampf nur ganz langsam und in viel zu geringen Mengen erzeugt werden kann. Spätere Versuche scheitern, weil es bis Ende des 19. Jahrhunderts keine technischen Mittel gibt, um den naturgegebenen Unterschied zwischen der Wasser- und der Wasserdampf-Wirkung zu überwinden: Ein Kubikmeter Wasser wiegt bekanntlich tausend Kilogramm, ein Kubikmeter Wasserdampf bei normalem Druck 600 Gramm und selbst bei 200 Atmosphären Überdruck und als Heißdampf von 364°C *(→ 1884 bis 1892)* nur 162 Kilogramm. Kraft ist bekanntlich Masse mal Beschleunigung, Arbeit ist Kraft mal Weg. Wie dieses Produkt zustande kommt, spielt keine Rolle, ein längerer Weg bei geringerem Kraftaufwand zum Beispiel ergibt das gleiche Resultat wie größere Kraft bei geringerem Weg. Das ist schon seit 400 v. Chr. bekannt, darauf beruht der Flaschenzug. So kann auch die geringere Masse des Wasserdampfes durch eine größere „Fallhöhe", einen größeren Weg des Dampfes, ausgeglichen werden. Das aber heißt praktisch: Um zum Beispiel die gleiche Leistung zu erzielen, die eine 50 000-kW-Wasserturbine bei 430 Umdrehungen pro Minute abgibt, müßte eine entsprechende Dampfturbine etwa 90 000 machen. Das aber ist nicht nur technisch unmöglich, sondern für solche Drehgeschwindigkeiten gibt es auch (außer wenn sie durch Ultrazentrifugen für Spezialzwecke erzeugt werden) keine Verwendung.

Dennoch gibt es seit 1883 Dampfturbinen.

Die erste Dampfturbine der Welt,

eine einstufige, schnellaufende Gleichdruck-Turbine, konstruiert logischerweise der schwedische Ingenieur Gustav de Laval, der 1879 die Zentrifugalkraft in seinem Milch-Separator nutzt. Er braucht für seinen Milchfett-Abscheider ein Zahnrad-Vorgelege, das die Handkurbelgeschwindigkeit auf 10 000 Umdrehungen pro Minute bringt — und 1883 kann er auch eines bauen, das die Geschwindigkeit seiner Dampfturbine von 36 000 auf 3000 Umdrehungen reduziert. Laval nutzt die Strömungsenergie sich entspannenden Dampfes, indem er die nach ihm benannte Düse erfindet (die 1890 ihre heutige Form erhält): „Düsen" dienen der Beschleunigung strömender Medien und sind Formstücke, die den Strömungskanal von Dämpfen, Gasen und Flüssigkeiten vorübergehend verengen, damit sich die Geschwindigkeit erhöht, während der Druck im gleichen Maße abnimmt. Bei der Laval-Düse schließt sich dem verringerten Rohrquerschnitt eine konische Erweiterung an, wodurch der Druck wieder bis fast auf den ursprünglichen Wert erhöht wird.

Laval arbeitet mit Dampf von 12 Atmosphären Überdruck. Um dessen Energiegehalt voll auszunutzen, müßte seine Düsen-Austrittsgeschwindigkeit 1340 Metersekunden = 4824 Stundenkilometer betragen oder die doppelte Geschwindigkeit eines Gewehrgeschosses. Die Umlaufgeschwindigkeit seines Schaufelrades müßte 600 Metersekunden betragen. Da das technisch unmöglich ist, kann Laval nur einen Bruchteil der Dampfkraft nutzen, seine Dampfturbine setzt sich deshalb nicht durch. Wohl aber (nach 15 Jahren Entwicklungsarbeit)

die Parsons-Dampfturbine,

deren Prototyp 1884 läuft und 10 PS oder 7,36 Kilowatt leistet und die nun im Londoner Science-Museum ebenso einen Ehrenplatz hat wie Watts Prototyp von 1769.

In London 1854 geboren, ist Charles Algernon Parsons, der vierte Sohn des Earl of Ross, eines Amateur-Astronomen, dessen Reichtum ihm den Bau des leistungsfähigsten Fernrohres seiner Zeit ermöglicht. Parsons verbringt den größten Teil seiner Jugend in der Gießerei und der Werkstatt, die sein Vater auf seinem Schloß-Grundstück Birr Castle in Irland errichtet hat, macht u. a. Versuche mit Raketen-Torpedos und erfindet ein Echo-Lot für die Familien-Yacht. Nach Absolvierung des St. Johns-College in Cambridge tritt er 1877 in die berühmte Waffen- und Maschinenfabrik Armstrong & Whitworth ein und wird da ein hervorragender Ingenieur.

Als Partner der Firma Clarke, Chapman & Co. in Gateshead entwickelt Parsons seit 1884 seine Dampfturbine und hat Erfolg durch

viele Stufen der Dampf-Entspannung statt einer,

wie Laval sie verwendet hat. Parsons erfindet das „Pressure Compounding“ und teilt die Dampfkraft-Übertragung auf 20 hintereinander angeordnete Laufräder auf. Zwischen je zwei dieser Rotoren setzt er ein feststehendes Leitrad zur Umkehr der Dampfrichtung. Nur ergibt das schließlich mehr als 50 000 Schaufeln, die alle von Hand in die Laufräder eingesetzt werden müssen und zwar so, daß sie ihre Stellung unter allen Umständen exakt beibehalten. Denn der Abstand zwischen den sich enorm schnell drehenden und den fixierten Rädern beträgt nur einen halben Millimeter. Werden Schaufeln herausgerissen, kommt es zum „Schaufel-Salat“, zu schweren Maschinenschäden. Dieses Risiko ist groß, denn beträgt der Rotor-Durchmesser im Niederdruckteil einer Dampfturbine zum Beispiel 2,35 Meter und die Schaufellänge 550 Millimeter, so haben deren Spitzen bei 3000 Umdrehungen pro Minute eine Geschwindigkeit von 370 Metersekunden = 1330 km/h. Jede der 150 Schaufeln der letzten Stufe übt 16 Tonnen Fliehkraft aus, die Zentrifugalkraft dieses Radkranzes beträgt 2400 Tonnen.

Trotz ihrer 20 Stufen macht auch Parsons erste Dampfturbine noch 18 000 Umdrehungen pro Minute, die durch ein Getriebe auf 3000 herabgesetzt werden. Das ist für die gerade entstehenden Elektrizitätswerke wie für alle Fabriken viel zu viel und die Entwicklung von Dampfturbinen, die schließlich weniger als 1000 Umdrehungen pro Minute ohne Vorgelege machen, dauert ein halbes Jahrhundert.

Ebenso dauert es lange, ehe einer der größten Vorteile der Dampfturbine genutzt werden kann, der, daß sie

die weitaus größte Leistung je Einheit aller Wärmekraftmaschinen

erbringt. Parsons Prototyp leistet 1884 beim Probelauf in Newcastle 7,3 Kilowatt. Im Jahr 1900 beträgt die Welt-Maximalleistung 3000 kW. Die letzte zu Lebzeiten des Erfinders gebaute Dampfturbine ergibt 1930 auf einer Welle 55 000 PS = 40 000 Kilowatt. 1974 aber wird in den Heaton-upon-Tyne-Werken bei Newcastle, in der gleichen Fabrik, in der vor 90 Jahren die erste gebaut worden ist, als Versuchsmaschine der „Typ RB-23" installiert,

die erste Zwei-Millionen-Kilowatt-Turbine der Welt.

Sie gewinnt mit mehr als 2000 Meßinstrumenten Daten für die Konstruktion von Einheiten mit 5 Millionen kW — 5000 Megawatt — Leistung. Das ist allerdings nicht nur eine englische, sondern vorwiegend eine Schweizer Leistung. Parsons hat 1889 sein eigenes Unternehmen gegründet, aber außer Chef der Firma C. Parsons & Co. ist er Direktor und Aufsichtsratsmitglied zahlreicher anderer Industrieunternehmen und Elektrizitätswerke. Er ist Mitglied der Royal Society geworden, legt ihr 1904 und erneut 1919 konkrete Vorschläge zur Erdwärme-Nutzung vor *(→ 1827)*, und zwar durch Tiefbohrungen und Wassereinleitung, nicht nur durch Nutzung des von selbst ausströmenden Dampfes. Parsons versucht auch (vergeblich) synthetische Diamanten herzustellen, hat viele Interessen. Als er 1931 auf einer Westindien-Reise stirbt, hat sich die Dampfturbine weltweit durchgesetzt, aber vor allem durch Charles Eugen Lancelot Brown, den Mitbegründer der am 19. April 1900 in Baden in der Schweiz registrierten „Aktiengesellschaft für Dampfturbinen System Brown-Boveri-Parsons", durch Heinrich Zoelly, den Chef-Konstrukteur von Escher-Wyss in Zürich und durch Aurel Stodola, Professor am Eidgenössischen Polytechnikum (jetzt ETH) Zürich, der Zürich zum

Welt-Zentrum der Dampfturbinen-Theorie

macht. Er begründet diese durch sein 1902 erschienenes Werk „Die Dampfturbine", in dem er erstmals auch den engen Zusammenhang zwischen Schmiertechnik (das heißt Verringerung der Reibung) und Maschinenleistung beweist *(→ 1897)*.

Parsons selbst hat, da England damals die führende Schiffahrts-Nation und Seemacht ist, vor allem Schiff-Dampfturbinen entwickelt, als erste die seiner „Turbinia" des Jahres 1897. Diese verdrängt nur 44,5 Bruttoregistertonnen, erregt aber weltweit Aufsehen, weil sie durch die 2000 Wellen-PS ihrer Turbine 34,5 Knoten = rund 64 Stundenkilometer macht. Als erstes Kriegsschiff der Welt erhält 1905 der „Dreadnough" Dampfturbinen-Antrieb, und 1907 überquert die

„Mauretania“ der White Star Line durch ihre Turbinenleistung von 74 000 Wellen-PS den Atlantik in Rekordgeschwindigkeit, macht sie 26 Knoten = 48 km/h.

Der Wirkungsgrad der Dampfturbine

aber wird inzwischen von den Schweizern hochgetrieben. Der thermische des Parsons-Prototyps hat 1884 knapp 20 Prozent betragen. Die Zoelly-Turbine erreicht 1904 einen thermischen Wirkungsgrad von 62 Prozent und 1925 (an einer 11 000-kW-Turbine gemessen) 84 Prozent. Natürlich sind die Gesamt-Wirkungsgrade wesentlich geringer, schon vor dem Ersten Weltkrieg aber dreimal besser als die der Kolben-Dampfmaschine und erreichen heute 35 bis 45 Prozent. Vor allem aber setzen die Schweizer die direkte Kupplung von Dampfturbinen und Stromerzeugern durch, was eine entsprechende Anpassungs-Konstrukion erfordert. Als erstes Elektrizitätswerk der Welt hat 1898 das von Elberfeld zwei Turbinen von je 1100 kW in Betrieb genommen. Bereits zwei Jahre später liefert Brown Boveri (als größten der Welt) einen Turbogenerator von 2600 kW an das E-Werk Frankfurt. Seither bleiben die Schweizer Lieferanten der leistungsfähigsten Turbogeneratoren, sowohl der Dampf- wie der Wasserkraft-Anlagen, denn die auf einem Gebiet gewonnenen Erfahrungen sind auch auf dem anderen zu nutzen. Die Wasser-Turbine zum Beispiel, die der Amerikaner Lester Allan Pelton 1884 konstruiert, verwendet ebenso Düsen wie die Dampf-Turbinen Lavals und Parsons. Ebenso dienen zum Bau von Wasserrädern entwickelte Spezialmaschinen auch dem Bau von Dampfturbinen-Radkränzen.

Alle Schweizer Weltrekord-Turbinen werden exportiert, denn deren Leistung steigt 1902 bis 1982 von drei auf 1300 Megawatt, und derartige Stromerzeuger setzen den entsprechenden Strombedarf voraus, den es lange nur in den USA gibt, heute allerdings auch in Japan, Europa und der Sowjetunion. Die erste Dampfturbine der Sowjetunion wird 1923 in Leningrad gebaut und leistet zwei Megawatt. Das gleiche Werk baut 1965 eine 800-MW-Dampfturbine, die in Slawinsk jährlich 6 Milliarden Kilowattstunden Strom liefert, das fast Dreifache der russischen Gesamt-Stromerzeugung des Jahres 1913.

Daß binnen dreier Generationen die Leistung von Dampf-Turbogeneratoren auf das mehr als Zehntausendfache gebracht werden kann, ist das Werk Unzähliger. Voraussetzung ist aber

die Verwendung hochgespannten Heißdampfes

und entscheidend, daß diese zur gleichen Zeit technisch möglich wird, in der die Dampfturbine entwickelt wird *(→ 1884 bis 1892).*

1884 bis 1892

Der Erfolg ist nach Tacitus „der Lehrer der Toren“. Nichtsdestoweniger werden Erfolgreiche seit Jahrtausenden zu Autoritäten gemacht. Erfolg bringt Ansehen, Einfluß und Geltung, leider nicht selten aber auch den Glauben mit sich, unfehlbar zu sein. Für die Elektrizitäts-Nutzung zum Beispiel sind lange die Meinungen von Siemens und Edison maßgebend. Da beide den Wechselstrom ablehnen, hat dieser es sehr schwer, sich durchzusetzen *(→ 28. August 1891).* Generationenlang wirkt sich aus, daß James Watt die Verwendung von Hochdruck-Dampf für „verbrecherisch“ hält, daß er sich ganz der Dampf-Verwendung gewidmet und darüber die Dampf-Erzeugung vernachlässigt hat. Beides hängt zusammen: Da Watt mit höchstens einer Atmosphäre Überdruck arbeitet, genügen seine Kofferkessel, die sich kaum von den Wassererhitzern der Antike unterscheiden.

Natürlich versuchen andere,

die Dampferzeugung

zu verbessern. Richard Trevithick *(→ 1802),* der die ersten brauchbaren Hochdruck-Dampfmaschinen baut und damit die Dampfkraft mobil macht, verlegt die Feuerung von unterhalb des Kessels in den Kessel, in „Flammrohre“, die die Heizfläche vervielfachen. Die Idee, den Wasserkessel selbst in Rohre zu zerlegen und diese durch das Feuer, durch eine Brennkammer, zu führen, ist noch älter. Bereits John Fitch, dessen Dampfboot „Perseverance“ 1787 den Delaware emporfährt, verwendet einen aus einem großen Schlangenrohr bestehenden Wasserrohrkessel. Einen stehenden Kessel baut 1791 Nathan Read, der eine Anzahl dünner, unten geschlossener Röhren in den Feuerraum hängt, solch einen Kessel verwendet George Stephenson im Oktober 1829 in seiner Rekord-Lokomotive „Rocket“. John Stevens, der Gründer von Hoboken in New Jersey, konstruiert 1804 einen Schiffs-Wasserrohrkessel aus 100 zweizölligen Rohren. 1840 erhält diese Kesselform durch den Pfarrerssohn und Augenarzt Ernst Alban die Ausbildung, die sie bis in die jüngste Vergangenheit behält: die Rohrbündel werden schräg in den Feuerraum gestellt, so daß das Wasser-Dampfgemisch von selbst aufwärts steigt, stets neuen Wassermassen Platz macht und je Quadratmeter Heizfläche bis zu 100 Kilogramm Wasser verdampft, statt der 16 bis 20 Kilogramm der besten Großwasserkessel.

Den Schrägrohr-Kessel Albans verbessert 1855 der Engländer Stephen Wilcox. Dessen Partner wird 1867 George Babcock, ihre Kesselfabrik in Renfrew am schottischen Firth of Clyde nimmt 1882 den Betrieb auf. Hundert Jahre später baut die Firma Babcock & Wilcox einen Kessel, durch den

der Welt-Dampferzeugungs-Rekord

auf 4 232 000 Kilogramm Dampf pro Stunde gebracht wird, auf 4232 Tonnen, die 1330 Megawatt elektrischer Energie entsprechen, während 1882 zum Beispiel die Durchschnitts-Dampfkesselleistung in Deutschland 1,7 Tonnen betragen hat, 1920 erst 7,5 und 1950 dann 160 Tonnen pro Stunde.

Zu dieser enormen Leistungssteigerung hat die parallel laufende Leistungssteigerung der Dampfturbine gezwungen *(→ 1884),* ermöglicht vor allem durch neue Werkstoffe: Bereits auf der Pariser Weltausstellung von 1855 wird der erste aus Stahl erzeugte Dampfkessel gezeigt. Er erweist sich allerdings als unbrauchbar, denn damals kann nur hartes Stahlblech erzeugt werden und nur weiches eignet sich zum Kesselbau. Geeignete Kesselbleche gibt es seit 1879. Den entscheidenden Baustoff-Fortschritt bringt

das Schrägwalz-Verfahren nahtloser Stahlrohre,

für das die Brüder Max und Reinhard Mannesmann aus Remscheid 1885 das DRP 34 617 erhalten.

Erfordert die heutige Dampferzeugung entsprechend widerstandsfähige Materialien, so aber auch Wissen, an dem es bis weit ins 19. Jahrhundert mangelt. Daß man Wasser zum Sieden bringen kann, ist seit Urzeiten bekannt. Daß dessen Siedepunkt vom Luftdruck abhängt, entdeckt Denis Papin *(→ 1690)* bereits 1674 und benutzt diese Erkenntnis in dem nach ihm benannten Druck-Kochtopf, in dem er ungleich schneller als bisher und mit ungleich weniger Wärmeaufwand aus Knochen Leim gewinnt. James Watt weiß, daß bei normalem Druck aus jedem Liter Wasser etwa 1700 Liter Wasserdampf werden, und nur um dessen Kondensation zu verhindern, nicht um die Dampf-Temperatur zu erhöhen, ständig weitere Wärme zugeführt werden muß. Diese Verdampfungswärme wird mit 539 Kilokalorien pro Liter Wasser festgestellt. Niemand aber fragt sich bis zum Jahr 1859, ob, wie der Siedepunkt des Wassers, nicht auch die Verdampfungswärme, vom Druck und damit von der Temperatur abhängt. Entsprechende Messungen führt erst Henri-Victor Regnault aus, der auch andere wichtige Daten feststellt.

In Aachen geboren, ist er in Armut aufgewachsen und als junger Mann Stoffverkäufer in einem Pariser Galanteriewarengeschäft gewesen. Durch Selbststudium hat Regnault 1830 die Aufnahmeprüfung in die Ecole Polytechnique gemacht, bei Justus Liebig in Gießen Chemie studiert, ist Chemieprofessor in Lyon, 1840 Nachfolger des berühmten Gay-Lussac an der Ecole Polytechnique, im Jahr darauf Physikprofessor am Collège de France und 1854 bis 1870 Direktor der Staatlichen Porzellanmanufaktur Sèvres. In deren Laboratorium kann Regnault seiner großen Leidenschaft nachgehen: Auf den verschiedensten Wissensgebieten exakte Daten festzustellen. Dazu entwickelt er neue Verfahren und Apparate. Für seine

Präzisions-Messungen der Zustandsgrößen gesättigten Wasserdampfes

verwendet Regnault u. a. ein 21,3 Meter hohes Quecksilber-Manometer. Diese (und spätere Messungen anderer) ergeben folgende Werte:

Druck kg/cm^2	Temperatur °C	Wärmeinhalt kcal/kg	Verdampfungswärme kcal/kg
1	99,1	639	539
50	272,7	667	393
100	309,5	651	317
225,6	374,2	505	null

Das bedeutet: In einem Kessel, der mit entsprechendem Überdruck betrieben wird, scheidet sich auch dann kein Wasser ab, wenn keine Verdampfungswärme zugeführt wird. Erhitzt man Wasser mehr und mehr und sorgt durch erhöhten Druck dafür, daß es nicht sieden kann, wird es in seinem Gefüge immer dampfähnlicher und geht schließlich unmittelbar vom flüssigen in den gasförmigen Zustand über, und zwar ohne Volumenänderung.

Erstmals beobachtet hat das 1822 der französische Physiker Charles Cagniard de la Tour. Wasser in einem hermetisch verschlossenen Rohr, in dem es sich praktisch nicht ausdehnen kann, geht bei starker Erhitzung dennoch völlig in Dampf über. Die Temperatur, bei der dies geschieht (und bei der andere Flüssigkeiten ohne zu sieden unmittelbar zu Gas werden), stellt, wie Regnault, 1861 der Entdecker des Periodischen Systems der Elemente, Dimitrij Iwanowitsch Mendelejew fest und nennt sie den „absoluten Siedepunkt“. Schließlich wird 1869

der „kritische Zustand“ der Gase

von Thomas Andrews, Chemie-Professor am Queens College in Belfast, exakt definiert. Er nennt den Thermometergrad, bei dem ein Gas zu derart energischer Molekularbewegung angeregt wird, daß kein noch so hoher Druck es in den flüssigen Zustand zurückzuzwingen vermag, die „kritische Temperatur“ und den Druck, bei dem etwas unterhalb der kritischen Temperatur gerade noch Verflüssigung eintritt, den „kritischen Druck“. Nur die Kenntnis dieser Grenzwerte aber macht die heutigen Dampferzeugungs-Mengen möglich und bildet zudem die Grundlage der Kältetechnik *(→ 1877)* und die Voraussetzung für die Verflüssigung der Luft und anderer Gase.

Diese im 19. Jahrhundert gewonnenen theoretischen Erkenntnisse können durch neugeschaffene Baustoffe praktisch genutzt werden.

Die Verwendung überhitzten Dampfes

bedeutet die Nutzung eines Wärmegefälles von schließlich 350°C und mehr, statt der etwa 60°C der ersten Dampfmaschinen, und damit eine enorme Wirkungsgradverbesserung. Aber viele Erfindungen und Konstruktionsverbesserungen sind nötig, ehe die technischen Schwierigkeiten überwunden sind.

Denn Dampf-Temperatur und Dampf-Druck sind unlösbar miteinander verbunden, und soll der Dampf zum Beispiel statt 150°C 300°C heiß sein, muß der Druck nicht verdoppelt, sondern verzwanzigfacht werden. Die Fläche eines Hochdruck-Dampfzylinders von 360 Millimeter Durchmesser zum Beispiel hat bei 100 bar einen Druck von 102 Tonnen auszuhalten, das Gewicht von 20 Elefanten. Hoher Druck in einem Dampfkessel bedeutet neben vielem anderen natürlich auch, daß beim Einbringen des Kessel-Speisewassers dieser Druck überwunden werden muß.

Erstmals gelingt das 1858 durch den „Injektor" Henri-Jacques Giffards. Dieser hat als Sechzehnjähriger das Gymnasium aufgegeben, um bei der Eisenbahngesellschaft Paris — St. Germain zu arbeiten. Mit der Verbesserung der Wagenfederung beginnend, hat er von den Schienen bis zu den Lokomotiven Dutzende Verbesserungen erdacht. Seine Erfindungen machen ihn so reich, daß er sich den Bau des ersten lenkbaren Luftschiffes leisten kann *(→ 15. Oktober 1783),* das am 24. September 1852 seine Probefahrt macht. Es wird von einer 3-PS-Hochdruckdampfmaschine angetrieben. Um leistungsfähigere Maschinen zu ermöglichen, erfindet Giffard die Dampfstrahl-Pumpe: Der aus einer Düse austretende Dampf reißt das an der Düsenmündung zufließende Wasser mit sich, mischt sich mit ihm und überträgt seine Energie auf die durch die Kondensation vermehrte Flüssigkeit. In einer anschließenden Fangdüse wird die Geschwindigkeit vermindert, dadurch der Druck soweit erhöht, bis er ein Rückschlag-Ventil in den Kessel öffnet.

Giffard stirbt 1882, im Jahr, in dem Gustav de Laval seine Dampfturbinen-Düse zu entwickeln beginnt *(→ 1884),* aber inzwischen hat der 1858 in Wegeleben bei Halberstadt geborene Schlosser-Lehrling Wilhelm Schmidt im Direktor des Polytechnikums Dresden und führenden Hochdruckdampf-Theoretiker Gustav Anton Zeuner einen Förderer gefunden und setzt 1884 bis 1892

die Heißdampf-Hochdruck-Dampfmaschine

vor allem im Lokomotivbau durch. Zuerst durch Selbststudium, dann durch Stipendien zum Zivil-Ingenieur aufgestiegen, der 1883 in Wilhelmshöhe bei Kassel ein eigenes Konstruktionsbüro eröffnen kann, arbeitet Schmidt 1886 mit 60 Atmosphären Überdruck und erzielt die entsprechende Temperatur nicht unmittelbar durch eine Feuerung, sondern durch überhitzten Heißdampf von 90 Atmosphären. Die Schmidt-Überhitzer ermöglichen nicht nur Rekord-Reichsbahn-Lokomotiven, sondern auch immer leistungsfähigere Dampfturbinen, diese die weitere Steigerung der Dampf-Temperaturen. Heute wird der Dampfdruck gedrosselt, aber Dampf von 500 bis 650°C verwendet und dadurch eine

Rationalisierung der Kohle-Nutzung

durchgesetzt, ohne die die heutige Elektrizitätserzeugung durch Kohlekraftwerke unmöglich wäre.

Ein Kilogramm Steinkohle entspricht bei Verbrennung theoretisch etwa acht Kilowattstunden oder rund elf PS-Stunden, der Energiegehalt von rund 90 Kilogramm Kohle genügt, um 1000 PS-Stunden Arbeit zu liefern. De facto aber haben betragen:

	Der übliche Dampfdruck in kg je cm^2	Der Kohleverbrauch je 1000 PS-Stunden in kg, rund
1780	1,5	4000
1850	6,0	1400
1905	16,0	1000
1930	100,0	500
1980	224,0	160

Die Wirkungsgrade der Dampfkraftwerke

entwickeln sich (als 100 Prozent pro Tonne Kohle 8000 kWh angenommen) folgendermaßen:

1882	Erstes öffentliches E-Werk der Welt	3,3 Prozent
1885	Durchschnitt aller deutschen Kraftwerke (Schrägrohr-Kammerkessel mit 3 bis 4 kg Kohleverbrauch je kWh)	2,9 Prozent
1950	Durchschnitt der westeuropäischen E-Werke (0,58 kg Kohle je kWh)	21,6 Prozent
1965	Durchschnitt der westdeutschen E-Werke (0,37 kg Kohle je kWh)	33,8 Prozent
1985	Westeuropäische Großkraftwerke (0,22 kg Kohle je kWh)	36,3 Prozent

Dampfturbinen-Höchstleistungen erreichen nun 46 Prozent, kombiniert mit durch Kohle-Druckvergasung versorgten Gasturbinen 1987 bis 60 Prozent. Nicht zuletzt durch die Heißdampf-Technik wird die

Kohle heute rund fünfundzwanzigmal besser genutzt als in der Frühzeit der Industrialisierung.

1886 — 23. April

1789 — zehn Jahre bevor Alessandro Volta mit seiner Batterie Strom durch eine chemische Reaktion gewinnt und damit die Schwachstrom-Technik begründet — benutzen Paets van Troostwijk und Deimann mit Hilfe einer Elektrisiermaschine erstmals

Elektrizität als Werkzeug der Chemie:

Sie entdecken die Elektrolyse, zerlegen elektrisch Wasser und gewinnen acht Kubikzentimeter Sauerstoff.

Im Jahr 1803 wird erstmals ein fester Stoff elektrochemisch zerlegt: Jöns Jacob Berzelius und Wilhelm Hisinger gewinnen mit Hilfe von Volta-Strom Ätznatron. Vier Jahre später erzeugt Sir Humphrey Davy elektrolytisch Magnesium und 1854 gewinnen Sainte-Claire Deville und Robert Wilhelm Bunsen unabhängig voneinander Aluminium. Aber nur im Laboratorium. Erst durch Werner Siemens' „Dynamo-Prinzip" *(→ 1867)* beginnt der Bau von Stromerzeugern, die schließlich

die industrielle Elektro-Chemie

ermöglichen.

Deren erstes in Massen erzeugtes und bis heute wichtigstes Produkt ist das Leichtmetall Aluminium. Es ist nicht nur fast dreimal leichter als Stahl, sondern bildet ein Zwölftel der Erdhülle gegen nur ein Zwanzigstel des Eisens. Man kann fast keinen Schritt tun, ohne auf Aluminiumverbindungen zu treten, nur ist dieses Metall ungleich schwieriger aus seinen Erzen zu gewinnen als Eisen. Rein dargestellt wird es erstmals 1827 durch Friedrich Wöhler. Ein in größerem Maßstab anwendbares Gewinnungsverfahren entwickelt Sainte-Claire Deville, aber die erste Ausbeute beträgt 300 Gramm, und der Kilogramm-Preis stellt sich auf 4800 Goldmark, das Dreißigfache des damaligen Silber-Preises. Auf der Pariser Weltausstellung von 1855 ist ein kleiner Aluminium-Barren als „Argent d'Argil" („Silber aus Lehm") neben den Kronjuwelen Napoleon III ausgestellt. Erst die Verfahren Paul-Toussaint Heroult's und Charles Martin Hall's begründen

die Leichtmetall-Erzeugung und damit enorme Energie-Einsparungen durch Vermeidung „toten" Gewichts.

Heroult beantragt am 23. April 1886 ein französisches Patent für sein „Elektrolyse-Verfahren in geschmolzenem Kryolith gelöster Tonerde", Hall am 9. Juli 1886 ein amerikanisches für „die Elektrolyse einer Lösung von Aluminiumoxyd in einem geschmolzenen Fluorid-Bad". Der Österreicher Karl J. Bayer erfindet 1887 das Bauxit-Aufschließungsverfahren, mit dem dieses Aluminiumoxyd oder Tonerde bis heute hergestellt wird. Und so können 1887 in Neuhausen am Rheinfall die „Schweizerische Metallurgische Gesellschaft" (seit 1888 „Aluminium Industrie AG") und 1888 die „Pittsburgh Reduction Co." (seit 1907 „Aluminium Company of America") Aluminium zu einem Preis herstellen, der die industrielle Nutzung ermöglicht. Dieser Preis beträgt 1865 pro Kilogramm 1000, 1885 noch 74, 1895 nur mehr 3 Goldmark. Im gleichen Zeitraum steigt die Aluminiumgewinnung von 14 auf 4000 Tonnen. Bei Ausbruch des Ersten Weltkrieges beträgt sie rund 70 000 Tonnen, denn 1909 hat Alfred Wilm das Duralumin erfunden, die erste problemlose verarbeitbare und

hochbeanspruchbare Aluminium-Legierung.

Ein Zeppelin-Träger ist mit einer Hand hochzuheben, hält aber in der Längsrichtung 53 Tonnen Belastung aus. Als Legierungsmetall wird nun auch Magnesium wichtig, das zwar seit 1886 fabrikmäßig gewonnen wird, aber bisher praktisch nur als Blitzlichtpulver verwendet worden ist. Ständig verbesserte Leichtmetall-Legierungen ermöglichen die moderne Luftfahrt. Nicht zuletzt durch sie nimmt die Welt-Aluminiumgewinnung von rund einer halben Million Tonnen 1938 auf 13 Millionen Tonnen 1978 zu (und beträgt 1986 etwa 12 Millionen Tonnen). 1900 ist weniger als eine Tonne Magnesium gewonnen worden, 1986 sind es rund 300 000 Tonnen.

Der Energieaufwand für die Leichtmetallgewinnung

ist hoch, obwohl er zum Beispiel für die Aluminium-Schmelzfluß-Elektrolyse 1936 bis 1986 von etwa 21 000 auf 12 000 kWh pro Tonne gesenkt worden ist und für die Tonne Tonerdegewinnung nur 230 statt 600 Kilogramm Heizöl genügen, müssen insgesamt doch noch etwa 80 bis 90 Kilowattstunden aufgewendet werden, ehe ein Kilogramm Aluminium-Fertigprodukt an seinen Verwendungsplatz gelangt.

Der Aufwand lohnt sich aber reichlich. Die Aluminiumverwendung in Automobilen zum Beispiel erspart während der Lebensdauer des Fahrzeugs durch Gewichtsverminderung 28mal mehr Energie, als der Energiemehraufwand bei der Erzeugung von Aluminium gegenüber Stahl ausmacht. Der Leichtmetall-Anteil an den Baustoffen der deutschen Kraftfahrzeuge beträgt derzeit zwar nur etwa 4 Prozent, bedeutet aber eine beträchtliche jährliche Benzinersparnis. Bei 20 Jahren Lebensdauer spart ein Aluminium-Güterwagen das Fünffache des Energie-Mehreinsatzes.

Ermöglicht die Elektrochemie die Leichtmetall-Gewinnung, so auch die Gewinnung zahlreicher anderer, heute unentbehrlicher Industrie-Grundstoffe. Kalziumkarbid zum Beispiel ist im Laboratorium schon 1839 hergestellt worden, und auf die Bedeutung des aus Kalziumkarbid und Wasser entstehenden Azetylens haben Berthelot und Wöhler 1862 hingewiesen. Aber den ersten praktisch brauchbaren Lichtbogen-Ofen baut Wilhelm Siemens erst 1878, die technische Herstellung von Kalziumkarbid gelingt 1892, die erste volle Tonne wird 1894 produziert. Zwei Generationen später (1954) sind es 4,8 Millionen Tonnen. Die erste elektrolytische Chlor-Fabrikation wird in Ludwigshafen 1896 aufgenommen und ergibt drei Tonnen. Für die chemische Industrie so unentbehrlich wie für die Textilindustrie, verbraucht die Welt zwei Generationen später (1956)

5 Millionen Tonnen Chlor, deren Erzeugung 16 Milliarden Kilowattstunden Strom erfordert, die rund 27fache Welt-Stromerzeugung des Jahres 1896.

Die Elektrochemie braucht vor dem Zweiten Weltkrieg in Italien fast ein Drittel und in Deutschland fast ein Viertel der gesamten Stromerzeugung, in der Schweiz ein Fünftel und in den USA ein Zehntel, aber nicht „gewöhnlichen" Strom, sondern

Gleichstrom von hunderttausend Ampere und mehr.

Die ersten Elektrolyse-Anlagen werden von Gleichstrom-Generatoren versorgt, doch müssen diese aus technischen Gründen sehr bald durch Drehstrom-Umformer ersetzt werden und diese wiederum seit 1927 durch Quecksilberdampf-Mutatoren. Die Anforderungen steigen ständig, und da Elektrochemie-Anlagen sämtliche 8760 Stunden des Jahres in Betrieb sind und eine mittlere Anlage 300 Millionen Kilowattstunden Strom jährlich verbraucht, kommt es auf jedes Prozent Wirkungsgradverbesserung an. Die 1944 bis 1950 in der Schweiz entwickelten Kontakt-Umformer haben einen Wirkungsgrad von 92 Prozent. Nur öffnet und schließt sich jeder Kontakt 50mal pro Sekunde, das heißt 1,57 milliardenmal jährlich, und deshalb muß er binnen vier bis acht Monaten ausgewechselt werden.

Die problemlose Umwandlung von Dreh- in Gleichstrom

gelingt erst 1970 durch den Thyristor: Dieser steuerbare, leistungsstarke Halbleiter-Gleichrichter besteht aus Siliziumscheiben besonderer Ring-Struktur und wandelt den Strom elektronisch und ohne mechanische Bewegung um. Er unterbricht den Energiefluß tausendmal pro Sekunde und gibt ihn wieder frei. Er versorgt nun nicht nur Elektrolyse-Anlagen, sondern ermöglicht auch die Hochspannungs-Übertragung riesiger Mengen Gleichstrom *(→ 1895)*. Erneut zeigt sich: Jeder Fortschritt löst andere aus und oft an ganz unerwarteten Stellen. Die Stromübertragung erzwingt den Übergang vom Gleichstrom zum Wechselstrom *(→ 28. August 1891)*. Die Elektrochemie bringt den Gleichstrom wieder zu Ehren und dieser revolutioniert schließlich den Stromtransport. Die elektrochemisch gewonnenen Leichtmetalle ermöglichen die Luftfahrt. Und die elektrolytische Wasserstoffgewinnung wird deren Treibstoff Kerosin ersetzen, sobald die Ölvorkommen zu Ende gehen ...

1887

Jeder Naturkraft wirkt eine andere entgegen: der Schwerkraft der Auftrieb, der Bewegung die Adhäsion und Reibung, der Zentripetal- die Zentrifugalkraft usw. Stets sucht die Natur

ein Gleichgewicht der Kräfte

zu erhalten. So gibt es auch die Symbiose, das Zusammenleben verschiedenartiger Lebewesen zu gegenseitiger Hilfe und Förderung ebenso wie den Kampf ums Dasein. In der Menschen-Welt müßte es ähnlich sein. Aber da geht es seit Jahrtausenden um die Vorherrschaft dieses oder jenes Volkes, geht es innerhalb der Gemeinschaften wie zwischen diesen um die Macht.

„Macht" wird als „die Überlegenheit eines Willens über einen anderen" definiert und als „Fähigkeit, andere zu Gehorsam zu veranlassen". „Großmächte" sind (Leopold v. Ranke zufolge) solche, „die sich wider alle anderen, selbst zusammengenommen, zu halten vermögen". Solche Großmächte sind jahrtausendelang nur ausgedehnte und dementsprechend über viele Menschen verfügende Staaten. Wie der immense Reichtum Karthagos und die Feldherrnkunst Hannibals auf die Dauer nichts gegen die Heere Roms vermögen, so kommt Napoleon I nicht gegen Rußland an. Aber auch nicht gegen England, obwohl Frankreich zu Beginn des 19. Jahrhunderts dreimal so viele Einwohner hat als England. Denn durch die „Industrielle Revolution" *(→ 1769 bis 1794)* werden

Maschinenkräfte wichtiger als Soldaten.

Englands Aufstieg zur Weltmacht wird durch die Zahl seiner Dampfmaschinen und durch seine Kohleförderung bestimmt und nur sie ermöglichen auch die rapide Bevölkerungszunahme, erst sie schaffen die entsprechenden Lebensmöglichkeiten. 1651 bis 1751 nimmt die Einwohnerzahl von England und Wales um eine Million zu, 1751 bis 1851 um rund 14 Millionen. Bereits 1810 verfügt England neben seinen 10 Millionen Menschen über 6 Millionen „Eiserne Sklaven" gegen Frankreichs knapp 200 000. Die englische Kohleförderung aber steigt 1810 bis 1910 auf das fast Dreißigfache. Sie beträgt 1913 (als höchste je erreichte) 292 Millionen Tonnen. Diese Förderung entspricht der Muskelleistung von rund 24 Milliarden Menschen, der vierzehnfachen damaligen Weltbevölkerung.

Bei Ausbruch des Ersten Weltkrieges verfügt England also allein an Naturkraft in Form von Kohle über ungleich mehr „Macht" als seine Gegner zusammengenommen. Davor hat der österreichische Physiker Ludwig Boltzmann bereits 1887 gewarnt. Damals schreibt er:

> *„Der Kampf ums Dasein ist vor allem und wird in immer stärkerem Maße ein Kampf um die Beherrschung oder Erzeugung von Energie."*

Er erkennt die Bedeutung der „Industriellen Revolution" nicht nur für die Wirtschaft und Technik, sondern für die Macht-Politik und sieht den Material-Krieg kommen. Er ist einer der ganz wenigen Naturforscher, welche die Bedeutung wissenschaftlicher Erkenntnisse für das Leben der Völker erfassen. Er durchdenkt die Ergebnisse der Stoffwechsel-Messungen Voits aus dem Jahr 1861, die den Nahrungsbedarf des Menschen klarmachen, und die der arbeitsphysiologischen Messungen d'Arsonvals, die beweisen, daß die körperliche Leistungsfähigkeit des Menschen nur ein Zehntel seines Energiebedarfes beträgt. Boltzmann weiß:

> *Stets war die Energie-Überlegenheit kriegsentscheidend.*

Gleichgültig, ob in Form der Krieger-Muskelkraft, der besseren Nahrungsmittel-Versorgung oder des besseren Schießpulvers. Seit Ende des 18. Jahrhunderts kommt es auf die Kohle-Verfügbarkeit an und seit Ende des 19. Jahrhunderts auf die von Kohle und Öl.

Obwohl Boltzmann einer der bedeutendsten Mathematiker und Physiker seiner Zeit ist, nimmt niemand in Österreich oder Deutschland seine Energie-Warnungen ernst. Die Führenden Englands kennen die Bedeutung des Energieträger-Besitzes *(→ 1903),* Öl als Seegeltungs-Voraussetzung, und die Führenden Amerikas ebenfalls. Diejenigen Deutschlands 1939 so wenig wie 1914, denn zu Kriegen kommt es fast immer nur, wenn beide Seiten an ihren Sieg glauben:

> *Die richtige Einschätzung der Energie-Bilanzen hätte den Ersten wie den Zweiten Weltkrieg verhindert.*

Natürlich hat nicht nur die Energieversorgung diese beiden Kriege entschieden. Aber nichts vermag den Unterschied zwischen der Menschen- und der Maschinenkraft zu ändern, kein Heldentum und keine Feldherrn-Genialität vermag die naturgegebenen Unterschiede zwischen den menschlichen Körperkräften und den Kräften der Energieträger zu überwinden.

In den Jahren 1913 bis 1918 aber fördert Großbritannien 1562 Millionen Tonnen Steinkohle. Das Deutsche Reich bringt es trotz aller Anstrengungen nur auf 987 Millionen. Englands Mehr-Erzeugung aber bedeutet ein Mehr von mindestens 250 Millionen PS-Jahren und entsprechend mehr Munition und Waffen.

Zur Kohle kommt das Öl des Britischen Imperiums und das der Vereinigten Staaten. Beide fördern 1914 bis 1918 rund 245 Millionen Tonnen. Das Deutsche Reich nur 431 000 Tonnen. Mit Recht heißt es 1919 in Versailles:

„Eine Woge von Öl trug die Alliierten zum Sieg!“

Im Zweiten Weltkrieg ist die Energie-Bilanz für die „Achsenmächte“ noch weit ungünstiger. Auf die anglo-amerikanischen Öl-Konzerne entfallen 1939 bis 1945 acht Zehntel der Welt-Mineralölförderung. Die Alliierten verfügen in diesen Jahren über 1,8 Milliarden Tonnen, während das Dritte Reich insgesamt 23 Millionen Tonnen Synthese-Benzin zu erzeugen vermag. Allein für die Uran-Isotopentrennung steht den USA 1943 ein Drittel des Stromes zur Verfügung, den alle Kraftwerke des Großdeutschen Reiches und der besetzten Gebiete erzeugen. Japan hat praktisch überhaupt keine eigenen Energiequellen. Als ihm Präsident Franklin D. Roosevelt am 2. August 1941 jede Ölzufuhr sperrt und England und die Niederlande veranlaßt, ebenfalls ein totales Öl-Embargo gegen Japan zu verhängen, ist

der Pazifik-Krieg als bisher größter aller Öl-Kriege

unvermeidlich geworden.

Niemand nennt heute diesen Krieg einen „Öl-Krieg“. Ebensowenig wird der Griechisch-Türkische Krieg der Jahre 1920 bis 1922 so genannt, aber das ist sogar eine Art kombinierter Öl-Kohle-Krieg, denn französische Zugeständnisse im Irak erkaufen die Engländer mit ihrer Zustimmung zur französischen Ruhrbesetzung. Es kommt 1922 zu einer Art Tausch des Mesopotamien-Öls gegen die Ruhr-Kohle, obwohl das jahrzehntelangen britischen Energie-Überlegungen widerspricht. London tritt seit seinem Bündnis mit Paris für die deutsche Rückgabe Elsaß Lothringens ein, wendet sich aber energisch gegen die französischen Ansprüche auf die Saar und seinen Einfluß im Ruhrgebiet. Denn Berater der englischen Regierung (und besonders des Premierministers Lloyd George) ist David Alfred Thomas, erster Viscount Rhondda, dem ein großer Teil der Kohle von Süd-Wales gehört und dessen Konzern jährlich 6 Millionen Tonnen Kohle exportiert. Sobald das 1871 an Deutschland gefallene Eisenerz Lothringens wieder französisch ist, braucht Frankreich mehr Kokskohle. Bekommt hingegen Frankreich eigene Kohlegruben oder sichert es sich Anteile an der Ruhr-Kohle, so braucht es keine englische Kohle mehr und der britische Kohle-Export sinkt, der 1913 rund 75 Millionen Tonnen im Wert von mehr als einer Milliarde Goldmark beträgt.

1922 ist das Öl des Irak England wichtiger als der Kohle-Export, und so kommt es am 11. Januar 1923 zur französischen Ruhrbesetzung und zur deutschen Währungs-Katastrophe mit ihren weitreichenden innerpolitischen und weltpolitischen Folgen. England gehört zu den Siegern des Ersten wie des Zweiten Weltkrieges, aber nicht des Kampfes um die Energie-Vormacht. Bereits 1930 schreibt der Amerikaner Ludwell Denny in seinem Buch „America conquers Britain“: „Wir waren einmal eine englische Kolonie. Bald wird England, wenn nicht dem Namen nach, so de facto, unsere Kolonie sein, denn wie Maschinen England zum Herrn der Welt machten, so nun bessere Maschinen Amerika . . .“.

Bessere Maschinen hat Amerika nicht, aber weit zahlreichere. Die mit den heutigen Mitteln nutzbaren Steinkohle-Vorräte der USA sind etwa sechzigmal größer als die britischen. Zur Dampferzeugung wird Kohle da erstmals 1825 verwendet und, so unglaublich es klingt,

> *erst 1885 wird Kohle in den Vereinigten Staaten als Energieträger wichtiger als Holz.*

Aber von damals etwa 70 Millionen Tonnen steigt die amerikanische Kohleförderung 1913 auf über 517 Millionen, das sind 42 Prozent der Weltförderung gegen Englands 24 Prozent. Zu Ende des Ersten Weltkrieges gewinnen die USA mit 614 Millionen Tonnen Steinkohle 53 Prozent aller auf der Erde zu Tage gebrachten Kohle, und bis 1976 bleiben sie die bedeutendsten Kohleförderer der Welt, obwohl bereits 1950 das Erdöl die Kohle als wichtigsten Energieträger der USA überflügelt hat. Englands Anteil an der Welt-Kohlegewinnung aber sinkt 1935 bis 1985 von einem Fünftel auf ein Fünfundzwanzigstel.

Zeitweilig sind so

> *die Vereinigten Staaten die Energie-Vormacht der Welt.*

Hier liegt die Geburtsstätte der Mineralölwirtschaft *(→ 28. August 1859)* und noch 1925 fördern die USA sieben Zehntel allen Öls der Erde. Aber die maximale Produktion des Jahres 1970 mit 534 Millionen Tonnen beträgt nur mehr 23,4 Prozent des Welt-Öls. 1986 liegt der Anteil des amerikanischen Öls nur mehr bei 16,2 Prozent gegen die 21 Prozent der Sowjetunion. Bereits 1947 sind die Vereinigten Staaten vom zeitweilig weitaus größten Öl-Exporteur zum Netto-Öl-Einfuhrland geworden, und 1976 ist die amerikanische Öl-Einfuhr erstmals höher als die Eigenproduktion. Ähnlich ist es beim Erdgas *(→ 1884)*. Auch da beginnt die Produktion in den USA. Und so beginnen dort auch die Reserven zu Ende zu gehen. Bei der Förderung von 1987 beträgt die Lebensdauer der sicher erwiesenen eigenen Vorkommen beim Mineralöl nur mehr acht Jahre, beim Erdgas elf Jahre, bei der Kohle hingegen 667 Jahre. Aber sie stellt jetzt nur 18 Prozent des Gesamt-Primärenergie-Verbrauches.

Die Vereinigten Staaten sind heute nicht mehr die führende Energie-Macht, so aber nach wie vor

> *die weitaus größten Energieverbraucher der Erde:*

In den USA leben weniger als ein Zwanzigstel der Weltbevölkerung. Aber es werden sechs Zwanzigstel aller Energie verbraucht, 1987 mit rund 12 Tonnen Steinkohleeinheiten pro Kopf und Jahr das Siebenfache des Welt-Durchschnitts. Nicht zuletzt, weil die Energieträger in Amerika stets viel zu billig gewesen sind und deshalb auch heute noch mit Energie ungleich weniger sparsam umgegangen wird als in Europa oder Japan. Für die gleiche Summe des Inlandprodukts wird in den USA doppelt soviel Energie aufgewendet wie in Japan und Deutschland und fast dreimal mehr als in der Schweiz.

Die heute führende Energie-Macht ist die Sowjetunion — allerdings nur, wenn (wie in allen Energie-Statistiken) die Nahrungs-Energie unberücksichtigt bleibt. Denn Getreide muß die Sowjetunion einführen, während die USA das größte

Agrar-Exportland sind. Aber die russische Nahrungsmittel-Einfuhr hat nicht im entferntesten die Bedeutung der amerikanischen Öl- und Erdgas-Einfuhr und die Importe von Energie-„Konserven“ wie Aluminium oder Mineraldünger. Für die heutige Welt-Lage entscheidend ist:

Die Industrie der Sowjetunion ist die einzige, die ohne Energie-Importe auskommt.

Die Sowjetunion führt zudem noch große Energiemengen aus, vor allem Erdgas. Und sie hat ihre Energiequellen in einem Tempo entwickelt wie kein anderes Land. Der binnen zwei Generationen erreichte Zuwachs beträgt (in abgerundeten Zahlen):

	1923	1983 =	Steigerung auf das	Anteil an der Weltproduktion in Prozent		
				SU	(USA)	von insgesamt
Bevölkerung (Millionen)	137	272	Doppelte	5,8	(4,8)	4700
Energieträger-Produktion:						
Stein- und Braunkohle (Millionen t)	14	718	51fache	18,8	(18,0)	3820
Mineralöl (Millioncn t)	7	619	88fache	22,4	(17,6)	2760
Erdgas (Milliarden m^3)	2	536	268fache	34,7	(30,0)	1545
Elektrizität (Milliarden kWh)	3	1420	473fache	17,0	(27,4)	8400

Kennzeichnen die Binnen-Produktionszahlen die sowjetische Energie-Position exakt, weil die Russen nie Energiequellen in fremden Ländern kontrolliert haben oder heute kontrollieren, so muß bis in die jüngste Vergangenheit zur britischen und amerikanischen Eigenförderung vor allem das Mineralöl hinzugezählt werden, das deren Gesellschaften als Konzessionäre in aller Welt gewinnen. Wenn die anglo-amerikanischen Konzerne im Zweiten Weltkrieg über acht Zehntel allen Öls der Welt verfügen, so auch noch 1970. Erst der Ölmangel der frühen siebziger Jahre gibt den OPEC-Mitgliedern *(→ 10. September 1960)* die Macht, nicht nur zeitweilig die Ölpreise auf das Vierundzwanzigfache zu erhöhen, sondern auch nach und nach alle Konzessionsgesellschaften zu verstaatlichen:

> *Wieviel Öl gefördert oder nicht gefördert wird, bestimmen heute die Förderländer, nicht länger die Verbraucherländer.*

Und die Förderländer sind gegen Gewaltanwendung weitgehend immun, denn vor allem im Nahen Osten geht es nun um derart riesige Ölmengen und dementsprechend ausgedehnte und komplizierte Förder- und Transportanlagen, daß deren Wiederherstellung nach einer Zerstörung durch die Besitzer oder durch Kriegshandlungen Jahre dauern würde, während kein von Ölimporten abhängiges Land Ölvorräte für mehr als 120 Tage besitzt.

Ein offener Kampf der beiden Supermächte um die Nahost-Ölfelder, deren sicher erwiesene Vorräte bei der heutigen Förderung für etwa 110 Jahre reichen, ist also unwahrscheinlich. Aber in dieser Region gibt es gewaltigen innerpolitischen Sprengstoff und den Konflikt zwischen Israel und den Arabern, der den Nahen Osten zu einem Krisenherd macht, mit dem verglichen der Balkan vor dem Ersten Weltkrieg als ein Hort des Friedens erscheint.

Daß in absehbarer Zeit die Nahost-Ölproduktion vervielfacht werden muß, um die in Amerika und anderswo zu Ende gehenden Vorräte zu ersetzen, ist offenkundig. Im Weltdurchschnitt gibt es Öl nicht für 110, sondern für 27 Jahre. Auch wenn es gelingt, diese Zeitspanne zu verlängern, nirgendwo wächst Öl nach, früher oder später muß es durch andere Energieträger ersetzt werden, genauso, wie das Holz als Energieträger durch die Kohle ersetzt werden mußte. Die Ölgesellschaften wissen das längst. Bereits am 29. November 1929 wird als multinationale Holdinggesellschaft die „Standard-IG-Company" gegründet, um weltweit Kohlehydrieranlagen zu bauen *(→ 2. April 1927)*. 1974 erscheint zum Beispiel in Deutschland ein ESSO-Inserat mit dem Text: „Weil wir so viel über Erdöl wissen, suchen wir schon seit Jahren nach Uran." Heute befinden sich alle großen amerikanischen Kohlebergwerke im Besitz der Ölgesellschaften. Technisch ist der Öl-Ersatz längst kein Problem. Finanziell bedeutet zwar die Umstellung auf das Nach-Öl-Zeitalter eine Anstrengung, wie es sie noch niemals gegeben hat. Aber Kapital kann heute aus dem „Nichts" geschaffen werden *(→ 1920 Wasserkreislauf-Ausweitung und → 1968 Nukleare Agro-Industrie-Komplexe)*. Nur muß man die Möglichkeiten, die es gibt, nutzen wollen. Da es diesen Willen nicht überall gibt, ist Ludwig Boltzmanns These von 1887 hundert Jahre später aktueller denn je:

> *Ein unerbittlicher Überlebens-Kampf um Energie ist im Gang.*

Angesichts der vollen Heizöl- und Autotanks merken das die Wähler-Massen nicht, und auch zahllose „Führende" nehmen die materiellen Grundlagen unserer Zivilisation und unseres Wohlstandes als „gegeben" hin. Niemals aber war die menschliche Energieversorgung „naturgegeben", und heute wird sie nicht durch Mangel an Energieträgern oder Rohstoffen bedroht, sondern durch eine geistige Verwirrung, die „Sanfte Energie" *(→ 1977)* und „Wachstums-Stopp" fordert und eine globale Massen-Askese erzwingen will, die keineswegs nur unseren Wohlstand bedroht, sondern auch unsere Freiheit. Sie würde unausweichlich die Übermacht der Sowjetunion bedeuten, die nicht immun gegen rückwärtsgewandte Utopien ist, weil sie sie unterdrückt, sondern weil es da keinen Wohlstands-Überdruß gibt und auch Regime-Gegner die Kernenergie und die Nutzung aller erdenklichen Energie-Versorgungsmöglichkeiten voll bejahen.

1888 – 23. Juli

Wenn die Elastizität die erste durch eine menschliche Erfindung genutzte Energieform ist *(→ um 46 000 v. Chr.),* so beweist Otto von Guericke im Jahr 1654, daß die Luft elastisch ist, und Pater Franciscus Urbanus, Beichtvater des Kurfürsten von Düsseldorf, erfindet 1730 einen luftgefüllten Reitsattel und stellt eine Luft-Matratze her, deren Ventil er mit einem Wecker verbindet: Morgens entweicht die Luft.

Die außerordentliche Spannkraft des Gummis ist seit 1839 bekannt. Die erste Rohkautschuk-Probe erhält die Pariser Akademie der Wissenschaften 1736. Sie wird durch Kälte brüchig, durch Wärme klebrig und die Elastizität ist gering. Aber wird Naturkautschuk mit feinpulverisiertem Schwefel erhitzt und zu Gummi „vulkanisiert" – was der Amerikaner Charles Goodyear 1839 erfindet –, so entsteht

ein einzigartig elastischer Molekülverband,

das einzige Naturprodukt, das sich auf die sieben- bis zehnfache eigene Länge ausdehnen läßt und bis auf die Bruchteile eines Prozents in die Ausgangsform zurückschnellt. Gummi erhält durch verschiedene Zusätze und verschiedenartige Behandlung die unterschiedlichsten Eigenschaften und wird heute zu mehr als 50 000 Produkten verarbeitet. Etwa acht Zehntel allen Natur- und Synthese-Kautschuks gehen in die Produktion von Luftreifen, welche die Elastizität der Luft und des Gummis summieren.

Den Luftreifen erfindet Robert William Thomson im Jahr 1845. Er ist Sohn eines Kaufmanns in Edinburgh und als Mitarbeiter Robert Stevensons zum Eisenbahn-Fachmann geworden. Die Schienenwege schaffen eine glatte, hindernisfreie Fahrbahn für Wagenräder, aber nicht überallhin können Schienen verlegt werden, und so beschäftigt sich Thomson mit der Verbesserung des Rades, das auch noch im 19. Jahrhundert tiefe Furchen in die Straßen schneidet, alle Unebenheiten auf den Wagenkasten überträgt und Menschen und Güter durchschüttelt. Thomson bringt Rillen an den Rädern an, befestigt an ihnen Lederschläuche, die mit Luft aufgepumpte Därme, später Gummischläuche schützen.

Am 10. Dezember 1845 erhält er das englische Patent Nr. 10 990 für seine „Vorrichtung zur Vermeidung des Geräusches, des Sanftermachens der Bewegung und der Verringerung der zum Antrieb des Wagens erforderlichen Kraft". Thomsons

auf Luftkissen laufende Wagen

bedeuten einen gewaltigen Fortschritt, aber die Zeit ist für sie noch nicht reif. Goodyear erhält erst 1844 ein Patent auf seine Erfindung, doch das wird angefochten und erst 1852 rechtskräftig. Er findet in Amerika keinen Geldgeber, kommt im Dezember 1855 in Paris ins Schuldgefängnis und stirbt 1860 vergessen und verarmt. Die „Goodyear Tire & Rubber Company" wird erst 1898 in Akron gegründet (und erzeugt während der ersten 40 Jahre ihres Bestehens 300 Millionen Luftreifen).

Thomson besitzt also keine Gummi-Lieferanten und vor allem keine ausreichende Kundschaft: Erst 1854 erhält das Fahrrad Tretkurbeln, erst 1867 wird in Paris die erste Fahrrad-Fabrik der Welt gegründet. Zum ersten Auto-Verkauf kommt es 1887 *(→ 31. Dezember 1879)*. Und das gibt dem englischen Patent Nr. 10 607 vom 23. Juli 1888 Weltbedeutung, das der Belfaster Tierarzt John Boyd Dunlop trotz der Priorität Robert William Thomsons für seine Luftreifen erhält.

Dunlops Kinder besitzen „Velocipeds" mit den üblichen Eisenrädern, die den Rasen ruinieren. Jeder kleine Stein führt zu blutigen Nasen. Dunlop selbst wird bei seinen Farmer-Besuchen im Zweispänner auf den schlechten Wegen Irlands erbarmungslos durchgerüttelt. Beim Untersuchen einer aufgeblähten Kuh wird Dunlop

die erstaunliche Elastizität der Luft

klar, und so fabriziert er aus dem Gummi-Tuch, das er in seiner Praxis verwendet, einen Schlauch und aus einem Gummischnuller ein Ventil. Der luftgefüllte Schlauch wird mit Leinwandstreifen an den Fahrrad-Rädern befestigt. Zu den Nachbarn Dunlops gehört ein Fahrrad-Händler. Der versieht einige seiner Zweiräder mit Luftreifen, und solch ein Luftreifen-Rad nimmt am 18. Mai 1889 an einem Rad-Rennen des Belfaster Queens College teil. Der Luftreifen-Fahrer läßt die Favoriten Alfred und Willie Du Cros weit hinter sich und deren Vater ist wütend. Aber Harvey Du Cros sieht sich auch das Rad des Siegers gut an und kauft Dunlop sein Patent für 500 Pfund und 3000 Gratis-Aktien der 1890 mit 25 000 Pfund Kapital gegründeten „Pneumatic Tyre & Booth's Cicle Agency Ltd." ab, der heutigen „Dunlop Holdings", die einen Jahresumsatz von dreieinhalb Milliarden Dollar hat. 1916 kann die Firma eine eigene Fabrik-Stadt, „Fort Dunlop" bei Birmingham, bauen, natürlich bleibt sie nicht allein, denn aus den rund 40 000 Kraftfahrzeugen des Jahres 1900 sind inzwischen rund 500 Millionen geworden und das bedeutet zwei Milliarden Luftreifen. Diese brauchen ursprünglich nur das Gewicht der Radfahrer bei höchstens 30 bis 40 Stundenkilometern auszuhalten, heute aber Tausende Kilogramm bei 100 und mehr Stundenkilometern als PKW-Reifen und Tausende Tonnen bei Flugzeugen. Je Dollar Autoreifen-Kosten können 1908 etwa 100 Kilometer zurückgelegt werden, eine

Generation später 4000 Kilometer. Dennoch verbraucht auch heute noch jeder PKW jährlich etwa 20 Kilogramm Kautschuk:

Erst als Behälter von Druckluft erhält der Kautschuk Weltbedeutung.

Insgesamt werden auf der Welt im Jahr 1890 etwa 29 000 Tonnen Kautschuk gewonnen, er kostet 13 Goldmark pro Kilogramm. Im Jahr 1920 sind es 350 000 Tonnen zu 2 Mark/Kilogramm. 1985 aber 13,5 Millionen Tonnen, von denen, statt bei Ausbruch des Zweiten Weltkrieges noch 99 Prozent, nur mehr 32 Prozent Natur-Kautschuk sind, dagegen 68 Prozent oder 9,2 Millionen Tonnen Synthese-Kautschuk. Dieser ist etwa zehnmal luftdichter als Natur-Kautschuk, und so gibt es seit 1947 schlauchlose Sicherheits-Autoreifen, die sich seit 1955 allgemein durchsetzen.

Was Luftreifen durch Verringerung der Reibung *(→ 1897)* an Antriebskraft sparen, ist nie ausgerechnet worden. Aber für die Welt-Energie-Bilanz spielt eine Rolle, was die Reifen-Herstellung an Energie erfordert, die allein 1950 bis 1970 von etwa 130 auf 485 Millionen Stück jährlich gestiegen ist und nun weltweit etwa eine Milliarde beträgt:

Jeder Luftreifen erfordert etwa 32 Kilogramm Rohöl und Erdgas.

Reifen bestehen nicht nur aus Kautschuk und Synthesefasern, sondern zu 20 bis 25 Prozent auch aus Ruß (der vorwiegend durch Verbrennen von Erdgas mit zu wenig Luft gewonnen wird). Allein die Kautschuk-Synthese erfordert etwa 23 Kilogramm Öl pro Reifen. Autos brauchen also nicht nur Öl als Treibstoff, auch ihre Luftreifen erfordern nun alljährlich mit etwa 32 Millionen Tonnen mehr als dreimal soviel Mineralöl als 1890, im Gründungsjahr der ersten Reifenfabrik, die Welt-Ölförderung betragen hat.

Nur die Nutzung der Elastizität der Luft und des Gummis haben die Mechanisierung des Straßenverkehrs ermöglicht, ohne die unsere heutige Welt nicht denkbar ist. Und so sollte rechtzeitig vorgesorgt werden, daß es neben Synthese-Kautschuk auch Synthese-Öl gibt, sobald das Natur-Öl knapp wird.

1888 bis 1892

Die Geschichte der Energie-Nutzung beweist immer wieder: Jede neue Idee löst andere neue Ideen aus; jeder technische Fortschritt erleichtert weitere. Im Jahr 1800 hat Antoine-Francois de Fourcroy die Wärmewirkung des elektrischen Stromes entdeckt. Dessen Schüler Thomas Johann Seebeck fragt sich: „Wenn sich Elektrizität in Wärme verwandelt, muß sich dann nicht auch Wärme in Elektrizität verwandeln?“ 1821 entdeckt er die Thermo-Elektrizität. Auch das Sonnenlicht wärmt. Und so fragt sich 1839 Alexandre-Edmont Becquerel (der Großvater des Entdeckers der Radioaktivität): „Können nicht auch Lichtstrahlen Ionen in Bewegung bringen und Licht in Elektrizität verwandelt werden?“ Den

Nachweis der Licht-Elektrizität

erbringt erst der deutsche Physiker Wilhelm Hallwachs im Jahr 1888. Er lädt durch Sonnenlicht-Bestrahlung eine polierte Zinkplatte positiv elektrisch auf und zeigt, daß eine negativ geladene Zinkplatte durch Ultraviolett-Bestrahlung diese Ladung verliert. Allerdings beträgt die Geschwindigkeit der aus dieser Metalloberfläche gelösten Elektronen nur den etwa dreihundertsten Teil der Lichtgeschwindigkeit, und der entstehende Strom ist viel zu schwach, um irgendeine nennenswerte Leistung zu erbringen. Aber es gibt lichtelektrisch viel aktivere Stoffe als Zink, und 1892 gelingt Julius Elster und Hans Geitel

die praktische Nutzung des lichtelektrischen Effekts durch Vakuum-Photozellen.

Sie entdecken die besondere Eignung der Alkalimetalle, vor allem von einer Kali-Natrium-Legierung, von Rubidium und Cäsium und verstärken deren Ströme durch Methoden, die für die Fernsprech-Technik entwickelt worden sind, auf das Fünfzigfache. Unter dem Einfluß einer „Saugspannung“ werden fast alle vom Licht ausgelösten Elektronen zur Anode gebracht.

Photozellen erweisen sich bald als vielseitig verwendbar. Sie revolutionieren das Photographieren und Filmen in Form von Belichtungsmessern, öffnen und schließen Türen, warnen vor Bränden und Einbrechern. Später wird der „Hallwachs-Effekt“ mit der 1901 von Ernst Ruhmer erfundenen photographischen Tonaufzeichnung kombiniert und 1918 bis 1922 von Hans Vogt, Jo Engel und Josef Masolle der Tonfilm geschaffen. Schließlich ermöglichen Photozellen das Fernsehen.

Längst übertreffen die Leistungen der Photozellen die des menschlichen Auges bei weitem. Sie registrieren das Licht einer Kerze noch auf 40 Kilometer Entfernung. Und wird solch eine lichtelektrische Zelle am Okular eines astronomischen Fernrohres angebracht, so ermöglicht sie

das elektrische „Sehen"

über tausende Millionen Kilometer. Photozellen auf Bleisulfat-Basis reagieren auf Strahlen der sechsfachen Wellenlänge des gelben Lichtes und auf Infrarot-Strahlen, die keine photographische Platte mehr aufnimmt. Mit ihrer Hilfe werden seit 1946 ferne Milchstraßen-Systeme durchforscht.

Seit 1930 haben auch B. Lange und W. Schottky Versuche mit Sperrschicht-Photozellen gemacht, die hundertmal mehr Strom als die damaligen Vakuum-Photozellen liefern und einen praktisch brauchbaren Weg zur

Entwicklung von Solarzellen

zeigen, die umweglos, ohne Kühlmittel und ohne bewegte Teile Licht in Elektrizität umwandeln. Allerdings ist die Zeit damals noch nicht reif, den Durchbruch bringt erst die Halbleiter-Technik. Aber seit 1955 gibt es Solarzellen mit 11 Prozent Wirkungsgrad. Als zwei Jahre später *(→ 4. Oktober 1957)* die Raumfahrt-Ära beginnt, ermöglichen sie die Energieversorgung der Satelliten und Raumstationen.

1890

„Erdöl" oder „Mineralöl" ist ein Sammelbegriff, es gibt „saures" und „süßes". Es gibt Öl, das so dick wie Teer ist und nur mit hochgespanntem Heißdampf aus seinen Lagerstätten gefördert werden kann, und zu dünnflüssiges. Es gibt hellblondes und dunkelschwarzes Öl. Aus gewissen Sorten lassen sich keine Schmiermittel, aus anderen läßt sich kein Düsentreibstoff herstellen, und keineswegs alle Öle eignen sich zur Benzingewinnung. Nur eines haben alle Ölsorten gemeinsam: In der Form, in der sie sich im Boden befinden, sind sie praktisch wertlos. Sie müssen nicht nur von Gasen, Salzwasser, Schwefel und verschiedenen Metallen gereinigt werden, sondern nur Mineralöl-Produkte sind als Energieträger, Chemie-Grundstoffe oder Industriegüter brauchbar und von diesen werden nun (dem American Petroleum Institute zufolge) regelmäßig 2347 verschiedene hergestellt, darunter allein 40 verschiedene Benzin-Sorten.

Die erste Erdöl-Veredelung,

von der wir wissen, erfolgt um 220 v. Chr. in China. Da wird bei der Suche nach Kochsalz Mineralöl gefunden. Es wird erhitzt und die Dämpfe werden zur Beleuchtung verwendet. Eine primitive Art Leuchtpetroleum-Raffinerie beschreibt der Araber Abdul Hassan al Masudi 930 n. Chr., die er auf der Halbinsel Apscheron an der Westküste des Kaspischen Meeres (in der Gegend des heutigen Baku) sieht. Die Naphtaquellen, die es hier gibt, erwähnt 1694 auch Engelbert Kämpfer, aber erst 1823 errichten die Gebrüder Dubinin in Mosdok in Nordkaukasien, unweit der heutigen Grosnij-Ölfelder, eine Destillationsanlage, die Leuchtöl in nennenswerten Mengen produziert. Ähnliche Anlagen entstehen bald darauf auch im damals österreichischen Galizien.

Nur gibt es noch keine brauchbaren Petroleumlampen, die erfindet der amerikanische Chemiker Benjamin Silliman erst 1855. Es kommt auch wiederholt zu Benzindampf-Explosionen, denn beim Erhitzen von Rohöl auf 150 bis 170° C entweicht zuerst das Natur-Benzin, erst bei 170 bis 280° C das Leucht-Petroleum. Das entdeckt der polnische Apotheker Ignazy Lukasiewicz 1852, und erst damit wird statt Pflanzenölen und Tran das Mineralöl zum wichtigsten Beleuchtungsmittel, ist die Zeit reif für das Entstehen der Welt-Mineralölwirtschaft *(→ 28. August 1859).*

Die liefert vorerst aber nur Leuchtpetroleum, und so scheint sie Ende des vorigen Jahrhunderts auf die Kundschaft der Unterentwickelten beschränkt, denn das Kohlegas-Licht *(→ 1792 bis 1814)* übertrifft seit 1885 durch Auer von Welsbachs Glühstrümpfe das Petroleum-Licht bei weitem. Dazu tritt die elektrische Beleuchtung *(→ 4. September 1882).* Der Aufstieg der Mineralölwirtschaft zu ihrer heutigen Bedeutung beginnt erst, als durch Benz und Daimler *(→ 31. Dezember 1879)* und vor allem auch durch Henry Ford sen. binnen drei Jahrzehnten

Benzin das weitaus wichtigste Mineralöl-Produkt

wird. Dieses Gemisch von Kohlenwasserstoffen ist geballteste Kraft. Jedes Kilogramm enthält etwa 11 000 Kilokalorien, und in einem durchschnittlichen Auto-Tank kann so bei jeder Füllung Energie gespeichert werden, die der Jahres-Muskelleistung von 8 bis 10 Schwerarbeitern entspricht.

Nur gibt es nicht genug Natur-Benzin. Zwar enthält aus Sumatra stammendes Mineralöl bis zu 40 Prozent Benzin, galizisches bis 24 Hundertstel des Volumens. Aber das in Wietze in der Lüneburger Heide geförderte Öl überhaupt kein Benzin oder maximal 2,9 Prozent, dafür bis 41 Prozent Roh-Schmieröl. Als in Pennsylvanien 1859 erstmals Erdöl nicht abgeschöpft, sondern erbohrt wird, gibt es ein Fünftel bis ein Drittel Leuchtpetroleum, nur ein Achtel Benzin. Das gilt als besonders günstig, denn Benzin ist damals ja unerwünschter, höchst feuergefährlicher Abfall, der in den nächstgelegenen Fluß geleitet wird. Es setzt sich auch als Kleider-Reinigungsmittel nicht durch, weil sich in Benzin getauchte Wollgewebe schon duch leichte Reibung elektrisch aufladen, Funken entstehen und schwere Unfälle auftreten.

Im Durchschnitt enthält Mineralöl etwa 17 Prozent Natur-Benzin. Dementsprechend stehen im Jahr 1900, als die Straßenverkehrs-Mechanisierung beginnt und die Welt-Mineralölgewinnung rund 20 Millionen Tonnen beträgt, theoretisch rund 3,4 Millionen Tonnen Benzin zur Verfügung. Heute beträgt der Welt-Benzinverbrauch jährlich rund eine Milliarde Tonnen. Dieser Bedarf kann gedeckt werden, weil der erwähnte Chemiker Benjamin Silliman bereits 1860 die großen Siedepunkt-Unterschiede der im Rohöl enthaltenen Kohlenwasserstoffe feststellt und daraus schließt, daß einige dieser Verbindungen erst durch Abspaltung während des Destillationsprozesses entstehen. Im Jahr darauf gibt es in der Raffinerie von Newark, New Jersey, eine Panne, die das bestätigt. Ein Aufseher verläßt seinen Posten, die Verstopfung der Kühlschlange einer Destillationsblase bleibt unbemerkt und so steigt der Innendruck. Auch die Temperatur erhöht sich weit über das festgesetzte Maximum und statt 17 Prozent Benzin entstehen über 30 Prozent. Das ist damals, wie gesagt, wertloser Abfall, und der Aufseher wird entlassen. Irgendwelche anderen Folgen hat

das Zufalls-„Cracking“

nicht. Als eine Generation später die ersten Benzinmotoren zu laufen beginnen, ist der Vorfall vergessen. Nicht aber die Arbeiten Sillimans. Bald beschäftigen sich Dutzende Chemiker mit dem Mineralöl und der gelenkten Gewinnung der nötigen Produkte. Destillation verändert das Öl nicht, sondern trennt nur rein physikalisch seine bei verschiedenen Temperaturen siedenden Bestandteile. Jetzt kommt es zur chemischen Veränderung, werden die langen Molekülketten der höher siedenden Mineralölfraktionen in kürzere Ketten gespalten und in Form des „Crack“-Benzins

der erste künstliche Treibstoff

gewonnen. Das grundlegende Patent auf diesen Spaltvorgang erhalten 1890 der Schotte James Dewar und der Engländer Boverton Redwood. Ein überaus vielseitiger Forscher, wird Dewar 1898 durch die Verflüssigung des Wasserstoffs und seine Tiefsttemperatur-Arbeiten *(→ 1911)* berühmt, erfindet er zum Flüssighalten der Luft und anderer Gase den nach ihm benannten, verspiegelten Vakuumbehälter, der heute als „Thermosflasche“ allgemein verwendet wird. Redwood ist ursprünglich Apotheker, seit 1869 aber Sekretär der britischen „Petroleum Association“ und gründet 1913 die „Society of Petroleum Technologists“. Er bereist, um Ölstudien zu machen, die ganze Welt.

Geht es Dewar und Redwood um die Erhöhung der Benzin-Ausbeute, so studiert Karl Engler 1897 den Crack-Vorgang vor allem, um aus Mineralöl Schmiermittel zu gewinnen. Seine Arbeiten haben überragende Bedeutung, weil ohne Treibstoffe alle Verbrennungsmotoren, ohne die heute rund 40 Millionen Jahrestonnen aus Mineralöl gewonnener Schmiermittel aber alle Maschinen stehenbleiben.

Ursprünglich besteht das „Cracken“ darin, die Rohöl-Verarbeitungstemperatur auf etwa 450° C und den Druck auf 70 bar zu erhöhen. Dadurch kommt es zu einer Umverteilung des Rohöl-Wasserstoffgehalts, und die Benzinausbeute steigt. Aber auch die unverwertbaren Rückstände nehmen zu und die Benzin-Qualität ab.

Diese Zusammenhänge untersucht der deutsche Chemiker Friedrich Bergius, und nach dessen 1912 patentiertem Verfahren wird während des Crackens dem Öl Wasserstoff zugesetzt. Das führt schließlich auch zur Benzingewinnung durch Kohle-Hydrierung, denn der chemische Unterschied zwischen Kohle, Schweröl, Rohöl und Benzin liegt nur im verschiedenen Wasserstoffgehalt *(→ 2. April 1927).*

Können so heute bis zu 74 Prozent des Volumens bestimmter Rohöle in Benzin verwandelt werden, so steigt die Durchschnitts-Ausbeute 1900 bis 1987 von 10 auf 44 Prozent, das etwa Viereinhalbfache. Die Welterzeugung von Kraftfahrzeugen steigt im gleichen Zeitraum aber von 7000 auf etwa 50 Millionen, das mehr als Siebentausendfache, und das führt zu einem

Umsturz der Welt-Energieversorgung,

der in naher Zukunft zu einer Weltwirtschafts-Umstellung zwingen wird, deren Ausmaß kaum geringer ist als die Umstellung von Holz auf die Kohle.

Der Benzinmotor hat sich nicht zuletzt dadurch durchgesetzt, daß sein Treibstoff Ende des vorigen Jahrhunderts als Abfallprodukt konkurrenzlos billig ist. Durch die Automobilindustrie wird Benzin statt Abfall das wichtigste Produkt der Mineralöl-Raffination. Aber es bleibt ein Koppelprodukt, es muß Heizöl erzeugt werden, wenn man Benzin gewinnen will, und so wird nun das Heizöl zu einer Art Abfallprodukt, das heißt konkurrenzlos billig. Da der Benzinverbrauch pro Kopf der Weltbevölkerung 1916 bis 1986 von etwa 6 auf 260 Liter steigt und in den USA von 9 Liter auf mehr als 2000, kann er nicht entfernt durch technologische Fortschritte gedeckt werden, sondern nur durch die Vervielfachung der Rohölförderung. Gewinnen die Vereinigten Staaten während der vier Jahrzehnte 1860 bis 1899 insgesamt 144 Millionen Tonnen Rohöl, so während der vier Jahrzehnte 1900 bis 1939 das mehr als 22fache, 3,2 Milliarden Tonnen. Und zwar durch den Benzin-Bedarf. Seit es diesen durch die Straßenverkehrs-Mechanisierung gibt, bringt er das große Geld: 1930 zum Beispiel werden 22 Prozent der Welt-Mineralölförderung in Benzin umgewandelt. Aber durch Benzin werden 52 Prozent des Gesamt-Produktionswertes der Welt-Mineralölwirtschaft gestellt, der damals mit 21 Milliarden Goldmark bereits doppelt so groß ist wie der Wert der Welt-Rohstahlerzeugung.

Um Benzin verkaufen zu können, wird Rohöl raffiniert.

Dabei fällt Schmieröl an, das durch Reibungsverminderung riesige Energiemengen spart. Dabei fällt aber auch Heizöl an. So ist es kein Zufall, daß die Umstellung der Weltschiffahrt von Kohle auf Öl als Antriebskraft mit der Straßenverkehrs-Mechanisierung parallel läuft *(→ 1903):* 1922 fahren 22 Prozent aller Schiffe mit Heizöl, 74 Prozent mit Kohle. Zwei Jahrzehnte später ist es umgekehrt. Heute hängt die Schiffahrt und damit der Übersee-Handel zu fast 100 Prozent von Heiz- und Dieselöl ab.

Da gibt es bekanntlich aber auch zahllose Millionen Wohnungs-Ölheizungen, hat das leichte und schwere Heizöl, von dem heute alljährlich etwa 1400 Millionen Tonnen auf der Welt anfallen,

die Kohle auf allen erdenklichen Gebieten verdrängt,

bei der Zementgewinnung oder dem Glasschmelzen ebenso wie als Chemie-Grundstoff. Und zwar, weil Heizöl zu einem Preis verkauft werden kann, der die Beseitigungs- und Transportkosten nur wenig übersteigt. Denn das Geschäft wird mit dem Benzin gemacht.

Nur: Kohle gibt es reichlich. Die Ölvorräte sind beschränkt, und so wirtschaften wir gegen die Natur *(→ 28. August 1859).* Daß durch den Benzinmotor das Benzin zum wichtigsten Mineralölprodukt geworden ist, bedeutet unmittelbar durch den äußerst schlechten Wirkungsgrad unserer Straßenfahrzeuge *(→ 1826 Aktive Energie und → 31. Dezember 1879)* wie mittelbar durch die Vergeudung von Öl zu Heizzwecken

eine ungeheure Energieträger-Einbuße.

Das läßt die Ölvorräte der Welt derart rasch sinken, daß das „Öl-Zeitalter“ nur ein Jahrhundert dauert und wir schon längst hätten beginnen müssen, unsere gesamte Wirtschaft derart umzustellen, daß sie in absehbarer Zeit ohne Öl auskommt.

1891

In den westlichen Industrieländern entfallen heute 25 bis 30 Prozent des Gesamt-Stromverbrauches auf private Haushaltungen. Das ist mehr als die Hälfte des Industrie-Verbrauchs, das Fünfzehnfache des Stromverbrauchs der Landwirtschaft und das Acht- bis Zehnfache der Elektrizitätsmenge, die die Verkehrsmittel benötigen. In der Bundesrepublik Deutschland betragen 1986 die Anteile: Industrie 47,5 Prozent, Haushalte 25,3 Prozent, Verkehr 2,9 Prozent, Landwirtschaft 2,0 Prozent.

Strom hilft den Hausfrauen

heute also bereits ausgiebig, obwohl die Haushalts-Elektrifizierung erst 1891 begonnen hat.

Zwar erforscht die Wärmewirkung des elektrischen Stromes bereits A. F. de Fourcroy im Jahr 1800, und das US-Patent Nr. 25 532 für seinen „Electro-Heater", der „Räume heizen, Wasser sieden und Nahrungsmittel kochen" soll, erhält G. B. Simpson in Washington am 20. September 1859. Es schützt „die Lagerung eines schraubenförmig gewickelten Metalldrahtes in den halbrunden Nuten einer isolierenden Unterlage". Der Heizleiter besteht aus Platin, der isolierende Träger aus Speckstein. Stromquelle aber ist eine Volta-Batterie, deshalb sind nennenswerte Leistungen nicht zu erzielen. Erst Siemens' Dynamomaschine des Jahres 1867 und die öffentliche Stromversorgung durch Edison 1882 machen die Haushalts-Elektrifizierung praktisch möglich. Erst ein Jahrzehnt später sind die technischen Probleme sowohl der Strom-Verteilung *(→ 28. August 1891)* wie der Strom-Wärmenutzung gelöst. Denn um elektrisch kochen und heizen zu können, werden Heizdrähte gebraucht, die dauernd mindestens 700° C aushalten, die Temperatur mittlerer Rotglut.

Alle unedlen Metalle oxydieren dabei, „verzundern" und brennen nach kurzer Zeit durch. Auf der Wiener Elektrizitätsausstellung des Jahres 1883 wird ein Samowar vorgeführt, in dem ein Platindraht um ein Glasgefäß gewickelt ist. Er bringt einen Liter Wasser binnen zehn Minuten zum Sieden. Aber dazu sind nicht nur 1200 Watt nötig, auch der Platindraht verglüht binnen zehn Tagen. Nur das Vakuum der Glühlampen ermöglicht ja die Brenndauer der Kohlefäden und später der Wolframdrähte. Aber ist nicht auch eine andere Art Luftabschluß denkbar?

Hitze ohne Flamme und Rauch

zu gewinnen, gelingt praktisch brauchbar erstmals dem Schweizer Friedrich Wilhelm Schindler, dessen Familie in Kennelbach in Vorarlberg eine Baumwollspinnerei besitzt. Dort richtet er 1884 das erste Wasserkraftwerk und die erste elektrische Beleuchtungsanlage Österreichs ein. Die damaligen Kohlefadenlampen geben mehr Wärme als Licht, und so beginnt Schindler mit Heizdraht-Versuchen, angespornt durch ein Feuer im Zimmer seiner Kinder, das der Spiritusbrenner eines Inhalationsgeräts verursacht hat. Er wickelt einen Aluminiumdraht spiralig um Papier, verpackt ihn in Sand und deckt diesen mit Marienglas ab. Beim Einschalten des Stroms verbrennt das Papier, aber der Draht behält Form und Lage, und der Sand strahlt die Hitze ab. Nicht lange genug, und so bettet Schindler den Heizdraht in Schamotte. Seinem österreichischen Patent Nr. 37 527 vom 22. August 1891 folgen binnen fünf Jahren 34 weitere in 24 Ländern.

Die erste elektrische Küche,

die er 1893 auf der Columbus-Weltausstellung in Chicago einrichtet, wird eine Welt-Sensation. Sein größter kommerzieller Erfolg bleibt das 1892 patentierte elektrische Bügeleisen, das sich vor allem auch in den Wäsche- und Kleiderfabriken durchsetzt und von dem es 1920, im Todesjahr Schindlers, in den USA bereits über 20 Millionen gibt.

Natürlich spornt Schindlers Erfolg Dutzende und Hunderte andere Erfinder und Unternehmer an. Da erfindet 1901 der englische Brückenbau-Ingenieur H. Cecil Booth den Staubsauger. Seine „British Vacuum Cleaner Co." verkauft nicht nur Staubsauger, sondern übernimmt auch das Groß-Staubsaugen und setzt sich durch, weil sie die durch Schlechtwetter verschmutzte Westminster-Abtei rechtzeitig zur Krönung Eduard VII reinigt. Staubsauger bleiben bis 1919 schwer und teuer, aber in diesem Jahr gründet der Schwede Axel Leonhard Wenner-Gren seine „A. B. Electrolux", welche die Maschine nicht nur technisch verbessert, sondern auch neue Verkaufsmethoden einführt und binnen zehn Jahren ihr Startkapital vertausendfacht.

Besonders nach dem Zweiten Weltkrieg macht die Haushalts-Elektrifizierung in allen Industrieländern rapide Fortschritte, und in der Bundesrepublik Deutschland zum Beispiel besitzen je hundert Haushalte an Elektrogeräten:

	1955	1970	1986
Kühlschränke	16	87	96
Waschmaschinen	12	70	92
Gefriergeräte	1	19	59
Herde	26	58	77
Geschirrspülmaschinen	0	5	30

1891 — 28. August

Elektrischer Strom ist ein Fluß von Elektronen, deren Gewicht bekannt ist *(→ 1895)*. 1987 „wiegt" die Welt-Stromerzeugung von rund 9000 Milliarden Kilowattstunden etwa 472,5 Kilogramm und so sollte der Strom-Transport keinerlei Probleme bieten. Aber wenn auch nicht alle, so sind doch die weitaus wichtigsten Strom-Transporte an Leitungen *(→ 1820)* gebunden und diese erfordern hunderte Millionen Tonnen Kupfer und anderer Metalle. Allein in der Bundesrepublik Deutschland sind heute mehr als eine Million Kilometer Freileitungen und Kabel in Betrieb, und

mehr als ein Drittel aller Investitionen der Elektrizitäts-Versorgungsunternehmen entfallen auf ihre Stromübertragungs- und Verteilungsnetze.

Bleiben diese eine Finanz-Frage, so sind sie in der Frühzeit der öffentlichen Stromversorgung aber auch ein technisches Problem, das zeitweilig unlösbar scheint. Denn wenn damals von Elektrizität die Rede ist, so wird damit der Gleichstrom gemeint. Die seit Jahrtausenden bekannte Reibungs-Elektrizität *(→ 585 v. Chr.)* wie die in größeren Mengen seit 1799 gewonnene und durch chemische Umsetzungen entstehende, ist ein Elektronen-Strom, der stets in die gleiche Richtung fließt, das heißt „Gleichstrom". Auch Siemens' Dynamomaschine des Jahres 1867 erzeugt Gleichstrom. Ebenso liefert das erste öffentliche

Elektrizitätswerk der Welt, das Edison 1882 in New York in Betrieb nimmt, Gleichstrom. Da es fast ausschließlich der elektrischen Beleuchtung dient, ist das ein großer Vorteil, denn nur Gleichstrom läßt sich in Akkumulatoren speichern *(→ 1859)*. Diese können untertags, wenn kein Bedarf an Licht besteht, aufgeladen werden und geben ihn abends und nachts ab. Nur so ist damals eine halbwegs rationelle Kraftwerksausnutzung möglich. Die Netzspannung beträgt 110 Volt, somit ist die Elektrizitätsverwendung auch gefahrlos.

Sie ist jedoch lokal begrenzt, denn für jede Art von Stromtransport gilt das von Georg Simon Ohm 1826 aufgestellte, nach ihm benannte Gesetz des elektrischen Widerstandes. Dieser hängt von der (in Ampere ausgedrückten) Stromstärke ab. Diese mit der elektrischen Spannung (in Volt ausgedrückt) multipliziert, ergibt die Leistung (in Watt). Und so kann man 100 000 Watt (= 100 Kilowatt) zum Beispiel auch mit 100 Volt Spannung übertragen. Nur muß die Leitung dann für 1000 Ampere ausgelegt sein, und wenn sie durch die Wärme, die der elektrische Widerstand mit sich bringt, nicht schmelzen soll, muß der Leitungsquerschnitt 800 Quadratmillimeter betragen. Bringt man die Spannung auf 20 000 Volt, so lautet die Rechnung 100 000 : 20 000 = 5 Ampere, dazu genügt ein Quadratmillimeter Querschnitt.

Nur kann Gleichstrom in der Frühzeit der Elektrizitätswirtschaft betriebssicher höchstens mit 300 bis 500 Volt Spannung erzeugt werden, weil bei höheren Spannungen die Kommutatoren, die „Veränderer", die in Verbindung mit den Bürsten-Kollektoren zur Gleichrichtung der in den Ankerwindungen entstehenden Wechselströme dienen, versagen. Edison verteilt den Strom seiner „Zentrale" 1882 durch blanke Kupferleiter, die in unterirdischen, mit Asphalt ausgegossenen Kanälen liegen, und kann Strom auf höchstens drei Kilometer Entfernung liefern. Drei Quadratkilometer Versorgungsgebiet also. Um die Vereinigten Staaten mit ihren damals 7,8 Millionen Quadratkilometern zu „elektrifizieren", wären

rund drei Millionen „Zentralen"

(wie damals die E-Werke heißen) nötig gewesen, allein für die „Metropolitan Area" New Yorks mehr als tausend.

Sein Beleuchtungssystem hat Edison 1881 auf der Ersten Internationalen Elektrizitätsausstellung in Paris vorgeführt, dort hat es der 26jährige Münchner Maschinenbau-Ingenieur Oskar von Miller kennengelernt. Als eines der 14 Kinder des berühmten Erzgießers Ferdinand von Miller, hat Oskar nach seinem Studium als Schienenleger gearbeitet, mit dem verdienten Geld eine England-Reise gemacht und in der Schweiz als Bau-Praktikant zugelernt. Er erhält einen Posten im Straßen- und Flußbauamt Münchens, anschließend bei der Regierung in Oberbayern, überzeugt diese von der Bedeutung der Elektrizität für die Nutzung der bayerischen Wasserkräfte und wird von ihr nach Paris gesandt.

Dort führt Marcel Deprez sein Stromübertragungs-System vor, das „Hochspannung" von 1200 Volt durch das Hintereinanderschalten mehrerer Gleichstrom-Generatoren erzielen will. Denn Deprez ist überzeugt, daß allein

die Transportfähigkeit der Elektrizität über weite Strecken

ihre Zukunft sichern kann. Wenn Edison diese Meinung nicht teilt, so Miller sehr wohl. Er lädt Deprez nach München ein, wo 1882 im Glaspalast die Erste Deutsche Elektrizitäts-Ausstellung abgehalten wird, und die beiden bauen die erste Hochspannungsleitung der Welt. Miller läßt auf der Ausstellung ein Miniaturgebirge aus Felsen mit einem Wasserfall errichten und speist diesen durch eine Elektropumpe. Sie erhält ihren Strom über eine Telegrafenleitung aus dem 57 Kilometer entfernten Miesbach, wo ein echter Wasserfall drei Wasserräder und drei Generatoren treibt, die zusammen ein Kilowatt Gleichstrom von 1400 Volt Spannung erzeugen. Den Zusammenhang machen große Fotografien klar, und der „elektrische Wasserkreislauf“ ist ein Riesenerfolg. Zwar gehen von dem erzeugten Strom 76 Prozent verloren, aber nun ist bewiesen, daß Strom über mehr als drei Kilometer transportiert werden kann. Wirtschaftlich allerdings nicht als Gleichstrom, denn weit höhere Spannungen als 1400 Volt sind nötig, um nennenswerte Mengen Strom mit erträglichen Verlusten zu transportieren. So setzt Miller auf den Wechselstrom und reist nach Amerika, um den großen Wechselstrom-Pionier George Westinghouse und dessen „Chef Elektriker“ Nikola Tesla kennenzulernen.

Als Urenkel Johann Heinrich von Wistinghausens, der 1755 aus Westfalen in die USA eingewandert ist, Sohn eines Landmaschinenfabrikanten und einer Holländerin, ist Westinghouse in der Schule (wie Edison) für „dumm, faul und zurückgeblieben“ gehalten worden, hat aber bereits als Einundzwanzigjähriger eine bahnbrechende Erfindung gemacht: die Druckluftbremse für Eisenbahnen, die ihm 1869 patentiert wird. Die „Westinghouse Air Brake Co.“ macht er binnen einem Jahrzehnt zu einem Weltunternehmen. Mit dessen Erträgen gründet Westinghouse 1882 in East Pittsburgh, Pennsylvanien, die „Westinghouse Electric and Manufacturing Co.“ und spezialisiert sich auf den Wechselstrom, den Strom, der periodisch seine Richtung ändert. Dessen Generatoren brauchen keine Kommutatoren und können so sehr hohe Spannungen erzeugen (falls die Wicklungen sie aushalten), und der Strom kann auf hohe Spannungen transformiert werden.

Die Grundform elektrischer Transformatoren

hat Faraday bereits 1831 angegeben. Ein Eisenkern trägt eine Primär und eine Sekundärwicklung. Der die Primärspule durchfließende Strom erzeugt in der Sekundärspule durch Induktion einen Strom, dessen Spannung von der Zahl ihrer Windungen abhängt. Die Leistung bleibt gleich, die Umformungsverluste sind relativ gering.

Praktisch verwendet werden solche Transformatoren erstmals für die elektrische Zündung von Explosionsmotoren. Aber da werden nur ganz geringe Stromstärken gebraucht. Bei höheren Stromstärken beginnen die Probleme: Die Wicklungen müssen nicht nur hervorragend isoliert sein, sondern dürfen natürlich auch nicht schmelzen, der Eisenkern darf nicht rotglühend werden und das Ein- und Ausschalten darf keine Blitze auslösen. Den ersten Starkstrom-Transformator bringen der Franzose Lucien Goulard und der Engländer John Dixon Gibbs 1880 zustande, doch ist dieser noch keineswegs technisch reif.

Für ihn hat sich Oskar von Miller interessiert und empfiehlt ihn George Westinghouse. Dieser kauft 1885 für 50 000 Dollar die Rechte Goulards und Gibbs, richtet seinem Mitarbeiter William Stanley bei Great Barrington in Massachusetts eine Versuchsanlage ein, und dieser erfindet das Ölbad der Spulen und den Kern aus Spezialblechen. Stanley konstruiert auch die nötigen Schaltgeräte und im März 1886 erhält die Stadt Barrington als erste der Welt ein Wechselstromnetz und eine Straßenbeleuchtung, deren Strom mit 90 Volt Spannung erzeugt, auf 1150 Volt transformiert und dann wieder auf die Netzspannung von 110 Volt gebracht worden ist. Dieser Versuchsanlage folgt im gleichen Jahr die erste kommerzielle Anlage in Buffalo im Staat New York. Das löste den offenen

Kampf zwischen den „Gleichstrom-Leuten“ und den „Wechselstrom-Narren“

aus. Angeführt werden die „Gleichströmler“ in Amerika von Edison, in Europa von Werner Siemens. Beide sind inzwischen „Welt-Autoritäten“, und so haben es die Wechselstrom-Anhänger schwer. Edison hat am 31. Oktober 1884 bewiesen, daß „sein“ Strom völlig ungefährlich ist, indem er 250 Arbeiter seiner „Edison Electric Light Co.“ durch die Straßen New Yorks ziehen läßt, die mit Glühlampen gekrönte Helme tragen und ein Kabel, das ein fahrbarer, mit Dampf betriebener Gleichstrom-Generator speist. Hochgespannter Wechselstrom hingegen ist tödlich, Angst vor diesem Strom einzujagen, ist leicht. Das wird nicht zuletzt deshalb getan, weil Ende der achtziger Jahre schon viel Kapital in „Block-Zentralen“ steckt und viele solcher Zentralen viele Abnehmer von Generatoren bedeuten. Zu den Haupt-Aktionären Edisons gehört John Pierpont Morgan sen., der damals mächtigste Bankier Amerikas, deshalb scheint Westinghouse keine Chancen zu haben. Aber finanziellen Rückhalt bietet ihm die „Westinghouse Air Brake Co.“ und so wandelt er 1886 seine Elektrofirma in eine Aktiengesellschaft um und nimmt in der Pittsburgher Harrison Alley mit 200 Arbeitern seine Transformatoren- und Wechselstrom-Generatoren- und Motorenfabrik in Betrieb. Zwei Jahre später gewinnt er Nikola Tesla als Chef-Konstrukteur, damit ist sein Erfolg gesichert.

In Kroatien 1856 geboren, hat dieser Mathematiker und Physiker nach seinem Studium an der Universität Prag in der Österreichisch-Ungarischen Telegraphenverwaltung und als Elektro-Ingenieur in Budapest und Paris gearbeitet. Er hat schließlich einen Posten bei Edison in West-Orange erhalten und ihn von den Vorteilen des Wechselstroms zu überzeugen versucht, aber dieser erklärt noch 1889, als man ihm in Berlin einen Drehstrom-Motor vorführen will: „Wechselstrom ist ein Unding. Er hat keinerlei Zukunft. Ich will nichts von Wechselstrom hören und sehen!“ Er entläßt Tesla, und dieser gründet in New York eine Patent-Verwertungsgesellschaft, verkauft europäische Lizenzen in den USA und unterhält mit den Gewinnen ein eigenes Forschungslabor. Hier entwickelt er einen Zweiphasen-Wechselstromgenerator, für den er am 1. Mai 1888 ein Patent erhält, das Westinghouse unter der Bedingung kauft, daß Tesla nach East-Pittsburgh kommt.

Inzwischen hat 1880 der englische Ingenieur John Hopkinson eine dritte Stromart gefunden, beginnt sich

der heute die Elektrizitätswirtschaft beherrschende Dreiphasen-Wechselstrom oder Drehstrom

durchzusetzen. Der entsteht durch Verkettung (Stern- oder Dreieck-Schaltung) dreier um 120 Grad phasenverschobener Wechselströme gleicher Spannung und Frequenz. Drehstrom ist die wirtschaftlichste aller Stromarten, denn statt sechs Leiter wie drei Einphasen-Wechselströme erfordert er nur drei, und 50% Mehraufwand gegenüber dem Zweiphasenstrom für den dritten Leiter ergeben 175 Prozent mehr Übertragungsleistung.

Drehstrom-Generatoren und Motoren entwickeln gleichzeitig und unabhängig voneinander in Deutschland Friedrich August Haselwander und in Amerika Nikola Tesla. Den ersten unter Last anlaufenden und betriebssicheren Drehstrom-Motor von 1/10 PS baut 1889 der AEG-Chefingenieur Michael von Dolivo-Dobrowolsky, der, 1862 in St. Petersburg geboren, in Riga und an der TH Darmstadt studiert hat.

Die „Allgemeine Electricitätsgesellschaft" ist 1883 aus der „Deutschen Edison-Gesellschaft für elektrische Beleuchtung" hervorgegangen, die Emil Rathenau mit einer Lizenz Edisons gegründet hat, und die, um einen Konkurrenzkampf zu vermeiden, mit der Firma Siemens & Halske vereinbart, bei ihr alle E-Werks-Ausrüstungen zu kaufen. Nur ist auch Werner Siemens ein „Gleichstrom-Mann", und so muß die AEG eigene Wege gehen, lehnt sich an die Schweizer Elektrofirmen an und kauft Lizenzen von der Westinghouse Electric, vor allem deren Transformatoren-Patente.

So sind schließlich alle Mittel für

die Elektro-Weltsensation von 1891, das erste aller Überland-Kraftwerke und die erste erfolgreiche Hochspannungs-Stromübertragung

bereit, die Oskar von Miller und Michael von Dolivo-Dobrowolsky durchführen.

Und zwar anläßlich der Frankfurter Elektrizitäts-Ausstellung, die zeigen soll, was die Gleichstrom- und die Wechselstrom-Anhänger weltweit zu bieten haben. Der Drehstrom erringt den Sieg: Miller stellt am Neckar-Fall in Lauffen mit einer 300-PS-Oerlikon-Turbine und einem AEG-Generator 220 Kilowatt Drehstrom von 50 Volt her und bringt ihn durch einen Transformator auf 15 000 Volt Spannung. Drei Kupferdrähte von je vier Millimeter Durchmesser werden, an Glas-Glockenisolatoren befestigt, von 3182 je 8 Meter hohen Holzmasten getragen und bringen den Strom 178 Kilometer weit nach Frankfurt, wo ein zweiter Transformator ihn auf Netzspannung bringt. Er treibt einen 100-PS-Drehstrom-Pumpenmotor, der einen Wasserfall, wie 1882 in München, in Gang hält, aber einen ungleich eindrucksvolleren und einen, den 1000 Glühlampen beleuchten. Nicht nur die Generator-Leistung ist 220mal größer, statt 76 Prozent gehen nur mehr 24,8 Prozent des zu übertragenden Stroms verloren, obwohl die Entfernung Lauffen — Frankfurt dreimal größer ist als die zwischen Miesbach und München.

Stellt die Lauffener Stromübertragung eine für die damalige Zeit hervorragende technische Leistung dar, so muß Miller aber noch weit größere psychologische Hindernisse und administrative Schwierigkeiten überwinden. Die Leitung führt durch vier „souveräne" Staaten, Württemberg, Baden, Hessen und Preußen, die die Bauerlaubnis erteilen müssen. Die zuständigen Beamten halten die Gefahr, die 15 000 Volt Hochspannung bedeuten, für „völlig untragbar", das ganze Unternehmen für Wahnsinn, wenn nicht für kriminell. Die ganze Elektrizitätswirtschaft ist vor allem auch den staatlichen Postverwaltungen suspekt, denn jede Stromleitung muß ja ihre Telegraphenleitungen ungünstig beeinflussen. Schon der Bau der ersten „Zentralen" löst die Forderung der Postminister aus, für ihre

Genehmigung und Beaufsichtigung allein zuständig zu sein. Und so wendet sich Oskar von Miller an persönliche Freunde in der württembergischen Post- und Telegraphenverwaltung und erreicht, daß diese die Fernleitung Lauffen — Frankfurt baut, den andern Postverwaltungen deren Sicherheit und Unbedenklichkeit garantiert.

Millers Verhandlungsgeschick hat weiter erreicht, daß anläßlich der Frankfurter Ausstellung ein „Internationaler Elektrotechniker-Kongreß" abgehalten wird, an dem mehr als 800 Experten teilnehmen und der seinem Experiment weltweite Publizität sichert, weil den Ehrenvorsitz Thomas Alva Edison und Werner Siemens innehaben, der Prüf- und Preisverteilungs-Kommission berühmte Forscher wie Helmholtz und Kohlrausch angehören und den Schlußbericht Professor H. F. Weber vom Züricher Polytechnikum verfaßt. In diesem am 14. September 1891 veröffentlichten Bericht wird festgestellt: „Wirkungsgrad Dynamo 95,4 Prozent, Leitung 75,2 Prozent, Transformatoren 96 Prozent. Durch den Versuch ist erwiesen: Die Übertragung von Wechselströmen hoher Spannung über mehr als 100 Kilometer ist ebenso sicher und störungsfrei wie der Betrieb mit niedrigen Spannungen über einige Meter." Zur Ausstellung und zu dem Kongreß hat Miller führende Journalisten aus der ganzen Welt eingeladen. Der Sonderberichterstatter der Londoner „Times" nennt die Stromübertragung den „zweifellos wichtigsten Versuch, seit jene geheimnisvolle Naturkraft, genannt Elektrizität, der Menschheit nutzbar gemacht worden ist . . . und einer, den die Elektrotechniker der ganzen Welt in höchster Spannung erwartet haben. . .". Der „Globe" schreibt: „Bisher nutzlose Kraft wird der Menschheit dienen, und wir nähern uns mit Riesenschritten der Zeit, die Lord Salisbury vorausgesagt hat, in welcher jeder Arbeiter in seinem Haus Elektrizität haben wird. . .".

Der Lauffen-Frankfurter Stromtransport aber bedeutet noch viel mehr, denn er ist, wie erstmals 1814 die Gasleitungen William Murdocks *(→ 1792 bis 1814),*

Energie- statt Energie-Träger-Transport.

Dazu noch einer Energie-Form mit ungleich vielseitigeren Anwendungsmöglichkeiten als diejenigen von Gas und ein Transport mit einer Geschwindigkeit von 240 000 Kilometern pro Sekunde statt der (damals) 30 Stundenkilometer der Kohlenzüge. Schon bei Rohrleitungen wachsen die Anlagekosten nicht proportional der Leistung, weil der Rohrinhalt viel rascher wächst als der Rohrumfang. Eine 400-Kilovolt-Leitung aber überträgt nicht 20mal soviel Strom wie eine mit 20 kV betriebene, sondern soviel wie 120 parallele 20-kV-Leitungen. Und die Fernübertragung von Strom bedeutet, daß sich

die Elektrizität selbst Primär-Energieträger für ihre Erzeugung schafft,

nicht nur abgelegene Wasserkräfte erst durch ihre Umwandlung in Elektrizität genutzt werden können *(→ 1895),* sondern auch die Braunkohle *(→ 1861).*

Die bedeutendste unmittelbare Folge der Lauffen-Frankfurter Stromübertragung ist der Bau des Niagara-Wasserkraftwerks, das 1895 seinen Betrieb aufnimmt und dessen hohe Rentabilität zum Bau Dutzender von Groß-Wasserkraftwerken führt. Dieses Werk baut George Westinghouse. Dieser hat 1893 seine Transformatoren, Drehstrom-Generatoren und Motoren auf der Weltausstellung von Chicago vorgeführt und den Vertrag zur Beleuchtung dieser Ausstellung erhalten, nicht Edison. Damit ist der Kampf zwischen dem Gleich- und Wechselstrom entschieden, das „Elektro-Zeitalter" beginnt.

1895

Zu den großen Naturwundern gehören die 1679 von dem französischen Forschungsreisenden Louis Hennepin entdeckten Niagara-Fälle, die der gleichnamige Fluß (dessen indianischer Name „donnerndes Wasser" bedeutet) an der heutigen Grenze zwischen den Vereinigten Staaten und Kanada bildet. Der 40 Kilometer lange Niagara verbindet zwei der „Großen Seen" Nordamerikas, den Erie- und den Ontario-See. Seine gewaltigen, glasklaren Wassermassen — 6000 Kubikmeter jede Sekunde — stürzen, durch eine Insel zerteilt, 900 Meter breit, 48 Meter tief beziehungsweise 300 Meter breit, 60 Meter tief über eine Dolomit-Schwelle.

Das ergibt hier ein Wasserkraft-Potential, das zwar nicht 16,8 Millionen PS, wie William Siemens 1877 schätzt, jedoch 5 Millionen PS beträgt. Lange bilden diese Titanenkräfte nur ein Verkehrshindernis. Auf der US-Seite wird 1817 bis 1825 der Erie-Kanal gebaut, der New York ein gewaltiges Hinterland erschließt und es zur Welthandelsstadt macht. Das veranlaßt Baltimore, bisher der wichtigste Hafen der Vereinigten Staaten, 1828 die erste Eisenbahn zu bauen, die Baltimore-Ohio-Railway. Kanada gräbt, um die Niagarafälle zu umgehen, den Welland-Kanal.

Die Einschätzung dieser Wasserfälle ändert sich, als Edison 1882 in New York das erste öffentliche Elektrizitätswerk der Welt in Betrieb nimmt. In Baltimore wird die „Cataract Construction Co." gegründet. Sie schreibt 1890 einen internationalen Wettbewerb für die Nutzung der Niagara-Kräfte aus. In London wird die „International Niagara Commission" gebildet, um als Preisgericht zu fungieren, aber kein diskussionswürdiges Angebot läuft ein. Die Londoner Experten unter Vorsitz Lord Kelvins sind überzeugt, daß die Initiative der „Cataract Construction Co." sinnlos ist, denn Baltimore, mit damals 126 000 Einwohnern der einzige in Betracht kommende Großabnehmer für Niagara-Strom, liegt 42 Kilometer von den Fällen entfernt.

Ein Jahr später jedoch beweist die Übertragung von Wechselstrom über die 178 Kilometer zwischen Lauffen am Neckar und Frankfurt am Main die Transportfähigkeit der Elektrizität, und im Oktober 1893 schließt George Westinghouse mit der „Cataract Co." einen Bauvertrag für das Niagara-Werk,

das erste Groß-Wasserkraftwerk der Welt.

Er liefert zehn Tesla-Zweiphasen-Stromerzeuger, jeder mit der damals phänomenalen Leistung von 3680 Kilowatt. Die ersten drei kommen 1895 in Betrieb, und am 10. November 1896 fährt in Buffalo die erste elektrische Straßenbahn mit Niagara-Strom.

Heute wird durch unterirdische Rohrleitungen, und ohne daß die Fälle an Schönheit einbüßen, am Niagara ein Gefälle von 100 Metern genutzt, sind Kraftwerke mit einer Kapazität von 3,86 Millionen Kilowatt in Betrieb. Sie gewinnen statt der 185 Millionen Kilowattstunden des ersten Ausbaus und der 3,7 Milliarden des zweiten seit 1963 jährlich durchschnittlich 23 Milliarden kWh.

Das Niagara-Kraftwerk von 1895 beweist nicht nur die technische Möglichkeit der Nutzung von Wasserkräften, die für den Lokalbedarf viel zu groß sind und die erst durch die unbeschränkte Aufteilbarkeit der Elektrizität und ihren Ferntransport Wert erhalten, sondern zugleich deren hohe Rentabilität. So beginnt eine Entwicklung, die innerhalb eines Jahrhunderts

die Kapazität des jeweils größten Wasserkraftwerks der Welt

auf das mehr als Vierzigtausendfache steigen läßt. In Millionen Kilowatt beträgt diese:

1882	Appleton in Wisconsin (Strom nur lokal genutzt)	0,0003
1891	Lauffen am Neckar (Strom mit 24,8 Prozent Verlust 178 km weit übertragen)	0,00022
1895	Erstes Niagara-Kraftwerk	0,037
1927	Saguenay-River, Quebec/Kanada	0,6
1938	Boulder Dam, Colorado/USA	1,35
1961	Bratsk an der Angara/Sowjetunion	4,5
1970	Krasnojarsk am Jenissei/Sowjetunion (durch 386 km langen Stausee)	6,1
1983	Sajano-Schuschenskaja am Jenissei	7,2
1984	La Grande, James Bay/Kanada (mit 63 Milliarden kWh Jahres-Stromerzeugung so viel wie 1915 die Weltstromgewinnung betrug)	10,3
1986	Itaipú am Paraná, Brasilien — Paraguay (mit 18 Turbogeneratoren)	12,6

Nach dem Vollausbau der Wasserkräfte Paraguays wird die jährliche Stromerzeugung etwa 175 Milliarden Kilowattstunden betragen, rund 58 000 pro Kopf der Bevölkerung. Paraguay wird der größte Stromexporteur der Welt sein.

Insgesamt sind während des Vierteljahrhunderts 1960 bis 1985 sechzehn neue Wasserkraftwerke mit je mehr als 2000 Megawatt in Betrieb genommen worden, haben die ausgebauten Wasserkräfte der Welt um 73 200 MW = 73 Millionen Kilowatt zugenommen, während sie 1920 bis 1945 nur von 1700 auf 4400 MW gestiegen sind, um 2,7 Millionen Kilowatt.

Voraussetzung von Werken wie Itaipú, des Ausbaus des Grand Coulee-Werkes in den USA auf 1985 rund 9,8 Millionen Kilowatt oder des James-Bay-Komplexes, der nach Abschluß jährlich 147 Milliarden Kilowattstunden Strom, vorwiegend über eine 5900-Kilometer-Leitung in die USA liefern wird, sind die entsprechenden

Wasserkraft-Maschinen und Generatoren.

Die Turbine des ersten „Fernkraftwerks" der Welt in Lauffen liefert 1891 genug Kraft für einen 220-kW-Generator. Das ist mit 300 PS das Dreifache der Weltrekord-Jonval-Turbine, die in ihrem Gründungsjahr 1840 die Züricher Maschinenfabrik Escher-Wyss gebaut hat, eine Tochter der 1805 (als Folge der Kontinentalsperre Napoleons) gegründeten, gleichnamigen Spinnerei, die ihre Wasserräder und Spinnmaschinen selbst herstellt, „weil unseren Ansprüchen die auf dem Markt befindlichen nicht genügen". Heute liefert das Unternehmen Pelton-Turbinen von je 260 000 kW, von rund 354 000 PS, und Francis-Turbinen mit acht Meter Raddurchmesser und 750 Tonnen Gewicht, die 750 000 kW leisten. Sie stellt Kaplan-Turbinen her, die 700 Kubikmeter Wasser pro Sekunde bewältigen, die mittlere Wasserführung des Rheins bei Basel oder der Donau bei Linz. Sie kann das nur, weil sie elektronisch gesteuerte Kopierfräsmaschinen, welche die Schaufeln automatisch auf tausendstel Millimeter genau herstellen, und Karusselldrehbänke von 16 Meter Durchmesser entwickelt hat.

Parallel mit dem Turbinenbau entwickelt sich der der Generatoren, deren Höchst-Einzelleistung 1880 bis 1980 von 20 auf 805 000 kW steigt und heute 1,3 Millionen kW beträgt. Da gibt es statt der Transformatoren, die 1893 maximal

2000 Kilowatt bewältigen, zwei Generationen später mehr als vierhundertmal leistungsfähigere. Da entwickelt sich vor allem

die Starkstrom-Fernübertragung

folgendermaßen (1 Kilovolt = 1000 Volt):

		in Kilovolt Spannung	Übertragungsverlust in Prozent
1882	Transport von einem Kilowatt Gleichstrom über 57 km (Miesbach – München)	1,4	76,0
1891	Übertragung 220 kW Drehstrom über 178 km (Lauffen – Frankfurt)	15	24,8
1916	Höchste verwendete Spannung	110	12,0
1922	Erstmals auf der Welt 220 kV durch Rheinisch-Westfälisches Elektrizitätswerk (1928 bis 1930 Verbund Rheinische Braunkohle, Steinkohle Ruhr, Wasserkraft Österreich durch 700 km 220-kV-Leitung)	220	8,0
1952	Längste Hochspannungsleitung der Welt, 1080 km Harspronget/nördlicher Polarkreis — Südschweden	380	7,4
1969	Fünf Bundesstaaten der USA zusammenschließende Drehstromleitung von der 12fachen Leistung einer 220-kV-Leitung	765	7,0
1978	Nachdem erstmals 1970 durch einen Thyristor hochgespannter Drehstrom in 150-kV-Gleichstrom umgewandelt worden ist, werden nun die 1920 MW des Sambesi-Wasserkraftwerkes Cabora Bassa 1480 km weit als Gleichstrom nach Südafrika übertragen	530	6,0
1980	Transport von 6000 MW Gleichstrom 2600 km weit Sibirien – Ural	750	6,0
	Pazifisches Gleichstromnetz der USA, 1970 km	1330	6,0
1983	Ekibastuz-Netz Kasachstan/Sowjetunion, 2400 km	1500	5,8

Diese Entwicklung setzt entsprechende Isolatoren und Schaltanlagen voraus, die nicht nur der Betriebsspannung standhalten müssen, sondern der bis zu zehnmal größeren, die der Blitz auslöst und die sich von der Einschlagstelle nach beiden Seiten ausbreitet. Ebenso muß mit den Über-Spannungen gerechnet werden, die durch den Leerlauf von Kraftwerken entstehen. Nicht nur gewaltige Fortschritte der Elektrotechnik aber machen die heutige Wasserkraft-Nutzung möglich, sie setzt Pioniertaten auch auf ganz anderen Gebieten voraus. Nur Nobels Dynamit zum Beispiel *(→ 1867)* ermöglicht die modernen Dammbauten; in den Fels gesprengte Zentralen wie die von La Grande des James-Bay-Komplexes in Quebec, die 30 000 Tonnen Dynamit erfordert hat, oder die über 100 Kilometer Druckstollen von 5,5 Meter Durchmesser der Tauernkraftwerke. Staudämme gäbe es nicht ohne den englischen Maurer Joseph Aspdin, der 1824 den Zement erfindet und nicht ohne den „armierten Beton", den heutigen Stahl-Beton, den 1867 der französische Gärtner Joseph Monier zur Blumenkübel-Fabrikation verwendet. Ein Bauwerk wie der Grand Coulee-Damm erfordert mehr als acht Millionen Tonnen Beton. Und dessen Druckrohrleitungen, durch die Lastautos fahren könnten, erfordern Spezialstahl, den es ebenfalls nicht „immer schon" gegeben hat.

Trotz all dieser Fortschritte bleiben allerdings noch immer

riesige Wasserkräfte durch ihre ungünstige Lage ungenutzt:

Das bis 3000 Meter mächtige Inlandeis Grönlands zum Beispiel besteht aus siebenmal mehr Wasser, als sämtliche Flüsse und Seen der Erde enthalten. Die Sonne schmilzt von diesem Eis in durchschnittlich 2000 Metern über dem Meer alljährlich genug Wasser ab, um etwa 1800 Milliarden Kilowattstunden Strom zu gewinnen, so viel wie die Welt-Wasserkraft-Stromgewinnung des Jahres 1982.

Afrika ist weit reicher an Wasserkräften als Nordamerika. Allein der Zaire (Kongo) führt 50 000 bis 120 000 Kubikmeter Wasser pro Sekunde, auf den 15 Kilometern zwischen Inga und Kanza beträgt sein Gefälle 102 Meter. Allein bei Inga bleiben etwa 40 000 Megawatt ungenutzt. Da fließen zum Beispiel jede Sekunde 200 000 Kubikmeter Wasser des Indischen Ozeans durch die Bab-el-Mandeb-Meerenge, die Somalia von Südjemen trennt, ins Rote Meer. Das heißt, das hier mindestens 35 Milliarden Kilowattstunden Wasserkraft-Strom jährlich gewonnen werden könnten.

Das wäre allerdings nur ein Zehntel der ungenutzten Kräfte des Tsangpo in China. Dieser Oberlauf des Brahmaputra macht in Tibet unterhalb Shigatse einen 320 Kilometer langen, hufeisenförmigen Bogen. Dadurch würde ein 16 Kilometer langer Tunnel genügen, um ein Gefälle von 2148 Metern zu schaffen. Es könnten hier 50 Millionen Kilowatt oder jährlich etwa 300 Milliarden Kilowattstunden Strom gewonnen werden. Insgesamt stehen China durch seine 1500 Flüsse etwa 540 Millionen Kilowatt Wasserkraft zur Verfügung, fünfmal mehr als den Vereinigten Staaten.

Das insgesamt nutzbare Wasserkraft-Potential der Erde

ist erstmals 1921 halbwegs verläßlich geschätzt worden. Damals kommt der US-Geological Survey auf 350 Millionen Kilowatt bei Niedrigwasser (= während 95 Prozent des Jahres verfügbare Wasserführung), davon 323 Millionen ungenutzt, für Mittelwasser (= die Hälfte des Jahres verfügbar) auf 700 Millionen Kilowatt. Das Statistische Büro der Vereinten Nationen nimmt 1973 für Mittelwasser 1760 Millionen kW an, was bei 5000 Stunden Jahresnutzung etwa 9000 Milliarden Kilowattstunden entspricht, der Gesamt-Stromerzeugung der Erde des Jahres 1985.

Die Welt-Stromgewinnung aus Wasserkraft

beträgt im Jahr 1900 etwa 40 Millionen Kilowattstunden, 1913 etwa 10 Milliarden. Ein halbes Jahrhundert später sind es etwa 700 Milliarden und 1985 mit rund 1960 Milliarden kWh 21,7 Prozent der Welt-Stromerzeugung, während es 1928 fast 40 Prozent und 1970 noch 26,5 Prozent gewesen sind. Der Strombedarf ist derart rasch und geographisch derart unregelmäßig verteilt gestiegen, daß der Bau von Staudämmen und Wasserkraftwerken nicht Schritt gehalten hat. Dadurch sinkt natürlich auch der Anteil der Primär-Elektrizität am Gesamt-Energieverbrauch der Welt: 1925 hat er 6,6 Prozent erreicht, gleichviel beträgt er auch noch 1955. Im Jahr 1985 sind es nur mehr 2,5 Prozent.

Dieser relative Rückgang der Wasserkraft hat verschiedene Gründe, liegt aber vor allem daran, daß es zwar noch reichlich ungenutzte Wasserkräfte gibt, aber nicht dort, wo sie gebraucht werden. Länder wie Norwegen, die Schweiz und Schweden, die 1970 mit Wasserkraft 99,6 Prozent bzw. 81 und 71 Prozent ihres Gesamtstrombedarfs gedeckt haben, besitzen keine großen wirtschaftlich nutzbaren Reserven mehr. Zwar gibt es

die künstlich geschaffene Wasserkraft der Pumpspeicherwerke,

die heute mehr und mehr genutzt wird *(→ 1932),* aber deren Möglichkeiten sind naturgegeben begrenzt.

1895

Seit es eine der heutigen ähnliche Atmosphäre gibt *(→ vor etwa drei Milliarden Jahren),* macht sich die Elektrizität unübersehbar in der Form von Blitzen bemerkbar. Im zweiten vorchristlichen Jahrtausend ist sie den ägyptischen Priestern bekannt *(→ 1170 v. Chr.),* und seit 585 v. Chr. wird sie untersucht. Nach und nach hat man alle ihre Wirkungen kennen und meist auch nutzen gelernt. Aber

die Grund-Frage „Was ist Elektrizität?“

bleibt bis Ende des 19. Jahrhunderts unbeantwortet. Diesem Wissen kommt erst Julius Plücker näher, als er ab 1854 das Verhalten des elektrischen Stromes in Vakuum untersucht und 1859 die Kathodenstrahlen entdeckt.

Zehn Jahre später entdeckt Wilhelm Hittorf die Ablenkbarkeit dieser Strahlen, und daß sie den gleichen Gesetzen gehorchen wie der Strom in elektrischen Leitern. Das veranlaßt Cromwell Varley 1871 zu behaupten, Kathodenstrahlen seien negativ geladene Partikel, ein „Strom von Elektrizitäts-Teilchen“. Das wiederum löst einen erbitterten und weltweiten Gelehrten-Streit aus und veranlaßt Hendrik Anton Lorentz zu Berechnungen, die ihm 1902 den Physik-Nobelpreis bringen.

Lorentz, Sohn eines Gärtners, hat als Zwanzigjähriger sein Doktor-Examen gemacht, dann in einer Abendschule in Arnheim unterrichtet und wird 1878 Professor der mathematischen Physik der Universität Leiden. Er vereint soliden holländischen Tatsachensinn mit künstlerischer Intuition und verschmilzt so 1883 bis 1895 die Ergebnisse der Kathodenstrahl-Versuche mit der Maxwellschen Licht-Theorie zur heutigen

Elektronen-Theorie,

auf der Einstein seine Energie-Formel aufbaut *(→ 14. Mai 1907).*

Die Grund-Überlegung Lorentz’ ist die gleiche wie die 1881 von H. L. F. von Helmholtz ausgesprochene: Nimmt man einen atomistischen Bau der Materie an, muß man auch eine atomistische Struktur der Elektrizität annehmen. Daß submaterielle Teilchen Träger der elektrischen Ladung sind, weist Lorentz nicht nur nach, sondern berechnet auch ihre Ladung und ihr Gewicht, sagt zu seiner Zeit noch unbekannte ihrer Wirkungen voraus. Elektronen sind demgemäß das kleinste unteilbare Teilchen negativer Elektrizität und 1836mal leichter als das positiv geladene Positron.

Alle elektrischen Vorgänge beruhen auf Elektronen-Bewegungen:

Ihren Wanderungen entspricht der Stromfluß. Ihre Schwingungen ergeben elektromagnetische Wellen (was Heinrich Hertz 1888 experimentell bestätigt). Elektronen kreisen in planetenartigen Bahnen um den Atomkern, verengen sich diese

Bahnen, so entstehen Licht, Wärme oder Röntgenstrahlen. Aus Materie freigesetzt werden Elektronen durch Glühen (wie in Elektronenröhren) oder Strahlung (als Betastrahlung radioaktiver Substanzen).

Elektrischer Strom

von einem Ampere wird definiert als „Fluß von 6281 Milliarden Elektronen, die innerhalb einer Sekunde einen gewissen Punkt passieren". Jedes Elektron wiegt den 0,899milliardsten Teil eines Milliardstel von einem Milliardstel Gramm, und so ist „einfach" auszurechnen: Mit rund 9000 Milliarden Kilowattstunden „wiegt" die Welt-Stromerzeugung 1985 etwa 472,5 Kilogramm.

Elektrische Schwingungen oder elektromagnetische Wellen pflanzen sich mit Lichtgeschwindigkeit fort, im Vakuum mit 300 000 Kilometern pro Sekunde. Der elektrische Strom hingegen, das Fließen der freien Elektronen in metallischen Drähten, ist langsamer als eine Schnecke. Die Geschwindigkeit der Elektronen hängt vom Metall, von dessen Querschnitt und von der Temperatur ab; eine große Rolle spielt auch die Spannung. Aber im Durchschnitt beträgt

die Elektronen-Geschwindigkeit in Drähten nur etwa 360 Millimeter pro Stunde.

Wie genial durchdacht die Elektronen-Theorie auch ist, es bleiben Alltags-Fragen: „Wo ist der Strom, wenn er nicht fließt? Wodurch lösen Elektronen die Impulse aus, die auch in Drähten der Elektrizität (wie Werner Siemens 1867 nachgewiesen hat) 240 000 Stundenkilometer Geschwindigkeit geben?"

Praktisch hat dieses Nichtwissen keine Bedeutung. Verheerend aber wirkt sich heute die weitverbreitete Unkenntnis der Bedeutung der Elektrizität für unsere Existenz aus. Sie gilt als derart „selbstverständlich", daß Mangel-Warnungen ignoriert werden, weil immer mehr Menschen nicht bedenken, was die Elektrizität nicht nur für die Wirtschaft, die Wissenschaft oder die Technik, sondern für sie selbst bedeutet: Unsichtbar, ungreifbar, nicht zu hören, nicht zu riechen, dennoch aber überall effektvoll gegenwärtig, hat die Elektrizität als Gehirnstrom alles geschaffen, was Menschen je erdacht haben, schafft sie, was sie heute erdenken und je erdenken werden. Die Elektrizität hilft die verschiedensten Güter zu erzeugen. Durch die gewaltige Arbeitsleistung, die sie bedeutet, produziert sie aber auch freie Zeit, verdoppelt sie unser aktives Leben durch die elektrische Beleuchtung. Sie bedeutet, wie kaum etwas anderes, erhöhte Lebens-Qualität und aktiven Umweltschutz. Das aber wollen heute Millionen nicht wissen. Und dieses Nichtwissen kann tödlich werden.

1896 — 24. Februar

Das Atom-Zeitalter beginnt mit einer Spielerei. 1854 hat der Glasbläser Heinrich Geißler mit seiner Quecksilber-Luftpumpe die Hochvakuum-Technik begründet, vorerst aber nur die nach ihm benannten luftleeren Röhren mit eingeschmolzenen Elektroden hergestellt, die durch ihre farbigen Lichteffekte jung und alt begeistern. Mit Hilfe von Geißler-Röhren entdecken Julius Plücker 1859 aber die Kathoden-Strahlen und 1895 Konrad Röntgen die nach ihm benannten Strahlen. Dutzende Forscher fragen sich damals, wodurch diese mysteriösen neuen Strahlen entstehen. Darunter der Physik-Professor der Ecole Polytechnique in Paris, Henri Becquerel. Dieser überlegt: Röntgen hat festgestellt, daß seine Strahlen Luminiszenz auslösen, das heißt das Leuchten von Stoffen ohne Erhitzung. Aber ist es nicht umgekehrt? Lösen nicht eher fluoreszierende oder phosphoreszierende Stoffe die Röntgenstrahlen aus? Es gibt Hunderte leuchtende Stoffe. Becquerel experimentiert mit seltenen Erden und schließlich mit Uran-Salzen. Er legt sie auf in schwarzes Papier eingeschlagene fotografische Platten, die wie durch Röntgenstrahlen geschwärzt werden. Aber noch viel intensiver schwarz werden die Platten durch Uranoxyd und Uranmetall, obwohl diese nicht im geringsten fluoreszieren. Andererseits schwärzen stark luminiszierende Stoffe die Platten überhaupt nicht. Becquerel hat also erneut neue, bisher unbekannte Strahlen entdeckt. Am 24. Februar 1896 ist ihm

die Entdeckung der natürlichen Radioaktivität

gelungen. Vorerst jedoch einer nur sehr schwachen. Aber die in Becquerels Laboratorium arbeitenden Eheleute Pierre Curie und Maria Sklodowska untersuchen nun alle Mineralien, die Uran enthalten. Viele sind weit stärker radioaktiv als das Uran selbst. Sie suchen die unbekannte Strahlen-Quelle und entdecken sie 1898 in einem Zerfallprodukt des Urans, isolieren

das neue Element Radium

(= „das Strahlende"), von dem es ein Atom auf je drei Millionen Uran-Atome gibt. Von dem in jedem Gramm in jeder Sekunde 37 Milliarden Atome zerfallen, wobei Heliumkerne frei werden, die „Alphastrahlen" heißen.

Damit sind Eigenschaften der Materie enthüllt, die niemand ahnte — und die die Physik in ihren Grundfesten erschüttern. Denn die neue Strahlung (wie alle Strahlungen) bedeutet Energieabgabe, durch den Radium-Zerfall werden pro Gramm rund 100 Kilokalorien Wärme pro Stunde freigesetzt. Ist also das „Gesetz von der Erhaltung der Kraft" *(→ 31. Mai 1842)* falsch? Erzeugt Radium Energie aus sich selbst?

Auch die Energie der Alphastrahlen „entsteht“ nicht, sondern ist das Produkt einer Energie-Wandlung, die Alphastrahlung entsteht durch

die Wandlung bisher für unwandelbar angesehener Elemente.

Der Wandlung des Radiums, das eine Halbwertzeit von 2000 Jahren hat und über viele Zwischenstufen schließlich in Blei übergeht: Eine neue Welt ist entdeckt, deren Geheimnisse vor allem Ernest Rutherford *(→ 1911)* enthüllt und die über eine neue Energie-Form, die „Atomenergie“, verfügt: So nennen bereits 1899 (in den „Annalen der Physik“ Nr. 69 dieses Jahres p 83) Julius Elster und Hans Geitel (die Erfinder der Vakuum-Photozelle *(→ 1888 bis 1892)* den Teil der atmosphärischen Elektrizität, der (wie sie nachgewiesen haben) durch den radioaktiven Zerfall entsteht.

Vorerst aber beginnt der phänomenale Aufstieg der böhmischen Pechblende. Die hat im Jahr 1789 — 107 Jahre vor Becquerels Entdeckung — der Apotheker und spätere Berliner Chemie-Professor Martin Heinrich Klaproth untersucht, um seine neuentwickelten Analysemethoden zu erproben. Er hat aus ihr einen gelbbraunen Stoff isoliert, den er für ein bisher unbekanntes Element hält und „Uranit“ nennt, später „Uranium“ nach dem 1781 von Herschel entdeckten Planeten Uranus. Das neue „Element“ erweist sich als Uranoxyd, erst 1841 stellt der Franzose Eugène Melchior

das Metall Uranium

her, das wie Eisen aussieht, aber das spezifische Gewicht 18,9 hat, das heißt um sechs Zehntel schwerer als Blei ist. Mehr als ein Jahrhundert führt Uran ein Schattendasein. Sein Oxyd dient zur Herstellung fluoreszierender Gläser und zum Porzellanfärben. Es liefert auch eine Textilbeize. Aber was an der in Joachimsthal abgebauten Pechblende verdient wird, spielt im Vergleich zum Joachimsthaler Silber keinerlei Rolle.

1901 weist jedoch Wilhelm Scholtz nach, daß die Radium-Strahlung Krebszellen zerstört.

Der Radium-Preis

steigt 1903 bis 1913 von 4000 Dollar für ein Gramm auf 80 000, denn um solch ein Gramm Strahlungsquelle zu gewinnen, müssen 10 000 Tonnen Pechblende verarbeitet werden, deren Radiumgehalt nur den zehnmillionsten Teil des Mineralgewichts beträgt. Dazu sind über 400 verschiedene Kristallisationsprozesse nötig. Große Pechblende-Funde in Colorado/USA senken den Preis, schließlich werden die bis zu 60 Prozent Uranoxyd enthaltenden Vorkommen Katangas im damals belgischen Kongo entdeckt und rationellere Verarbeitungsmethoden entwickelt. Aber auch 1943 kostet ein Gramm Radium noch 35 000 Dollar, das 28 350fache des damaligen Goldpreises.

Heute spielt Radium keine Rolle mehr. Denn 1938 (21. Dezember) wird die Uran-Kettenreaktion und 1940 (2. Juni) die Regelbarkeit des Uranzerfalls entdeckt, sozusagen als „Abfall“ entstehen in allen Kernreaktoren Heil- und Forschungszwecken dienende, strahlende Element-Isotope. Diese Reaktoren erschließen eine neue und fast unerschöpfliche Energiequelle — allerdings über den Umweg der furchtbarsten aller bisherigen Waffen *(→ 17. September 1942 und → 16. Juli 1945).*

1897

Wenn von der Primärenergie auch heute nur bestenfalls die Hälfte in Nutzenergie umgesetzt wird und von dieser wiederum meist nur die Hälfte in aktive Energie *(→ 1826),* so erfolgt dies aus naturgesetzlichen Gründen. Nicht minder aber, weil wir noch immer die in der Natur wirkenden „Gegenkräfte" unterschätzen, zum Beispiel erst seit drei Generationen erfolgreich

die Reibung

bekämpfen.

Arbeit ist das Produkt aus Kraft mal Weg. Jeder Bewegung aber wirkt naturgegeben die Reibung entgegen, die Kraft, welche die Bewegung eines Körpers relativ zu einem anderen, ihn berührenden, zu hindern versucht oder der Widerstand, den zwei miteinander in Berührung stehende Körper der Lageveränderung ihrer Oberflächen entgegensetzen. Durch die Reibung wird kinetische Energie in Wärme verwandelt, dadurch vermindert oder vernichtet. Wärme entsteht nicht durch die Molekularbewegung an sich *(→ 30. Mai 1842),* sondern durch den Zusammenstoß, die Reibung der Materieteilchen.

Auch die Kernenergie ist ein „Reibungs-Produkt".

Die Reaktor-Wärme entsteht durch das Aufeinanderprallen der Kernbruchstücke.

Sind unsere Kernkraftwerke das jüngste Mittel der Reibungs-Nutzung, so wird seit Urzeiten Feuer durch Aneinanderreiben von Holz gemacht *(→ vor etwa 1,7 Millionen Jahren),* gibt es seit 1851 die Reibungs-Zündhölzer Böttgers. Mit der Entdeckung der Reibungs-Elektrizität *(→ 585 v. Chr.)* beginnt die Erforschung einer Naturkraft, ohne die unsere heutige Welt undenkbar wäre. Ohne Reibung gäbe es weder Eisenbahnen noch unseren motorisierten Straßenverkehr, denn beide sind ohne Bremsen undenkbar, welche die natürliche Reibung verstärken *(→ 1869).* Ohne Reibung haftet kein Rad an der Fahrbahn und zu geringe Reibung durch Glatteis, nasse Straßen oder zu hohe Kurvengeschwindigkeit verursacht alljährlich unzählige Autounfälle.

Ist sie eine der unentbehrlichsten Naturkräfte, so gibt es aber auch

seit Urzeiten Kräfteverschleiß durch Reibung.

Zwar führt das zu einer der bedeutendsten Erfindungen, der des Rades *(→ um 3800 v. Chr.),* aber die naturgesetzlichen Unterschiede zwischen gleitender und rollender Reibung untersucht und definiert Charles-Augustin Coulomb erst 1785. Die Erwärmung von Pfeilgeschossen durch die Luft-Reibung beschreibt Aristoteles von Stagira bereits 330 v. Chr., aber die praktische Aerodynamik begründet Alexandre-Gustave Eiffel (der Erbauer des nach ihm benannten Pariser Turmes) erst seit 1900. Er erfindet 1904 auch den Wind-Tunnel.

Noch heute gehen von je 100 Litern Auto-Treibstoff zehn durch den Luftwiderstand verloren, sechs durch die Motor-Reibung, vier durch den Rollwiderstand. Und das bedeutet, daß bei einem jährlichen Welt-Benzinverbrauch von etwa einer Milliarde Tonnen 200 Millionen Tonnen im Verbraucherpreis-Wert von etwa 200 Milliarden DM verlorengehen. Denn die Wärme, die durch die Reibung der Autoreifen auf der Straße entsteht, ist so wenig wiederzugewinnen, praktisch ebenso „vernichtet“ wie jede Art Reibungswärme, obwohl Energie nicht entsteht und nicht vergeht, sich stets nur wandelt. Für den Menschen bedeutet die Zerstreuung von Energie durch die Gegen-Kraft Reibung enorme Energie-Verluste, denn dem Max-Planck-Institut für Reibungsforschung in Göttingen zufolge wird heute

ein Drittel der jährlich erzeugten mechanischen Kraft durch Reibung in ihrer Wirkung aufgehoben.

Dazu ergeben sich riesige Materialschäden durch reibungsbedingten Verschleiß.

Nun gibt es nicht nur die Natur-Gegenkraft Reibung, sondern die Natur selbst hat auch Mittel zu ihrer Bekämpfung entwickelt. Daß gewisse Raubfische erstaunliche Geschwindigkeiten erzielen, liegt an dem ihren Körper bedeckenden Schleim, der zum Beispiel beim Barracuda des Pazifik (nach Feststellungen des U.S. Naval Undersea Research and Development Centers in Pasadena) die Reibung um 66 Prozent vermindert. Die Natur liefert zahlreiche Schmierfette, Knochenöl, Raps-, Rizinus- oder Rüböl. Sehr früh werden diese Schmiermittel auch vom Menschen verwendet. Durch einen ägyptischen Grab-Fund besitzen wir eine mit Schaf-Fett geschmierte Radachse aus dem Jahre 1400 v. Chr. Gajus Plinius d. Ä. zählt 77 n. Chr. in seiner „Historia Naturalis“ die gleichen Pflanzen-Schmieröle auf, die noch heute verwendet werden. Aber dabei bleibt es:

Die Schmiermittel des „Maschinen-Zeitalters“ unterscheiden sich bis Ende des 19. Jahrhunderts in nichts von den jahrtausendealten.

Watts Dampfmaschinen werden mit in Teekannen geschmolzenem Rinderfett, mit Schweineschmalz und die feinsten Lager mit Rizinusöl geschmiert. In der Textilindustrie wird vorwiegend Olivenöl verwendet, weil sich das aus den Stoffen leicht auswaschen läßt und keine Flecken hinterläßt. Stets aber wird von Hand geschmiert und nur von Zeit zu Zeit. Die Lager erhalten zu viel oder zu wenig Schmiermittel. Der Ölfilm bildet sich mehr auf den Fenstern und Wänden als auf den Maschinenteilen. So unglaublich es erscheint, systematische Schmierversuche macht der englische Ingenieur Beauchamp Tower erst 1883. Seine Versuche ergeben, daß kontinuierliches Schmieren, zum Beispiel durch ein Ölbad, die Reibung um neun Zehntel herabzusetzen vermag. Nur gibt es damals noch keine

Mineralöl-Derivate als Schmiermittel.

Die vorhandenen halten die Arbeitsbedingungen der verbesserten Dampfmaschinen und Verbrennungsmotoren nicht aus. Deren Wirkungsgrad ist durch erhöhte Temperaturgefälle verbessert worden. Aber durch eine gegebene Öffnung fließt ein bestimmtes Volumen Schmieröl bei 330° C tausendmal schneller aus als bei 30° C. Noch verheerender ist bei hohen Betriebstemperaturen die Einwirkung des Sauerstoffs: Organische Säuren werden als Öl-Schlamm und Öl-Koks ausgeschieden. Vor allem an den oberen Kolbenpartien und Kolbenringnuten entstehen harte Krusten, die zur Zersetzung der Kurbelwelle und der Pleuel führen können. Erst auf Mineralölbasis können den verschiedensten Zwecken genau angepaßte Reibungs-Bekämpfungsmittel gewonnen werden und heute gibt es

rund zwölfhundert regelmäßig in den Handel kommende Schmierstoffe.

Mit rund 40 Millionen Tonnen jährlich werden nun doppelt so viele Schmiermittel auf Erdölbasis gewonnen, als im Jahr 1900 die Welt-Mineralölförderung betrug.

Diese Entwicklung beginnt erst 1897, mehr als eine Generation nach der Begründung der Mineralölwirtschaft *(→ 28. August 1859),* denn erst seit 1890 wird das Rohöl nicht nur physikalisch zerlegt, sondern durch das „Cracken" chemisch verändert. Erst Karl Engler klärt diese Vorgänge auf, er hat im Jahr der Ölfunde von Titusville in Karlsruhe Chemie zu studieren begonnen, ist 1870 durch seine Indigo-Synthese berühmt geworden, 1897 vor allem aber durch seine Theorie der Erdöl-Entstehung, die heute weitgehend akzeptiert ist und eine der Voraussetzungen der systematischen Öl-Suche bildet. Engler vor allem erkennt die Bedeutung der Mineralöl-Schmierstoffe, macht als erster Viskositäts-Versuche und nach ihm sind die Zähflüssigkeits-Koeffizienten benannt. Erst Engler stellt fest, welche Eigenschaften Schmiermittel für die verschiedensten Zwecke haben müssen und arbeitet dabei eng mit Aurel Stodola zusammen, dem aus der Slowakei stammenden Begründer der Dampfturbinen-Theorie *(→ 1884).* Stodola ist nach zehn Jahren praktischer Ingenieur-Arbeit 1892 Professor der Thermodynamik am Polytechnikum Zürich geworden und weist 1904 in seinem klassischen Werk „Die Dampfturbine" erstmals nach, daß Schmierstoffe nicht nur als Gleitmittel gebraucht werden, sondern ebenso zur Wärmeableitung.

Daß eine Lokomotive andere Schmiermittel braucht als ein Chronometer, Drehbänke andere als Gasmaschinen, hat man natürlich immer schon gewußt, aber Tausende Mittel gegen die Reibung gibt es erst seit Beginn unseres Jahrhunderts. Richtig geschmiert wird auch heute noch keineswegs überall, die Verluste bleiben enorm. Und die Anforderungen steigen weiter. Neben Mineralölderivaten werden nun Graphit- und Siliziumverbindungen verwendet, vollsynthetische Stoffe, denn völlig neuartige Schmiermittel werden ja zum Beispiel für die Satelliten-

Trägerraketen gebraucht, weil „normale" Schmiermittel mit dem flüssigen Sauerstoff explosive Verbindungen eingehen. Das gilt ebenso für Kernreaktoren, denn die üblichen Schmiermittel werden durch die Neutronenbestrahlung fest und bilden betonharte Schichten. Der Jahresbedarf eines Groß-Kernkraftwerkes aber beträgt 330 000 bis 400 000 Liter Schmiermittel. Alle neuen Anforderungen zwingen zu intensiver Forschungsarbeit, denn stets sind Anomalien zu erwarten, die die bekannten Werte nicht extrapolierbar machen. Aber heute gibt es eben Schmiermittel, die 100°C unter Null aushalten und andere, die plus 2000°C widerstehen. Da gibt es Schmiermittel für die Hochvakuum-Technik und die Weltraumfahrt wie für die Hochdruck-Chemie mit vieltausendfachen Überdrukken. Denn allen unseren Energiewandlungs- und Produktions-Vorrichtungen wie all unseren Verkehrs- und Transportmitteln gemeinsam ist: Ohne das für sie richtige Schmiermittel werden sie rasch zu Schrott. Und das wiederum heißt:

Öl-Mangel bedeutet den Stillstand aller Maschinen, keineswegs nur solcher, die mit Mineralölprodukten betrieben werden.

Kohle- und Wasserkraft-Strom gibt es ohne Schmiermittel so wenig wie Nuklear-Energie; mit Holzgas betriebene Fahrzeuge kommen ohne sie genausowenig aus wie Benzin- oder Dieselmotoren. Es gibt, wie gesagt, auch Schmiermittel, die nicht aus Mineralöl hergestellt werden. Aber der Verbrauch an Schmierstoffen auf Erdöl-Basis beträgt in den Industrieländern zwischen 18 und 34 kg pro Kopf und Jahr. Und in diesen Ländern leben etwa eineinhalb Milliarden Menschen.

Sind Schmierstoffe das wichtigste Reibungs-Bekämpfungsmittel, so natürlich nicht das einzige: Die Reibung aufeinander gleitender Körper ist um so geringer, je glatter ihre Oberflächen sind. Geringer als die gleitende ist die rollende Reibung. Am besten rollen Kugeln. Deshalb gibt es heute

26 000 verschiedene Kugellager-Typen.

Lager, die 400 000 Umdrehungen pro Minute ermöglichen. Andere, die bei geringen Drehzahlen Belastungen von 3000 Tonnen aushalten. Da schwanken die Außendurchmesser von Kugellagern zwischen zweieinhalb Millimetern und drei Metern, ihr Gewicht zwischen 0,036 Gramm und sechs Tonnen. Alle bestehen aus einem auf der Welle befestigten Innenring, gehärteten und auf Tausendstelmillimeter genau geschliffenen Chromstahlkugeln, dem Kugelkäfig, der sie getrennt hält, und einem Außenring. Neben Kugellagern gibt es Rollen- und Nadellager.

Vorläufer dieser Reibungs-Bekämpfungsmittel gibt es mindestens seit 1518, denn da schreibt Leonardo da Vinci: „Antifriktions-Rollen geben der Kreisbewegung eine solche Dauer, daß es wunderbar und übernatürlich scheint. Denn es werden nach Aufhören des Antriebs noch viele Umdrehungen gemacht."

Auf Hunderten großen, in hölzernen Rahmen festgehaltenen Bronze-Kugeln wird dann 1782 der 1600 Tonnen schwere Block von Lachta-Granit nach Petersburg gebracht, auf dem das berühmte Reiterstandbild Peters des Großen steht. Aber das erste Kugellager-Patent erhält der Franzose Cardinet 1802 und einen Markt für Kugellager gibt es erstmals durch die Fahrrad-Industrie *(→ 1854),* das „Velociped" Ernest Michaux', der 1869 erstmals Kugellager verwendet. Die heutige Form des Fahrrades stammt von Philipp Moritz Fischer aus Schweinfurt, er gründet 1866 dort

die erste Kugellager-Fabrik der Welt.

Die zweite Fabrik bauen in der gleichen Stadt der Rad-Rennfahrer Ernst Sachs und Karl Fichtel 1895. Vor allem die Kugellager-Fabrikation macht Schweinfurt reich und führt im Zweiten Weltkrieg zu seiner Zerstörung. Am 6. November 1942 schreibt das britische Ministerium für Wirtschaftliche Kriegführung an Luftmarschall Harris: „Wenn man ihre lebenswichtige Bedeutung bedenkt, dann bietet die Konzentration der deutschen Kugellager-Industrie in Schweinfurt die Gelegenheit zu einem derart vernichtenden Schlag, wie er nirgends sonst in Nazi-Europa zu führen ist. Die Zerstörung dieser Stadt und ihrer Fabriken und die Tötung und Verwundung der größtmöglichen Zahl ihrer Einwohner versprechen so weitreichende Wirkungen auf die deutschen Kriegsanstrengungen, daß dieses Angriffsziel unter allen Umständen vernichtet werden muß, koste es, was es wolle." Bis in die Mitte Mainfrankens vorzudringen ist die britische Luftwaffe damals nicht in der Lage. Aber die Amerikaner greifen Schweinfurt am 17. August und am 14. Oktober 1943 an, bei dem zweiten Angriff mit 383 „Fliegenden Festungen".

Heute ist die 1907 in Göteborg gegründete schwedische Kugellagerfabrik SKF der führende Hersteller der Welt. Im ersten Geschäftsjahr dieses Unternehmens werden 2200 Kugellager erzeugt, 1917 sind es 5 Millionen, 1967 dann 60 Millionen. In den Jahren 1907 bis 1967 verkauft SKF über 4,5 Milliarden Kugellager und 1987 umfaßt der Konzern 190 Gesellschaften, betreibt er 78 Fabriken. Was diese Kugellager durch Reibungs-Bekämpfung an Energie sparen, ist nicht auszurechnen, aber es geht um gewaltige Mengen. Zugleich werden durch Kugellager riesige Materialverluste vermieden.

Aber auch die besten Kugellager können die Reibung nicht völlig aufheben. Stets ergeben sich jedoch durch das Zusammenwirken verschiedenartiger Fortschritte ganz neue Möglichkeiten. Durch die elektrische Supraleitung *(→ 1911)* sind heute Elektromagnete früher unvorstellbarer Leistung möglich. Da Magnetfelder für die Kernfusion wichtig sind, werden sie dafür auf diese neue Art hergestellt. Und so bietet der Magnetismus *(→ 1600 und → 1819 bis 1825)* nun auch die praktische Möglichkeit der

Vermeidung der Reibung durch den Schwebezustand der Körper.

Deren Bewegungszustand wird durch die Kräfte bestimmt, die auf sie wirken. Sobald die Schwerkraft durch eine genau gleiche Gegenkraft ausgeglichen wird, schwebt der Körper, verharrt er im Gleichgewichtszustand. Solch eine Gegen-Kraft liefert der Magnetismus und das ermöglicht Schwebefahrzeuge wie ein 10 Tonnen schweres, das 1979 auf einer Teststrecke bei München mehr als 400 Stundenkilometer Geschwindigkeit erreicht hat. Das ermöglicht aber auch

magnetische, berührungsfreie Lager für drehende Körper.

Magnetische Rotor-Lager gibt es seit 1970 in Satelliten, 1979 wird zum Beispiel eine Turbo-Molekularpumpe gebaut, deren 1000 kg schwerer Rotor 10 000 Umdrehungen pro Minute macht und dabei schwebt. Das Magnetlager von 150 Millimetern Durchmesser sorgt für einen Luftspalt von 0,8 Millimetern, durch den es keine materielle Berührung und damit keinen Verschleiß gibt und durch den eine Antriebskraft von einem Kilowatt genügt, zwanzig- bis hundertmal weniger als bei Benutzung von Kugellagern oder hydrodynamischen Gleitlagern. Voraussetzung des Funktionierens der Magnetanordnung sind allerdings Sensoren, die auch Tausendstelmillimeter Schwingungsamplituden des Rotors exakt feststellen und in Auslenkungs-Korrektur-Impulse umsetzen.

Jedenfalls: Auch vor kurzem noch unvorstellbare Möglichkeiten der Reibungs-Verhinderung gibt es. Und dementsprechende Energie-Einsparungen.

1897 — 17. Februar

Wenn die Dampfmaschine die Welt revolutioniert hat *(→ 1769 bis 1794)*, so ist der Dampf naturgesetzlich bedingt kein ideales Energie-Wandlungsmittel. Der Wirkungsgrad der Dampfmaschinen beträgt in den siebziger Jahren des vorigen Jahrhunderts zwar durchschnittlich 8 Prozent statt der 2 Prozent zur Zeit Watts, aber wesentlich mehr scheint man damals nicht zu erwarten.

Das nehmen die „Praktiker" als gegeben hin, wie bis zu Watt hingenommen worden ist, daß die Newcomen-Maschinen nur ein halbes Prozent der Kohle-Energie umsetzen. Rudolf Diesel aber schreibt in seinem 1913 in Berlin erschienenen Bericht

„Die Entstehung des Dieselmotors":

„Als mein verehrter Lehrer, Professor Carl Linde . . . 1878 seinen Hörern in der thermodynamischen Vorlesung erklärte, daß die Dampfmaschine nur 6 bis 10 Prozent der disponiblen Wärme des Brennstoffes in effektive Arbeit umwandle, dem Carnot'schen Leitsatz zufolge aber bei der isothermischen Zustandsänderung eines Gases alle zugeführte Wärme in Arbeit verwandelt werde, da . . . stellte ich mir die Aufgabe, das praktisch zu verwirklichen. . .".

Dieser Student ist 1858 als Sohn eines deutschen Lederwarenarbeiters in Paris geboren, kommt durch den Deutsch-Französischen Krieg nach London und von dort zu Verwandten nach Augsburg, wo er die Gewerbeschule besucht. Ein Stipendium ermöglicht ihm das Studium am Münchner Polytechnikum, wo er 1879 das beste Examen seit dessen Bestehen ablegt. Er wird Assistent Lindes (der 1877 die Kältetechnik begründet hat), arbeitet als Volontär bei Gebrüder Sulzer in Winterthur, die Linde-Eismaschinen in Lizenz bauen, und wird als Dreiundzwanzigjähriger Vertreter von Linde in Paris. Diesel bewährt sich als Kälte-Ingenieur wie als Vertriebs-Organisator. Aber nachts arbeitet er alles durch, was je über Wärmekraftmaschinen veröffentlicht worden ist. Er stößt dabei auch auf die These des Marquis de Montgrand, derzufolge sich ein Gas erhitzt, wenn man es zusammendrückt, und abkühlt, wenn man es sich ausdehnen läßt. Auf dieser Abkühlung beruhen die Kältemaschinen. Aber wieso wird die Erhitzung nicht genutzt? Diesel erinnert sich an das „Pneumatische Feuerzeug", das er in der Apparatesammlung der Augsburger Gewerbeschule gesehen hat. Da wird durch Zusammendrücken der Luft genug Wärme erzeugt, um Zunder zum Glühen zu bringen. Ist das nicht ein Weg, zur rationellen Wärmenutzung zu kommen? Diesel ist überzeugt:

Arbeit muß ohne Umweg über den Dampf gewonnen werden.

Zwar tun das die Gasmotoren schon seit 1859 und die Benzinmotoren seit 1879. Aber mit viel zu geringem Wirkungsgrad, denn auch beim Otto-Motor ist der Temperatur-Unterschied zu gering, auf den allein es Carnot zufolge *(→ 31. Mai 1842)* bei der Arbeitsleistung ankommt. Im Otto-Motor wird ein Gemisch von Luft und Treibgas im Zylinder komprimiert und durch ein Glührohr oder elektrische Funken entzündet. Die Kompression darf aber niemals so hoch werden, daß Selbstentzündung eintritt. Nur hohe Kompression aber bedeutet hohe Temperatur und damit hohes Wärmegefälle und hohen Wirkungsgrad. Hohe Kompression bedeutet zugleich, daß man keine Zündapparate braucht, die Luft selbst heiß genug wird, um den Brennstoff zu entzünden.

Mit diesen Erkenntnissen ist

das „Diesel-Prinzip"

gefunden, das Diesel seit 1883 zu verwirklichen sucht. Trugschlüsse verleiten ihn zu Fehlern, aber er lernt aus ihnen und meldet am 27. Februar 1892 beim Reichspatentamt seine „Neue Rationelle Wärmemaschine" an, die er, um sie von allen „Explosionsmotoren" zu unterscheiden, „Gleichdruck-Wärmemaschine" nennt. Im Februar 1893 erhält Rudolf Diesel das DRP 67 207 auf sein Arbeitsverfahren. Im gleichen Jahr veröffentlicht Springer in Berlin seine „Theorie und Konstruktion eines rationellen Wärmemotors zum Ersatz der Dampfmaschine und der heute bekannten Verbrennungsmotoren".

Die Fachwelt ist von dieser Arbeit beeindruckt. Die Begeisterung der Hersteller von Dampfmaschinen und der bereits bekannten Motoren ist gering und alle erfahrenen Maschinenbauer halten Diesel für einen Phantasten. Er bietet seinen Motor Krupp, Deutz, Gebrüder Sulzer, der berühmten Firma Carels in Gent und der Maschinenfabrik Augsburg an, allen jedoch scheinen die technischen Schwierigkeiten zu groß. Aber Diesel gibt nicht auf und wird u. a. von Oskar von Miller unterstützt *(→ 21. August 1891),* der entscheidend zur Durchsetzung des Elektromotors beiträgt, aber im Dieselmotor keine Konkurrenz, sondern eine wichtige Ergänzung sieht. Und so entschließt sich Heinrich Buz, der Chef der Augsburger Maschinenfabrik (der heutigen MAN) und „Bismarck der deutschen Maschinenindustrie", das „Diesel-Abenteuer" zu wagen. Zäh hält er an diesem Entschluß fest, obwohl ihn sein Chef-Ingenieur Josef Krumper immer wieder „vor diesem Wahnsinn" warnt. Am 10. April 1893 kommt ein Vertrag zwischen Diesel, der Maschinenfabrik Augsburg und der Firma Friedrich Krupp in Essen zustande, durch den sich die beiden Unternehmen die Entwicklungskosten und die eventuellen Gewinne teilen, Diesel Lizenzgebühren und sofort ein festes Einkommen erhält.

Diesel gibt seine Stellung bei Linde auf und überprüft seine Berechnungen. Dabei entdeckt er, daß er statt mit konstanter Temperatur mit konstantem Druck arbeiten müsse und das senkt die Wärmeausnutzung gegenüber der Dampfmaschine vom Sechsfachen auf das Doppelte. Er erkennt, daß mit den damaligen technischen Mitteln die Luft unmöglich auf 250 Kilopond pro Quadratzentimeter verdichtet werden kann und muß sich schließlich mit 35 begnügen. Das Einspritzen des Brennstoffs in die hochverdichtete Luft auf die ursprünglich vorgesehene Art gelingt Robert Bosch erst drei Jahrzehnte später, Diesel muß einen Kompressor verwenden, der den Motor verteuert. Aber ein Versuchs-Motor wird gebaut. Beim Probelauf am 10. August 1893 versagt er. Er wird verbessert, und am 14. Februar 1894 funktioniert die Selbstzündung, aber nur eine Minute lang. Erneutes Umdenken und Umkonstruieren. Diesel stimmt einer Wasserkühlung zu und am 17. Februar 1897 ist es soweit: Der Dieselmotor ist fabrikationsreif. Professor Schröter von der TH München nimmt ihn offiziell ab und bestätigt seinen thermischen Gesamtwirkungsgrad von 26,2 Prozent, den Treibstoffverbrauch mit 238 Gramm pro PS-Stunde. Damit ist

der Dieselmotor die weitaus wirtschaftlichste Wärmekraftmaschine der Welt,

setzt er Wärme in Arbeit mehr als doppelt so rationell um als die beste Dampfmaschine und um mindestens ein Drittel besser als die besten Gas- und Benzinmotoren.

Diesel selbst findet 26 Lizenznehmer in elf Ländern und besitzt bei seinem Tode 141 Patente in 37 Ländern. Eine Lizenznehmer-Umfrage ergibt bereits für das Jahr 1935

eine Dieselmotor-Weltleistung, die fast so groß ist wie die aller damals ausgebauten Wasserkräfte der Erde,

55 statt 56 Millionen PS. Neunzig Jahre nach der Fabrikreife stellen etwa 220 Unternehmen rund 10 Millionen Dieselmotoren jährlich her, die PKW-Diesel nicht mitgerechnet.

Diesel selbst hat Kleinmotoren für das Handwerk bauen wollen, „um die Industrie zu demokratisieren". Die Gebrüder Sulzer AG in Winterthur, die bereits im Mai 1893 einen Auswertungsvertrag mit ihm geschlossen hat und 1903 die Schweizer Alleinrechte und das Recht zum Export von Dieselmotoren in alle Länder der Welt erwirbt, sieht jedoch die Chance vor allem in

Groß-Dieselmotoren für die Schiffahrt.

Sie bringt 1903 bis 1911 die Zylinderleistung von 40 auf 600 PS und steigert sie bis 1973 auf 4000 PS. In solch einem Zylinder von 1060 Millimeter Bohrung hat ein Mann bequem Platz, der Kolben mit Pleuelstange wiegt sieben Tonnen. Der ganze Achtzylinder-Motor ist so hoch wie ein vierstöckiges Haus und leistet nun

32 000 PS. Zehn Jahre später werden 50 000 PS überschritten. Schon in den dreißiger Jahren haben Schiffs-Diesel Wirkungsgrade von etwa 38 Prozent und 1973 sind es 45 Prozent. Im Dezember 1981 aber stellt Sulzer gleichzeitig in Tokio, Hongkong, New York, London, Hamburg und Oslo seine neue „Dieselmotoren-Familie RTA Superlongstroke" vor, mit der

erstmals ein thermischer Wirkungsgrad von mehr als 50 Prozent

erzielt wird, bei Nutzung der Abwärme von 60 Prozent. Als erstes Hochsee-Motorschiff ist 1910 die „Romagna" in Dienst gestellt worden. Bei Ausbruch des Ersten Weltkrieges machen Motorschiffe weniger als ein halbes Prozent der Welthandelsflotte aus, heute sind es rund 36 Prozent, haben rund 140 Millionen Bruttoregistertonnen Schiffsraum Dieselantrieb.

Sind die Schiffs-Diesel immer größer geworden, so

die Fahrzeug-Diesel

immer kleiner und leichter. 1907 erhält der Luftfahrt-Pionier Hugo Junkers ein Patent für seinen „Leicht-Dieselmotor", die 1913 in Magdeburg gegründeten Junkers-Motorenwerke senken das PS-Gewicht 1914 bis 1927 von 69 auf 5 kg und bauen 1929 den ersten Schweröl-Flugmotor der Welt, der mit einem kg pro PS auskommt. Durch die Entwicklung der Strahltriebwerke *(→ 27. Juli 1949)* ist der Dieselantrieb für die Luftfahrt überholt, aber der Leichtbau wird von den Automobil-Konstrukteuren übernommen. Den ersten Lastwagen-Diesel baut die MAN 1923: Leistung 40 PS bei 900 Umdrehungen. Aber er bewährt sich nicht. Erst Robert Bosch stellt seit 1927 Einspritz-Pumpen her, die dem Dauerbetrieb gewachsen sind.

Bosch ist bekanntlich der Erfinder des Magnet-Zünders. Muß die Zündung perfekt sein, so auch die Motor-Schmierung und so entwickelt Bosch seit 1910 Hochdruck-Öler. Die dabei gewonnenen Erfahrungen wendet er 1917 auf den Bau von Diesel-Einspritzpumpen an und es dauert zehn Jahre, ehe diese fabrikationsreif sind. Denn die Pumpen müssen winzige Treibstoffmengen genau dosiert im genau richtigen Zeitpunkt liefern. Der Einspritz-Druck beträgt bei kleinen Personenautos etwa 300 bar (das Dreihundertfache des normalen Luftdrucks), bei Lastwagen 500 bis 800 und bei Großmotoren vereinzelt 1400 bar.

Die Einspritzmenge bei Leerlauf wird in Zehnteln von Kubik-Millimetern gemessen, die Einspritzdauer in Millisekunden (Tausendstel Sekunden), zwischen Einspritzung und Beginn der Verbrennung sollen nicht mehr als zwei und nicht weniger als eine Millisekunde liegen. Ein PKW-Diesel mit 4400 Umdrehungen pro Minute braucht 37 Einspritzungen pro Sekunde. Die Brennstofftropfen dürfen nicht größer als ein Stecknadelkopf sein. Und diese Präzision muß über viele Tausende von Betriebsstunden aufrechterhalten werden.

Das erste Diesel-Auto

gibt es deshalb erst ein halbes Jahrhundert, nachdem das Dreirad-Auto von Carl Benz mit einem 0,8-PS-Otto-Motor am 29. Januar 1886 seine Erstausfahrt gemacht hat. Auf der Berliner Automobilausstellung vom Februar 1936 stellt Daimler-Benz den „Mercedes 260-D“ vor, das erste serienmäßig hergestellte Diesel-Personenauto der Welt mit einem 2,6-Liter-45-PS-Motor. Urteil: „Zu laut und zu langsam“. Aber 1978 erreicht der Daimler Benz C 111/III-Diesel auf der Rennpiste bei Nardo in Italien 322 Stundenkilometer. 1983 kommt der 190-D als „Flüster-Diesel“ auf den Markt. Und 1985 machen 531 000 Diesel-PKW 22,3 Prozent aller in der Bundesrepublik Deutschland neu zugelassenen Kraftfahrzeuge aus. Weltweit wächst der Anteil der Dieselfahrzeuge rasch und das bedeutet für die gleiche Leistung mehr als ein Drittel weniger Treibstoffverbrauch.

Sulzer in Winterthur hat 1913 aber auch

die erste Diesel-Lokomotive der Welt

gebaut, die ein 1000-PS-Vierzylinder-Zweitakt-Motor treibt.

In der Bundesrepublik Deutschland sind 1986 von den etwa 10 000 Lokomotiven der Bundesbahn 7350 Diesel-Lokomotiven. In den Vereinigten Staaten, wo praktisch nur Lokalstrecken elektrifiziert sind, leisten Diesel-Lokomotiven 1986 mit mehr als 1140 Milliarden Nettotonnen 97,6 Prozent der Gesamt-Gütertransportleistung der Eisenbahnen. Das bedeutet gegenüber Dampflokomotiven eine viermal bessere Energie-Ausnutzung.

Die Welt-Treibstoffersparnis durch das Diesel-Prinzip

ist enorm. Sie geht weiter, bis ein noch besseres Prinzip gefunden wird. In den Jahren 1900 bis 1985 sind mindestens vier Milliarden Tonnen Öl durch Rudolf Diesel erspart worden. Im Durchschnitt der Jahre 1900 bis 1970 hat der Ölpreis 20 Dollar die Tonne betragen, 1970 bis 1985 dann durchschnittlich 240 Dollar. Damit ist das ersparte Öl etwa 300 Milliarden Dollar wert. Weit wichtiger aber ist der Energie-Wert, der sich aus der Wirkungsgradverbesserung ergibt: Vier Milliarden Tonnen Mineralöl entsprechen 44 Billionen Kilowattstunden, dem fast Fünffachen der heutigen Welt-Stromerzeugung eines Jahres. Natürlich hat Diesel den Dieselmotor nicht allein geschaffen, so wenig wie Watt allein die Dampfmaschine zustandegebracht hat. Krupp und die Augsburger Maschinenfabrik haben sehr hohe Kosten getragen, stets muß zum Erfindergeist risikobereiter Unternehmungsgeist treten und Diesel hatte auch zahlreiche technische Helfer. Aber ursächlich bleibt die Idee, die eine neue Entwicklung in Gang bringt. Was diese „wert“ ist, ist im Fall Diesels auszurechnen: Setzen wir dessen verwertbare Muskel-Arbeitsleistung, das heißt 100 Kilowattstunden pro Jahr, in einem Schaubild mit einem Millimeter ein, müßten wir schon den bisherigen Energie-Nutzen seiner geistigen Leistung mit 460 000 Kilometern einsetzen, der 1,2fachen Entfernung der Erde vom Mond:

Wie sich ein Millimeter zu 460 000 Kilometern verhält,
so die Muskelkraft zur schöpferischen Geisteskraft.

Eine ähnliche Rechnung wie für das Diesel-Prinzip könnte man auch für das Haber-Bosch-Verfahren der Luftstickstoff-Bindung aufstellen *(→ 7. August 1903),* das jetzt alljährlich etwa eine Milliarde Menschen satt macht.

Machte und macht das Diesel-Prinzip die Welt reicher, so haben seine Lizenz-Einnahmen auch Rudolf Diesel selbst zum vielfachen Millionär gemacht. Nun gründet er eine Motorenfabrik und muß Unsummen an Vertragsstrafen bezahlen, weil er nicht rechtzeitig liefert, ständig seinen Motor verbessert, dessen Wirkungsgrad schon zu seinen Lebzeiten von 26,2 auf 34,8 Prozent steigt. Diesel kauft in Galizien „Ölfelder", die keine sind. Er läßt sich in München auf Grundstücks-Spekulationen ein, die ihn Millionen kosten und kauft wertlose amerikanische Aktien. So hat er, als er zur Eröffnung einer neuen, großen Dieselmotoren-Fabrik nach England reist, sehr viele Sorgen. Auf der Überfahrt von Antwerpen nach Harwich stürzt er in der Nacht vom 29. auf den 30. September 1913 ins Meer. Wie, ist nie genau geklärt worden. Aber daß Diesel, wie behauptet worden ist, nicht Selbstmord begangen hat, ist wenig wahrscheinlich. Jedenfalls wirkt seine Wärmemaschinen-Rationalisierung weiter und was Carnot 1824 gefordert hat, ist heute verwirklicht. Wieviel Arbeitsplätze Diesel geschaffen hat, ist nicht bekannt, in Deutschland sind es 1928 bereits unmittelbar, im Dieselmotorenbau, 40 000 gewesen. Aber unzweifelhaft hat Diesel neue Lebensmöglichkeiten für Unzählige geschaffen und damit den echten Reichtum der Welt vermehrt.

1902

Wenn, was der Mensch erzeugt, nicht von selbst verschwindet und das heute noch weitgehend ungelöste Abfall-Problem unsere Umwelt schwer belastet, so steht in der Natur dem Stoff-Aufbau stets auch der entsprechende Abbau gegenüber. Zu den häufigsten Naturvorgängen gehört deshalb neben der Gärung *(→ 1747)* die Fäulnis, die anaerobe (unter Abwesenheit von Sauerstoff erfolgende) Zersetzung organischer Substanzen. Fast immer ist das zu riechen, werden dabei auch Gase freigesetzt. Beim Verfaulen der Zellulose pflanzlicher Überreste das „Faulgas", das in Sümpfen wie im Magen der Wiederkäuer, in Jauche- und Senkgruben wie in den Faultürmen der Kläranlagen entsteht und das

ein hervorragender Bio-Energieträger

ist, weil es wie Erdgas vorwiegend aus Methan besteht. Neben durchschnittlich 70 Prozent Methan enthält das Faulgas etwa 20 Prozent Kohlendioxyd und 8 Prozent Wasserstoff. Sein Heizwert beträgt mit durchschnittlich 4700 Kilokalorien (25 000 bis 35 000 Kilojoule) pro Kubikmeter um rund 900 Kilokalorien mehr als der des Methanols. Gegenüber dem Alkohol *(→ 1975)* hat das Faulgas den Vorteil, daß es aus Abfall entsteht und keine nennenswerte Energie-Investition erfordert, während die Alkohol-Destillation nur in Sonderfällen einen Energie-Gewinn erbringt. Allerdings entsteht genügend Methan durch Fäulnis nur, wenn genügend „Archae-Bakterien" vorhanden sind, die so heißen, weil sie bereits in der nur Kohlenstoff und Wasserstoff und keinen Sauerstoff enthaltenden Ur-Atmosphäre der Erde *(→ vor etwa 3 Milliarden Jahren)* gediehen. Auch heute können Methan-Bakterien nur dort leben, wo bereits andere Mikroorganismen allen freien Sauerstoff verbraucht haben.

Daß nur anaerobe Zersetzung Methan ergibt, ist erst seit 1902 bekannt. Das Faulgas kennt man seit Jahrtausenden, aber erst 1828 sucht der Berliner Fabrikant Franz Reinmann beim Königlich-Preußischen Innenministerium um die Bewilligung nach,

das Gas der Fäkaliengruben

aufzufangen und zur Straßenbeleuchtung zu verwenden. Sein Antrag wird abgelehnt, denn die Behörde hat 1826 für die preußische Hauptstadt Berlin einen Vertrag mit der „Imperial Continental Gas Association" in London geschlossen. Wie sich gegen die Kohlengas-Beleuchtung *(→ 1792 bis 1814)* das Erdgas *(→ 1884)* nicht durchsetzt, so das Bio-Gas noch weniger. Wenn ab Mitte des vorigen Jahrhunderts zahlreiche Abwasser-Kläranlagen entstehen und 1873 Alexander Müller ein Patent auf sein biologisches Reinigungs-Verfahren erhält, so beruht dieses wie die verbesserten und im großen angewendeten Verfahren auf der „Schlamm-Belebung durch Bio-Aeration". Das heißt, in die Klärbecken wird Luft eingeblasen, um die Vermehrung der Mikroorganismen zu beschleunigen. Sie reinigen das Wasser wie gewünscht, aber ohne nutzbare Gaserzeugung.

Daß die Sauerstoff benötigenden Bakterien nur die Vorarbeit für die Methan produzierenden Bakterien leisten, entdeckt Wladimir Omelianski im damaligen St. Petersburg erst 1902. Er gewinnt aus mit Pferdemist vermengtem Flußschlamm der Newa Reinkulturen von Methan-Bakterien, baut eine Versuchsanlage, die nach einer Anlaufzeit von 45 Tagen kontinuierlich Gas liefert. Aber der Fermentationsprozeß ist stark temperaturabhängig. In Rußland ist es für genügende Gasmengen zu kalt und so hat die Entdeckung Omelianskis praktisch keine Folgen. Erst 1920 entsteht im Ruhrgebiet

eine Großanlage zur Biogas-Erzeugung

aus Klärschlamm. In England gewinnt die Stadt Worcester seit 1937 im Tagesdurchschnitt 1830 Kubikmeter Methan zur Kesselheizung, liefern die Methan-Bakterien 1,25 Millionen Kilowattstunden Strom.

Weit mehr Methan als aus Abwasser kann aus Viehdung gewonnen werden. Als es 1973 zur Verfielfachung der Ölpreise kommt und auch die Erdgaspreise steigen, wird in den USA die Firma „CRAP" gegründet („Calorific Recovery Anaerobic Process Incorporation"). Sie erwirbt für drei Dollar die Tonne den Dung von drei Rindermast-Farmen, die zusammen etwa 100 000 Tiere füttern, und verkauft das in ihrer Großanlage in Guymon, Oklahoma, erzeugte Faulgas 1978 an die „People's Gas Co." in Chicago, die es in ihre Naturgas-Leitung einspeist. Die täglich etwa 500 Tonnen Viehmist ergeben durchschnittlich 45 000 Kubikmeter Bio-Gas und als Rückstand Düngemittel mit dem doppelten Stickstoffgehalt von Kompost.

Solche Nutzvieh-Konzentrationen gibt es nur in den USA. Aber auch in England kommt 1980 in Bore Place, Chiddingstone, eine Anlage in Gang, die umgerechnet 240 000 DM kostet und durch den Dung von 320 Kühen Methan zur Erzeugung von 25 Kilowatt Elektrizität und 33 kW Wärme liefert, zusammen rund eine halbe Million Kilowattstunden Bio-Energie jährlich. Der jährliche Geldertrag wird mit 18 000 DM für den Strom und 9000 DM für den Dünger angegeben, was 11,25 Prozent Kapitalverzinsung entspricht. In Schweizer Bauernhof-Anlagen wird

1980 im Durchschnitt je Großvieh-Einheit (= Kuh ab zwei Jahren) eine Jahres-Gasausbeute erzielt, die 2600 kWh entspricht und 225 kg Heizöl gleichkommt. Für die Dritte Welt ist der Kapitalbedarf viel zu hoch, doch gerade für sie könnte das Bio-Gas einen entscheidend wichtigen Beitrag zur Energieversorgung leisten. Denn gut eine Milliarde Menschen deckt hier den Großteil ihres Bedarfes aus nicht-kommerziellen Energieträgern wie Holz und getrocknetem Viehmist. In den Statistiken taucht dies nicht auf, aber durch den Multiplikationsfaktor ergeben sich gewaltige Mengen, die entsprechend verheerende Wirkungen haben. Die durch das hemmungslose Abholzen und Ausreißen jeden Strauches ausgelöste Erosion und die durch das Verbrennen des Dunges sinkenden Agrarerträge führen zur Versteppung, zur Wüstenbildung und zu Hungersnöten. In den meisten Entwicklungsländern gibt es auf je zwei Menschen ein größeres Haustier, und drei bis fünf Tiere genügen, um eine Familie mit Bio-Gas zum Kochen und zur Beleuchtung zu versorgen. In China existieren heute etwa 400 000, wenn auch primitive Faulgas-Sammelanlagen, in Indien mit seinen etwa 240 Millionen Rindern aber nur etwa 40 000. Es müßte zumindest in jedem indischen Dorf eine Anlage geben — also über 600 000.

Auch in den Industrieländern ist die Biogas-Nutzung sinnvoll, weil sie Abfälle beseitigt, aber Biomasse-Energie als Alternative zur Kernenergie zu propagieren, als Lösung des Mineralöl-Problems oder der Luftverschmutzung durch Kohle, ist unsinnig. Denn nicht, daß

200 Milliarden Tonnen Biomasse jährlich gebildet

wird, ist entscheidend, sondern wieviel davon durch Bio-Konversion, durch Vergärung oder Fermentierung in Energieträger umgewandelt werden kann, die nicht mehr Energie-Aufwand erfordern, als aus ihnen an Wärme oder mechanischer Arbeit freizusetzen ist. Entscheidend ist weiter, ob genügend Raum für die Pflanzen und Tiere zur Verfügung steht, welche die Biomasse bilden.

Die Viehmist-Produktion der Vereinigten Staaten

wird auf jährlich etwa 300 Millionen Tonnen geschätzt. Aber selbst wenn dieses Gesamt-Aufkommen in Bio-Gas verwandelt würde, wären das nur 5 Prozent des heutigen amerikanischen Erdgas-Verbrauches. Nur um den Wärmebedarf der privaten US-Haushaltungen mit Bio-Gas zu decken, müßten pro Familie etwa 30 Stück Großvieh gehalten werden, mindestens drei Milliarden Tiere.

1903 — 7. August

Wenn es die heutige Weltbevölkerung nur dank der Agrikultur-Chemie gibt, die Justus Liebig 1840 begründet, die rationelle agrarische Sonnenenergie-Nutzung ohne Mineraldünger undenkbar ist, so setzt dieser natürlich entsprechende Grundstoffe voraus. Nur zwei Generationen nach der Begründung der Mineraldünger-Industrie aber, im Jahr 1898, erklärt der englische Chemie-Professor William Crookes, es drohe

eine akute Welt-Hungersnot,

falls nicht rasch für den wichtigsten Pflanzen-Nährstoff, für Stickstoff-Düngemittel, gesorgt werde. Er rechnet der Royal Society vor, daß damals allein die Welt-Weizenernten dem Boden alljährlich mehr Stickstoff entziehen, als ihm zugeführt wird. Schon längst reicht der Stalldünger nicht mehr aus und der von der Natur in Form von Salpeter gebundene Stickstoff wird nun so rapide abgebaut, daß die Vorräte binnen 10 bis 20 Jahren verbraucht sein müssen. Die meisten Guano-Lager sind bereits verbraucht. Wenn die Chemie nicht eine neue Stickstoffquelle erschließt...

Die naturgegebene Quelle ist die Luft. Denn sie besteht ja zu 78 Prozent aus Stickstoff, und über jedem Hektar der Erdoberfläche, ob Festland oder Meer, ruht eine Luftsäule, die 79 000 Tonnen Stickstoff enthält. Da eine gute Ernte dem Boden je Hektar nur etwa 100 kg Stickstoff entzieht, ist

die Luft eine praktisch unerschöpfliche Fruchtbarkeitsquelle,

die zudem durch den Stickstoff-Kreislauf der Natur ständig ergänzt wird. Nur widersetzt sich der Luft-Stickstoff allen Versuchen, ihn chemisch zu binden.

Aber bindet die Natur nicht riesige Mengen von Stickstoff durch elektrische Entladungen? Und hat nicht schon 1672 Gottfried Wilhelm Leibnitz mit Hilfe der Elektrisiermaschine Otto von Guerickes *(→ 1663)* künstlich elektrische Funken hergestellt?

Man nimmt an, daß durch atmosphärische Entladungen, vor allem durch Blitze, jährlich etwa hundert Millionen Tonnen Luft-Stickstoff zu Stickstoffoxyd gebunden werden. Auf der Erde gewinnt Henry Cavendish dieses Gas durch elektrische Entladungen bereits 1784. Entsprechende Versuche mit elektrischen Flammenbögen machen 1896 die Deutschen Schönherr und Hessberger sowie die Amerikaner Bradley und Lovejoy. Nur ist die Ausbeute nicht nennenswert. Viel zu wenig Luft kommt mit der elektrischen Entladung in Berührung.

Aber Kristian Birkeland, seit 1898 Professor der Physik an der Universität Christiania, heute Oslo, hat mit starken Magnetfeldern experimentiert, um eine „elektrische Kanone“ zu bauen, die Geschosse statt mit Sprengstoffgasen magnetisch beschleunigt. Er weiß auch, daß Elihu Thomson 1890 die Wirkung von Magnetfeldern auf Lichtbögen entdeckt hat. Als ihm Sam Eyde im Februar 1903 das Stickstoff-Weltproblem und die mißglückten Versuche mit Lichtbögen schildert, hat er seine große Idee: Birkeland zieht durch zwei Gleichstrom-Magnetfelder einen Lichtbogen halbkreisförmig zu einer Scheibe auseinander und schafft so am 7. August 1903

eine „elektrische Sonne" von 3500° C Hitze

und zwei Meter Durchmesser, durch die er Luft bläst. Zuerst ein halbes, schließlich aber zwei Prozent des Luft-Stickstoffs verbinden sich mit dem Luft-Sauerstoff zu Stickoxydgas. Dieses wird in Oxydationstürmen mit Wasser in 50prozentige Salpetersäure verwandelt und mit Kalkstein zu Kalksalpeter, zu „Norge-Salpeter" verarbeitet.

Die ersten 900 Kilogramm dieses Mineraldüngers werden 1903 gewonnen. Daß Sam Eyde 1905 die Firma „Norsk Hydro" gründet und im gleichen Jahr in Notodden in Telemarken die industrielle Produktion von „Norge-Salpeter" aufgenommen werden kann, ist eine außerordentliche Leistung, denn Norwegen ist damals ein sehr armes Land, die Kapitalbildung ist minimal, immer mehr Norweger wandern nach Amerika aus. Sam Eyde aber, der Sohn eines Schiffs-Kapitäns, der in eine reiche Reeder-Familie eingeheiratet hat, weiß, daß Norwegen ein „Zukunftsland" ist, durch seine riesigen Wasserkräfte ungleich energiereicher als die meisten anderen europäischen Länder. Er hat nach seinem Studium in Deutschland in Norwegens Hauptstadt ein Ingenieurbüro eröffnet, auch im Ausland Straßen und Brücken gebaut, unaufhörlich aber auf den Ausbau der norwegischen Wasserkräfte gedrängt. Besonders seit dem Bau des Niagara-Kraftwerks im Jahr 1895 hat er dem schwedischen Bankier Markus Wallenberg die Gewinnchancen vorgerechnet, die der Export norwegischen Stromes und seine Verwendung zur Aluminiumgewinnung bedeuten könnten. Nun gibt es durch das Birkeland-Eyde-Verfahren selbst die Möglichkeit,

Gewinn aus der Luft

zu ziehen. Das überzeugt Wallenberg, der in Frankreich und Deutschland das nötige Kapital beschafft. Das Werk Notodden entsteht und 1907 kann der 127 Meter hohe „Rjukan Foss", der „rauchende Fall" des Monelv, ausgebaut, sein Wasser durch Tunnel drei Kraftwerken zugeführt werden, die mit 390 000 Kilowatt lange die größten der Welt sind. Rasch steigt die Jahresproduktion von „Norge-Salpeter" auf 70 000 Tonnen.

Das Birkeland-Eyde-Verfahren bleibt allerdings auf Norwegen beschränkt, weil nirgendwo sonst der Strom billig genug ist, um auch 2 Prozent Stickstoff-Ausbeute rentabel zu machen und lange eine Kilowattstunde nur 65 Gramm Luft-Salpeter liefert. Die Suche nach chemischen Stickstoff-Bindemethoden geht weiter und am 2. Juli 1909 erreicht Fritz Haber, Chemieprofessor in Karlsruhe, mit Hilfe eines Osmium-Katalysators, hohem Druck und hoher Temperatur in seinem Laboratorium

die Bindung von Stickstoff an Wasserstoff,

die Herstellung von 80 Gramm Ammoniak (NH_3) aus der Luft.

Ehe es Carl Bosch in der Badischen Anilin- und Sodafabrik in Ludwigshafen gelingt, aus diesem Laborversuch ein großtechnisch anwendbares Verfahren zu machen, muß die Hochdruck-Chemie geschaffen werden. Dazu sind neue Baustoffe, völlig neuartige Kompressoren und Regelgeräte notwendig. Aber erst nach vielen ergebnislosen Versuchen werden brauchbare Katalysatoren entdeckt und 1913 bis 1914 in Oppau die ersten 36 000 Tonnen Synthese-Ammoniak aus der Luft gewonnen. 1916 kann der Bau der Leuna-Werke bei Merseburg beginnen und 1928 haben beide Anlagen zusammen eine Jahreskapazität von 450 000 Tonnen Stickstoff-Düngemitteln. Stehen der Welt im Jahr 1900 insgesamt 280 000 Tonnen Rein-Stickstoff zur Verfügung, so 1987 über 79 Millionen Tonnen. Da ein Kilogramm Stickstoff im Durchschnitt 18 kg Mehr-Ernten bringt, bedeutet die Luftstickstoff-Bindung

> *mehr als eineinviertel Milliarden Tonnen zusätzliche Nahrung jährlich, buchstäblich „Brot aus der Luft" für gut eine Milliarde Menschen und deren Nutztiere.*

Diese Stickstoff-Bindung aber ist nur durch den Einsatz von Wasserstoff-Mengen möglich, wie sie sich bis 1910 niemand vorzustellen vermag. 1926 braucht die Syntheseanlage in Oppau neben 360 Millionen Kubikmeter reinem Stickstoff dreimal so viel Wasserstoff, 1085 Millionen Kubikmeter. Was diese Menge bedeutet, wird erst klar, wenn man sie mit den 3660 Millionen Kubikmetern Leuchtgas-Jahresleistung aller damaligen Kokereien und Gaswerke des Deutschen Reiches vergleicht. Erst durch die Luftstickstoff-Industrie kann Wasserstoff mit Methoden erzeugt werden, die ihn auch als Energieträger interessant machen, und zu den durch Luftstickstoff gewonnenen riesigen Mengen Nahrungs-Energie wird morgen auch aus Wasser gewonnener Wasserstoff treten, Energie, die einem Kreislauf entspringt und damit unerschöpflich ist.

1903 — 17. Dezember

Beruht die Schiffahrt *(→ um 7 250 v. Chr.)* darauf, daß der Schwerkraft *(→ 1666 bis 1687)* der Auftrieb entgegenwirkt und die Ballon-Luftfahrt darauf *(→ 15. Oktober 1783)*, daß der Auftrieb nicht nur im Wasser, sondern auch in Gasen wirkt, warme (leichtere) in kalter (schwererer) Luft aufsteigt, so gibt es neben diesem „statischen" auch den „dynamischen" Auftrieb. Er entsteht, wenn ein Tragflügel mit einem gewissen Anstellwinkel derart durch die Luft bewegt wird, daß seine Vorderkante etwas höher liegt als seine Hinterkante. Dabei werden immer neue Luftmassen erfaßt und nach unten gedrückt. Durch diese Luftverdichtung an der Unterseite des Flugzeuges resultiert eine nach oben gerichtete Kraft,

die Tragkraft.

Genügend dieser Tragkraft zu schaffen, erweist sich als sehr schwierig. Den Wind-Propeller erfindet Jakob Leupold zwar bereits 1726 *(→ 1736 bis 1738),* Otto Lilienthals bahnbrechende Gleitflug-Versuche (die ihn 1896 das Leben kosten) haben 1891 begonnen und am 10. Mai 1897 hat in Satory der Franzose Clément Ader in seinem „Avion No. 3" mit Hilfe zweier Miniatur-Dampfmaschinen drei Meter und 40 Zentimeter Höhe erreicht. Praktische Folgen hat dieser Flug nicht. Erst den Amerikanern Orville und Wilbur Wright gelingt

die entscheidende Verminderung des „toten" Gewichts,

die der modernen Luftfahrt zugrunde liegt. Sie bauen einen 12-PS-Motor, der 86,4 kg wiegt, 7,2 kg je PS-Leistung also, während der Benzinmotor von Carl Benz 1879 noch 200 kg, der Gottlieb Daimlers 1883 noch 40 kg je PS gewogen hat (und man 60 Jahre nach den Wrights bei 430 Gramm je PS angelangt ist). Die Wrights haben ihren Zylinderblock und ihr Kurbelgehäuse in einem einzigen Aluminium-Gußstück untergebracht *(→ 23. April 1886),* haben bei ihrem Doppeldecker von 12 Metern Spannweite wo immer möglich an Gewicht gespart, und so gelingt Orville Wright am 17. Dezember 1903 in Kitty Hawk, Nord-Carolina, ein Flug von 36,6 Metern in ein bis zwei und maximal 3,05 Metern Höhe. Er bleibt 12 Sekunden in der Luft, erreicht eine Stundengeschwindigkeit von 32,18 Kilometern. Am gleichen Tag hält der Auftrieb Wilbur Wright 59 Sekunden über dem Boden, legt er 200 Meter zurück.

Es dauert bis 1905, ehe die Wrights eine Flugzeit von 40 Minuten und eine Distanz von 39 Kilometern ereichen. Und erst am 14. Mai 1908 gelingt Orville Wright

der erste Passagier-Motorflug der Welt.

Am 18. Dezember des gleichen Jahres stellt Wilbur Wright einen Höhen-Weltrekord auf: 100 Meter. Zugleich einen Strecken-Rekord: 127 Kilometer in 2 Stunden, 27 Minuten. Aber der Stein ist nun im Rollen: Zwei Generationen später (1978) gibt es rund 9000 Passagier-Flugzeuge der Welt, die 610 Millionen Personen befördern:

Die Schwerkraft ist praktisch für jedermann überwunden.

Was das gekostet hat, ist nie festgestellt worden. Sir Richard Fairey, Chef der Fairey Aviation Co., rechnet es am 25. Mai 1950 der Royal Aeronautical Society für die Jahre 1903 bis 1948 vor: 256 Milliarden Dollar. Davon 246 Milliarden oder 96 Prozent für die Militär-Luftfahrt.

1903

Seit Mineralöl erbohrt und zu Leuchtpetroleum raffiniert wird *(→ 28. August 1859)*, fällt Schweröl an, das man als Brennstoff zu verwenden sucht. Aber wenn Schweröl auch mit 9425 Kilokalorien pro Kilogramm einen höheren Heizwert als Anthrazit hat, so brennt es doch ebenso schlecht wie Rohöl, weil die nötige Durchmischung mit Verbrennungsluft nicht von selbst zustandekommt.

Dieses Problem löst 1863 der Amerikaner Brydges Adams, indem er das Öl durch Druckluft vaporisiert, das heißt in winzige Tröpfchen verwandelt, die dem Luft-Sauerstoff genügend Angriffsflächen bieten. 1866 verbessert John Ayden diesen ersten

Heizöl-Brenner,

indem er die von James Beaumont Neilson entdeckte Winderhitzungs-Wirkung nutzt *(→ 1824 bis 1828)* und die Druckluft vorwärmt. Das Problem der Druckluft-Erzeugung ist aber noch nicht gelöst, denn Elektromotoren oder kleine Verbrennungsmotoren gibt es ja noch nicht. Dutzende Ölbrenner werden erfunden, auch Ludwig Nobel, der Begründer der russischen Mineralölwirtschaft, konstruiert 1885 einen Schalenbrenner für Schmelzöfen-Feuerungen. Aber Bedeutung — und zwar Weltbedeutung — erhalten erst die

Schiffskessel-Ölfeuerungen,

bei denen gespannter Wasserdampf Masut (Bestandteil des russischen Erdöls) zerstäubt, wie das O. K. Lenz in Baku bereits 1886 vorgeschlagen hat, aber erst 1903 der Chef-Ingenieur der italienischen Kriegsmarine, Adolfo Cuniberti, technisch reif macht. Diese Kesselfeuerung erweist sich durch Verringerung der Bunkerzeit, den geringeren Bunker-Raumbedarf und die praktisch rauchlose Verbrennung der Kohlefeuerung von Kriegsschiffen derart überlegen, daß sie auch die amerikanische und die englische Kriegsmarine einführen. Damit wird

Ölbesitz die Voraussetzung von Seegeltung.

Die englische Regierung finanziert 1905 die Bohrungen William Knox D'Arcy's in Persien *(→ 26. Mai 1908)*, mit denen die Erschließung der Nahost-Vorkommen beginnt, und erwirbt am 20. Mai 1914 die Mehrheit der Anglo-Persian Oil Co. (der heutigen British Petroleum), die damit die erste Staats-Mineralölgesellschaft der Welt wird.

Ist der erste mit Schweröl geheizte Handelsdampfer bereits 1904 in Fahrt gekommen, so wird das erste Hochsee-Motorschiff 1910 in Dienst gestellt. Erfolgt der Schiffsantrieb 1914 zu 3 Prozent mit Mineralöl, zu 89 Prozent mit Kohle und zu 8 Prozent durch den Wind, so sind heute

die Welt-Schiffahrt und damit der Welt-Handel fast hundertprozentig vom Öl abhängig.

Nicht nur als Antriebs-Energie, sondern weitgehend auch als Frachtgut; Mineralöl ist das weitaus wichtigste Massengut der Handelsschiffahrt. Sehr früh beginnt deshalb das Öl auch den Schiffbau zu revolutionieren. Der erste Übersee-Öltransport erfolgt am 12. November 1861, als der Segler „Elisabeth Watts" in Philadelphia eine volle Ladung Erdöl in Fässern für London an Bord nimmt. Den ersten Tanker, den „Zoroaster", läßt Ludwig Nobel 1879 in Göteborg bauen und zerlegt nach Rußland schaffen, wo dieser eiserne 400-Tonnen-Dampfer auf dem Kaspischen Meer Dienst tut. Erster Übersee-Tanker ist Wilhelm Anton Riedemanns „Andromeda", der 1885 rund 2500 Tonnen Mineralöl von Amerika nach Deutschland bringt. Damals verdrängt die Welt-Tankerflotte etwa 7000 Bruttoregistertonnen, hundert Jahre später 159 Millionen Tonnen. Das sind 42 Prozent der gesamten Welthandelsflotte.

Das Öl revolutioniert die Seekriegsführung und die Handelsschiffahrt. Ölfeuerungen für die Wohnungsheizung setzen sich auch in Amerika erst seit Ende des Ersten Weltkrieges durch, vor allem deshalb, weil erst nach 1914 das Automobil zum Massen-Verkehrsmittel wird, dadurch der Benzinbedarf steigt *(→ 1890)* und immer mehr Heizöl zwangsläufig anfällt, das dementsprechend billig verkauft werden kann. Nur weil es ein Koppelprodukt ist, kommt es zum

Siegeszug des Heizöls.

Was mit den 450 000 Ölbrennern zur Raumheizung beginnt, die 1919 bis 1929 in den USA installiert werden. Er endet damit, daß heute in allen Industrieländern der Energieträger verheizt wird, dessen naturgegebenen Vorräte die geringsten sind.

1905

Wenn seit Jahrtausenden versucht wird, die Verbrennung künstlich zu intensivieren und dadurch höhere als die naturgegebenen Temperaturen zu erzielen, es zum Beispiel Blasebälge seit mindestens etwa 1475 v. Chr. gibt, so ist

die Konzentration der Wärmewirkung

auf einen festumrissenen Raum ebenso wichtig. Feuerfeste Baustoffe müssen gefunden werden, ehe Metall- und Glasschmelzöfen gebaut werden können. Und die heutige Schweiß- und Brennschneid-Technik beruht darauf, daß sehr heiße Flammen das Metall nur an den Schweißnähten oder Schnittlinien zum Schmelzen bringen.

„Schweißen" ist vom althochdeutschen „sueizan" = „schwitzenmachen" abgeleitet, bedeutet die untrennbare Verbindung hocherhitzter Metallteile. Sehr früh schon wird Schmiedeeisen geschweißt und bis Ende des 19. Jahrhunderts ist nur Schmiedeeisen auf diese Art zu verbinden: Es wird rotglühend gemacht und zusammengehämmert.

Punktförmig konzentriert können Flammen durch Lötrohre werden *(→ 1475 v. Chr.)*, durch sie sind Temperaturen von 1200 bis 1400° C zu erzielen. Aber erst 1859 entwickelt Henri Sainte-Claire-Deville (der Pionier der Aluminium-Erzeugung) das Lötrohr zu einem Gebläse weiter, durch das ein Gemisch von Leuchtgas und Sauerstoff 1850° C liefert und erstmals Platin geschmolzen werden kann. Aus diesem Gebläse werden Schweißbrenner entwickelt, wird statt Leuchtgas auch Wasserstoff mit Sauerstoff als Hitzequelle verwendet. Dieses Gemisch hat Joseph Priestley bereits 1775 erzeugt und zutreffend „Knallgas" genannt, denn es ist eine hoch-explosive Gasmischung. Zur

Entwicklung der modernen Schweiß-Technik

kommt es erst durch das Zusammenwirken sehr verschiedenartiger Fortschritte: Durch die Dynamomaschine *(→ 1867)* und die öffentliche Stromversorgung *(→ 1882)* kann der Amerikaner Elihu Thomson 1886 die elektrische Widerstands- und im Jahr darauf der Russe Nikolaus Bernarios die Lichtbogen-Schweißung einführen, die Temperaturen bis 3500° C liefert. Seit 1887 wird Aluminium industriell hergestellt *(→ 23. April 1886)* und 1899 erfindet Hans Goldschmidt das „Thermit", ein Gemisch von 25 Prozent Aluminiumpulver und 75 Prozent Hammerschlag (Eisenoxyd), das durch Bariumoxyd gezündet wird und Hitze bis 3000° C erzeugt. Thermit bewährt sich zum Schweißen von Eisenbahnschienen, und Goldschmidt's „Aluminothermie" ermöglicht die Herstellung reiner, kohlenstofffreier Legierungsmetalle mit hohem Schmelzpunkt wie Chrom, Wolfram, Mangan, Molybdän, Vanadium und Titan. Aber sie liefert auch eine neue, furchtbare Waffe, durch sie erreicht die Verwendung des Feuers als Kriegsmittel *(→ 424 v. Chr.)* schließlich 1943 in den Aluminium-Benzin-Brandsätzen, den „Napalm"-Bomben, ihren Höhepunkt.

Für die Schweißtechnik erlangt Thermit keine nennenswerte Bedeutung, wohl aber für eine ganz andere Entwicklung, für die der 1877 von Carl Linde begründeten Kältetechnik. Sie ermöglicht die Verflüssigung der Luft, 1902 die fraktionierte Destillation flüssiger Luft und damit die Massenerzeugung von Sauerstoff. Es gibt nun auch Stahlflaschen, in denen der Sauerstoff unter 100 bis 150 Atmosphären Überdruck gefahrlos überallhin transportiert werden kann. Da ist 1894 die erste Tonne Kalziumkarbid elektrochemisch gewonnen worden, gibt es Acetylen in Stahlflaschen, und Acetylen-Sauerstoff-Flammen liefern Hitze von 3000 bis 4000° C, die auf einen Punkt konzentriert werden kann. Damit ist

das „autogene Schweißen" und das „Brennschneiden"

möglich, das der Franzose Auguste Fouché 1905 einführt und das nach dem griechischen „autogen" oder „authigen" = „an Ort und Stelle" benannt ist. Metalle können nun nicht nur miteinander verschmolzen werden, sondern Sauerstoff unter Druck aus einer feinen Düse geblasen verbrennt auch Eisen und Stahl, schleudert die geschmolzenen Teilchen weg und läßt scharfe Schnitte entstehen. Dient Schweißen lange nur für Reparaturen, so ist es heute ein Produktions-Verfahren, kaum weniger wichtig als die zerspanende Metallbearbeitung. Heute ist kein Eisenbahnwaggon, kein Container, kein Auto und kein Schiff ohne Schweißen herzustellen, kein Dampfkessel und keine Raffinerie. Vor allem aber ist keine Öl- und keine Gas-Rohrleitung zu bauen. Ohne diese aber ist die heutige Energiewirtschaft undenkbar, Mineralöl und Erdgas stellen ja über sieben Zehntel des Gesamt-Energieverbrauchs. Ohne Schweißbrenner gäbe es auch keine Öl- und Gasbrenner. Ein Zusammenhang, an den kaum jemand denkt, der aber lebenswichtig geworden ist.

1905 — 7. Juni

Seit der „Neolithischen Revolution“ *(→ um 18 000 bis 8000 v. Chr.)* werden auf der Erde Ackerbau und Viehzucht betrieben. Beträgt heute in einzelnen Industrieländern der Anteil der agrarisch Tätigen an der Gesamtzahl der Erwerbenden auch nur mehr ein Dreißigstel, so bleibt die Versorgung mit Nahrungs-Energie nichtsdestoweniger die Grundlage unserer Existenz. Nach wie vor aber ist

die Zusammenarbeit der Völker beim Kampf gegen den Hunger

völlig ungenügend: Da ersticken die „Reichen“ in ihren landwirtschaftlichen Überschüssen, während die „Armen“ sie aus Mangel an Kaufkraft nicht erwerben können. Aus dem gleichen Grund stagniert ihre Eigenproduktion, sie müssen ihre Böden erodieren und ihren Viehdung verbrennen, weil sie andere Energieträger nicht haben. Nach wie vor gilt, was Seneca schon 54 n. Chr. ausspricht: „Kein Volk, das hungert, ist der Vernunft zugänglich.“

Ist auch heute die gegenseitige Hilfe bei der Deckung des Nahrungs-Energiebedarfes viel zu gering, so wird aber seit Jahrtausenden dieser Bedarf zur gegenseitigen Ausbeutung benutzt, zum Beispiel versucht, die konzentrierteste Form der Nahrung, das Getreide, zu „cornern“: Ein „Corner“ wird definiert als „Versuch, durch Ankauf der gesamten verfügbaren Menge einer bestimmten Warengattung den Preis dieser Ware zu bestimmen“. Bereits um 1300 v. Chr. bringt Joseph, der Sohn des Patriarchen Jacob, dem Alten Testament zufolge einen Getreide-„Corner“ zustande, der das gesamte Volk Ägyptens zu Leibeigenen des Pharao macht. Aus dem Jahr 235 v. Chr. stammt der „Corner“ Kleomenes’, des vertriebenen Königs von Sparta, der das gesamte Export-Getreide Ägyptens in seine Hand bringt, um in Griechenland eine Hungersnot auszulösen. Er tötet dadurch „doppelt so viele seiner Feinde, als er bei Selasia Krieger verloren hat“. Bei diesen Spekulationen bleibt es. Im September 1888 treibt Benjamin B. Hutchinson an der Börse von Chicago den Weizen-Preis von einem auf zwei Dollar das Bushel und verdient daran 15 Millionen. Die europäischen Weizen-Käufer kostet das 200 Millionen Dollar, in Rußland gibt es eine Hungersnot, weil durch den Rekord-Preis weit mehr als die Überschüsse an Getreide ausgeführt worden sind. Im Mai 1898 treibt Joe Leiter den amerikanischen Weizen-Preis um einen Dollar 7 Cents hoch. Das kostet die europäischen Importeure exakt 223,6 Millionen Dollar und treibt den Brotpreis weltweit hoch, denn längst richten sich nun alle Getreidebörsen nach der von Chicago. In Berlin zum Beispiel steigt die Weizen-Notierung zwischen Oktober 1894 und Mai 1898 von 120 auf 260 Mark die Tonne.

Aber dagegen wird nun etwas getan: Der amerikanische Kaufmann David Lubin in Sacramento, Kalifornien, erkennt:

> *„Ohne stabile Agrar-Preise ist eine prosperierende Weltwirtschaft unmöglich, und bisher hat noch jede Agrar-Krise zu Finanz- und Industrie-Krisen geführt."*

Lubin überlegt auch, was gegen die immer wildere Spekulation getan werden kann. Eine neutrale, internationale Zentralstelle muß rasch alle für die Preisbildung wichtigen Daten bekanntmachen. Aus zu „Cornern" verwendbaren Insider-Informationen müssen jedermann zugängliche Berichte werden, die vor allem auch den rechtzeitigen Ausgleich zwischen Überschuß- und Mangel-Regionen ermöglichen. Weiterhin muß alles Wissen gepoolt, müssen die Schädlings-Bekämpfung und die Bekämpfung von Pflanzenkrankheiten international organisiert werden. Dazu hat es Versuche bereits gegeben.

Die erste internationale Agrar-Zusammenarbeit

ist durch eine Wirtschafts-Katastrophe, den drohenden Untergang des europäischen Weinbaus durch die Reblaus, ausgelöst worden: Am 17. September 1878 kommt es in Lausanne zur „Konvention über den gemeinsamen Kampf gegen die Filoxera". 1887 wird ein internationales Pflanzenschutz- und 1889 ein Vogelschutz-Abkommen geschlossen. Seit 1898 setzt David Lubin sein beträchtliches Privatvermögen dafür ein, um aus diesen sporadischen Übereinkünften eine Welt-Landwirtschaftsorganisation zu schaffen. Er gewinnt zahlreiche Prominente für seine Ideen, weil vor allem auch der damalige

Mangel an internationalen Agrar-Statistiken

immer untragbarer wird und nationale Statistiken weitgehend ebenso fehlen. Die erste Schätzung der Anbauflächen im Deutschen Reich zum Beispiel stammt aus dem Jahr 1878, das Gesetz, das die Feststellung der Getreide-Vorräte vorschreibt, wird im Mai 1914 erlassen. Daß im Ersten Weltkrieg (dem Reichs-Gesundheitsministerium zufolge) 762 796 Deutsche verhungern, liegt nicht nur am Arbeitskräfte- und Mineraldünger-Mangel, sondern auch an mangelnder Organisation, die weitgehend auf den Mangel an richtigen Zahlen zurückgeht.

Zu den Leuten, die Lubin überzeugt, gehört König Victor Emanuel III von Italien, der 1902 den Ersten Internationalen Agrar-Kongreß nach Rom einberuft. Drei Jahre intensiver Vorbereitungsarbeit folgen, und am 7. Juni 1905 wird von den Delegierten aus 40 Staaten, in denen damals 90 Prozent aller Menschen leben,

der Gründungs-Vertrag des Internationalen Landwirtschafts-Instituts

unterzeichnet. In der Villa Borghese in Rom beginnt, von einem Generalsekretär koordiniert, die Arbeit von 104 aus 30 verschiedenen Ländern stammenden Experten. Welche Schwierigkeiten diese zu überwinden haben, ist heute kaum mehr vorstellbar, aber sie bringen die ersten international vergleichbaren Agrar-Produktions- und Verbrauchsziffern zustande. Sie organisieren die ersten Agrar-

Fach-Kongresse, und schließlich besitzt das Institut einen in 27 Kommissionen unterteilten wissenschaftlichen Beirat, der unzählige praktisch wertvolle Arbeiten über landwirtschaftliche Fragen veröffentlicht. Als es 1918 zur Gründung des Völkerbundes kommt, bleibt das Internationale Landwirtschafts-Institut eine neutrale, von politischen Einflüssen freie Organisation, die sich — ähnlich wie der Welt-Postverein — nur ihrer klar definierten Aufgabe der Wissens-Koordination und der Information widmet.

Der Zweite Weltkrieg ändert das. Die fällige Generalversammlung des Instituts findet im Mai 1940 im damals noch neutralen Rom statt. Die Arbeit geht bis 1945 weiter, aber die Vereinigten Staaten haben bereits sechs Monate vor ihrem Kriegseintritt, im Juli 1941, ihre Vertreter zurückgezogen und ihre Finanzbeiträge eingestellt. Die USA machen aus der neutralen Agrar-Organisation eine der Sieger. Diese wird im Mai 1943 auf der UN-Vorbereitungs-Konferenz in Hot Springs geplant. Im Januar 1944 wird die UNRRA-Abteilung POFA (= „Permanent Organization Food & Agriculture") gegründet und seit dem 16. Oktober 1945 gibt es die FAO als Unterorganisation der Vereinten Nationen. Der Vertrag von 1905 wird von den USA und 52 ihrer Verbündeten am 8. bis 9. Juli 1946, der letzten Generalversammlung des Internationalen Landwirtschafts-Institutes, aufgehoben. Niemand erwähnt heute mehr David Lubin und niemand weiß heute noch, wer die großen Getreide-Corner unmöglich gemacht hat, lange bevor es die Überproduktion gibt, durch die sie heute unmöglich sind.

Immerhin sind sich 1943 auch die Teilnehmer an der Hot Springs-Konferenz über folgende Grund-Tatsachen einig: „Mindestens zwei Drittel der Menschen sind unterernährt oder falsch ernährt. Durch moderne Produktionsmethoden ist es durchaus möglich, genügend Nahrungsmittel der richtigen Art für alle Menschen zu erzeugen. Nur ist es mit der Produktion allein nicht getan. Der ungenügende Verbrauch kann nur durch eine expansive Weltwirtschaft erhöht werden, in der nicht nur jede einzelne Nation eine Rolle spielt, sondern alle eng zusammenwirken."

Das tun sie aber nicht. Das Agrar-Problem bleibt ein Kaufkraft-Problem, denn kein Bauer kann für den Markt produzieren, wenn es keinen gibt und Dutzende von Regierungen die Agrarpreise zugunsten ihrer Großstadt-Bevölkerungen festsetzen. „Kaufkraft aus dem Nichts" könnte heute geschaffen werden, aus dem ungenutzten Stickstoff der Luft wie dem ungenutzten Wasser der Weltmeere und dem ungenutzten Boden der Trockengebiete *(→ 1920 und → 1968)*. Aber das müßten die „Reichen" finanzieren und diese betreiben „lokale" Agrarpolitik. Sie produzieren unverkäufliche Überschüsse, welche die Steuerzahler 1987 (dem US-Handelsministerium zufolge) in den EG-Ländern 26 Milliarden Dollar, in den USA 25 Milliarden und in Japan 10,5 Milliarden an Subventionen kosten. Die durch überhöhte Preise die Verbraucher der EG mit weiteren 41 Milliarden Dollar belasten, die der USA mit 6 Milliarden. Verglichen mit den heutigen Agrar-Politikern sind die Leiter und Hutchinsons der „Corner"-Zeiten harmlose Amateure gewesen.

1906

Die Bedeutung der Landwirtschafts-Mechanisierung erkennt Richard Trevithick bereits 1802. Der Dampf-Pflug setzt sich 1855 bis 1862 durch, kommt aber nur für Groß-Güter in Frage.

Maschinen-Hilfe für die Masse der Landbau Treibenden

gibt es erst im 20. Jahrhundert. Zwar wird die Bezeichnung „Tractor" erstmals 1890 in einem George H. Harris in Chicago erteilten Patent gebraucht, aber der acht Jahre später in Marion, Ohio, gebaute erste Benzin-Traktor setzt sich so wenig durch wie die von einem Otto-Motor getriebene deutsche Zugmaschine John Froehlichs oder eine englische, 1897 von der Royal Agriculture Society prämierte. Erst 1906 haben Charles W. Hart und Charles H. Parr in Charles City, Iowa, mit ihrem Benzin-Traktor Erfolg. 1910 gibt es in den USA 56 Hersteller von

Zugmaschinen mit Verbrennungsmotoren.

In diesem Jahr beträgt der Weltbestand an Traktoren etwa 12 000, zwei Generationen später (1980) sind es über 20 Millionen. Diese Maschinen ermöglichen die Bearbeitung von Böden, für die Zugtiere nicht stark genug sind und setzen riesige Futterflächen frei. Da für jedes Pferd etwa 1,6 Hektar gebraucht werden, können an dessen Stelle zwei Kühe oder sechs Kälber gehalten werden, die auch wesentlich mehr Dünger als ein Pferd liefern und so den Hektarertrag steigern. Insgesamt hätte die 1980 auf zwei Milliarden PS geschätzte Welt-Traktor-Leistung doppelt so große Futterflächen erfordert, als es heute Ackerland auf der Erde gibt.

Seit den zwanziger Jahren vorwiegend mit Diesel- statt mit Benzin-Motoren betrieben *(→ 17. Februar 1897)*, nicht länger mit eisernen Greiferrädern versehen, sondern luftbereift (und damit auch als Straßenfahrzeug verwendbar), werden die Traktoren immer stärker, leisten sie zum Beispiel in den USA im Durchschnitt 1985 mit 120 PS das Sechsfache von 1935. Dementsprechend steigt natürlich auch der Treibstoffbedarf — und die Abhängigkeit der Ernährung aller kein Öl besitzender Länder von fremden Zufuhren. Der Welt-Traktoren-Treibstoffbedarf wird jetzt auf etwa 180 Millionen Tonnen jährlich geschätzt, das entspricht der Welt-Mineralölförderung des Jahres 1927.

1907 — 14. Mai

Wenn der Begriff „Energie“ aus dem Jahr 1826 stammt und seit 1842 feststeht, daß Energie nicht entsteht und nicht vergeht, sondern etwas „Ewiges“ ist, das sich nur ständig wandelt, so behauptet Albert Einstein 1905

die Identität von Materie und Energie

und erklärt: „Körperlich greifbare Materie kann aufgefaßt werden als eine Art höchst kondensierter Form der Energie.“ Er stellt das „Masse-Energie-Gesetz“ auf und veröffentlicht am 14. Mai 1907 seine Energieformel $E = m \cdot c^2$ (wobei m die Masse und c die Lichtgeschwindigkeit bedeutet). Einsteins Berechnungen ergeben, daß die Verringerung der Masse um ein Gramm 9 mal 10^{20} erg Eigen-Energie freisetzt: Jedes Gramm eines x-beliebigen Stoffes, gleich, ob brennbar oder nicht, leicht, schwer, kostbar oder in unermeßlichen Mengen vorhanden, besitzt etwa 25 000 Kilowattstunden „Eigenenergie“. Jeder Wassertropfen zum Beispiel enthält genug „inneratomare“ Energie, um das gleiche zu leisten wie 5000 schwerarbeitende Männer während eines Jahres. Verbrannt entspricht ein Kilogramm Kohle etwa 12 Kilowattstunden. Sein Eigen-Energiegehalt hingegen kommt 25 Milliarden Kilowattstunden gleich.

Daraus zieht Dr. Karl Kurz in seiner in München erschienenen Untersuchung „Radiumwert in der Natur“ 1908 den Schluß, die Kohle werde als Energieträger durch Uranium ergänzt und schließlich verdrängt werden. Durch Einsteins Berechnungen wird bestätigt, was Rutherford 1904 über die Atom-Eigenenergie gesagt hat, und die Nuklear-Physik erhält neue Impulse. Heute wird diese immense Energie genutzt, allerdings auch in Form der Atom-Bomben, zu deren Herstellung Albert Einstein am 2. August 1939 in einem Brief an Präsident Franklin D. Roosevelt aufgefordert hat *(→ 21. Dezember 1938).*

1908 — 26. Mai

Es gibt viele Krisenherde auf der Welt, aber keinen auch nur annähernd gleich gefährlichen wie den, den der Nahe Osten bildet. Denn hier treffen labile Machtverhältnisse mit virulentem Völkerhaß zusammen und nur diese Region besitzt

ungeheure Energieträger-Vorräte ohne nennenswerten Eigenverbrauch.

Nur das Nahost-Öl vermag relativ langfristig den Bedarf der Industrieländer zu decken.

Bekannt sind das Mineralöl und das Erdgas der Länder rund um den Persischen Golf seit Jahrtausenden. Auf den vom Blitz und später von klugen Priestern entzündeten, riesigen Erdgas-Fackeln dieser Region beruhen der Feuerkult und die Licht-Religion, die Zarathustra um 500 v. Chr. begründet. Die erste wissenschaftliche Beschreibung der Nahost-Ölvorkommen veröffentlicht der britische Archäologe und Geologe W. K. Loftus 1855, vier Jahre vor der Ölbohrung in Titusville *(→ 28. August 1859),* durch die die amerikanische und durch diese wiederum die Welt-Mineralölwirtschaft entsteht. Das Nahost-Öl bleibt lange uninteressant, denn in Amerika scheint es mehr als genug Öl zu geben und ehe das hier investierte Kapital nicht amortisiert ist, sind neue Vorkommen nicht erwünscht. Außer sie bedeuten nicht nur Gewinn-Chancen, sondern auch Macht. So kommt es zur

Erschließung der Nahost-Ölvorkommen durch die Goldfunde in Australien und Englands Widerstand gegen den Seemachts-Anspruch des Deutschen Reiches.

Da suchen im Sommer 1882 die Brüder Thomas und Edwin Morgan im australischen Queensland ein nichtvorhandenes Silber-Vorkommen. Auf dem Rückweg nach Rockhampton rasten sie in einem steinigen Tal. Während Thomas Feuer macht, schlägt Edwin mit einem Prospektions-Hammer auf den Felsbrocken herum. Ein Splitter glänzt. Die Probe ergibt 37 Unzen Gold je Tonne Gestein, der Rastplatz erweist sich als das reichste je entdeckte Goldvorkommen der Erde. Der Sohn des Rechtsanwalts von Rockhampton, William Knox D'Arcy, gründet mit den Brüdern Morgan die „Mount Morgan Gold Mining Co.", deren Ein-Pfund-Anteile binnen drei Jahren auf 17 Pfund steigen. D'Arcy reist nach London, um sein enormes Einkommen gewinnbringend anzulegen. Wo Tauben sind, fliegen Tauben zu. Bald kann D'Arcys Frau Nina Boucicault in ihrem Stadtpalais am Grosvenor Square am gleichen Abend Caruso und die Melba für ihre Gäste singen lassen.

Zu diesen Gästen gehört Sir Henry Drummond-Wolff, der englischer Gesandter in Teheran gewesen ist und mit dem Generaldirektor der persischen Zollverwaltung und mit Baron Julius de Reuter, dem Gründer der Welt-Nachrichten-Agentur, die „Persian Bank Mining Rights Corporation" gegründet, sich eine

Bohrkonzession verschafft und die ersten Nahost-Ölsonden niedergebracht hat. Öl gefunden hat er allerdings nicht. Aber nur, wie Drummond-Wolff überzeugt ist, weil nicht tief genug gebohrt worden ist. Diese Meinung teilt der französische Archäologe Jacques de Morgan, der mehr als ein Dutzend Tempel-Ruinen der Feueranbeter gefunden hat. Die beiden fordern D'Arcy auf, neue Bohrungen zu finanzieren. Das geschieht, denn ein Morgan hat seinen Reichtum begründet, muß ihm ein zweiter Morgan nicht wiederum Glück bringen? Auf welche Weise sich D'Arcy vom Schah von Persien am 28. Mai 1901 eine exklusive Bohr-, Förder-, Raffinier- und Öl-Export-Konzession sichert, die ihn praktisch zum Herrn eines Gebietes, fünfmal so groß wie Großbritannien, macht, ist eine Geschichte für sich. Aber die Konzession wird erteilt und bleibt bis 1952 in Kraft.

Nur gibt es neben dem Schah noch Stammesfürsten, die gekauft werden müssen, und die Verkehrs- und Transportverhältnisse sind derart, daß das Bohrmaterial 14 Monate unterwegs ist, ehe es über Basrah Persien erreicht. Es gibt alle möglichen Schwierigkeiten, aber im Mai 1904 wird das erste Öl erbohrt.

Nach nur 96 Tagen versiegt diese Quelle. Das wird an der Londoner Börse bekannt und wirkt sich auf D'Arcy's Kredit verheerend aus. Aber da gibt es ja auch John Arbuthnot Fisher und die deutsch-englische Flotten-Konkurrenz. Der spätere Lord Fisher of Kilverstone ist der englische Marineminister, der den Bau der „Dreadnoughts" durchgesetzt hat, der Schlachtschiffe, die jedes zwei Millionen Pfund, damals 40 Millionen Goldmark, kosten. Das wird die Deutschen vom „Gleichziehen" abhalten, denkt er. Aber Kaiser Wilhelm II hat erklärt: „Unser Feld ist die Welt!" Deutschlands Welthandels-Anteil wächst rapide und der muß „geschützt" werden. Fisher muß Englands Überlegenheit mit anderen Mitteln sicherstellen und so erklärt er 1904: „In naher Zukunft werden kohlegefeuerte Kriegsschiffe so undenkbar sein wie der Einsatz von Segel-Fregatten." Schweröl unter Dampfkesseln zu verheizen, ist zwar schon 1862 vergeblich versucht worden *(→ 1903)*, aber nun hat die italienische Kriegsmarine ein funktionierendes Ölfeuerungssystem entwickelt und

> ***bei Ölfeuerung laden zwölf Mann in zwölf Stunden so viel Brennstoff wie bei Kohle 500 Mann in fünf Tagen.***

Da Öl weit weniger Bunkerraum als Kohle erfordert, bleibt mehr Platz für Munition. Und sieht man die Kohle-Rauchfahnen schon, bevor ein Schiff über dem Horizont auftaucht, so ist Öl fast ohne Rauch zu verbrennen.

Falls man Öl zum Verbrennen hat. Im ganzen Britischen Weltreich gibt es damals aber nur Öl in Burma und Assam und nicht nur geringe Mengen, sondern auch viel zu weit vom Mutterland entfernt. In Frage kommt nur Persiens Öl. Und natürlich weiß der britische Secret Service, was Herr D'Arcy dort tun will.

Der befindet sich gerade in Cannes und versucht verzweifelt und vergeblich, die Rothschilds für sein „Persisches Abenteuer" zu interessieren. Es gibt Komplikationen, Admiral Fisher muß sich mit Winston Churchill verbünden, doch am 5. Mai 1905 bildet die „Burmah Oil Co." mit D'Arcy das „Concessions Syndicate". Und am 26. Mai 1908 erbohrt G. B. Reynolds (der seine Öl-Kenntnisse bei den

Holländern auf Sumatra erworben hat) bei einer Tempel-Ruine der Feueranbeter in den Zagros-Bergen unweit Masjid-i-Suleiman in 354 Metern Tiefe

die erste der „Wunderquellen“ des Nahen Ostens,

das reichste bisher auf der Erde entdeckte Ölvorkommen. Binnen einer Generation liefert diese eine Quelle über hundert Millionen Tonnen „schwarzes Gold“, das Fünffache der Welt-Mineralölförderung des Jahres 1900. Hier wird 1911 auch die „F-7“, eine noch reichere und die bis heute ergiebigste Ölquelle aller Länder und Zeiten niedergebracht. Nach wie vor ist der Nahe Osten die Öl-Region mit den bei weitem ergiebigsten Quellen. Hier kann das Öl am billigsten und mit den geringsten Kapital-Investitionen gefördert werden. Die durchschnittliche Jahresförderung je Bohrloch beträgt heute in den USA nur 600 Tonnen, in der Sowjetunion 3300, in Saudiarabien dagegen 282 000 und im Iran 484 000 Tonnen.

Aufgrund des Masjid-i-Suleiman-Fundes kann am 14. April 1909 mit einer Million Pfund Kapital (damals rund 5 Millionen Dollar oder 20 Millionen Goldmark) die „Anglo-Persian Oil Company Ltd.“ gegründet werden (die heutige „British Petroleum“, die 1986 Aktiva von rund 50 Milliarden Dollar besitzt). D'Arcy erhält 203 067 Pfund 19 Shilling bar für seine Auslagen und 170 000 Anteile an der Gesellschaft, deren Wert sich binnen acht Jahren verzwanzigfacht. Der Bau der Raffinerie Abadan und der Rohrleitung aus den Zagros-Bergen zum Persischen Golf beginnt. Das erweist sich aber als so teuer, daß das Kapital der „Anglo-Persian“ verdoppelt werden muß und das nutzen Lord Fisher und Winston Churchill zur Mehrheits-Beteiligung der britischen Regierung: Am 20. Mai 1914 genehmigt das Unterhaus mit 254 gegen 18 Stimmen den Erwerb von 50,6 Prozent der „Anglo-Persian“, die damit

die erste Staats-Ölgesellschaft der Welt

wird. Mit ihr nimmt die Öl-Macht-Politik ihren Anfang, die auch das Schicksal Deutschlands tiefgreifend beeinflußt *(→ 22. März 1922)* und die Anteile an der Welt-Ölförderung radikal verändert. Von dieser entfallen im Jahr 1900 rund 51 Prozent auf Rußland, 41,5 Prozent auf die Vereinigten Staaten, nur 1,17 Prozent auf England und das Britische Reich. Insgesamt werden im Britischen Reich 230 000 von 20,2 Millionen Tonnen gewonnen. Bei Ausbruch des Zweiten Weltkrieges kontrolliert London 16 Prozent der Weltförderung, rund 44 Millionen Tonnen.

Die Nahost-Förderung hat 1913 mit den 248 000 Tonnen Persiens begonnen. Die Funde in Persien lösen die Prospektion der umliegenden Gebiete aus, es kommt zur Erschließung der Vorkommen des Irak. 1932 werden das Awali-Feld auf Bahrein und 1936 die immensen Ölschätze Saudiarabiens gefunden, 1938 das Burgan-Feld Kuwaits, im Jahr darauf das Öl Katars. 1950 beträgt die Nahost-Ölproduktion bereits 85 Millionen Tonnen = 16,4 Prozent der Weltförderung, 1986 sind es 618 Millionen Tonnen = 18 Prozent der Weltförderung. Alles Öl kann praktisch insgesamt ausgeführt werden, weil es sich um „Wüsten-Öl" handelt und der Eigenbedarf der Region nach wie vor nicht nennenswert ist.

Die sicher erwiesenen Nahost-Ölvorräte

betragen heute rund sechs Zehntel der Welt-Vorkommen, reichen bei der heutigen Förderung für etwa ein Jahrhundert, während die der USA nur mehr für etwa acht Jahre reichen.

Für die Bedarfsdeckung Japans und Westeuropas kommt nur das Nahost-Öl in Frage und so wäre, falls es in dieser Region zu einem offenen Konflikt kommt,

Japans und Europas Existenz bedroht.

Die Sowjetunion ist „Energie-autark". Die Vereinigten Staaten haben selbst nicht genug Öl, aber immerhin noch eine Eigenproduktion und ölreiche Nachbarn wie Mexiko und Venezuela. In Japan und Westeuropa aber kommt die Wirtschaft zum Stillstand, sobald die bestenfalls für hundert Tage reichenden Ölvorräte aufgebraucht sind. Die Nordsee-Produktion deckt höchstens den dringendsten Militär-Bedarf.

Europas Öl-Abhängigkeit radikal zu verringern, für eine naturgemäße Energienutzung zu sorgen und sofort mit der Umstellung auf das „Nach-Öl-Zeitalter" zu beginnen, müßte also für alle europäischen Staatsmänner und Wirtschaftsführer höchste Priorität haben. Wähler wie Aktionäre müßten diese zum globalen und zum Langfrist-Denken zwingen. Aber solange die Autos fahren und die Heizöltanks gefüllt werden können, wird weiter ignoriert, was Ludwig Boltzmann schon 1887 festgestellt hat: „Der Kampf ums Dasein ist zum Kampf um Energie geworden."

1909 bis 1916

Wenn es

kein Feuer ohne Rauch

gibt, so wird bis weit ins 19. Jahrhundert vorwiegend Holz verbrannt, und Holzfeuer-Rauch ist relativ harmlos. Kohle enthält jedoch Schwefel und andere Stoffe, die vergast keineswegs harmlos sind, und so gibt es früh Verwendungsverbote für sie *(→ 1113)*. Aber Kohle muß verwendet werden. Zu Beginn unseres Jahrhunderts kann sich Pittsburgh stolz „die Welt-Hauptstadt von Kohle und Stahl" nennen, weil hier zeitweilig so viel Stahl erzeugt wird wie in Großbritannien und

Deutschland zusammen, aber das macht sie auch zur schmutzigsten Stadt der Welt. Hier brauen sich Flußnebel und Rauch zu einem dicken, stinkenden Brodem zusammen, den die Sonne nicht mehr zu durchdringen vermag. Auch vormittags muß in allen Büros Licht brennen, Autos dürfen nur mit eingeschalteten Scheinwerfern fahren. Die Luft-Analysen, die das 1913 gegründete Mellon-Institut in Pittsburgh durchführt, ergeben die dreifache Luftverschmutzung des Ruhrgebiets und die doppelte Englands. Im Tagesdurchschnitt sinken tausend Tonnen Ruß und Asche auf die Stadt nieder und so viel Schwefeldioxyd gelangt in die Atmosphäre *(→ 21. März 1987)*, daß die Goldborten der Schiffer im Hafen binnen zehn Sekunden schwarz werden. Was das für die Menschen bedeutet, die 18 Atemzüge pro Minute machen müssen, ist klar. Aber lange wird viel Rauch mit guter Konjunktur gleichgesetzt und zudem scheint es wirksame Mittel gegen die Rauchplage nicht zu geben. Bereits 1785 läßt sich James Watt eine „rauchlose Feuerung" schützen, wird

die Verbrennung des Rauches,

eines Feuers durch ein zweites, versucht. Zahlreiche ähnliche — erfolglose — Versuche, auch solche mit Filtern, führen zu nichts, denn Rauch besteht aus derart kleinen Teilchen, daß Filter so dicht sein müßten, daß Gase sie nur unter hohem Druck passieren könnten.

Nun ist schon seit dem 18. Jahrhundert bekannt, daß Rauch durch elektrische Entladungen niedergeschlagen wird. Daran erinnert sich 1884 der Physik-Professor der Universität Liverpool, Sir Oliver Lodge, der durch seine Beiträge zur elektromagnetischen Licht-Theorie und der Elektronen-Theorie berühmt wird. Er baut mit Hilfe von A. O. Walker eine Anlage, die mit hochgespanntem Gleichstrom Gas-Ionen erzeugt, die sich an den Staubteilchen anlagern und diese positiv aufladen. Sie flocken zusammen, geben die Ladung an negativ geladene Metallplatten ab und fallen dabei zu Boden.

Das Prinzip der elektrischen Entstaubung

ist also sehr einfach und keineswegs nur zur Rauchplage-Bekämpfung brauchbar, sondern auch zur Wiedergewinnung bedeutender Metallmengen aus den Abgasen von Hüttenwerken, zur Verhütung von Staub-Explosionen in Mühlen usw. Aber Sir Oliver Lodges' „Precipitron", das die Dee Bank-Bleihütte in Betrieb nimmt, bewährt sich nicht, denn sowohl wirksame positive Korona-Entladungen, die schwach leuchtende Funkenbüschel bilden, erfordern ebenso wie negative, punktförmige Glimm-Entladungen Spannungen von etwa 60 000 Volt, die 1884 praktisch brauchbar nicht zu erzielen sind. Aber 1907 nimmt der Physik-Professor an der Staatsuniversität von Kalifornien, F. G. Cotrell, die Versuche von Lodge auf, findet Geldgeber und gründet mit ihnen die „International Precipitation Co." in New York und die „Western Precipitation Co." in Los Angeles. Die

Anlage, die 1909 von einer Kontakt-Schwefelsäurefabrik in Betrieb genommen wird, bewährt sich und damit beginnt

der Kampf gegen die industrielle Luft-Verschmutzung und die nachteiligen Folgen der Verwendung fossiler Energieträger.

Auch in Deutschland sind Versuche mit elektrischen Entstaubungs-Anlagen gemacht worden, 1916 erhält Erwin Möller das DRP 290 146 für sein „Verfahren und Vorrichtung zur Trennung von schwebenden Teilchen von Gasen mittels hochgespannter Elektrizität". Die Lurgi-Apparatebau Gesellschaft verschmilzt die Verfahren von Cotrell und Möller und baut Anlagen, die 60 000 Kubikmeter Gas pro Stunde entstauben und dazu nur 90 Kilowattstunden Strom brauchen.

Allerdings kommt es bei der Luft-Reinhaltung nicht nur auf das Entstauben an. Saurer Regen, Waldsterben usw. werden durch reine Gase verursacht, die mit dem Sauerstoff und dem Wasser der Atmosphäre reagieren. Und konzentriert gegen diese Schwefeldioxyd- und Stickoxyd-Emissionen wird in Europa erst seit 1987 vorgegangen *(→ 21. März 1987).*

1910

Der bisher intensivste Einzel-Energieaufwand (von den Atombomben abgesehen) des Menschen ist mit Hilfe flüssigen Wasserstoffs erfolgt, dessen Reaktion mit Sauerstoff in der Saturn-V-Rakete *(→ 4. Oktober 1957)* 130 000 Megawatt (die Leistung von 130 Groß-Kraftwerken) freisetzt. Dieser Rückstoß hat 1969 die ersten Menschen auf den Mond gebracht. Mit Ausnahme der Kernbrennstoffe ist

der Energiegehalt des Wasserstoffs

der weitaus höchste aller Energieträger. Seine Verbrennungswärme beträgt pro Kilogramm 141,8 Mega-Joule = 39,5 Kilowattstunden gegen die 43,9 MJ = 12,8 kWh eines kg Benzin, das mehr als Dreifache also. Hinzu kommt, daß Wasserstoff der einzige Brennstoff ist, der keinerlei Umweltverschmutzung verursacht, denn seine Verbrennung ergibt außer Wärme nur reines Wasser.

Vor allem aber gibt es unendlich viel mehr Wasserstoff als Kohle oder Öl. Er ist mit etwa 87 Prozent aller Atome das im Weltall weitaus häufigste Element, und auf der Erde steht er mit 16,3 Prozent hinter Sauerstoff und Silizium an dritter Stelle. Hier bildet er zwei Drittel des Wasser-Volumens und gewichtsmäßig rund 11 Prozent. Da der Wasserinhalt der Weltmeere rund 1350 Millionen Kubikkilometer beträgt und jeder Kubikkilometer (= eine Milliarde Kubikmeter) rund 666 Millionen Kubikmeter Wasserstoff enthält, ist

der Wasserstoff-Vorrat der Erde

fast unermeßlich. Außerdem wird er durch den Wasser-Kreislauf der Natur ständig erneuert, ist unerschöpflich.

Wasserstoff gibt es außer im Wasser in zahllosen chemischen Verbindungen, aber praktisch nur gebunden, nicht frei. So dauert es bis 1610, ehe Jan Baptist van Helmont ihn entdeckt, und bis zum Jahr 1766, ehe ihn Henry Cavendish näher untersucht. Erstmals verflüssigt wird Wasserstoff 1898 von James Dewar bei minus 253°C (was etwa 38 Prozent der Wasserstoff-Energie an Aufwand erfordert). Er wird dadurch ein wichtiges Hilfsmittel der Kryogenik, der Tiefsttemperaturen-Forschung *(→ 1911)* und schließlich zu einem der Atomforschung. Industriellen Wert aber erhält er in großem Umfang erst 1913 über einen weiten Umweg, durch die Suche nach einem Stickstoff-Bindungsverfahren *(→ 7. August 1903)*. Ende des 19. Jahrhunderts droht eine Welt-Hungersnot, weil die Naturvorkommen dieses wichtigsten Pflanzen-Nahrungsstoffes zur Neige gehen. Das Lichtbogen-Bindeverfahren des Luft-Stickstoffs, das 1903 in Norwegen entwikkelt wird, setzt Strommengen voraus, die es anderswo nicht gibt. Das 1909 bis 1913 geschaffene Verfahren der Ammoniak-Gewinnung aus der Luft erfordert dreimal so viel Wasserstoff als Stickstoff, und so muß ein Weg gefunden werden, der

die Massenherstellung von Wasserstoff

ermöglicht.

Die Auflösung von Metallen in Säuren, durch die Cavendish das Gas gewonnen hat, kommt natürlich nicht in Frage, wohl aber die Gewinnung von Wassergas, das Felice Fontana 1780 entdeckt. Es entsteht, wenn man Wasserdampf über glühende Kohle oder glühenden Koks leitet. Dieses mit überaus heißer Flamme brennende Gas besteht nur zur Hälfte aus Wasserstoff, zu 40 Prozent aus Kohlenmonoxyd, zu 4 Prozent aus Kohlendioxyd und zu 2 bis 6 Prozent aus Stickstoff. Aber 1905 gewinnt Adolph Frank aus Wassergas reinen Wasserstoff, indem er es über Kalziumkarbid leitet, das auf 300°C erhitzt wird. 1910 entwickeln Carl Bosch und Wilhelm Wild ein Verfahren, das mit Hilfe von Eisen-Katalysatoren die Kohlenoxyde des Wassergases durch Wasserdampf bei relativ niedrigen Temperaturen in Wasserstoff umsetzt. Damit wird genug Wasserstoff für die Ammoniak-Synthese (und später das Fischer-Tropsch-Synthese-Benzin) gewonnen, die dabei neu entstehende Kohlensäure unter Druck mit Wasser ausgewaschen, der Schwefel und andere Verunreinigungen mit ammoniakalischen Kupferoxydlösungen entfernt.

Diese „Thermolyse“ (Energie-Zufuhr durch Wärme) ist

die bis heute wichtigste Art der Wasserstoff-Gewinnung,

aber statt Kohle oder Koks werden Erdgas oder Mineralöl mit Wasserdampf in Wassergas verwandelt, denn dabei ist das Kohlenstoff-Wasserstoff-Gewichtsverhältnis ungleich günstiger. Je hundert kg Wasserstoff sind gebunden an Kilogramm Kohlenstoff, das Verhältnis etwa:

Methan (Erdgas)	296 kg	1:3
Naphta	600 kg	1:6
Braunkohle	1250 kg	1:12,5
Alte Steinkohle	2400 kg	1:24

Wassergas und damit Wasserstoff sind aus Erdgas oder Öl ungleich wirtschaftlicher zu gewinnen als aus Kohle, nur sind die Mineralölvorkommen und Erdgas-Reserven der Erde ungleich geringer als die Kohlevorräte, diese wiederum verschwindend gering gegenüber den Wasserreserven. So muß

die Wasserstoff-Wirtschaft der Nach-Öl-Ära

statt auf der „Thermolyse" auf der „Elektrolyse" aufgebaut werden, der Energiezufuhr durch Elektrizität.

Wasser in Wasserstoff und Sauerstoff elektrisch zerlegt hat bereits Paets van Troostwijk im Jahr 1789. Das ist jedoch nur ein interessanter Laborversuch, weiter nichts, denn es gibt ja keine ausreichenden Stromquellen. Und als es zur Elektrochemie kommt *(→ 23. April 1886),* sind für diese Chlor und die Alkalimetalle Aluminium und Magnesium weit interessanter als Wasserstoff. Die Wasser-Elektrolyse beginnt erst eine Rolle zu spielen, als die „Norsk Hydro" 1928 endgültig das Lichtbogen-Stickstoff-Bindeverfahren als überholt aufgibt und mit deutschen Lizenzen die Düngemittelerzeugung nach dem Haber-Bosch-Verfahren aufnimmt, Wasserstoff aber nicht auf Kohle-Basis gewinnt, denn Norwegen besitzt keine nennenswerten Kohlevorkommen, sondern seine Wasserkräfte einsetzt und

die ersten Groß-Elektrolyseure

baut. Der Stickstoff wird nach dem Linde-Verfahren *(→ 1877)* aus verflüssigter Luft gewonnen. Das Nebenprodukt Sauerstoff findet Absatz, weil seit der Jahrhundertwende die Schweißtechnik *(→ 1905)* immer wichtiger geworden ist und schließlich die Massen-Stahlerzeugung *(→ 1855)* durch das Einblasen von Sauerstoff in flüssiges Eisen erfolgt.

Die ersten Elektrolyse-Anlagen der „Norsk Hydro" in Rjukan arbeiten mit verdünnter Kalilauge und brauchen für jeden Kubikmeter Wasserstoff etwa 8 Kilowattstunden Strom. Im Jahr 1960 beträgt die Kapazität der Anlagen in Rjukan und Glomford stündlich rund 100 000 Kubikmeter H_2, nun genügen 4,5 kWh/m^3. 1980 ist der Wirkungsgrad auf etwa 80 Prozent gesteigert worden und der Strombedarf auf 3,2 kWh gesunken. Die Forschungsarbeit in Notodden, wo nun eine „Norsk Hydro"-Tochterfirma Elektrolyseure baut, die in die ganze Welt gehen, geht weiter. Durch eine besondere Beschichtung der Elektroden wie durch Temperatur- und Drucksteigerung hofft man auf 88 Prozent Wirkungsgrad zu kommen.

Trotz der heute hochentwickelten Elektrolyseur-Technologie werden nur etwa zwei Prozent der jetzt etwa 600 Milliarden Kubikmeter des jährlich auf der Welt vor allem von der Chemie, den Float-Glasfabriken und zur Fetthärtung verbrauchten Wasserstoffs durch elektrische Wasserzerlegung gewonnen. Aber langsam setzt sich die Erkenntnis durch, daß nur durch

eine Wasserstoff-Kernenergie-Symbiose

die Energie-Probleme der Zukunft gelöst werden können. Kernkraftwerke *(→ 27. Juni 1954)* sind vor allem zur Grundlast-Stromerzeugung geeignet. Sie produzieren das ganze Jahr über gleichbleibende Elektrizitäts-Mengen und sind den jahreszeitlichen und tageszeitlichen Bedarfsschwankungen schwer anzupassen. Große Mengen Überschuß-Strom fallen also an, die dementsprechend billig sind und die in Form von Wasserstoff gespeichert werden können, der in Gasturbinen hochwertigen Spitzenstrom liefert oder für andere Zwecke verwendet werden kann. Praktisch geschieht das heute bereits in Frankreich, dessen „Electricité de France" 1977 ein Zusammenarbeitsabkommen mit der „Norsk Hydro" geschlossen hat.

So wird Frankreich, das seinen Gesamt-Strombedarf bereits 1986 zu mehr als sieben Zehntel durch Kernkraftwerke gedeckt hat, für

die unausweichliche Umstellung auf das Nach-Öl-Zeitalter

bereit sein. Für die Zeit, da die Welt-Handelsflotte und die Welt-Luftfahrt auf andere Energieträger umgestellt werden müssen. Kommt für die Luftfahrt nur flüssiger Wasserstoff in Frage (dessen Verwendbarkeit in Düsentriebwerken längst praktisch erprobt ist), so kann auch nur durch Kohle-Hydrierung und Kohle-Totalvergasung *(→ 1980)* die Lebensdauer unserer Mineralöl- und Erdgasreserven verlängert werden. Zur Erzeugung von je einer Tonne Synthese-Produkt werden gebraucht:

		Wasserstoff
Synthese von Benzin und Mittelöl	aus Steinkohle	2070 m^3
	aus Braunkohle	1620 m^3
Synthese von Methanol		1560 m^3

Statt aus Erdgas muß die Ammoniak-Synthese auf Luft und Wasser umgestellt werden, wenn es keine Hungersnöte geben soll, das erfordert pro Tonne Synthese-Ammoniak 2050 Kubikmeter Wasserstoff. Schon um den heutigen Welt-Wasserstoffbedarf zu decken, wären mit der modernsten Methode (der Flugstromvergasung nach Koppers-Totzek) 580 Millionen Tonnen Kohle zum Erdgas-Ersatz nötig gewesen. Den zukünftigen Wasserstoffbedarf durch Kohle zu decken, ist aus vielerlei Gründen praktisch ausgeschlossen. Durch Wasser-Elektrolyse kann er gedeckt werden — vorausgesetzt es gibt genug Strom. Und der jährliche Strombedarf einer Nach-Öl-Wasserstoffwirtschaft wird auf 760 Milliarden Kilowattstunden geschätzt.

1911

Die „klassischen“ physikalischen Gesetze gelten für „Normalbedingungen“. Sie sind aus Beobachtungen unserer naturgegebenen Umwelt oder aus Experimenten abgeleitet, die in dieser vorgenommen worden sind. Aber schon früh beginnt der Mensch seine Umwelt zu verändern. Wie das Erzeugen luftleerer Räume *(→ 1642 und → 1854)* zur Vakuumtechnik führt, diese zur Elektronik und zur Nuklear-Physik, so die Erzeugung niedrigerer als der „natürlichen“ Temperaturen zur Kryogenik, zur

Tieftemperatur-Physik

und damit unter vielem anderen zur Revolutionierung der Elektrotechnik und voraussichtlich zur friedlichen Kernfusions-Nutzung.

Begründer der Kryogenik ist der Holländer Heike Kamerlingh-Onnes, dessen Arbeit unter dem Motto „Durch Messen zum Wissen“ steht. Er begründet die moderne Theorie der Materie. Nach dem Mathematik- und Physik-Studium in seiner Geburtsstadt Groningen, arbeitet Kamerlingh-Onnes 1871 bis 1878 in Heidelberg unter Bunsen und Kirchhoff. 1882 wird er Professor der Experimentellen Physik an der Reichsuniversität Leiden und gründet hier das erste Laboratorium der Welt, in dem systematisch die Wirkungen der Kälte auf die Materie untersucht werden.

Wie diese Kälte erzeugt werden kann, haben der englische Brauereibesitzer und Amateur-Physiker James Prescott Joule und der englische Mathematiker und Physiker William Thomson, der spätere Lord Kelvin, 1853 entdeckt, als sie das elektrische und mechanische Äquivalent der Wärme festzustellen suchen.

Schon Guericke weiß *(→ 1643)*, daß Luft durch Zusammendrücken warm wird (und jeder Benutzer einer Fahrradpumpe weiß das auch). Aber Joule und Thomson stellen fest, daß sich komprimierte Gase beim Ausströmen durch enge Öffnungen stark abkühlen, das heißt die zum Verdichten aufgewandte Energie sehr rasch abgeben. Auf diesem „Thomson-Joule-Effekt“ beruhen alle Kompressions-Kältemaschinen. Die erste praktisch brauchbare Maschine baut Carl Linde 1873 für den Münchner Bierbrauer Gabriel Sedlmayr, und die Kältetechnik, die Linde begründet *(→ 1877)* ist aus unserer Welt nicht mehr wegzudenken. Kamerlingh-Onnes nutzt sie für die „reine“ Wissenschaft. Dieser Gelehrte und Linde ergänzen sich gegenseitig geradezu ideal — und bei keinem von beiden sind „rein wissenschaftliches Forschen“ und „industriell-wirtschaftliche Wissens-Auswertung“ zu trennen. Auch Kamerlingh veranlaßt zum Beispiel 1908 die Gründung der Niederländischen Vereinigung für Kühltechnik.

Bereits 1891 hat er mit einem 10-PS-Kompressor stündlich acht Liter flüssige Luft von minus 192°C erzeugt. 1906 verflüssigt er bei minus 253°C Wasserstoff *(→ 1910)*, und am 10. Juli 1908 schließlich gelingt Kamerlingh-Onnes die Verflüssigung von Helium bei minus 269° C, nur 4 Grad mehr als dem absoluten Nullpunkt. Damit ist erwiesen, daß bei entsprechend niedrigen Temperaturen alle Gase flüssig werden und am flüssigen Helium zeigen sich

bisher für unmöglich gehaltene Eigenschaften der Materie:

Der Reibungs-Widerstand ist aufgehoben, es strömt völlig unbehindert durch die feinsten Öffnungen. 1924 entdecken Kamerlingh-Onnes und sein Mitarbeiter und Nachfolger als Leiter des Leidener Kältelabors, Willem Hendrik Keesom, daß flüssiges Helium bei 2,184 Kelvin (= minus 270,8° C) seine Dichte ändert, es flüssiges Helium-I und Helium-II gibt und dieses kältere mit bemerkenswerter Geschwindigkeit an den Wänden seines Behälters hochkriecht, die Schwerkraft überwindet. Vor allem aber besitzt dieses Helium-II eine unglaubliche Fähigkeit, Wärme zu übertragen, seine thermische Leitfähigkeit ist dreimillionenmal größer als die von Helium-I. Durch eine besondere, den Schallwellen ähnliche Ausbreitungskraft überträgt es Wärme tausendmal rascher als irgendein anderer bekannter Stoff.

Praktisch noch weit wichtiger ist, daß Tiefst-Temperaturen auch die Eigenschaften von Metallen grundlegend verändern. 1911 entdeckt Kamerlingh-Onnes

die elektrische Supra-Leitfähigkeit,

die Quecksilber durch flüssiges Helium von 4 Kelvin (= minus 269° C) erhält. Das stürzt die Elektrizitätslehre wie die Thermodynamik und die Nuklear-Physik um.

Praktische Bedeutung erhält diese Entdeckung allerdings erst lange nach dem Tod Kamerlingh-Onnes im Februar 1926. Er hat 1913 den Nobel-Preis für Physik erhalten, viele ausländische Studenten kommen nach Leiden. An der 50-Jahr-Feier der Helium-Verflüssigung nehmen mehr als 400 Physiker aus 23 Ländern teil. Heute gibt es in aller Welt rund 150 Forschergruppen, die sich mit Kryogenik-Problemen beschäftigen. 1941 wird im Kältelabor der Physikalischen Reichsanstalt in Berlin eine Niobium-Verbindung gefunden, die schon im Temperaturbereich des flüssigen Wasserstoffs, das heißt zwischen 14 und 20 Kelvin über dem absoluten Nullpunkt, supraleitend wird. Nur stellt sich heraus, daß sie diese Eigenschaft unter dem Einfluß stärkerer Magnetfelder verliert, und es dauert von 1941 bis 1954, ehe eine Niobium-Zinn-Legierung entwickelt wird, die supraleitend bleibt. Diese wiederum ist so spröde, daß sie sich nicht zu Draht verarbeiten läßt. Neue metallkeramische Methoden müssen angewandt werden, aber schließlich ist eine Magnetspule von acht kg Gewicht hergestellt, die, an eine 6-Volt-Batterie angeschlossen, ein Magnetfeld erzeugt, wie es bisher nur durch einen hundert Tonnen schweren Elektromagneten und einer Gleichstromquelle von 100 Kilowatt Leistung zu gewinnen war.

Die Suche nach supraleitenden Stoffen

geht weltweit weiter. Niob-Nitrit, Niob-Zirkonium und Niob-Titan werden erprobt. Der 1969 von der CERN (der Europäischen Kernforschungs-Gemeinschaft) in Genf in Betrieb genommene Magnet mit einer Niob-Titan-Wicklung, die von flüssigem Helium gekühlt wird, erzeugt ein Magnetfeld hunderttausendmal stärker als das der Erde *(→ 1929 und → 1937)*. Er speichert die zum Aufbau dieses Magnetfeldes benötigte elektrische Energie, die ihm nur einmal zugeführt werden muß, denn da der Draht dem Strom keinerlei Widerstand bietet, wird dieser zum Dauerstrom. Nur solche Magnetsysteme von heute zehn Tesla und mehr (dem Zweimillionenfachen des Erd-Magnetfeldes) ermöglichen „Behälter" für das Plasma der Kernfusions-Versuchsanlagen *(→ 10. April 1968)*, in denen bereits Temperaturen von 100 Millionen °C erzeugt werden können:

Die Beherrschung der tiefsten führt zur Beherrschung der höchsten Temperaturen.

Aber auch noch zu sehr viel anderem: Daß Wirkungen von 1000 Kilowatt mit dem Einsatz von 12 Watt erzielt werden können, ist für den Bau von Dynamomaschinen und Elektromotoren so wichtig wie für alle Arten der Nutzung des Elektromagnetismus, zum Beispiel auch den Bau von Magnet-Schwebebahnen. Und da wird die Kryogenik vor allem auch eine Revolution des Strom-Transports auslösen *(→ 28. August 1891)*. Alle Arten Stromleitung bedeuten bei „normalen" Temperaturen durch den elektrischen Widerstand Verluste, an die selten gedacht wird, die aber nach wie vor enorm sind. Durch die Hochspannungs-Technik sind diese seit 1891 von 26 auf 5 Prozent in Japan, auf rund 6 Prozent in den EG-Ländern, 8,5 Prozent in der Sowjetunion und 8,6 Prozent in den Vereinigten Staaten gesunken. Im Weltdurchschnitt betragen sie heute etwa 8 Prozent. Das bedeutet bei einer Welt-Stromerzeugung von 10 000 Milliarden Kilowattstunden

alljährlich 800 Milliarden Kilowattstunden Stromübertragungs-Verluste.

Bei nur 10 Pfennig pro kWh eine jährliche Einbuße von 80 Milliarden DM.

Diese Verluste können durch die Supraleitung weitgehend vermieden werden, entsprechende Versuchsanlagen gibt es schon seit den siebziger Jahren. Das technische Problem besteht darin, daß die thermische Isolation der rohrförmigen Leiter perfekt sein muß und sie nur dann betriebssicher sind, wenn im Kühlmittel keine Blasen entstehen oder Unreinheiten gefrieren. Unlösbar erscheint bis 1987 vor allem das Kosten-Problem:

Je kälter ein Stoff gehalten werden muß, desto mehr Energie erfordert das.

Helium am Verdampfen zu hindern, indem man es auf 4 Kelvin hält (auf minus 269°C), erfordert mindestens 25mal mehr Energie als das Kalthalten von flüssigem Stickstoff bei 77 Kelvin (minus 196°C). Die Aufgabe lautet daher schon seit 1911: Supraleitende Stoffe entdecken, die bei immer höheren Kelvingraden ihren elektrischen Widerstand verlieren, mit immer größerem Abstand vom absoluten Nullpunkt verwendet werden können. Aber 1911 bis 1973 werden im Durchschnitt nur Fortschritte von 0,3 Grad jährlich erzielt. Der Rekord (einer Niob-3-Germanium-Legierung) steht bei 23,3 Kelvin (minus 249,7°C), nach wie vor muß flüssiges Helium verwendet werden.

Weitere Verbesserungen gibt es bis zum Juni 1986 nicht. Da gelingt es Johannes Georg Bednorz und Alex Müller im IBM-Labor in Rüschlikon/Zürich, eine Kupfer-Barium-Lanthan-Legierung herzustellen, die bei 40 Kelvin supraleitend wird. Im Mai 1987 sind Dr. Paul Chu und seine Mitarbeiter an der Universität Houston in Texas mit einer Kupfer-Barium-Yttrium-Verbindung bei 77 Kelvin angelangt, und das heißt, daß flüssiger Stickstoff zum Kühlen genügt. Da hat auch das Team Praveen Chaudharis am Indian Institute of Technology in Bangalore einen neuen keramischen Leiter der Formel $Y_2Ba_4Cu_6O_{14}$ entwickelt und einen Kristall-Leiter erzeugt, der hundertmal dünner als ein Menschenhaar ist und hundertmal mehr Strom überträgt als die bisherigen Ultrakonduktoren.

Das Entscheidende an diesen Fortschritten ist: Helium kostet zwar nicht mehr 90 Dollar pro Liter wie 1917, als es erstmals aus Erdgas gewonnen wird, sondern nur mehr zwei Dollar. Aber flüssiger Stickstoff ist für 10 US-Cents pro Liter zu haben, und für die gleiche Kühlleistung wird hundertmal weniger Stickstoff als Helium gebraucht, weil Helium eine ungleich geringere Wärmekapazität besitzt. Praktisch alles Helium der Welt stammt aus Erdgasquellen, die in einem Umkreis von etwa 400 Kilometern um Amarillo in Texas liegen. Praktisch haben die USA ein Welt-Monopol für dieses Edelgas, das sie Deutschland seinerzeit zum Füllen der Zeppeline nicht verkauft haben. Wie groß die Helium-Vorkommen heute noch sind, ist unbekannt, entsprechende Zahlen sind jedenfalls nicht veröffentlicht worden. Stickstoff hingegen macht 78 Prozent der Luft aus und kann so überall gewonnen werden. Die 1987 erzielten Fortschritte bedeuten also einen Wendepunkt in der Supraleiter-Technik – und damit in der Elektrizitäts- und der Magnetismus-Nutzung. Sie können die Energieversorgung der Welt grundlegend verbessern.

1911

Im Jahr 1904 erklärt der aus Neuseeland stammende Chemie- und Physikprofessor der Universität Montreal, Ernest Rutherford: „Es besteht Grund, anzunehmen, daß

enorme Energiemengen aus der Atom-Eigenenergie

gewonnen werden könnten.“ („There is reason to believe, that an enourmous amount of latent energy may be derived from the internal energy of atoms.“) Niemand nimmt das damals ernst, und durch seine Masse-Energie-Identifizierung wird 1907 Albert Einstein berühmt.

Aber 1911 veröffentlicht Rutherford als Chemie-Professor der Universität Manchester im hochangesehenen „Philosophical Magazine“ seine Arbeit „The Scattering of Alpha and Beta Particles by Matter and the Structure of the Atom“, in der er das Ergebnis Hunderter Versuche zusammenfaßt und über

die Entdeckung des Atomkerns

berichtet. Rutherford entwickelt sein „Atom-Modell“, das die Grundlage der Kernpyhsik bildet und beweist 1919 dessen Gültigkeit, indem er die erste künstliche Atom-Umwandlung durchführt: Er verändert durch Beschießung mit Alphastrahlen (die Henri Becquerel 1896 entdeckt hat) Stickstoff in Sauerstoff. 1932 gelingt es Rutherfords Schülern Cockroft und Walton, statt natürlicher, radioaktiver Substanzen „Kanalstrahlen“ zur Atomzertrümmerung zu verwenden (Strahlen positiver Ionen, die aus einer Kathodenstrahlröhre durch die „Kanäle“ einer durchlochten Kathode austreten), das heißt mit rein technischen Mitteln den Lithium-Kern zu verändern. Im gleichen Jahr liefert James Chadwick durch

die Entdeckung des Neutrons

das Werkzeug zur Kernspaltung und Energiefreisetzung aus dem Uran-Kern. Bereits 1929 hat E. O. Lawrence das erste Zyklotron der Welt gebaut und künstlich beschleunigte Elementarteilchen bringen immer neue Erkenntnisse und führen schließlich zur Atombombe und zur friedlichen Kernkraftnutzung.

Als Sir Ernest und berühmtester aller Atomforscher glaubt Rutherford 1937, kurz vor seinem Tod als 66jähriger, allerdings selbst nicht mehr an seine Erkenntnis von 1904 und meint: „Jeder, der in der Atomzertrümmerung eine Energiequelle sieht, ist ein Träumer.“ Schon im Jahr darauf wird das von Otto Hahn widerlegt *(→ 21. Dezember 1938),* und ein halbes Jahrhundert später gibt es 394 Kernkraftwerke in 26 Ländern, die viermal mehr Strom gewinnen, als 1937 die Welt-Stromerzeugung betragen hat.

Ist Ernest Rutherford nichtsdestoweniger

„der Großvater des Atomzeitalters“

(während Otto Hahn als Vater gilt), so ist er auch eine Schlüsselfigur des „Ost-West-Konflikts“. Denn 1921 bis 1934 arbeitet an seinem Cavendish-Laboratorium in Cambridge der russische Physiker Pjotr Kapitsa. Dieser wird Rutherfords Intimus und überwindet dessen Widerwillen gegen „Big Science“, gegen großen, technischen Experimental-Aufwand. Für Kapitsas Supraleitungs-Versuche *(die heute eine entscheidende Rolle bei den Kernfusions-Arbeiten spielen → 10. April 1968)* werden die nötigen Starkstrom-Apparaturen angeschafft und 1930 mit einer Spende der Imperial Chemical Industries das „Mond-Laboratory“ eingerichtet, dessen erster Direktor Kapitsa wird. Kapitsa aber ist nicht nur der engste Mitarbeiter Rutherfords, sondern seit Juni 1942 auch der von Professor Igor V. Kurtschatow, den Stalin beauftragt, „um jeden Preis“ eine der amerikanischen gleichwertige „nukleare Zerstörungsvorrichtung“ zu schaffen. Diese wird am 10. Juli 1949 erprobt, durch sie gibt es seither das „Gleichgewicht des Schreckens“ . . .

1912 — 7. August

Ist die Sonnen-Energie *(→ vor etwa 4,7 Milliarden Jahren)* der Lebensquell der Menschheit und wird die Sonne seit Urzeiten beobachtet, so gibt es auch noch andere

kosmische Energiequellen, die wir bis heute nicht kennen

und deren Strahlung erst seit wenig mehr als zwei Generationen bekannt ist: Die Kosmische oder Höhen-Strahlung, die auch Ultra-Strahlung heißt, weil sie die „härteste", das heißt energiereichste aller Strahlungen ist.

Zu ihrer Entdeckung kommt es durch die Erforschung der natürlichen Radioaktivität *(→ 24. Februar 1896).* Bei den Experimenten mit Uranverbindungen und dem neuen Element Radium zeigt sich, daß deren Gammastrahlen die Luft ionisieren, das heißt elektrisch leitend machen. Die 1895 von Wilhelm Conrad Röntgen entdeckten Strahlen tun das ebenfalls, aber das Ausmaß der Ionisation wird durch eine weitere, unbekannte Strahlung beeinflußt, deren Ursprung mehr als ein Jahrzehnt lang vergeblich gesucht wird. Erst der 1883 auf Schloß Waldstein in der Steiermark geborene Viktor Franz Hess kommt ihr auf die Spur. Seit 1908 ist Hess Dozent an der Wiener Tierarznei-Hochschule, zwei Jahre später Assistent für Radiumforschung der Universtiät Wien. Hess entdeckt, daß die Strahlung radioaktiver Substanzen bodengebunden ist, das heißt nach oben zu rasch abnimmt. Die Stör-Strahlung hingegen ist über dem Boden stärker als am Boden. Ob sie aus der Atmosphäre stammt? Hess macht 1911 sieben Ballon-Aufstiege, die ihn bis in 9000 Meter Höhe bringen. Am 7. August 1912 schließt er seine Meßreihen ab und da kann es keinen Zweifel mehr geben: Die mysteriöse Strahlung stammt aus dem Weltraum, Hess zufolge wahrscheinlich aus der Sonnen-Korona.

Hess setzt seine Arbeit als Professor der experimentellen Physik an den Universitäten Graz, Innsbruck und Wien fort, seit 1938 an der Fordham Universität in New York. Er gründet das Institut für Strahlenforschung in Innsbruck und ein großes Observatorium auf dem Hafelekar, das ausschließlich der Erforschung der Kosmischen Strahlung dient. 1921 bis 1923 ist er Direktor der Forschungsabteilung der U. S. Radium Corporation in New York und erhält 1936 den Nobelpreis. Und er regt Hunderte anderer Ultrastrahlen-Forscher an, denen schließlich Raketen und Satelliten als Meßgeräte-Träger zur Verfügung stehen. Heute wissen wir: Primär besteht die Kosmische Strahlung vorwiegend aus Protonen, den elektrisch positiv geladenen Atomkernen des Wasserstoffs, daneben aus Alphateilchen, Eisen- und Kohlenstoffkernen sowie „schweren" Elektronen, Teilchen mit der Ladung eines Elektrons, aber rund hundertfacher Masse.

Nach ihrem Eintritt in die Erdatmosphäre erweist sich die Kosmische Strahlung als

das weitaus wirksamste aller Atom-Zertrümmerungs-Instrumente.

Die Leistung unserer Teilchenbeschleuniger *(→ 1929)* steigt 1930 bis 1987 von 80 000 auf 3,2 Billionen Elektronenvolt. Die Höhenstrahlung hat Energien von 100 Millionen bis eine Trillion. Ihre Volltreffer lassen (was in Nebelkammern sichtbar gemacht werden kann) Zehntausende Atomtrümmer in alle Richtungen auseinanderstieben. Diese Atomkern-Zerschlagung erfolgt in der Atmosphäre bis herab zu etwa 16 Kilometern Höhe über dem Erdboden und unterteilt die Kosmische Strahlung in drei Komponenten: die Neutronen-Komponente der Anstoß-Nukleonen, die „harte" oder durchdringende Komponente, die aus μ-Mesonen besteht, und die „weiche" Komponente aus energiereichen Lichtquanten und Elektronen.

Keine Kernwaffen-Explosion vermag Strahlen von der Durchdringungskraft der kosmischen Strahlen auszulösen.

Die Mesonen durchschlagen meterdicke Bleiplatten und Panzerstahlblöcke von 60 Zentimeter Mächtigkeit. Der Berliner Physiker Werner Kohlhörster mißt ihre Energie in einem 550 Meter tiefen Salzbergwerk, da beträgt sie noch über 100 Milliarden Elektronenvolt. Sie werden noch in 1500 Meter Bodentiefe registriert und auf dem Grund tiefer Seen. Man schätzt, daß jede Sekunde eine Milliarde Milliarden Höhenstrahlen-Partikel auf die Erde treffen, und zwar mit rund 300 000 Kilometer Geschwindigkeit pro Sekunde.

Im Durchschnitt durchschlägt die Höhenstrahlung unseren Körper zehnmal pro Sekunde,

ohne daß wir es merken. An der naturbedingten Strahlenbelastung des Menschen hat sie auf Meereshöhe etwa ein Drittel Anteil und damit den größten. Beträgt der Mittelwert 35 Millirem pro Jahr, so ist die Belastung durch die Kosmische Strahlung schon 1800 Meter über dem Meer doppelt so groß. Flugzeugbesatzungen erhalten jährlich etwa 160 Millirem. Auf dem Mond haben die Apollo-17-Astronauten binnen 300 Stunden 755 Millirem Kosmische Strahlung erhalten.

Auch die auf die Erde gelangende Kosmische Strahlung kann Erbanlagen verändern, das heißt Mutationen hervorrufen, aber nicht in nennenswertem Ausmaß. Denn wie gewaltig auch die Energie der einzelnen Partikel ist, die Kosmische Strahlung selbst ist „dünn", mindestens tausendmal mehr Teilchen müßten die Erde erreichen, um regelmäßig Mutationen auszulösen. Ingesamt führt die Höhenstrahlung der Erde nicht mehr Energie zu als das Sternenlicht. Das heißt normalerweise. Ob es aber nicht auch

eine explosionsartige Vervielfachung der Kosmischen Strahlung

geben kann, wissen wir nicht, solange nicht ihre Herkunft feststeht. Was wir heute sicher wissen, ist nur, daß die Kosmische Strahlung aus dem Weltraum stammt und daß, wie die Erde, auch der Planet Jupiter durch seine Anziehungskraft strahlende Partikel festhält, die einen Raum vom 2,8fachen Ausmaß seines Durchmessers erfüllen und eine etwa 400 000 Kilometer mächtige Umhüllung bilden. Die „Pioneer-10"-Raumsonde, die Ende 1973 die Jupiter-Atmosphäre erforscht, hat 15 Strahlungsmesser an Bord. Sie stellen eine Strahlungs-Intensität fest, die nur gewisse, sporenbildende Mikroorganismen überleben würden: Drei Millionen rem, das Zehnmillionenfache der menschlichen Toleranz-Grenze. Aber woher stammt diese Strahlung? Der Jupiter läßt sie so wenig entstehen wie die Erde. Robert Andrew Millikan zufolge ist die Kosmische Strahlung die Folge einer totalen Umwandlung der Materie in Strahlung, die nur unter ganz besonderen Bedingungen im Innern ganz besonderer Sterne erfolgt. Aber welcher? Wo und wann?

Die Herkunft der Kosmischen Strahlung

bleibt unbewiesen, obwohl die Vermutung viel für sich hat, sie hänge mit Stern-Katastrophen, dem Verfall der Supernovae zu Neutronensternen oder „Schwarzen Löchern", zusammen.

Supernovae sind Sterne von ungleich größerer Masse als die der Sonne, die ihren Kernbrennstoff erschöpft haben. Ein solcher Stern kühlt rasch ab und kann schließlich sein eigenes Gewicht nicht mehr tragen, weil der Schwerkraft kein entsprechender Strahlungsdruck entgegenwirkt. Es kommt zu einer Implosion, bei der nach außen wirkende Schockwellen entstehen, welche die äußeren Sternbereiche mit ungeheurer Wucht und mit 5000 bis 20 000 Kilometer Geschwindigkeit pro Sekunde in den interstellaren Raum ausstoßen. Dabei strahlt der Stern 10^{42} bis 10^{44} Joule Energie ab,

> ***gleichviel Energie wie unsere Sonne in 10 bis 100 Millionen Jahren und mehr als eine Million normaler Sterne zusammen.***

Die Leuchtkraft des verendenden Sterns kann binnen Tagen auf das Milliardenfache zunehmen, auf die von etwa 500 Millionen gewöhnlicher Sterne.

Jetzt werden jedes Jahr zwischen 25 und 30 Supernovae beobachtet. Doch in der Regel ereignen sich diese Katastrophen in weit entfernten Galaxien, im Milchstraßensystem konnte, seit es Teleskope gibt, noch keine beobachtet werden. Wir wissen aber von einer mit freiem Auge am Tageshimmel sichtbaren Supernova, die nur 6300 Lichtjahre entfernt um 2 Uhr morgens des 4. Juli 1054 im Sternbild des Stiers auftaucht und von chinesischen und japanischen Astronomen beschrieben wird. Der spätere Prager Hof-Astronom Kaiser Rudolfs II, der Däne Tycho Brahe, entdeckt am 7. November 1572 eine Supernova im Sternbild Cassiopeia, 1604 Johannes Kepler als letzter Astronom, der eine galaktische Supernova beobachtet, die im Sternbild Ophiuchus. Die jüngste Entdeckung erfolgt am 24. Februar 1987 in der Großen Magellanischen Wolke, einer der zwei kleinen Begleit-Galaxien der Milchstraße, in 165 000 Lichtjahren Entfernung. Die „Supernova 1987 a" ist der „Superriese" Senuleak 69 202 gewesen, ein Stern von 30 bis 50 Sonnen-Massen.

Solange Supernovae-Implosionen in Entfernungen von Hunderttausenden oder Tausenden Lichtjahren erfolgen, handelt es sich um Weltall-Dramen. Den astronomischen Berechnungen zufolge muß es aber auch etwa alle 50 Millionen Jahre

Stern-Katastrophen in Erdnähe,

in weniger als 100 Lichtjahren Entfernung, geben. Und falls Supernovae die Quelle der Kosmischen Strahlung sind, müssen sie in dieser Nähe schwerwiegende Folgen für das Leben auf unserem Planeten bereits gehabt haben und eines Tages wieder haben, denn die Kosmische Strahlung löst ja ihrerseits gewaltige weitere Strahlungen aus.

Daß es solche Folgen gegeben hat, ist nicht auszuschließen: Die Evolution der irdischen Lebewesen erfolgt etwa 100 Millionen Jahre ruhig und regelmäßig. Vor etwa 70 Millionen Jahren verschwinden plötzlich ganze Tierfamilien, u. a. auf allen Kontinenten die Dinosaurier, die weitaus größten Tiere aller Zeiten, die dementsprechend anfällig für Strahlungen gewesen sein müssen. Das Material, das die amerikanischen Forscher Dale Russell und Wallace Tucker 1971 veröffentlichen („Nature" 19.2.71 — 229, 533), läßt vermuten, daß eine Supernova für das Verschwinden der Dinosaurier verantwortlich ist.

Den erwähnten Berechnungen zufolge ist seit etwa 20 Millionen Jahren wieder eine Supernova fällig, die auf der Erde

Kosmische Strahlungen von der vieltausendfachen Wirkung des gesamten Nuklearwaffen-Arsenals

auslösen müßte.

Da wir nicht in astronomischen oder erdgeschichtlichen Zeiträumen denken, scheint dieses Risiko nicht groß. Aber auch die Wirkungen der „normalen" und kontinuierlichen Kosmischen Strahlung sind nicht so gering, wie es lange schien. Denn heute beeinflußt ja zum Beispiel die elektronische Datenverarbeitung unser Leben in einem Ausmaß, wie das noch vor zwei Jahrzehnten undenkbar gewesen ist. Und vom fehlerfreien Funktionieren unserer Computer hängt keineswegs nur der richtige Stand unseres Bankkontos ab, sondern auch Krieg und Frieden, weil alle Warnsysteme auf elektronischen Rechengeräten beruhen. 1980 aber gibt es zweimal innerhalb einer Woche falsche Computer-Warnungen in den USA, und schon seit Mitte der siebziger Jahre ist

der Glaube an die Unfehlbarkeit der Elektronenrechner

durch kosmische Einflüsse erschüttert: Da ändern sich Zahlen in Computer-Speichern ohne jede ersichtliche Ursache. Weder irgendwelche Geräte-, noch Programmierungs-Fehler können festgestellt werden, alle irdischen Einflüsse erweisen sich als nichtschuldig. So bleibt schließlich nur die Störwirkung Kosmischer Strahlen. Diese untersuchen Dr. J. F. Ziegler vom Yorktown Heights Research Laboratory der IBM und Dr. W. A. Langford von der State University of New York in Albany. Ihre Experimente (über die sie in „Science", 16. November 1979, Band 206 p 776 berichten) ergeben: „Der Einfluß Kosmischer Strahlen auf Computer steht außer Zweifel, und je kleiner die Chips und je komplizierter die Schaltungen, desto größer die Fehlergefahr." Bei allen Konstruktionen, besonders aber der Geräte, die für Flugzeuge bestimmt sind, muß mit dem Strahlungseinfluß gerechnet werden. Die Kontrolle der Computer-Navigation wie der Computer-Raketen-Warnung durch nichtelektronische Mittel ist unerläßlich.

1918 bis 1920

Neben der Nahrung ist

das Holz der älteste vom Menschen genutzte Energieträger.

Aber 20 000 Generationen lang *(→ vor etwa 1,7 Millionen Jahren)* nur in Form von Brennholz, einige Jahrtausende lang als Holzkohle. Holz-Gas gewinnt Philippe Lebon erst 1799 (21. September), und der bei der trockenen Holz-Destillation anfallende „Holzgeist", der Methylalkohol, beginnt erst 1834 eine Rolle zu spielen, als Jean-Baptiste Dumas nachweist, daß er chemisch weitgehend mit dem „Weingeist", mit dem Äthylalkohol, identisch ist. Holzalkohol spielt in der Teerfarben-Fabrikation eine Rolle, wird wichtig als Lösemittel, aber nach nur drei Generationen verliert er jede Bedeutung, da verdrängt ihn der Kohle-Alkohol, das synthetische Methanol. Methanol entsteht, wenn Kohlenoxyd und Wasserstoff unter hohem Druck (ursprünglich 1000, später 200 bar) über geeignete Misch-Katalysatoren geleitet werden. Mittasch, Pier und Schmidt führen diese Synthese erstmals 1923 im IG-Werk Oppau durch, das bedeutet die erste vollständige Umwandlung von Kohle in einen flüssigen Brenn- und Treibstoff. Erst vier Jahre später folgt die Benzin-Synthese *(→ 2. April 1927).*

Die Methanol-Synthese bricht das „Holzgeist"-Monopol,

das damals die USA besitzen, und läßt den Holzalkohol-Preis auf ein Drittel sinken. Das Kohle-Methanol wiederum wird vom Erdgas-Methanol verdrängt, denn bereits 1858 hat Marcellin Berthelot synthetisch Methylalkohol aus Methan hergestellt, und Erdgas ist bekanntlich weit müheloser zu gewinnen als Kohle und dementsprechend billiger.

Nur wächst Erdgas (wie die Kohle) nicht nach, während Holz das sehr wohl tut, nach wie vor sind rund drei Zehntel der festen Erdoberfläche mit Wald bedeckt. Auch Holz-Mangel gibt es, aber weit seltener als Öl-Mangel und so werden bereits im Ersten Weltkrieg nicht nur Holzgas-Fahrzeuge entwickelt, sondern wird auch flüssiger „Bio-Treibstoff" gewonnen. Das ist zu allen Zeiten sinnvoll, denn ungeheure Mengen Holz werden heute auf der Welt vergeudet, meist bleiben Äste und Baumkronen ungenutzt.

Die Jahresproduktion an Holz-Trockensubstanz

schwankt in den Naturwäldern zwischen 10 und 20 Tonnen, erreicht in Holz-Plantagen 30 und mehr je Hektar. Die Welt-Waldfläche von etwa vier Milliarden Hektar bedeutet also jährlich mindestens 50 Milliarden Tonnen Holz, und aus jeder Tonne Trockenholz können 240 bis 340 Liter Alkohol gewonnen werden. Allerdings nicht durch Destillation, sondern nur durch Holz-Verzuckerung,

die Verwandlung von Zellulose in Glucose

und deren Vergärung *(→ 1747)*. Daß mit verdünnter Schwefelsäure aus Holz Zucker gewonnen werden kann, weist Henri Braconnet, Direktor des Botanischen Gartens von Nancy und einer der hervorragendsten Pflanzen-Chemiker, bereits 1819 nach. Zwar hat das keine praktischen Folgen, aber Braconnet ist Mitarbeiter angesehener wissenschaftlicher Zeitschriften, seine Entdeckung wird nicht vergessen und 1898 erhitzt der schwedische Chemiker E. Simonsen Späne von Kiefern- und Tannenholz mit 5 Teilen halbprozentiger Schwefelsäure 15 Minuten lang unter 8 Atmosphären Überdruck und erhält Lösungen von 5 Prozent Zuckergehalt. Drei Viertel dieses Zuckers lassen sich zu sehr reinem Äthylalkohol vergären. 1901 erzielt A. Classen ähnliche Resultate. Seit 1874 ist auch der Sulfit-Zellstoff immer wichtiger geworden, in dessen Abfall-Laugen sich 14 Prozent vergärbare Hexosen finden, und vor dem Ersten Weltkrieg beginnen Zellstoff-Fabriken als Nebenbetriebe Spiritus-Brennereien zu bauen. Dieser Krieg führt schließlich

zur großtechnischen Holz-Verzuckerung und zur ersten Bio-Treibstoffgewinnung.

Das entsprechende Verfahren entwickelt 1916 bis 1918 der Erfinder der Kohle-Verflüssigung, Friedrich Bergius, zusammen mit dem schwedischen Holzchemiker Erik Häglund. Eine Anlage in Stettin und eine in Monheim bei Düsseldorf kommen in Betrieb, aber sie liefern nur 6 Liter Alkohol je 100 kg Holz. Der Ursache dieser geringen Ausbeute geht seit 1920 Heinrich Scholler an der TH München nach. Er erkennt, daß der während der Säurebehandlung entstehende Zucker schon während des Prozesses weitgehend wieder zersetzt wird. Statt mit hochkonzentrierter Salzsäure wie Bergius arbeitet Scholler wie Braconnet mit verdünnter Schwefelsäure und löst das Problem, indem er dem Zucker keine Zeit zum Zerfallen läßt, sondern ihn rasch genug aus der Reaktions-Zone entfernt.

Auch Bergius hat nicht aufgegeben und 1920 die „Deutsche Bergin AG" gegründet, die 1936 eine Großanlage in Rheinau in Betrieb nimmt. Arbeitet Scholler mit etwa 170° C heißer Säure und 10 Atmosphären Überdruck, so versucht es Bergius nun bei Zimmertemperatur und normalem Druck. Die Alkohol-Ausbeute beträgt schließlich bei beiden Verfahren 30 bis 34 Liter je 100 kg Nadelholz und etwa 24 Liter je 100 kg Buchenholz. Als Nebenprodukt fallen Futtermittel an, aber auch 24 bis 44 Prozent Lignin, für das es wenig Verwendungsmöglichkeiten gibt. Durch den Zweiten Weltkrieg werden die letzten technischen Probleme gelöst, nicht nur in Deutschland, sondern auch in der Schweiz und Skandinavien wird Holzzucker-Alkohol hergestellt.

Nach 1945 wird aber mehr und mehr Alkohol synthetisch aus Erdgas und Erdöl gewonnen. Die Bergius-Großanlage bei Regensburg, die 900 000 Raummeter Holz jährlich verarbeitet hat, muß ebenso stillgelegt werden wie die in Rheinau, die Scholler-Madison-Fabrik in Springfield in Oregon ebenso wie eine Scholler-Anlage in Korea und die Holzzucker-Fabrik in Ems in der Schweiz. Die Ölpreis-Vervielfachung von 1973 *(→ 10. September 1960)* macht die Holzverzuckerung teilweise wieder wirtschaftlich, aber nicht lange genug. Und so wird es Bio-Treibstoff aus Holz (statt wie seit 1975 in Brasilien aus Zuckerrohr) in großen Mengen erst geben, wenn die Erdöl- und Erdgas-Vorkommen zu Ende gehen. Und dann werden wohl nicht nur die Wälder besser als heute genutzt, sondern riesige Holz-Plantagen angelegt, wie das der Amerikaner Daniel K. Ludwig auf 1,2 Millionen Hektar in der Amazonas-Region Brasiliens bereits 1974 getan hat.

1920

Obwohl Aristoteles bereits 330 v. Chr. weiß, daß man durch Destillation aus verschmutztem oder aus Salzwasser reinstes Wasser gewinnen kann, richtet erst 1717 der französische Arzt Jean Gauthier die erste Schiffs-Destillationsanlage ein, die Trinkwasser aus Meerwasser gewinnt.

Die erste Großanlage zur Meerwasser-Entsalzung

wird 1920 auf der holländischen Westindien-Insel Curaçao gebaut, welche, mit Heizöl der dortigen Raffinerie betrieben, die damals etwa 16 000 Einwohner der Hauptstadt Willemstad versorgt. Damit beginnt eine Entwicklung, die

die Lösung des schwerwiegendsten aller materiellen Menschheits-Probleme

bedeutet. Der naturgegebene Wasserkreislauf wird von der Menschenzahl nur unwesentlich beeinflußt. Die Niederschläge sind bei einer Weltbevölkerung von 5 Milliarden nicht größer als zur Zeit, da es noch 5 Millionen waren. Der Wasser-Bedarf aber steigt weit rascher als die Menschenzahl, denn jede Kilowattstunde Strom zum Beispiel erfordert in Wärmekraftwerken 5 Liter Kühlwasser. Würden alle Menschen so viel Wasser verbrauchen wie die Amerikaner, so würde es schon heute nur für 700 Millionen reichen, das ist weniger als ein Siebentel der tatsächlichen Weltbevölkerung. Schon heute ist Wassermangel in zahlreichen Ländern das große Problem.

Außer den Niederschlägen, dem ewigen Wasser-Kreislauf, verfügen wir aber auch über ein immenses Wasser-Kapital. Wasser bedeckt 71 Prozent der Erdoberfläche, und die Weltmeere enthalten 1350 Millionen Kubik-Kilometer Wasser, das 13 200fache der jährlichen Welt-Niederschläge. Zwar enthält dieses Wasser mehr Salze, als Pflanzen und Tiere verarbeiten können, aber seit es entsalzt werden kann, läßt es sich zur

Ausweitung des Wasserkreislaufs

verwenden. Wird entsalztes Meerwasser agrarisch genutzt, verdunsten es die Pflanzen, als Kühlwasser geht es zurück in die Luft oder in Flüsse und das Abwasser wird von der Natur oder den Menschen regeneriert.

Nur: Das Verdampfen von Wasser erfordert sehr viel Energie. Lange gibt es destilliertes Wasser nur in den Apotheken. Erst billiges Öl und noch billigeres Erdgas machen die Wasser-Entsalzung großtechnisch möglich und erst die dabei gewonnenen Erfahrungen steigern die Ausbeute. Auf Curaçao werden 1920 etwa 2 Liter Trinkwasser je kg Heißdampf gewonnen, 1980 mit in Deutschland gebauten Anlagen dagegen 32 Liter.

Der Durchbruch erfolgt 1951 mit der Groß-Entsalzungsanlage von Kuwait. Im gleichen Jahr sagt der damalige Präsident der Harvard-Universität, James Bryan Conant: „Um 1985 wird Seewasser billig in Süßwasser zu verwandeln sein, dadurch Wüsten grünen und damit das zu Europa tendierende Nordafrika und die Mittelmeergebiete überhaupt eine ganz neue Weltbedeutung erhalten.“ Damals beträgt

die Welt-Kapazität der Wasser-Entsalzungs-Anlagen

etwa 1,2 Millionen Kubikmeter Süßwasser jährlich. Zwei Jahrzehnte später sind es 466 Millionen und 1985 etwa 18,2 Milliarden Kubikmeter, bei 200 Liter täglich genug Wasser für 250 Millionen Menschen. Die größte mit entsalztem Wasser versorgte Stadt ist seit 1984 Riyadh, die Hauptstadt Saudi-Arabiens, dessen Bevölkerung 1938 etwa 30 000 beträgt, 1950 etwa 80 000 und 1985 mehr als 1,3 Millionen. Von der Entsalzungs-Anlage bei Al-Dschubail (Jubail) am Persischen Golf bringt eine Doppel-Rohrleitung von je 60 Zoll (rund 1,5 Meter Durchmesser) mit Hilfe von zweimal sechs Pumpstationen, deren Leistung 430 Megawatt beträgt, täglich mehr als eine Milliarde Liter Wasser 400 Kilometer weit ins Hochland des Nedschd, so werden hier rund 80mal mehr Menschen mit entsalztem Meerwasser versorgt als 1920 auf Curaçao. Andere Entsalzungsanlagen Saudi-Arabiens dienen der Landwirtschaft und der Industrie und verwirklichen damit zum Teil die Pläne, die 1968 zur Nutzung der ariden Gebiete ausgearbeitet worden sind. Alle Ölländer am Persischen Golf entsalzen nun Meerwasser.

Hat der Mensch durch Abholzen der Wälder den Wasserhaushalt der Natur negativ beeinflußt und tut er das weiter, so hat er aber schon seit Jahrtausenden durch künstliche Bewässerung auch positiv gewirkt. Das erreicht nun global wirksame Ausmaße: Die 1987 etwa vier Milliarden Hektar zusätzlicher Verdunstungsfläche erhöhen die Gesamtverdunstung des Festlandes um etwa 5 Prozent. Im Jahr 2000 werden es durch die Meerwasser-Entsalzung etwa 10 Prozent sein.

1921

Den Magnetismus gibt es, seit die Erde besteht, und es wird ihn geben, solange sie sich um die Sonne dreht. Aber das Interesse für diese Naturkraft schwankt natürlich mit ihren Nutzungs-Möglichkeiten. Für den Aufstieg Englands zur Seemacht ist der Kompaß unentbehrlich, und so werden im Jahr 1600 Deklination und Inklination erforscht. Das 19. Jahrhundert ist die große Zeit der Magnetismus-Forschung *(→ 1819 bis 1825),* sie leitet das Elektro-Zeitalter ein. Aber im 19. Jahrhundert setzen sich auch eiserne Schiffe durch, deren immer größere, durch die Niethämmer magnetisierten Eisenmassen den Kompaß derart beeinflussen, daß Hermann Anschütz-Kämpfe 1902 bis 1908 den Kreisel-Kompaß entwickelt, dessen mit 20 000 Umdrehungen in der Minute rotierende Achse sich infolge der Erdbewegung in der Richtung des Erdmeridians einstellt: Die Schifffahrt kann auf die Dienste des Magnetismus verzichten.

Sehr bald kommt er aber wieder zu Ehren, weil der Erste Weltkrieg aus dem Luft-Sport die Militär-Luftfahrt macht, sich aus dieser rasch der Luftverkehr entwickelt und man nun auch Flugzeuge zur Kartographie, zur Luftbild-Geologie und zum Tragen von Magnetometern einsetzt. Diese hat Charles-Augustin Coulomb schon 1785 erfunden und Karl Friedrich Gauß 1833 bis 1835 entscheidend verbessert. Die Instrumente zeigen von der Norm abweichende Magnetfelder an, werden von den Geophysikern verwendet, haben aber keine praktische Bedeutung, weil auf dem Boden viel zu viele Messungen durchgeführt werden müßten, um Unterschiede zu erkennen, die auf Erzvorkommen usw. hinweisen. Außerdem sind solche Messungen in dichtbewaldeten, gebirgigen oder sumpfigen Gebieten unmöglich.

Eine neue Ära der Lagerstätten-Kunde

beginnt 1921, als der schwedische Geophysiker Hans Lundberg, vorerst von einem Fesselballon aus, Lufterkundungs-Versuche macht und das heute vor allem von Satelliten durchgeführte „Remote Sensing“ begründet. Er erforscht die Magnetfeld-Anomalien, die der Erzberg von Kiruna im schwedischen Lappland verursacht, und entwickelt Magnetometer, die an einem Schleppseil hängend von Flugzeugen getragen werden. Lundberg gründet die „Lundberg Explorations Ltd.“ als erstes Dienstleistungs-Unternehmen dieser Art, führt geomagnetische Luftaufklärungsarbeiten in Nordschweden durch, die die Erschließung großer neuer Magneteisen-Vorkommen ermöglichen, und gibt durch Flüge in verschiedener Höhe nicht nur an, wo gebohrt werden muß, sondern stellt auch die Teufen der Erzlager fest. Schon vor dem Zweiten Weltkrieg beginnt die „Lundberg Exploration“ weltweit zu arbeiten.

Während dieses Krieges dienen Magnetometer dem Aufspüren von Unterseebooten. Dementsprechend stehen zu ihrer Verbesserung und der Entwicklung neuer Systeme genügend Mittel zur Verfügung. Zu den Instrumenten, die auf der Drehung eines Permanent-Magneten im Magnetfeld beruhen, treten elektronische, die die Kernresonanz im Magnetfeld messen. Die Empfindlichkeit dieser Geräte beträgt für die Lufterkundung etwa 0,1 gamma (1 gamma = $^1/_{100000}$ Gauß), für Satelliten-Magnetometer etwa 1 gamma.

Natürlich sprechen Magnetometer am besten auf große Eisenerzvorkommen an, am besten auf Erze mit hohem Metallgehalt. Solche Lagerstätten werden im Februar 1948 im Osten Pennsylvaniens gefunden, wo kein Geologe sie für möglich gehalten hat, 1951 bei Morgantown, wo sie unter einer 500 Meter mächtigen Trias-Bedeckung liegen. Erfolge von Weltbedeutung erzielt

die Geo-Magnetik

1947 bis 1952 in Venezuela, wo der Cerro Bolivar mindestens zwei Milliarden Tonnen fast schwefelfreies Erz mit 63 Prozent Eisen enthält. Das macht Venezuela zum drittbedeutendsten Eisenerz-Exportland der Erde und Santa Tomé de Guayana an der Mündung des Caroni in den Orinoco zu einem Industriezentrum mit dem ersten Stahlwerk der Region. Mit diesem Erzfund aus der Luft beginnt eine Entwicklung, die auch den Bau des zeitweilig größten Wasserkraftwerkes der Welt ermöglicht, des Guri-Werks am Caroni, das im November 1986 seine volle Arbeitsleistung von 52 Milliarden Kilowattstunden jährlich erreicht: Hier werden

Titanenkräfte durch die schwache Kraft des Magnetismus ausgelöst.

Da Magnetometer nicht nur abnormal starke, sondern auch von ihrer Umgebung abweichende schwache Magnetfelder registrieren, helfen sie keineswegs nur Eisenerz zu entdecken, sondern auch zahlreiche andere Bodenschätze, vor allem auch Ölfelder. Diese Elektro-Magnetometer bestehen aus einem im Flugzeug oder unter den Tragflächen installierten Sender, der ein künstliches Magnetfeld erzeugt. Dieses löst in metallischen Sulfiden von Kupfer, Nickel und Blei, in Graphit oder in Salzsolen und Grundwasserschichten durch Induktion Sekundär-Magnetfelder aus, deren Wirkung von Empfänger-Antennen aufgenommen wird, die ein nachgeschleppter Flugkörper enthält.

Derartige Magnetismus-Messungen erhalten Weltbedeutung durch

die Goldfunde im Oranje-Freistaat,

die mit Hilfe der Luft-Geomagnetik 1947 bis 1952 gemacht werden. Die berühmten Vorkommen am Witwatersrand des Transvaal, die aus dem Jahr 1886 stammen, gehen vor dem Zweiten Weltkrieg ihrer Erschöpfung entgegen, Südafrikas Anteil an der Welt-Goldgewinnung sinkt 1929 bis 1938 von 54 auf 31 Prozent. Die Magnetfeld-Messungen aber ergeben, daß die magnetischen Tonschiefer und Quarzite um Oodendaalsrust am Oranje-Fluß mit denen des Witwatersrand identisch sind, und so entsteht hier ein neues Goldgebiet, beträgt der südafrikanische Gold-Förderanteil 1953 bereits wieder 51 und 1963 über 71 Prozent.

Begründet Hans Lundberg 1921 die praktische Geomagnetik, so verwendet seine Firma als erste auch Szintillometer, verfeinerte Geiger-Müller-Zähler, um aus der Luft Uranium- und Thoriumvorkommen festzustellen. Analog der Anomalien im Magnetfeld lassen sich auch Störungen im Schwerefeld der Erde registrieren (→

1666 bis 1687). Im gleichen Jahr beginnt H. de Boekh mit einer Torsionswaage, die der ungarische Physiker Ernö Eötvös entwickelt hat, gravimetrische Messungen für die Anglo-Persian Oil Co. durchzuführen. Durch solche Messungen werden 1924 in den USA die Salzdome der Golfküste entdeckt, deren spezifisches Gewicht geringer ist als das ihrer Umgebung.

Wie immer sind viele Einzel-Fortschritte auf Gebieten, die scheinbar keinerlei Berührungspunkte haben, nötig, um große Umwälzungen auszulösen. So erhält auch die Lagerstätten-Fernerkundung ihre heutige Bedeutung erst durch die Satelliten *(→ 4. Oktober 1957)*, mit denen seit 1972 das „ERTS"-Programm („Earth Resources Technological Satellites") durchgeführt wird. Sein Ziel ist

> *„nicht Geologie, sondern Mineralien, nicht Hydrologie, sondern Wasser".*

Diese Satelliten umkreisen die Erde binnen 103 Minuten und entdecken bisher unbekannt gebliebene Verwerfungen, liefern durch die Farbtönung des Wassers, die sie zeigen, Hinweise über die Herkunft, Bewegung und Verteilung von Sedimenten, liefern geomagnetische und gravimetrische Meßdaten in einer Menge, die mit Flugzeugen nicht zu gewinnen ist. Das aber macht global immer neue Möglichkeiten klar, hilft vor allem auch, Energieträger an völlig unerwarteten Stellen der Erde zu finden.

1922 — 22. März

Als der Erste Weltkrieg zu Ende geht, ist

> *Mineralöl als Machtmittel*

erwiesen *(→ 1887 und → 28. Mai 1908).* Diese unschlagbare Waffe befindet sich fest in der Hand Englands und Amerikas: Rußland, das im Jahr 1900 mit 10,4 Millionen Tonnen 51,5 Prozent allen Öls der Welt gefördert hat gegen die damals 41,5 Prozent der Vereinigten Staaten, ist schon durch die Revolutionswirren der Jahre 1904 bis 1905 von den Amerikanern überholt worden. Die Revolution von 1917 und der ihr folgende Bürgerkrieg hat die russische Produktion 1920 auf nur mehr 3,8 Millionen Tonnen sinken lassen.

Deutschland ist 1912 durch sein Bündnis mit der Türkei Besitzer großer Ölvorkommen geworden. In Mesopotamien ist 1902 unweit Mosul am Tigris, gegenüber dem alten Ninive, Öl gefunden worden — der heutige Irak gehört damals zum Osmanischen Reich. Der Armenier Calust Sarkis Gulbenkian, er hat in der

Baku-Region seine Ölkenntnisse erworben, macht Sultan Abdul Hamid auf die finanziellen Möglichkeiten aufmerksam und der Sultan überträgt die ganze Provinz auf seine Zivilliste. Er will aber derart hohe Konzessionsgebühren, daß sich die Verhandlungen jahrelang hinziehen und die „Jungtürken" stürzen ihn 1909, bevor ein Vertrag mit den englischen, amerikanischen und deutschen Interessenten zustandegekommen ist. Die neuen Herren der Türkei sind weniger habgierig und so bringt Gulbenkian 1912

die „Türkische Petroleumgesellschaft"

zustande, die zu 45 Prozent der Türkischen Staatsbank, zu je 25 Prozent der „Deutschen Bank" und der „Royal Dutch/Shell" und zu 5 Prozent Gulbenkian gehört. Auf dessen Drängen verkaufen die Türken am 28. Juni 1914 — dem Tag des Thronfolger-Mordes in Sarajewo — ihren Anteil an die „Anglo-Persian Oil Co.". Damit kontrollieren die Anglo-Holländer sieben Zehntel des Mesopotamien-Öls „und aller eventuell anderswo auf türkischem Gebiet vorhandener Mineralölvorkommen".

Allerdings nur auf dem Papier. Denn wenn durch den Ersten Weltkrieg Deutschland ausscheidet und damit seinen Anteil am Mesopotamien-Öl verliert, obwohl es durch den Bau der Badgad-Bahn diese ganze Region erschlossen hat, so stehen türkische Truppen auch noch am 10. August 1920 im Wilajet Mosul, als der Friedensvertrag von Sèvres das Osmanische Reich von 3,2 Millionen Quadratkilometer auf 300 000 reduziert und diesen Rest praktisch unter alliierte Kontrolle stellt. Diese Truppen kommandiert der berühmte Verteidiger von Gallipoli, Kemal Pascha, der spätere türkische Staatschef Atatürk. Dieser erkennt den Frieden von Sèvres nicht an, weil ihn der Großwesir Damad Ferid Pascha unterzeichnet hat, der als langjähriger britischer Agent gilt.

Damit bleibt aber auch

der Englisch-Französische Nahost- und Öl-Frieden

auf dem Papier, den am 24. April 1920 der Generalsekretär des Französischen Außenministeriums, Philippe Berthelot, und Sir John Cadman, Präsident der Anglo-Persian Oil. Co. unterzeichnet haben. Der Vertrag überträgt den Franzosen den deutschen Anteil am Mesopotamien-Öl, während Paris einem britischen Völkerbunds-Mandat über den Irak zustimmt und London einem französischen Mandat über Syrien. England und Frankreich sind gemeinsam an der Durchsetzung des Friedensvertrages von Sèvres interessiert, aber das französische Volk ist noch kriegsmüder als das englische. Wie es Winston Churchill nicht gelingt, „den Bolschewismus in der Wiege zu strangulieren" und den englischen Ölbesitz in Rußland zurückzugewinnen, den zwar nicht die Bolschewiken, sondern deren Vorgänger Alexander Fjodorowitsch Kerenskij am 1. November 1917 enteignet hat, so können die Regierungen in London und Paris den Krieg im Nahen Osten nicht fortsetzen.

Aber da gibt es Griechenlands Ministerpräsidenten Eleftherios Venizelos. Er träumt von einem „Groß-Hellenischen Reich" und ist als Kreter ein fanatischer Türken-Hasser. Venizelos erbietet sich, gegen entsprechende Gebietszuteilungen in Kleinasien und auf dem Balkan, „die Türkei endgültig zu liquidieren“. Dessen intimer Freund ist Sir Basil Zaharoff,

der größte Waffenhändler seiner Zeit

und Herr der bedeutendsten britischen Rüstungsfirma. Zaharoff bewaffnet und finanziert gemeinsam mit Sir Ernest Cassel die Griechen. Sie besetzen Smyrna, dringen nach Anatolien vor und stehen im August 1921 nur mehr 50 Kilometer vor Ankara.

Aber noch am Tag des Friedensschlusses von Sèvres, am 10. August 1920, haben die Russen das heutige Sowjet-Armenien und am 20. September 1920 die Türken Kars und Ardahan besetzt, sich also Armenien geteilt. Über diese Landverbindung erhalten die Türken die Munition und die Waffen, die die Alliierten den Weißrussen geliefert haben, deren letzte 140 000 Mann unter General Wrangel am 16. November 1920 in die Türkei geflüchtet sind. Als am 23. August 1921 am Sakarija-Fluß

die Entscheidungs-Schlacht des Griechisch-Türkischen Öl-Krieges

beginnt, sind die Türken besser ausgerüstet als die Griechen, und nach furchtbaren Kämpfen, die 20 Tage und 20 Nächte dauern, die Griechen vernichtend geschlagen. Nun beginnt Kemal Pascha seine Offensive, am 9. September 1922 ziehen die Türken in das brennende und fast völlig zerstörte Smyrna ein. Ohne die Griechen auch nur zu konsultieren, schließen England und Frankreich am 11. Oktober 1922 den Waffenstillstand von Mudaina. Die „Repatriierung“ der Türken aus Mazedonien und aller Griechen und Armenier aus Kleinasien wird vereinbart. Die griechische Kolonisation, die hier um 1000 v. Chr. begonnen hat, ist beendet und fast eineinhalb Millionen Griechen verlieren ihre Heimstätten. Vor allem in Saloniki und in der Umgebung Athens leben die Vertriebenen in unvorstellbarer Not. Mehr als 300 000 griechische Soldaten sind gefallen und die Kriegskosten haben das Land ruiniert.

Nach wie vor ist das Öl Mesopotamiens in der Hand der Türken. Schon während der Kämpfe in Anatolien sind französische „Journalisten“ in die Türkei gereist, und am 21. Oktober 1921 hat Frankreich den Kriegszustand mit der Türkei für beendet erklärt, die Griechen abgeschrieben. Das Öl-Abkommen mit England betrachtet Paris für überholt. Ein Jahr zuvor, am 20. November 1920, hat im Auftrag Präsident Woodrow Wilsons dessen Außenminister Bainbridge Colby in London eine Protest-Note gegen die anglo-französische Öl-Aufteilung überreichen lassen.

„Ein gebührender amerikanischer Anteil am Mesopotamien-Öl“

wird aufgrund von Washingtons „Politik der Offenen Tür“ gefordert, der „Nicht-Diskriminierung“, wie sie erstmals 1901 in China durchgesetzt worden ist, und

„weil die entsprechenden Ansprüche amerikanischer Bürger auf das Jahr 1902 zurückgehen“.

Damals hat der amerikanische Admiral Colby Chester als Vorsitzender einer „Kommission zum Studium der Armenier-Frage“ die Türkei bereist und von den Ölfunden des britischen Missionars Harwood gehört. Er hat den Dienst quittiert und ein amerikanisches Syndikat zusammengebracht, das vom Sultan persönlich eine Bohrkonzession zu erhalten versucht. Da Chester aufs falsche Pferd setzte, ist er leer ausgegangen. Aber nun verficht Washington seine „Rechte“. Schon während der Kämpfe in Anatolien sind auch amerikanische „Journalisten“ und „Kaufleute“ in die Türkei gereist und haben Kemal Pascha überzeugt, daß über die Armenier- und Kurden-Frage zu reden ist.

Die Engländer müssen nun also mit den Franzosen und den Amerikanern über das Mesopotamien-Öl verhandeln, Großbritanniens Außenminister Lord Curzon reist am 22. März 1922 nach Paris. Die Protokolle über seine Unterredung mit Präsident Poincaré werden nach wie vor geheimgehalten, aber was vereinbart worden ist, machen die Ereignisse eindeutig klar: Frankreich läßt die Türken fallen, England gibt seinen Widerstand gegen die französische Ruhrbesetzung auf. Der ehemals deutsche Anteil am Mesopotamien-Öl bleibt in französischer Hand. Und so müssen die Engländer auf das Öl verzichten, das die Amerikaner fordern: Am 7. April 1922, drei Tage vor der Eröffnung der Europäischen Wirtschaftskonferenz in Genua, wird von Walter Clark Teagle, Präsident der Standard Oil of New Jersey (der heutigen Exxon) und Sir John Cadman, dem Leiter der britischen Staats-Ölgesellschaft Anglo-Persian,

der anglo-amerikanische Öl-Frieden

geschlossen, durch den die Anglo-Persian zugunsten der Near East Development Co. (einer Standard-Mobil Oil-Tochter) auf die Hälfte ihres Mosul-Öls verzichtet. Das gehört nun zu je 23¾ Prozent der Near East Development, der Anglo-Persian, der Compagnie Francaise des Pétroles und der Royal Dutch/Shell. Zu 5 Prozent ist Calouste Sarkis Gulbenkian beteiligt. Er ist der einzige Armenier, dessen Rechte gewahrt bleiben. Feierlich hat Präsident Woodrow Wilson seine These des „Selbstbestimmungsrechts der Völker“ proklamiert (um den Zerfall der Österreichisch-Ungarischen Monarchie zu beschleunigen) und ausdrücklich auch den Armeniern und Kurden eigene Staatswesen versprochen. Gegen die anglo-amerikanische Ölverteilung hat er protestiert, gegen die türkisch-russische Teilung Armeniens nicht, von den Kurden wird ebenfalls nicht mehr geredet. Die Kurden-Gebiete bilden nach wie vor gefährliche Unruheherde und die Armenier versuchen durch Terrorismus auf sich aufmerksam zu machen.

Haben die Amerikaner 1922 ihren Preis kassiert, so die Franzosen am 11. Januar 1923: Da beginnt

die Ruhr-Besetzung.

Sie dauert bis 1925 und bringt den Franzosen nichts, denn die deutsche Kohleförderung kann nicht gesteigert werden, sondern sinkt derart, daß es weder für den Zwangs-Export noch für die deutsche Industrie Kohle gibt. Das löst eine galoppierende Inflation aus, läßt den Dollar-Kurs zwischen Januar und November 1923 von 6260 Mark auf 4200 Milliarden — auf 4,2 Billionen — steigen. Auch nach der „Zusammenlegung" von 4,2 Billionen Reichsmark zu einer Rentenmark gelingt es nicht, die Wirtschaft wieder zu normalisieren und schließlich gibt es sechseinhalb Millionen Arbeitslose. Bereits am 10. Oktober 1923 hat Fritz Thyssen, der Herr des damals größten deutschen Montankonzerns und führender Organisator des Ruhr-Widerstands, in München Adolf Hitler kennengelernt und die Nationalsozialisten zu finanzieren begonnen, weil er in ihnen das einzige Mittel zum „Kampf gegen Versailles" und die alliierten Reparations-Forderungen sieht. Nicht die Ruhr-Besetzung und schon gar nicht Thyssen und seine Freunde allein machen 1933 Hitler zum deutschen Reichskanzler. Aber mit dem Griechisch-Türkischen Ölkrieg beginnt der Weg in den Zweiten Weltkrieg.

Am 14. Oktober 1927 fließt das Mesopotamien-Öl. Da wird in Baba Gurgur unweit Kirkuk eine Quelle erbohrt, die sich als eine der reichsten der Welt erweist. Von der 1929 durch die vier erwähnten Gesellschaften gegründeten „Irak Petroleum Co." ausgebeutet, ergeben die mesopotamischen Vorkommen 1929 die ersten 122 000 Tonnen, 1979 aber 168 Millionen Tonnen Öl. Der Golfkrieg zwischen dem Irak und dem Iran läßt die Produktion sinken, doch die Öl-Vorräte des Irak werden auf etwa 6 Milliarden Tonnen geschätzt. Das ist um die Hälfte mehr, als die Vereinigten Staaten besitzen. Diese Vorräte auf einem Gebiet von etwa 90 000 Quadratkilometern sind zeitweilig 1300 Millionen Dollar wert, heute weniger, aber morgen sicherlich noch ungleich mehr.

Längst ist die „Irak Petroleum Co." verstaatlicht und alle Öl-Konzessionen im Nahen Osten sind aufgehoben. Die großen Mineralöl-Konzerne haben ihre Macht überschätzt und die Öl-Förderländer zur Gegenwehr gezwungen: Seit dem 10. September 1960 gibt es die OPEC und dieser gelingt zehn Jahre später

> *eine in der Weltgeschichte einmalige, unblutige Machtverschiebung.*

Sie versucht durch ihre Ölpreis-Verzwanzigfachung zugleich auch den Raubbau an den Welt-Ölvorräten zu beenden und die Ölverbraucher zur Entwicklung anderer Energieträger zu zwingen. Ob ihr das rechtzeitig gelingen wird, bleibt fraglich.

1923

Die tierische Elektrizität kennt der römische Arzt Scribonius Largus bereits 48 n. Chr. und benutzt sie zu Heilzwecken *(→ 585 v. Chr.)*. Aber ein Galvanometer, das empfindlich genug ist, um tierische Aktionsströme nachzuweisen, baut Leopoldo Nobile erst 1825. Emil du Bois-Reymond untersucht 1842 die menschlichen Muskel- und Nervenströme näher und weist nach, daß in jeder lebenden Pflanzen- und Tierzelle Aktionsströme entstehen und daß diese für die Muskel-, Nerven-, Drüsen- und Herztätigkeit unentbehrlich sind.

Praktisch wertet diese Erkenntnisse der in Niederländisch-Indien geborene Arzt und spätere Physiologie-Professor der Universität Leiden, William Einthoven, 1906 aus, indem er

„Tele-Kardiogramme" zur Herzkrankheits-Diagnose

verwendet. Er macht einen dünnen Quarzdraht durch Versilberung leitfähig und spannt ihn zwischen den Polen eines starken Elektromagneten aus. Auch winzige Ströme lassen diesen Quarzfaden senkrecht zu den magnetischen Kraftlinien abweichen und eine von Zeiß in Jena gelieferte besondere Mikroskop-Optik vergrößert diese Abweichung und wirft ihr Bild auf das lichtempfindliche Papier einer sich drehenden Schreibtrommel. Erstmals werden so die Herzströme registriert. Als Einthoven 1924 den Nobelpreis für seine Arbeiten erhält, sind Elektro-Kardiogramme aus der Herz-Heilkunde nicht mehr wegzudenken, haben sie bereits unzähligen Patienten durch die Früherkennung von Herzfehlern das Leben gerettet.

Im Jahr zuvor, 1923, hat der Jenaer Physiologie-Professor Hans Berger den Elektro-Encephalographen erfunden und damit

die menschlichen Gehirnströme, die wichtigste und die Nutzung aller anderen bedingende Energieform,

beobachtbar gemacht. Diese Ströme, mit nur 30 bis 60 Millionstel Volt Spannung, stammen aus den 14 Milliarden Nervenzellen der menschlichen Großhirnrinde, einer „Zellen-Batterie", die nur 21,5 Gramm wiegt, aber das Schaltwerk unseres Lebens ist und von der jederlei geistige und körperliche Tätigkeit des Menschen abhängt. Schon der ruhende Mensch verwendet ein Viertel seiner gesamten Nahrungsaufnahme für das Gehirn, jährlich rund 215 000 Kilokalorien, die 250 Kilowattstunden gleichkommen. In welch enorme Energiewerte diese umgesetzt werden können, beweisen Berechnungen, wie sie zum Beispiel für Rudolf Diesel anzustellen sind *(→ 17. Februar 1897)*. Dessen geistige Tätigkeit hat bisher der Menschheit rund 4 Milliarden Tonnen Öl gespart (und tut das weiter) und diese entsprechen 44 Billionen Kilowattstunden...

1924

Die Elastizität oder Spannkraft wird vom Menschen seit mindestens 48 Jahrtausenden genutzt. Als Pfeil-Antriebskraft *(→ um 46 000 v. Chr.)* ist sie die erste durch eine menschliche Erfindung anwendbar gemachte Energie-Form. Aber erst seit 1638 beschäftigt sich die Wissenschaft mit ihr.

Elastische Wellen,

die praktisch mit Schallwellen identisch (und so für die Akustik wichtig) sind, lösen seit dem Entstehen der Erdhülle gewaltige Bodenbewegungen aus. Sie entstehen durch Erdbeben, die immer wieder ganze Städte und Regionen vernichten und wie (als schwerstes der Neuzeit) das von Tangschan in Ost-China am 27. Juni 1976 über 655 000 Menschen töten können. Die Seismologie, die Erdbebenkunde, ist deshalb sehr alt. Schon 136 v. Chr. erfindet der Chinese Tscho-ko eine Vorrichtung, die durch labil gelagerte Kügelchen die Richtung der Erdbeben-Wellen anzeigt. Seit 1784 gibt es Pendel-Seismographen. In den Dienst des Menschen gestellt aber werden elastische Wellen erst seit 1924.

Dazu kommt es durch „reine“ Wissenschaft, die geophysikalischen Untersuchungen Emil Wiecherts, Professor in Göttingen und 1904 Gründer des dortigen rasch Weltruf erlangenden Geophysikalischen Instituts. Wiechert verwendet 1200 kg schwere Eisenplatten und schließlich mit Baryt gefüllte Zylinder, die 17 Tonnen wiegen, als Wellen-Empfänger. Er verstärkt dadurch die Erdstoß-Wirkung auf das 500fache und schließlich 2200fache, registriert so Zehntausende Kilometer entfernte Erdbeben und begründet die Methode, die heute der Gravitationswellen-Forschung dient *(→ 10. Juni 1969).* Wiechert erforscht die Wege, die elastische Wellen im Boden nehmen, ihre Ablenkung und Geschwindigkeits-Veränderung durch die Art der Materie: Je dichter eine Masse ist, desto schneller breiten sich elastische Wellen (Druck- oder Erschütterungswellen) aus. Liegen Schichten verschiedener Dichte und Elastizität übereinander, so wird an den Grenzflächen ein Teil der Wellen in gesetzmäßiger Weise abgelenkt und durch die vergleichende Aufzeichnung dieser Werte ein Bild des unsichtbaren Untergrunds ermöglicht. 1897 kann Wiechert durch seine seismologischen Forschungen nachweisen, daß die Erde einen vorwiegend aus Eisen bestehenden Metallkern besitzt und ihre Gesteinshülle nur etwa 2800 Kilometer dick ist.

Diese Gesteinshülle enthält unsere Bodenschätze. Diese sind an bestimmte geologische Formationen gebunden und von der Art der verschiedenen Gesteine hängt ihre Elastizität ab. Wiecherts Erkenntnisse revolutionieren also nicht nur die Geophysik, sondern ermöglichen auch

die heutigen seismischen Explorations-Verfahren.

Schon Wiechert löst durch Dynamit-Explosionen künstlich elastische Wellen aus, um verborgene geologische Strukturen zu erkunden. Ludger Mintrop, Professor der Universität Breslau, erforscht die künstlich ausgelösten (auch nach ihm benannten) seismischen Wellen derart exakt, daß ihn 1923 der bekannte amerikanische Öl-Geologe Everett Lee DeGolyer nach Texas einlädt. Im Jahr darauf wird erstmals aufgrund eines Seismogramms eine erfolgreiche Ölbohrung durchgeführt. Die Elektronik ermöglicht eine ungeahnte Verstärkung der elastischen Wellen-Impulse, Elektronenrechner ihre rasche Auswertung und so werden heute

bis zu drei Millionen Bits Informationen durch eine einzige seismische Messung

gewonnen. Längst ist die seismische Lagerstätten-Suche so selbstverständlich wie diejenige mit Hilfe von Magnetometern *(→ 1921).* Sie erfolgt allerdings nur mehr selten durch Sprengungen, sondern meist durch das Fallenlassen schwerer Gewichte oder durch Vibration. Hat Emil Wiechert durch das Studium der Erdbebenwellen den Metallkern der Erde entdeckt, so sind durch seine Methoden seit 1924 Milliarden Tonnen Erze und Mineralöl, riesige Mengen Erdgas und andere Grundstoffe entdeckt worden. Die gleiche Naturkraft, die, im gespannten Bogen gespeichert, die Jäger der Vorzeit am Leben halten hilft, hilft der heutigen Menschheit in ihrem Existenzkampf. Und nicht nur durch diese Funde. Alle Fortschritte der Seismik verbessern auch die Chancen, eines Tages rechtzeitig vor schweren Erdbeben warnen und damit unzählige Menschenleben retten zu können.

1927 — 2. April

Mit Recht heißt der Krieg der Jahre 1914 bis 1918 der „Erste Weltkrieg", denn an ihm nehmen 28 Staaten mit drei Viertel der damaligen Weltbevölkerung teil, 74 Millionen Soldaten werden mobilisiert, von denen 12 Millionen fallen (darunter zwei der 400 Reichstags-Abgeordneten). Aber es ist nicht nur der erste Weltkrieg, sondern auch

der erste große Energie-Krieg

(wie ihn Ludwig Boltzmann schon 1887 vorausgesagt hat). Von ihm wird 1919 in Versailles gesagt: „Eine Woge von Öl trug die Alliierten zum Sieg!" Da hat Frankreichs Premierminister Georges Clemenceau am 15. Dezember 1917 an Präsident Wilson gekabelt: „Ein Tropfen Öl ist uns einen Tropfen Blut wert" und der Royal Dutch-Direktor Sir Eliot Alves stellt fest: „Armeen, Flotten, alles Geld der Welt und ganze Völker sind ein Nichts gegen den, der das Öl dirigiert." Auch Präsident Wilson erklärt: „Die Weltgeltung einer Nation hängt von ihren Ölschätzen ab."

Schon damals hätte das nicht so zu sein brauchen. Denn Ludwig Boltzmanns Prognose unausweichlicher Energie-Kämpfe hat den einer alten Bauernfamilie Pommerns entstammenden Nachkommen dreier Gelehrten-Generationen Friedrich Bergius zum Nachdenken gebracht. Er hat sich als Chemiker nicht nur auf die Mineralöl-Raffination spezialisiert *(→ 1890)*, sondern schon 1913 einen Patent-Antrag gestellt, in dem es heißt: „Kohlenstoff und Wasserstoff sind die Aufbaustoffe sowohl der Kohle wie von Erdöl, nur die Molekulargrößen sind verschieden: Benzin enthält etwa 14,5 Prozent seines Gewichts an Wasserstoff, Braunkohle nur 6 Prozent und Steinkohle nur 5,5 Prozent. Da die Kohle-Vorräte der Erde unendlich viel größer sind als ihre Öl-Vorräte, ist es Aufgabe der Chemie, der Kohle den fehlenden Wasserstoff künstlich anzulagern und dadurch den zu erwartenden Ölmangel rechtzeitig zu verhindern." Auch der große deutsche Chemiker Emil Fischer ist bereits damals überzeugt: „Die Kohleverflüssigung ist ein fundamentales Problem, zu dessen Lösung alle Hilfsmittel der modernen Wissenschaft und Technik in Bewegung gesetzt und alle Möglichkeiten durchprobiert werden sollten."

Friedrich Bergius gelingt es im Sommer 1913, durch hohen Druck, hohe Temperatur und einen geeigneten Katalysator, die Kohle-Moleküle derart umzuordnen, daß eine ölige Flüssigkeit entsteht. Und am 9. August 1913 erhält er für sein Verfahren das DRP 301 231. Damit ist — theoretisch — Öl-Mangel kein Problem mehr. Damit sind aber auch private und staatliche Öl-Monopole schwierig geworden und damit werden

die weltweiten Kämpfe um Ölvorkommen

sinnlos, wie sie vor allem die Umstellung der britischen Flotte auf Ölfeuer *(→ 1903 und → 26. Mai 1908)* ausgelöst hat.

Am Ausgang des Ersten Weltkrieges vermag die Kohlehydrierung nichts zu ändern, denn ehe aus dem Labor-Verfahren ein praktisch brauchbares Verfahren wird, vergehen 14 Jahre. Auch die Luftstickstoff-Synthese durch das Haber-Bosch-Verfahren, die 1913 in Oppau aufgenommen wird, kommt zu spät, um die britische Hunger-Blockade zu überwinden, aber für dieses hat Carl Bosch die Hochdruck-Chemie geschaffen, ist die Massen-Erzeugung von Wasserstoff entwickelt worden *(→ 1910)*, gibt es die nötigen Werkstoffe, Katalysatoren und Kompressoren für die Benzin-Synthese. Da hat die Enteignung aller deutschen Patente durch die Sieger des Ersten Weltkrieges die deutschen Chemie-Unternehmen auch gezwungen, sich zusammenzuschließen, ist am 9. Dezember 1925 die „IG", die „Interessen-Gemeinschaft Farben-Industrie Aktiengesellschaft" zustandegekommen, die nicht nur die damals größte Chemie-Exportfirma der Welt ist, sondern auch die

potenteste Forschungs- und Entwicklungs-Organisation

darstellt, ein Konzern, der finanziell in der Lage ist, wie das Haber-Bosch-Stickstoffbindungs-Verfahren auch das Bergius-Bosch-Kohlehydrier-Verfahren weltweit durchzusetzen.

Dessen Bedeutung erkennt auch der Amerikaner Frank A. Howard, Präsident der „Standard Oil Development Company". Er besucht im Januar 1926 das Werk Ludwigshafen der Badischen Anilin- und Sodafabrik, deren Chef Carl Bosch ist, und sieht, daß hier Weltgeschichte gemacht wird. Durch den Ersten Weltkrieg ist der Welt-Mineralölverbrauch enorm gestiegen, statt 1910 rund 44 Millionen Tonnen werden 1926 über 156 Millionen Tonnen gebraucht. Dem U. S. Geological Survey zufolge betragen die damals sicheren Welt-Vorkommen zwar 6,3 Milliarden Tonnen, die der USA aber reichen nur mehr für sieben Jahre, denn sie fördern ja schon seit 1859 Öl und 1926 mit 109 Millionen Tonnen sieben Zehntel allen Öls der Welt. Besonders die Standard Oil of New Jersey hat bei der Suche nach großen neuen Vorkommen schwere Enttäuschungen erlebt, ist von der britisch-holländischen Royal Dutch/Shell und der Anglo-Persian überrundet worden. Und so telegraphiert Howard seinem Chef Walter Clark Teagle, dem Präsidenten der Standard Oil of New Jersey, der sich damals in Paris aufhält *(und am 7. April 1922 mit Sir John Cadman den historischen Anglo-Amerikanischen Öl-Frieden unterzeichnet hat → 22. März 1922).* Teagle kommt nach Heidelberg, wo Carl Bosch wohnt und Friedrich Bergius Professor der berühmten Universität ist. An den Besprechungen nimmt auch der Initiator der „IG-Farben", Carl Duisberg, teil und

eine deutsch-amerikanische Chemie-Allianz

soll geschlossen werden, sobald, wie geplant, am 2. April 1927 in Leuna bei Merseburg die Synthesebenzin-Herstellung anläuft.

Teagle und Howard sind anwesend, als das termingerecht geschieht. Im August 1927 werden die ersten Verträge unterzeichnet, die ersten Patente ausgetauscht. Das für die IG wichtigste ist das Standard-Verfahren der Isooktan-, der Flugbenzinherstellung, für die Amerikaner stehen vorerst nicht die Kohleverflüssigungs-Rechte, sondern die für die Schweröl-Hydrierung im Vordergrund. Sofort beginnt der Bau der Standard-Anlagen in Bayway, New Jersey; Baytown, Texas, und Baton Rouge, Louisiana, die 1930 ihren Betrieb aufnehmen. Bereits am 29. November 1929 ist als multinationale Holding-Gesellschaft

die „Standard-IG-Company"

gegründet worden, deren Präsidentschaft F. A. Howard übernimmt und die nicht nur die weltweite Zusammenarbeit auf dem Gebiet der Schweröl- und Kohlehydrierung zu organisieren hat, sondern auch die gemeinsame Errichtung von Luftstickstoff- und Kautschuk-Synthesewerken.

Sind Teagle, Duisberg und Bosch schöpferische Unternehmer und suchen sie ihre wirtschaftliche Potenz für den Frieden einzusetzen, nicht weil sie Pazifisten sind, sondern weil sie die Unsinnigkeit von Kämpfen in einer Welt einsehen, die längst zu einem einzigen System kommunizierender Röhren geworden ist, so machen aber sowohl die Weltkrise der dreißiger Jahre wie die politischen Entwicklungen in Amerika und Deutschland ihre Allianz-Pläne zunichte: Am 30. Januar 1933 wird Adolf Hitler Reichskanzler, am 4. März 1933 tritt Präsident Franklin D. Roosevelt sein Amt an.

Kommt so die deutsch-amerikanische Chemie-Zusammenarbeit nie richtig zum Tragen, so entstehen außer der Hydrieranlage bei Merseburg zwar acht weitere deutsche Kohleverflüssigungs-Anlagen, die während des Zweiten Weltkrieges 23 Millionen Tonnen synthetischer Treibstoffe herstellen. Allein die Vereinigten Staaten aber fördern 1940 bis 1945 mehr als 1,3 Milliarden Tonnen Mineralöl. Am

12. Mai 1944 beginnen die amerikanischen Bomber die deutschen Synthesewerke zu zerstören und das bedeutet das Ende des Dritten Reiches. Das bedeutet durch Demontage und

Verbot jeder Art deutscher Grundstoff-Synthese

das Ende aller Energie-Unabhängigkeits-Bestrebungen. Heute werden die enteigneten deutschen Hydrier-Verfahren nur in einem Land großtechnisch genutzt, nur Südafrika stellt seit 1955 Kohle-Benzin her und zu „SASOL-I" kommen 1974 „SASOL-II" und 1982 „SASOL-III". Auf deren Zapfsäulen steht „Fuel of the Future/Brandstof van de Toekomst" = „Brennstoff der Zukunft". Und einer der Treibstoffe der Zukunft wird das Kohle-Benzin sein. Denn das Wirtschaften gegen die Natur *(→ 28. August 1859)* kann nicht mehr lange weitergehen. Von allen Energieträger-Vorkommen der Erde entfallen auf Öl nur 3,8 Prozent, auf die Kohle mindestens 35 Prozent: In nicht zu ferner Zukunft muß sie hydriert werden.

1929

Sind ohne den Magnetismus der Kompaßnadel *(→ 1160 v. Chr.)* die großen Entdeckungsreisen undenkbar, die zum Welthandel und zum Kolonialzeitalter führen, so ohne den Elektro-Magnetismus *(→ 1819 bis 1825)* nicht die immense Hilfe, die heute die Elektrizität für die Menschheit bedeutet. Seit 1929 ist

der Magnetismus ein Werkzeug der Atomforschung.

Zwar hat er damit auch zum Mißbrauch der Kernenergie beigetragen, doch wird er eines Tages auch die friedliche Kern-Fusion ermöglichen und damit die Energie-Sorgen für alle Zeiten überwinden helfen.

Der Kernphysik den Weg gebahnt, hat 1896 die Entdeckung der natürlichen Radioaktivität durch Henry Becquerel. Mit Alphastrahlen (Helium-Kernen hoher Geschwindigkeit), wie sie vor allem das 1898 von Marie und Pierre Curie entdeckte Radium aussendet, gelingt Ernest Rutherford *(→ 1911)* bereits 1919 die erste Atom-Umwandlung. Aber Radium ist damals nicht nur mit rund 80 000 Dollar pro Gramm rund 65 000mal teurer als Gold, diese natürliche Strahlenquelle ist für Atomzertrümmerungen, mit denen Energie freigesetzt werden könnte, auch viel zu schwach. Aussichtsreicher scheinen Kathodenstrahlen, mit Hilfe eines elektrischen Kraftfeldes beschleunigte Ionen. So stellt der deutsche Physiker R. Widerroe 1928 zwei lange Vakuumröhren her, in denen er die von einer Elektrode zur anderen unterwegs befindlichen Elementarteilchen durch starke Elektromagneten linear beschleunigt. Je größer die Geschwindigkeit dieser kleinsten Atombausteine ist, desto größer ihre in Elektronenvolt gemessene Energie, je länger die Vakuumröhren sind, desto mehr Magnet-Beschleuniger kann man einsetzen. Wie lang sie sein müssen, um die gewünschten Energien zu erzielen, ist leicht auszurechnen. Und da kommt man auf Dutzende, ja Hunderte Kilometer.

Aber warum „Linear"-Beschleuniger? Diese Frage stellt sich 1929 der 1901 in Canton, South Dakota, geborene Ernest Orlando Lawrence, der 1925 bis 1928 Professor der Physik an der Universität Yale ist und dann an das Strahlungs-Labor der University of California in Berkeley berufen wird, um das

erste Großgerät zur künstlichen Teilchenbeschleunigung

zu bauen. Lawrence löst das Längen-Problem der Kathodenröhren, indem er die Elementarteilchen durch entsprechend starke Magnetfelder in eine Kreis-Bahn zwingt. Sie müssen immer wieder ein Hochfrequenz-Feld passieren, das ihnen Energie zuführt. Lawrence erfindet das Zyklotron (für das er 1938 den Nobelpreis erhält), dessen erstes, mit primitiven Mitteln gebautes Exemplar Protonen auf 80 000 Elektronenvolt auflädt, 1938 aber bereits 800 Millionen Elektronenvolt ermöglicht. Weltweit nachgebaut und ständig verbessert, wird das Zyklotron zu einem Forschungsinstrument, ohne das die moderne Kernphysik undenkbar wäre. Was mit Lawrence beginnt, führt schließlich zu Erkenntnissen, welche die Enthüllung der Universums-Entstehung bedeuten können: Im Oktober 1986 gelingt im Genfer CERN, dem Europäischen Kernforschungszentrum, die Erzeugung eines Quark-Gluon-Plasmas, dessen Sauerstoff-Ionen auf (den Weltrekord) 3000 Giga-Elektronenvolt, auf 3,2 Billionen Elektronenvolt, gebracht worden sind. Die Amerikaner planen 1987 den Bau eines Protonen-Beschleunigers, der in einem kreisförmigen Untergrund-Tunnel von 11,6 Kilometern Länge untergebracht ist und vier Milliarden Dollar kosten soll.

Hat Lawrence riesige Magnetmassen eingesetzt, um immer stärkere Magnetfelder zu gewinnen, so geht 1937 Francis Bitter den entgegengesetzten Weg, konzentriert er immer größere Kräfte auf kleinstem Raum, die sowohl Geschosse zu fast unvorstellbarer Geschwindigkeit beschleunigen als auch 100 Millionen und mehr Grad heißes Plasma zusammenhalten können. Da wird *(nicht zuletzt dank der Supraleitung → 1911)* aus dem Zyklotron das „Tokamak"-Prinzip der Kernfusion *(→ 10. April 1968)*. Und da kommt es zu noch erstaunlicheren Wechselbefruchtungen:

Teilchenbeschleuniger dienen der Klima-Forschung.

Seit 1977 dienen diese in den Universitäten Berkeley, Kalifornien, und Rochester, New York, als hochempfindliche Massen-Spektrometer, die systematische Reihen-Untersuchungen des Beryllium-10 und Kohlenstoff-14-Gehalts der im Grönland-Eis und Antarktis-Eis enthaltenen Luft ermöglichen *(→ 1958 bis 1987)*. So können statt bisher aus Hunderten Tonnen aus wenigen Kilogramm Eis exakte Daten gewonnen werden, die Hunderttausende Jahre Klima-Geschichte enthüllen und damit u. a. verschiedene moderne Katastrophen-Theorien entkräften.

1930 — 7. September

Nachdem Jacques d'Arsonval, der Pionier der Arbeitsphysiologie *(→ 1882)*, bereits 1881 auf die Möglichkeit der Meereswärme-Nutzung durch den Temperatur-Unterschied des Oberflächen- und des Tiefenwassers hingewiesen und das Modell einer Ammoniak-Dampfmaschine vorgeführt hat, versenken am 7. September 1930 der französische Physiker George Claude und der Ingenieur Paul Boucherot an der Nordküste Kubas ein in 600 Meter Tiefe reichendes Rohr und

das erste Meerwärme-Kraftwerk der Welt

kommt mit einer Leistung von 55 Kilowatt in Betrieb. Es bewährt sich nicht, und auch der Vorschlag Claude's, auf Schiffen installierte Chemie-Fabriken mit Meeres-Energie zu betreiben, wird bisher nicht verwirklicht.

Aber die in den Ozean gespeicherte Sonnen-Energie ist gewaltig. Die rund 60 Millionen Quadratkilometer tropischer Meere absorbieren täglich Sonnenenergie, die 250 Milliarden Faß oder rund 36 Milliarden Tonnen Öl gleichkommt. Dadurch gibt es in den Meeren zwischen 20 Grad nördlicher und 20 Grad südlicher Breite Temperatur-Unterschiede von 17 bis 22° C. Am 7. Juni 1948 wird in Paris mit 82 Prozent Staatsbeteiligung die „S.A. Energie des Mers" gegründet, die in Abidjan an der damals französischen Elfenbeinküste ein Meerwärme-Kraftwerk von 7500 Kilowatt Leistung baut: Nahe der Ile de Petit Bassam gibt es da einen unterseeischen Abgrund. Hier wird in 420 Metern Tiefe Wasser von 8° C entnommen, während die Lagune ruhiges, warmes Oberflächenwasser von 30° C liefert. Das Kaltwasser steigt durch den Umgebungsdruck von selbst durch ein biegsames Rohr aus isolierten Stahlsegmenten bis zwei Meter unter die Meeresoberfläche hoch, nur dieses kleine, letzte Wegstück zum Kondensator muß wegen seines verschiedenen spezifischen Gewichts durch eine Pumpe überwunden werden und Pumpen müssen dem Kaltwasser auch alle Luft entziehen. Das warme Oberflächenwasser wird in einem „feuerlosen Kessel" dadurch verdampft, daß der Druck entsprechend erniedrigt wird. Zwar übt Dampf von drei Hundertstel Atmosphären nur einen siebenhundertmal geringeren Druck als Dampf von 20 Atmosphären aus, wie er in einem gewöhnlichen Dampfkessel entsteht, aber seine Arbeitsleistung ist nur um ein Fünftel geringer. Und so funktioniert das Abidjan-Meerwärme-Kraftwerk.

Nur beträgt der Wirkungsgrad 2,8 Prozent statt der theoretisch möglichen 6 bis 7 Prozent und gegenüber den 30 bis 35 Prozent von fossil befeuerten oder Kernkraftwerken. Da sind Steilküsten mit den nötigen Temperaturunterschieden so selten wie große Gezeiten-Unterschiede *(→ 26. November 1966)*. Zwar heizt die Sonne zum Beispiel das Oberflächenwasser des Persischen Golfes und des Roten Meeres auf 36° C auf. Aber hier gibt es kein nutzbares Tiefenwasser. Und überall ist die Meerwärme-Energie nicht „dicht" genug, stehen die Anlagekosten in keinem tragbaren Verhältnis zum Ergebnis, weder geldkapitalmäßig noch energetisch. Auch das Abidjan-Werk ist längst aufgegeben. Trotzdem werden stets neue Projekte entwickelt. Ein amerikanisches des Jahres 1987 sieht ein 10-Megawatt-Werk mit einem Glasfaserrohr von acht Metern Durchmesser vor, das aus

1500 Metern Tiefe 80 Kubikmeter Kaltwasser pro Sekunde gewinnt und einen Wärmeaustauscher von 50 000 Quadratmetern hat.

1932

Wie es sehr verschiedene Qualitäten von Mineralöl und Kohle gibt und für diese unterschiedliche Preise bezahlt werden, so gibt es nicht nur Gleich- und Wechselstrom, sondern auch

verschiedene „Qualitäten" elektrischen Stromes,

je nachdem, wann er zur Verfügung steht. Im Weltdurchschnitt ist heute „Spitzenstrom" etwa viermal so viel wert wie „Grundlaststrom". Denn Stromerzeugung und Stromverbrauch müssen bekanntlich zeitlich zusammenfallen und der Bedarf schwankt, schon weil es Tag und Nacht gibt. Und auch untertags ist der größte Bedarf etwa doppelt so hoch wie der niedrigste.

Dementsprechend muß die „Grundlast" gedeckt werden, das ist der Strombedarf, der im Lauf des Jahres nicht wesentlich unterschritten wird. Die „Mittellast" dient zum Ausgleich der täglichen Unterschiede, die „Spitzenlast" zur Deckung der maximalen Netzbelastung. Dazu werden verschiedenartige Kraftwerke eingesetzt. Die „Grundlast" bestreiten die Kraftwerke mit den niedrigsten Brennstoffkosten, meist Braunkohle oder Kernkraftwerke. Für die „Mittellast" sorgen Anlagen, die mehrmals täglich problemlos an- und abgefahren werden können, meist Steinkohle-Dampfkraftwerke. Die „Spitzenlast" kommt aus Zentralen, die binnen 10 bis 15 Minuten einsatzfähig sind, heute vor allem Gasturbinen- und

Speicher-Kraftwerke.

Diese speichern nicht Strom, was zwar durch Akkumulatoren seit 1859 möglich, aber für normale Zwecke weitaus zu teuer und schwierig ist, sondern die Antriebskraft ihrer Generatoren. Pumpspeicherwerke zum Beispiel pumpen bei schwacher Netzbelastung Wasser in ein höher gelegenes Speicherbecken, das sie bei Spitzenbedarf wiederverwenden. Diese Art

„Künstliche Wasserkraft"

gibt es bereits seit 1776: Richard Arkwright *(→ 1769 bis 1794)* benutzt zwei von Boulton & Watt gelieferte Dampfmaschinen, um Bach- und Brunnenwasser in einen kleinen Stausee zu pumpen, das so sechs Wasserräder treibt. Die Dampfmaschine vermag damals (und bis 1783) nur Hubbewegungen auszuführen, Arkwright aber braucht für seine Baumwollspinnerei Drehbewegung — und zwar mehr, als der vorhandene Bach liefert. Der Umweg ist energetisch kostspielig, aber finanziell durchaus tragbar. Ähnlich ist es bei den heutigen Pumpspeicherwerken, deren Wasser-„Pendelverkehr“ etwa 30 Prozent Energieeinbuße bedeutet, aber 300 bis 400 Prozent Mehr-Preis für den Spitzenstrom. Diese Berechnung stellen die Schweizer bereits 1890 an: Als

das erste Pumpspeicherwerk der Welt

verwendet das Zürcher Limmat-Kraftwerk Letten Nacht-Strom zum Hochpumpen von Wasser. Aber erst 1932 setzt sich diese Methode durch, wird im Pumpspeicherwerk Baldeney bei Essen die Tatsache genutzt, daß Wasser-Pumpen und Wasser-Turbinen den gleichen Strömungsgesetzen unterliegen, praktisch identische Maschinenkomponenten haben und daß auch Elektromotoren und Generatoren im Grunde identisch und nur durch ihre Schaltung in ihrer Wirkung verschieden sind: „Eine „Pump-Turbine“, welche die beiden Funktionen vereint und 1100 Kilowatt erfordert oder leistet, hebt in Baldeney mit „Abfall-Strom“ Wasser neun Meter hoch in einen Speicher und setzt es bei Bedarf wieder in Strom um.

Heute haben zum Beispiel die beiden Speicher-Pumpen des italienischen Werkes San Fiorano eine Leistung von je 106 000 kW, wird das Wasser mit Überschuß-Strom (als Weltrekord) 1438 Meter hoch gehoben und von den gleichen Maschinen zurück in Strom verwandelt. Das weitaus leistungsfähigste Pumpspeicherwerk der Welt ist Vianden an der Our in Luxemburg (Eigentümer sind der Staat Luxemburg und das Rheinisch-Westfälische Elektrizitätswerk in Essen): Tief im Berg neun Maschinensätze von je 100 Megawatt, der zehnte eine Pump-Turbine/Motor-Generator von 200 000 Kilowatt mit einem Läufer von 5 Metern Durchmesser und mehr als 98 Prozent Wirkungsgrad, der durch eine stahlgepanzerte Druckleitung Wasser mit Überschuß-Strom 300 Meter hochhebt.

Wie Wasser kann auch Luft gespeichert werden, und als Welt-Pionierleistung der Nordwestdeutschen Kraftwerke AG in Hamburg kommt mit Schweizer Maschinen im Febraur 1978 in Huntorf zwischen Bremen und Oldenburg

das erste Luftspeicher-Gasturbinenkraftwerk

in Betrieb, das mit 290 Megawatt Spitzenstrom liefert. Normale Gasturbinen verdichten die Luft, die sie brauchen, während sie Arbeit liefern, dazu brauchen sie zwei Drittel ihrer Gesamtleistung. In Huntorf ist die Druckluft-Erzeugung von der Strom-Erzeugung zeitlich getrennt. In Zeiten geringeren Strombedarfs wird acht Stunden lang Luft in zwei Kavernen von 300 000 Kubikmeter Inhalt gepreßt, die in 18 Monaten Arbeit durch Aussolen eines Salzstocks geschaffen worden sind. 650 bis 800 Meter tief unter dem Boden entsteht in diesen ein Druck von 50 bis 80 bar, der für je zwei Stunden den Betriebsdruck der mit Erdgas beheizten Gasturbine liefert. Der Generator dient als 60-MW-Synchronmotor dem Antrieb der Verdichtergruppe, die die größte der Welt ist und deren vier Kühler 4000 Kubikmeter Wasser stündlich brauchen. Die Umschaltung erfolgt durch Getriebe, die zwischen dem Verdichter und dem Generator sowie zwischen der Gasturbine und dem Generator angeordnet sind. Die Höchstleistung des Werkes wird binnen elf Minuten, in dringenden Fällen binnen sechs Minuten erreicht. Die Gesamt-Baukosten haben mit 120 Millionen DM etwa 15 Prozent mehr als die eines normalen Gasturbinen-Kraftwerks gleicher Leistung betragen, aber die Stromerzeugungskosten sind 40 Prozent niedriger.

Nur gibt es Salzstöcke wie die unter Huntorf nicht überall, und Kavernen auszusprengen ist teuer. Auch für Wasser-Speicher fehlen oft die Naturgegebenheiten. Aber überall kann Strom in Form von Elektrolyse-Wasserstoff gespeichert werden, seit 1983 geschieht das in Frankreich in großem Maßstab: Überschuß-Strom von Kernkraft-Grundlast-Werken erzeugt Wasserstoff aus Wasser, den sowohl Brennstoffzellen *(→ 1940)* wie Gasturbinen mit gekühlten Schaufeln, die so bis zu 60 Prozent Wirkungsgrad erreichen, in Spitzenstrom rückverwandeln.

Das aber ist der erste Schritt zu einer

„Elektro-Wasserstoff-Wirtschaft"

(→ 1910), der die Zukunft gehört. Zu Strom aus Wasserkraft wird Wasserstoff durch Strom treten und die zur Neige gehenden Kohlenwasserstoffe ersetzen. Die Wasserkräfte der hochindustrialisierten Länder sind weitgehend ausgenutzt *(→ 1895).* Der Wasserkreislauf aber sorgt ewig für eine Wasserstoffquelle; diese Art Energiefreisetzung ist nicht von Höhenlagen abhängig und so überall möglich.

1937

Der Magnetismus ist eine der vier Elementarkräfte, die alles Geschehen in der Natur bestimmen *(→ 1666 bis 1687).* Bestimmt der Elektromagnetismus die Elektronen-Bahnen, von denen die physikalischen und chemischen Eigenschaften der Materie abhängen, so ist der natürliche Magnetismus, wie die Tragkraft jedes Hufeisenmagneten beweist, doch nur schwach. Auch Elektro-Magnete *(→ 1819 bis 1825)* bleiben in ihrer Wirkung lange äußerst beschränkt. Den Anreiz zur Entwicklung von Vorrichtungen, die

Magnetfelder vom Hunderttausend- und schließlich Millionenfachen der Erd-Magnetfeld-Stärke

erzeugen, bietet erst die Nuklear-Physik. Diese löst die Erfindung des Zyklotrons durch Ernest Orlando Lawrence *(→ 1929)* aus. Und zu ihrer Entwicklung zwingt vor allem das Bemühen um die friedliche Kern-Fusion.

Um Wirkungen zu erzielen, die der des gleichzeitigen Zerfalls von 200 Kilogramm Radium entsprechen, hat Lawrence 1942 für das Rockefeller-Institut eine Apparatur gebaut, die Teilchen auf zwei Milliarden Elektronenvolt beschleunigt.

Ihr Magnet wiegt 4000 Tonnen, weil Daniel Bernoulli 1743 festgestellt hat, daß die Wirkung von Magneten von ihrem Eigengewicht und ihrer Oberfläche abhängt.

Der schwerste und größte Magnet der Welt

ist deshalb heute der des Kernforschungs-Instituts in Dubna bei Moskau, mit einem Durchmesser von 60 Metern und einem Gewicht von 36 000 Tonnen. Aber es gibt auch andere Wege der Feldstärken-Steigerung, und die geht seit 1937 der amerikanische Physiker Francis Bitter. Bitter richtet am Massachusetts Institute of Technology (MIT) das erste Magnet-Labor Amerikas ein, um die Wechselwirkungen zwischen Magnetismus und Materie zu studieren und gewinnt schließlich kontinuierliche Magnetfelder von 100 000 Gauß, Kräfte vom etwa 300 000fachen des Erd-Magnetfeldes. Dieses Labor wird 1960 in das „National Magnet Laboratory" der USA umgewandelt, das vom Air Force Office of Scientific Research finanziert wird und das im Juli 1977 eine Feldstärke von 301 Kilo-Gauß (301 000 Gauß) erzielt, die bisher stärkste kontinuierliche der Welt.

Dazu werden möglichst hohe Stromdichten in möglichst kleine Spulen gepreßt. Alles hängt von der Festigkeit der Spule und der Widerstandskraft der Wicklung ab, denn das eigene Magnetfeld zieht diese in der Längsachse zusammen, während radiale Kräfte die Wicklung auseinanderzureißen versuchen. Bei 300 Kilo-Gauß übt die magnetische Energie einen Druck aus, der etwa 10 000 Atmosphären entspricht, 10 Tonnen pro Quadratzentimeter. Ein anderes Problem ist die Wärmeentwicklung, die bei solchen Feldstärken Kühlwassermengen wie die eines mittleren Flusses erfordern würde. Das kann durch die Benutzung supraleitender Metalle *(→ 1911)* vermieden werden: Da es da keinen elektrischen Widerstand und damit keine Umsetzung von Elektrizität in Wärme gibt, kann die Stromstärke enorm erhöht werden. Aber es gibt eine kritische Grenze, bei einer gewissen Feldstärke gibt es plötzlich keine Supraleitfähigkeit mehr, Niobium-Zinn-Leiter zum Beispiel können nur bis 240 Kilo-Gauß verwendet werden.

Diese Schwierigkeit ist zu umgehen, indem man die Pulsdauer auf einige Millisekunden verkürzt, wie das erstmals Pjotr Leonidowitsch Kapitsa, später einer der Schöpfer der Sowjet-Atombombe *(→ 10. Juni 1949)*, als Assistent Ernest Rutherfords *(→ 1911)* im Cavendish Labor in Cambridge 1924 bis 1927 getan hat: Er erreicht 1/300 Sekunde lang 500 000 Gauß, denn der Magnet braucht zur Erhitzung auf 5000° C rund eine Sekunde. Dank dieser Taktik wird schließlich am 10. April 1968

das Tokamak-Prinzip der Kern-Fusion

erprobt. Dieses birgt noch viele technische Probleme. Aber durch deren Lösung hofft man auch herauszufinden, was Magnetismus eigentlich ist, und ob es wie Elektronen *(→ 1895)* nicht auch magnetische Partikel gibt *(→ 14. Februar 1982)*.

1938 — 21. Dezember

1904 hat Ernest Rutherford *(→ 1911)* erkannt, daß „enorme Mengen“ Atom-Eigenenergie freigesetzt werden können, aber schließlich nicht mehr an die praktische Möglichkeit dieser Art Energiegewinnung geglaubt. Doch ein Jahr nach seinem Tod, am 21. Dezember 1938, entdecken im Kaiser-Wilhelm-Institut für Chemie in Berlin Otto Hahn und Fritz Strassmann

die Uranspaltung unter Freisetzung des Achtmilliardenfachen der aufgewendeten Energie

und die Uran-Kettenreaktion. Sie veröffentlichen ihre Forschungsergebnisse am 6. Januar 1939 in „Die Naturwissenschaften“, und am 27. Januar 1939 tritt in der George Washington-Universität in Washington D.C. eine Kernforscher-Gruppe zusammen, die aufgrund von Referaten der Physiker Niels Bohr und Enrico Fermi die praktischen Möglichkeiten der Kernenergie-Gewinnung diskutiert:

Das „Atomzeitalter“ beginnt.

Aber nicht, wie es seit Jahrzehnten Rutherford und seine Schüler erträumt haben. Denn auf Veranlassung der in Deutschland ausgebildeten und nach Amerika emigrierten ungarischen Physiker Eduard Teller und Leo Szilard schreibt Albert Einstein am 2. August 1939 — einen Monat vor Ausbruch des Zweiten Weltkrieges — einen Brief an Präsident Franklin D. Roosevelt, in dem er auf

die Möglichkeit und die Wünschbarkeit amerikanischer Atombomben

hinweist und die Finanzierung von Großversuchen anregt. Fast zehn Jahre bevor das erste Kernkraftwerk der Welt in Betrieb kommt *(→ 27. Juni 1954)*, dient die Kernspaltung der Zerstörung Hiroshimas und Nagasakis *(→ 6. August 1945)*, kommt es zum furchtbarsten Energie-Mißbrauch aller Zeiten.

1940

Einem physikalischen Grundgesetz zufolge geht Wärme von einem Körper niedriger Temperatur von selbst niemals auf einen Körper höherer Temperatur über. Aber 1851 erkennt der Glasgower Physikprofessor William Thomson, der spätere Lord Kelvin, daß dieser Übergang durch mechanische Arbeit erreicht werden kann und schlägt

„Wärme-Pumpen"

vor, die durch Einsatz kleiner Mengen hochwertiger Energie die wertlose niedrige Temperatur „aufwerten" und im Endeffekt das Doppelte bis Dreifache der aufgewendeten mechanischen Energie in Form von Wärme freisetzen.

Praktische Folgen hat diese Erkenntnis lange nicht. Aber durch den Zweiten Weltkrieg kommt es 1940 in Zürich zur ersten nennenswerten Wärmepumpen-Anlage der Welt: Das Hallenbad der Zürcher City wird mit der Wärme geheizt, die das Wasser des Schanzengrabens liefert und mit einer Kilowattstunde Strom (= 860 Kilokalorien) werden 3100 Kilokalorien oder das rund Dreieinhalbfache an nutzbarer Heizenergie gewonnen.

Technisch ist der Vorgang einfach. Wärmepumpen sind im Grunde umgekehrte Kältemaschinen *(→ 1877)*, die bei niedriger (wertloser) Temperatur Wärme aufnehmen und sie bei höherer (wertvollerer) Temperatur abgeben. Sie erzielen natürlich dort den besten Wirkungsgrad, wo zugleich geheizt und gekühlt werden soll wie zum Beispiel in großen Büro- und Warenhäusern. Wärmepumpen sind ideal zur Abwärme-Nutzung, werden sie zur Aufwertung der Wärme eingesetzt, welche die Sonne im Wasser, im Boden und in der Luft speichert, so bedeutet das

Nutzung einer ewigen Energiequelle,

denn die Umwelt-Wärme wird ständig durch die Sonnen-Einstrahlung ergänzt und entsteht bei jeder Energieumwandlung, durch die Reibung der Autoreifen auf den Straßen nicht anders als durch die Kühltürme unserer Kraftwerke.

Natürlich genügen in Mitteleuropa Wärmepumpen allein nicht zur Deckung des Wohnwärme-Bedarfes, es muß bivalent geheizt werden, was die Anlagekosten erhöht. Aber der in Zürich 1940 erbrachte Beweis der praktischen Durchführbarkeit der Idee William Thomsons hat weltweite Folgen und zahllose Wärmepumpen sind heute als wertvolle, die „konventionellen" ergänzende Wärmequellen in Betrieb.

Die größte Wärmepumpen-Anlage der Welt

ist seit 1987 die Stockholms, die rund 100 000 Wohnungen im Zentrum der Stadt versorgt, jährlich etwa 100 000 Tonnen Heizöl ersetzt und die Luftverschmutzung vermeidet, die dessen Verbrennung bedeutet. Sie nutzt die Wärme des Brackwassers zwischen Stockholm und der Insel Lidingö, wo sich das Mälarsee-Wasser mit dem der Ostsee vermengt, und hat im ersten Ausbau eine Heizleistung von 160 Megawatt, im endgültigen von 320. Dazu fließen 7,5 Kubikmeter Wasser pro Sekunde durch drei Verdampfer mit über 3000 Quadratmetern Austausch-Fläche, die 2° C abgeben und Freon verdampfen (von dem die Anlage insgesamt 20 Tonnen enthält). Mit einem zweistufigen Turbokompressor wird dieser Dampf auf 85° C gebracht und im Kondensator durch das im Fernwärmenetz zirkulierende Wasser wieder abgekühlt. In den Wohnungen der Fernwärme-Bezieher gibt es elektrische Zusatzheizungen und die Leistung der Wärmepumpe kann im Bedarfsfall durch das Öl-Heizkraftwerk Värtan ergänzt werden.

1940

Daß man Wasser durch elektrischen Strom in seine Bestandteile Sauerstoff und Wasserstoff zerlegen kann, ist seit 1789 bekannt. Da führt der Holländer Paets van Troostwijk die erste Elektrolyse durch und damit erstmals eine Stoff-Trennung durch Elektrizität. 1839 versucht der Engländer William Robert Grove den Vorgang umzukehren, konstruiert er eine „Gas-Batterie". Statt Zink und Kupfer der Volta-Batterie *(→ 1799)* sollen Sauerstoff und Wasserstoff durch elektrolytische Polarisation Strom erzeugen. Das tun sie auch, aber in so geringen Mengen, daß dieser Laborversuch keine praktischen Folgen hat. Die

umweglose Elektrizitäts-Gewinnung durch „kalte Verbrennung"

gelingt F. Thomas Bacon an der Universität Cambridge erst 1940: Zwei durch ein Diaphragma getrennten Elektroden in einem Elektrolyten aus Kaliumhydroxyd wird unter Druck Wasserstoff und Sauerstoff zugeführt, die sich mit Hilfe eines Katalysators nicht wie in Form von Knallgas explosionsartig unter Wärmeabgabe zu Wasser verbinden, sondern ruhig unter Freisetzung von Elektrizität. Bei dieser Art Oxydation wird die thermodynamische Wirkungsgrad-Begrenzung aller Wärmekraft-Maschinen vermieden, dazu entfallen die Investitionskosten für Dampferzeuger, Turbinen und Generatoren. Ist der in Volta-Batterien erzeugte Strom unerschwinglich, weil da Elektroden und Elektrolyt durch den elektrische Energie liefernden chemischen Prozeß verändert, das heißt zerstört werden und so ständig erneuert werden müssen, so arbeiten Brennstoffzellen jahrzehntelang praktisch ohne Abnützung, kontinuierlich, geräuschlos und so gut wie ohne Wartung.

Der Zweite Weltkrieg verzögert die Nutzung und Weiterentwicklung der Bacon-Zelle. Er löst aber auch den „Kalten Krieg" aus und damit die Raumfahrt-Konkurrenz der Amerikaner und Russen und diese mobilisiert staatliche Forschungsmittel. Gleichzeitig wächst die Umweltverschmutzung, wird es wichtig, daß Brennstoffzellen ohne Abgase und ohne Abwärme arbeiten und eines Tages Elektro-Autos treiben können. Auf der Weltausstellung in Montreal wird 1967 eine aus 40 Zellen bestehende Hydrazin-Sauerstoff-Anlage gezeigt, die 5 Kilowatt Strom liefert. Das Raumfahrzeug, mit dem den Amerikanern 1969 die Mondlandung des ersten Menschen gelingt, hat eine nach dem Prinzip Thomas Bacons arbeitende Brennstoffzellen-Batterie von 12,5 Kilowatt an Bord, die zugleich das Trinkwasser der Astronauten liefert. Ihr Wirkungsgrad beträgt 80 Prozent: Die Umwandlung chemischer in elektrische Energie erfolgt hier mehr als doppelt so rationell wie im besten Dampfturbinen-Kraftwerk und

der Wirkungsgrad von Brennstoffzellen ist viermal besser als der von Benzinmotoren.

Wie Wasserstoff-Sauerstoff- (oder Hydrazin NH_4-Sauerstoff) Zellen gibt es mit Kerosin (Flugpetrol) und Sauerstoff betriebene Zellen. Es gibt solche, die mit Alkali- und mit Säure-Elektrolyten arbeiten; diese haben lange den Nachteil, daß die säurebeständigen Katalysatoren der Sauerstoff-Elektrode aus dem kostspieligen Platin bestehen müssen. Aber in den Stuttgarter Bosch-Laboratorien wird überlegt: Das Hämin des Blutes nimmt Sauerstoff in der Lunge auf und transportiert ihn im Hämoglobin in die Gewebe. Kann eine ähnlich aufgebaute organische Verbindung nicht auch in Brennstoffzellen Sauerstoff transportieren? 1968 wird Eisen-Phthalocyanin in der sauren Methanol-Brennstoffzelle von Bosch als Kathoden-Katalysator erprobt und erweist sich um 60 Prozent wirksamer als die beste Platinmetall-Legierung.

Zahlreiche ähnliche Probleme sind heute gelöst. Aber nach wie vor bleiben Brennstoffelemente zu schwer, um Elektromobile mit Benzin- und Dieselautos konkurrenzfähig zu machen und

die Umstellung des Straßenverkehrs von Kohlenwasserstoffen auf Wasserstoff und Sauerstoff

zu ermöglichen. Das Problem bleiben die schweren Gasflaschen (die auch gebraucht werden, wenn man Methan oder Propan verwendet), und so wird mit Kohlenstoffaser-verstärkten Materialien experimentiert. Weltweit werden Fortschritte erzielt, die der Elektrizität neue Möglichkeiten eröffnen. Besonders die 1987 gelungene, enorme Verbesserung der Supraleitung *(→ 1911)* eröffnet auch den Brennstoffelementen verbesserte Chancen.

1940 — 2. Juni

Kommt es zur Nuklearphysik durch die Entdeckung der natürlichen Radioaktivität *(→ 24. Februar 1896)*, so zur friedlichen Kernkraft-Nutzung durch die Art der Labor-Tische im Kernphysikalischen Institut der Universität Rom: Dem italienischen Mathematiker und Physikprofessor Enrico Fermi fällt bei seinen Versuchen mit Neutronen auf, daß diese bei identischen Gegebenheiten völlig verschiedene Resultate haben, je nachdem, ob er sie auf Labortischen mit Holz- oder mit Marmorplatten durchführt. Fermi geht der Ursache nach und erkennt, daß der im Holz enthaltene Wasserstoff die Neutronen moderiert, das heißt ihre Geschwindigkeit bremst und daß

langsamere Neutronen wirksamer als schnelle

sind. Als Fermi 1938 den Physik-Nobelpreis für seine Berechnungen komplexer Atome erhält, reist er aus Stockholm nicht zurück in das Italien Mussolinis, sondern in die Vereinigten Staaten, um seiner Frau Laura (die Jüdin ist) eine „andere Atmosphäre" zu bieten. Er wird Professor an der Columbia-Universität in New York, bildet mit anderen italienischen Emigranten ein „Team" und entwickelt die Methoden, durch welche die Geschwindigkeit der bei Kernspaltungen freiwerdenden Neutronen von 80 Millionen Stundenkilometern durch „Moderatoren" wie Graphit, Schweres Wasser, Beryllium, gewöhnliches Wasser usw. auf bis zu 8000 km/h reduziert werden kann. Erst dadurch sind geregelte Kettenreaktionen möglich, statt explosionsartiger Energie-Freisetzung die Gewinnung eines kontinuierlichen Energiestromes. Das amerikanische Patent, das Enrico Fermi, sein (jüdischer) Mitarbeiter Bruno Pontecorvo sowie drei weitere italienische Physiker am 2. Juni 1940 erhalten, ist

Grund-Patent für den Reaktor-Bau.

Auf der Neutronen-Bremsung beruhen nach wie vor alle Kernkraftwerke. Um den Vereinigten Staaten einen Vorsprung zu sichern, kauft die US-Atomenergie-Kommission 1953 dieses Patent für 300 000 Dollar und stellt es seit dem 3. November dieses Jahres 193 amerikanischen Firmen (und vorerst nur diesen) gebührenfrei zur Verfügung. Aber im August 1950 ist Bruno Pontecorvo mit seiner Familie in die Sowjetunion emigriert, und der erste, nur der Stromgewinnung dienende Reaktor kommt am 27. Juni 1954 in Obninsk bei Moskau in Betrieb.

1941 — 2. August

Nachdem Präsident Franklin D. Roosevelt am 31. Juli 1940 amerikanischen Tankern das Anlaufen japanischer oder von Japan besetzter Häfen verboten hat, erläßt er am 2. August 1941 — sechs Monate vor Pearl Harbour — ein totales Öl-Embargo und veranlaßt England und die Niederlande, auch ihrerseits Japan kein Rohöl und keinerlei Mineralölprodukte mehr zu verkaufen:

Der Pazifik-Krieg als bisher größter Öl-Krieg

wird damit unvermeidlich. Wie es am 20. November 1945 Admiral Nagano bei seiner Einvernahme als „Kriegsverbrecher“ sagt: „Ich bin überzeugt, daß einer der Hauptgründe des Pazifik-Krieges das Öl war... Nicht nur die Wehrmacht, sondern auch zivile Kreise sahen, seit die USA, Großbritannien und die Niederlande uns kein Öl mehr verkauften, in einer Süd-Expansion die einzige Rettung der Nation...“. Admiral Nomura fügt hinzu: „Unsere Treibstoffvorräte zur Zeit der Embargos von 1940 bis 1941 waren äußerst beschränkt. Das Öl Indonesiens, Borneos und Burmas wurde so für uns lebenswichtig...“.

Im Jahr 1940 beträgt Japans Öl-Einfuhr 5,4 Millionen Tonnen, heute das mehr als Sechzigfache...

Heute ist Westeuropa ebenso von Öl-Importen abhängig wie Japan und die Ölvorkommen der Vereinigten Staaten gehen der Erschöpfung entgegen. Und da ist nun der Nahe Osten *(→ 26. Mai 1908)* ein Gefahrenherd, der zum Unterschied des pazifischen Gefahrenherdes der vierziger Jahre Europa unmittelbar berührt.

1941 — 16. Dezember

In der Forschungsabteilung des Heeres-Waffenamtes in Berlin findet am 16. Dezember 1941 eine Besprechung der führenden, mit Nuklearfragen beschäftigten Forscher, Techniker und der militärischen Waffen-Spezialisten statt.

Das Aufgeben des deutschen „Uran-Projektes“

wird beschlossen, das heißt des Versuches, Nuklearwaffen zu schaffen: Die materiellen Möglichkeiten reichen nicht im entferntesten aus. Hingegen soll eine „Uran-Maschine zur Energiegewinnung“ gebaut werden, deren Möglichkeit

Werner Karl Heisenberg rechnerisch nachgewiesen hat. Sie kommt aber ebenfalls nicht zustande, weil nicht genug Uran beschafft werden kann.

1942 — 2. Dezember

Am 17. September 1942 übernimmt der Pfarrerssohn Leslie Groves als Generalleutnant der US-Pioniere die Leitung des

„Manhattan-Projekt“ zur Herstellung der Atombombe.

Zeitweilig unterstehen ihm 130 000 Leute in 32 Geheimanlagen. Neue Städte werden aus dem Boden gestampft, riesige neue Kraftwerke gebaut und Fabrik-Komplexe wie die von Hanford, die 2600 Quadratkilometer bedecken. Insgesamt gibt Groves rund drei Milliarden Dollar aus, bei einem Bruttosozialprodukt der USA von 1941 rund 115 Milliarden 2,6 Prozent der damaligen amerikanischen Gesamt-Wirtschaftsleistung.

Die Durchführbarkeit des „Manhatten-Projekts“ beweist Enrico Fermi *(→ 2. Juni 1940)* am 2. Dezember 1942 in einer Sporthalle der Universität Chicago: Um 9 Uhr 45 morgens wird

die erste Anlage der Welt zur kontrollierten Kernspaltung

in Betrieb genommen. Dieser „Atom-Meiler“ besteht aus aufeinandergeschichteten Graphitblöcken, die einen Würfel von etwa zweieinhalb Metern Seitenlänge bilden und etwa sieben Tonnen Uranoxyd umhüllen. Kadmiumstäbe regulieren die Fission. Um 15 Uhr 25 wird die Reaktion „kritisch“, bleibt 28 Minuten in Gang — zwei Watt Nutzleistung entstehen. Bei der zweiten Ingangsetzung liefert der Meiler, der 1,4 Millionen Dollar gekostet hat, 200 Watt. Aber eindeutig ist erwiesen: Die Freisetzung nuklearer Energie ist nicht nur theoretisch, sondern auch praktisch möglich. Und beim Uran-Zerfall entsteht Atombomben-Plutonium. Das ist damals der Zweck der Kernspaltung. Großtechnisch wird dieses erstmals 1941 von Glenn T. Seaborg durch Neutronenbeschuß des Uran-Isotops U-238 gewonnene Plutonium-239 in Clinton, Tennessee, seit 1944 erzeugt.

1943

Der Mißbrauch des Feuers, der, soweit wir wissen, 424 v. Chr. begonnen hat, erreicht einen Höhepunkt, als die Luftwaffe der Vereinigten Staaten 1943 erstmals

Napalm-Bomben

gegen japanische und deutsche Städte einsetzte. Von dem Harvard-Chemiker Louis Fieser aufgrund der 1899 von Hans Goldschmidt erfundenen Aluminothermie *(→ 1905)* entwickelt und von der Dow Chemical Co. in Midland, Michigan, hergestellt, besteht die Füllung dieser Bomben aus einem gallertartigen, zähflüssigen Gemisch von vier Teilen Benzin und einem Teil Aluminium mit Zusätzen von Phosphor und Palmöl. Die klebrige Masse verspritzt beim Aufprall auf eine Fläche von etwa zweieinhalbtausend Quadratmeter und löst sekundenschnell lückenlose Flächenbrände aus. Tödlich ist dabei nicht nur die Hitze von 2000° C, sondern auch der immense Sauerstoffverbrauch und das Entstehen von Kohlenmonoxyd: Wer nicht verbrennt, erstickt oder wird vergiftet.

1943

Daß sich Albert Einsteins Aufforderung an Präsident Roosevelt, die Atombombe entwickeln zu lassen *(→ 21. Dezember 1938)*, auswirken kann, setzt vielerlei voraus, schon daß sein Brief gelesen wird zum Beispiel durch die Intervention Bernard Baruchs, denn damals treffen im Weißen Haus wöchentlich über tausend „hochwichtige“ persönliche Schreiben ein. Weiterhin die Anwesenheit in Washington des dänischen Atomphysikers Niels Bohr, den Roosevelt um Rat fragt. Und natürlich

die materielle Möglichkeit der Atombomben-Herstellung

in Amerika, vor allem das Vorhandensein von genügend Uran.

Uranium ist kein seltener Stoff. Es ist mit etwa drei Gramm pro Tonne an der Zusammensetzung der Erdkruste beteiligt, findet sich auf allen fünf Kontinenten unseres Planeten wie auch auf dem Mond. In den Weltmeeren gibt es (japanischen Berechnungen zufolge) 4200 Millionen Tonnen Uranoxyd, etwa achthundertmal so viel als die heute sicheren Festland-Vorkommen enthalten. Seit 1981 wird in Nio auf der japanischen Insel Shikoku Uran aus dem Meer gewonnen. Aber leicht gewinnbare und reiche Uranerze sind selten *(→ 24. Februar 1896)*. Als sie durch die Entdeckung ihres Radiumgehalts wertvoll werden, ist von diesen nur eines bekannt, das durch den Silbererz-Bergbau in Joachimsthal in Böhmen erschlossene Uranerz.

Der Wert des Radiums als Krebsbekämpfungsmittel löst eine

weltweite Suche nach Pechblende

aus. Ungleich reichere Vorkommen als in Böhmen werden 1913 in Colorado in den USA, 1915 bei Shinkolobwe im damals belgischen Kongo und 1930 durch Gilbert Charles La Bine, der dazu erstmals ein Flugzeug einsetzt, im Norden Kanadas entdeckt.

Belgien wird 1940 von den Deutschen besetzt — aber nicht Katanga. Im gleichen Jahr kommt ein Uran-Lieferabkommen der Union Minière mit den USA zustande, die Großbagger für einen Tagebau und Transportflugzeuge zur Verfügung stellen und Shinkolobwe zum weitaus bedeutendsten ihrer Uran-Lieferanten machen. Natürlich werden auch die eigenen (weit ärmeren) Erze genutzt und Kaufverträge mit Kanada geschlossen. So gibt es jede Menge des benötigten Bomben-Grundstoffs.

Nur besteht Natur-Uran zu 99,3 Prozent aus dem nicht-spaltbaren Isotop U-238, nur zu 0,7 Prozent aus spaltbarem U-235, dieses ist also rund 140mal seltener. Ein Kilogramm Uran enthält 7,15 Gramm Spaltstoff, für die ersten Atombomben aber wird Uran gebraucht, das pro Kilogramm mindestens 900 Gramm Spaltstoff enthält. Und das erweist sich als das Problem, denn chemisch sind die Uran-Isotope identisch und deshalb auch chemisch nicht zu trennen. Physikalisch gibt es Unterschiede, aber nur unvorstellbar geringe, und Moleküle müssen getrennt werden.

Dazu entwickeln die Atombomben-Bauer

das Gasdiffusions-Verfahren der Uran-Anreicherung:

Uranoxyd wird in Uran-Hexafluorid umgewandelt, das schon bei 56° C in den gasförmigen Zustand übergeht. Dieses Gas streicht an Membranen vorbei, deren Poren nur wenige Hunderttausendstel Millimeter Durchmesser haben und an deren einen Seite Unterdruck herrscht. Da die UF_6-Teilchen, in denen das spaltbare Uran-Isotop U-235 gebunden ist, leichter sind und bei gleicher Temperatur eine höhere Geschwindigkeit haben als die Teilchen mit U-238, wandern sie durch die porösen Membranen leichter hindurch, auf diese Weise werden die beiden Isotope getrennt. Aber bei 10 000 Molekülen entsteht nur ein Überschuß von 43 leichten Molekülen. Der Vorgang muß schon zur Anreicherung des Urans auf 3,3 Prozent U-235, wie es heute die Leichtwasser-Reaktoren verwenden, dreitausendmal wiederholt werden. Der apparative Aufwand ist entsprechend, und der Energiebedarf gewaltig.

Für das „Manhattan-Projekt" wird unter dem Decknamen „Clinton Engineering Works" am Clinton River, etwa 50 Kilometer östlich Knoxville in Tennessee, die erste Trennanlage gebaut, sie hat eine Ausdehnung von 182 Quadratkilometern und kostet mehr als eine Milliarde Dollar. Hier entsteht die erste „Atom-Stadt“ der Welt, Oak Ridge, das sich erstmals 1952 auf einer Landkarte und in einem Nachschlagewerk findet, während des Zweiten Weltkrieges aber (gegen heute rund 30 000) über 76 000 Einwohner zählt. Tennessee ist als Standort der Gasdiffusionsanlage gewählt worden, weil die staatliche Tennessee-Valley-Authority über das größte Wasserkraft-Potential der USA verfügt, doch zeigt sich schnell, daß die Wasserkraftwerke nicht genügen, denn 1944/45 erfordert die Uran-Trennung ein Drittel des Stromes, den damals das Deutsche Reich insgesamt gewinnt. In aller Eile müssen auch neue Kohle-Kraftwerke gebaut werden, und die US-Atomenergie-Kommission bleibt durch den Atombomben-Bedarf jahrzehntelang der größte einzelne Kohleverbraucher der Welt.

Die Gasdiffusions-Methode ist glücklicherweise aber nicht die einzige Möglichkeit, Kernbrennstoff zu gewinnen *(→ 1977)*. Heute wird er in Europa durch die Nutzung der Zentrifugalkraft gewonnen *(→ 1879)*, durch die sich erneut erweist, wie ganz verschiedenartige Energieformen sich gegenseitig ergänzen und Fortschritte auf Lebensgebieten, die scheinbar nicht das geringste miteinander zu tun haben, zusammenwirken und sich potenzieren.

1943 — 3. Oktober

Seit es Raketen gibt *(→ 1255)*, dienen sie militärischen Zwecken. Die ersten genauen Anweisungen zu ihrer Herstellung und die ersten Rezepte für Treibstoff-Mischungen in Europa finden sich in Casimir Simienowicz’ 1630 in Amsterdam erschienenen „Artis Magnae Artilleriae“. Der erste Groß-Raketeneinsatz findet 1807 statt. Die englische Flotte beschießt Kopenhagen, die Hauptstadt des damals neutralen Dänemark, mit rund 25 000 Brandsätzen, äschert die Stadt ein und vernichtet die dänische Flotte.

Aber die Reichweite dieser Pulver-Raketen beträgt maximal 1200 Meter. Erst 1898 verfaßt der russische Mathematik-Lehrer Konstantin Eduardowitsch Ziolkowskij in Kaluga seine Schrift „Die Erforschung der Weltenräume mit Reaktionsapparaten“, die erstmals die nötigen Ausströmungs-Geschwindigkeiten berechnet, die Massenverhältnisse angibt und zu dem Schluß kommt, daß nur

Flüssigkeits-Raketen

Aussicht auf Erfolg haben. 1903 veröffentlicht Ziolkowskij im „Scientific Observer“ Konstruktionszeichnungen eines „Reaktivgerätes“ mit flüssigem Wasserstoff und flüssigem Sauerstoff als Treibmittel.

Die erste dieser Art Raketen baut Robert Hutchins Goddard, Physikprofessor der Clark-Universität in Worcester, USA, 1926. Er benutzt flüssigen Sauerstoff und Benzin und binnen zweieinhalb Sekunden legt seine Rakete 56 Meter zurück. Stundengeschwindigkeit also 80 Kilometer. Im Jahr 1935 sind es 800 Stundenkilometer und die Reichweite der Goddard-Rakete beträgt bei den Versuchen in Roswell, New Mexico, nun vier Kilometer.

Dabei bleibt es vorerst in Amerika. In Deutschland aber wird die Raketen-Entwicklung seit 1929 staatlich gefördert, denn wenn der Vertrag von Versailles dem Reich jede Waffen- und besonders jede Flugzeug-Entwicklung verboten hat, so ist von Raketen nicht die Rede. Seit 1932 unterhält das Heeres-Waffenamt eine eigene Forschergruppe, die zwar nur aus Walter R. Dornberger und seinen drei Assistenten Walter Riedel, H. Grunow und Wernher von Braun besteht, die aber

die Gründung der ersten staatlichen Raketen-Versuchsanstalt der Welt

vorbereiten. Diese erfolgt 1936 in Peenemünde auf der Insel Usedom unweit Rostock. Hier arbeiten schließlich 12 000 Leute.

Unter der Leitung Dornbergers und von Brauns werden in Peenemünde Hunderte Einzel-Fortschritte koordiniert und fehlende Kettenglieder durch eigene Arbeiten geschaffen. Helmuth Walter in Kiel zum Beispiel hat 1933 die außerordentlich hohe Energiedichte von Wasserstoffsuperoxyd entdeckt und mit seinem „Walter-Triebwerk" tausend Kilogramm Schub erreicht. Im gleichen Jahr hat Eugen Sänger an der Universität Wien Brennkammerversuche mit flüssigem Sauerstoff und verschiedenen Kohlenwasserstoffen gemacht, aber keinerlei amtliche Hilfe erhalten, „weil der detonationsartige Charakter des Verbrennungsvorganges der vorgeschlagenen Betriebsmittel ihren praktischen Nutzen ausschließt". Enorme technische Schwierigkeiten müssen überwunden werden. Dazu kommt Hitlers mangelndes Interesse, der 1940 die Raketen von der Prioritätsliste streichen läßt, ihnen erst im Juli 1943 höchste Priorität zuspricht. Aber 1942 gibt es in Peenemünde einen Raketenmotor mit 24 Tonnen Schub, werden 90 Kilometer Aufstiegshöhe, 300 Kilometer Reichweite und erstmals Überschall-Geschwindigkeit erreicht.

Der Abschuß der ersten Groß-Rakete

erfolgt am 3. Oktober 1943. Diese „A-4" ist 14 Meter lang, hat 1,8 Meter Durchmesser und 13 Tonnen Startgewicht. Sie wird durch Alkohol und flüssigen Sauerstoff angetrieben und verbraucht pro Minute neun Tonnen Treibstoff. Rasch genug kommt dieser Treibstoff durch eine 1000-PS-Pumpe in die Brennkammer, die eine Wasserstoff-Superoxyd-Turbine treibt. Die Radio-Lenkung wirkt auf große Graphitschirme, die derart hinter der Düse angeordnet sind, daß sie die Rückstoß-Gase in die gewünschte Richtung zwingen. Die „A-4" besitzt 550 Kilometer Reichweite und erreicht 5470 Kilometer Stundengeschwindigkeit. Sie steigt zuerst 10 Kilometer senkrecht auf, dann mit 45 Grad Neigung auf etwa 80 km und stürzt aus dieser Höhe auf das Ziel.

Mit dieser, nun „V-2" genannten Rakete beginnt am 8. September 1944 die Beschießung Londons. Am 14. September erreicht eine verbesserte „V-2" 178 Kilometer Höhe, vier Wochen später ist die „A-10" produktionsreif, eine Rakete von 30 Meter Länge, 87 Tonnen Startgewicht, 4000 km Reichweite und 10 500 km/h Geschwindigkeit. Aber sie bleibt auf dem Papier. Ebensowenig kommt es zur Verwendung der Raketen, die Dr. Heinrich Determann und seine Mitarbeiter im Töplitz-See erprobt haben und die ein rund 100 Meter tief getauchtes U-Boot abgeschossen hat.

Verloren gehen die deutschen Entwicklungen nicht. Russen und Amerikaner jagen sich 1945 gegenseitig die Pläne und die Spezialisten ab, meist gelingen dem „Counter Intelligence Corps" die besten Fänge. Wernher von Braun wie Determann werden mit rund 300 ihrer Mitarbeiter in die USA gebracht, Braun wird 1950 Direktor der Abteilung ferngesteuerte Raketen des Redstone Arsenals in Huntsville. Ebenso requirieren die Amerikaner rund 100 unbeschädigte V-2.

Ist es zu Groß-Raketen durch den Zweiten Weltkrieg gekommen, so kommt es zur Raumfahrt durch den „Kalten Krieg": Rasch wachsen die Geschwindigkeit, die Reichweite und die Steighöhe der Raketen, die mit Hilfe der deutschen Spezialisten in den USA und der Sowjetunion gebaut werden. Bereits am 24. Februar 1949 erreicht eine als zweite Stufe von einer V-2 gestartete „WAC-Corporal" mit 402 Kilometern die größte Höhe, in die je ein von Menschen erdachter Flugkörper vorgedrungen ist. Aber militärisch wichtig ist vor allem die Zielsicherheit. Die Zielsicherheit von Raketen läßt lange nicht nur durch Mängel der Lenk-Mechanismen zu wünschen übrig, sondern sie hängt von der exakten Kenntnis der Erd-Entfernungen ab und von der fehlerfreien und raschen Berechnung und Korrektur der Flug- und Fallbahnen. Es ist kein Zufall, daß die Raketen-Entwicklung mit der unserer heutigen elektronischen Rechengeräte parallelläuft: Zur Weltraumfahrt kommt es nicht, weil es entsprechende Raketen gibt, sondern weil nur Satelliten die „Weltraum-Triangulation" ermöglichen. Nur diese seit 1957 mögliche Vermessungs-Methode ergibt genaue Daten — und der Vermessung amerikanischer Nuklear-Ziele wegen bringen die Russen am 4. Oktober 1957 ihren „Sputnik" in Umlauf.

Satelliten gelangen nur durch Raketen in den Weltraum. Nur Satelliten machen Raketen zielsicher — und ähnlich weitreichende Wechselwirkungen hat

die Kombination von Raketen und Nuklearwaffen,

das Zusammenwirken fast unvorstellbarer Zerstörungskraft mit fast ebenso unvorstellbaren Geschwindigkeiten. Solange Atombomben von Flugzeugen transportiert werden, bleibt ihre Einsatzmöglichkeit beschränkt, die Warnzeit ausreichend und die Abwehrmöglichkeit die gleiche wie bei Flugzeugen, die „konventionelle" Bomben tragen. Die Reichweite von Raketen wächst jedoch 1938 bis 1958 von sechs Kilometern auf 14 000 Kilometer und ist heute praktisch unbeschränkt, jeder Punkt der Erde ist nun von den amerikanischen, sowjetischen und chinesischen Abschuß-Basen erreichbar. Die Raketen-Geschwindigkeit, die 1942 (bei deutschen Panzerabwehr-Raketen) 600 Stundenkilometer beträgt, erreicht zwei Jahre später (bei der V-2) 5470 km/h und 1956 (bei Erprobungen auf dem Langley-Field in den USA) 10 982 km/h. Das ist die 10,4fache Schallgeschwindigkeit. Heute muß mit der fast dreißigfachen gerechnet werden, erreichen Interkontinental-Raketen 28 000 bis 34 000 km/h. Möglich sind mit Flüssigkeits-

Raketen etwa 50 000, mit thermischen Atom-Raketen 100 000 km/h und mehr. Das aber bedeutet

eine der größten aller heutigen Gefahren: Entscheidungs-Zeit-Not.

Eine im Mai 1986 in Vancouver abgehaltene internationale Spezialisten-Konferenz der University of British Columbia, an der auch ein Sowjet-General teilnimmt (alle Daten aber amerikanischer Herkunft sind), diskutiert die Frage „Atom-Krieg durch Versehen?" und stellt folgenden „Zeitplan eines atomaren Gegenschlages 1986" auf:

Entdeckung des Anfluges feindlicher Raketen 1½ Minuten nach erfolgtem Start.

Erste Lage-Konferenz (Missile Display Conference) 3½ Minuten nach Anflug-Feststellung.

Entscheidungs-Spielraum 6 bis 8 Minuten, eventuell um 5 Minuten verlängert, bis zur Detonation des ersten, anfliegenden Sprengkörpers.

Schicksals-Frage: Kann es binnen 6 bis 13 Minuten eine rationale Entscheidung geben? Dieser Zeitdruck aber wächst weiter durch verkürzte Anflugzeiten der Raketen, die von U-Booten abgeschossen werden. Dazu kommt die Stör-Möglichkeit aller Warnungen durch das Auslösen elektromagnetischer Impulse *(→ 1962)* und der

Zwang, einen Fehl-Alarm binnen drei Minuten als solchen zu erkennen.

Durch Radar- und Computer-Fehler *(→ 4. August 1912)* usw. werden im Westen 1977 insgesamt 43 Lage-Konferenzen ausgelöst. 1985 aber schon 259 — fast fünf pro Woche. Durch Zeitnot werden die Nuklearmächte gezwungen, vom „Launch under attack" (Zurückschlagen erst nach einem Angriff) zum „Launch on warning" (Nuklear-Einsatz nach der Warnung) überzugehen. Das heißt: Bei jeder Warnung — auch bei Fehlalarm — werden unzählige Sicherheitsvorrichtungen entriegelt, „die Abzugshebel gespannt" — ein Vorgang, an dem Zehntausende von Personen auf allen Stufen beteiligt sind, die Fehler machen oder „überreagieren" können wie die Spezialisten des amerikanischen Kreuzers „Vincennes" beim Abschuß eines iranischen Passagierflugzeugs im Juli 1988.

1945 — 6. August

Um 4 Uhr 30 am Morgen des 16. Juli 1945 wird in der Wüste Alamogordo in New Mexico

die erste Atombombe

erprobt. Sie erweist sich als „alle Erwartungen übertreffender Erfolg". Aber militärisch kommt sie zu spät, denn zehn Wochen zuvor hat das Dritte Reich bedingungslos kapituliert. Nachdem am 3. Juni Koki Hirota den Tokioter Sowjet-Botschafter Jakob Malik gebeten hat, als Vertreter einer damals noch neutralen Macht den Alliierten Japans Friedenswunsch zu übermitteln, diese aber nicht reagiert haben, verfaßt Kaiser Hirohito eine persönliche Friedensbotschaft und beauftragt Premierminister Prinz Konoye am 12. Juli 1945, sie nach Moskau zu übermitteln, um „einen Frieden um jeden Preis" zustandezubringen: Auch Japan ist besiegt.

Der Besteller der Atombombe, Präsident Franklin D. Roosevelt, ist am 12. April 1945 verstorben, und so vertritt sein Nachfolger Harry S. Truman die Vereinigten Staaten auf der Konferenz der Sieger in Potsdam. Dort erhält er am 17. Juli mit den Worten „Babies satisfactorily born" die vereinbarte Code-Nachricht über den Ausgang der Alamogordo-Explosion. Wie nicht nur aus den Kriegs-Memoiren Winston Churchills, sondern eindeutig auch aus den Potsdam-Dokumenten hervorgeht, die das amerikanische Außenministerium am 24. August 1956 veröffentlicht, erhält Truman am 18. Juli 1945 bei seiner Begegnung mit Stalin von diesem eine Abschrift der Note ausgehändigt, die der japanische Botschafter in Moskau am 12. Juli überreicht hat und die das erwähnte Friedensangebot des Kaisers enthält. Dieses Friedensangebot ignoriert der Präsident, denn durch die Mitteilung über Alamogordo ist er überzeugt, damit sei

die Allmacht der Vereinigten Staaten

gesichert. Er ist nicht bereit, Roosevelts in Jalta beschlossene Nachkriegspolitik, die Erhaltung der amerikanisch-sowjetischen Allianz, weiterzuführen. Sein Kriegsminister Henry Lewis Stimson und Außenminister James Francis Byrnes stimmen mit ihm darin überein, daß „Moskau in die Schranken gewiesen werden muß" und „ein Fügsammachen der Sowjetunion nur durch einen eindeutigen Beweis der überwältigenden amerikanischen Überlegenheit" möglich ist. Wie Winston Churchill in seinem Potsdam-Bericht feststellt: „. . . Natürlich wußten die Amerikaner ebensogut wie wir, daß die Japaner bereit waren . . . all ihre Eroberungen aufzugeben . . . und zu glauben, daß das Schicksal Japans durch die Atombombe entschieden wurde, wäre verfehlt:

Japans Niederlage stand fest, ehe die erste Bombe fiel. . .".

Aber die Wirkung dieser Bombe muß den Russen vorgeführt werden. Und so erklärt Präsident Truman, der Brief Kaiser Hirohitos genüge nicht. Auf Drängen Churchills und Stalins wird am 26. Juli 1945 Japans Regierung aufgefordert, über den Rundfunk die sofortige und bedingungslose Kapitulation zu erklären. Am Tag darauf wird das vom japanischen Kabinett mit allen Stimmen außer der des Kriegsministers Anami beschlossen, der Harakiri verübt. Über den japanischen Rundfunk wird außer der japanischen auch eine kurze englische Erklärung abgegeben, die der britische Abhördienst am 28. Juli 1945 um 22 Uhr 12 Minuten registriert (und die am 4. Dezember 1946 Premierminister Attlee im britischen Parlament zitiert). Aber die amerikanische Übersetzung des japanischen Kapitulations-Wortlautes ist derart, daß auch sie Präsident Truman nicht genügt: Am 5. August 1945 gibt er den Befehl zum Atombomben-Abwurf, „drei Jahre, sieben Monate und 29 Tage nach Pearl Harbour".

Auf die damals 345 000 Einwohner zählende Stadt

Hiroshima

erfolgt er um 8 Uhr 16 des 6. August 1945: Ein glühender Gasball von etwa 300 Meter Durchmesser entsteht, dessen Kern statt der 5000° C, die TNT entwickelt, eine Temperatur von etwa 20 Millionen ° C hat, mehr als der Kern der Sonne. Die Hitze dieser Gaswolke löst noch in vier Kilometer Entfernung Brände aus und da heiße Luft sich ausdehnt, entsteht eine gewaltige Druckwelle und zugleich ein Sog, die sich mit Schallgeschwindigkeit ausbreiten und sechs Zehntel der Stadt, mehr als 60 000 Gebäude, zerstören. 78 000 Menschen sind sofort tot. Insgesamt kostet die Bombardierung von Hiroshima (den jüngsten amtlichen Angaben zufolge, die gelegentlich des vierzigjährigen Gedenktages des ersten Atombomben-Einsatzes im August 1985 gemacht werden) 138 690 Japanern das Leben.

Wird über Hiroshima eine Uran-235-Bombe abgeworfen, so über Nagasaki am Vormittag des 9. August 1945 eine, in der eine Plutonium-239-Reaktion abläuft. Aber „nur" 14 000 Häuser werden hier zerstört, „nur" 73 000 Menschen getötet.

Da der Bombardierungs-Befehl Präsident Trumans nicht „die letzte große Kriegshandlung des Zweiten Weltkrieges" ist, sondern die erste des „Kalten Krieges", den er am 12. März 1947 auch offen erklärt, wird „das enttäuschende Resultat" von Nagasaki rasch verbessert. Die Atombomben-Wirkung wird mit der des Sprengstoffes Trinitrotoluol (TNT) verglichen. Die Flieger-Bomben des Jahres 1939 entsprechen einer Tonne TNT, 1945 dann maximal 10 Tonnen TNT. Die Hiroshima-Bombe kommt etwa 20 000 Tonnen TNT gleich = $\frac{1}{50}$ Megatonne (1 MT = 1 Millionen Tonnen TNT). Zehn Jahre später aber sind H-Bomben von 45 Megatonnen entwickelt *(→ 16. und 23. August 1953)*, da verhält sich deren Wirkung im Vergleich zur Hiroshima-Bombe wie 2200 zu 1, der „Todeskreis-Durchmesser" eines Atombombeneinschlags ist von 2,4 auf 34 Kilometer, die „Todeskreis-Fläche" von 4,5 auf 810 Quadratkilometer angewachsen. Das ist die Fläche von Groß-New York und die fast doppelte Fläche von Groß-Paris. Die Geschwindigkeit, mit der Nuklearladungen ins Ziel gebracht werden können, ist während dieser zehn Jahre von 600 auf 12 000 Kilometer pro Stunde gestiegen und beträgt nun beim Einsatz von Interkontinental-Raketen *(→ 3. Oktober 1943)* 34 000 km/h. Vier Jahrzehnte nach Hiroshima gibt es auf der Welt mindestens 40 000 Nuklear-Sprengkörper, die einer Million Hiroshima-Bomben entsprechen.

1948 — 8. März

Glenn T. Seaborg, Professor der Universität Kalifornien, der 1941 durch Neutronen-Beschuß aus nicht-spaltbarem Uranium-238 spaltbares Plutonium-239 gewonnen hat *(→ 2. Dezember 1942),* gewinnt am 8. März 1948 auf die gleiche Art aus nicht-spaltbarem Thorium-232 spaltbares Uranium-233. Damit erhält das bereits seit 1828 bekannte Metall

Thorium als Spaltmaterial

Bedeutung, praktisch allerdings erst in Brut-Reaktoren *(→ 10. Oktober 1968)* und Hochtemperatur-Reaktoren.

Thorium gibt es mindestens dreimal mehr als Uranium, seine Erze bilden nicht wie die Pechblende nur wenige Millimeter starke Adern in härtestem Gestein, sondern der Monazit-Sand Indiens und Brasiliens zum Beispiel kann mit Großbaggern im Tagebau gewonnen werden. Thorianit enthält 59 bis 79 Prozent Thoriumoxyd, während der Urangehalt der meisten Erze nur 0,2 bis 5 Prozent beträgt.

1949 — 10. Juli

Nachdem aufgrund von Geheimdienst-Berichten über amerikanische Bestrebungen, Kernwaffen herzustellen, Josef Stalin im Juni 1942 Professor Igor V. Kurtschatow beauftragt hat, „um jeden Preis nukleare Zerstörungsvorrichtungen zu schaffen", gelingt es diesem und seinen Mitarbeitern Pjotr L. Kapitsa *(→ 1911),* Abram F. Joffe, Igor N. Golowin und Georgi N. Flerow, am 24. Dezember 1946 eine Kettenreaktion auszulösen. Nach Vorversuchen zwischen dem 2. und 30. Juni wird am 10. Juli 1949 in der Wüste Ust-Urt zwischen dem Kaspischen Meer und dem Aralsee

die sowjetische Atombome „Molnia" (= „Blitz")

erfolgreich erprobt. Am 17. Juli folgen zwei weitere. Das gleiche Forscher-Team entwickelt die sowjetische Wasserstoff-Bombe, die am 12. August 1953 gezündet wird *(→ 6. November 1952).* Damit ist das amerikanische Atombomben-Monopol gebrochen, „die Allmacht der Vereinigten Staaten" hat nur vier Jahre minus sechs Tage gedauert.

1949 — 27. Juli

Raketen werden durch einen Gas-Strahl angetrieben, der mit hoher Geschwindigkeit aus einer Düse austritt und dadurch Schubkraft ausübt. Auf dem gleichen Rückstoß-Prinzip beruhen

die Strahl-Triebwerke,

nur daß diese den für die Erzeugung der Verbrennungsgase benötigten Sauerstoff nicht selbst mitführen, sondern der Umgebungsluft entnehmen und die Luft als Energieträger verwenden. Die Energie der angesaugten Außenluft wird durch die in einer Brennkammer von flüssigen Brennstoffen gelieferte Wärme erhöht und durch Expansion in einer Austrittsdüse auf die nötige Geschwindigkeit gebracht. Strahl- oder Düsentriebwerke sind eine Art „gezähmter" Raketen, erfordern aber ebenfalls Baustoffe, wie es sie lange nicht gegeben hat. Wenn der Engländer Frank Whittle bereits 1935 und 1936 Patente auf sein Strahl-Triebwerk erhält, so schützen diese nur eine Idee, keine Realität.

Seit 1933 beschäftigt sich aber auch der deutsche Flugzeug-Konstrukteur Ernst Heinkel mit „grundlegend neuen Antriebsmöglichkeiten für Luftfahrzeuge". Er hat sein erstes Flugzeug (das ihn beim Probeflug über dem Cannstatter Wasen um ein Haar umbringt) als Dreiundzwanzigjähriger gebaut und bis Ende des Zweiten Weltkrieges 130 weitere Typen entwickelt. 1932 schon die He-70, den „Heinkel-Blitz", der acht internationale Geschwindigkeits-Rekorde aufstellt und durch seinen völlig glatten, aerodynamischen Metallrumpf und sein einziehbares Fahrgestell eine Reisegeschwindigkeit von 340 km/h erreicht. Aber mit dessen wassergekühlten 660-PS-BMW-Motor scheint eine Grenze des Kolbenmotors erreicht, und so ermöglicht Heinkel, der 1922 in Warnemünde sein eigenes Flugzeugwerk gegründet hat, Hans von Ohain, der am Physikalischen Institut in Göttingen Versuche mit Düsentriebwerken macht, und dem Junkers-Konstrukteur Max Adolf Müller, dessen Strahlantrieb in der eigenen Firma kein Interesse findet, die Weiterarbeit. Heinkel setzt sich auch mit Wernher von Braun in Verbindung und stellt der Raketen-Versuchsanstalt Peenemünde *(→ 3. Oktober 1943)* drei seiner Jagdeinsitzer zur Verfügung, wo sie zu Raketen-Flugzeugen umgebaut werden. Die Raketen- und Strahltriebswerks-Konstrukteure ergänzen sich gegenseitig, Tausende Treibstoffversuche werden für beide Entwicklungen ausgewertet, die neugeschaffenen Baustoffe für beide verwendet. Und so kann Heinkel 1938 das erste Turbinen-Flugzeug der Welt bauen, 1939 die He-176 als erstes Raketen-Flugzeug, und am 27. August 1939 wird die zweistrahlige He-178 als

das erste Düsenflugzeug der Welt

erprobt: Stundengeschwindigkeit 782 Kilometer.

Heinkels großer Konkurrent Willy Messerschmitt ist nicht untätig geblieben. Am 18. Juli 1942 überschreitet die Me-162 in Leipheim bei Günzburg an der Donau 800 Stundenkilometer und wird in Serien gebaut. 1943 macht die Me-163 mit einem Walter-Triebwerk 852 km/h: Wasserstoff-Superoxyd wird über Kaliumpermanganat geleitet und zerfällt in hochgespannten Sauerstoff und Wasserstoff, die eine Austrittsgeschwindigkeit von über tausend Metern pro Sekunde haben. 1944 überschreitet die Me-163 B mit einem Zborowski-Turbostrahltriebwerk tausend Stundenkilometer.

In England ist am 15. Mai 1941 auf dem Flugfeld des RAF-Colleges von Cranwell der erste Düsenflug geglückt, macht die E 28/39 mit dem Turbojet-Triebwerk des damaligen Squadron-Leader Frank Whittle einen 17-Minuten-Probeflug. Im Jahr 1945 erreicht der „Gloster-Meteor-IV“ 976 km/h Geschwindigkeit. Nun bauen die Engländer auch

das erste Düsen-Passagier-Flugzeug der Welt,

den De Havilland „Comet“, der am 27. Juli 1949 seinen Erstflug ausführt: Fluggewicht 47,5 Tonnen, Triebwerk-Schub je Einheit 2270 kg, Druck-Kabine für 36 Personen, Reisegeschwindigkeit 800 km/h in 10 000 Metern Höhe. Aus dieser Maschine wird die „Comet-IV“ entwickelt, die vier Rolls-Royce „Avon“-Triebwerke von je 4760 kg Schub hat, bis 99 Passagiere faßt und am 27. April 1958 ihren Erstflug macht. Damals gibt es insgesamt 4604 Passagierflugzeuge auf der Welt, davon 12 Düsenmaschinen. Ein Vierteljahrhundert später fliegen 6560 Strahlflugzeuge. Darunter die Boeing-747 (Erstflug am 10. Februar 1969), die 490 und in der Version 747-300 sogar 624 Passagiere befördert. Darunter auch die Tupolew-144 der Aeroflot, die am 26. Dezember 1975 den

Überschall-Passagierverkehr

auf der Route Moskau-Alma Ata aufgenommen hat, und die „Concorde“ der Air France und der British Airways, die seit dem 21. Januar 1976 im Einsatz sind, mit einer durchschnittlichen Reisegeschwindigkeit von Mach 2,05 = 2160 km/h.

1952 — 6. November

Nachdem Enrico Fermi *(→ 2. Juni 1940)* bereits 1942 vorgeschlagen hat, durch eine Fissions-Ladung (durch Uranspaltung) eine Kern-Fusion zustandezubringen und „durch diese thermonukleare Reaktion ... eine Verzehnfachung bis Vertausendfachung der durch Kernspaltung freigesetzten Energie zu erreichen", erhalten zwei wie er aus Europa eingewanderte Physiker, der Ungar Janos von Neumann und der 1911 in Deutschland geborene (als „Atom-Spion" berühmt gewordene) Klaus Julius Emil Fuchs am 26. Mai 1946 ein amerikanisches Geheim-Patent für

das Wasserstoffbomben-Prinzip,

das sie entwickelt haben und das 1951 Eduard Teller und S. Ulam technisch verbessern.

Die praktische Möglichkeit zur Herstellung amerikanischer Wasserstoffbomben besteht durch den „Atomic Energy Act", der am 1. August 1946 in Kraft getreten ist. Er überträgt die gesamte Atomforschung und die gesamte militärische und private Auswertung der Kernenergie einer nur dem Präsidenten verantwortlichen fünfköpfigen „Atomic Energy Commission" (AEC) und stellt dieser innerhalb 15 Jahren 22 Milliarden Dollar Steuergelder zur Verfügung, mehr als vier Millionen Dollar täglich. Sind im Jahr 1940 in den USA für die Atomforschung vom Staat 6000 Dollar aufgewendet worden und 1946 für Forschung und Entwicklung 375 Millionen, so sind es 1950 rund 3,6 Milliarden Dollar. Im Jahrzehnt 1947 bis 1956 investiert die AEC mehr Geld im „Atom", als die Industrie-Giganten General Motors, United States Steel, Bethlehem Steel, Du Pont de Nemours, Alcoa und Goodyear (die auf ihrem Gebiet damals jeweils größten Unternehmen der Welt) während ihrer ganzen bisherigen Existenz zusammengenommen investiert haben. Als die AEC im Mai 1952 ihr „Office of Industrial Development" gründet und amerikanischen Privatfirmen erstmals bisher geheime Unterlagen über die kommerziellen Nutzungsmöglichkeiten der Kernenergie zur Verfügung stellt, ist sie

das weitaus größte Wirtschafts-Unternehmen der Welt.

Da beschäftigt sie unmittelbar 130 000 Leute und durch ihre Zulieferer etwa eine Million Menschen. Vor allem, weil die AEC 1946 auch den „Manhattan-District" der US-Army übernommen hat und, wie gesagt, auch für die Entwicklung der Wasserstoffbombe zuständig ist.

Am 31. Januar 1950 hat Präsident Truman bekanntgegeben, er habe als Oberbefehlshaber der Streitkräfte verfügt, „mit aller Energie die amerikanischen Atomwaffen zu vervollkommnen und eine völlig neue Nuklearwaffe, die Wasserstoffbombe, zu schaffen". Am 6. November 1952 wird die fünf Kilometer lange und

400 bis 1600 Meter breite Insel Elugelab im Eniwetok-Versuchsgebiet des Pazifik durch eine „thermonukleare Vorrichtung“ zum Verschwinden gebracht:

> ***Auf der Erde geschieht, was in der Sonne vor sich geht, da wird die ungeheure Energie freigesetzt, die beim Aufbau von Wasserstoff zu Helium entsteht.***

Da gelingt durch die Kernspaltung erstmals auch die Kern-Fusion *(→ 10. April 1968).*

Was die Amerikaner 1952 erproben, ist allerdings noch keine Wasserstoffbombe, kann weder durch Flugzeuge noch durch Raketen transportiert werden, allein die Kühlanlage, die für diese „thermonukleare Vorrichtung“ gebraucht wird, wiegt 12 Tonnen. Und so kommt es zum Überholen der amerikanischen Nuklearwaffen-Entwicklung durch die Sowjetunion. Sie erprobt am 16. und 23. August 1953 Wasserstoffbomben, in denen Lithium-Deuterid Tritium erzeugt und die keine „Uranzündung“ mehr brauchen. Die Sprengkraft dieser Bomben kommt 60 Millionen Tonnen Trinitrotoluol gleich — 60 Megatonnen statt der 20 000 Tonnen TNT der Hiroshima-Bombe.

Die Amerikaner stellen das Bauprinzip der Sowjets durch die Analyse des Ausfalls fest, der Lithium-Isotope enthält, und wenden es auch ihrerseits an. Am 1. März 1954 bei Bikini und am 26. März bei Eniwetok werden die amerikanischen „transportablen Thermonuklear-Vorrichtungen“ erprobt. Damit ist jedes weitere Wettrüsten sinnlos geworden, heben sich die russischen und amerikanischen Vernichtungs-Potentiale wie Plus und Minus auf, beginnt das „Gleichgewicht des Schreckens“.

Durch das Bestreben, dieses Gleichgewicht wieder aufzuheben, steigen die Welt-Militärausgaben 1954 bis 1987 (der ACDA, der Rüstungskontroll- und Abrüstungsbehörde der USA, zufolge) von etwa 40 auf 120 Milliarden Dollar, auf 3287 Millionen Dollar täglich.

1954 — 27. Juni

Nachdem alle bisherigen Reaktoren ausschließlich der Erzeugung von Atombomben-Material gedient haben und erst am 21. Dezember 1951 der Versuchs-Brutreaktor EBR-1 des Argonne National Laboratory in Arco, Idaho, auch dazu benutzt worden ist, einen 250-Kilowatt-Turbogenerator zu treiben, wird in Obninsk, unweit Moskau,

das erste Kern-Kraftwerk der Welt

gebaut. Seit dem 27. Juni 1954 gibt dieser 4-MWe-Uran-Graphit-Reaktor Strom an Fabriken und Kolchosen ab.

Im Westen kommt am 7. Januar 1956 in Marcoule als französischer Prototyp der „G-1" von 40 MWe und am 17. Oktober 1956 als erstes, der öffentlichen Versorgung dienendes Kraftwerk das von Calder Hall in Cumberland im Nordwesten Englands in Betrieb. Seine Leistung beträgt 90 Megawatt elektrisch, im zweiten Ausbau dann 180 MWe. England bleibt vorerst der Pionier der friedlichen Kernkraftnutzung und gewinnt 1957 bis 1967 über 90 Milliarden Kilowattstunden Atom-Strom. 1981, beim 25-Jahr-Jubiläum von Calder Hall, werden keinerlei Alterserscheinungen des Werkes festgestellt und die Verfügbarkeit liegt nach wie vor nahe beim theoretischen Maximum.

Der erste privatwirtschaftlich betriebene Reaktor

wird in Amerika in Shippingport bei Pittsburgh von der Westinghouse Electric für die Duquesne Light & Power Co. gebaut und im Dezember 1957 in Betrieb genommen. Er erweist sich jedoch als unrentabel, weil er bei nur 60 MW Leistung 110 Millionen Dollar gekostet hat, 1800 Dollar pro Kilowatt.

Aber die Baukosten sinken rasch. Beträgt die Zahl der Leistungs-Reaktoren 1956 auf der Welt nur drei und ihre Kapazität 97 Megawatt, so zwei Jahrzehnte später 196 in 19 Ländern und Ende 1986 dann 397 in 26 Ländern, mit einer Gesamtleistung von 270 000 MW, das rund 2600fache von einer Generation zuvor.

Die weltweite Entwicklung der Atomstrom-Gewinnung

ist folgende:

	Milliarden kWh	= Prozent der Welt-Stromerzeugung
1958	0,47	0,025
1962	6,5	0,24
1965	24,2	
1970	68,0	1,6
1975	321,5	
1980	654,0	8,0
1985	1210,0	14,0
1987	1480,0	15,0

Führend bei der friedlichen Kernenergie-Nutzung ist Frankreich, das 71 Prozent seines gesamten Elektrizitätsbedarfes durch Kernkraftwerke deckt, gegen 23 Prozent in der Bundesrepublik und Japan, 14 Prozent in den USA und 9 Prozent in der Sowjetunion. Bereits 1980 ist die Welt-Atomstromgewinnung doppelt so groß wie die Gesamt-Stromgewinnung des Jahres 1934 und ebenso groß wie die des Jahres 1940.

Das bedeutet, daß sich erstmals im Industrie-Zeitalter

eine naturgemäße Energieträger-Nutzung

durchzusetzen beginnt. Daß Erdöl und Erdgas zu den heute wichtigsten Energiequellen der Menschheit geworden sind, widerspricht kraß den unabänderlichen Naturgegebenheiten, denn die heute sicheren Energieträger-Vorräte der Erde bestehen nur zu sieben Hundertsteln und nicht wie ihr Verbrauch zu sieben Zehnteln aus Mineralöl und Erdgas. Kohle stellt 35 Prozent dieser Vorräte, Kernbrennstoffe aber 58 Prozent. Und nur aus diesen kann genügend Energie freigesetzt werden, um allen Menschen ein menschenwürdiges Dasein zu ermöglichen. Daß die Kernbrennstoffe seit 1954 die konventionellen ergänzen, streckt deren Vorräte, bewahrt sie für die Chemie, die ihren Wert oft vertausendfacht und zum Beispiel in Form von Arzneimitteln zu Lebensrettern macht. Sind

Uranium und Thorium die ersten Nur-Energieträger,

die anderen Verwendungsmöglichkeiten dieser Metalle nicht nennenswert, so sind Kernkraftwerke aber auch naturgemäß, weil sie nicht nur geringwertige Niedrigtemperatur-Abwärme wie Kohle- oder Ölkraftwerke (oder nur Strom wie Wasserkraftwerke) liefern, sondern primär Wärme. Vom Gesamt-Nutzenergieverbrauch aber entfällt der weitaus größte Teil auf Wärme, in Westeuropa 88 Prozent gegen nur 11 Prozent für motorische Kraft. Kernkraftwerke sind ideale Prozeßwärme-Lieferanten und zwar im Bereich von 100 bis 1600° C, damit für die Chemie und das Hüttenwesen ebenso wie für die Meerwasser-Entsalzung *(→*

1920 und → 1968), die Kohle-Hydrierung und Kohle-Totalvergasung und die städtische Fernwärmeversorgung. Kernkraftwerke bedeuten weiterhin

freie Standortwahl der Energiegewinnung und gewaltige Transportaufwand-Ersparnisse:

Braucht schon ein 500-Megawatt-Kohlekraftwerk jährlich etwa eine Million Tonnen Kohle, die etwa 600 Güterzüge füllt (und entsprechende Mengen Asche und Abgase erzeugt), so kommt ein Leichtwasser-Kernkraftwerk gleicher Leistung mit etwa 50 Tonnen angereichertem Uran aus, das sind 97 Prozent nicht spaltbares U-238 und 3 Prozent spaltbares Uran-235.

1955

Seit Wilhelm Hallwachs 1888 nachgewiesen hat, daß Elektrizität durch Licht entstehen kann und vier Jahre später Julius Elster und Hans Geitel die Photozelle erfinden *(→ 1888 bis 1892),* kann theoretisch die Sonnenenergie umweglos in Elektrizität umgewandelt werden. Die Sonnen-Einstrahlung *(→ vor etwa 4,7 Milliarden Jahren)* beträgt selbst in Mitteleuropa etwa 700 Kilowattstunden pro Quadratmeter und Jahr. Jeder Quadratkilometer erhält also 700 Millionen kWh. Die rund 2,3 Millionen km^2 der Europäischen Gemeinschaft 16 Billionen kWh oder das Doppelte der Welt-Stromerzeugung des Jahres 1980 und das Elffache der EG-Stromerzeugung des Jahres 1986.

Die Frage ist, wieviel von dieser Sonnenenergie-Einstrahlung praktisch genutzt werden kann. Der Wirkungsgrad der ersten Photozellen beträgt nur Bruchteile eines Prozents, erst 1938 wird ein Hundertstel der Lichtenergie in wirksame Elektrizität umgesetzt. Aber bereits 1935 hat Walter Schottky, seit 1923 Professor der theoretischen Physik der Universität Rostock und seit 1927 Berater der Firma Siemens & Halske in Berlin, die nach ihm benannte Fehlordnung in der Gitterstruktur (der mathematisch gesetzmäßigen Anordnung der Atome) in Kristallen entdeckt, die dadurch entsteht, daß Atome in die Kristalloberfläche wandern und leere Gitterplätze zurücklassen. 1938 weist Robert Wichard Pohl experimentell nach, daß diese Kristall-Gitterlöcher wie elektronische Verstärkerröhren verwendet werden können und bahnt damit den Weg zur Transistor-Entwicklung und zur heutigen

Bedeutung der Halbleiter-Technik:

Halbleiter sind Stoffe mit geringer elektrischer Leitfähigkeit und schlechtem elektrischen Isolationsvermögen, die demnach weder als Leiter noch als Isolatoren taugen. Aber wenn zum Beispiel reinstes Silizium, das ist Silizium, das auf 10 Billionen Atome höchstens ein Fremd-Atom enthält, eine 150milliardenfach kleinere Leitfähigkeit als Kupfer besitzt, so kann es durch die „richtigen" Fremd-Atome in seinen Gitterlücken in einen ebenso guten Leiter wie Kupfer verwandelt werden. Es enthält dann Energiebereiche, die stoßweise, binnen einer billionstel Sekunde, aus der Erstarrung gelöst werden und ebenso stoßweise wieder erstarren. Aus höchstem elektrischen Widerstand kann schlagartig geringster Widerstand werden und umgekehrt. Was praktisch bedeutet, daß Halbleiter

ideale Energie-Steuerungsgeräte und zugleich Stromverstärker

sind. Das wird durch den Zweiten Weltkrieg und seine Folgen allerdings nicht in Deutschland, sondern in den USA genutzt. 1947 wird in den New Yorker Bell-Laboratorien der Transistor erfunden, der wie eine Elektronenröhre wirkt, aber ungleich weniger Raum beansprucht und mit einem Millionstel ihres Energiebedarfs auskommt, weil er keine Heizleistung erfordert. Er reagiert heute binnen einer milliardstel Sekunde. Mit dem Transistor wird die Mikro-Elektronik begründet, die die heutige Datenverarbeitung ermöglicht, ohne die es aber auch keine Mondlandung gegeben hätte und ohne die keine Interkontinental-Rakete ihr Ziel erreicht.

Für die Entwicklung des Transistors erhalten William Shockley, John Bardeen und Walter Brattain 1956 den Physik-Nobelpreis. Ihre Bell-Labor-Kollegen Darly H. Chapin, Calvin S. Fuller und Gerald L. Pearson nutzen die Sperrschicht-Photoeffekt-Forschungen Schottkys (der wie Pohl 1976 ungeehrt stirbt) und entwickeln seit 1954

die ersten brauchbaren Solarzellen.

Auf dem 1955 in Arizona abgehaltenen Ersten Internationalen Sonnenenergie-Kongreß berichten sie über ihre Arbeiten: Statt dem Selen und später Kupferoxydul der Photozellen verwenden sie Silizium der beschriebenen Ultra-Reinheit zur Umwandlung des Lichts in Elektrizität. Mit der für die Transistor-Herstellung entwickelten Technik machen sie diesen Halbleiter zuerst durch Legierung mit etwa einem zehntausendstel Prozent Arsen negativ leitend. Mit einer Diamantsäge in ein Millimeter dünne Scheiben zersägt, wird er dann durch Einwirken dampfförmigen Bors auf seine Oberfläche bis zu einem tausendstel Millimeter Tiefe positiv leitend gemacht. Schließlich werden im Hochvakuum Elektroden aufgedampft, die so dünn sind, daß sie durchsichtig bleiben. Die Photonen des Sonnenlichts (dessen Energie-Quanten) trennen je eine positive und eine negative Ladung aus dem Halbleiter und erzeugen dadurch eine Ur-Spannung, die ziemlich unabhängig von der Lichtstärke 0,6 Volt beträgt. Von der Mittagssonne Arizonas werden bei wolkenlosem Himmel pro Quadratmeter 1000 Watt eingestrahlt. Davon nutzt die Silizium-Solarzelle der Bell-Forscher 110. Der Wirkungsgrad beträgt also 11 Prozent statt der 0,6 der Selen-Sperrschichtzellen, die als Belichtungsmesser verwendet werden.

Noch 1952 hat eine von der Regierung Englands eingesetzte Sonnenenergie-Kommission von staatlicher Hilfe für Solarzellen-Entwicklungen abgeraten, „weil prinzipiell mehr als 3,5 Prozent Wirkungsgrad niemals zu erreichen sind".

1955 ist das mehr als Dreifache erreicht. Und theoretisch sind 35 Prozent erreichbar. Nur kosten die Solarzellen, die die NASA 1958 für ihren „Vanguard-I"-Satelliten verwendet, pro „peak Watt" = der Stromgewinnung bei maximaler Sonneneinstrahlung, rund tausend Dollar, die 24 Kilowatt installierte Sonnenenergie-Leistung des 1973 gestarteten (und 1979 abgestürzten) „Skylab" 23 Millionen Dollar, das heißt noch immer 900 Dollar pro Watt. Zehn Jahre später aber sind es teilweise nur mehr 10 Dollar, denn nun gibt es auch Solarzellen aus polykristallinem Silizium sowie amorphen Silizium-Germanium- und Silizium-Wasserstofflegierungen. Da gibt es Solarzellen des Kaskaden-Typs, in denen einer oberen, auf Violett und Blau empfindlichen Zelle, die etwa 50 Prozent des Lichts ausnutzt und 48 Prozent ungenutzt durchläßt, eine rotempfindliche Zelle nachgeschaltet wird. Sie haben einen Wirkungsgrad von 15 Prozent; mit Gallium-Arsenid-Zellen werden 1983 sogar 21 Prozent erreicht.

Noch immer jedoch ist auch die billigste Solarzelle, außer für Spezialzwecke, viel zu teuer. Zwar werden heute bereits Millionen Taschenrechner mit Sonnenenergie betrieben und gibt es seit April 1986 eine Dünnfilm-Solarzellenanlage 50 km südlich Birmingham in Alabama, die 15 000 Quadratmeter bedeckt und rund 1000 Kilowatt Strom liefert. Aber die Licht-Elektrizität wird die aus „harten" Energieträgern *(→ 1977)* gewonnene Elektrizität nicht ersetzen, weil die Sonnenenergie nicht „dicht" genug ist und nicht regelmäßig genug zur Verfügung steht. Sie wird sie jedoch eines Tages in nennenswertem Ausmaß ergänzen können.

1955 — 5. Mai

Durch die auf der Londoner Viermächte-Konferenz vom Oktober 1954 beschlossene Anerkennung der Souveränität der Bundesrepublik Deutschland, die am 5. Mai in Kraft tritt, kann die seit 1945 strikt verbotene

deutsche Atomforschung

wieder aufgenommen und der erste deutsche Versuchs-Reaktor gebaut werden, der am 19. Dezember 1962 in Karlsruhe seine volle thermische Leistung von 12 Megawatt erreicht.

1976 ist das Kernkraftwerk Biblis am Rhein mit 2500 Megawatt elektrisch das damals größte der Welt, und im gleichen Jahr überrundet die Bundesrepublik Deutschland die Vereinigten Staaten beim Export von Kernkraftwerken.

1955 — 8. bis 20. August

In Genf wird

die erste internationale Konferenz über die friedliche Verwendung der Kernenergie

abgehalten und erstmals seit 1939 die strikte Geheimhaltung aller Nuklearforschungs-Ergebnisse und technologischen Fortschritte aufgegeben. Die 1260 Delegierten und 800 Beobachter aus 73 Ländern werden durch über tausend Vorträge von amerikanischen, sowjetischen, englischen und französischen Experten informiert. Der viersprachige Konferenz-Bericht umfaßt 28 Bände.

Die „International Atomic Energy Agency“ IAEA der Vereinten Nationen, die weltweit zivile Nuklear-Einrichtungen kontrolliert, um ihren militärischen Mißbrauch zu verhindern, nimmt ihre Arbeit am 29. Juli 1957 in Wien auf.

1957 — 4. Oktober

Was Isaac Newton 1687 vorausgesagt hat *(→ 1255),* geschieht am 4. Oktober 1957: Von Tjura Tam in Kasachstan aus wird der unter Leitung Sergeij Pawlowitsch Koroljows entworfene und gebaute erste künstliche Satellit „Sputnik“ durch den Rückstoß einer Rakete in seine 228,6 Kilometer über der Erde liegende Umlaufbahn gebracht. Dieser „Weggenosse“ hat einen Durchmesser von 58 Zentimetern, wiegt 83,6 kg und umkreist 92 Tage lang unseren Planeten mit einer Stundengeschwindigkeit von 28 565 Kilometern. Damit ist

durch Energie-Einsatz erstmals das Schwerefeld der Erde überwunden und die Raumfahrt-Ära beginnt.

Am 12. April 1961 umkreist als erster Mensch im Weltraum Juri Aleksandrowitsch Gagarin in dem 4720 kg schweren Raumfahrzeug „Wostok-I“ in 89,3 Minuten und in 175 bis 302 Kilometern Höhe die Erde.

Diese sowjetischen Erfolge veranlassen die Vereinigten Staaten, sofort auch ihrerseits Satelliten zu bauen, denn diese sind kriegswichtig, nur mit ihrer Hilfe ist die „Weltraum-Triangulation“ möglich *(→ 3. Oktober 1943),* die exakte Vermessung von Nuklear-Raketen-Zielen. Am 25. Mai 1961 fordert Präsident John F. Kennedy aber auch den Kongreß auf, den Vereinigten Staaten

„eine klar führende Stellung in der Weltraumforschung“

zu sichern, „die in verschiedener Hinsicht den Schlüssel für unsere Zukunft auf der Erde halten mag“. Am 25. Januar 1962 erhält das „Marshall Space Flight Center“ den Auftrag zur Entwicklung der „Saturn-5“-Rakete, und unter der Projektleitung von Arthur Rudolph werden dazu 125 000 zivile und 7500 staatliche Arbeitskräfte eingesetzt, rund sieben Milliarden Dollar aufgewendet.

Die „Saturn-5“, eine Dreistufen-Flüssigkeits-Rakete, ist 118 Meter hoch und hat 6,5 bis 10 Meter Durchmesser. Mit bis zu 75 000 kg beträgt ihre Nutzlast das fast Neunhundertfache der „Sputnik“-Rakete. Selbst wiegt sie 3447 Tonnen, und die Triebwerke der drei Stufen entwickeln durch die Reaktion von Sauerstoff und Kerosin und Sauerstoff und Wasserstoff, von denen pro Sekunde 13,6 Tonnen und insgesamt mehr als 2000 Tonnen verbraucht werden, 1,2 Millionen kg Schubkraft. Die Gesamtleistung der Rakete, die erstmals am 9. November 1967 von Cape Canaveral (Cape Kennedy) in Florida gestartet wird, beträgt 130 000 Megawatt (= 175,6 Millionen PS),

der Rückstoß der „Saturn-5“-Rakete entspricht der Kapazität von 130 Groß-Kernkraftwerken,

allerdings nur sehr kurzfristig. Die drei Motoren der „Challenger“-Raumfähre leisten (1985) nun 9570 MW, rund 13 Millionen PS.

Da die „Saturn-5“ Menschen auf den Mond tragen soll, hat die bereits am 29. Juli 1958 gegründete NASA („National Aeronautics and Space Administration“), das US-Bundesamt für Luft- und Raumfahrtverwaltung, das „Apollo“- und „Skylab“-Programm entwickelt. Haben die Raketen-Ausgaben 1946 insgesamt 70 Millionen Dollar betragen, so betragen sie 1959 bis 1968 über vierzig Milliarden Dollar. Auf dem Höhepunkt des amerikanischen Raumfahrt-Programms sind rund 48 000 Firmen am „Rocket Boom“ interessiert, arbeiten über eineinhalb Millionen Menschen für die NASA, ist

die Raketen- und Raumfahrt-Industrie der USA

die zweitbedeutendste nach der Automobilindustrie.

Die sowjetische Raumsonde „Lunik-II“ hat am 14. September 1959 den Mond erreicht, „Lunik-III“ im gleichen Jahr dessen verborgene Rückseite fotografiert. Die „Saturn-5“ aber bringt am 20. Juli 1969 in einer Raumkapsel von 40,8 Tonnen Gewicht die ersten Menschen auf den Mond, am 21. Juli betritt ihn der Amerikaner Neil Amstrong. Die Reise hat 102 Stunden, 54 Minuten und 40 Sekunden gedauert, die Geschwindigkeit 3728 km/h betragen. Die Transportkosten Erde-Mond-Erde kommen pro Kilogramm auf 220 000 Dollar. Aber die Amerikaner haben den „Wettlauf zum Mond“ gewonnen.

Die Russen behaupten, es hätte nie einen Wettlauf zum Mond gegeben, sie seien an einer Mondlandung von Menschen nie interessiert gewesen. Auch die Chinesen haben nie an eine Mondlandung gedacht. Aber sie haben am 16. Oktober

1964 ihre erste Atombombe und am 27. Oktober 1966 eine gelenkte Trägerrakete mit Nuklearsprengkopf erprobt. Heute sind sie in der Lage, jedes Ziel auf der Erde zu erreichen und machen der NASA und „Arianespace“ *(→ 24. Dezember 1979)* Konkurrenz bei kommerziellen Satelliten-Starts. Auch hier gibt es keine Monopole mehr.

1958 bis 1987

Wenn das Pflanzenleben *(→ vor etwa 2,9 Milliarden Jahren)* und damit das der Pflanzenfresser, Raubtiere und Menschen auf der Umsetzung von Sonnenenergie in Nahrungsenergie beruht, was neben fruchtbarem Boden den Wasserkreislauf voraussetzt, so ist dazu auch

der globale Kohlenstoff-Kreislauf

unentbehrlich. Die Pflanzen „atmen“ Kohlendioxyd ein und Sauerstoff aus, Mensch und Tier Sauerstoff ein und Kohlendioxyd aus, und dieses farb- und geruchlose, ungiftige Gas entsteht auch bei allen Gärungs- und Fäulnis-Vorgängen. Die Atmosphäre enthält (heute) nur 0,035 Prozent Kohlendioxyd, und so müssen zum Beispiel die Bäume etwa zweieinhalb Millionen Kubikmeter Luft verarbeiten, um eine Tonne trockenes Holz zu produzieren (das etwa zur Hälfte aus Kohlenstoff besteht). Dennoch aber beträgt der Kohlenstoffgehalt der Atmosphäre (in Form von Kohlendioxyd) etwa 700 Milliarden Tonnen, der der Biosphäre (Pflanzen und Humus) etwa 2600 und der der Ozeane 40 000 Milliarden Tonnen. Diese riesigen Mengen sind in ständiger Umwandlung und Bewegung begriffen, halten durch Entstehen und Vergehen, Leben und Tod, einen Kreislauf in Gang, der sich binnen jeweils etwa zehn Jahren vollendet.

Gäbe es ohne Kohlendioxyd keinen Pflanzenwuchs, so aber auch keine für die Pflanzen, die Tiere und den Menschen erträglichen Temperaturen:

Unsere Existenz beruht auf dem „richtigen“ Verhältnis zwischen der Sonnen-Einstrahlung und der Erd-Abstrahlung.

Würde gleich viel Energie in Form von Infrarot-Strahlung, das heißt von Wärme, abgegeben wie die Erde in Form von Licht-Strahlung erhält, so würde die mittlere Temperatur auf der Erde minus 17° C betragen. Tatsächlich beträgt sie plus 15° C. Nur diese Differenz von 32 Grad ermöglicht das irdische Leben. Sie kommt durch das Vorhandensein von Spurengasen in der Atmosphäre, vor allem von Kohlendioxyd, zustande. Natürlich hängt die Temperatur auf den Planeten auch von ihrer Entfernung von der Sonne ab. Aber ungleich wichtiger ist

der jeweilige „Treibhaus-Effekt":

Enthält die Atmosphäre viel Kohlendioxyd, ist er groß. Enthält sie wenig, ist er gering. Denn ähnlich wie Kohlenmonoxyd, Methan, Fluor-Kohlenwasserstoffe und Ozon *(→ März 1987)* hat dieses Gas die Eigenschaft, die Sonnenenergie in Form des sichtbaren Lichts ungehindert durchzulassen, in Form des zurückgestrahlten unsichtbaren Ultrarots hingegen nicht. Worauf es ankommt ist, daß nicht zu viel und nicht zu wenig Wärme rückgestrahlt wird. Ist, wie zum Beispiel auf der Venus, der „Treibhaus-Effekt" zu groß, kann es ebenfalls kein Leben geben. Die Atmosphäre dieses Planeten ist nicht nur sehr dicht (80 bar Überdruck), sondern sie besteht vorwiegend aus Kohlendioxyd, und dadurch beträgt seine Oberflächentemperatur etwa 500° C.

Kohlendioxyd entsteht durch die von Mikroben verursachten Abbauprozesse und durch die Atmung *(→ 1610)* von Mensch und Tier. Und

Kohlendioxyd entsteht (außer bei der von Wasserstoff) bei allen Verbrennungs-Prozessen.

Der Mensch beeinflußt den Kohlendioxyd-Gehalt der Atmosphäre durch seine Vermehrung, seit es ihn gibt; seit Urzeiten *(→ vor etwa 1,7 Millionen Jahren),* indem er Holzfeuer unterhält; und seit der „Neolithischen Revolution" um 11 000 v. Chr., indem er Ackerbau und Viehzucht treibt, durch Wald-Brandrodungen die Kohlendioxyd-Entstehung erhöht und gleichzeitig durch den Anbau von Nutzpflanzen vermindert. Aber all diese anthropogenen Einflüsse sind verschwindend gering verglichen mit den natürlichen. Erst die „Industrielle Revolution" *(→ 1769 bis 1794)* ändert das, seither allerdings ausgiebig: Durch sie kann das in Jahrmillionen gespeicherte Energie-Kapital der Erde unabhängig von der Bevölkerungsvermehrung genutzt werden. Dadurch steigt die Welt-Energiefreisetzung zwischen 1800 und 1900 von rund 15 auf 777 Millionen Tonnen Steinkohleeinheiten oder das 52fache. Zwischen 1900 und 1986 wird der Primärenergie-Verbrauch „nur" mehr verzwölffacht, aber wenn seit 1786 insgesamt rund

300 Milliarden Tonnen Steinkohleeinheiten fossiler Energieträger verbrannt

worden sind, so davon 260 Milliarden oder rund 87 Prozent im 20. Jahrhundert. Statt 480 kg SKE im Jahr 1900 stehen nun jedem Menschen 1920 kg SKE jährlich zur Verfügung und das vor allem läßt die Welt-Gesamtwirtschaftsleistung auf das 22fache von etwa 600 im Jahr 1900 auf über 13 000 Milliarden Dollar im Jahr 1986 steigen.

Diese enorme Wohlstands-Steigerung hat natürlich ihren Preis: Ob in Kraftwerken, in Wohnungsheizungen oder in Automobilmotoren verbrannt, geben Energieträger nicht nur Kraft und Wärme ab, sondern natürlich auch Verbrennungsprodukte, je hundert Liter Benzin zum Beispiel eine Million Liter Abgase. Kohle und Mineralöl enthalten Schwefel. Und so ist das in die Luft gelangende Schwefeldioxyd nicht nur Gift für unsere Baudenkmäler oder Bäume, sondern natürlich auch für die Menschen. Bereits 1828 schreibt der Gothaer Professor Johann Galletti nach einem England-Besuch: „In London ist ein so großer Steinkohlendampf ... daß man den Himmel nicht mehr sehen kann." Die ersten Luftverschmutzungs-Toten gibt es durch besondere Witterungsumstände 1930 im belgischen Industriegebiet, im Tal der Meuse, und 1952 tötet der „Black Fog", der „Schwarze Nebel", in London 4000 Menschen. Das erste vollautomatische Meßstellennetz der Welt zur Überwachung des Schwefeldioxydgehalts der Luft richtet die niederländische Regierung im Oktober 1969 ein. Das „Europäische Umweltjahr" zur koordinierten Bekämpfung der Schwefeldioxyd- und Stickoxyd-Emissionen beginnt am 21. März 1987.

Gefährlicher als diese in die Luft gelangenden giftigen Verbrennungsprodukte kann angeblich das ungiftige Kohlendioxyd werden. Denn ob wir Braun- oder Steinkohle, Holz oder Torf, Erdgas oder Erdöl verbrennen, stets wird der Kohlenstoff oxydiert, und aus jeder Tonne Kohlenstoff entstehen rund 3,6 Tonnen Kohlendioxyd. Und

müssen die 1100 Milliarden Tonnen Kohlendioxyd, die durch das Verbrennen fossiler Energieträger seit 1786 der Atmosphäre zugeführt worden sind, nicht den „Treibhaus-Effekt" enorm steigern?

Die auf Grund des jeweiligen Energieträger-Verbrauches berechenbaren, jährlich freigesetzten Mengen CO_2 haben etwa betragen:

1800	0,043	Milliarden Tonnen
1900	2,2	Milliarden Tonnen
1950	7,6	Milliarden Tonnen
1987	26,7	Milliarden Tonnen

Dieser Anstieg ist unbestritten. Ebenso, daß nur 50 bis 53 Prozent des neu gebildeten Kohlendioxyds in der Atmosphäre bleiben, 47 bis 50 Prozent von den Ozeanen gebunden werden und die Aufnahme-Kapazität des Meerwassers enorm ist. Aber heiß umstritten sind

die Wirkungen der Kohlendioxyd-Zunahme auf das zukünftige Klima der Erde.

Den von S. Nanabe und R. T. Wetherald 1975 im „Journal of Atmospheric Sciences" (Bd. 32/1975 pp 3—15) veröffentlichten Berechnungen zufolge, soll diese Zunahme bis Mitte des 21. Jahrhunderts die mittlere Jahrestemperatur der Erde um 2,4° C zunehmen lassen, in den Polarregionen um 4 bis 8° C. Daraus ziehen Forscher wie W. W. Kellog und H. F. Flohn 1977 den Schluß, daß es

nicht nur Klima-Katastrophen, sondern auch eine neue Sintflut

geben werde. Nachweisbar hat sich während der Wärme-Periode vor etwa 100 000 bis 125 000 Jahren (als in Europa Elefanten und Nilpferde lebten) das unter dem Meer liegende Schelf-Eis der Antarktis von seiner Felsunterlage gelöst, ist abgetrieben und im freien Meer geschmolzen. Der Meeresspiegel ist damals um sieben Meter gestiegen. Die Prognosen variieren, aber „kurzfristig“ sollen die Ozeane um etwa einen Meter, „binnen einiger Jahrhunderte“ um 5 bis 10 Meter steigen. Und da die Küstengebiete der Erde heute zu den dichtbesiedeltsten gehören, wäre eine neue Völkerwanderung unausbleiblich.

Im Januar 1978 rechnet eine amerikanische Behörde, die U.S. National Oceanic and Atmospheric Administration, aus, daß eine im Jahr 2050 um durchschnittlich 3°C erhöhte Temperatur

Regenfälle in der Sahara und Versteppung des Mittelwestens der USA

bedeuten werde. Während deren Maisgürtel verdorrt, werden Kanadas und Sibiriens Getreide-Anbaugebiete die ertragreichsten der Welt. Das Institute of Polar Studies der Universität Ohio sagt 1978 beim Anhalten des derzeitigen Verbrauches fossiler Energieträger eine Erhöhung des Meeresspiegels bis 2050 um 5 Meter voraus.

Nun gleichen alle Langfrist-Klima- und Wetterprognosen dem Voraussagenwollen des Weges, den ein vorbeifahrendes Auto nimmt: Wo es sich während der nächsten Sekunden befinden wird, ist mit ziemlicher Sicherheit zu sagen. Wo nach einer halben Stunde, weiß nur der Fahrer. Dazu aber kommt, daß die CO_2-Konzentration in der Atmosphäre erst seit 1880 vereinzelt und seit 1958 regelmäßig gemessen wird. Erst seit einer Generation gibt es auf dem 3600 m hohen Vulkan Mauna Loa auf Hawaii eine Beobachtungsstation, die das täglich tut, und seit 1958 wird auch in der Antarktis der Kohlendioxydgehalt der Luft registriert. Dieser schwankt durch die Assimilationstätigkeit der Pflanzen jahreszeitlich, aber er hat zugenommen und nimmt weiter zu. Die Mauna Loa-Messungen ergeben in ppm (parts pro million):

1960	313—320, im Mittel 316,5 = rund 0,032 Prozent
1980	318—343, im Mittel 340,5 = rund 0,034 Prozent

Die Zunahme hat also durchschnittlich 1,26 ppm jährlich betragen. Im Durchschnitt 1974 bis 1985 aber beträgt sie nicht mehr, sondern weniger, nur 1,12 ppm. Wieso? Das wissen wir heute so wenig, wie wir die Ursachen der erdgeschichtlichen Schwankungen des Kohlendioxydgehalts der Atmosphäre kennen. Die aber können wir für die letztvergangenen 160 000 Jahre feststellen, weil das Eis der Antarktis, wie zum Beispiel der 3,4 km dicke Eismantel Grönlands, Lufteinschlüsse enthält und dieses Eis ein einzigartiges Archiv wichtiger Vorgänge im globalen Umweltsystem bildet. Der 3490 Meter über dem Meer liegenden sowjetischen Antarktis-Forschungsstation „Vostok" ist das Ziehen eines 2200 Meter langen Eis-Bohrkerns gelungen und Reihenuntersuchungen der Eis-Bohrkern-Luft, wie sie seit 1977 durch den Einsatz von Teilchenbeschleunigern *(→ 1929)* als hochempfindliche Massen-Spektrometer möglich sind, ergeben die exakte Zusammensetzung und durch ihren Kohlenstoff-4- und Beryllium-10-Gehalt das exakte Alter dieser Luft. So wissen wir: Während der der letzten Eiszeit vorangegangenen Wärmeperiode, vor etwa 70 000 Jahren, beträgt der CO_2-Gehalt der Atmosphäre 286 ppm. Während dieser Eiszeit, etwa 37 000 bis 11 000 v. Chr., beträgt er 180 ppm. Es gibt aber auch viel kurzfristigere Schwankungen:

vor etwa 15 000 Jahren 180 ppm
vor etwa 12 000 Jahren 310 ppm
vor etwa 9 000 Jahren 190 ppm
vor etwa 5 000 Jahren 298 ppm

Während unserer Ära beträgt der Kohlendioxydgehalt der Luft:

um 1100	260 ppm
um 1600	290 ppm
um 1800	300 ppm
um 1880	278 ppm
um 1900	280 ppm
um 1987	345 ppm

Diese Änderungen sind klar erwiesen. Was sie verursacht hat, wissen wir nicht. Und daraus ergibt sich:

Voraussagen des zukünftigen Klimas auf Grund des Kohlendioxydgehalts der Atmosphäre sind durch die Mängel unseres heutigen Wissens unmöglich.

Aber es kann auf keinen Fall schaden, wenn wir die Sonnenenergie-Nutzung dadurch vervielfachen, daß wir Meerwasser entsalzen, Wüsten- und Trockengebiete befruchten *(→ 1920 und → 1968)* und so zusätzlich CO_2-Verbraucher schaffen. Es kann auch nicht schaden, wenn wir von der Kohlenwasserstoff- zur Wasserstoff-Wirtschaft übergehen *(→ 1910),* denn Wasserstoff ist aus dem Wasser-Kreislauf zu gewinnen und sein Verbrennungsprodukt ist Wasser.

1959 — 20. Februar

Immer wieder erweist sich das Zusammenwirken ganz verschiedenartiger technischer Fortschritte für die Energieversorgung der Welt als entscheidend wichtig, werden Ergebnisse der „reinen", anscheinend völlig praxisfernen Wissenschaft zu Weltwirtschafts-Faktoren. 1877 begründet Carl Linde die Kältetechnik. Die ersten Kunden seiner Kältemaschinen-Fabrik sind Bierbrauereien. Die Kühltechnik revolutioniert die Fleisch- und Obstversorgung der Welt, Kältemaschinen ermöglichen aber auch die Kryogenik, die Tiefsttemperatur-Physik, und 1911 die Entdeckung der Supraleitfähigkeit, ohne die u. a. die friedliche Kernfusions-Nutzung undenkbar ist. Kältemaschinen ermöglichen die Luftverflüssigung und damit erstmals die Massenerzeugung von Sauerstoff, damit nicht nur die

Schweißtechnik *(→ 1905)*, sondern auch die rationellste Art der Rohstahlgewinnung. Und nur durch die Kältetechnik werden

weltweite Erdgas-Transporte

möglich, deckt Erdgas *(→ 1884)* ein Viertel des Welt-Primärenergie-Bedarfes. Denn bei minus 162°C verflüssigt, nimmt Erdgas nur rund ein Sechshundertstel seines gasförmigen Volumens ein, kann es nicht nur durch Gasleitungen, sondern auch durch Gas-Tanker aus Wüsten oder tropischen Dschungelgebieten in die Verbrauchszentren gebracht werden.

Allerdings ist die LNG-(„Liquified Natural Gas")-Erzeugung und -Verfrachtung nicht einfach, die entsprechenden Anlagen sind kompliziert und kostspielig. Vor dem Verflüssigen müssen dem Erdgas zum Beispiel Wasser und Kohlendioxyd entzogen werden, weil sie Leitungen und Ventile verstopfende Festkörper bilden würden. Lager- und Transporttanks aus den üblichen Stahllegierungen kommen nicht in Frage, da sie durch die Kälte spröde und brüchig werden. Aluminium wird durch die tiefe Temperatur fester, doch nur Legierungen, die wie Spezialstahl mit 9 Prozent Nickel und besonderen Zusätzen erst nach dem Zweiten Weltkrieg entwickelt worden sind.

Nachdem bereits 1951 die „Batavia II" verflüssigtes Butan-Gas der Raffinerie Pernis bei Rotterdam nach Gent und Brüssel gebracht hat, wird 1953 in Göteborg für dänische Rechnung der „Rasmus Tholstrup" als

erster Hochsee-Gastanker der Welt

gebaut, der zwölf aufrecht stehende Isolierbehälter trägt. Seit 1955 verkehren Erdgas-Tanker regelmäßig auf dem Mississippi und den Großen Seen, bringen sie verflüssigtes Erdgas aus Louisiana nach Chicago. Und 1959 beginnt der Transatlantik-Erdgas-Transport: In Lake Charles in Louisiana wird eine Verflüssigungsanlage errichtet, auf einem umgebauten Frachter 2200 Tonnen LNG über den Mississippi und den Atlantik nach Canvey Island in der Themse-Mündung gebracht. Der „Methane Pioneer" ist 24 Tage unterwegs und hat orkanartige Stürme zu bestehen. Aber am 20. Februar 1959 ist die weltweite Transportfähigkeit des Erdgases eindeutig erwiesen und der britische Gas Board gibt die „Methane Princess" und den „Methane Progress" in Auftrag, zwei Flüssiggas-Tanker von je 12 000 Tonnen LNG-Kapazität, die seit Oktober 1964 Sahara-Gas aus dem 2000 m tief liegenden Vorkommen von Hassi R'Mel nach Europa bringen. 1970 werden die zwei von Kockums in Malmö gebauten LNG-Tanker „Arctic Tokyo" und „Polar Alaska" in Dienst gestellt, die je 71 500 m^3 Flüssiggas = 63 000 tdw fassen und zusammen jährlich drei Millionen Kubikmeter LNG von Cook's Inlet in Alaska 6000 km weit nach Yokohama bringen. Durchschnittliche Reisedauer 9½ Tage, Laden und Löschen zusammen 40 Stunden. Baukosten der beiden Tanker rund 100 Millionen Dollar.

Zehn Jahre später kostet jeder der nun üblichen 120 000 m^3 LNG-Tanker 100 Millionen Dollar. Da hat sich

die Welt-Flüssiggas-Tankerflotte

verzwanzigfacht, und 22 Prozent der Welt-Erdgasförderung werden nun als LNG verschifft. 1986 sind es rund 40 Prozent. Gas wird von der Westküste Sarawaks in

Malaysia und Gas aus Indonesien wird nicht nur in Japan, sondern auch in den Vereinigten Staaten verwendet. Japan bezieht Gas aus Abu Dhabi und Westeuropa Gas aus Nigeria. Trotz aller Isolationsmaßnahmen der „schwimmenden Thermosflaschen" verdampft unterwegs LNG, die Verluste können 20 Prozent erreichen, während im Weltdurchschnitt Hochspannungs-Fernübertragungen nur etwa 8 Prozent Stromverlust mit sich bringen. Aber das entweichende Gas wird zur Kesselfeuerung verwendet, und seit 1972 gibt es Spezial-Dieselmotoren von 20 000 PS, die mit einem Gemisch von 70 Prozent Erdgas und 30 Prozent Dieselöl betrieben werden. Jeder Transport-Fortschritt bedeutet weniger abgefackeltes Erdgas, weniger Energie-Vergeudung.

Wieviel Energie durch das Verbrennen des bei der Mineralölgewinnung *(→ 28. August 1859)* anfallenden Erdgases verlorengegangen ist, kann nicht mehr festgestellt werden. Aber

> *noch 1980 werden in den OPEC-Ländern 132 Milliarden Kubikmeter Erdgas als nicht verwertbar an Ort und Stelle verbrannt.*

Weitere 50 Milliarden m^3 werden zurück in die Ölfelder gepumpt. Diese 182 Milliarden m^3 bedeuten 60 Prozent der Gesamtförderung von 303 Milliarden. Nur 119 Milliarden m^3 können genutzt werden.

Beträgt 1980 der Verwertungsanteil an der Gesamt-Erdgas-Förderung im OPEC-Durchschnitt 40 Prozent, so in Saudi-Arabien damals aber nur 23 Prozent. Mehr als drei Viertel allen Erdgases gehen durch mangelnde Verwendungsmöglichkeiten verloren. In Venezuela werden 44 Prozent genutzt, in Algerien 50 Prozent. So beträgt der Wert des 1980 abgefackelten Erdgases etwa 26 Milliarden Dollar. Mit der vergeudeten Energie hätte der Jahresbedarf von 66 Millionen Menschen gedeckt werden können.

1960

Von den Gehirn- und Nervenströmen abgesehen *(→ 1923),* ist zweifellos

das Licht die wichtigste aller Energie-Formen,

denn als Licht gelangt die Sonnenenergie auf die Erde und ohne die Photosynthese *(→ vor etwa 2,9 Milliarden Jahren)* ist alles höhere Leben unmöglich.

Für den Atomphysiker ist Licht in Quadrillionen winzige Elementarteilchen, die Lichtquanten oder Photonen, aufgeteilte Energie. Für den Optiker ein wildes Durcheinander von Schwingungen verschiedener Wellenlängen, eine „inkohärente" Strahlung, die in alle Richtungen auseinanderläuft und mit der nur etwas anzufangen ist, wenn man sie durch Linsensysteme ordnet und konzentriert. Damit kann man, wie jedes Brennglas beweist, die Wirkung des Lichts auch verstärken, es, wie das Archimedes schon 212 v. Chr. getan hat *(→ 1610),* als Brandwaffe verwenden. Die optische Licht-Bündelung und Licht-Verstärkung macht Fernrohre möglich, durch die Millionen Lichtjahre entfernte Sterne zu sehen sind, und Mikroskope, die uns die Welt der winzigsten Lebewesen erschließen. Aber deren Möglichkeiten sind naturgesetzlich beschränkt, und so gibt es bekanntlich Elektronen-Mikroskope und Radio-Teleskope. Ebenso müssen andere Strahlungen als das Licht verwendet werden, um Radar, Radio und Fernsehen zu ermöglichen. Die nötigen Vorrichtungen zur Erzeugung der entsprechenden Lang-, Mittel- und Kurzwellen gibt es ebenso wie Röntgen-Apparate. Die unzähligen Quanten einer Lichtquelle zu veranlassen, ihre Strahlung in der gleichen, streng periodischen Folge zu emittieren, scheint jedoch bis 1960 technisch unmöglich. Daß es solch ein kohärentes, gleichgerichtetes Licht in der Natur gibt, haben die Astronomen erst 1980 entdeckt: Jeden Morgen entsteht und jeden Abend vergeht 65 km über den roten, lebenslosen Wüsten des Planeten Mars ein riesiger Strahl roten Lichts, den die ultrarote Sonnenstrahlung in dessen Kohlendioxyd-Atmosphäre entstehen läßt und dessen Energiegehalt die Leistung von tausend der größten Kernkraftwerke übertrifft.

Das ist

der einzige Natur-Laser, den wir kennen.

Daß es kohärentes Licht geben muß und daß man es eventuell erzeugen kann, behauptet Albert Einstein bereits 1916: Er errechnet, daß die Elektronen eines Atoms zur Emission von Photonen, von Licht-Energie bestimmter Wellenlänge, angeregt werden können. Die Quanten-Physiker vertiefen diese Anschauung, aber praktische Folgen hat sie erst 1955. Da entwickelt der 1915 geborene Amerikaner Charles Hard Townes mit seinen Mitarbeitern an der New Yorker Columbia University den ersten

Molekular-Verstärker oder „Maser"

(= „microwave amplification by stimulated emission of radiation" = „Mikrowellen-Verstärkung durch angeregte Emission von Strahlung"). Dieses Gerät erzeugt elektromagnetische Wellen im Zentimeterbereich durch erzwungene (induzierte oder stimulierte) Emission, indem Kristall-Moleküle durch Bestrahlung mit einer geeigneten Frequenz mit Energie beladen werden, die sie dann auf einer anderen Frequenz verstärkt abgeben. Durch Maser werden bisher unhörbare Radiosignale aus dem Weltraum empfangen, bei gleicher Sendeleistung die Reichweite von Radar-Anlagen gesteigert und vor allem die Übertragung von Satelliten-Signalen enorm verbessert. Und mit diesem neuen physikalischen Prinzip ist auch der Weg zum „Laser“ geebnet, der „Light amplification...“.

Den Begriff „Laser“ formuliert der 1921 geborene amerikanische Physiker Gordon Gould 1957 und skizziert in seinem Notizbuch (das seinerzeit ein Notar beglaubigt hat und das ihm 1977 die Priorität der Erfindung sichert) auch eine Vorrichtung zur Erzeugung kohärenten Lichts. Aber gebaut wird

der erste Laser

1960 in den Hughes Aircraft Research Laboratories in Houston, Texas, durch Theodore M. Maiman und seine Mitarbeiter, welche die theoretischen Arbeiten von C. H. Townes und A. L. Schawlow weitergeführt und praktisch ausgewertet haben.

Ihr erstes Lasergerät besteht aus einem 10 cm langen Synthese-Rubin-Stab von einem Zentimeter Durchmesser, dessen Enden genau parallel geschliffen und durch einen Silberbelag zu Spiegeln gemacht sind. Einer dieser Spiegel reflektiert alles Licht, der andere ist teilweise lichtdurchlässig. Um diesen Rubinstab ist spiralförmig eine Elektronenröhre angeordnet und diese Xenon-Blitzlichtlampe führt den Chrom-Ionen des Rubins Energie zu, die sie aber nur kurz zu halten vermögen und in Form von Photonen wieder abgeben. Dieses Licht rast zwischen den Spiegeln hin und her, aus immer mehr Ionen werden durch dieses sogenannte „optische Pumpen“ immer mehr Photonen, deren Zahl und Energiegehalt wächst lawinenartig an, so daß sie schließlich durch den teildurchlässigen Spiegel austreten und einen Laserstrahl bilden.

Diese Art Licht ist „kohärent“. Das ist kein wildes Durcheinander von Schwingungen mehr. Wenn Sonnenlicht Lärm gleicht, so Laserlicht klaren, reinen Tönen. Es ist ein Bündel von Lichtwellen, die alle gleich lang sind oder ein bestimmtes Längenverhältnis zueinander aufweisen. Im Laser bewegen sich die Lichtquanten streng geordnet in einer einzigen Richtung und zwar (fast) unendlich weit und (fast) völlig geradlinig: Auf einer Strecke wie der zwischen Paris und New York öffnet sich der gebündelte Laserstrahl nur so wenig, daß er (wenn es keine Erdkrümmung gäbe) nur eine kleine Fensterfläche beleuchten würde. Ein am 9. Mai 1962 auf den Mond gerichteter Laserstrahl (der also rund 380 000 km unterwegs gewesen ist) erhellt eine Kreisfläche von nur etwa 6,5 km Durchmesser und vier Jahre später hat der Lichtfleck auf dem Mond nur mehr einen Radius von 1,8 km.

Kein Laser vermag mehr Energie abzugeben, als ihm zugeführt wird — und die ersten geben nur wenige Prozent weiter. Heute beträgt ihr Wirkungsgrad 50 bis 65 Prozent, aber die fast unvorstellbare Bündelung des Laserlichts bedeutet

die Vermillionenfachung der Licht-Wirkung:

Es gibt keinen Stoff auf der Erde, der durch Laserstrahlen nicht binnen Millisekunden vergast würde, denn dessen 2×10^{23} Photonen rufen, auf einen Punkt konzentriert, rund 10 000° C Hitze hervor, um 4000 mehr als auf der Sonnenoberfläche herrschen. Die Lichtstärke der Sonne beträgt 232 500 Kerzenstärken je Quadratzentimeter, die eines Lasers etwa 240 Millionen, das rund Tausendfache. Am Mittag eines klaren Sommertages fällt Sonnenlicht auf eine Fingerspitze, dessen Energiegehalt etwa ein Zehntel Watt beträgt. Auf die gleiche Fläche konzentriert heute ein Industrie-Laser eine Million Watt.

Maimans Rubin-Laser folgt bereits ein Jahr später der Kohlendioxyd-Laser, 1962 folgen die Halbleiter-, 1963 die Flüssigkeits- und schließlich die Elektronen-Laser. Das amerikanische „Star-Wars"-Projekt „Excalibur" *(→ 21. Juni 1984)* sieht, durch eine Mini-Wasserstoffbombe ausgelöst, einen Röntgenstrahl-Laser vor, der im Weltraum feindliche Nuklear-Raketen vernichten soll. Heute gibt es Laserlicht in allen möglichen Farben und unsichtbare Ultrarot- und Ultraviolett-Laser. Da gibt es Laser, die jahrzehntelang in Gang bleiben und andere, die nur quadrillionstel Sekunden wirken, dafür aber weit mehr Energie abgeben als Blitze. Alle

Laser wirken etwa eine Million mal rascher als eine Kern-Explosion,

denn ihre Geschwindigkeit ist ja die des Lichts, das heißt 300 000 Kilometer pro Sekunde = rund 1,08 Milliarden Stundenkilometer.

Der Vielfalt der Laser entspricht ihre Verwendungsmöglichkeit. Ein Vierteljahrhundert nach ihrer ersten Erzeugung dienen sie u. a. zu:

Augen-Operationen, die mit anderen Instrumenten undenkbar sind, die zum Beispiel durch Netzhaut-Fixierungen das Erblinden verhindern.

Bild-Speicherung, zum Beispiel dem Aufbewahren (bei jederzeitiger Abrufbarkeit) von 1000 Hologrammen in einem Lithium-Niobat-Kristall, kleiner als ein Stück Würfelzucker.

Blut-Untersuchungen in einem Bruchteil der früher benötigten Zeit und mit vervielfachten Resultaten.

Bohren von Löchern in alle denkbaren Stoffe zu den verschiedensten Zwecken. Zum Beispiel zum Durchbohren von Diamanten binnen einer fünftausendstel Sekunde statt in 24 Stunden; zur Herstellung von Ziehdüsen für Draht von 0,06 Millimeter Durchmesser; zur Herstellung von Tantal-Spinndüsen für die Faser-Chemie, aber ebenso von Bewässerungs-Schläuchen.

Drahtlose Energie-Übertragung.

Drucken von 20 000 Zeilen pro Minute von Computer-Ergebnissen.

Energieträger- und Grundstoff-Suche.

Entfernungsmessung, die ungleich präziser ist als die aller anderen Methoden, weil nichts die Geradlinigkeit des Laserlichts übertrifft.

Lasergeräte dienen der Weltraum-Triangulation, dem Bergbau, dem Präzisions-Maschinenbau, dem Schiffs-, Tunnel-, Rohrleitungsbau.

Forschungs-Hilfsmittel auf den verschiedensten Gebieten.

Gyroskop-Navigation und Satelitten-Steuerung.

Härten, Schmelzen, Schneiden und Schweißen von Metallen.

Holographie, das heißt echte Relief-Fotografie.

Isotopen-Trennung.

Kern-Fusion *(→ 10. April 1968).*

Kriminalistik: Laser entdecken anders nicht feststellbare Fußspuren auf Teppichen oder Fingerabdrücke, die kein anderes Mittel enthüllt. Sie stellen auf die Stunde genau fest, wann sie entstanden sind und tun das auch noch, wenn sie bereits 40 Jahre alt sind.

Preis-Lesen an Supermarkt-Kassen durch dauerstrahlende Helium-Neon-Gaslaser, die mit Milliwatt arbeiten.

Temperatur-Messung bis zu Hunderten Millionen °C durch Laser-Reflexion *(→ 1714).*

Totalvergasung von Kohle in Magneto-Hydrodynamischen Kraftwerken *(→ 10. Oktober 1960).*

Überwachung der Luftverschmutzung.

Zeitmessung mit fast unvorstellbarer Genauigkeit.

Zu noch sehr vielen anderen Dingen. Vor allem aber auch zu einer

Revolution der Nachrichten- und Informations-Technik,

wie sie bis 1960 undenkbar war. Denn haardünne Glasfasern übertragen heute durch Laser 10 000mal mehr Information als Koaxialkabel auf die 20fache Entfernung.

Das Prinzip der 1967 patentierten Laser-Signal-Übermittlung ist einfach: Der elektrische Impuls wird in Licht umgewandelt und in einen Lichtwellenleiter eingespeist. Der überträgt ihn mit Lichtgeschwindigkeit und weit geringerem Energieverlust als Metalleiter. Am anderen Ende verwandelt eine „Avalanche-Diode“ aus Gallium-Indium-Arsenid-Phosphid das Licht wieder in ein elektrisches Signal. Blitzschlag, Sonnen-Eruptionen oder andere elektrische Einwirkungen stören die Lichtübertragung nicht, ebensowenig der Elektromagnetische Puls *(→ 1962)*, den Nuklearexplosionen auslösen. Auch Kurzschlüsse kann es nicht geben, und einen Lichtwellenleiter „anzuzapfen" ist sehr schwierig. Dessen Ausgangsstoff Quarz ist nicht nur ungleich billiger als Kupfer, sondern in unbeschränkten Mengen überall verfügbar.

Allerdings wird schon gewöhnliches Glas „Sand plus Erfindungsgabe" genannt und die

Lichtwellenleiter,

welche die 1851 gegründeten Corning Glass Works in Corning, New York, 1970 entwickelt haben, sind praktisch ein reines Geistesprodukt. Diese Glasfasern haben einen Durchmesser von 125tausendstel Millimeter (= 125 Mikrometer) und sind damit etwa so dünn wie ein menschliches Haar. Ihr Kern mißt 10 tausendstel Millimeter. Das Glas dieses Kerns hat einen höheren Brechungs-Index als das des umgebenden Mantels, so daß die Strahlen eines engen Lichtbündels, wie es Festkörper-Laser erzeugen, durch totale Reflexion in der Faser festgehalten werden. Voraussetzung genügender Leitfähigkeit ist

Glas, dessen Verunreinigung nicht mehr als zehn Fremd-Atome pro Milliarde Eigen-Atome betragen

(nicht mehr als 10 ppb). Ein derartiges Glas kann natürlich nicht, wie gewöhnliches, aus Sand geschmolzen werden. Es wird vielmehr aus extrem reinen, flüssigen Chemikalien gewonnen, die, durch Erhitzen vergast, in einem rotierenden Quarz-Rohr zu etwa tausend äußerst dünnen Schichten übereinander niedergeschlagen werden. Dieses Rohr wird so zu einem Quarzstab, dieser zur Faser ausgezogen.

Jede einzelne dieser haardünnen Glasfasern überträgt heute nicht nur einen Laserlicht-Strahl, sondern zehn, deren Wellenlänge um je 0,00135 Mikrometer verschieden ist, zehn verschiedenfarbige Laser also. Damit können durch einen Lichtwellenleiter bis zu 300 000 gleichzeitig geführte Telefongespräche oder 200 Fernseh-Sendungen übertragen werden. Oder binnen zwei Minuten der Inhalt einer 24bändigen Enzyklopädie. Die Leistungsfähigkeit von Lichtleiter-Systemen wird in Gigabit pro Sekunde mal Kilometer ausgedrückt. Hat diese Kennziffer 1976 Eins betragen, so 1986 Tausend. Theoretisch liegt die Grenze zwischen 10 000 und 100 000.

Daß es ultrareine Ausgangsstoffe für Lichtwellenleiter gibt, haben weitgehend erst Laser möglich gemacht, sie sind der

Laser-Chemie

zu danken. Denn nur sie ermöglicht (durch dessen Fluoreszenz) die Entdeckung schon eines einzigen Fremd-Atoms in einem Stoff. Erst Laser enthüllen auch völlig exakt die Vorgänge bei chemischen Reaktionen, ermöglichen bisher unmögliche Synthesen und verbilligen die bekannten. Wird Hitze angewendet, um Reaktionen auszulösen oder zu beschleunigen, so wirkt diese auf alle Atome, Elektronen oder Moleküle. Von den Elementarteilchen, auf die es ankommt, reagiert oft nur eines von einer Million, und nur ein Zehntel Prozent oder noch weniger des gewünschten Stoffes entsteht. Laser können auf bestimmte Moleküle gezielt eingesetzt werden. Jedes einzelne Molekül oder zumindest jedes zehnte Molekül wird zur Reaktion veranlaßt, und damit werden bis zu 100 Prozent des Ziel-Produkts gewonnen. Möglich ist das, weil der Molekularzustand von bestimmten Spektrallinien abhängt. Genau diesen Spektrallinien entsprechendes Laserlicht kann verwendet werden, indem durch Computer gesteuerte Prismen nur die gewünschte Wellenlänge durchlassen.

Praktisch wendet erstmals 1975 das Moskauer Institut für Spektroskopie diese Methode zur Uran-Isotopentrennung an *(→ 1977)*: In einem Schritt statt der 1300 bis 3000 des Gasdiffusions-Verfahrens scheidet ein Kohlendioxyd-Laser das spaltbare U-235 vom nichtspaltbaren U-238. Dabei wird praktisch das gesamte vorhandene U-235 gewonnen und so dessen Vorräte verdoppelt. Auch für andere Isotopen-Trennungen sind Laser wichtig, denn bisher kosten diese zwischen einem und zehn Dollar pro Milligramm, für die meisten industriellen Anwendungen sind Isotope zu teuer.

Besonders interessant kann

die Erzeugung reinsten Siliziums durch Laser

werden, denn aus diesem bestehen die meisten Solarzellen *(→ 1955)*. Weiterhin werden Versuche unternommen, langlebig radioaktiven Abfall durch Laser in rasch zerfallenden zu verwandeln, und schließlich scheint es nicht unmöglich, die alten Alchimisten-Träume zu verwirklichen und reichlich vorhandene Elemente in seltene überzuführen. Allerdings werden dazu — wie für die Kernfusion *(→ 10. April 1968)* ungleich energiereichere Laser gebraucht, als heute hergestellt werden können. Das gleiche gilt für

Laser als Waffen.

In seinem „War of the Worlds" läßt 1898 H. G. Wells Mars Bewohner die Eroberung der Erde durch Lichtblitze versuchen: grüne Felder verdorren, Panzerplatten schmelzen, ganze Städte zerfallen zu Asche. Seither gehören „Todesstrahlen" zum festen Inventar der Science Fiction.

Seit 1978 sind „Laser-Blitze" denkbar, die feindliche Nuklear-Raketen vom Himmel holen. 1978 beträgt das Pentagon-Budget für die Entwicklung von Hochenergie-Lasern bereits 220 Millionen Dollar, und da wird erstmals eine Panzerabwehr-Rakete durch einen Laser-Strahl zerstört. 1980 werden in den USA Fünf-Megawatt-Hochenergie-Laser (HEL) entwickelt, die 8000 Kilometer Reichweite haben. Und nachdem im Juli 1983 die US-Luftwaffe die Zerstörung von fünf mit doppelter Schallgeschwindigkeit fliegenden Luft-Luft-Raketen durch Laser gemeldet hat, gibt das Pentagon (am 30. November) bekannt, daß am 26. September 1983 vor der Küste Kaliforniens ein unbemanntes, ferngesteuertes „Firebee"-Flugzeug durch eine „Laserkanone" vernichtet worden sei.

Laser haben inzwischen aber auch einem der ältesten Wissensgebiete, der Optik, ungeahnten neuen Auftrieb verschafft: Die von Lichtwellenleitern übertragenen Signale werden heute zweimal umgewandelt, von Elektrizität in Licht und zurück. Bereits 1969 aber ist theoretisch nachgewiesen worden, daß, ähnlich wie elektrische Halbleiter, auch bestimmte optische Elemente zwei klar definierte Leitzustände besitzen müssen. 1976 haben die amerikanischen Bell-Laboratorien

die optische Bi-Stabilität experimentell nachgewiesen:

Licht einer gewissen Intensität wird von einem Kristall fast vollständig absorbiert oder reflektiert. Bei einer geringfügigen Verstärkung des Lichteinfalls aber „schaltet" der Kristall auf Durchlässigkeit. Und diese nicht-elektrische Form der Schaltung ist ungleich leistungsfähiger als die elektrische. Die Ansprechgeschwindigkeit der leistungsfähigsten Transistoren liegt bei einer Nanosekunde (= 1 milliardstel Sekunde). Für optische Elemente wird eine Pikosekunde errechnet (= 1 billionstel Sekunde). Sie können in der gleichen Zeit tausendmal mehr Operationen ausführen. Optische Schalter ermöglichen noch ungleich leistungsfähigere Computer als Halbleiter.

1960 — 10. September

Wenn der Zweite Weltkrieg die Vereinigten Staaten und die Sowjetunion zu „Supermächten" macht, so beendet er auch ein halbes Jahrtausend „Kolonialismus", nicht zuletzt durch das Zutun dieser beiden, deren Wirtschaftsräume groß genug sind, um auf (de jure-)Kolonien verzichten zu können. Wie schon längst Portugal und Spanien haben nun England und Frankreich, Belgien und die Niederlande keinen politischen Einfluß mehr auf ihre Grundstoff-Lieferanten und Übersee-Märkte. Aus dem amerikanischen Propaganda-Slogan des Ersten Weltkrieges, dem „Selbstbestimmungs-Recht der Völker", das auch die Komintern für ihre Zwecke nutzt, ist eine Realität geworden. Das bedeutet für die großen Mineralöl-Konzerne:

Keine Öl-Konzession ist mehr sicher.

Schon 1917 bis 1939 hat es zehn Nationalisierungen von Bodenschätzen oder Errichtungen staatlicher Mineralöl-Monopole gegeben, und diese Entwicklung muß sich beschleunigt fortsetzen.

Daraus folgt: Was immer das aus fremdem Boden geholte Öl einbringt, ist Geld, das anderwärts sicher angelegt werden kann und weiter Gewinn bringt. Was an Öl in den Konzessionsgebieten bleibt, kann schon morgen für immer verloren sein und nie mehr irgendeinen Ertrag bringen. Und so kommt es zur größten Ölschwemme aller Zeiten, durch die allein in der Bundesrepublik Deutschland

92 Kohlenzechen geschlossen werden müssen und 300 000 Bergleute arbeitslos werden. 1946 bis 1973,

in weniger als einer Generation versiebenfacht sich die Welt-Mineralölförderung

von 390 auf 2850 Millionen Tonnen. Da haben 1936, nach den ersten Ölfunden in Saudi-Arabien, die anglo-amerikanischen Konzerne beschlossen, das Nahost-Öl als Zukunfts-Reserve zu betrachten und ein Restriktions-Abkommen unterzeichnet: Die Förderung des Iran soll auf 10 Millionen Tonnen jährlich, die des Irak auf 4, die Bahreins und Saudi-Arabiens auf je 2 Millionen beschränkt bleiben. Aber schon die kriegsbedingten Transportschwierigkeiten verhindern die Einhaltung dieser Limits, und nach 1945 wird Europa mehr und mehr mit Nahost-Öl versorgt, 1950 die 1760 km lange TAP-Line, die Transarabian Pipeline der ARAMCO, der Arabian-American Oil Co. Saudi-Arabiens, in Betrieb genommen, die Damman am Golf von Persien mit Saida an der libanesischen Mittelmeer-Küste verbindet. Statt der 1936 vereinbarten 18 Millionen Tonnen Nahost-Öl werden 1960 über 260 Millionen Tonnen gefördert, 24 Prozent der damaligen Weltförderung.

Natürlich drückt das Überangebot von Öl die Preise. Trotz weltweiter Inflation steigen diese nicht nur nicht, sondern sinken real. Auch nominal werden sie ohne Konsultation der Lieferanten von den Großkonzernen im Dezember 1958 von 185 US-Cents pro Faß auf 167 Cents gesenkt, im August 1960 auf 159 Cents.

Damit haben die Konzerne allerdings ihre Macht überschätzt, zwingen sie die Öl-Förderländer zum Zusammenschluß: Auf Veranlassung des damaligen Öl-Ministers von Venezuela, Dr. Juan Pablo Perez Alonso, treffen sich am 10. September 1960 Regierungsvertreter des Irak, des Iran, Kuwaits, Saudi-Arabiens und Venezuelas in Bagdad und

die OPEC, die „Organization of Petroleum Exporting Countries",

wird als „Selbstverteidigungs-Organisation der Öl-Exportländer" gegründet.

Niemand im Westen nimmt das ernst. Die „New York Times" zum Beispiel bringt die Meldung über die Gründung mit 16 Tagen Verspätung und widmet ihr sechs Sätze. Und noch 1967, als Saudi-Arabiens ehemaliger Öl-Minister, Scheich Abdullah Tariki, am 14. Juni in Beirut erklärt: „Die wichtigste Waffe der Araber ist ihr Öl!", heißt es: „Wollen diese Größenwahnsinnigen ihr Öl trinken? Wo anders wollen sie es absetzen als im Westen und wie anders als durch unsere Mineralöl-Konzerne, die über alle Tanker, alle Raffinerien und alle Tankstellen verfügen?"

Damals verteilen tatsächlich die „Sieben Schwestern", die Exxon, Texaco, Mobiloil, Socal, Gulf Oil, Royal Dutch/Shell und British Petroleum fast neun Zehntel allen Öls, das in den Welthandel gelangt. Aber fünf Jahre später haben sie nicht mehr genug Öl zu verteilen, da

der erste große Öl-Mangel der Öl-Geschichte

der OPEC über Nacht eine Macht verleiht, wie sie bisher niemand je besessen hat.

Den fünf Gründer-Ländern der OPEC haben sich 1961 Katar, 1962 Libyen und Indonesien, 1967 Abu Dhabi und 1971 Nigeria angeschlossen. Heute hat diese Organisation 13 Mitglieder in Afrika, Amerika und Asien, gehören ihr Staaten mit rund 350 Millionen Einwohnern an, die 63 Milliarden Tonnen sicherer Mineralöl-Vorkommen besitzen, 66 Prozent aller sicheren Vorkommen der Erde. Und deren Eigenverbrauch so gering ist, daß sie praktisch ihre gesamte Förderung exportieren können, zeitweilig fast neun Zehntel und auch heute noch rund die Hälfte allen Öls stellen, das in den Welthandel gelangt.

Darin aber sehen die OPEC-Gründer eine schwere Gefahr für die Zukunft ihrer Völker. Öl bringt ihnen nicht nur den weitaus größten und vereinzelt den einzigen nennenswerten Export-Erlös, sondern auf ihren Ölvorkommen beruhen ihre Staatsfinanzen. Die Bevölkerung der Öl-Exportländer ist rapide gestiegen, längst noch sind ihre Infrastrukturen nicht ausgebaut. Ihre Wirtschaft derart umzustrukturieren, daß sie auch ohne Öleinkommen auskommt, erfordert Generationen. Die OPEC wird gegründet, um das Öl-Einkommen der Förderländer zu steigern, deren Beteiligung an ihren eigenen Bodenschätzen damals geradezu lächerlich gering ist. Aber viel wichtiger ist ihnen,

die Kontrolle über die Förder-Mengen

zu erlangen, um ihre Ölvorräte strecken zu können. Sie wollen das Öl real so teuer machen, daß es nur mehr für Zwecke verwendet wird, für die es unersetzlich bleibt. Praktisch heißt das, Hauptzweck der OPEC ist die Nationalisierung der fremden Mineralöl-Gesellschaften.

Dieses Ziel ist heute in allen OPEC-Ländern erreicht. Vor allem, weil der größte Ölverbraucher der Welt, die Vereinigten Staaten, schon 1948 erstmals mehr Öl einführen muß, als er exportiert, 1976 erstmals mehr, als er selber produziert; 1960 bis 1980 sinkt die Eigenversorgung der USA von 80 auf 40 Prozent. Weil 1976 erstmals in der Geschichte der Mineralölwirtschaft die Weltförderung höher ist als die neuentdeckten Vorkommen und vor allem auch durch

die „Energie-blinde" Nahost-Politik des Westens.

Auf die Dauer kommt nur das Nahost-Öl für die Deckung des Einfuhrbedarfes der Industrieländer in Frage. Diese müßten also in der Befriedung dieser Region eine ihrer weltpolitischen Hauptaufgaben sehen. Aber seit der Gründung des Staates Israel am 14. Mai 1948 bestimmen innenpolitische Faktoren die Haltung der Vereinigten Staaten und weitgehend die ihrer Verbündeten. Schon 1956 kommt es (mit der Verstaatlichung des Suezkanals als Vorwand) zum „Suez-Abenteuer" Englands, Frankreichs und Israels, das den Suezkanal acht Jahre lang unpassierbar macht und die Frachtkosten Persischer Golf — Westeuropa 1954 bis 1957 von durchschnittlich 35 Shilling pro Tonne auf 210 steigen läßt. Der Öl-Transport Kuwait — England zum Beispiel kostet nun dreimal soviel wie das Öl selbst. Natürlich treiben die Öl-Frachten auch die Kohle-Frachten hoch, die Hampton Roads — Rotterdam zum Beispiel von 16 auf 63 DM/t.

Führt schon der Ausfall des Suezkanals zeitweilig zu Öl-Mangel, so vollends der „Sechstage-Krieg" vom 5. bis 11. Juni 1967 und als „Revanche" der Nahost-Krieg vom 6. Oktober 1973 bis 31. Mai 1974. Denn nun ist das Öl eine Waffe der Araber, der sich die Vereinigten Staaten ebenso beugen müssen wie alle anderen

Öl-Einfuhrländer. Damals passieren täglich drei Millionen Tonnen Nahost-Öl die Straße von Hormus, die den Persischen Golf mit dem Indischen Ozean verbindet. In jeder Woche mehr Öl, als im Jahr 1900 die Welt-Jahresförderung betragen hat, passiert nun diese

„bedrohte Hauptschlagader Westeuropas und Japans“.

Schah Mohammed Resa stellt im Mai 1973 nur fest, was nun evident ist: „Seit Öl für die westlichen Industriestaaten und Japan unentbehrlich geworden ist, hängt von der freien Durchfahrt durch die Straße von Hormus keineswegs nur deren Wohlstand, sondern deren nackte Existenz ab!“ Schon am 1. Mai 1953 hat der Schah den Nationalisten Mohammed Mossadegh zum Premierminister des Iran gemacht und dieser verstaatlicht nach elf gescheiterten Kompromiß-Versuchen die Anglo-Iranian Oil Co. *(→ 28. Mai 1908)*. Damals ist die Zeit noch nicht reif, am 5. August 1954 erzwingen die Amerikaner einen Kompromiß: Die Anglo-Iranian erkennt die Nationalisierung der iranischen Ölvorkommen an. Sie überträgt den Betrieb ihrer Raffinerie Abadan der amerikanischen „Cities Service Corporation“ Alton Jones', eines intimen Freundes Präsident Dwight D. Eisenhowers. Ein Konsortium von 17 internationalen Mineralölgesellschaften, in dem die Anglo-Iranian mit 40 Prozent führt, soll im Auftrag der NIOC, der National Iranian Oil Co., während 25 Jahren alles Öl des Iran fördern. Und von 32 Millionen Tonnen 1950 steigt die Ölgewinnung des Iran auf 302 Millionen Tonnen 1974, von rund 6 auf 11 Prozent der Weltförderung.

Die aber kontrolliert nun die NIOC allein. Denn am 19. März 1973 hat der iranische Ministerpräsident Amir Abbas Howeida das 1954 geschlossene Abkommen mit den „Iran Oil Participants“ aufgehoben. Die Regierung in Teheran hat die alleinige Kontrolle aller Anlagen und die 18 000 Beschäftigten der ausländischen Gesellschaften übernommen. Selbst hat die Staatsgesellschaft nun bereits 42 000 Arbeiter und Angestellte, längst hat sie auch selbst gebohrt und neue Ölfelder erschlossen. Die fremden Ölgesellschaften sind nur mehr „Kunden“, die die von der NIOC festgesetzten Preise zu bezahlen haben.

Diese betragen ab 1. Januar 1974 11,65 Dollar pro Faß. Das heißt:

Das Iran-Öl wird siebeneinhalbmal teurer als es vor der OPEC-Gründung gewesen ist.

Und dagegen ist nichts zu tun, denn durch die Straße von Hormus geht ja nicht nur das Öl des Iran, sondern das der ganzen Region nach Westeuropa, Japan und in die Vereinigten Staaten. Im Vergleich zu den Tanker-Transporten spielen die Rohrleitungen keine Rolle, und haben ein paar versenkte Schiffe genügt, den Suezkanal unbenutzbar zu machen, so gilt das gleiche für die vom Iran kontrollierte Meeresenge. Auf den Irak „ausweichen“ aber kann der Westen schon seit 1958 nicht mehr: Am 14. Juli dieses Jahres hat es dort einen Offiziers-Putsch gegeben, der König, der Kronprinz und Nuri Al Said, der 37 Jahre lang der „Statthalter des Öl-Kapitals“ im Irak gewesen ist, sind ermordet worden.

Vervielfacht der Iran den Ölpreis, so erzwingt Saudi-Arabien gleichzeitig die Verringerung der Ölproduktion: Am 6. Oktober 1973 hat der vierte Israelisch-Arabische Krieg, der „Jom-Kippur-Krieg“, begonnen. Am 19. Oktober fordert Präsident Jimmy Carter den Kongreß auf, Israel 2200 Millionen Dollar Waffenhilfe zu gewähren. Am 20. Oktober befiehlt König Faisal von Saudi-Arabien der ARAMCO, ihre Förderung um 23 Prozent zu vermindern. Und da beschließen alle arabischen Staaten, den „Feinden der Araber" kein Öl mehr zu liefern, vor allem den Vereinigten Staaten nicht. Und das heißt:

Die „Weltmacht Öl" ist aus den Händen der Verbraucher in die der Produzenten übergegangen.

Die Ölbesitzer bestimmen fortan, wieviel Öl es gibt — und zu welchem Preis.

Das aber hat Wirkungen, denen gegenüber die Finanz-Revolution des 16. Jahrhunderts verblaßt. Denn wenn damals durch die Edelmetalle Spanisch-Amerikas *(→ 1368 n. Chr.)* der Geldumlauf Europas binnen zwei Jahrhunderten verzwanzigfacht wird, so weitet die Ölpreis-Steigerung den Geldumlauf der Welt binnen eines Vierteljahrhunderts auf das Fünzigfache aus.

Die Entwicklung der Ölpreise

ist im Weltdurchschnitt etwa folgende gewesen (ca. 7 Faß = 1 Tonne):

1850	4800,00 Dollar pro Faß	(„Kier's Rock Oil", als Arznei-
1859	20,00 Dollar pro Faß	mittel in den USA verkauft)
1860	0,10 Dollar pro Faß	
1861	1,00 Dollar pro Faß	
Ø 1859—1958	2,70 Dollar pro Faß	
1951	3,18 Dollar pro Faß	
1960	1,59 Dollar pro Faß	
OPEC-„Richtpreise"		
1. 1. 1970	1,80 Dollar pro Faß	
20. 1. 1972	2,47 Dollar pro Faß	
1. 6. 1973	2,89 Dollar pro Faß	
Durch den „Jom-Kippur-Krieg" 6. 10. 1973:		
16. 10. 1973	5,11 Dollar pro Faß	
1. 1. 1974	11,65 Dollar pro Faß	
1. 1. 1977	12,10 Dollar pro Faß	
1. 7. 1979	18,00 Dollar pro Faß	
1. 11. 1979	24,00 Dollar pro Faß	
1. 11. 1980	32,00 Dollar pro Faß	

Auf dem Spot-Markt in Rotterdam beträgt der Preis zeitweilig 42 Dollar/Faß.

Haben sich die OPEC-Preise binnen zehn Jahren auf das rund Achtzehnfache erhöht, so ist auch die Welt-Ölforderung 1980 fast dreimal so groß wie im Gründungsjahr der OPEC. Dementsprechend beträgt

der Wert der Welt-Mineralölförderung

etwa:

1860	10 Millionen Dollar
1960	11 500 Millionen Dollar
1973	54 170 Millionen Dollar
1980	805 500 Millionen Dollar

Diese in der Weltwirtschafts-Geschichte einmalige Geldschöpfung ist die wichtigste Quelle der ungeheuren Dollarmengen, die heute unkontrolliert die ganze Welt überschwemmen. Immer schon ist das Öl nicht in der Landeswährung der Verbraucher, sondern der der Welt-Konzerne, in Dollar und Pfunden, und schließlich nur mehr in Dollars bezahlt worden. Und so bedeutet die Versiebzigfachung des Mineralöl-Erlöses binnen zwei Jahrzehnten schon an der Quelle und ohne Steuern, Transport- und Verarbeitungskosten, Verteilungsgewinnen eine fast unvorstellbare Dollar-Inflation. Da hat

die Welt-Verfügbarkeit an Dollars

(das heißt der außerhalb der USA in Umlauf befindlichen Dollars) vor dem Zweiten Weltkrieg etwa 3 Milliarden betragen. Im Jahr 1950 sind es etwa 10 Milliarden, 1985 aber mindestens 2600 Milliarden Dollar. Denn diese „Euro-Dollars", die aber längst in Hongkong oder Singapore ebenso gehandelt werden wie in London, werden ja ständig neu verliehen, in den USA beträgt der Zins zeitweilig 22 bis 26 Prozent pro Jahr. Der zwischen den internationalen Kapitalmärkten fließende Kapitalstrom beträgt (wie das der stellvertretende Finanzminister der USA, R. T. McNamara am 3. 2. 1985 der Wirtschaftstagung in Davos vorrechnet) jährlich 20 000 bis 30 000 Millionen Dollar, das Zehn- bis Fünfzehnfache des Welt-Güter- und Dienstleistungsverkehrs.

Vor allem aber: Auf der Jagd nach Zinsen sind ungeheure Dollar-Beträge an Länder verliehen worden, die sie niemals zurückbezahlen können:

Mit rund 1400 Milliarden Dollar betragen die Auslandsschulden 1985 soviel wie die Gesamt-Wirtschaftsleistung aller Völker der Erde im Jahr 1960.

Der größte Schuldner sind heute (durch ihre Handelsbilanz- und Bundesbudget-Defizite) die Vereinigten Staaten, die 1984 noch zu den Gläubiger-Nationen gehören, drei Jahre später aber rund 400 Milliarden Dollar mehr Auslands-Verbindlichkeiten als Forderungen ans Ausland haben. Und daß auch die „armen" OPEC-Länder sich maßlos verschuldet haben, macht zeitweilig die OPEC-Langfrist-Pläne zunichte und verzögert die Umstellung des Westens auf andere Energieträger bedrohlich. Denn das läßt den Welt-Ölpreis zwischen März 1983 und März 1986 von durchschnittlich 29 auf 12 Dollar fallen, senkt den Wert der Welt-Mineralölförderung 1985 auf 564 Milliarden Dollar.

Verursacht wird dieser Umschwung durch die Not von Ölländern wie Nigeria oder Mexiko. In Nigeria leben heute mit rund 100 Millionen Menschen fünfmal so viele wie 1936. Seit 1960 unabhängig, beträgt die Gesamt-Wirtschaftsleistung dieses Landes heute etwa 1000 Dollar pro Kopf, aber nur, weil 1949 Öl gefunden worden ist und die Ölförderung 1958 bis 1979 von 260 000 auf 114 Millionen Tonnen zugenommen hat. 1986 sind es 73 Millionen Tonnen. Bei langfristiger Planung sollten es höchstens 50 Millionen sein. Aber langfristig planen kann

Nigeria nicht, 70 bis 80 Millionen Tonnen Öl jährlich muß es verkaufen, gleich um welchen Preis, weil es anders den Zinsendienst für seine 16 Milliarden Dollar Auslandsschuld nicht leisten kann. Mexiko aber hat nicht 16, sondern mehr als 100 Milliarden Dollar Schulden. Mexikos Bevölkerung ist heute viermal so groß wie 1940, es muß Öl exportieren, muß Zinsen zahlen. Und das hat die OPEC in Schwierigkeiten gebracht und den Ölpreis fallen lassen.

Die sicheren Ölvorkommen der Welt aber sind nicht gestiegen, der Ölverbrauch nicht wesentlich gefallen, und so gilt auch heute noch, was Scheich Ahmed Zaki Yamani als Öl-Minister Saudi-Arabiens am 25. März 1980 der Jahreshauptversammlung des britischen Industriellenverbandes gesagt hat: „Durch Unentschlossenheit und Zögern der Politiker und Wirtschaftsführer steht die Westwelt am Rand des Abgrundes. Alle möglichen Gefahren der Kernenergie sind gering im Vergleich zur höchst realen Gefahr des Öl-Mangels. Denn der ist heute gleichbedeutend mit Energie-Mangel.

Eine Welt-Katastrophe, die das Ende der westlichen Zivilisation bedeuten könnte, droht,

wenn nicht sofort alle erdenklichen Anstrengungen zur Öl-Substitution gemacht werden.“

Der damals wie heute größte Öl-Exporteur predigt also, weniger Öl zu kaufen und tut das natürlich nicht, um die westliche Zivilisation zu retten, sondern weil auch Saudi-Arabien Zeit braucht, um seine fast völlige Abhängigkeit von den Öleinnahmen zu überwinden.

Zeit erfordert auch die Umstellung der Industrieländer auf das Nach-Öl-Zeitalter. Zeit und fast unvorstellbare Investitionen. Und so ist nur zu hoffen, daß die Ölpreise, die 1987 wieder 18 bis 23 Dollar betragen, rasch genug weitersteigen, um die Kohleverflüssigung und die Kohle-Totalvergasung und vor allem die Nuklear-Wasserstoffwirtschaft gegen alle Widerstände durchzusetzen. Unwiderruflich ist jedenfalls bereits heute: Eine anglo-amerikanische Ölmacht gibt es nicht länger. Die Öl-Politik machen fortan die Öl-Besitzer, die an der möglichst langen Dauer ihres Reichtums interessiert sind und nicht an Raubbau. Und nur wer deren legitimen Forderungen Rechnung trägt, wird überleben.

1960 — 10. Oktober

Wenn die Möglichkeit, Elektrizität in großen Mengen und mit hohen Stromstärken herzustellen *(→ 17. Januar 1867),* unser Leben kaum weniger tiefgreifend verändert hat als die Dampfmaschine, so bleibt trotz aller Verbesserungen der Wirkungsgrad unserer Elektrizitätswerke relativ schlecht, denn der Weg vom Brennstoff über den Dampferzeuger, die Dampfturbine und die Dynamomaschine zu den Transformatoren und zum Verbraucher ist weit. Ideal wäre

die umweglose Gewinnung von Elektrizität

nicht nur durch die Umsetzung chemischer in elektrische Energie, wie es sie durch Alessandro Volta seit 1799 und durch Brennstoff-Zellen seit 1940 gibt, sondern in mit den „konventionellen" konkurrenzfähigen Großkraftwerken ohne mechanisch bewegte Teile.

„Konventionell" wird Strom heute durch rasche Bewegung eines metallischen elektrischen Leiters in einem Magnetfeld erzeugt, in dem durch Induktion eine elektrische Spannung entsteht. Die Induktion als Ur-Prinzip aller elektrischen Generatoren hat Michael Faraday bereits 1831 entdeckt und im gleichen Jahr mißt er auch eine Spannungs-Differenz von 30 Millivolt (30 tausendstel Volt) zwischen den beiden Ufern der Londoner Themse als Folge der Wasserbewegung im Magnetfeld der Erde. Faraday macht auch Versuche mit einem rasch bewegten Quecksilber-Kreislauf in einem magnetischen Feld und weist darauf hin, daß die riesigen, durch die Gezeiten bewegten Wassermassen, die sich im Erd-Magnetfeld bewegen, Stromquellen sind. Das heißt,

das Prinzip der Magneto-Hydrodynamischen Stromerzeugung

ist seit mehr als eineinhalb Jahrhunderten bekannt. Aber erst die heutige Art der MHD-Wirkung ermöglicht ihre praktische Nutzung: Ein starkes Magnetfeld trennt in einem heißen Gas-Strom die positiven und die negativen Ionen räumlich voneinander und erzeugt so eine elektrische Spannung. Bei Stromschluß entsteht dann unmittelbar elektrische Energie, die im MHD-Kanal angeordnete Elektroden abnehmen. Die Menge dieser Energie entspricht dem Energieverlust des Arbeitsmediums, das im Generator gebremst und abgekühlt wird. Dieser Vorgang gleicht der Arbeitsleistung an den Schaufeln einer Dampf- oder Gasturbine. Aber der MHD-Generator vereint die Funktion der Turbine und der Dynamomaschine in sich. Da er keine bewegten Teile besitzt und bei weit höheren Temperaturen arbeitet, erzielt er einen entsprechend höheren Wirkungsgrad. Dieser hängt dabei von der Temperatur des elektrisch leitend gemachten Gases und von seiner Geschwindigkeit ab, ebenso von der Stärke des magnetischen Feldes. Was bedeutet, daß erst die Raketen-Technik die nötigen Brennkammer-Baustoffe liefert *(→ 3. Oktober 1943 und 4. Oktober 1957),* erst die Plasma-

Forschung mit dem Ziel der Kern-Fusion *(→ 10. April 1968)* die nötigen Kenntnisse, erst die Supraleitung *(→ 1911)* entsprechend leistungsfähige Magnet-Systeme.

Die Versuche zur industriellen Nutzung des MHD-Verfahrens

sind deshalb erst 1960 erfolgreich: Das britische Atomforschungs-Institut in Harwell und das Londoner Imperial College führen am 10. Oktober eine Anlage vor, in der auf 2000° C erhitztes und durch verdampftes Kalium und Cäsium leitfähig gemachtes Argon-Gas eine Magnetspule durchströmt und eine elektrische Spannung liefert. 1962 wird in Newcastle der erste internationale MHD-Kongreß abgehalten, auf dem es 40 Diskussionsbeiträge gibt. Der zweite internationale Erfahrungsaustausch findet 1964 in Paris, der dritte 1966 in Salzburg statt, dort werden bereits 200 Berichte vorgelegt. 1965 hat das AVCO-Research Laboratory in Everett im US-Bundesstaat Michigan einen ionisierten Gas-Strom mit Überschall-Geschwindigkeit durch ein Magnetfeld gejagt, das 200 000mal stärker als das der Erde ist, und die technische Aufgabe gelöst, ein bei 4 Kelvin (= minus 269° C) arbeitendes Gerät mit einem 2000 Kelvin (= 1727° C) benötigenden zu verbinden.

In der Sowjetunion, die sich seit 1959 mit MHD-Problemen beschäftigt, ist seit 1967 eine Versuchsanlage von 40 Kilowatt in Betrieb, seit 1968 die „U-25 MHD-Anlage" von 25 Megawatt, der ein Gasturbinen-Kraftwerk nachgeschaltet ist, so daß

ein Temperaturbereich von 300 bis 3000 Kelvin ausgenutzt

wird (rund 27 bis 2727° C) und ein Gesamt-Wirkungsgrad von 65 Prozent zustandekommt.

Auch heute sind noch keineswegs alle technischen Probleme der MHD-Stromerzeugung gelöst. Die Düsen, durch die der durch Verbrennung von Kohle oder Erdgas gewonnene Gas-Strom die Brennkammer verläßt, und die Elektroden sind jahrelangem Dauerbetrieb noch nicht gewachsen. Aber wie Strom mit hohem Wirkungsgrad umweglos gewonnen werden kann, ist nun bekannt. Ebenso die Vorteile, welche die Kombination von Hochtemperatur-Kernkraftwerken mit MHD-Anlagen bietet, und so geht auch hier weltweit die Arbeit weiter. In einer japanischen Versuchsanlage wird 1982 erstmals ein Gas-Strom von der zehnfachen Schallgeschwindigkeit verwendet. In einer sowjetischen Anlage wird 1984 Kohle durch Laser *(→ 1960)* totalvergast, das Gas zweimal zur Stromgewinnung benutzt und schließlich auch noch chemisch verwertet, so der Gesamtwirkungsgrad auf 80 Prozent gebracht. An der Universität Eindhoven wird 1985 ein Elektroden-Material entwickelt, das nicht nur dauernd 2500° C aushält, sondern auch gegen die in hoher Konzentration höchst aggressiven Ionen immun ist.

Jeder MHD-Erfolg regt natürlich auch die Forscher und Erfinder an, die auf andere Art umweglos Strom gewinnen wollen, zum Beispiel durch Brennstoff-Zellen oder durch

Direktumwandlung von Kernenergie-Wärme in elektrischen Strom:

In einer Versuchsanlage der britischen Atomenergie-Behörde in Harwell ist bereits 1963 eine „Thermoionische Diode" erprobt worden, die auf dem gleichen Prinzip beruht, das allen Elektronenröhren zugrundeliegt. In diesen stößt eine erhitzte Oberfläche Elektronen ab. Hier liefert Urankarbid Strom, wenn es auf 2000°C erhitzt wird, seit 1983 in nennenswerten Mengen.

1961 — 10. Januar

Am 21. Janaur 1954 ist in Groton, Connecticut, das U.S. Atom-Unterseeboot „Nautilus" vom Stapel gelaufen (und auf der gleichen Werft am 6. Juni 1971 das hundertste amerikanische Atom-U-Boot zu Wasser gelassen). Am 22. Mai 1958 beginnt bei der New York Shipbuilding Co. in Camden, New Jersey, der Bau der „Savannah", des ersten Nuklear-Handelsschiffes der Welt. Sie ist am 21. Juli 1959 vom Stapel gelaufen, wird am 10. Janaur 1961 in Dienst gestellt und eröffnet

die nukleare Handels-Schiffahrt,

durch die die Gefahr des Welthandels-Zusammenbruches durch Öl-Mangel überwunden werden kann. Zu Beginn des Ersten Weltkrieges stellt Mineralöl 3 Prozent der Antriebskraft der Welthandelsflotte, heute 99,4 Prozent. Die Zahl der Handelsschiffe ist nun mit rund 34 000 nicht wesentlich höher als vor zwei Generationen, aber ihre Tonnage ist zehnmal größer und ihr Anschaffungswert hat sich auf etwa 600 Milliarden DM verhundertfacht. Der Seegüterverkehr ist 1987 mit rund vier Milliarden Tonnen jährlich zwanzigmal größer als zu Beginn unseres Jahrhunderts und keineswegs nur für Inselstaaten wie Japan, Großbritannien oder Taiwan lebenswichtig.

Die „Savannah" beweist, daß die Umstellung der Welthandelsflotte vom Öl- auf Nuklear-Antrieb keinerlei technische Schwierigkeiten bietet. Das 21 000-Tonnen-Schiff besitzt durch Dampfturbinen von 22 000 PS Wellenleistung eine Geschwindigkeit von 22 Knoten, von rund 41 Stundenkilometern. Der 80-MW-Druckwasser-Reaktor arbeitet mit auf 4,4 Prozent U-235 angereichertem Uran, 400 Gramm Kernbrennstoff genügen für eine Atlantik-Überquerung, die 340 kg Reaktorfüllung reichen für dreieinhalb Jahre Betrieb. Bis 1970, als sie aufgelegt wird, läuft die „Savannah" Häfen auf vier Kontinenten an, werden mit Passagieren und Fracht 800 000 Kilometer zurückgelegt. Rentabel ist das 82 Millionen teure Schiff allerdings nicht, aber es dient auch Forschungszwecken und hat deshalb 110 Mann Besatzung, statt der für den Schiffsbetrieb selbst nötigen 12 Mann.

Das 1969 in Fahrt gekommene deutsche Versuchs- und Handelsschiff mit Nuklearantrieb „Otto Hahn" ist ebensowenig wirtschaftlich, es wird nach elfjähriger Dienstzeit 1979 stillgelegt, 1982 entsorgt und 1985 zum Containerschiff mit konventionellem Antrieb umgebaut. Aber es legt 11,7 Millionen Kilometer problemlos zurück und verbraucht dazu insgesamt 64 Kilogramm Kernbrennstoff, das heißt, ein Kilogramm angereichertes Uran genügt für 180 000 Kilometer, sechs Zehntel Gramm für je 100 Kilometer Fahrt.

Sind die „Otto Hahn" und die „Savannah" Versuchsschiffe, so ist

der Sowjet-Atom-Eisbrecher „Lenin",

mit dem 1959 die zivile Nutzung des Nuklear-Schiffsantriebs beginnt, von Anfang an ein hoch rentables Nutzfahrzeug. Ohne Nuklear-Eisbrecher wäre der „Große Nördliche Seeweg", die 11 300 Kilometer lange „Nordost-Passage" Archangelsk-Wladiwostok, unbenutzbar und ohne diesen Schiffweg rund neun Millionen Quadratkilometer oder zwei Fünftel der Sowjetunion nur ungleich kostspieliger zu erschließen. Konventionell angetriebene Eisbrecher kommen durch praktisch unlösbare Treibstoff-Transportprobleme nicht in Frage. Der 16 000 BRT verdrängende „Lenin" mit seinen 44 000 PS Wellenleistung aber kommt 14 Monate lang mit einer Ladung Spaltstoff aus, seine Nachfolger noch viel länger.

1962

Bei amerikanischen Versuchen mit Wasserstoff-Bomben wird 1962

der elektromagnetische Puls (EMP)

entdeckt, dessen Frequenzspektrum von null bis 100 Megahertz reicht und der in jedem elektrischen Leiter Ströme induziert, deren Spannungen mehrere Mega-Volt pro Meter erreichen können. Das heißt, die EMP-Wirkung der Gammastrahlen setzt von Transistor-Radios bis zu Groß-Radaranlagen und Kernkraftwerks-Steuerungen, von Heim-Computern bis zu Raketen-Leit-Rechnern alle elektronischen Geräte nicht nur außer Betrieb, sondern kann sie zerstören. Diese durch Atombomben-Explosionen entstehende, selbst kurzlebige, aber durch Erhöhung der Elektronen-Dichte in der Ionosphäre langdauernde Wirkungen auslösende, überaus energiereiche Strahlung im Funkwellenbereich macht natürlich auch jede elektronische Kommunikation unmöglich. Eine Pentagon-Studie vom März 1982 stellt fest, daß eine einzige, in 200 Kilometern Höhe über den USA zur Explosion gebrachte Neutronen-Bombe verheerendere Folgen haben müßte als Hunderte Raketen-Treffer.

Natürlich sind in Ost und West seit 1962 Abwehr-Maßnahmen in Entwicklung, aber die Schwierigkeit besteht darin, daß sich die sehr komplizierten Vorgänge einer EMP-Entstehung in keinem Labor simulieren lassen. Es gibt nun Geräte mit eingebauten Thyristoren usw., die als eine Art „Blitzableiter" wirken, aber ob sie im Fall des Falles funktionieren, weiß niemand. Die Amerikaner denken deshalb an ein weltweites Langwellen-Nachrichtennetz, an „Kilometer-Wellen", die in ihrer Ausbreitung der Erdkrümmung folgen und daher durch eine von radioaktiven Partikeln verseuchte Atmosphäre nur wenig beeinflußt werden. Bis 200 Meter Tauchtiefe können auch U-Boote mit langen Schlepp-Antennen diese Art Signale aufnehmen. Aber die Sender müssen zehn und mehr Megawatt leisten und die Signale über Antennenfelder gehen, die Dutzende Quadratkilometer bedecken. Eine seit 1972 in den USA benutzte Test-Antenne ist 32 Kilometer lang.

Nicht vom elektromagnetischen Puls beeinflußt werden Lichtwellenleiter *(→ 1960)*, aber kein materieller Leiter kann leiterlose Signalübertragungen voll ersetzen.

1966 — 26. November

Wenn die Sonnenstrahlung ständig riesige Wassermengen in Bewegung hält und uns dieser Wasserkreislauf die Wasserkraft-Nutzung ermöglicht *(→ 1895)*, so lassen die Anziehungskraft der Sonne und vor allem des Mondes die Flutberge der Meere entstehen, die die Achsendrehung der Erde verteilt.

> *Der Unterschied zwischen Ebbe und Flut bedeutet siebenmal mehr Energie, als alle Flüsse und Ströme der Erde enthalten.*

Theoretisch rund 40 Milliarden gegen 5,6 Milliarden Kilowatt.

Ebbe und Flut sind bekannt, seit Menschen an den Meeresküsten leben. Daß sie mit der Mondstellung zusammenhängen, weiß Pytheas von Massilia bereits 320 v. Chr. Aber Flut-Tabellen, wie sie zum Anlaufen zahlreicher Häfen unentbehrlich sind, gibt es auch in England erst seit 1831. Die wissenschaftliche Gezeitenkunde begründet William Thomson, der spätere Lord Kelvin, erst 1875. Das

Liverpool Tidal Institute, das die Gezeitenforschung zentral zusammenfaßt und sich erstmals wissenschaftlich exakt mit der Gezeiten-Energie beschäftigt, wird 1919 gegründet.

Das erste Groß-Gezeitenkraftwerk der Welt

schließlich, die „Usine Marémotrice de la Rance" an der Rance-Mündung in den Golf von St. Malo in der französischen Bretagne, wird offiziell am 26. November 1966 in Betrieb genommen. 24 Spezial-Turbinengruppen leisten hier netto 544 Megawatt.

Als zweites derartiges Werk gibt es seit 1969 das von Kislaya Guba bei Murmansk in der Sowjetunion mit 400 MW Leistung. Damit ist

die Gravitation in produktive Arbeit umgesetzt,

die allgemeine Massenanziehung nicht nur, wie durch Schiffahrt und Luftfahrt, durch stärkere Gegenkräfte überwunden, sondern direkt genutzt.

Aber damit wird kein nennenswerter Beitrag zur Welt-Energieversorgung geleistet, denn technisch möglich sind heute nur Gezeiten-Kraftwerke von zusammen etwa 30 000 Megawatt Leistung, nur etwa ein Sechzigstel der möglichen Wasserkraftwerke. Sind die Gezeitenkräfte auch gewaltig, so variiert der Tidenhub, der Höhenunterschied zwischen Ebbe und Flut, von wenigen Zentimetern im Mittelmeer zu 20 Metern an der Ostküste Kanadas. Die Nutzmöglichkeiten hängen von der Küstengestaltung ab und erfordern, da die Flutkraft nur zeitweilig zur Verfügung steht, entsprechende Buchten und Flußmündungen als natürliche Staubecken. Das heißt,

es gibt sehr wenige Standorte für Gezeitenkraftwerke.

Die Vereinigten Staaten zum Beispiel können auch ohne Rücksicht auf die Kosten nur etwa 7000 Megawatt aus dem Unterschied zwischen Ebbe und Flut gewinnen, nur ein Hundertstel ihrer heutigen Gesamt-Kraftwerks-Kapazität. Selbst am günstigsten aller Standorte, der Fundy-Bucht an der Grenze zwischen USA und Kanada, wo es einen Tidenhub bis zu 19,6 Metern gibt und statt zweimal täglich 100 Millionen Kubikmeter Wasser, wie an der Rance, 100 Milliarden in einen trichterförmigen Meeresteil strömen, wären bestenfalls 1000 MW zu gewinnen.

1968

Anläßlich der Eröffnung des Mehrzweck-Kernkraftwerkes Schewtschenko *(→ 10. Oktober 1968),* das anfänglich 55 000, später 150 000 Kubikmeter entsalztes Meerwasser täglich gewinnt *(→ 1920),* legt das Oakridge National Laboratory der damaligen US-Atomenergie-Behörde konkrete Pläne für

Nukleare Agro-Industrie-Komplexe in trockenen (ariden) Gebieten

vor: Je 1000-MWe-Reaktor können damals bereits 1,5 Millionen Kubikmeter Meerwasser täglich entsalzt werden, rund 550 Millionen Kubikmeter pro Jahr, die für die Bewässerung von 80 000 Hektar bei einer, von 40 000 Hektar bei zwei Ernten genügen. Bei 2400 Kilokalorien Nahrungsbedarf pro Kopf täglich ernähren diese 2,4 Millionen Menschen. Bei nur 40 Prozent Erwerbstätigen und nur 5000 Dollar Produktion pro Kopf bedeutet das jährlich 5 Milliarden Dollar zusätzliche Wertschöpfung.

Der gleiche 1000-MWe-Reaktor liefert Strom genug, um durch Elektrolyse aus Meerwasser den nötigen Wasserstoff und aus der Luft den nötigen Stickstoff für 730 000 Tonnen Mineraldünger sowie 130 000 Tonnen Phosphor jährlich zu gewinnen, genug Dünger für etwa 5 Millionen Hektar. Das heißt das rund 30- bis 60fache des Neuland-Eigenbedarfes und bei Export Nahrung für weitere 30 bis 90 Millionen Menschen.

Statt Mineraldünger kann aus Meerwasser Magnesium gewonnen oder können Aluminium oder Stahl hergestellt werden, je 1000 MWe etwa 275 000 Leichtmetall oder 700 000 Tonnen Stahl jährlich. Diese Energienutzung zur Meerwasser-Entsalzung und Grundstoff-Gewinnung bedeutet nicht nur Neuland und zusätzliche Lebensmöglichkeiten, sondern auch

Kapitalbildung aus dem „Nichts“,

denn ungenutzt sind die Sonnenenergie, die Luft und das Meerwasser wertlos. Trockengebiete zu befruchten bedeutet, beim heutigen Welt-Ertragsdurchschnitt (der nur ein Drittel der Höchsterträge beträgt) pro Hektar 35 000 Kilowattstunden zusätzliche Sonnenenergie bei einer, 70 000 bei zwei Ernten zu gewinnen. Der Hektar-Geldertrag intensiv genutzten Ackerlandes ist rund 1600mal höher als der von aridem Weideland, beträgt mindestens 2000 Dollar. Trockengebiete und Wüsten bedecken mit etwa 35 Millionen Quadratkilometern fast ein Drittel der festen Erdoberfläche und haben 32 000 Kilometer Meeresküsten. Wird nur ein Zehntel dieser Gebiete, das heißt 350 Millionen Hektar, durch Ausweitung des Wasserkreislaufs genutzt, so ergibt das jährlich rund 12 Billionen Kilowattstunden zusätzlich genutzter Sonnenenergie und 700 Milliarden Dollar, etwa eineinhalb Billionen DM zusätzlichen Produktionswert allein an Agrarproduktion. Der Elektrolyse-Wasserstoff und der Stickstoff aus der Luft sind als Mineraldünger etwa 400 DM je Tonne wert. Durch die Nutzung arider Gebiete entsteht auf die verschiedenste Art Arbeit und Kaufkraft, und auf die kommt es an, wenn allen Menschen ein menschenwürdiges Dasein gesichert werden soll.

1968 — 10. April

Kernenergie wird auf zwei Arten freigesetzt: Entweder durch Spaltung schwerer Atomkerne, die Kern-Fission, die alle heutigen Kernkraftwerke nutzen, oder durch die Verschmelzung leichter Kerne, die Kern-Fusion, wie sie vor etwa 4,7 Milliarden Jahren in der Sonne begann und die das Siebenfache der Fissions-Energie ergibt.

Die in der Sonne ablaufende Kettenreaktion,

durch die, unter Freisetzung fast unvorstellbarer Mengen Energie, Wasserstoff in Helium verwandelt wird, haben 1928 bis 1940 die deutschen Physiker Friedrich Houtermann, Carl Friedrich von Weizsäcker und der aus Deutschland in die USA ausgewanderte Hans Albrecht Bethe rechnerisch rekonstruiert. Diese Kernfusion läuft in allen Fixsternen ab und setzt Bedingungen voraus, wie sie nur in deren Innerem herrschen: überirdische Temperaturen und enormen Druck. Denn wenn schwere Atomkerne relativ leicht zerfallen und die Kernphysik ja durch die Entdeckung der natürlichen Radioaktivität *(→ 24. Februar 1896)* entstanden ist, so setzen die leichten Kerne ihrer Verschmelzung heftigen Widerstand entgegen, weil sie alle positiv geladen sind und sich so gegenseitig abstoßen. Erst bei extremen Temperaturen lösen sich die negativ elektrisch geladenen Elektronen von den Atomkernen, und es entsteht ein „Plasma", ein hochionisiertes Gas, als eine homogene Mischung aus freien Elektronen und nackten Atomkernen, in der die Partikel derart chaotisch durcheinanderschwirren, daß sie häufig zusammenstoßen und Wasserstoff-Kerne zu Helium-Kernen verschmelzen. Damit genügend Teilchen aufeinandertreffen, muß das Gas eine gewisse Dichte haben, jeder Kubikzentimeter etwa 100 Trillionen Wasserstoff-Kerne enthalten. Das Plasma, das auseinanderstrebt, muß lange genug zusammengehalten werden, um eine Kettenreaktion zu ermöglichen; im Grund ist es wie beim Feuermachen: Die Zündflamme muß heiß genug sein und lange genug auf den Brennstoff einwirken.

Für das Zusammenhalten des Plasmas und dessen nötige Dichte sorgt auf der Sonne die Gravitation, deren Schwerefeld. Da die Masse der Sonne 333 000mal größer ist als die der Erde, scheint es naturgesetzlich ausgeschlossen, auf der Erde gleiche oder ähnliche Reaktionsbedingungen zu schaffen. Aber die Wasserstoff-Bombe gibt es bekanntlich *(→ 6. November 1952)*: Mit einer „Zünd"-Temperatur von etwa einer Million °C, welche die Uran-Kernfission liefert, sind etwa 400

Millionen Grad ausgelöst worden. Und heute steht fest: Auch die friedliche Nutzung der Kernfusion ist möglich, denn Plasma-Dichte und Reaktions-Temperatur können umgekehrt proportional zueinander variieren. Wir können den nicht erreichbaren Sonnen-Druck durch das Vervielfachen der Sonnen-Temperatur (die im Innern etwa 12 bis 15 Millionen °C beträgt) ausgleichen und statt der Gravitation den Elektromagnetismus zum Zusammenhalten des Plasmas benutzen.

Das Prinzip des magnetischen Plasma-Einschlusses

ist einfach: Ein metallischer Ringschlauch, der „Torus", enthält den gasförmigen und durch Ionisation elektrisch leitfähig gemachten Grundstoff des Plasmas. Dieses Gas bildet die Sekundärwindung eines Transformators und heizt sich auf, sobald Strom in dessen Primärkreiswindungen eingeleitet wird. Zugleich entsteht durch den Plasma-Strom ein inneres Magnetfeld, das im Zusammenwirken mit dem äußeren die geladenen Plasma-Teilchen auf Bahnen in der Nähe der Torus-Mitte zwingt, so daß ihre Hitze nicht auf die Torus-Wand übertragen wird. Werkstoffe, die Dutzende oder Hunderte Millionen Grad Hitze aushalten, sind undenkbar. Magnetkräfte, die „nichtmaterielle Behälter" für derart heißes Plasma schaffen, aber sehr wohl *(→ 1937).*

Praktisch konstruieren solche „Behälter" erstmals die Russen: Nachdem Andrej Dimitrijewitsch Sacharow bereits 1950 mit Igor Jewgenewitsch Tamm durch das Modell eines Thermonuklear-Reaktors die entsprechenden Forschungen in Gang gebracht hat und 1956 die Akademie-Mitglieder Lew A. Arzimowitsch und M. A. Leontowitsch mit Stromstärken von zwei Millionen Ampere und einer Million Grad Temperatur arbeiten, wird am 10. April 1968 im Moskauer Kurtschatow-Institut ein „magnetischer Groß-Behälter" von Arzimowitsch und seinen Mitarbeitern erfolgreich erprobt und eine fünfzigstel Sekunde lang eine Plasma-Temperatur von 10 Millionen °C erzielt. Diesen

„Tokamak"-Typ des Fusions-Reaktorkerns

studiert auf Einladung der Russen Sebastian Pease, der Leiter des Culham Fusions-Forschungslabors der britischen Atomenergiebehörde bei Oxford mit seinen Mitarbeitern fünf Monate lang und bestätigt alle sowjetischen Meß-Daten. Der „Tokamak" wird in England, Frankreich, der Bundesrepublik, den Vereinigten Staaten und Japan nachgebaut. Er liegt dem JET („Joint European Torus") zugrunde, der von den Mitgliedsländern der EG, der Schweiz und Schweden geschaffenen Forschungsanlage in Culham, welche die englische Königin im April 1984 eröffnet. Nur hat dieser Torus nun sechs Meter Durchmesser statt der zwei des Moskauer Prototyps, und das toroidale Magnetfeld beträgt hier mit 27 Kilo-Gauß

das 135 000fache des Magnetfeldes der Erde.

Es erfordert Elektromagnete, die natürlich nur durch Supraleiter *(→ 1911),* durch die Tiefsttemperatur-Forschung und andere, weitab von der Kernforschung liegende Fortschritte möglich geworden sind. Bei der Erprobung dieser Anlage im Dezember 1983 versetzt ein Strom von 3 Millionen Ampere binnen zwei Sekunden Wasserstoffgas von geringer Dichte in ein Plasma von 10 Millionen °C.

Drei Jahre später sind 80 Millionen °C erreicht, das mehr als Dreifache der im Sonnen-Inneren herrschenden Temperatur. Der Tokamak des Laboratoriums für Plasmaphysik in Princeton, New Jersey, bringt (dem US-Energieministerium zufolge) im Juli 1986 sogar 200 Millionen °C zustande, nur nicht lange genug, um den Druck auszugleichen, der im Sonnen-Inneren herrscht. Der Wettstreit geht weiter, doch ob er 1990 entschieden ist, ist fraglich. Da wird JET, das ausschließlich der Erarbeitung wissenschaftlicher Erkenntnisse dient, durch die europäische Gemeinschafts-Organisation NET ersetzt („Next European Torus"), welche die Kernfusion technisch reif machen soll und auch für die rentable Gewinnung der Fusions-„Brennstoffe" zuständig ist.

Die Ausgangsstoffe der Kernfusion

sind die schweren Wasserstoff-Isotope Deuterium und Tritium. Das zweiwertige Deuterium, das mit Sauerstoff das Schwere Wasser bildet, hat Harold C. Urey 1932 in Elektrolyse-Wasser entdeckt. In jedem Liter gewöhnlichen Wassers sind etwa 0,2 Gramm Deuterium enthalten, aber einfacher zu gewinnen ist es durch fraktionierte Destillation von flüssigem Wasserstoff: er siedet bei minus 252°C. Deuterium wird bei minus 249°C flüchtig. Tritium — Wasserstoffatome mit 2 Neutronen und einem Proton und somit dem Atomgewicht 3 — ist seit 1947 bekannt. Es entsteht durch Neutronenbeschuß von Lithium, ist zwar seit 1950 auch in gewöhnlichem Wasser nachgewiesen, aber da gibt es nur ein Tritium-Atom auf 100 Billiarden gewöhnlicher Wasserstoff-Atome. Lithium ist das leichteste aller Metalle, sein spezifisches Gewicht beträgt 0,534. Es kommt als Chlorid und Bromid in zahlreichen Salzseen vor, in riesigen Mengen im Toten Meer und im Searles Lake Kaliforniens. Ein 1979 im bolivianischen Altiplano entdeckter Salar (ausgetrockneter Salzsee) gilt mit rund tausend Quadratkilometern als größtes und reichstes Lithiumvorkommen der Welt. Als Silikat, Phosphat und Fluorid bildet Lithium große Lagerstätten, vor allem in Kanada und in Zimbabwe, dem früheren Süd-Rhodesien. Bedeutung erhält das 1817 von einem Berzelius-Schüler entdeckte Metall erst als Bestandteil der Wasserstoff-Bombe. In Fusions-Kraftwerken soll es als Neutronenfänger dienen, die Fusions-Wärme übertragen und zugleich ständig den Tritium-Vorrat ergänzen.

Jedes Gramm Deuterium entspricht rund 100 000 Kilowattstunden Strom.

Praktisch würde ein Fusions-Kraftwerk von 2500 Megawatt Leistung stündlich 20 Gramm Schweres Wasser und 60 Gramm Lithium brauchen, während für die gleiche Leistung heute etwa tausend Tonnen Kohle nötig sind. Und Kernfusions-Energie ist „rein", es gibt Strahlungsgefahren so wenig wie „Atommüll" oder irgendeine Luftverschmutzung.

Scheint die Tokamak-Methode der Kernfusion die aussichtsreichste, so ist sie aber nicht die einzige. Es gibt neben dem magnetischen auch den „Trägheits-Einschluß" des Plasmas und Laser-Zündmethoden *(→ 1960)*, deren Brauchbarkeit ebenfalls erwiesen ist. 1969 gelingt Nikolai G. Basow und seinen Mitarbeiten im sowjetischen Lebedew-Institut, aus einem laserbeheizten Plasma Neutronen freizusetzen, nachdem sie in einem Deuterium-Tritium-Kügelchen

durch Implosion das Zehntausendfache des ursprünglichen Drucks

und durch die entsprechende Aufheizung eine Kernfusion ausgelöst haben. Bei dieser Methode wird das Plasma, statt es durch magnetische Kräfte einzuschließen, gezwungen, seine Energie derart rasch abzugeben, daß es keine Zeit zum Ausbrechen hat, durch seine Trägheit dicht genug bleibt. Ein „Pellet", ein Kügelchen aus Fusions-Brennstoff, wird mit Laserlicht „beschossen". Seine Oberfläche verdampft augenblicklich und ehe das Pellet Zeit zum Zerstäuben hat, breitet sich eine Druckwelle gegen sein Zentrum hin aus, die den Brennstoff hundertmal dichter als Blei macht und stark genug ist, um dort Fusionsbedingungen zu schaffen. Daß sich solch ein Vorgang tatsächlich abspielt, hat Basow, wie gesagt, 1969 bewiesen. Am 19. September 1969 werden auch im Atomforschungszentrum Limeil bei Paris durch einen Laserstrahl von 50 Milliarden Watt, der fünf Millardstel Sekunden lang anhält, 52 Wasserstoffkerne zu Heliumkernen verschmolzen. 1970 gelingt im Institut für Plasmaphysik in Garching bei München die Bündelung noch höherer Energien. Zehn Jahre nach dem sowjetischen Erfolg gibt es

Laser von 26 000 Terawatt = 26 Billiarden Watt,

kohärentes Licht mit mehr Energie, als im gesamten Stromnetz der Vereinigten Staaten vorhanden ist. Aber diese liefern die riesigen Kondensatoren nur 95 Trillionstel Sekunden lang. Viel zu kurz, um eine Kernfusion auszulösen.

Weltweit gehen Forschung und Versuche weiter. Wie es ihm Rahmen von EURATOM zu gemeinsamer Fusions-Forschung gekommen ist, so durch die Internationale Atomenergie-Agentur in Wien zur INTOR, einer Organisation, in der Westeuropa, die Sowjetunion, die Vereinigten Staaten und Japan zusammenarbeiten. Bereits 1967 haben in Stockholm 300 Experten aus 20 Ländern ihre Erfahrungen mit Hochtemperatur-Plasmen ausgetauscht und auch die Regierungen sind sich nun bewußt, worum es geht. Denn wenn zum Beispiel der Bau der Tokamak-Anlage in Culham 322 Millionen Ecu oder damals 190 Millionen Dollar gekostet hat, so kosten die westeuropäischen Energie-Importe in ihrem Eröffnungsjahr 1983 über 90 Milliarden Dollar.

Kein Fachmann zweifelt heute mehr daran, daß es zur großtechnisch nutzbaren, kontinuierlichen Kernfusion kommen wird und damit zur

Schaffung einer unerschöpflichen Energiequelle, die niemand als Machtmittel mißbrauchen kann.

Denn in jedem Kubikmeter Meerwasser sind etwa 35 Gramm Deuterium enthalten. Weniger als 15 Tonnen Meerwasser kommen an Energiegehalt 1,5 Millionen Tonnen Kohle gleich. Der Wasserinhalt der Weltmeere von 1350 Millionen Kubikkilometern wird durch den Wasserkreislauf ständig erneuert. Praktisch realisierbar liefert durch die Kernfusion jeder Liter Wasser die Energie von 225 Litern Benzin. Der damalige Chef der amerikanischen Atomenergie-Kommission, Glen T. Seaborg, sagt 1970: „Lernt der Mensch den Prozeß beherrschen, der die Sonne strahlen läßt, so kann er Energie freisetzen, die Hunderten Ozeanen voller Mineralöl entspricht."

Ob das in 10, 20 oder 50 Jahren gelingt, kann niemand sagen. Aber mehr als 2000 hervorragende Forscher und Techniker arbeiten heute an der Lösung des Kernfusions-Problems. Diese Arbeit ergibt auch „Nebenprodukte", wie zum Beispiel die Plasma-Triebwerke zur Positionierung von Raumsonden oder verbesserte Methoden der umweglosen Elektrizitätsgewinnung in Magneto-Hydrodynamischen Kraftwerken *(→ 10. Oktober 1960).*

1968 — 1. Juli

Als Präsident Harry S. Truman am 7. August 1945 dem amerikanischen Volk die Atom-Bombardierung von Hiroshima vom Vortag mitteilt, sagt er: „Nur die Vereinigten Staaten konnten diese größte Bombe der Kriegsgeschichte schaffen, kein anderes Land verfügt über die nötigen industriellen Einrichtungen und Erfahrungen und ist in der Lage, drei Milliarden Dollar für solch ein Kriegswagnis zu riskieren." Felsenfest ist er überzeugt, daß der immense Aufwand, den damals die Nuklearwaffen-Herstellung erfordert, den USA ihr Monopol sichern wird.

Schon 1949 (10. Juli) haben die Russen „aufgeholt". 1952 wird Großbritannien die dritte „Atom-Macht", werden am 3. Oktober Fissions-Versuche bei den Montebello-Inseln in Nordwest-Australien durchgeführt. Am 15. Mai 1957 wird im Pazifik eine britische Wasserstoff-Bombe gezündet. Durch seine am 13. Februar 1960 in der Sahara durchgeführte Erprobung wird Frankreich die vierte Atom-Macht, seit dem 24. August 1968 besitzt es auch thermonukleare Waffen. Und schließlich beweist am 16. Oktober 1964 die Volksrepublik China — ein „Entwicklungsland", dem weder Moskau noch Washington derartiges zugetraut haben — durch eine Atombomben-Explosion in Sinkiang, daß es so gut wie keine Grenzen für die

Atombomben-Wucherung

gibt. Gleichzeitig mit ihrer Bombe haben die Chinesen Träger-Raketen entwickelt (die sie ja im Jahr 1255 erfunden haben). Am 27. Oktober 1966 gelingt ihnen das Ins-Ziel-Bringen eines 20-Kilotonnen-Sprengkopfes über rund 600 Kilometer. Ihre erste Wasserstoff-Bombe zünden die Chinesen am 17. Juni 1967, und heute verfügen sie über Interkontinental-Raketen ebenso wie über Atom-Unterseeboote.

Der „Erfolg“ der Volksrepublik China veranlaßt die beiden Supergroßen zu einer gemeinsamen Aktion: Am 24. August 1967 legen die Vereinigten Staaten und die Sowjetunion der Genfer Abrüstungs-Konferenz den Entwurf eines „Anti-Proliferations-Abkommens“, eines Atom-Sperrvertrages vor. Gleichzeitig in Moskau, Washington und London wird am 1. Juli 1968 dieser

Vertrag über die Nicht-Weiterverbreitung von Kernwaffen

zur Unterzeichnung aufgelegt, am gleichen Tag von 52 Staaten, darunter allen NATO- und allen Warschaupakt-Mitgliedern, unterzeichnet. Weitere 62 Staaten verzichten in den folgenden zehn Jahren auf jederlei Art Kernwaffen. Zweck des Vertrages ist die Begrenzung der Atom-Macht auf die Staaten, die sie bereits besitzen — und die sich auch nicht den in ihrem Vertrag vorgesehenen internationalen Kontrollen unterwerfen.

Erreicht wird dieser Zweck nicht. Am 5. März 1970 ist durch die nötigen Ratifizierungen das Abkommen in Kraft getreten. Aber am 18. Mai 1974 kommt es zur Kernwaffen-Erprobung Indiens mit Hilfe von Plutonium, das in einem Indien von Kanada geschenkten Versuchs-Reaktor gewonnen worden ist. Jedermann weiß damals auch bereits, daß Israel Atombomben besitzt. Technisch und wirtschaftlich sind nun

mindestens zwanzig Staaten in der Lage, eigene Nuklearwaffen herzustellen.

Die auf Grund des indischen Atombomben-Versuchs 1975 zustandegekommene Industrieländer-Vereinbarung gegen den Mißbrauch von ihnen gelieferten Kernkraftwerken, Nuklear-Forschungseinrichtungen oder kriegerisch verwendbarer Hoch-Technologie ändert daran nichts.

1968 — 10. Oktober

Enrico Fermi, der Erbauer des ersten aller Kernreaktoren *(→ 2. Dezember 1942)*, erklärt 1944: „Das Land, das den besten Brüter-Reaktor entwickelt, wird bei der Atomenergie-Nutzung der Welt führen.“ Denn Natur-Uran enthält nur 0,7 Prozent spaltbares Uran-235, Leichtwasser-Reaktoren nutzen nur weniger als ein Hundertstel der Uran-Vorräte der Erde und dazu muß der Brennstoff mit großem Energieaufwand angereichert werden. In

„Brüter“-Reaktoren

verwandeln schnelle — nichtmoderierte — Neutronen die 99,3 Prozent nichtspaltbares Uranium-238 in spaltbares Plutonium-239 und dazu noch in mehr Spaltstoff, als diese Reaktion erfordert: Ein 1000-MW-Brüter verbraucht etwa 200 kg Plutonium jährlich und läßt bis zu 450 kg Plutonium entstehen. Er versorgt sich nicht nur selbst, sondern „brütet“ Brennstoff für einen zweiten Reaktor aus.

Das geschieht, indem um die Brennelemente des Reaktor-Kerns, die sich von denen der Leichtwasser-Reaktoren äußerlich nicht unterscheiden, ein „blanket“ gelegt wird, eine „Decke“ von mit nicht-spaltbarem Uran gefüllten Stäben, die so einer ständigen Neutronenbestrahlung ausgesetzt sind. Brüter können auch mit Thorium oder mit Plutonium betrieben werden, und Plutonium liefert 20 Prozent mehr Neutronen als Uran. Indem sie den giftigen Atombomben-Sprengstoff Plutonium in Energie verwandeln, sind Brüter die besten Beseitiger dieses in allen Leichtwasser-Reaktoren entstehenden „Abfalls“. Vor allem aber gelingt durch Brüter

die Versechzigfachung der Energie-Freisetzung aus Uran

und damit die Versechzigfachung des Energie-Potentials der Welt-Uranvorkommen. In Brütern verwendet, reichen die heute bekannten Vorkommen für mindestens drei Jahrtausende.

Was Brüter technisch von Leichtwasser-Reaktoren unterscheidet, ist die sehr dichte Anordnung der Brennelemente, durch die auch höhere Temperaturen und damit bessere Wirkungsgrade erzielt werden. Vor allem aber die Kühlung durch flüssiges Natrium statt durch Wasser. Brüter arbeiten ohne Überdruck, bieten auch andere technische Vorteile, aber mit flüssigem Natrium umzugehen, muß gelernt werden und erfordert neuartige Pumpsysteme usw. Zwar hat die Brüter-Entwicklung schon 1951 mit einer kleinen Versuchsanlage in Arco in Idaho begonnen, aber auch der 1964 in Betrieb genommene amerikanische EBR-II hat nur 17 MW elektrische und 62,5 MW thermische Leistung. Er bleibt bis 1984 der größte der USA; jetzt ist der CRBR mit 375 brutto der größte.

Die russische Brüter-Forschung hat 1948 in Obninsk begonnen, wo am 27. Juni 1954 auch das erste, nur der Stromerzeugung dienende Kernkraftwerk in Betrieb gekommen ist.

Der erste Leistungs-Brutreaktor der Welt

wird am 10. Oktober 1968 bei der Wüstenstadt Schewtschenko am Ostufer des Kaspischen Meeres ans Netz geschlossen. Er leistet 200 MW, gibt 135 MW als elektrischen Strom ab, 65 MW als Dampf zur Meerwasser-Entsalzung. Die Anlage in Schewtschenko ist auch die erste aller nuklearen Meerwasser-Entsalzungsanlagen *(→ 1920 und 1968),* seit 1973 beträgt die thermische Leistung 1000 Megawatt.

Die Brennelemente dieses Brüters werden nach jeweils 150 Tagen ausgewechselt. Seine „Brutrate“ = Verdopplungszeit, in der ein Brüter doppelt soviel Plutonium erzeugt als er Uran oder Thorium verbraucht hat, beträgt zehn Jahre. Seit 1980 ist der Brüter Belojarsk von 1470 MWth und 600 MWe in Betrieb, und heute gibt es einen 1600-MWth-Brüter, dessen Brutrate nur sechs Jahre betragen soll.

Im Westen führen beim Brüter-Bau die Franzosen. Hier beginnt die Entwicklung 1957. Fünf Jahre später wird ein neuartiger Kernbrennstoff aus gesintertem Mischoxyd von Plutonium und Uran geschaffen, 1967 mit diesem im südfranzösischen Kernforschungszentrum Cadarache ein 40-MWth-Reaktor betrieben. 1973 kommt der Brüter „Phénix“ in Marcoule in Gang, der 265 MWe und 590 MWth leistet, damit einen Wirkungsgrad-Rekord von 43 Prozent aufstellt und mit 14,8 Millirem pro Jahr zugleich die geringste Strahlenbelastung aller Kernkraftwerks-Belegschaften aufweist. Die Abgabe radioaktiver Gase an die Umwelt beträgt 140 Curie/Jahr, während 85 000 international genehmigt sind. Der 1200-MWe-„Super-Phénix“ beim Dorf Malville in der Rhône-Ebene, 60 km östlich Lyon, nimmt am 7. September 1985 seinen Betrieb auf und erreicht im Juni 1986 seine volle Leistungsfähigkeit. Sein Brennstoff besteht aus einer Mischung von 33,5 Tonnen abgereichertem Uranoxyd (das heißt Uran, dem durch Isotopentrennung das spaltbare Uran-235 entzogen worden ist) und 5,5 Tonnen Plutoniumoxyd (das heißt Leichtwasser-Reaktor-„Abfall“).

Insgesamt sind 1987 auf der Welt zehn große Brut-Kernkraftwerke in Betrieb, drei in Bau, sieben geplant. Und durch den symbiotischen — für beide Partner nützlichen —

Verbund von schnellen Brut- und Hochtemperatur-Reaktoren,

das heißt, durch die Verwandlung von nicht-spaltbarem Uranium in spaltbares Plutonium und von nicht-spaltbarem Thorium in spaltbares Uran-233 kann nach Schweizer Berechnungen eine Elektro-Wasserstoff-Wirtschaft aufgebaut werden, durch die selbst bei 100 000 Kilowattstunden Primär-Energieverbrauch pro Kopf und Jahr (dem Fünffachen des heutigen Weltdurchschnitts und dem mehr als Doppelten des jetzigen Verbrauchs der Hochentwickelten)

sechs Gramm Kernbrennstoff pro Einwohner und Jahr für die Deckung des Gesamt-Energiebedarfes

genügen und die heute bekannten Kernbrennstoff-Vorräte für 17 Jahrtausende ausreichen.

1969 — 10. Juni

Wenn von dieser Energieform selten die Rede ist, so hat die Gravitation oder Massenanziehung nichtsdestoweniger das Werden unserer heutigen Welt tiefgreifend beeinflußt und tagtäglich macht sie uns zu schaffen. Durch sie sind unsere Werften und Flugzeugwerke entstanden. Dem Studium der Gravitation widmen Galilei *(→ 1589)* und Kepler, Newton *(→ 1666 bis 1687)* und Einstein die besten Jahre ihres Lebens. Diese Ur-Kraft gibt es, seit es die Sonne und die Erde gibt, aber was sie eigentlich ist, weiß nach wie vor niemand. Wir überwinden sie seit Jahrtausenden, indem wir ihre Gegenkräfte, wie zum Beispiel den Auftrieb, nutzen, bekämpfen sie sozusagen mit Brachialgewalt durch die ihr überlegenen Kräfte unserer Düsen- und Raketen-Triebwerke. Aber unbeantwortbar bleibt: Wenn es eine Massen-Anziehung gibt, muß es dann nicht auch eine Massen-Abstoßung geben? Wenn es Lichtwellen und Photonen gibt und wir aus dem Weltall stammende Radiowellen messen, muß es dann nicht auch Gravitations-Wellen geben?

In seiner großen Abhandlung über die Allgemeine Relativitätstheorie behauptet Albert Einstein 1916, daß alle beschleunigten Massen Energie abstrahlen und es deshalb

Energie in Form von Gravitationswellen

geben müsse. Seine Berechnungen werden von Arthur Stanley Eddington bestätigt, der seit 1914 Direktor der Sternwarte von Cambridge ist und der darauf hinweist, daß im Milchstraßensystem (wie in anderen Galaxien) riesige Stern-Massen dauernd und mit höchster Beschleunigung in Bewegung sind und hier die stärkste Quelle der Gravitations-Strahlung liegen müsse. Aber ein Nachweis solcher Strahlungen ist mit den damaligen Mitteln unmöglich, und über der Erforschung der kleinsten Materie-Teilchen, die zur Nutzung der Kernenergie führt, werden die größten aller Energiequellen, die Himmelskörper, vernachlässigt. Erst die Entdeckung der „Quasare“ im Jahr 1963 ändert das.

„Quasare“ = „quasi-stellar sources“ sind „Fast“-Sterne, praktisch punktförmige kosmische Radioquellen, die außerordentlich hohe Energiemengen ausstrahlen und wahrscheinlich weit außerhalb unserer Galaxis liegen. 1967 wird ein „Pulsar“ entdeckt, ein Himmelskörper, der mit der Regelmäßigkeit einer Präzisions-Uhr Radioimpulse aussendet und zwar in Perioden, die zwischen einer Hundertstel Sekunde und mehreren Sekunden liegen. Man vermutet, daß es sich bei Pulsaren um schnell rotierende Neutronen-Massen handelt, das Endstadium einer Supernova *(→ 7. August 1912).* Und man vermutet, daß Quasare und Pulsare auch Strahlungen abgeben, die heute noch nicht registriert und gemessen werden können. Vielleicht auch Gravitations-Wellen?

Mit diesen beschäftigt sich der Amerikaner Joseph (Joe) Weber, ein Elektro-Ingenieur, der 1950 Physik-Professor der Universität Maryland in Baltimore geworden ist, seit 1958. Am 10. Juni 1969 veröffentlicht er im „Physical Review Letter“ das Ergebnis seiner elfjährigen Versuche, Gravitationswellen kosmischen Ursprungs experimentell nachzuweisen, und erklärt, im Januar, Februar und März 1969 siebzehn

„Gravitations-Energieausbrüche“ aus dem Weltall

registriert zu haben. Webers „Meß-Antennen“ bestehen aus zwei soliden Aluminiumzylindern von etwa eineinhalb Meter Länge und 60 Zentimetern Durchmesser, die derart in Vakuum-Behältern aufgehängt sind, daß mechanische, thermische und elektro-magnetische Störungen aus der Umgebung fast total unterdrückt werden. Geraten sie in Schwingung, wird diese von an ihnen angebrachten piezoelektrischen Kristallen in elektrische Signale umgewandelt. Und zwar auch dann, wenn die Verlängerung und Verkürzung der Detektoren durch Energie-Einwirkungen nur dem Durchmesser eines Atoms gleichkommen. Um sicher zu sein, daß es sich um kosmische und nicht um irdische Einwirkungen handelt, verwendet Joseph Weber einen Aluminiumzylinder in seinem Laboratorium in Baltimore, einen identischen zweiten rund tausend Kilometer entfernt im Argonne National Laboratory bei Chicago.

Webers Apparatur erfaßt nur einen kleinen Bereich der Milchstraße und dieser ist arm an großen astronomischen Ereignissen. Hier gibt es nur zwei bis vier Supernova-Katastrophen während eines Jahrhunderts, auch auf die Pulsare, die nur etwa 10 Kilometer Durchmesser haben, sprechen die Weber-Antennen nicht an. Aber seit 1973 verwendet eine Forschergruppe unter Professor Heinz Billing im Max-Planck-Institut für Physik und Astrophysik in München zwei Massiv-Aluminiumzylinder von je 1300 kg Gewicht. Mit diesen können

die bisher genauesten Längenmessungen in der Geschichte der Physik

durchgeführt werden. Sie registrieren bis zu einem Hundertstel eines Atom-Durchmessers.

Allerdings entsteht dabei durch die thermische Eigenbewegung der Aluminium-Atome und der der Übertragungs-Kristalle ein Rauschen, das eventuelle Weltraumwellen-Wirkungen übertönen könnte. An der Stanford-Universität in Kalifornien betreibt deshalb seit 1975 William Fairbanks einen Weber-Zylinder bei nur 4°C über dem absoluten Nullpunkt und schaltet dadurch dieses thermische

Rauschen ab. Die Münchner Forscher verwenden seit 1976 Laser-Interferometer, die Gravitationswellen aus einem Einzugsbereich von 10 Millionen Lichtjahren erfassen müßten, nun etwa 10 000 Galaxien überwachen, in denen es jede Woche ein astronomisches Ereignis gibt, das Gravitationswellen aussenden könnte. Wie in Amerika und Deutschland wird in der Sowjetunion Gravitations-Forschung betrieben. Hier sucht vor allem der Physiker Kiril Stanjukowitsch nicht nur nach Gravitations-Wellen, sondern auch nach der möglichen Existenz von

Massen-Abstoßung, welche die Massen-Anziehung aufhebt.

Seit Jahrtausenden werden die Planetenbewegungen beobachtet. Sie gehorchen den Gesetzen der Gravitation und nur diesen, irgendwelche Gegenkräfte sind nicht festzustellen. Aber wie es positive und negative Elektrizität gibt, gibt es magnetische Anziehungs- und Abstoßungskräfte. Einstein hat versucht, durch eine „Allgemeine Feld-Theorie" die Gravitation und die Elektrodynamik den gleichen Gesetzen zu unterwerfen. Das ist ihm nicht geglückt, eine „Anti-Gravitation" scheint bis in die jüngste Vergangenheit unmöglich. Aber 1949 hat der Amerikaner Roger Babson in New Boston, New Hampshire, eine „Gravity Research Foundation" gegründet, weil sein Enkel ertrunken und so „ein Opfer der feindlichen Macht Schwerkraft" geworden ist. Diese hat systematisch und mit erheblichem Aufwand

das Interesse an der „Anti-Gravitation"

wachgehalten und schließlich auch das Pentagon zu Versuchen veranlaßt. Das Pentagon-Interesse hat das großer Flugzeugfirmen geweckt und George S. Trimble zum Beispiel, Leiter der „Abteilung Zukunfts-Projekte" der Martin Aircraft Co., erklärt 1958, die Annahme einer „Anti-Gravitation" sei gewiß nicht phantastischer als die Einstein'sche Annahme der Materie-Energie-Identität. Auch die Sikorski-Flugzeugwerke setzen drei Forscher auf die Massen-Abstoßung an, aber ihr Gründer, der russische Helikopter-Pionier Igor Sikorski, erklärt 1970: „Je intensiver sich die Forschung mit Schwerkraft-Fragen beschäftigt, desto stärker spürt sie, daß wir da einem Mysterium gegenüberstehen."

Inzwischen hat die Nuklearphysik zur

Entdeckung der Anti-Materie

geführt, sie eröffnet der Anti-Gravitations-Forschung ganz neue Perspektiven: Der Atomkern gewönlicher Materie wird von positiv geladenen Protonen gebildet, um die negativ geladene Elektronen kreisen. Anti-Materie hat negativ geladene Anti-Protonen, umgeben von Positronen, von positiv geladenen Elektronen. Im Jahr 1965 wird der Kern des schweren Anti-Wasserstoffs experimentell nachgewiesen und ebenso, daß die zwischen einem Nukleon und einem Anti-Nukleon wirkenden Kernkräfte zu einem gebundenen System beider Teilchen führen können.

Zwar ist Anti-Materie im Laboratorium nicht stabil; sobald sie mit Materie zusammentrifft, zerstrahlt sie zu Energie. Auch in unserem Milchstraßen-System ist sie nicht nachzuweisen. Aber es könnte sehr wohl

Galaxien, die nur aus Anti-Materie bestehen,

geben und diese statt durch die Gravitation von der Anti-Gravitation beherrscht werden, in ihnen statt Anziehungs-, Abstoßungskräfte wirken, wie sie ja auch Magnet-Schwebebahnen ermöglichen. Da die Gravitation alle Materieteilchen anzieht, die Anti-Gravitation ungleiche auseinandertreibt, wären das Endresultat unterschiedliche Galaxien, die nebeneinander bestehen. Allerdings dürften sie einander nicht zu nahe kommen, denn die Folge wäre gegenseitige Vernichtung. Und zwar unter Freisetzung von

Energien, gegen die die von der Sonnen-Kernfusion freigesetzten winzig erscheinen

und die das Weltende bedeuten könnten.

1973 — 9. August

Zu den wichtigsten aller Energie-Zahlen gehört und wird immer

die sogenannte „Solar-Konstante"

gehören, welche die Menge der von der Sonne *(→ vor etwa 4,7 Milliarden Jahren)* abgestrahlten Energie angibt: Befindet sich die Erde in ihrer mittleren Entfernung von der Sonne, so erhält jeder senkrecht zu dieser ausgerichtete Quadratmeter der äußersten Erd-Atmosphärenschicht binnen einer Minute 1,39 Kilowatt.

Diese Energie ist ungleich geringer als die zum Beispiel von der Sonnen-Sonde „Helios" 1975 am sonnennächsten Punkt gemessene, mit rund 15 Kilowatt (bei 180° C Temperatur) elfmal so große. Und die „Solar-Konstante" ist weitaus höher als die auf die Erdoberfläche gelangende Sonnenenergie-Menge. Diese beträgt in Mitteleuropa bei den günstigsten Strahlungsbedingungen, das heißt bei einer Sonnenhöhe von 60 Grad, wolkenlosem und dunstfreiem Himmel, auf einer senkrecht zur Strahlung ausgerichteten Fläche, 0,7 Kilowatt. Aber auf der „Solar-Konstante" beruhen alle Berechnungen des Wärmehaushaltes der Erde, damit des Wasserkreislaufs und der Wirkung der Atmosphäre. Die Frage, ob diese Zahl wirklich eine „Konstante" ist, das heißt tatsächlich und stets unveränderlich, ist zum Beispiel nicht nur entscheidend wichtig für die richtige Einschätzung der

Zukunfts-Wirkungen der Kohlendioxyd-Zunahme in der Lufthülle der Erde *(→ 1958 bis 1987)*, sondern

die Beständigkeit der Solarenergie-Abstrahlung gehört zu den Existenz-Bedingungen der Menschheit.

Bereits die Erhöhung der Sonnen-Leuchtkraft um ein Hundertstel müßte die Oberflächentemperatur der Erde um etwa 2° C steigern, damit deutlich unser Klima verändern. Ebenso tiefgreifend müßte sich eine Leuchtkraft-Verminderung auswirken, und auch da würden relativ geringe Variationen genügen, denn der Unterschied zwischen der heutigen mittleren Temperatur und der der Eiszeiten beträgt ja nur 3 bis 5° C.

Ist also die „Solar-Konstante" konstant?

Deren erste Berechnung erfolgt 1838 durch Claude-Servaes-Mathias Pouillet. Repetitor an der Pariser Ecole Normale, unterrichtet Pouillet 1827 bis 1829 die Kinder König Louis-Philippes in Naturwissenschaften und wird 1838 Professor der Physik an der Sorbonne. Im gleichen Jahr konstruiert Pouillet sein „Pyrheliometer", eine geschwärzte Metallscheibe bekannter Fläche und thermischer Kapazität, deren Temperaturzunahme während einer gewissen Zeit gemessen wird. Auf Grund dieser Messungen berechnet Pouillet die Temperatur der Sonnen-Oberfläche mit 5958° C, während heute die mittlere Abstrahlungstemperatur der Sonnen-„Reaktorhaut" mit 5800 Kelvin = rund 5537° C angenommen wird. Die „Solar-Konstante" beträgt Pouillet zufolge 1357 Kalorien statt der heute geltenden 1930 je Quadratzentimeter.

Pouillets Instrument wird natürlich verbessert, und einer der Begründer der Astrophysik, Anders Jonas Angström, erfindet 1890 eines, das die Erwärmung eines Metallstreifens durch die Sonne und eines anderen durch den elektrischen Strom vergleicht und das jahrzehntelang in Gebrauch bleibt. Aber alle Messungen und die Sonnen-Forschung überhaupt leiden darunter, daß von der Erde aus halbwegs genau nur das sichtbare Licht und die Strahlung im Radiowellenbereich gemessen werden können. Schon die Turbulenzen und Streuungen in der Lufthülle lassen eventuelle Änderungen der „Solar-Konstante" so wenig erkennen wie

die Vorgänge in der Sonnen-Korona.

Die Sonne ist bekanntlich ein von einer granulierten, etwa 350 Kilometer messenden und damit gegenüber den rund 700 000 Kilometern Sonnen-Radius hauchdünnen, aber relativ festen Schicht umgebener Gasball. Diese, die Sonnenenergie abstrahlende, „Photosphäre" wird von der „Chromosphäre" umgeben, die aus weniger dichter Materie besteht, diese schließlich von der „Korona", welche die Sonne bis zum Vielfachen ihres Durchmessers umgibt und aus hochionisierten Eisen-, Nickel- und Calcium-Atomen gebildet wird. Sie ist stark veränderlich, die hier in „flocculi", in Wolken, angeordneten Atome bewegen sich sehr unregelmäßig, von einer Minute auf die andere kann sich die Helligkeit der Korona verzehnfachen. Normal aber ist sie nicht heller als der Mond, auch am Sonnenrand leuchtet sie nur eine Million Mal schwächer als die Sonne selbst und ist so untertags nicht sichtbar. Gäbe es keine Sonnenfinsternisse, wäre man kaum auf sie aufmerksam geworden.

Bis 1932 kann die Korona nur während einer Sonnenfinsternis beobachtet werden. Dann konstruiert der Franzose B. Lyot seinen „Coronographen“, der etwa 500 000mal soviel Sonnenlicht abblendet, als er beobachtbar macht. Aber auch dieser funktioniert praktisch nur dort, wo es wenig atmosphärisches Streulicht gibt, nur in Höhen von mindestens 2000 Metern über dem Meer, und so bleibt bis zur Raumfahrt-Ära die Korona-Forschung auf sechs Hochgebirgs-Observatorien beschränkt. Durch „Skylab III“ jedoch kommt es 1973 bis 1974 zu achteinhalb Monaten Korona-Beobachtung statt der zusammen 80 Stunden während aller Sonnenfinsternisse seit 1839, als die ersten Sonnen-Fotografien gemacht werden. Und dazu in 430 Kilometern Höhe, damit ohne Erdatmosphäre-Behinderung. Schließlich startet die NASA im Febraur 1980 den 2,5 Tonnen schweren Satelliten „Solar Maximum Mission“, beginnt ein mit 80 Millionen Dollar dotiertes Forschungsprogramm, welches das Sonnenflecken-Maximum nutzt, das in die Monate August 1979 bis Februar 1981 fällt. Dieses Programm und die „Skylab“-Beobachtungen der Sonnen-Eruptionen im Sommer 1973 revolutionieren die Sonnen-Kenntnis.

Große, mit freiem Auge sichtbare

Sonnenflecken

sind bereits um 1000 v. Chr. als „Raben in der Sonne“ in chinesischen Annalen beschrieben worden. Der arabische Arzt und Philosoph Ibn Roschd, den wir Averrhoes nennen, beobachtet sie im Jahr 1160 in Marokko. Wiederentdeckt werden sie 1610 bis 1611 unabhängig voneinander durch Johann Fabricius, Galileo Galilei und Christoph Scheiner, weil diese das 1608 von dem holländischen Brillenmacher Johann Lipperhey erfundene Fernrohr benutzen. Scheiner bestimmt mit Hilfe der Sonnenflecken 1613 die Rotationszeit der Sonne und die Lage ihres Äquators, beobachtet damals als Erster auch die „Sonnen-Fackeln“.

Die Zusammenhänge zwischen Sonnenflecken-Häufigkeit und irdischen Vorgängen

werden erst im 19. Jahrhundert erkannt: Maurice Henry weist 1815 nach, daß die Sonnenflecken weniger Wärme abstrahlen als die klaren Teile der Sonnenoberfläche. Der Dessauer Apotheker und Amateur-Astronom Samuel Heinrich Schwabe entdeckt 1843 die etwa elfjährige Periodizität der Sonnenflecken-Häufigkeit. Das veranlaßt den Gründer und ersten Direktor der Eidgenössischen Sternwarte in Zürich, Rudolf Wolf, 1849 die Flecken-Beobachtungen international zu standardisieren, bis ins Jahr 1610 zurückgehende Daten zu sammeln und durch ein Legat die Zählung auch nach seinem Tod sicherzustellen. Bis heute weitergeführt, ergeben diese Sonnenflecken-Registrierungen sehr hohe Maxima alle 80 Jahre, sehr niedrige Minima ebenfalls alle 80 Jahre. Sie ergeben aber auch bisher unerklärliche Abweichungen: Die mittlere jährliche Sonnenflecken-Zahl beträgt 1610 etwa 52, in den Jahren 1630 bis 1715 stets weniger als 20. 1730 plötzlich aber 120, 1778 dann 239. Werden 1957 als Rekord 263 gezählt, so 1960 nur 190. Immer wieder auch sinkt die Zahl auf 20 bis 30 ab.

Die Übereinstimmung der Sonnenflecken- mit den Witterungs-Zyklen

sucht der russische Meteorologe und Klimatologe Wladimir Peter Köppen (von dem die heutige Klima-Klassifizierung stammt) bereits 1873 nachzuweisen. Iwan Sawelljew zeigt 1894, daß die Baum-Jahresringe mit der Fleckenhäufigkeit in Beziehung stehen, einen 11,2jährigen Aktivitäts-Zyklus der Sonne wiederspiegeln. Ähnlich wie das 680 Millionen Jahre alte Sedimentations-Schichten in Australien tun, die der Geologe G. E. Williams 1980 untersucht. Den engen Zusammenhang der Sonnenflecken mit dem Erd-Magnetismus und dem Nordlicht hat Hermann Fritz bereits 1887 nachgewiesen.

Die Ursache der Sonnenflecken-Bildung

aber kennen wir nach wie vor nicht. Ihre Entwicklung aus kleinen Poren zu oft riesigen Flächen wird wirbelartigen Strömungsvorgängen in der Sonne zugeschrieben, bei denen Magnetfelder von bis zu 4500 Gauß (= 0,45 Tesla) entstehen, dem etwa Zehntausendfachen des Erd-Magnetfeldes von 0,35 bis 0,5 Gauß. Aber was diese Wirbelbildungen auslöst? Und wodurch und warum die Flecken in der über ihnen liegenden Chromosphäre Hunderte Eruptionen auslösen, Gaswolken mit bis zu millionenfachen Temperaturen der Sonnen-Oberfläche? Wir wissen es nicht, aber die Ausmaße können nun exakt gemessen werden und haben in den letzten Jahrzehnten alle früheren Vorstellungen fast unglaublich übertroffen: „Normale“ Sonnenflecken haben einen Durchmesser von einigen Tausenden Kilometern, als Maximum gilt lange einer von 200 000. Aber am 8. April 1947 wird auf der südlichen Hemisphäre der Sonne ein Fleck gemessen, der eine Länge von 300 000 und eine Breite von 145 000 Kilometern hat, eine Fläche von 18 Milliarden Quadratkilometern. Im Elf-Jahre-Rhythmus hat das Jahr 1969 eine Maximalzahl von Sonnenflecken gebracht. 1972 hätte also ein „ruhiges“ Sonnenjahr sein müssen. Aber am 12. Juli wird ein Sonnenfleck beobachtet, der binnen 23 Tagen zu einem rundlichen Konglomerat mit vielen Kernen wird, das mit etwa 5,6 Milliarden Quadratkilometern die mehr als zehnfache Fläche der Erde einnimmt. In der darüberliegenden Chromosphäre kommt es zu fast 100 Eruptionen und am 7. August 1972 zu einer Gaswolke von 150 000 Kilometern Durchmesser, die 50 000 Kilometer weit in den Weltraum geschleudert wird.

An diesem Tag steht in einer deutschen Boulevard-Zeitung in Riesen-Lettern:

> *„Gefahr für die Erde. Explosion auf der Sonne. Wissenschaftler befürchten jetzt: Erdbeben drohen. Krebsgefahr nimmt zu. Unfallziffer steigt. Wir werden schneller alt.“*

Von einer „Sonnen-Explosion“ kann keine Rede sein. Die genannten Gefahren sind pure Phantasie. Aber was in den letzten Jahrzehnten auf der Sonne vorgeht, hat immense Bedeutung, und die Eruption von 1972 ist klein, verglichen mit der 1973 registrierten: Am 9. August 1973 macht der „Skylab“-Spektro-Heliograph eine Ultraviolett-Aufnahme einer Helium-Eruption, die 800 000 Kilometer weit in den Weltraum reicht und da plötzlich blockiert wird. Wodurch, bleibt unbekannt. Geschieht das durch eine Kombination von Gravitations- und Magnetfeldern, so müssen diese fast unvorstellbare Stärken gehabt haben.

Aber alles, was mit solchen Eruptionen zusammenhängt, hat kosmische Ausmaße: Schon um die Magnetfeld-Konfigurationen zu bilden, die zwischen den Nord- und Südpol-Trägern der Sonnenflecken entstehen, sind Ströme von Billionen Ampere nötig. Während der Eruption selbst entstehen Temperaturen bis zu einer Milliarde Grad, innerhalb weniger Minuten werden

Energien vom Milliardenfachen der Gesamtleistung aller europäischen Kraftwerke

freigesetzt. Zwar nur kurzfristig, ähnlich wie die gewaltigen Energien der Blitze nur ganz kurz wirksam werden, aber mit keineswegs zu unterschätzenden irdischen Wirkungen. Denn die Sonneneruptions-Energie wird in allen Wellenlängen abgestrahlt, als Röntgenstrahlen, als optisches Licht, ultraviolettes Licht und als Radiowellen. Würde die Röntgenstrahlung die Erdoberfläche erreichen, wäre sie für alle Lebewesen tödlich. Aber sie wird in etwa 80 Kilometern Höhe durch die Atmosphäre absorbiert und biologisch praktisch unwirksam. Sie ionisiert aber die Atmosphäre derart stark, daß Kurzwellen von ihr nicht mehr reflektiert werden. Das Magnetfeld der Erde verändert sich derart, daß es zu „Magnetischen Stürmen“ kommt. Vor allem die Wolken solarer Materie, die von den Eruptionen oft bis zur Erde getrieben werden, verlagern nicht nur das Polarlicht in mittlere Breiten und manchmal bis zum Äquator, sondern wirken auf unsere elektronischen Geräte wie ein starker Scheinwerfer auf das menschliche Auge. Sie „blenden“ sie, überdecken mit ihren Strahlen die irdischen. Da beginnen nicht nur die Magnetnadeln zu tanzen und wird das Navigationssystem der Brieftauben ausgeschaltet, da kommt es auch zu Überlastungen von Fernsprech-Netzen. Die von der Sonne ausgelösten „Magnetischen Tornados“ des 24. und 25. März 1940 zum Beispiel unterbrechen nicht nur die interkontinentalen Radioverbindungen, sondern, so unglaublich das klingt, selbst die Unterseekabel-Verbindungen.

Dennoch sind solche Störungen bedeutungslos verglichen mit den Wirkungen, die

eine dauernde Veränderung der „Solar-Konstante“

haben müßte. Diese ist durch die beschriebene Sonnen-Eruption vom 9. August 1973 verändert worden. Das hat ein 1974 bis 1980 durchgeführtes Meß-Programm des U.S. Jet Propulsion Laboratory ausgelöst, das mit Hilfe von Raketen und Satelliten durchgeführt wird. Dieses ergibt zwar nur Variationen der Gesamt-Sonnenabstrahlung von weniger als einem Zehntel Prozent, aber im Ultraviolett- und Radiobereich der Wellen werden starke, im Zusammenhang mit der Sonnenflecken- und Eruptionstätigkeit stehende Abweichungen registriert. Diese bestätigt auch das Kitt Peak National Observatory in Arizona, das Abweichungen der Ultraviolettstrahlung von bis zu 2,3 Prozent mißt. Schließlich ergibt das NASA-„Solar-Max“-Programm: Die „Solar-Konstante“ ist nicht konstant.

Was die Energieabstrahlung der Sonne verändert, wissen wir nicht, und ebensowenig, ob es sich um vorübergehende oder dauernde Schwankungen handelt. Untersucht wird jetzt vor allem

die Sonnen-Oszillation.

Mit einer Periode von fünf Minuten schwingt die Oberfläche und das ganze Innere der Sonne. Dabei handelt es sich um Schallwellen sehr tiefer Frequenz, die zwischen der Oberfläche und dem Sonnen-Inneren hin- und herpendeln. Als sowjetische Astrophysiker das 1967 durch einen Zufall entdecken, werden sie im Westen nicht ernstgenommen. Französische Forscher, die am Südpol arbeiten, wo die Sommertage 24 Stunden dauern, sollen die sowjetische Behauptung als unsinnig erweisen, finden aber statt dessen, das sie richtig ist. Seither gibt es als jüngsten Zweig der Astrophysik

die „Helio-Seismologie“.

Sie hat bereits verschiedene Annahmen über das Sonnen-Innere und vor allem dessen Temperatur korrigiert. Und diese neue Methode könnte die Zweifel über die „Solar-Konstante“ beseitigen. Fest steht bisher aber nur: Wir wissen noch weitaus zu wenig über die Sonne und die Art, wie sie ihre Energie abstrahlt. Ebenso zu wenig über die Art, wie die Atmosphäre die Sonnenenergie transportiert, um das zukünftige Klima voraussagen zu können und damit das zukünftige Schicksal der Menschheit. Solange wir nicht sehr viel mehr als heute wissen, ist keine der heutigen Katastrophen-Theorien ernstzunehmen *(→ 7. August 1912, 1958 bis 1987, 10. März 1987, 21. März 1987).*

1973

Alle fossilen Energieträger sind das Endprodukt der Photosynthese *(→ vor etwa 2,9 Milliarden Jahren),* der Umsetzung von Wasser und Kohlendioxyd in Kohlenwasserstoffe durch die Pflanzen und das Sonnenlicht. Diese Energieträger sind im Verlauf von Dutzenden oder Hunderten Millionen Jahren entstanden, praktisch also nicht erneuerbar. Aber könnte nicht auch

die Bio-Photolysis, die biologische Wasserspaltung

in Wasserstoff und Sauerstoff genutzt und damit sich ständig erneuernde Energie gewonnen werden?

Die höheren Pflanzen erzeugen mit Hilfe des Chlorophylls Wasserstoff aus Wasser, nicht in Form des gasförmigen Elements, sondern in Form von Ionen und Protonen, die in ihren komplizierten Kohlehydrat-Aufbauprozeß eingehen. Gewisse Mikroorganismen hingegen enthalten das Enzym Hydrogenase, das die normale Photosynthese blockiert und die sehr wohl gasförmigen Wasserstoff bilden. Inwieweit das praktisch zu nutzen ist, haben Spezialisten 1973 auf einer von der National Science Foundation in Washington organisierten Konferenz diskutiert, heute gelten neben blaugrünen Algen purpurfarbene Bakterien als aussichtsreiche Bio-Wasserstoff-Produzenten. Denn sie enthalten Rhodopsin, das Pigment der Tieraugen, das Licht in elektrische Signale an das Gehirn verwandelt. Weltweit wird heute daran gearbeitet, die Bio-Photolysis zu einem Mittel der Sonnenenergie-Nutzung zu machen.

1974

Die meiste Energie wird in Form von Wärme gebraucht und Wärme wird bei der Kernspaltung freigesetzt. Kernreaktoren sind also ideale Wärme-Lieferanten, aber speziell für Heizzwecke konstruierte Reaktoren gibt es erst seit 1974. Da werden in der Gold-Bergwerkssiedlung Bilibino auf der sowjetischen Tschuktschen-Halbinsel vier

Heizkraft-Kernreaktoren

in Betrieb genommen, jeder liefert 12 MW Strom und pro Stunde 25 Gigakalorien (= rund 29 000 kWh) Wärme für die Goldwäsche, die Raumheizung und für Treibhäuser. Dieser „Bilibino-Reaktortyp" deckt heute praktisch ohne Wärmeleitungsverluste zentral den Bedarf von 460 Siedlungen, vor allem in der Sowjet-Arktis.

1980 nimmt auch das französische Kommissariat für Kernenergie in seinem Forschungszentrum Saclay bei Paris einen speziell für Gebäudeheizung entwickelten Reaktor, den 50 MWth „Thermos" in Betrieb, der nur mit einem Drittel der in den Leichtwasser-Reaktoren üblichen Temperaturen arbeitet und mit 10 bar statt deren 70 bis 100 bar Druck. Im gleichen Jahr entwerfen die Atomenergie-Behörden Schwedens und Finnlands gemeinsam mit interessierten Privatfirmen den „Secure" (= „Safe and Environmentally Clean Urban Reactor"), wird als Prototyp

„ein sicherer, Umwelt-reiner Stadt-Reaktor"

gebaut, der für 200 MWth ausgelegt ist. Im Boden versenkt, hat dieser Reaktor einen Kern, den eine Art Taucherglocke umgibt. Bei Störfällen läuft diese automatisch mit borhaltigem Wasser voll, das die Kettenreaktion stoppt. Auch der Strahlenschutz ist derart, daß der „Secure" innerhalb von Großstädten betrieben werden kann und somit lange Heizwärme-Wege vermieden werden.

1975

Zweifellos ist die Gewinnung von Energie aus Bio-Masse, der durch Lebensvorgänge, vor allem die pflanzliche Photosynthese *(→ vor etwa 2,9 Milliarden Jahren)* gebildeten Stoffe,

die sinnvollste und wirtschaftlichste Art der Sonnenenergie-Nutzung,

denn sie erfordert keine komplizierten Kollektor-, Konzentrations- und Speicheranlagen. Seit dem Auftauchen der ersten Baum-artigen Pflanzen *(→ vor etwa 400 Millionen Jahren)* gibt es die Bio-Masse Holz, seit der Nutzung des Feuers *(→ vor etwa 1,7 Millionen Jahren)* und bis weit ins 19. Jahrhundert ist Holz auch der wichtigste Energieträger. Aber das Holz wird von der Kohle und dem Erdöl verdrängt und andere nachwachsende Energieträger werden mißachtet: Kartoffel-Sprit zum Beispiel gibt es bereits seit 1747 und brauchbare Spiritus-Motoren seit 1897. Äthylalkohol ist ein hervorragender Energieträger, denn sein Wärmewert ist mit 7100 Kilokalorien (= 29 728 Kilojoule) nur um etwa ein Zehntel geringer als der von Steinkohle und doppelt so hoch wie der des Brennholzes. Aber jahrtausendelang hat er Bedeutung nur als Rauschgift. Erst durch die Vervielfachung der Mineralölpreise *(→ 10. September 1960)* kann

Alkohol als Bio-Energieträger

großindustriell und rentabel aus Zucker gewonnen werden. Bis 1973 ist das Öl so billig, daß durch Zucker-Exporte bezahlte Mineralöl-Einfuhren weit vorteilhafter sind als die Zuckervergärung zur Treibstoff-Gewinnung. Daß sich der Alkohol als Energieträger seit 1975 in Brasilien durchsetzt, liegt an ganz besonderen wirtschaftlichen Umständen.

Brasilien ist das holzreichste Land der Erde, es verfügt auch über enorme Wasserkräfte, deren Potential (der Weltbank zufolge) 214 000 Megawatt beträgt und erst zu einem Sechstel genutzt wird. Aber Brasilien ist auch so groß wie die Vereinigten Staaten. Es braucht sehr viel Energie für sein Transport- und Verkehrswesen und, solange es keine brauchbaren Elektromobile gibt, Öl. Davon gewinnt es zwar 1986 rund 30 Millionen Tonnen statt zehn Jahre vorher nur 8 Millionen, aber nach wie vor weitaus zu wenig. Vor allem durch

die Verzehnfachung der Straßennetz-Länge

in den Jahren 1940 bis 1980 steigt gleichzeitig der Anteil des Mineralöls am brasilianischen Gesamt-Energieverbrauch von 9 auf 42 Prozent. Dementsprechend steigt die Mineralöl-Einfuhr und durch die Ölpreis-Vervielfachung wird sie zu einer unerträglichen Belastung. Binnen zehn Jahren nehmen die Ölimport-Kosten von 0,8 auf 10 Milliarden Dollar zu, auf die Hälfte aller brasilianischen Devisen-Einnahmen. Sie vor allem verursachen ein Ertragsbilanz-Defizit von 1974 bis 1980 zusammen 52,4 Milliarden Dollar, von denen über 50 im Ausland geliehen werden müssen. Der Zinssatz steigt gleichzeitig von 6 auf 21,5 Prozent, und so betragen die Auslandsschulden Brasiliens 1987 über 112 Milliarden Dollar statt der etwas mehr als 6 Milliarden im Jahr 1970.

Brasilien ist also ein Musterbeispiel dafür, was Energie-Importabhängigkeit bedeuten kann, aber auch ein Beispiel für erfolgreiche Umstellungs-Maßnahmen. Brasilien ist heute das einzige Land, in dem Alkohol als Energieträger eine Rolle spielt. Denn das Land gehört ja seit langem auch zu den großen Zucker-Erzeugern, 1984 ist es mit 9,3 Millionen Tonnen der führende Produzent (während im Jahr darauf die Sowjetunion die Führung übernimmt). Da die ausgepreßten Zuckerrohr-Stengel,

die „Bagasse“

oder „bagazo“, ein guter Brennstoff sind (und zu Briketts oder Pellets verarbeitet acht Zehntel des Heizwertes der Kohle besitzen), wird seit jeher als Nebenprodukt auch Alkohol erzeugt. Seit 1966 wird in Brasilien dem Benzin 20 Prozent Alkohol zugesetzt. Das macht die Regierung 1975 obligatorisch und im gleichen Jahr wird das „Programa Nacional de Alcool Próalcool“ erlassen, das jährliche Staatskredite von einer Milliarde Dollar für den Ausbau der Alkohol-Produktion vorsieht. Damals beträgt die brasilianische Alkohol-Gewinnung 641 Millionen Liter. 1986/87 sollen es 14,3 Milliarden sein. Dieses Plan-Ziel wird zwar nicht erreicht, sondern nur 12,2 Milliarden Liter gewonnen, aber das ist das rund Zwanzigfache von 1975 und

der größte Alkohol-Produzent der Welt

ist nun die brasilianische Genossenschaft „Copersucar“, die seit 1972 ein Forschungszentrum unweit von Sao Paulo unterhält. Durch die Einführung neuer Zuckerrohr-Varietäten ist der Ertrag binnen einem Jahrzehnt um 25 Prozent auf durchschnittlich 50 Tonnen je Hektar gebracht worden, 1986 als Bestleistung auf 70 Tonnen je Hektar. Die Alkohol-Ausbeute ist durch verbesserte Fermentations- und Destillations-Methoden von 60 auf 70 Liter pro Tonne Rohr gestiegen, das heißt je 100 kg Zucker. Die Hälfte allen Alkohols stammt nun aus Betrieben, die nur Treibstoff herstellen, all ihren Zucker vergären.

Der Ausweitung und Rationalisierung des Zuckerrohr-Anbaus und der Alkohol-Gewinnung läuft

die Produktion von Nur-Alkohol-Autos

parallel: Die erste Übereinkunft der brasilianischen Regierung mit den lokalen Automobil-Herstellern kommt 1976 zustande, die ersten 3169 Personenwagen, die nur Alkohol brauchen und deren Vierzylinder-Motoren 46 kW (62 PS) leisten, stellt das Fiat-Werk Belo Horizonte 1979 her. Die erste Million Alkohol-Autos setzen Fiat und VW-Brasil 1980 bis 1982 ab, 1983 sind rund 90 Prozent aller im Land hergestellten Personenwagen reine Alkohol-Fahrzeuge. 1987 sind von Brasiliens etwa 12 Millionen Kraftfahrzeugen rund ein Viertel Nur-Alkohol-Verbraucher. Durch sein Bio-Treibstoff-Programm hat das Land binnen zehn Jahren 12 Milliarden Dollar an Öl-Einfuhrkosten gespart und zugleich 700 000 Arbeitsplätze geschaffen.

Natürlich hat dieser Erfolg auch seine Schattenseiten: Obwohl Brasiliens Nutzfläche 1950 bis 1985 von 18 auf 52 Millionen Hektar fast verdreifacht worden ist, sind dennoch erst 6 Prozent des Gesamtareals agrarisch genutzt. 140 Millionen Hektar, die hervorragend für den Mais-, Weizen-, Soja- und Sorghum-Anbau geeignet wären, sind heute Weideland. Obwohl Brasiliens Bevölkerung von höchstens 5 Millionen im Jahr 1830 und etwa 17 Millionen im Jahr 1900 auf jetzt fast 150 Millionen gestiegen ist, gibt es noch jede Menge ungenutzten Boden. Aber es mangelt am Kapital für die Neulanderschließung. Nur die Großgrundbesitzer verfügen über die nötigen Mittel, so gehören 1985 einem Prozent aller privaten brasilianischen Bodenbesitzer 58 Prozent allen Nutzlandes gegen 1965 erst 47 Prozent. Daraus ergibt sich

der Ziel-Konflikt Treibstoff: Nahrung.

Wenn Bio-Energie mehr Gewinn bringt als Nahrungs-Energie, kann es leicht zur Vernachlässigung des Kampfes gegen den Hunger gegenüber dem Kampf gegen den Treibstoffmangel kommen und Hungersnöte gibt es im trockenen Nordosten Brasiliens nach wie vor regelmäßig. Mindestens 40 Millionen Brasilianer leben noch auf dem Stand der Naturalwirtschaft. Die Städte wuchern, allein in der Ballungszone Sao Paulo leben nun 18 Millionen Menschen und brauchen Bio-Energie in Form von Nahrung.

Wie in Brasilien gibt es bekanntlich auch anderswo auf der Welt noch sehr viele Hungrige, und so sollte bei der Bio-Treibstoff-Propaganda bedacht werden, was Lester Brown, Präsident des Washingtoner „Worldwatch Institute", 1980 anläßlich des „Gasohol-Rummels" in den USA sagt:

> *„Der Teil der Weltbevölkerung, der reich genug für Autos ist, konkurriert nun mit dem, der genug Reis oder Bohnen zu erlangen sucht, um nicht zu verhungern."*

Und Autos sind anspruchsvoll: Zur Ernährung jedes Asiaten stehen heute ein Zehntel Hektar zur Verfügung. Zur Ernährung jedes Amerikaners vier Zehntel. Für jedes Auto aber, das mit einem Benzin-Alkoholgemisch fährt, werden acht Zehntel Hektar gebraucht und für jedes nur mit Alkohol betriebene drei Hektar.

Glücklicherweise ist die Bio-Treibstoffgewinnung schon klimatisch bedingt nur in wenigen Ländern wirtschaftlich. Nur Brasilien kann 260 000 Quadratkilometer zu „Treibstoff-Äckern" machen, eine Fläche, ausgedehnter als die der Bundesrepublik Deutschland. Und nur in Brasilien und sehr wenigen anderen Ländern geht die Energie-Rechnung auf: Hier gibt es die für die Destillation benötigte Wärme als Abfall. Je mehr Zuckerrohr angepflanzt wird, desto mehr „Bagasse" steht zur Verfügung. In den Vereinigten Staaten jedoch stellen die Farmer zur Zeit der höchsten Ölpreise Alkohol aus Mais her und verbrauchen für hundert Liter Äthanol 70 Liter Heizöl. Werden die Düngemittel-Energie, der Dieselölverbrauch für die Maisgewinnung, der Transport-Energieverbrauch usw. berücksichtigt, so ist hier der

Bio-Treibstoff energetisch ein Verlust-Geschäft.

Was allerdings nicht so zu bleiben braucht: Ein 1983 von der Krupp-Industrietechnik entwickeltes Verfahren liefert 65 bis 70 Liter Alkohol pro 100 kg Stärke (zum Beispiel 300 bis 350 kg Kartoffeln) oder fast das theoretische Maximum von 72 Litern. Wird der kalorische Wert der als Schlempe anfallenden Futtermittel einbezogen, so liefert dieser Alkohol

42 Prozent mehr Energie als die eingesetzte,

ohne diesen Faktor beträgt der Netto-Energiegewinn 17 Prozent. Denn der Dampf-Bedarf pro Liter Alkohol ist mit 2,5 kg auf weniger als die Hälfte konventioneller Destillations-Kolonnen gesenkt worden. Das Einweichen und Verflüssigen der Ausgangsstoffe unter Enzyme-Zusatz erfolgt bei 70 bis 100°C, das heißt bei wesentlich niedrigeren als den bisher üblichen Temperaturen. Ein neu isolierter Hefe-Stamm der Art Saccharomyces Cerevisiae gibt schon bei 40°C um 8 Prozent mehr Alkohol als herkömmliche Hefen.

Weit höhere Alkohol-Ausbeuten als bisher werden auch durch die Verwendung von Bakterien statt Pilzen wie die Hefe erzielt: Zymomonas mobilis-Bakterien zum Beispiel werden von den Indios Mittelamerikas seit undenklichen Zeiten zur Alkoholgewinnung verwendet, aber großtechnisch eingesetzt werden sie (von einem Kölner Unternehmen) erst seit 1984: Aus bei der Weizen-Verzuckerung entstehendem Abfall gewinnen diese Bakterien in zwei jeweils 70 Kubikmeter fassenden Gärbehältern täglich rund 10 Tonnen Alkohol. Sie verbrauchen nur halb soviel Zucker für sich selbst als Hefepilze und gewinnen in der gleichen Zeit durch ihr schnelles Wachstum etwa siebenmal soviel Alkohol wie diese. Einzig ein bestimmtes Vitamin muß der Gärmasse hinzugefügt werden.

Alkohol als Energieträger hat also Chancen, besonders wenn er aus Abfällen gewonnen wird. Ungeheure Mengen Abfall gibt es aber heute nicht nur in der Landwirtschaft, sondern vor allem auch in der Waldwirtschaft. Leicht wird vergessen, daß nach wie vor

fast drei Zehntel der festen Erdoberfläche Wälder

tragen und noch immer weit mehr Holz vergeudet als genutzt wird. Schon seit Ende des Ersten Weltkrieges aber gibt es großindustrielle Holzverzuckerungs-Methoden (→ *1918 bis 1920)*, und Holzzucker-Alkohol hat wie Rohrzucker-Alkohol den doppelten Heizwert von Brennholz.

1977

Die Lieferung von in den Vereinigten Staaten angereichertem Uran *(→ 1943)* an ausländische Kernkraftwerke wird vom US-Senat kontrolliert, der sie zum Beispiel 1966 an Frankreich einstellt, um General de Gaulle für seine selbständige NATO-Politik „zu bestrafen". Da auch die damalige US-Atomenergie-Kommission als Monopolverwaltung nicht zimperlich ist, Vertragsabschlüsse acht Jahre vor ihrer ersten Lieferung und für die ersten drei Jahre Wartezeit je eine Million Dollar Minimal-Vorauszahlung fordert, baut Frankreich bei Pierrelatte im Rhône-Tal eine eigene Isotopen-Trennanlage und bildet mit England, der Bundesrepublik Deutschland und den Niederlanden das EURODIF-Konsortium.

Aber Pierrelatte arbeitet, wie die amerikanischen Anlagen, nach dem Gasdiffusions-Verfahren, braucht für die Trennung des spaltbaren U-235 vom nichtspaltbaren U-238 rund 1300 Schritte und sehr viel Strom. In Deutschland aber haben bereits 1941 Wilhelm Groth und Paul Harteck am Physikalisch-Chemischen Institut der Universität Hamburg

die Uran-Isotopen-Trennung durch Nutzung der Zentrifugalkraft

(→ 1879) entwickelt. Konrad Beyerle in der Firma Anschütz in Kiel (die 1908 durch ihren Kreisel-Kompaß weltberühmt geworden ist) baut die nötige Ultra-Zentrifuge: Durch deren 60 000 Umdrehungen pro Minute werden die schwereren U-238-Teilchen nach außen geschleudert, das leichtere U-235 reichert sich nahe der Achse an. Die Massen-Differenz der Uranium-Hexafluorid-Moleküle ist weit größer als ihre Geschwindigkeits-Differenz (die beim Gasdiffusions-Verfahren zum Trennen dient), und so kommt die Zentrifugal-Trennmethode mit einem Zehntel von deren Energiebedarf aus. Aber auch hier sind die technischen Probleme enorm. Zwar werden 1942 in Deutschland 100 Gramm schwach angereichertes Uran gewonnen, aber bei diesen bleibt es *(→ 16. Dezember 1941)*, denn auch für einen Kernreaktor kann sich Deutschland nicht genug Uran beschaffen.

Von den deutschen Ultrazentrifugen-Spezialisten sind zwei 1945 in die Sowjetunion „eingeladen" worden und können erst 1955 heimkehren: der österreichische Physiker Dr. Gernot Zippe in die Bundesrepublik, Professor Dr. Max Steenbeck in die DDR. Dr. Zippe nimmt seine Arbeit bei der „Degussa" wieder auf, aber die Vereinigten Staaten sehen ihr Monopol in Gefahr, zwingen die Bundesrepublik, das Zentrifugal-Trennverfahren für strikt geheim zu erklären. Da sie so keine Patente anmelden kann, stellt die „Degussa" die Arbeiten ein. Erst im August 1964 kann die GKT, die „Gesellschaft für Kernverfahrenstechnik", in Jülich gegründet werden, und erst 1971 kommt es mit Hilfe der Regierungen Großbritanniens, der Bundesrepublik und der Niederlande zur URENCO, der „Uranium Enrichment Company", an der mit je einem Drittel die deutsche Uranit GmbH, die British Nuclear Fuels Ltd. und die Ultra-Centrifuge N.V. beteiligt sind. Professor Jakob Kistemaker in Duivendrecht bei Amsterdam und Dr. Konrad Beyerle vervollkommnen die Zentrifugen-Kaskaden, welche die

Pioniere Harteck (der in die USA „eingeladen“ war), Steenbeck und Zippe sowie der Engländer Stanley Whitley entwickelt haben. Rund 2000 Mitarbeiter machen die Zentrifugal-Isotopentrennung technisch reif. Als 1977

die Uran-Anreicherungsanlage in Almelo

in Betrieb kommt, ist der Trenn-Effekt achtzehnmal höher als der von den Diffusions-Filtern, der Strombedarf zwölfmal geringer, der Kapitalbedarf ein Zehntel. Eine zweite Anlage wird in Capenhurst in England gebaut. Im August 1985 kommt schließlich die dritte in Gronau in der Bundesrepublik Deutschland in Gang:

Europa ist für seinen Kernbrennstoff-Bedarf von den Vereinigten Staaten und der Sowjetunion unabhängig

(die 1973 Lieferverträge mit Frankreich und der Bundesrepublik und im Mai 1974 mit Spanien geschlossen hat). Am 13. Januar 1978 kann die URENCO einen Liefervertrag mit Brasilien schließen. Sie arbeitet auch mit Japan zusammen, das seit 1980 in Okayama auf der Insel Honshu eine Trennanlage besitzt.

Die Sowjetunion trennt seit 1975 U-235 und U-238 in einem Arbeitsgang durch Kohlendioxyd-Laser *(→ 1960 und 10. April 1968)*, deren Wellenlängen genau auf die zwei verschiedenen der Uran-Isotope abgestimmt sind. Mit einer sowjetischen Lizenz betreibt seit 1978 die amerikanische „Exxon Nuclear“ eine Pilot-Anlage in Seattle im Staat Washington. Aber durch welches System die inzwischen veralteten amerikanischen Staats-Anlagen ersetzt werden sollen, hat der US-Kongreß bisher noch nicht entschieden.

1977 — 13. Juli

Jede Energiefreisetzung bringt Gefahren mit sich *(→ 1869)*, noch größere aber

Energie-Mangel.

Die heutige Industrie-Gesellschaft ist in Gefahr, weil stets genügend Energie als „selbstverständlich“ gilt, die Großstadtbewohner sich nicht klar darüber sind, was zum Beispiel längerer Stromausfall bedeuten kann. Erst der Zusammenbruch großer Versorgungsnetze rüttelt sie auf — und nur lokal und kurzfristig.

New York ist die erste Stadt der Welt, in der es eine öffentliche Stromversorgung gibt *(→ 4. September 1882)* und auch die erste mit einem öffentlichen Fernsprechnetz. Und gerade deshalb wird hier der Unterschied zwischen den beiden ignoriert: Ist ein Fernsprech-Netz überlastet, so bekommt man keine Verbindung, aber weiter passiert nichts. Schaltet sich an ein voll ausgelastetes Stromversorgungs-Netz auch nur ein zusätzlicher Teilnehmer an, so bricht es für alle an ihm hängenden Verbraucher zusammen.

Das geschieht in New York am 9. November 1965: Die Flugzeug-Piloten, die damals am späten Abend die Stadt anfliegen, sehen wie immer das Lichtermeer Manhattans vor sich. Doch plötzlich scheint die Riesen-Agglomeration wie vom Erdboden verschwunden. Während 13 Stunden bleiben nicht nur New York, sondern acht US-Bundesstaaten und die kanadische Provinz Ontario ohne Strom. Das Leben auf einem Gebiet fast so groß wie die Bundesrepublik kommt zum Stillstand, weil ein Schaltfehler zur Netz-Überlastung führt, nicht rechzeitig Kraftwerke gebaut worden sind und deshalb die Reserve-Kapazität nicht ausreicht. Zahllose Menschen sitzen in den Untergrundbahnen und in Tausenden Hochhaus-Aufzügen gefangen. Es gibt kein Wasser, aber auch kein Benzin, denn die Tankstellen-Pumpen werden ja wie die Ölheizungen mit Elektromotoren betrieben. Der Verkehr bricht zusammen, weil die Signalampeln ausfallen.

Rasch wird das wieder vergessen, und so bleiben am 13. Juli 1977 um 21 Uhr 34 erneut alle elektrischen Uhren Groß-New Yorks mit seinen damals 16 Millionen Einwohnern stehen. Da erweist sich, daß es

ohne Stromversorgung heute Sicherheit und Ordnung so wenig wie Wohlstand

gibt. Es beginnt eine Schreckens-Nacht, wie sie sich niemand hat vorstellen können. Denn diesmal bricht durch den Ausfall der Ampeln nicht nur der Verkehr zusammen. Die Dunkelheit und die verstopften Straßen, in denen Polizeifahrzeuge und Krankenwagen so wenig vorwärts kommen wie die Feuerwehr, ermöglichen Plünderern und Heckenschützen in Harlem, der Bronx und Brooklyn, die Macht zu übernehmen. Mehr als 2000 Geschäfte werden ausgeraubt und angezündet. Binnen zwei Stunden werden 1620 Brände gemeldet, aber zu kaum einem vermag die Feuerwehr vorzudringen, auf sie wird sogar geschossen. Während dieser Nacht gibt es 47 000 Notrufe, aber fast alle sind vergeblich. Die Polizei nimmt zwar 3776 Plünderer fest, doch wird ihre Zahl auf das Zehnfache geschätzt. Die Gesamtkosten dieses 23 Stunden dauernden Strom-Ausfalls betragen mehr als viereinhalb Milliarden Dollar. Die Katastrophen-Ursache aber ist die gleiche wie 1965:

Überlastung des Netzes durch mangelnde Kraftwerks-Reserven.

Dieser Mangel hat in Amerika vielerlei Gründe: Nicht nur den dort entstandenen Umwelt-Extremismus, sondern vor allem auch eine auf Wahlstimmen-Fang ausgerichtete Strompreis-Politik der Behörden. Aber fast nirgendwo wird langfristig gedacht, und fast überall in den westlichen Industrie-Nationen wird die Vorsorge für eine ausreichende Stromversorgung und Energieversorgung politisch behindert. Es führt zu

Arbeitslosigkeit durch Strommangel,

werden Wirtschafts-Verluste riskiert, wie sie wiederholt Spanien getroffen haben und zum Beispiel nach wie vor Indien schwer belasten. Durch das Trockenjahr 1949 sinkt die Wasserkraftgewinnung Spaniens, die damals 83 Prozent allen Stroms liefert, derart, daß über 22 000 Betriebe schließen müssen. Madrid muß eine „Stromausfall-Arbeitslosenhilfe" einführen, das kostet den Staat ein Drittel des damaligen Steueraufkommens. Die Energieversorgung wird diversifiziert, dennoch aber hat es seither in Spanien 26 weitere Energiekrisen gegeben und neue drohen durch die Anti-Kernkraftwerks-Bewegung. Energiekrisen drohen aus dem gleichen Grund in Schweden, wo 1964 eine amtliche Untersuchung auf einen Gesamt-Wirtschaftsverlust von 80 Pfennig für jede ausgefallene Kilowattstunde gekommen ist, das Sechzehnfache des damaligen schwedischen Durchschnitts-Industrie-Strompreises.

Die amtlichen Zahlen für die Indische Union lauten 1980: Gesamt-Stromnachfrage täglich 380 Gigawattstunden (380 Millionen Kilowattstunden), Angebot höchstens 290 GWh. Ganze Regionen müssen stunden-, tage-, vereinzelt wochenlang abgeschaltet werden. Das bedeutet Industrie-Produktionsverluste von 40 bis 60 Milliarden Rupien, damals 10 bis 15 Milliarden DM. Ursache: Zu wenig Kraftwerke. Die vorhandenen erhalten nicht genug Kohle. Die Kohlenbergwerke liefern zu wenig, weil sie nicht genug Strom erhalten. Da die Eisenbahnen zu wenig Kohle und zu wenig Strom haben, bleibt auch die geförderte Kohle liegen. Das hat sich seither nicht geändert. Und ebenso mangelt es nach wie vor am Kapital zum Ausbau der Wasserkräfte und zum Bau von Kernkraftwerken. Es fehlt vor allem ein kompetentes Management für eine funktionierende Energiewirtschaft.

An beiden mangelt es in der Schweiz nicht. Aber die Stromversorgung der Region Basel ist heute prekär, denn da verhindert der „Souverän", das Volk, nicht nur den Bau eines lang geplanten Kernkraftwerkes, sondern ein Volksentscheid verbietet 1974 auch den Kauf von Kernkraft-Strom des Werkes Gösgen-Däniken.

Im gleichen Jahr, in dem ein Stromausfall New York ins Chaos stürzt, wird in Amerika der Streit zwischen „sanften" und „harten" Energien entfacht *(→ 1977)*, werden nicht nur die Kernenergie, sondern auch Kohle und Öl verteufelt, rückwärts gewandte Utopien propagiert, die vier Fünfteln der heutigen Menschheit die Existenzgrundlage entziehen müßten.

1977

Daß die Energieversorgung vom Vorhandensein der nötigen Energieträger abhängt, ist selbstverständlich. Aber es kommt auch darauf an, wo es sie gibt und ob es die jeweils richtigen sind. So lange Eisen nur mit Holzkohle erschmolzen werden kann, ist die Steinkohle für die Hüttenleute wertlos. Seit und so lange der Seegüter-Transport, die Luftfahrt und der Straßenverkehr völlig auf Mineralöl angewiesen sind, vermag auch noch so viel Kohle die Industrieländer-Wirtschaft und den Welthandel nicht in Gang zu halten. Und dazu kommt als weitere Überlebens-Bedingung: Energieträger muß es nicht nur geben, man muß sie auch nutzen wollen. Diesen Willen hat es nicht immer schon gegeben *(→ 529)*, und dieser Wille ist heute im „Westen" nicht länger selbstverständlich. Millionen lehnen die „harten" Energien, die unsere heutige Welt geschaffen haben, entschieden ab und fordern „sanfte". Solche

„Rückwärtsgewandte Utopien"

sind nichts Neues, Jacques Rousseaus Ruf „Zurück zur Natur!" stammt aus dem Jahr 1755. Bedeutung erhält der amerikanische Wohlstand-Überdruß, der zu Fortschritts-, Forschungs-, Technik- und Unternehmer-Feindschaft führt, jedoch erst in den sechziger Jahren unseres Jahrhunderts, und weltweit wirkt erst Dennis Meadows und Jay Forresters Buch „Grenzen des Wachstums", das der „Club of Rome" 1971 (nicht zuletzt mit einer viertel Million Dollar Förderung der Volkswagen-Stiftung) lanciert. Ein Freund Meadows, Amory B. Lovins, veröffentlicht 1977 seine Arbeit „Soft Energy Paths: Toward a Durable Peace" („Sanfte Energiewege zu einem dauernden Frieden").

Als „sanft" zum Unterschied von den „harten" Energien Kohle, Öl, Kernenergie gilt die Energie der Sonne, obwohl das Kernfusions-Energie ist und die Sonne ein Drittel der Erde in lebenslose Wüsten und Trockengebiete verwandelt hat, an unzähligen Hungersnöten schuld ist. Als „sanft" gilt der Wind, obwohl kein Jahr ohne Sturm-Katastrophen vergeht und der Wind das Meer derart aufwühlt, daß die Zahl der gesunkenen Schiffe längst die der fahrenden übertrifft. Schon die Energie in „harte" und „sanfte" zu unterteilen, ist grotesk. Unverständlich ist auch zu ignorieren, daß es ja von der Menschwerdung bis weit ins 19. Jahrhundert das Wirtschaften ohne „harte" Energien bereits gegeben hat und es nur aufgegeben worden ist, weil Holz- und Nahrungsmittel-Mangel dazu gezwungen haben. Schon damals konnten die etwa 250 Millionen Europäer nicht auf die gleiche Art leben wie die 25 Millionen um Christi Geburt. Wie das heute fast 500 Millionen tun sollen, ist unerfindlich.

Die Quintessenz der „Soft-Energy"-Forderung ist: Die zunehmende Zentralisierung der Gesellschaft muß überwunden werden. Die Dezentralisierung der Macht- und Bevölkerungs-Strukturen erfordert die

Energieumwandlung in kleinen, dezentralen Einheiten,

beruhend auf regenerativen Energiequellen, welche die Umweltbelastung vermeiden. Aber wenn im Jahr 1800 von den damals rund 900 Millionen Menschen nur jeder fünfzigste in Städten lebte, so heute von 5000 Millionen fast jeder zweite, von den Bewohnern der Industrieländer sind 72 Prozent Städter. Gut zweieinhalb Milliarden Menschen können heute auf der Erde nicht anders als „zentral" versorgt werden und die in den mehr als 400 Millionenstädten und den mehr als 4000 Großstädten lebenden nur durch Großkraftwerke.

Wie die Verstädterung nicht rückgängig gemacht werden kann, so auch keine der Entwicklungen, die die „Industrielle Revolution"*(→ 1769 bis 1794)* ausgelöst hat und die die bisher einzig echte Sozialrevolution gewesen ist. Was die

„Humane" Energie-Versorgung

zum Beispiel für die Schweiz erfordern würde, ist exakt festgestellt worden. Bei der heutigen Bevölkerung und der Beschränkung auf Holz, Biogas und Sonnenenergie, Wasserkraft und Wind würden gebraucht:

Eine Sonnen-Auffangfläche von 1800 Quadratkilometern = der gesamte heutige Siedlungsraum.

Für die Holznutzung (beim heutigen Forstertrag) 7,8 Millionen Hektar Waldfläche = das Achtfache der vorhandenen und um 3,7 Millionen Hektar mehr als das gesamte Staatsgebiet.

Biogas statt Erdgas: 6 Millionen Stück Großvieh = ein Dung-Tier pro Einwohner, das Dreifache der heutigen Zahl und das Dreißigfache der ohne Futtermittel-Einfuhr und ohne Mineraldünger-Verwendung möglichen Zahl.

Natürlich stellt solche Berechnungen nicht Herr Lovins an. In Washington 1947 geboren, ist er als Zwanzigjähriger Vertreter der amerikanischen Umweltschutz-Vereinigung „Friends of the Earth, Inc." in London geworden und arbeitet da mit Leuten wie dem Milliardär Eddi Goldsmith zusammen, der in einem Brief an die „Times" am 14. Februar 1978 schreibt: „Selbst wenn die Kernenergie völlig sicher und vollkommen rein wäre, dürfte nicht übersehen werden, daß sie Industrien in Gang hält, die — sozial und was die Umwelt betrifft — zerstörerisch wirken." Lovins fordert „ausschließlich" sanfte Energien, lehnt jedes Zusammenwirken „harter" und „sanfter" ab, weil sie „entgegengesetzte Wertsysteme" bedeuten und der heutige Weg „eine demütigende, unkontrollierte Technologie" ist, „die zu zunehmender Verbürokratisierung und Entfremdung führt . . . zur Para-Militarisierung des zivilen Lebens." Und er sagt in der Diskussion „Schneller Brüter Pro und Contra", die am 19. Mai 1977 im Bonner Bundesministerium für Forschung und Technologie stattfindet, offen: „Beim soft-path-Ansatz wird die Energie nicht als Selbstzweck betrachtet, sondern als Mittel zur Erreichung gesellschaftlicher Ziele...". Das heißt als Mittel zur

Vernichtung der westlichen Industriegesellschaft

und zur „Rückkehr zu einer Wirtschaft, die unserem Wesen gemäß ist" — und die dem „Abschreiben" von vier Fünfteln der heutigen Weltbevölkerung gleichkäme.

Nichtsdestoweniger aber kann Armory B. Lovins im Juni 1978 in der Hamburger „Zeit" stolz feststellen: „1975 bis 1977 hat die amerikanische Nuklear-Industrie 90 Inlands-Aufträge erwartet. Sie hat 9 erhalten. Bei 12 Abbestellungen und 45 Bewilligungs-Verweigerungen... Die nukleare Option ist praktisch verschwunden...

Heute ist die Frage „Wollen wir die Energieträger nutzen, die es gibt?" zur Existenz-Frage des „Westens" geworden.

Jedoch nur des „Westens". Weder die Sowjetunion — und nach Tschernobyl *(→ 26. April 1986)* so wenig wie vorher — noch die Entwicklungsländer und Schwellenländer unterscheiden zwischen „harten" und „sanften" Energien, sondern nur zwischen Wohlstand und Not, Geltung und Bedeutungslosigkeit *(→ 1887)*. Überwindet der „Westen" nicht rasch die geistige Verwirrung, in der er sich heute befindet, ist sein Schicksal besiegelt. Denn ist die reale Technik ein Produkt der Naturgegebenheiten, so die „alternative" ein reines Kunstprodukt, und die alternative „Gegen-Kultur" lebt ausschließlich von der realen technischen Kultur wie Schimmelpilze auf einer Nährsalzlösung, ohne die sie zugrunde gehen: Tritt akuter Mangel an „harter" Energie ein, so verschwindet automatisch auch jede Möglichkeit der Nutzung „sanfter".

1979 — 24. Dezember

Da sich das 1958 als Reaktion auf den „Sputnik"-Schock *(→ 4. Oktober 1957)* gegründete amerikanische Luft- und Raumfahrt-Bundesamt NASA weigert, Raketen für kommerziellen Zwecken dienende europäische Satelliten zur Verfügung zu stellen und sein Monopol auch dazu benutzt, für Starts wissenschaftlicher europäischer Raumkörper die Mitbenutzung aller Ergebnisse zu fordern, haben auf Anregung der französischen Regierung elf europäische Staaten (Belgien, Bundesrepublik Deutschland, Dänemark, Frankreich, Großbritannien, Irland, die Niederlande, Schweden, die Schweiz und Spanien) am 30. Mai 1975 in Paris die ESA („European Space Agency") gegründet, die europäische Weltraumorganisation. Unter Federführung Frankreichs (das 69 Prozent der auf etwa 3 Milliarden Dollar geschätzten Kosten trägt) wird als erste ausschließlich zivilen Zwecken dienende Rakete gemeinsam die dreistufige Träger-Rakete „Ariane" entwickelt und am 24. Dezember 1979 vom Europäischen Weltraum-Zentrum Kourou in Französisch-Guayana aus erfolgreich erprobt. Ihr Startgewicht beträgt 210 Tonnen. Davon entfallen auf den Treibstoff 90 Prozent, auf das Eigengewicht 9 Prozent, auf die Nutzlast 1 Prozent.

Der Start der „Ariane o-2" am 23. Mai 1980 mißlingt, nach 108 Sekunden löst Überhitzung eine Explosion aus und die Rakete stürzt ins Meer. Aber am 19. Juni 1981 zünden die drei Stufen der 48 Meter hohen „Ariane o-3" nach Plan und sie bringt den Wetter-Satelliten „Meteosat" in 36 000 Kilometer Höhe in Umlauf. Als

das erste nur zivilen Zwecken dienende Raumfahrt-Unternehmen der Welt

wird die „Arianespace" in Paris gegründet. Die Europäer entwickeln das „Sylda"-System („Système de lancement double"), durch das zwei Satelliten von der gleichen Rakete gestartet werden. Da auch die Versicherungskosten der „Ariane"-Starts geringer als die amerikanischen sind, besitzt „Arianespace" 1983 Verträge für 30 kommerzielle Satelliten-Lancierungen:

Der europäische Rückstand in der Schubkraft-Nutzung ist aufgeholt.

Allerdings muß sich „Arianespace" sehr bald nicht nur gegenüber der NASA, sondern auch gegen die Konkurrenz der VR China durchsetzen, die seit 1966 über Träger-Raketen verfügt und am 18. Mai 1980 im Pazifik ihre erste Interkontinental-Rakete erfolgreich erprobt hat. Am 27. Oktober 1985 erklärt Raumfahrtminister Li Xue, nach 17 erfolgreichen Satelliten-Lancierungen gedenke die VR in die kommerzielle Raumfahrt einzutreten. Sowohl die Rakete „Langer Marsch-2" wie „L.M.-3" stünden dazu in den Raumfahrtzentren Jiuqan in der Provinz Gansu und Xichang in Sichuan zur Verfügung. Die ersten zwei Starts für ein amerikanisches Unternehmen in Texas werden von den Chinesen 1986 durchgeführt. Und das führt dazu, daß nun auch in der Sowjetunion Satelliten für jedermann lanciert werden, der bezahlt: Am 7. Juli 1986 wird dazu in Moskau die Firma „Kosmos" gegründet, die auch sowjetische Satelliten vermietet.

Diese Entwicklung der friedlichen Raketen-Nutzung bedeutet:

Entscheidende Verbesserung der internationalen Kommunikation.

Verbesserte Wetter-Vorhersagen, genauere Ernte-Prognosen und damit bessere Vorsorge gegen Hungersnöte.

Verbesserte Navigation auf den Weltmeeren.

Wesentliche Erleichterung der weltweiten Grundstoff- und Energieträger-Prospektion.

1980

Energie in Form von Gasen

bietet gegenüber festen Energieträgern große Transport-Vorteile, vor allem aber den der exakten Regelbarkeit des Energie-Einsatzes. Durch das aus dem Jahr 1855 stammende „Bunsenbrenner-Prinzip“ der Luftzufuhr *(→ 1792 bis 1814)* kann heute in vielen Millionen Haushaltungen mühelos mit Gas gekocht, ebenso aber mit Gas Glas geschmolzen oder Ziegel gebrannt werden. Es gibt winzige Gasflammen und meterlange „milde“ Gaswärme und „heftige“ von 2000 Grad und mehr.

Dementsprechend entwickelt sich der Gas-Verbrauch. In Deutschland werden statt 1860 etwa 50 Millionen Kubikmeter „Leuchtgas“ hundert Jahre später 28 Milliarden Kubikmeter abgesetzt. Dieses Kohle-Gas wird weitgehend durch das Erdgas verdrängt *(→ 1884),* denn das ist ja ein „Fertigprodukt“ der Natur. Der Welt-Erdgas-Verbrauch steigt 1900 bis 1985 von 3,6 auf 1773 Milliarden Kubikmeter, das 492fache; der Erdgas-Anteil am Gesamt-Energieaufkommen von 0,6 auf 23 Prozent.

Die Erdgas-Vorkommen der Welt,

die heute sicher festgestellt sind, haben zwar eine weit längere Lebensdauer als die Öl-Vorkommen, aber ihre Verteilung ist noch ungünstiger als die der Öl-Lagerstätten. Bei der heutigen Förderung reichen die Erdgas-Vorräte des Iran 970 Jahre, die Saudi-Arabiens für 250, die Norwegens für 107 Jahre. In den Vereinigten Staaten jedoch werden sie binnen 12, in der Bundesrepublik binnen 13 Jahren erschöpft sein, in Großbritannien binnen 17 und in den Niederlanden, die heute der viertgrößte Produzent der Welt sind, binnen 25 Jahren. Erdgas kann weltweit verteilt werden *(→ 20. Februar 1959),* weil es Flüssiggas-Tanker gibt. Aber es ist nicht nur ein Energieträger, sondern auch ein hervorragender Chemie- und vor allem Mineraldünger-Grundstoff. Es zu verbrennen ist ein Luxus, und

Erdgas nicht durch Kohlegas zu strecken, bedeutet Wirtschaften gegen die Natur,

weil Kohle von den fossilen Energieträger-Vorräten der Erde 93 Prozent ausmacht, Erdgas nur 3 Prozent. Bis zum Jahr 2000 werden von den bekannten Erdgas-Vorkommen etwa 73 Prozent verbraucht sein, von den Kohle-Vorräten nur 2 Prozent.

Allerdings ist die Kohle-Entgasung, wie sie William Murdock seit 1792 durch Erhitzen von Kohle unter Luftabschluß erreicht hat, überholt, denn da fällt zwangsläufig Koks an, von dem nicht genug gebraucht wird, und die Gas-

Ausbeute ist ungleich geringer als bei der Kohle-Vergasung. Sie steigt zwar von ursprünglich 170 Kubikmeter pro Tonne Steinkohle auf 480, aber die gleiche Kohlenmenge ergibt total vergast bis 2000 Kubikmeter pro Tonne:

Kohle-Vergasung liefert um ein Viertel mehr nutzbare Energie als Kohle-Verstromung.

Von den heute fünf großtechnisch reifen Verfahren ist das älteste und verbreitetste das nach der „Lurgi"-Kohle- und Mineralöltechnik in Frankfurt benannte, bei dem Wasserdampf und Sauerstoff unter hohem Druck und bei hoher Temperatur auf die Kohle einwirken. Es wird erstmals 1936 in Hirschfelde in Sachsen auf Braunkohle angewandt, 1938 in Böhlen bei Leipzig in der ersten Großanlage der Welt, die eine Jahresleistung von 160 Millionen Kubikmetern besitzt. 1940 kommt ein gleich großes Werk in Brüx in Böhmen in Betrieb, aber es dauert bis 1955, ehe in Dorsten unweit Recklinghausen Ruhr-Steinkohle im großen totalvergast wird. Die Tagesleistung beträgt nun 3 Millionen Kubikmeter, rund 1,3 Milliarden jährlich.

Dieses Gas hat einen weit höheren Heizwert als das durch Entgasung gewonnene, aber einen viel geringeren als das Naturgas.

Die Kohlengas-Methanisierung

ist für Großanlagen erst seit 1980 technisch reif genug: Das Rohgas wird von Teer, Öl und Ammoniak gereinigt, durch Waschen mit Methanol und Zusatz von Zinkoxyd frei von Schwefelwasserstoff und Mercaptanen gemacht, dann unter Druck und mit Hilfe eines Nickel-Katalysators und weiterer Wasserstoffzufuhr in Methan umgewandelt, das so 90 bis 95 Prozent des nun

„Synthesegas" oder SNG (Substitute Natural Gas)

genannten Vergasungsprodukts ausmacht. Mit einem Heizwert von 8000 bis 9000 Kilokalorien (33 600 bis 37 000 Kilojoule) ist es dem Erdgas völlig gleichwertig, gibt etwa doppelt soviel Wärme wie Leuchtgas, enthält zum Unterschied von diesem aber kein giftiges Kohlenmonoxyd.

Probeweise hergestellt wird Synthesegas seit 1973 in Westfield in Schottland gemeinsam durch die British Gas-Corporation und 12 amerikanische Öl- und Gasgesellschaften unter Führung der Continental Oil Co., denn SNG kommt vor allem für die USA in Frage, deren rund 400 000 Kilometer Erdgasleitungen beim Versiegen der Erdgasvorräte zu Schrott werden müßten. Ist Westfield auf 700 000 Kubikmeter SNG täglich ausgelegt, so werden nach der auch die Erdgaspreise hochtreibenden Ölpreis-Vervielfachung der siebziger Jahre amerikanische Pläne gemacht, die für 1990 „mindestens" 35 Groß-Synthesewerke von je 6 Millionen Kubikmeter täglich vorsehen, zusammen rund 76 Milliarden Kubikmeter jährlich.

Tatsächlich gebaut wird 1980 von einem Konsortium unter Führung der „American National Resources Co." eine Anlage in Beulah in North Dakota, die 1,4 Milliarden Dollar kostet und 3,5 Millionen SNG täglich liefert. Bei diesem einen Werk bleibt es, obwohl es im Winter 1976/1977

schwere Wirtschafts-Schäden durch Erdgas-Mangel

gegeben hat: Im Januar 1977 müssen Fabriken mit 4,2 Millionen Arbeitern geschlossen werden. Um Gas für die in ihren Wohnungen Frierenden freizusetzen, fällt in großen Teilen des Landes der Schulunterricht aus. Mehr als die Hälfte der amerikanischen Haushaltungen werden damals schon durch Erdgas-Wärme versorgt — aber kaum ist die Versorgung wieder normalisiert, ist die Notlage vergessen.

Auch in Deutschland sind große Kohlevergasungs-Pläne gemacht worden. Es wird ein Kugelhaufen-Hochtemperatur-Reaktor entwickelt *(→ 10. Juni 1987),* der ideal die Wärme liefern könnte, die zur Vergasung benötigt wird, und die heute etwa ein Drittel der zur Vergasung bestimmten Kohle erfordert. Als Wärmeübertragungsmittel dieser Art Kernreaktoren dient Helium, das zugleich Gasturbinen treiben kann. Aber diese Pläne bleiben auf dem Papier. Nur eine Versuchsanlage der Vereinigten Elektrizitätswerke Westfalen erzeugt seit 1981 „Mittelgas" aus Kohle, kombiniert eine Dampf- mit einer Gasturbine und erzielt so einen Gesamt-Wirkungsgrad von 60 Prozent. Überall wird die Kohle-Totalvergasung ebenso vernachlässigt wie die Kohle-Hydrierung *(→ 2. April 1927).* Denn vorläufig gibt es ja „jede Menge" Erdgas und Öl. Die Preise sinken zeitweilig, was als Beweis dafür genommen wird, daß es auch morgen keinen Mangel geben wird. Langfrist-Denken ist nicht „in", ist „systemwidrig".

1982

Zu den ältesten aller „Wind-Maschinen" gehören Schornsteine und Kamine. Obwohl sie kaum je beachtet werden, zählen sie zu den wichtigsten und unentbehrlichsten, denn sie führen nicht nur die Verbrennungsgase ab, sondern sorgen auch für den „Zug", die genügende Luft-Zufuhr aller Feuerungen *(→ um 1475 v. Chr.).* Je höher ein Schornstein ist (und je höher die Temperatur der abziehenden Gase), desto größer wird der Zug. Daher gibt es heute zahlreiche Kraftwerks-Schornsteine von mehr als hundert Metern Höhe, die gewaltige Luftmengen durch die Feuerungen saugen.

Könnten diese nicht auch Arbeit leisten? Diese Möglichkeit untersucht das Lufttechnische Institut von St. Cyr bereits 1923. Es baut Versuchs-Windtürme, in denen Luft nicht durch ihre Hitze rasch aufsteigt, sondern durch den über den

Türmen wehenden Wind angesaugt wird. Der Luftzug treibt eine auf dem Boden installierte Turbine. Genügend Kraft entsteht nur bei sehr starkem Wind und so haben diese französischen Versuche keine praktischen Folgen.

Aber wenn man Wind- und Sonnenenergie kombiniert? In Manzanares bei Madrid wird 1982

das erste Aufwind-Kraftwerk

gebaut, das darauf beruht, daß Polyester-Folien kurzwellige Sonnenstrahlen durchlassen, die vom Boden abgestrahlten langwelligen Wärmestrahlen aber *(wie das Kohlendioxyd → 1958 bis 1987)* zurückhalten: Der Solar-Kollektor besteht aus einer kreisrunden Bodenfläche von 250 Metern Durchmesser, die mit 25 000 Quadratmetern dünner Polyesterfolie überdacht ist. Die Luft zwischen Boden und Folie wird aufgeheizt und strömt mit wachsender Geschwindigkeit dem Zentrum des Kollektors zu, in dem ein 200 Meter hoher Kamin steht. Dessen Aufwind treibt eine mit einem Generator gekoppelte Turbine von 100 Kilowatt. Weht über dem Kamin ein starker Wind, wird der Auftrieb entsprechend erhöht.

Dieses Kraftwerk ist eine Versuchsanlage, dient wie verschiedene Spiegel-Solarkraftwerke *(→ 1610)* nur der Sammlung von exakten Daten. Die Investitionen an Geldkapital und Energie für die Aufwind-Nutzung aber sind jedenfalls weit geringer als für „Groß"-Windkraftwerke *(→ 1736 bis 1738).*

1982 — 14. Februar

Wenn die Frage, was Elektrizität nicht nur bewirkt, sondern ist, seit 1895 durch die Elektronen-Theorie von Hendrik Antoon Lorentz gelöst scheint, so bleibt

die Frage nach dem Wesen des Magnetismus

nach wie vor offen: Auf Grund mathematischer Überlegungen nimmt Henri Poincaré auch „kleinste magnetische Einheiten" an. 1931 argumentiert der britische Physiker und Nobelpreisträger Paul Adrian Maurice Dirac (der die Existenz positiv geladener Elektronen, der Positronen, vorausberechnet hat): Wenn es elektronische Partikel gibt, muß es auch magnetische geben. Und zwar „Mono-Pole", das heißt Partikel, die entweder Süd- oder Nord-Pole sind, entweder anziehen oder abstoßen, genau wie Elektronen und Positronen nur eine Art Ladung tragen, entweder negativ oder positiv geladen sind.

Theoretisch müßten Magnetismus-Partikel überaus schwer sein, etwa 10 Millionen milliardenmal schwerer als Protonen und damit so schwer wie eine Amöbe. Dadurch können sie in Teilchenbeschleunigern *(→ 1929)* nicht erzeugt werden. Aber es müßte sie im Weltraum geben, denn

die Ausdehnung und Stärke der Magnetfelder im Weltall

ist ungleich größer als das irdische. Schon 1960 stellt die Raumsonde „Pionier V" eines in 4,8 Millionen Kilometern Entfernung von der Erde fest, das fast unvorstellbare Kräfte besitzt. 1964 entdeckt H. W. Babcock vom Mount Wilson Observatorium einen fernen Stern, dessen Magnetfeld über 10 000mal stärker ist als das der Erde. Heute sind rund 200 Magnetfelder im Weltraum bekannt, die Magnet-Partikel enthalten müßten, und auch das Magnetfeld der Sonne müßte sie abschleudern. Allerdings in so geringen Mengen, daß nur ein „Mono-Pol" pro Jahr auf 100 Quadratmeter Erdoberfläche gelangt.

Im August 1975 kündigen das American Institute of Physics und die University of California in Berkeley gemeinsam an, in Spuren-Aufzeichnungen kosmischer Strahlen *(→ 7. August 1912)*, die ein Ballon in 40 Kilometern Höhe gemacht hat, sei ein Magnetismus-Partikel, ein „magnetic monopole", entdeckt worden. Aber im September müssen sie den Fund dementieren.

Die Suche geht weltweit weiter. Um 13.53 Uhr des 14. Februar 1982 glaubt der Physiker Blas Cabrera von der Stanford University ein „Mono-Pol" registriert zu haben: Er hat im Keller seines Institutes einen Zylinder aus papierdünnem Blei aufgestellt, darin eine Niobium-Spule. Beide sind mit flüssigem Helium derart unterkühlt, daß das Magnetfeld im Zylinder zehnmillionenmal geringer ist als das der Erde und die Säule supraleitend keinerlei elektrischen Widerstand bietet. Beide reagieren auf jede geringste Änderung des sie umgebenden Magnetfeldes. Und diese Änderung mißt Carbrera am genannten Tag. Sie kann nur von einem „Mono-Pol"-Partikel stammen, alle anderen Möglichkeiten sind ausgeschaltet. Aber Cabrera selber sagt: „Ein Nachweis genügt nicht." Er hat auf den ersten 200 Tage gewartet. Baut nun eine größere Anlage. Und das ist keine „nutzlose Spielerei". Denn wie erst die exakte Kenntnis der Elektronen die heutige Elektronik ermöglicht hat, so hängt von der exakten Kenntnis der Magnetismus-Verursacher die volle Beherrschung der Magnetfeld-Erzeugung und Magnetfeld-Nutzung ab. Diese aber ist eine der Voraussetzungen der friedlichen Kernfusion. Nach wie vor gibt es zahlreiche ungelöste Fragen des Magnetismus, obwohl er schon seit mindestens 1160 v. Chr. genutzt, seit 585 v. Chr. erforscht wird und seit 1600 weltpolitische Folgen hat, zum Beispiel die des Zusammenhanges zwischen der Supraleitung *(→ 1911)* und der Magnetfeldstärke. Solange wir aber nicht wissen, was Magnetismus eigentlich ist, sind solche Fragen sehr schwer zu beantworten.

1984 — 21. Juni

In der Frühzeit der Nuklearwaffen, 1945 bis 1957, gilt die „MR-Doktrin": Die Vereinigten Staaten drohen der Sowjetunion mit „Massive Retaliation", das heißt massivem Atombomben-Einsatz, „falls vitale Interessen des Westens irgendwo auf der Erde, besonders aber in Europa, bedroht werden". Die Mitglieder der 1949 gegründeten NATO befinden sich unter dem amerikanischen „Atom-Schirm".

Der „Sputnik" *(→ 4. Oktober 1957)* beweist der Welt, daß Sowjet-Raketen leistungsfähig genug geworden sind, um als Nuklearwaffen-Träger alle Ziele zu erreichen und die Atomkriegs-Doktrin muß in „MAD" = „Mutual Assured Destruction", in „gesicherte gegenseitige Vernichtung" abgeändert werden: Auf beiden Seiten werden viele Interkontinental-Raketen derart geschützt in Tiefbunkern gelagert, daß alle durch einen Überraschungs-Angriff zu vernichten so aussichtslos erscheint wie alle Unterseeboote auszuschalten, die Raketen mit Nuklearköpfen mit sich führen. Mit der Möglichkeit des massiven Zurückschlagens aber wird jeder Angriff selbstmörderisch.

Natürlich schließt die Abschreckung durch Angriffswaffen nicht aus, gleichzeitig Raketen-Abwehrsysteme zu entwickeln. Vor allem der offene Bruch mit China im Jahr 1960, die Zündung chinesischer Atombomben im Oktober 1964 und die Erprobung einer chinesischen Trägerrakete mit Nuklearsprengkopf am 27. Oktober 1966 haben in der Sowjetunion zur Entwicklung von „ABM" = „Anti-Ballistic Missiles" geführt. Am 12. November 1966 erklärt Moskau: „Das schwierige und außerordentlich wichtige Problem, feindliche Raketen im Flug zu vernichten, ist gelöst worden." Der operative Einsatz von sowjetischen Anti-Raketen-Raketen zum Schutz von Moskau, Leningrad und der wichtigsten sowjetischen Industriezentren beginnt.

Da die „MAD"-Doktrin für das riesige China fragwürdig scheint, haben auch die Vereinigten Staaten Raketen-Abwehrversuche mit ihrem „Nike-X"-System gemacht, jedoch keine nennenswerten Erfolge erzielt, denn die Reichweite der ersten Nike beträgt nur 40 Kilometer. Die Kosten einer wirksamen Abwehr werden auf 40 Milliarden Dollar geschätzt und so schlägt Präsident Lyndon B. Johnson in einem Brief an Premierminister Kossygin am 10. Januar 1967 vor, beiderseits die „ABM"-Entwicklung einzustellen. Entsprechende Verhandlungen beginnen im Februar 1967, werden aber abgebrochen, weil Moskau eine Limitierung aller Nuklearwaffen fordert, jedes weitere Wettrüsten vermeiden will. Präsident Richard Nixon startet im März 1969 das „Safeguard"-Projekt, das als „erste Phase" den Bau von 700 bis 1000 „ABM" vorsieht. Die Kritik im US-Senat ist heftig und es fehlt nicht an Leuten, die es „AB"-Plan nennen, „Atomic Blackmail".

1969 werden die „ABM“-Verhandlungen zwischen den USA und der Sowjetunion wieder aufgenommen, 1970 in Wien und Helsinki fortgesetzt und schließlich 1972

das erste SALT-Abkommen

(= „Strategic Arms Limitations Talks“) unterzeichnet. Es wird verlängert und erweitert durch „SALT-II“, einen Vertrag über die Beschränkung der „ABM“-Entwicklung und der Nicht-Vermehrung strategischer Nuklearwaffen. Präsident Carter und Parteichef Breschnew unterschreiben den Vertrag am 18. Juni 1979 in Wien, doch der amerikanische Senat ratifiziert ihn nicht. Denn 1978 ist es in den USA gelungen, eine Panzer-Abwehrrakete durch einen Laser-Strahl zu zerstören *(→ 1960)*, und inzwischen sind auch große Fortschritte beim Bau von Ziel-Suchgeräten gemacht worden. Zwar halten sich beide Regierungen vorerst (mehr oder weniger) an das Abkommen von 1979, aber im Februar 1983 ist es soweit, da wird die „SDI“ (= Strategic Defence Initiative“), die amerikanische „Strategische Verteidigungs-Initiative“ als

Präsident Ronald Reagans „Star Wars“-Projekt

zur Welt-Sensation. Die Vereinigten Staaten wollen einen „Weltraum-Schild“ schaffen, der „alle Nuklearwaffen impotent und überholt“ macht. Der Präsident schildert „die goldene Zeit vor der Atombomben-Angst“ und fragt: „Warum sollen wir einen Erstschlag hinnehmen, wenn die Möglichkeit besteht, feindliche Raketen abzufangen und zu vernichten, bevor sie unser Territorium oder das unserer Verbündeten erreichen?“

Am 21. Juni 1984 teilt das Pentagon mit, daß nach drei mißglückten Versuchen „der Beweis der technischen Durchführbarkeit des Strategischen Defensiv-Systems“ erbracht worden sei, „ein absolut ungeheurer Erfolg, denn wir versuchten mit einem Geschoß ein Geschoß zu treffen und es gelang“.

Der Ablauf dieses Experiments ist folgender: Eine ballistische Interkontinental-Rakete wird auf der Vandenberg-Luftwaffenbasis in Süd-Kalifornien gestartet. Die Radar-Station auf der 7600 km entfernten Meck-Insel im Kwajalein-Atoll des Pazifik entdeckt die Rakete, eine Abwehr-Rakete wird gestartet und auf den Kurs der angreifenden gebracht. Ihre Ultrarot-Sensoren sprechen bei etwa 1600 km Entfernung auf die Rückstoß-Hitze der Angreifer-Rakete an und beide Raketen rasen mit 6100 Meter/Sekunde (= 38 430 km/h) Geschwindigkeit aufeinander zu. Die Abfang-Rakete entfaltet eine Art Schirmgestell von 5 m Durchmesser, und in etwa 160 km Höhe und etwa 6200 km von der Abschuß-Base entfernt kollidieren die beiden Raketen und zerstören sich gegenseitig.

Nur muß nicht mit einer Rakete gerechnet werden, sondern bei einem „Erstschlag“ mit mindestens 2000. Diese sollten womöglich schon in der Start-Phase, solange die Schub-Aggregate in Tätigkeit sind, binnen höchstens fünf Minuten also, getroffen werden, denn danach setzt jede Rakete bis zu 10 Nuklearköpfe aus, die alle ihren eigenen Weg nehmen. Keine Rakete ist länger als 20 Minuten unterwegs, ehe sie wieder in die Atmosphäre eintritt. Und danach bleibt noch eine

Minute bis zum Einschlag. Vom Boden aus sind die anfliegenden Raketen weder zu orten noch zu vernichten. Die Abwehr muß durch Hunderte oder Tausende Satelliten erfolgen, gleich ob durch Anti-Raketen oder durch Super-Laser.

Kataklysmische Energien zur Raketen-Abwehr

sind denkbar, aber vorläufig gibt es sie nur auf dem Papier. Sowjet-Weltraum-Raketen jedoch sind bereits 1966 getestet worden. Wie die Amerikaner festgestellt haben, steigen diese nicht wie ballistische etwa 1300 km hoch und fallen dann ins Ziel, sondern ihre Umlaufbahn liegt nur etwa 170 km hoch, von dort werden sie durch Zünden von Brems-Raketen ins Ziel gelenkt. Sie sind so erst zu erkennen, wenn diese Zündung erfolgt: Warnzeit 3 statt 15 Minuten.

Da ist ferner seit 1962 der Elektromagnetische Puls EMP bekannt, der durch Nuklear-Explosionen in den oberen Schichten der Atmosphäre ausgelöst wird und elektronische Leitsysteme außer Kraft setzt. Da kann der Angreifer durch Zusätze zum Raketen-Treibstoff für nicht vorausberechenbare Veränderungen der Rückstoßflammen sorgen und das Anvisieren mittels Infrarot-Sensoren verhindern. Heute beträgt die Brenndauer der sowjetischen SS-18 etwa 300 Sekunden. Morgen müssen die Abwehr-Leitsysteme mit 60 bis 120 Sekunden rechnen, muß die Erfassung von mindestens 20 000 verschiedenen Zielen binnen ein bis zwei Minuten erfolgen:

Im Vergleich zum „Star-War"-Projekt erscheinen das „Apollo"-Mondlande-Unternehmen und das „Manhatten"-Projekt der Atombomben-Herstellung als Kleinkram. Für die Atombombe wurden 1940 bis 1945 etwa drei Milliarden Dollar ausgegeben, für die „Saturn-V"-Entwicklung sieben und für das ganze Mond-Unternehmen etwa 40 Milliarden Dollar. „Star Wars" aber würde etwa tausend Milliarden Dollar kosten. Denn zu den enormen Forschungs- und Entwicklungs-Aufwendungen kämen ja kaum vorstellbare Transportkosten Erde—Weltraum: 1986 kostete jedes Kilogramm Raumfähre-Nutzlast 6600 Dollar.

Auf Beschluß des Politbüros und der Sowjet-Regierung schlägt Mikhail Gorbatschow am 15. Januar 1986 vor, „im Verlauf von 15 Jahren alle Nuklearwaffen aufzugeben und bereits 1986 damit zu beginnen, indem sowohl alle sowjetischen wie alle amerikanischen Mittelstreckenwaffen aus Europa abgezogen werden". Gorbatschow argumentiert: „Ich bin wie Präsident Reagan überzeugt, daß die Welt ent-nuklearisiert werden muß. Aber wozu zahllose Milliarden ausgeben, um Raketen im Weltraum zu zerstören, wenn sie durch Verhandlungen auf der Erde abgeschafft werden können?"

Präsident Reagan hält an seinen Plänen fest und kündigt im Juni 1986 einseitig das „SALT-II"-Abkommen. Zwar hat der Kongreß von den 60 Milliarden Dollar, die die „erste Phase" des SDI kosten soll, 1985 bis 1986 erst 4 Milliarden bewilligt, aber der Versuch, eine „Atomfestung Amerika" zu schaffen, wird gemacht.

1986 — 26. April

Als einziges Industrieland der Welt besitzt die Sowjetunion nicht nur derart große eigene Energieträger-Vorkommen, daß sie keinerlei Energie-Importe braucht, sondern sie ist heute

der größte Energie-Exporteur der Welt

und führt neben riesigen Mengen Erdgas auch Erdöl und Kohle aus. Deshalb wird die Kernenergie-Nutzung lange vernachlässigt. Zwar ist der 5-Megawatt-Reaktor von Obninsk bei Moskau *(→ 17. Juni 1954)* das erste Kernkraftwerk der Welt, wird hier erstmals Strom statt Nuklearsprengstoff erzeugt. Aber noch 1978 beträgt die Gesamtkapazität der sowjetischen Kernkraftwerke nur weniger als 9000 Megawatt, während die USA 72 Reaktoren mit rund 53 000 MW in Betrieb haben. Diese liefern mit 292 Milliarden Kilowattstunden 12,6 Prozent allen Stroms, gegen die 45 Milliarden kWh Atomstrom der Sowjetunion, die nur 3,7 Prozent der Gesamt-Stromerzeugung ausmachen.

Aber in diesem Jahr nimmt die Sowjetunion am Zimljansker Stausee des Wolga-Don-Kanals bei Wolgodonsk in Südrußland das Kombinat „Atommasch" in Betrieb,

die erste Fabrik der Welt, die Kernkraftwerks-Ausrüstungen im Fließbandverfahren herstellt.

Sie hat jetzt eine Jahres-Kapazität von acht „Millionari", von acht Kernkraftwerken zu je einer Million Kilowatt = 1000 Megawatt. Im Dezember 1979 publiziert die Regierung ihr Kernenergie-Programm und das sieht vor:

	MW Kernkraft-werks-Kapazität	Mrd. kWh Atomstrom =	% der Gesamt-Stromerzeugung
1980	13 425	73	5,6
1985	27 245	160	10,4
1990	66 700	390	21,0
gegen 1970	1 612	6	0,8

Den in Moskau akkreditierten Diplomaten erklärt am 18. Dezember 1979 der Präsident der Sowjetischen Akademie der Wissenschaften, Anatoli P. Alexandrow, die Kernenergie-Überlegungen des Kreml folgendermaßen: Die Wasserkräfte im europäischen Teil der Sowjetunion sind ausgeschöpft. Die nach wie vor sehr großen Mineralölvorkommen müssen kommenden Generationen als Chemie-Grundstoff erhalten bleiben. Kohle ist zur Stromerzeugung nur dort rationell zu verwenden, wo sie im Tagebau gewonnen werden kann und bedeutet überall eine schwere Umweltbelastung. Deshalb muß

die Energie-Versorgung des europäischen Teiles der Sowjetunion nach 1990 so gut wie ausschließlich durch Kernenergie

erfolgen. Nur diese macht die Kraft-Wärme-Kopplung zur Versorgung der Großstädte möglich und ist für die Wasserstoff-Wirtschaft des kommenden Jahrhunderts unentbehrlich. Um den Brennstoff-Kreislauf zu optimieren, wird ein Drittel der Kernenergie in Schnellen Brütern erzeugt werden *(→ 10. Oktober 1968).*

Vorläufig werden nur

Reaktoren des sowjetischen RBMK-Typs

gebaut, eine Weiterentwicklung der zur Plutoniumgewinnung benutzten Reaktoren. Wie der erste 1942 in Chicago in Betrieb genommene Reaktor der Welt *(→ 2. Dezember 1942)* verwenden sie nicht Wasser als Moderator, sondern Graphit. Das Wasser dient hier nur als Kühlmittel und nicht wie bei den heutigen westlichen Reaktoren sowohl als Mittel, die Temperatur und auch die Neutronen-Geschwindigkeit auf dem richtigen Stand zu halten. Das bedeutet: Wird bei den westlichen Druckwasser-Reaktoren durch Kühlwasser-Mangel die Neutronen-Bremsung vermindert und damit die Kettenreaktion automatisch gebremst oder gestoppt, so sind bei den RBMK-Reaktoren Kühl- und Neutronen-Bremsmittel nicht identisch und durch den sogenannten „positiven Voidkoeffizienten" bedeutet Heißerwerden des Reaktorkerns eine Zunahme der Kernreaktion. Diese kann schlagartig ansteigen, und solch eine „Leistungs-Explosion" gibt es um 1.24 Uhr morgens am 26. April 1986 in Block IV des Kernkraftwerkes Tschernobyl südlich von Kiew in der Ukraine. Binnen vier Sekunden schaukelt sich hier die Energieabgabe auf das Hundertfache der Nennleistung auf, während das Schnell-Abschaltsystem, das „Scram" der Steuerstäbe, 18 bis 20 Sekunden erfordert. Binnen einer Minute ereignet sich hier

die erste Kernkraftwerks-Katastrophe der Welt,

gibt es die ersten Strahlungs-Toten der friedlichen Kernkraft-Nutzung. Das Kernenergie-Programm der Sowjetunion beeinflußt sie nur insofern, daß bessere Sicherheits-Vorkehrungen getroffen werden. Im Westen jedoch läßt sie die Anti-Kernkraft-Hysterie derart anwachsen, daß fast alle Langfrist-Energiepläne undurchführbar werden. Allerdings weitgehend durch die Schuld Moskaus, denn nicht der Kreml informiert die Welt über die Katastrophe, sondern die amerikanische Presse: Vorerst gibt es in Tschernobyl nur zwei Todesopfer, eines durch überhitzten Dampf, das zweite durch herabfallende Trümmer. Aber den Schlagzeilen in den USA zufolge sind es „2200 Tote und Hunderttausende Verstrahlte". Und da heißt es: „Die Russen vergiften die Welt!" Nicht die Radioaktivitäts-Messungen in Finnland, Schweden und Norwegen werden von der Weltpresse verbreitet, sondern die amerikanischen Meldungen, und so hat das Gift des geistig-seelischen „Fall-Out" längst gewirkt, als Stimmen der Vernunft laut werden und es Erste-Hand-Daten über das Ereignis gibt.

Die amtliche Schweizer Kommission zur Überwachung der Radioaktivität zum Beispiel erklärt am 3. Mai 1986: „Die bisher gemessenen Strahlungspegel sind völlig unbedenklich: Schutzmaßnahmen jedwelcher Art erübrigen sich.

Eine potentielle Gefährdung könnte sich erst bei einem Anstieg der Radioaktivität um das Fünfhundert- bis Tausendfache ergeben,

der über mehrere Wochen andauern würde... Die naturgegebene Strahlenbelastung in der Schweiz beträgt im Durchschnitt rund 400 Millirem pro Jahr... Selbst wenn die heutige, durch Tschernobyl bedingte, zusätzliche Belastung einen Monat lang andauern würde, ergäbe das eine Dosis von insgesamt 36 Millirem...". Auf dem Dach des Physikalischen Instituts der Universität München werden während der zehn Tage vom 26. April bis 7. Mai 1986 insgesamt 16 300 Becquerel Ausfall-Strahlung gemessen. Aber an der gleichen Stelle werden am 13. August 1957 durch amerikanische und russische Atombombenversuche 30 000, in Kempten 70 000 Becquerel gemessen. Mittelwert 1956 bis 1963 an radioaktivem Niederschlag pro jeweils zehn Tagen: 1850 Becquerel. Bei einem „Fall Out" von mehr als 500 oberirdischen Atomtests.

Neutralen westlichen Experten zufolge ist

die durch Tschernobyl freigesetzte Radioaktivität

auch weit geringer als die durch die Bombardierung von Hiroshima und Nagasaki entstandene *(→ 6. August 1945)*. Professor Meinrad Schär, Direktor des Instituts für Sozial- und Präventiv-Medizin der Universität Zürich, erklärt am 19. Mai 1986: „Wenn im Blick auf eine Gefährdung durch Jod-131 empfohlen wird, Kleinkindern keine Frischmilch zu geben, so müßte man konsequenterweise eine Mutter, die einen Säugling ihrem Zigarettenrauch aussetzt, mit Zuchthaus bestrafen."

Was tatsächlich in Tschernobyl geschehen ist,

wird erst mit vier Monaten Verspätung bekannt. Erst vom 25. bis 29. August 1986 findet bei der Internationalen Atomenergie-Agentur in Wien unter Vorsitz des Schweizers Rudolf Rometsch eine Experten-Konferenz mit 540 Teilnehmern aus 50 Ländern statt. Die Sowjet-Delegation legt den amtlichen Bericht über die Katastrophe vor und beantwortet alle gestellten Fragen. Der Unfall-Ablauf steht durch die automatisch registrierten Meß-Daten und eine Computer-Simulation praktisch für jede Sekunde eindeutig fest:

Ohne Erlaubnis der zuständigen Behörden will die Betriebsmannschaft des Blocks IV des Kernkraftwerkes Tschernobyl experimentell feststellen, ob bei einem totalen Stromausfall, das heißt auch beim Ausfall der Notstrom-Aggregate, die Nachzerfallswärme und die Rotationsenergie eines Turbogenerators genügen, um die Sicherheitssysteme einschließlich der Kühlpumpen und der Speisewasser-Pumpen mit Eigenstrom zu versorgen. Dazu werden die primitivsten Sicherheits-Regeln mißachtet. Um 14 Uhr des 25. April 1986 werden das Not-Kühlsystem und die Sensoren, die den Wasser- und Dampfdruck registrieren, ausgeschaltet, weil diese während des geplanten Experiments die automatische

Abschalt-Vorrichtung in Gang setzen würden. Dieses Experiment erfordert die Senkung der Reaktor-Leistung von 1600 Megawatt thermisch auf 200 MWth. Aber sie sinkt auf 30, denn es hat eine „Vergiftung“ des Reaktor-Kerns durch Xenon-Gas gegeben, das derart viele Neutronen absorbiert, daß die Kettenreaktion auf ein Hundertstel des Normalen herabgesetzt wird. Und dem helfen die Bediener radikal ab, indem sie zwischen 1.03 Uhr und 1.07 Uhr des 26. April sämtliche Bremsstäbe entfernen. Sofort steigt die Reaktorleistung. Aber eine halbe Minute nach 1.22 Uhr hat die Exzeß-Reaktivität einen Wert erreicht, der das sofortige Abschalten des Reaktors nötig gemacht hätte. Doch das geschieht nicht, das Experiment wird fortgesetzt. Um 1.23 Uhr beginnt der Dampfdruck anzusteigen, die dadurch reduzierte Wasser-Durchsatzmenge steigert die Kernreaktion weiter, und als 40 Sekunden später versucht wird, alle Kontroll- und Abschaltstäbe einzufahren, ist es zu spät. Binnen vier Sekunden kommt es zur Überhitzung der Brennstäbe, die zu platzen beginnen. Der überhitzte Brennstoff erzeugt explosionsartige Druckstöße, durch die auch Druckröhren bersten. Dadurch wird der obere Teil des 64 m hohen Reaktors zerstört, die Brennstab-Lademaschine fällt auf den Reaktorkern und zerstört weitere Kühlkanäle. Es setzt eine chemische Reaktion von Dampf und Wasser mit dem heißen Zirkaloy der Brennstabhüllen und dem heißen Moderator-Graphit ein. Wasserstoff, Kohlenmonoxyd und weitere Wärme entstehen, es kommt zu einer Gas-Explosion und zum Brand der 2000 Tonnen Graphit. Augenzeugen berichten von einem „Feuerwerk glühender Partikel und Fragmente, das hoch in den Himmel aufsteigt“:

Binnen einer Minute ist der Reaktor zerstört,

aber nur etwa 3,5 Prozent des totalen Aktivitäts-Inventars an Radioaktivität werden freigesetzt, denn eine Kernschmelze hat es in Tschernobyl nicht gegeben, die Jod-Freisetzungsrate ergibt eine Brennstoff-Temperatur von 1300 bis 1500° C, während der Schmelzpunkt des Brennstoffs 2700° C beträgt. Die meisten Spaltprodukte kondensieren an den Innenwänden des Reaktors.

Die endgültige Zahl der Todesopfer beträgt 31, fast alles Angehörige der Feuerwehr und der Rettungsmannschaften. Die 196 wegen hoher Strahlungsdosen oder Verbrennungen in Spitälern Behandelten gelten bisher als geheilt. Keines der über 300 Kinder, die während des ersten Jahres nach der Katastrophe von Müttern geboren worden sind, die signifikanten Strahlenbelastungen ausgesetzt waren, hat irgendwelche feststellbaren Schäden erlitten. Von den 135 000 Bewohnern der nächsten Umgebung von Tschernobyl sind 24 300 (= 18%) gesundheitlich nicht unbedenklichen Strahlendosen ausgesetzt gewesen und werden nun lebenslang regelmäßig untersucht, wobei auch westliche Ärzte mitwirken. Gesundheitliche Folgen des durch den Wind nach Nord-, Süd- und Westeuropa gelangten Ausfalls sind praktisch ausgeschlossen, weil sich hier die Strahlungsdosen in der Schwankungsbreite der natürlichen Radioaktivität gehalten haben.

In der Sowjetunion sind ein Jahr nach der Katastrophe 116 000 der 135 000 aus den 179 Ortschaften der nächsten Umgebung des Reaktors Evakuierten neu angesiedelt, der Ort Tschernobyl und die ebenfalls unbewohnbar gewordene Stadt Pripjat etwa 50 Kilometer östlich durch die neue Stadt Slawutitsch (= „Energie-Stadt“) ersetzt. Die Gebiete in mehr als 30 km Entfernung vom Unglücksort werden wieder landwirtschaftlich genutzt und bewohnt, eine 10-Kilometer-Zone von etwa tausend Quadratkilometern mit 27 Ortschaften bleibt vorerst unbebau- und unbewohnbar. Am 2. Oktober 1986 sind die Entseuchungsarbeiten in der Sperrzone abgeschlossen worden, seit Dezember 1986 umschließt ein 68 m hoher „Sarg" aus 300 000 m^3 Baryt-Beton, den ferngesteuerte Maschinen gebaut haben, den zerstörten Kraftwerks-Block und verhindert jede weitere Strahlenbelastung.

In der Sowjetunion wird Tschernobyl als „nationale Katastrophe" betrachtet, die aber nichts am Ausmaß der Kernenergie-Ausbaupläne ändert. Nach wie vor soll im Jahr 2000 die Kernkraftwerks-Kapazität fünfmal so groß wie 1980 sein. Auch auf der vom 3. bis 5. November 1986 abgehaltenen COMECON-Ratssitzung ist keinerlei „Ausstieg" diskutiert, sondern der Ausbau der Kernkraftwerks-Kapazität in den „befreundeten" Ländern auf 50 000 Megawatt im Jahr 2000 und 30 bis 40 Prozent Atomstrom-Anteil beschlossen worden. Wohl aber führt Tschernobyl dazu, daß Moskau die teureren westlichen Sicherheits-Vorkehrungen einschließlich des Baus von „Voll-Containments" übernimmt:

Das sowjetische Reaktor-Baukosten-Budget wird je Megawatt um 40 Prozent erhöht.

In Zukunft werden nur mehr Druckwasser-Reaktoren des westlichen Typs gebaut, deren Sicherheitseinrichtungen die Bediener nicht abschalten können und deren Überlegenheit gegenüber dem sowjetischen RBMK-Typ

der Störfall von Harrisburg in Pennsylvanien

eindeutig erwiesen hat:

Um 4 Uhr morgens des 28. März 1979 kommt es hier durch menschliches und technisches Versagen zu einem gefährlichen Vorgang. Infolge einer Störung in der Kondensatreinigung fallen bei 98 Prozent Vollast-Betrieb des Reaktors alle drei Pumpen der Haupt-Speisewasserversorgung aus. Das führt automatisch zum Turbinen-Schnellschluß und 12 Sekunden später zur Reaktor-Schnellabschaltung. Aber durch Bedienungsfehler wird die Nachwärme nicht rasch genug abgeführt und zum Unterschied von Tschernobyl beginnt im Three-Mile-Island-Block-II bei Harrisburg der Reaktorkern zu schmelzen, gibt es einen „GAU" oder den „größten anzunehmenden Unfall", bei dem etwa 500 Tonnen einer hoch-radioaktiven Lava entstehen. Weit größere Mengen Spaltprodukte bilden sich als in Tschernobyl, werden aber vom Voll-Containment zurückgehalten, während dort nur die Druckleitungen hermetisch gegen die Außenwelt abgeschlossen gewesen sind. Zwar gelangen auch in Harrisburg Strahlungen in die Atmosphäre, denn ein Teil des Primär-Kühlwassers wird radioaktiv verseucht und 1300 m^3 in einen Lagertank außerhalb des Containments gepumpt. Radioaktive Edelgase werden noch in 65 km Entfernung von Harrisburg festgestellt. Aber alle Meßwerte liegen weit unter der höchstzulässigen Konzentration. Der Störfall fordert keinerlei Opfer, niemand ist je wirklich gefährdet gewesen.

Bereits Harrisburg wirkt sich in Europa katastrophal aus. Auf Grund der stagnierenden Welt-Mineralöl-Vorräte und der zunehmenden Umweltbelastung durch Öl- und Kohlefeuerungen hat 1977 die Welt-Energie-Konferenz in Istanbul eine Ausweitung der globalen Kernkraft-Kapazität auf mindestens 500 000 Megawatt binnen zehn Jahren gefordert. De facto aber sind es 1987 nur 274 000 MW. Nun ist jedoch vom „Aussteigen" aus der Kernenergie die Rede. Allerdings nicht überall. Zum Beispiel nicht in Frankreich, wo 1986 sechs neue Kernkraftwerke in Betrieb genommen werden und 1987 über 76 Prozent allen Stroms aus Kernkraftwerken stammen. Nicht in Japan und auch nicht in der Sowjetunion. Sie weiß, was eigene Energiequellen bedeuten. Und daß dort,

wo das Energie-Problem nicht gelöst wird, auch alle anderen Probleme unlösbar werden.

1986 — Oktober

Wenn es erst zu Beginn unseres Jahrhunderts zur internationalen Zusammenarbeit bei der Nahrungsmittel-Versorgung der Menschheit kommt *(→ 7. Juni 1905)*, so dauert es bis 1924, ehe

die erste Welt-Energie-Konferenz

(damals und bis 1968 „Welt-Kraft-Konferenz") abgehalten wird. Diese bringt der englische Industrielle D. N. Dunlop zustande, unterstützt von Oskar v. Miller, dem Pionier des Hochspannungs-Elektrizitäts-Transports und Gründer des Münchener Deutschen Museums, der bereits an der Bildung der „International Electrotechnical Commission" beteiligt gewesen ist, zu der sich 1906 die Nationalausschüsse von 19 Staaten zusammenschließen. Solche National-Komitees (heute 80) leisten auch die Arbeit der Welt-Energie-Konferenz, die ein permanenter Exekutiv-Ausschuß koordiniert. Aufgabe der Organisation ist die Sicherung und Verbesserung der Welt-Energieversorgung.

Das setzt

die Kenntnis der Energieträger-Vorräte,

der Energieträger-Produktion, des Energie-Bedarfes und des Energie-Verbrauches der ganzen Welt voraus, entsprechende Zahlen gibt es 1924 nicht. Zwar ist der Erste Internationale Statistische Kongreß bereits 1853 in Brüssel zusammengetreten, aber das Internationale Statistische Institut erst 1885 zustandegekommen, und dessen „Annuaire Internationale de Statistique" gibt es erst seit 1916. Das Statistische Amt des Genfer Völkerbundes arbeitet seit 1920. Aber der „Annuaire Statistique de la Société des Nations" beginnt 1927 zu erscheinen. Dessen Energie-Zahlen sind jedoch nicht nur mager, sondern international nicht vergleichbar, weil verschiedene Maßsysteme verwendet werden. Erst Professor

Ernst Wagemann, der 1925 bis 1933 Präsident des Statistischen Reichsamtes in Berlin ist und hier auch das von ihm 1925 gegründete Institut für Konjunkturforschung leitet, gibt 1937 dessen Sonderheft

„Energiequellen der Welt"

heraus, in dem erstmals alle Zahlen in metrische umgerechnet sind, ohne Elektronen-Rechner keine kleine Leistung. Natürlich gibt es relativ früh nationale Energie-Daten und bereits 1913 erscheint zum Beispiel in Toronto als Ergebnis des XII. Internationalen Geologen-Kongresses eine Schätzung der Welt-Kohlenvorräte, „The Coal-Resources of the World". Da bleibt Mulhalls 1899 in London erschienener „Dictionary of Statistics" eine Fundgrube für Energie-Daten, ebenso Wladimir Woytinskys „Welt in Zahlen", dessen sieben Bände 1925 bis 1928 bei Mosse in Berlin erscheinen. Aber in diesem gewaltigen Werk gibt es kein Stichwort „Energie", nur die Kapitel „Kohle", „Erdöl" und „Motorische Kraft".

Die erste Welt-Energie-Konferenz gibt 1929 in London ihre „Power Resources of the World" heraus. Alle seitherigen Konferenzen suchen sowohl möglichst aktuelle wie möglichst weit zurückreichende, verläßliche Zahlen zu sammeln, um Langfrist-Entwicklungen abschätzen zu können. Das bleibt schwierig. Fehlen zur Beantwortung wichtiger Fragen nach wie vor exakte und vergleichbare Daten, so gibt es andererseits heute zu viele Zahlen, leidet die Welt-Energie-Konferenz darunter, daß ihre jeweils 3000 bis 4000 Teilnehmer Experten auf den verschiedensten Gebieten sind, sehr verschiedene Fach-Interessen haben, und so umfaßt bereits der 1930 in Berlin veröffentlichte „Gesamt-Bericht der Zweiten Weltkraft-Konferenz" 18 Bände.

Auf Grund aller bisherigen Welt-Energie-Konferenzen und des Materials der jüngsten, im Oktober 1986 in Cannes abgehaltenen, XIII. Konferenz sind

die essentiellen Energie-Daten

folgende:

Die naturgegebenen, das heißt geologisch verfügbaren

Energieträger-Vorräte der Erde

betragen

	Billionen Tonnen SKE		Anteil in Prozent
Insgesamt	26,38		
davon Wasserkraft	0,03		0,1
Erdgas	0,3	Kohlen-	
Erdöl	0,7	wasserstoffe	6,6
Ölschiefer und Ölsand	0,75		
Braunkohle	0,7	Kohle	34,9
Steinkohle	8,5		
Thorium	5,4	Kern-	
Uranium	10,0	brennstoffe	58,4

Diese geologisch verfügbaren Vorkommen reichen beim heutigen Verbrauch für etwa drei Jahrtausende. Aber die nachgewiesenen, mit den heutigen technischen Mitteln gewinnbaren fossilen Energieträger-Vorräte machten mit 1095 Milliarden Tonnen nur rund ein Zehntel der geologischen aus. Da (1986) diese fossilen Energieträger 83 Prozent des Gesamt-Energieverbrauchs der Welt stellen, wird ihre Lebensdauer mit nur etwa 120 Jahren angenommen. Das ist reine Theorie, denn auf Erdgas und Erdöl entfallen jetzt rund sechs Zehntel des Welt-Gesamt-Energieverbrauches, während ihre sicheren Vorkommen nur sechs Hundertstel betragen. Mit ihrer Erschöpfung ist in etwa 30 Jahren zu rechnen. Auch die Welt-Energie-Konferenz 1986 warnt vor

Erdöl- und Erdgas-Mangel um 2010 bis 2020.

Die gleiche Konferenz stellt fest, daß 1973 bis 1983 die Gesamt-Wirtschaftsleistung (BSP) der Industrieländer um 30 Prozent zugenommen hat, der Energieverbrauch nur um 5 Prozent, daß also die durch die Ölpreis-Vervielfachung von 1973 ausgelösten Energie-Sparmaßnahmen wirksam gewesen sind. In Cannes wird deshalb 1986 eine Zunahme des Welt-Primär-Energiebedarfes von 1980 bis 2000 durchschnittlich 2,7 Prozent jährlich angenommen statt 3,5 Prozent im Durchschnitt der Jahre 1960 bis 1980 und für 2000 bis 2020 etwa 2,1 Prozent. Denn natürlich wirkt sich auf den Energiebedarf auch

der Strukturwandel der Wirtschaft,

die rapide Zunahme des Dienstleistungs-Sektors und das Schrumpfen der Schwerindustrie aus, wobei der Westen führt: Je 1000 Dollar Bruttosozialprodukt verbrauchen zum Beispiel 1979/1980:

	kg SKE	kg Stahl
Frankreich	502	42
Bundesrepublik Deutschland	565	52
Großbritannien	820	38
Polen	1515	135
Sowjetunion	1490	135
DDR	1356	88

Was allerdings kaum so bleiben wird. Denn in Prozent aller nicht-agrarisch Tätigen gibt es 1985/1986 Ingenieure und wissenschaftliches Personal mit Hochschulbildung:

Sowjetunion	11,6 %	(Japan 11,5 %)
DDR	6,3 %	
Bundesrepublik Deutschland	5,3 %	
Vereinigte Staaten	3,2 %	

Insgesamt besitzt in der Bundesrepublik (den im August 1988 vom Institut für Arbeitsmarkt- und Berufsforschung in Nürnberg veröffentlichten Zahlen zufolge) jeder zehnte Erwerbstätige einen Hoch- oder Fachschulabschluß.

Die Entwicklung der Primärenergie-Gewinnung der Welt

war etwa folgende und wird voraussichtlich sein:

	Millionen Tonnen SKE	kg pro Kopf
1800	etwa 15	17
1870	218	165
1900	777	483
1970	7263	1897
1987	9200	1920

Prognosen der bisherigen Welt-Energie-Konferenzen für das Jahr 2020

		Millionen t SKE	bei dann Milliarden Menschen	kg SKE pro Kopf
1977	Istanbul	63 200	12,0	5 260
1980	München	28 400	10,0	2 840
1983	New Delhi	26 300	9,0	2 920
1986	Cannes (für 2060)	45 400	9,0	5 000

Auf Grund dieser Prognosen ist

die einhellige Erkenntnis der Welt-Energie-Konferenz 1986: Die Kernenergie ist unverzichtbar.

Und die größte Gefahr ist, daß die Kernenergie-Nutzung verzögert wird, daß es dadurch zu akutem Energie-Mangel kommt und dann derart viele Kernkraftwerke so schnell gebaut werden müssen, daß ihr heutiger Sicherheits-Standard nicht aufrechtzuerhalten ist.

Der Anteil der verschiedenen Energieträger am Gesamt-Primärenergie-Verbrauch der Welt

war der Konferenz in Cannes zufolge und wird voraussichtlich sein:

	1980	2020	2060
Kohle	24,5 %	30,5 %	34,0 %
Erdöl	41,0 %	21,0 %	11,0 %
Erdgas	17,5 %	17,0 %	16,0 %
Uran	2,0 %	11,5 %	14,0 %
Wasserkraft	5,0 %	7,0 %	9,0 %
Sonne, Wind, Erdwärme, Gezeiten und Biomasse	—	5,5 %	12,0 %
Nicht-kommerzielle Energien (Holz, Agrarabfälle usw.)	10,0 %	7,5 %	4,0 %

Diese Statistik ist eine der wenigen, welche die „nicht-kommerziellen" Energien berücksichtigt, obwohl diese noch heute in den Entwicklungsländern eine sehr große Rolle spielen und noch im 19. Jahrhundert überall eine überragende Rolle:

Selbst in den Vereinigten Staaten wird das Holz erst 1885 als wichtigster Energieträger von der Kohle verdrängt.

Alle übrigen Energie-Statistiken sind also „ungenau". Ohne Holz usw. ist die Langfrist-Entwicklung der Verbrauchs-Anteile

	1900	1950	1975	1985
Kohle	96,3 %	57,8 %	31,3 %	31,7 %
Erdöl	3,6 %	25,2 %	46,7 %	42,9 %
Erdgas	—	9,5 %	19,2 %	21,5 %
Wasserkraft	0,1 %	7,5 %	2,3 %	2,7 %
Kernenergie	—	—	0,5 %	1,3 %

Die hier dokumentierte Wandlung

vom „Kohle-Zeitalter" zum „Öl-Zeitalter"

(→ *28. August 1859 und 26. Mai 1908)* ist das große Energie-Problem, denn Kohle gibt es reichlich, Öl nicht, aber vom Öl hängt heute die Schiffahrt und Luftfahrt hundertprozentig, der Bodenverkehr zu mehr als 90 Prozent ab.

Ein kaum geringeres Problem ist

die Unausgeglichenheit der Energie-Versorgung:

Im Weltdurchschnitt ist die Verfügbarkeit von Energie pro Kopf, wie gezeigt, 1900 bis 1987 von 483 auf 1920 kg Steinkohleeinheiten gestiegen. Aber in den Vereinigten Staaten beträgt sie mehr als 12 000 kg SKE gegen nach wie vor knapp 30 kg SKE in Äthiopien. Den fünf größten Energie-Verbrauchern stehen im Durchschnitt 6100 kg SKE zur Verfügung. Den Einwohnern der fünf Länder mit dem geringsten Verbrauch 240 kg SKE, ein Fünfundzwanzigstel.

Eine Tonne SKE entspricht 8140 Wärme-Kilowattstunden. Die verwertbare Muskelleistung eines Menschen *(→ 1882)* wird mit 100 kWh elektrisch jährlich angenommen. Das heißt, für jeden Amerikaner arbeiten heute 420 unsichtbare Helfer oder „Eiserne Sklaven“. Die Welt-Durchschnittszahl beträgt nur 68 solcher Helfer. Die ist jedoch irreführend, denn die Hälfte der Menschheit verfügt nicht über 6800 Kilowattstunden pro Kopf und Jahr, sondern muß mit weniger als 2000 auskommen. Allein an Nahrungs-Energie, buchstäblich zum nackten Leben, braucht sie 1000 kWh. Auch wenn sie nicht so heißen, nach wie vor sind diese mindestens zweieinhalb Milliarden Menschen noch selbst Sklaven. Dadurch ist

das Welt-Bevölkerungs-Problem ein Energie-Problem:

Erst bei etwa 5000 kg SKE gleich rund 40 000 kWh pro Kopf und Jahr ist die wirtschaftliche Sicherheit auch im Alter derart, daß nicht durch viele Kinder selbst Vorsorge getroffen werden muß. Wo die Gemeinschaft nicht für Hilfe bei Krankheit und im Alter sorgt, muß es eigene Kinder geben, die das tun, und bei hoher Kindersterblichkeit bieten nur viele Kinder Sicherheit. In keinem entwickelten Land gibt es heute zu viele Geburten, in Japan so wenig wie in der Sowjetunion oder den USA, in Westeuropa schrumpfen bekanntlich die Bevölkerungen. Und so muß auch aus demographischen Gründen das Auseinanderklaffen der Energie-Versorgungszahlen überwunden werden:

Die Nutzung der Naturkräfte ist ein „Menschenrecht“.
Dieses Recht auf Energie muß sich durchsetzen.

Und je rascher das geschieht, desto eher wird sich die Weltbevölkerung stabilisieren.

1986 — Dezember

Wie es den Hexenwahn gegeben hat, gibt es heute

das Scheinproblem der radioaktiven Abfälle,

einen neuen Mythos, der naturgesetzlich wie logisch unhaltbar ist, nichtsdestoweniger aber im Westen die Nutzung der Kernenergie immer schwieriger macht. Die gängigen Glaubenssätze lauten: Radioaktiver Abfall schafft völlig neuartige, überaus komplexe Probleme. Er muß von der Biosphäre völlig isoliert werden, und die geringste von einem Landlager entweichende Menge bedeutet eine tödliche Bedrohung für Mensch und Umwelt. Infolge der langen Halbwertzeit vieler radioaktiver Isotope kann es keine wirklich sichere Endlagerung geben, denn Plutonium zum Beispiel braucht zum völligen Zerfall eine viertel Million Jahre und kein vorstellbares menschliches Bauwerk besitzt einen derartigen Bestand.

Tatsächlich jedoch ist das Gefahrenpotential radioaktiver Abfälle nicht größer und meist deutlich geringer als dasjenige von Erzlagerstätten, ist die Furcht vor langen Zerfallzeiten absurd, denn Blei, Quecksilber und Kadmium zum Beispiel zerfallen ja überhaupt nicht, bleiben in alle Ewigkeit hochgradig toxisch. Das in den Batterien der Motorfahrzeuge enthaltene Blei würde durchaus genügen, die gesamte Menschheit auszurotten. Blei ist nicht nur ein Nervengift, sondern auch krebserregend. Zu Recht aber sieht niemand in Blei-Batterien eine Gefahr, denn

um zu wirken, muß jede Art Gift vom Körper assimiliert werden.

Selbst die alljährlich in Europa durch das Blei-Benzin entstehenden Immissionen, die im Prinzip ebenfalls genügen würden, die ganze Weltbevölkerung auszurotten, tun das bekanntlich nicht, denn dieses Blei bildet unlösliche Verbindungen und wird derart stark verdünnt, daß nur winzige Mengen in den Körper gelangen können. Weitaus gefährlicher sind Bleierz-Lagerstätten, Kupfer-Zink-Silbererze und ganz besonders Quecksilbererze. Alle Mineralien verwittern ja, und so gelangen zum Beispiel in den USA alljährlich etwa 30 000 Tonnen Blei und 10 000 Tonnen Arsen (das vor allem die Kupfererze enthalten) in die Gewässer und ins Meer.

Die Weltmeere enthalten ein ungeheures Inventar an Giftstoffen

und zwar in Form radioaktiver Isotope. Nimmt man an, daß alle während hunderttausend Reaktor-Betriebsjahren entstandenen Abfälle nach tausendjähriger Lagerung schlagartig ins Meer gelangen, so würden die Ozeane nur um ein hundertstel Prozent „giftiger" werden als sie es heute sind. Denn sie enthalten unter vielem anderen 80 Millionen Tonnen Radium, deren Toxizität 16 Milliarden Tonnen Plutonium entspricht, während bei der Gewinnung von hundert

Millionen Megawatt-Jahren Kernenergie nur etwa 250 Tonnen Plutonium entstehen.

Arsen gelangt übrigens nicht nur in den Boden, in die Flüsse und ins Meer. Das Kupfererz von Boliden in Nordschweden zum Beispiel enthält pro Tonne nur etwa 20 bis 45 kg Kupfer, aber 70 kg Arsen. Während des halben Jahrhunderts 1930 bis 1980 entstanden beim Rösten dieses Erzes etwa

elf Millionen Tonnen Arsen, das fünfzigmal giftiger als Plutonium ist.

Wenn sich dafür verschiedene chemische Verwendungsmöglichkeiten fanden, so mußten auch riesige Mengen „endgelagert" werden, gibt es das Gift-Magazin von Rönnskär, das 150 000 m^3 Arsen faßt, ein Gebäude von 165 m Länge, 44 m Breite und 22 m Höhe. Mit diesem Gift könnten ungleich mehr Menschen getötet werden, als es seit der Menschwerdung auf der Erde gab. Arsen zerfällt von selbst niemals, hat eine unendliche Halbwertzeit.

Daß lange Halbwertzeiten als besonders gefährlich gelten, ist aber auch deshalb grotesk, weil die spezifische Aktivität eines radioaktiven Isotops umgekehrt proportional zu dessen Aktivitäten ist:

Je länger die Halbwertzeit, desto schwächer die Strahlung.

Jod-129 zum Beispiel hat eine Halbwertzeit von 15 Millionen Jahren. Aber dieses Spaltprodukt ist ein „radiopassives Nuklid". Würde jedes Jod-Atom in der menschlichen Schilddrüse durch strahlendes Jod-129 ersetzt, so hätte dies eine Strahlendosis von nur 600 Millirem pro Jahr zur Folge, weniger als die natürliche Strahlung, die wir auszuhalten haben.

Vor allem aber: Wie die Natur radioaktive Kernfissions-Abfälle gefahrlos lagerte *(→ vor etwa 1,8 Milliarden Jahren),* so ist

die sichere Endlagerung hochaktiven Abfalls

durch den Menschen nicht nur technisch längst möglich, sondern seit Ende 1986 auch weitgehend unnötig geworden. Der in den Brennelementen entstehende Abfall besteht zu mehr als 99 Prozent aus bei der Spaltung von U-235 und PU-239 entstehenden Fissionsprodukten, zu weniger als einem Prozent aus Transuranen. Die leichten und mittelschweren Isotope der Fissionsprodukte strahlen nach etwa 100 Jahren nicht mehr stärker als gewöhnliches Uranerz. Die aus Uran durch Neutronenabsorption und darauffolgenden inversen Betazerfall entstehenden schweren Transurane jedoch, die in der Natur kaum vorkommen, haben meist Halbwertzeiten von mehreren Millionen Jahren und emittieren Alphastrahlen, die in den Atemwegen krebserregend wirken können. Nur wegen des geringfügigen Gehalts an Transuranen mußten bis 1986 die bei der Wiederaufbereitung des abgebrannten Kernbrennstoffs entstehenden Abfälle zu einem Glas verschmolzen und in tiefen, wasserdichten geologischen Formationen eingelagert werden. Obwohl pro Kraftwerksblock von 1000 Megawatt jährlich nur etwa zwei Kubikmeter verglasten Abfalls entstehen, mußten relativ großräumige Endlager gebaut werden, die niemand in seiner Nähe haben will.

Heute kann die Abfall-Fraktion, die sehr langfristig von der Biosphäre getrennt werden muß, auf ein Hundertstel bis auf ein Tausendstel des bisher gelagerten Volumens verringert werden und zwar durch das im Argonne National Laboratory in Argonne im US-Bundesstaat Illinois entwickelte „Truex" (Transuranium extraction-)Verfahren,

die hochselektive Abtrennung der Transurane.

Die Wiederaufarbeitung abgebrannten Brennstoffs erfolgt heute weltweit nach dem „Purex"-Verfahren. Dabei entsteht u. a. eine salpetersaure Lösung, die vor allem das Isotop Americium-241 enthält. Weitere Chlorid- und Nitratlösungen von Transuranen entstehen bei der elektrolytischen Abtrennung und Raffination von Plutonium. Diese können nun durch das organische Extraktionsmittel CMPO (Oktylphenyl N,N-diisobutylcarbamoyl-methylphosphinoxyd) isoliert und gebunden werden. Nur mehr die so entstehende, fast reine Transuranlösung muß verglast und langfristig endgelagert werden. Fast der gesamte übrige Aufarbeitungsabfall ist nur schwach und mittelaktiv und es genügt, ihn mit Zement zu immobilisieren und nach dem französischen Kumulus-Konzept an der Erdoberfläche zu lagern. Die Apparatur des „Purex"-Verfahrens bleibt unverändert, die für „Truex" benötigte wird nur hinzugefügt. Ob diese revolutionäre Verbesserung von den Kernenergie-Gegnern anerkannt wird, ist allerdings eine andere Frage: Mythen sind langlebig.

1987 — 10. März

Zu den meist ignorierten Energie-Fakten gehört die unbestreitbare Tatsache:

Es gibt keine Energie-Form, die nicht Gefahren mit sich bringen würde oder die nicht mißbraucht worden wäre.

Über Harrisburg oder Tschernobyl werden die mindestens zwei Millionen Toten und die zahllosen, durch Staublungen Invaliden vergessen, die seit Beginn unseres Jahrhunderts weltweit der Kohle-Abbau gefordert hat — und die aufgewogen werden durch die Unzähligen, denen Kohlechemie-Arzneimittel das Leben retteten. Die Sonne ist der große Lebensquell. Aber sie löst nicht nur verheerende Wirbelstürme aus, sondern durch ihre Ultraviolett-Strahlung auch Hautkrebs. Diese Strahlung kann ebenso töten wie die aus der Heilkunde nicht mehr wegzudenkenden Röntgenstrahlen — die die Sonne ebenfalls abstrahlt.

Daß die Gefährlichkeit der Sonne begrenzt bleibt, danken wir der Erd-Atmosphäre *(→ vor etwa 3 Milliarden Jahren).* Seit es in dieser freien Sauerstoff gibt, entsteht durch die Ultraviolett-Strahlung aus diesem zweiwertigen Element eine Abart mit drei Atomen, das Ozon, das auch durch elektrische Entladungen wie die Blitze gebildet wird. Nur das Ozon und nicht auch der zweiwertige Sauerstoff verwandelt die gefährliche Sonnenstrahlung in infrarote, in Wärme, und durch diese Wellenlängen-Änderung entsteht in der niedrigeren Stratosphäre, in etwa 15 bis 55 km Höhe über der Erdoberfläche, eine Art Filter,

die Ozon-Schutzschicht, die das pflanzliche und tierische Leben auf der Erde ermöglicht.

Diese Funktion übt das Ozon seit etwa drei Milliarden Jahren aus, obwohl sein Anteil an der Atmosphäre verschwindend gering ist, nur etwa ein Ozon-Molekül auf eine Million andere Luft-Moleküle kommt. Aber erst 1839 wird diese Sauerstoff-Abart von Christian Friedrich Schönbein entdeckt und erst Philipp Lenard weist 1899 nach, daß sie durch ultraviolettes Licht entsteht. Die keimtötende Wirkung des Ozons ist seit 1873 bekannt, wird seit 1902 zur Desinfizierung von Trinkwasser verwendet. Heute gibt es zum Beispiel am Sipplinger Berg, unweit Überlingen, in Baden eine Anlage, die mit Wechselstrom-Frequenzen von 500 bis 1000 Hertz Ozon zur Aufbereitung von 770 000 m^3 Bodensee-Wasser täglich erzeugt.

Zum wissenschaftlichen Streitobjekt und zum

Mittel der Massen-Angst-Anfachung

wird 1974 die Behauptung, die Ozon-Schutzschicht der Erde sei bedroht. Wie Sonnen-Eruptionen *(→ 9. August 1973)* Katastrophen-Szenarien auslösen, so wird nun für „spätestens 2050" vorausgesagt: 500 Millionen Menschen leiden an Hautkrebs, der nun jährlich 200 Millionen tötet. Da vervielfacht sich rapide die Zahl der Blinden. Da wird der Bläschen-Ausschlag Herpes epidemisch, ebenso entzündliche Lebererkrankungen wie die Hepatitis. Da verschwinden zahlreiche Schalentiere und Fischarten, gibt es mehr Mißernten als normale Erträge.

Zerstört wird die Ozon-Schicht angeblich durch

chlorierte Fluor-Kohlenwasserstoffe

wie CFC-11 und CFC-12, die nicht nur zum Füllen von Spraydosen verwendet werden, sondern heute für Kühlschränke und Klimaanlagen unentbehrlich sind, zur Herstellung von Kunststoff-Schaum dienen und Reinigungsmittel für elektronische Rechenanlagen und andere Präzisionsgeräte liefern. Den Kältemaschinen-Bau revolutioniert bereits 1940 das Difluorid-Chlormethan Freon, das die IG-Farben damals als „Frigen" in den Handel bringt. Heute beträgt die Westwelt-Produktion der ungiftigen und chemisch überaus stabilen chlorierten Fluor-Kohlenwasserstoffe etwa 750 000 Tonnen, die der Sowjetunion etwa 60 000 Tonnen jährlich. Irgendwelche schädlichen Wirkungen sind auf der Erde bisher nicht nachgewiesen und auch nicht behauptet worden.

Aber 1972 weisen zwei Chemiker der University of California, Rowland und Molina, darauf hin, daß energiereiche Ultraviolett-Strahlen das Chlor der CFC-Verbindungen freisetzen können und behaupten, das freie Chlor löse in der Stratosphäre — und nur dort — als Katalysator einen Prozeß aus, der eine

Rückverwandlung des Ozons in gewöhnlichen Sauerstoff

verursacht. Diese Behauptung wird 1974 von amerikanischen Umweltschutz-Organisationen aufgegriffen. Sie setzen durch, daß die U.S. Environmental Protection Agency 1978 „vorsorglich" die Verwendung von CFC-Verbindungen als Aerosol-Treibgas verbietet. Das tut auch Kanada, und die Europäische Gemeinschaft schreibt eine Verminderung der Aerosol-Herstellung um 35 Prozent vor.

Im gleichen Jahr, 1978, aber melden die Pan-American Airways 168 Fälle von „Ozone-Sickness": Atembeschwerden, Husten, Brustschmerzen ihrer Besatzungen und einzelner Passagiere.

Bis zu 0,2 ppm (0,2 Teile Ozon auf eine Million Teile Luft) werden gemessen, während als „normal" 0,1 ppm gelten. Als Gefahr für die Ozonschicht sind auch die Abgase hochfliegender Flugzeuge hingestellt worden. Jetzt wird angeblich durch Einfluß der Sonnenstrahlung auf verschmutzte Luft, vor allem Stickoxyde enthaltende Luft, der Ozongehalt angereichert und

eine „Ozon-Vergiftung der Menschheit"

prophezeit. Alles mögliche kann behauptet werden, weil es umfassende Daten über den Ozongehalt der Atmosphäre und deren Veränderungen ja erst seit der Raumfahrt-Ära gibt. Erst der NASA-Satellit „Nimbus-IV" durchforscht zwischen April 1970 und Januar 1971 etwa 99 Prozent der Erd-Atmosphäre, sammelt über eine Million Daten, und diese beweisen — wie zu erwarten — eindeutig, daß

ein enger Zusammenhang zwischen der Sonnen-Aktivität und der Ozon-Entstehung

besteht. Diese Messungen ergeben ferner: Verglichen mit den Ballon- und Raketen-Daten von 1963 hat der Ozon-Gehalt der Atmosphäre nicht ab-, sondern um 2,8 Prozent zugenommen.

Nun stellt der „Nimbus-VII"-Wetter-Satellit 1985 aber auch ein großes „Ozon-Loch" über dem Südpol fest, das sich im September und Oktober entwickelt. Während dieser zwei Monate sinkt über der Antarktis der Ozongehalt der Atmosphäre um bis zu 40 Prozent. Durch chlorierte Fluor-Kohlenwasserstoffe? Nicht eher durch Sonnen-Eruptionen, die irdische „Magnet-Stürme" auslösen und auch das Polarlicht beeinflussen? Seit 1980 bilden Experten aus dem Westen und den Ostblockländern das „Coordinating Committee on the Ozon Layer". Das organisiert Zusammenkünfte in Rom, Genf und Leesburg, Virginia und schließlich im März 1987 die von 27 Staaten beschickte

Erste Internationale Ozonschicht-Konferenz in Wien.

Der liegt u. a. ein 1500-Seiten-Bericht der NASA vor, der bei Weiterverwendung von CFC-Verbindungen eine Verminderung der Ozonschicht um 9 Prozent binnen 70 Jahren voraussagt. Aber eine andere amerikanische Behörde, die U.S. National Oceanic und Atmospheric Administration, hingegen erklärt in Wien, es gebe „keinen wissenschaftlich ernstzunehmenden Beweis für die Wirkung chlorierter Fluor-Kohlenwasserstoffe auf Ozon". Falls Ozon-Verminderungen festgestellt werden könnten, kämen mindestens ein Dutzend anderer Ursachen in Frage. Die japanischen und die EG-Experten sind ebenfalls skeptisch und es gibt Leute, die die amerikanischen Verbotsforderungen mit der Tatsache in Zusammenhang bringen, daß der amerikanische Chemie-Konzern Du Pont ein Patent-Monopol für CFC-Ersatzstoffe besitzt. Fest steht bisher jedenfalls nur: Wie beim Streit um die Wirkung der Langfrist-Zunahme von Kohlendioxyd in der Atmosphäre *(→ 1958 bis 1987)* fehlt es beim Ozon-Streit an konkretem Wissen. Es steht heute noch nicht einmal eindeutig fest, ob die „Solar-Konstante" *(→ 9. August 1973)* wirklich unveränderlich ist. Wir wissen noch viel zu wenig über die Kosmische Strahlung *(→ 7. August 1912),* und die Klima-Geschichte steckt in ihren Anfängen. Und so erreichen alle Katastrophen-Theorien nur eines: Eine allgemeine Verunsicherung der Massen und wachsendes Mißtrauen gegenüber der Forschung.

1987 — 21. März

Keine Verbrennung ist (mit Ausnahme der von Wasserstoff) ohne das Entstehen von Kohlendioxyd möglich, dessen Anreicherung in der Atmosphäre *(→ 1958 bis 1987)* ist eines der umstrittensten Umwelt-Probleme. Praktisch alle Kohle- und Öl-Sorten enthalten aber auch Schwefel, manche 3 bis 6 Prozent, und so gelangen heute auch Unmengen Schwefeldioxyd in die Luft. Allein in den EG-Ländern 1987 etwa 18 Millionen Tonnen. Plus 10 Millionen Tonnen (vor allem durch Autos entstehende) Stickoxyde.

Um die EG-Vereinbarung durchzusetzen, die bis 1993 die Herabsetzung auf 12 und 4 Millionen Tonnen vorschreibt, hat am 21. März 1987

das „Europäische Umwelt-Jahr"

begonnen, denn längst genügen lokale Luftreinhalte-Maßnahmen nicht mehr: Der Wind respektiert keine Landesgrenzen. Zwar sind bereits 1977 bis 1987 in den EG-Ländern mehr als hundert Umweltschutz-Vorschriften in Kraft getreten. Aber kein Mitglied hat sie bisher strikt eingehalten und eine radikale Verminderung des Schadstoff-Ausstoßes hat es bisher nur in Frankreich gegeben. Und hier nicht durch die größere Macht der Regierung, den französischen Zentralismus, sondern vor allem dadurch, daß heute mehr als sieben Zehntel allen Stroms in Frankreich aus Kernkraftwerken stammen.

Das „Europäische Umwelt-Jahr“ will den Wählermassen bewußt machen, worum es geht und die Propaganda auf unwiderlegbare Tatsachen gründen. Es soll Katastrophen-Szenarien ebenso entgegenwirken wie der Verharmlosung der Probleme. Beides aber ist schwierig, weil wir über

die Vorgänge in der Atmosphäre

noch viel zu wenig wissen, das Waldsterben zum Beispiel mit zu viel Ozon ebenso zu tun haben kann wie mit zu viel Säure im Regen. Das Interesse an diesem dreiwertigen Sauerstoff konzentriert sich heute auf dessen Schutz-Funktion *(→ 10. März 1987)*. Aber ist die Ozon-Wirkung in der Stratosphäre für den Menschen günstig, so auf dem Boden, bei der Smog-Bildung usw., ungünstig, Ozon ist hier ein „Giftgas“. Warum sich die Ozon-Konzentrationen in der Atmosphäre und am Boden verändern, wissen wir aber nicht, denn über hundert gleichzeitig ablaufende chemische Reaktionen sind eng mit komplizierten atmosphärischen Transport-Vorgängen gekoppelt.

Ähnlich kompliziert und heute noch keineswegs klar sind

die Vorgänge, die zu saurem Regen führen.

Unumstritten ist nur: Während der vergangenen drei Jahrzehnte ist die Verwitterung historischer Monumente intensiver gewesen als in den vergangenen drei Jahrhunderten, die Akropolis in Athen zum Beispiel, in einem relativ wenig industrialisierten Land, ist ebenso schwer bedroht wie Bauwerke in Industriezentren — oder wie Stahlbeton, dessen Lebensdauer saurer Regen halbieren kann. Der Boden wird heute in gewissen Gebieten anders ausgewaschen als zu Beginn der Bodenkunde, vor allem gelangen mehr und mehr Aluminiumverbindungen in die Seen und das Grundwasser. Und das hat den Fischbestand Tausender Seen vernichtet. Aber Ertragsverminderungen im Landbau durch sauren Regen sind bisher nicht nachgewiesen worden, ebensowenig ein unmittelbarer Zusammenhang mit Baumschäden.

Der Säuregehalt von Niederschlägen

wird durch den Gehalt an Wasserstoff-Ionen bestimmt und als „pH-Wert“ angegeben. Die Skala dieser Werte reicht von 0 = sauer bis 14 = alkalisch, bei pH 7 ist die Lösung neutral. Da die Skala logarithmisch ist, bedeutet jeder Unterschied um eine pH-Einheit die zehnfache Wasserstoff-Ionen-Konzentration. Zitronensaft mit 2,3 ist zum Beispiel zehnmal so sauer wie Essig mit 3,3. Der pH-Wert des menschlichen Magensaftes beträgt 2, der von Autobatterie-Säure 1. Regen und Schnee werden als „sauer“ nur bezeichnet, wenn ihr pH-Wert unter 5,6 liegt. Denn

auch ohne menschliches Zutun ist der Regen sauer

und ist das, seit es höhere Tiere gibt, denn diese „atmen“ bekanntlich Kohlendioxyd aus und dieses wiederum bildet in Wasser gelöst die Kohlensäure. Der pH-Wert 5,6 bedeutet, daß Regen oder Schnee den Naturgegebenheiten entsprechend sauer sind.

Auch diese allerdings liefern stark schwankende Werte und der Wasser-Kreislauf niemals „reines“ Wasser, obwohl er eine Art Destillation darstellt: Das meiste Wasser, das verdunstet, stammt aus den Ozeanen. In diesen setzen biologische Vorgänge große Mengen von Schwefelverbindungen frei, und durch den Gischt hoher Meereswellen und die Brandung werden mehr als ein Dutzend Meersalze mit Wassertröpfchen in die Atmosphäre getragen. Auf dem Festland wirbelt der Wind feste Bodenpartikel auf. Es gibt zahllose „Aerosole“, kleine schwebende, kolloidal verteilte feste und flüssige Teilchen, die mit den aus übersättigtem Wasserdampf entstandenen Wassertröpfchen in die Wolken gelangen und nach einer durchschnittlichen Aufenthaltszeit von zehn Tagen mit den Niederschlägen auf die Erde zurückkehren. Oft riesige Staub- und Gasmengen gelangen durch Vulkanausbrüche in die Luft, bei dem des Mount St. Helens im Bundesstaat Washington vom 18. Mai 1980 zum Beispiel 400 000 Tonnen Schwefeldioxyd. Die pH-Werte werden durch Waldbrände verändert und meßbar auch durch besonders starke witterungsbedingte Bakterientätigkeit.

Insgesamt gelangen alljährlich durch Naturvorgänge etwa 65 Millionen Tonnen Schwefel- und Stickstoffverbindungen in die Atmosphäre.

Allein in den Vereinigten Staaten, Kanada und Westeuropa durch den Menschen 1987 aber etwa 100 Millionen Tonnen, davon in den USA 28 Millionen Tonnen Schwefeldioxyd und 24 Millionen Tonnen Stickoxyde. Diese verändern sich in der Atmosphäre, wie die naturgegebenen sich verändern, denn die Atmosphäre enthält auch natürliches Ammoniak und staubförmige Karbonate des Kalziums und Magnesiums, vor allem auch Dolomit-Teilchen. Sie enthält Sauerstoff, Ozon und Wasser, und so spielen sich ständig

gewaltige chemische „Schlachten“ in der Atmosphäre

ab, suchen die Alkalien die Säuren zu neutralisieren, vor allem die Schwefel- und die Salpetersäure, die durch die Oxydation des Schwefeldioxyds und der Stickoxyde entstehen. Den jeweiligen Stand dieses „Kampfes“ geben die pH-Werte wieder. Den Stand beeinflußt natürlich auch die Menge der jeweils auf der Erde verbrannten Energieträger *(→ 1958 bis 1987)*. Diese Menge nimmt seit der „Industriellen Revolution“ *(→ 1769 bis 1794)* zu und das heißt:

Säure-Regen ist nichts Neues.

Bereits 1852 weist der englische Chemiker Robert Angus Smith auf den Zusammenhang zwischen der Luftverschmutzung in Manchester und saurem Regen hin und prägt den Begriff „acid rain“ in seinem 1872 erschienenen 600-Seiten-Buch über das Thema. Das interessiert damals niemanden. Auch der kanadische Ökologe Dr. Eville Graham, der Smith's hochinteressante Arbeiten 1958 wieder entdeckt, findet keinen Widerhall. Weltweit ernstgenommen wird der saure Regen erst seit 1967, als der schwedische Bodenforscher Svante Odén seine exakten Untersuchungen über die Veränderungen der Regen-pH-Werte vorlegt und die eventuellen Folgen für die Bodenfruchtbarkeit, die Wälder und den Fischbestand der skandinavischen Seen schildert.

Durch die Messungen Odéns steht fest, daß heute in Schweden die Grenze der 5,6-pH-Werte, der „normal"-sauren Regenfälle also, mehr als tausend Kilometer nördlicher als 1957 liegt und diese im gleichen Zeitraum in Südschweden von 5,5 auf 4 abgesunken sind.

In den Vereinigten Staaten gibt es 1930 bis 1975 nur sporadische Messungen, aber auch diese ergeben klar ein Absinken der pH-Werte von etwa 6 auf 4. In der Region zwischen New York und der Küste von Maine auf 3,8. In den Jahren 1980 bis 1987 sind Extremwerte von 2 nicht mehr selten. 1980 werden während eines Regensturms über Wheeling in West-Virginia (als bisher niedrigster Wert) 1,5 gemessen.

Durch die Analyse und Datierung von Eisschichten des 4450 m hoch im Monte-Rosa-Massiv der Schweiz liegenden Colle-Gnifetti-Gletschers stehen die pH-Werte für die Jahre 1916 bis 1976 fest: Deren Durchschnitt beträgt 6, die Extreme 5,1 und 6,9. Die 1965 bis 1970 in Zürich und im Klotener Ried durchgeführten Messungen jedoch ergeben (als bisher tiefste in der Schweiz registrierte) zwischen 2,7 und 3,1. 1978 bis 1981 schwanken in Dübendorf und Zürich die Werte zwischen 4,1 und 4,3. Hier hat sich der Gehalt an Wasserstoff- und Sulfat-Ionen innerhalb von 20 Jahren verdoppelt, ebenso der Schwefeldioxydgehalt der Atmosphäre. Die Nitrat-Konzentrationen haben sich 1963 bis 1983 verachtfacht. Die Emission von Stickoxyden (die hier zu 75 Prozent auf den Verkehr entfällt) beträgt nun in der Schweiz 108 000 Tonnen jährlich, das Dreifache von 1963.

Die Schweizer Langfrist-Meßvergleiche

ergeben auch klar den Zusammenhang zwischen dem Schwefeldioxydgehalt der Atmosphäre und saurem Regen: Je höher der SO_2-Gehalt im Winter, desto niedriger der pH-Wert der Niederschläge. Obwohl 1963 bis 1973 der Schwefelgehalt der in der Schweiz verwendeten Brennstoffe auf ein Drittel gesunken ist, gelangen 1983 noch 124 000 Tonnen Schwefeldioxyd durch die Heizungen und die Industrie in die Luft. 34 Prozent davon werden in der Schweiz selbst wieder deponiert, rund 80 000 Tonnen gehen über die Grenzen. Dafür aber werden jährlich etwa 216 000 Tonnen SO_2 importiert. Die Gesamtbelastung beträgt also 340 000 Tonnen, die trockener Deposition in Form von Sulfaten in der Schweiz jetzt etwa 1,2 Gramm je Quadratmeter. Sie ist etwa gleich groß wie die durch Regen und Schnee abgelagerten Mengen, und diese zusammen 2,4 Gramm sind auch der westeuropäische Durchschnitt.

Wie sich das auswirkt, hängt von zahlreichen Faktoren ab. Die nährstoffreichen Gewässer im Schweizer Mittelland zum Beispiel haben nach wie vor pH-Werte von 7,5 bis 8,2, denn ihre Einzugsgebiete sind hoch alkalihaltig, dementsprechend hoch die Neutralisierungs-Kapazität. In kristallinen Gebieten, in denen die silikathaltigen Gesteine langsamer verwittern, hingegen haben die meisten Seen pH-Werte unter 6,5; ihr Kalziumgehalt genügt nicht mehr, um den Säureeintrag aus der Atmosphäre zu neutralisieren.

Am schwerwiegendsten sind aus geo-chemischen Gründen

die pH-Abnahme-Folgen in Skandinavien und den USA.

Von den rund 100 000 Seen Schwedens haben 1987 etwa 6000 keinen Fischbestand mehr und 14 000 sind nur mehr schwach belebt. Denn wichtig ist, wie gesagt, wo der Säureregen fällt: In den USA liegen zum Beispiel auf einem Gebiet von nur 30 Quadratkilometern Ausdehnung drei Seen in der gleichen Höhe und mit den gleichen Niederschlags-pH-Werten von über 4. Aber in einem beträgt der Wasser-pH-Wert 7, gibt es überreichlich Forellen. Das Wasser des zweiten ist etwas saurer, hat den Wert 6 und im dritten nur 4,8, was für Fische zu wenig ist. Der „süße" See liegt inmitten mächtiger Eiszeit-Moränen auf Kalkstein, der zweite auf Sandstein mit einer dünnen Moränenlage, der dritte auf Granit. Wie im Nordosten der USA und Teilen Kanadas wiegt auch in Schweden Granit vor, es gibt praktisch keine natürliche Neutralisierung der sauren Niederschläge, vor allem keine Kalzium-Ionen, welche die Schwefelsäure in unlöslichen Gips verwandeln. Ähnlich ist es in großen Teilen Norwegens, wo im Hovatn-See bereits 1945 der letzte Fisch gefangen worden ist, erst seit Odéns Arbeit von 1967 aber die richtige Ursache erkannt ist. Wie der Untergrund, spielt die Mächtigkeit der Schneefälle eine Rolle: Schmilzt im Frühjahr rasch viel Schnee, so kann in Berg-Seen der pH-Wert binnen Tagen um das Zehnfache absinken, vor allem diese rapide Säure-Zunahme tötet die Fische. Meist dadurch, daß sich durch die Säure freigesetzte Aluminiumverbindungen in den Kiemen ansammeln. Der Körper wehrt sich durch Schleimabsonderungen, an denen die Fische schließlich ersticken.

Ist die Wirkung sauren Regens auf den Fischbestand zahlreicher Seen unbestritten, so ist

der Zusammenhang zwischen saurem Regen und dem Waldsterben

nicht klar. Seine Wirkung auf das Pflanzenleben ist überhaupt umstritten, weil Labor-Experimente keine klare Antwort bringen. Stickstoff ist bekanntlich der wichtigste Pflanzen-Nährstoff, und Salpetersäure kann als Dünger wirken. Schwefel ist für Pflanzen keineswegs giftig, sondern ein altes Schädlingsbekämpfungsmittel. Das Besprühen mit saurem Wasser hat meist keinerlei Wirkung, bei manchen Pflanzen wirkt es schädlich, bei anderen bringt es Ertrags-Steigerungen.

Noch schwieriger ist die Wirkungs-Feststellung auf Bäume, denn deren Beobachtung muß ja über Jahrzehnte erfolgen. Das ist bisher nur an einer Stelle geschehen. Seit 1963 beobachten Dr. Gene Likens von der Cornell University und Dr. F. Herbert Bormann von der Universtität Yale im Hubbard Brook Experimental Forest in New Hampshire, USA, die Schadstoffwirkungen auf Bäume. Hier haben bereits die ersten Regen-Analysen sehr niedrige pH-Werte ergeben, 1963 bis 1983 sehr starke Schwankungen, aber keine kontinuierliche Zu- oder Abnahme. Und hier sind keinerlei abnormale Baumschäden durch sauren Regen festgestellt worden, obwohl saurer Nebel Nadeln und Blätter und deren Spaltöffnungen beeinflußt. Unter Tannen werden hier Säure- und Schwefelablagerungen festgestellt, die drei- bis viermal höher sind als auf freiem Feld. Aber der Regen ist über den Baumkronen der Tannen weniger sauer als im Boden, er nimmt auf dem Weg durch deren Nadelbüschel verschiedene organische und mineralische Säuren auf. Nimmt der Regen jedoch seinen Weg durch Hartholz-Laub, so verliert er Säure. Wie saurer Regen auf die verschiedenen Bodenarten wirkt, ist ebenfalls höchst unterschiedlich. Dr. Folke Andersson von der Schwedischen Landbau-Hochschule zufolge wachsen zum Beispiel schottische Fichten auf armen Böden durch sauren Regen besser als durch Besprühen mit 5,6 pH-Wasser. Aber verallgemeinert dürfen solche Sonderfälle natürlich nicht werden.

Was relativ einfach festzustellen ist, ist

das Ausmaß der Eigen- und der Fremd-Emissionen,

die den Regen saurer machen, denn zumindest in den Industrieländern ist der Eigenverbrauch fossiler Energieträger und deren Schwefelgehalt bekannt, ebenso der Benzinverbrauch, aus dem sich der Stickoxyd-Anfall ergibt. Und so weiß zum Beispiel die Schweiz, daß von ihren für den sauren Regen verantwortlichen Schadstoffen 64 Prozent über ihre Grenzen ins Land gelangen, Schweden weiß, daß 77 Prozent seiner SO_2-Belastung aus dem Ausland stammen. Völlig klar ist heute auch:

Von einem lokalen zu einem globalen Problem ist die Luftverschmutzung nicht zuletzt durch die Bekämpfung der Rauchplage geworden.

Diese wird entscheidend durch die elektrische Entstaubung vermindert, die 1909 bis 1916 entwickelt wird und sich rasch weltweit durchsetzt. Heute entströmt zahlreichen Kraftwerks- und Hüttenwerks-Schornsteinen kein sichtbarer Rauch mehr. Aber mit Spezial-Ultraviolett-Filtern gemachte Fotos zeigen die Gas-Emissionen, vor allem die von Schwefeldioxyd, und die sind nun nicht länger an Ruß oder andere Festkörper gebunden. Sie gelangen nun in weit höhere Luftschichten als zur Zeit, da die Kamine schwarze Rauchwolken ausstießen. Manche Forscher sind überzeugt, daß nun auch die chemischen Reaktionen in der Atmosphäre anders ablaufen als zur Zeit, da Schwefel in Form von Aerosolen in die Luft ging. Vor allem aber gibt es nun nicht nur Entstaubungsanlagen, sondern auch Schornsteine, wie sie sich vor einer oder zwei Generationen niemand vorzustellen vermochte: Der Pariser Eiffelturm ist 320 m hoch. Der Schornstein der Nickel Co. in Copper Cliff, der seit 1971 in Betrieb ist (und 5,5 Millionen Dollar gekostet hat) mißt 380 m. Der höchste Kraftwerks-Schornstein Deutschlands (der der VEBA in Gelsenkirchen) ist 337 m hoch. Seit 1970 zwingt die EPA, die Environmental Protection Agency der USA, die Kraft- und Hüttenwerke zur Errichtung immer höherer Schornsteine: 1970 bis 1980 werden in den USA 179 von mehr als 150 m und 20 von mehr als 300 m Höhe gebaut. Weltweit wird dieser Trend übernommen, denn hohe Schornsteine vermindern unzweifelhaft die lokale Umweltbelastung. Aber nur dadurch, daß sie die Abgase in Luftschichten tragen, in denen die stärksten und regelmäßigsten Fern-Winde wehen. Heute steht fest:

Je höher die Schornsteine, desto größer die Reichweite der Schadstoffe.

Heute fällt saurer Regen auf Bermuda wie auf dem Gipfel des Mauna Loa-Vulkans Hawaiis. Da stammen atmosphärische Säure-Konzentrationen über Alaska aus Japan und die des äußersten Nordens Europas aus England und dem Ruhrgebiet. Über den Tropenwäldern Venezuelas werden pH-Werte gemessen, die denen von Tomatensaft und von Essig entsprechen und Tausende Kilometer entfernt verursacht worden sein müssen. Die dort aber nicht länger durch die lokale Luft verdünnt werden.

Daraus ergibt sich: Nur mehr regionale und schließlich globale Zusammenarbeit kann das Luftverschmutzungs-Problem lösen. Solange zum Beispiel im Bundesstaat Ohio dreißigmal so hohe Schwefeldioxyd-Emissionen erlaubt sind wie im Bundesstaat Connecticut, ist jede Anschaffung teurer Entschwefelungs-Anlagen in den Nachbarstaaten Ohios sinnlos. Ebenso ist in Europa ohne ökologischen Ost-West-Dialog das Schadstoff-Problem nicht zu lösen. Den aber gibt es, denn bereits 1979 haben in Genf 31 der 34 Mitglieder der UN-Wirtschaftskommission für Europa ein

Abkommen über die grenzüberschreitende Luftverschmutzung

geschlossen. Auch die Ostblock-Länder haben sich verpflichtet, 1980 bis 1993 die Schwefeldioxyd-Belastung der Atmosphäre um 30 Prozent zu verringern. Dabei helfen die Bundesrepublik Deutschland zum Beispiel der Tschechoslowakei, Dänemark und Schweden den Polen.

Die technischen Mittel zur Entschwefelung von Kohle und Erdöl gibt es längst. Ebenso die Bindung der Schadstoffe während der Verbrennung zum Beispiel durch die Wirbelschicht-Feuerung *(→ 1831)*. Die Rauchgase können zum Beispiel durch das in Wuppertal entwickelte Walther-Verfahren entschwefelt werden, durch das zugleich Ammoniumsulfat, ein hochwertiger Stickstoffdünger, gewonnen wird. Es kann seit 1985 mit einem Denitrosungs-System gekoppelt werden, das den jetzt geltenden Grenzwert von 200 Milligramm Stickoxyden je Kubikmeter Rauchgas unterschreitet. Solche Vorschriften sind wichtig. Aber durchschlagende Erfolge sind erzielt worden, als es noch keinen staatlichen Umweltschutz gab und zwar durch

das Wertvollmachen von Abfall.

Abfälle sind „Rohstoffe am falschen Ort". Die anorganische Groß-Chemie beginnt 1790 mit dem Soda-Herstellungsverfahren des Pariser Arztes Nicolas Leblanc, der den damals für die Seifenherstellung (und damit die Textilindustrie) wie für die Glaserzeugung usw. unentbehrlichen Grundstoff aus Kochsalz gewinnt. Damit schafft er aber auch ein heute kaum noch vorstellbares Umwelt-Problem, denn durch die Soda-Fabriken gelangen Unmengen Chlorwasserstoff in die Luft, und das ist gasförmige Salzsäure. Jedoch nur bis 1836. Da wird aus den hochgiftigen Abgasen Chlorkali als Bleichmittel für die Textilindustrie hergestellt. Salzsäure wird als Ausgangsstoff Hunderter Chemikalien immer wichtiger, und seit die Soda-Abgase Geld bringen, werden sie nicht mehr in die Luft abgelassen. Unberechenbare Reichtümer bringt auch der seit der Kohle-Entgasung *(→ 1792 bis 1814)* entstehende, verhaßte „Abfall" Teer, den der ehemalige Mannheimer Juwelier und spätere „Gas-Fabrikant" Friedrich Engelhorn in seiner am 6. April 1865 gegründeten „Badischen Anilin- und Sodafabrik" in Ludwigshafen zur Grundlage der Teerfarben- und Arzneimittelherstellung macht. Dadurch kann dieses Unternehmen genug Kapital bilden, um die Luftstickstoff- und die Benzin-Synthese technisch reif zu machen *(→ 7. August 1903 und 2. April 1927)*. Auch Benzin ist ja bis 1890 ein schwer die Umwelt belastendes Abfall-Produkt der Leuchtpetroleum-Gewinnung, erhält erst durch die Verbrennungsmotoren Wert.

Heute müßte die Superphosphat-Produktion gesteigert und durch andere Maßnahmen

eine Zunahme des Schwefel- und Schwefelsäure-Bedarfes

und damit deren Preissteigerung erzielt werden, denn dadurch könnte die Luft-Reinhaltung erneut Gewinn statt Kosten bedeuten.

Teilweise ist das auch bereits der Fall: Die Inco Ltd. in Sudbury, Ontario, stellt heute gewichtsmäßig dreieinhalbmal soviel Schwefelsäure als Nickel und Kupfer her und hat dadurch ihren SO_2-Ausstoß von täglich 7000 auf 2500 Tonnen reduziert, was allerdings noch immer 912 000 Tonnen jährlich bedeutet. Da hat sich massiver Zusatz gelben Schwefels zu Asphalt, Kies und Sand als wichtige Verbesserung von Straßenbelägen erwiesen, gibt es zahlreiche andere Möglichkeiten, auch das Schwefeldioxyd so wertvoll zu machen, daß niemand mehr es in die Luft entläßt. Aber auch dann gibt es noch keine Verbrennung ohne Entstehung von Kohlendioxyd. Und so ist

der kürzeste und sicherste Weg zur Vermeidung von Umweltschäden durch fossile Brennstoffe

deren Ergänzung und nach und nach Ersetzung durch Kernbrennstoffe und Wasserstoff.

1987 — 10. Juni

Nach einer Bau- und Erprobungszeit von fast 17 Jahren wird in Hamm-Uentrop (Westfalen)

der erste Groß-Kugelbett-Hochtemperatur-Reaktor

den Betreibern übergeben und damit Kernenergie-Strom und Kernenergie-Wärme auf neue Art und vorwiegend aus Thorium statt aus Uran gewonnen.

Dieser Reaktor-Typ stammt von dem 1923 in Oeding in Westfalen geborenen Kaufmannssohn Rudolf Schulten, der in Bonn Physik und Mathematik studiert hat. 1953 bis 1956 ist er Mitglied der Reaktor-Entwicklungsgruppe der Max-Planck-Gesellschaft, die den ersten deutschen Forschungs-Reaktor entwirft. Anschließend leitet Schulten die Abteilung Reaktorentwicklung der Firma Brown, Boveri & Cie, die 1958 bis 1962 den Kugelhaufen-Reaktor baureif macht. Schulten geht davon aus, daß die Kernenergie in Form von Wärme anfällt, auf Prozeßwärme die Hälfte des Gesamt-Primärenergiebedarfes der Industrie entfällt und hohe Temperaturen die wertvollsten sind. Er geht davon aus, daß der Wirkungsgrad von Dampfturbinen durch hohe Dampftemperaturen steigt, während der Abwärmeanteil sinkt. Und daß es weit mehr Thorium auf der Erde gibt als Uran, dieses viel leichter abzubauen ist und in geeigneten Reaktoren in spaltbares Uran umgewandelt werden kann *(→ 8. März 1948).*

Versuche mit Hochtemperatur-Reaktoren sind schon früh gemacht worden und eine Anlage in Los Alamos hat Kühlgas-Austrittstemperaturen von bis zu 1300° C erzielt. Aber die technischen Schwierigkeiten sind erst zu überwinden, als Schulten

ein völlig neuartiges Reaktor-System

entwickelt. Statt Wasser dient Graphit als Reflektor, als Kühlmittel statt Wasser das Edelgas Helium. Der Spaltstoff wird nicht in Form von U-235-Pellets in Metallröhren eingeschlossen, die schmelzen können, sondern in Graphitkugeln, die unschmelzbar sind und erst oberhalb 3000° C ihre Festigkeit verlieren. Diese Graphitkugeln haben 60 mm Durchmesser, die Größe eines Tennisballs. Der Brennstoff — etwa 10 Gramm Thoriumoxyd (Thorium-232, das in situ durch Neutronen-Absorption zu U-233 konvertiert wird) und ein Gramm hochangereichertes U-235 — hat die Form von 30 000 bis 40 000 Partikeln von nur zwei bis acht Zehntel Millimeter Durchmesser. Auf diese winzigen kugelförmigen Brennstoffteilchen werden in einem Wirbelbett durch Pyrolyse von Kohlenwasserstoffen drei gasdichte Graphitschichten niedergeschlagen, die den Austritt gasförmiger Spaltprodukte verhindern. Alle Volumenveränderungen werden durch eine innere poröse Pufferschicht, eine zähe Zwischenschicht und eine hochdichte Außenschicht aufgefangen. Jede Brennelementkugel wiegt so etwa 200 Gramm.

Ein Haufen dieser Kugeln befindet sich in einer Art großem Trichter und fällt durch die eigene Schwere in den aus Graphit bestehenden Reaktorkern. Jede Kugel wird im Laufe ihrer Lebensdauer von drei Jahren im Durchschnitt sechsmal aus dem Kern herausgezogen, auf mechanische Schäden geprüft und der Grad ihres Abbrands gemessen. Ein Computer entscheidet, ob die Kugel in den Reaktor zurückgeht oder ins Lager für abgebrannte Brennelemente gebracht wird. Kugelhaufen-Reaktoren werden so während des Betriebes mit neuem Brennstoff versorgt, brauchen nicht abgeschaltet zu werden, und der Brennstoff wird so weit abgebrannt, daß seine Wiederaufarbeitung entfällt. Die Abschaltung des Kugelhaufenreaktors erfolgt durch 36 Borkarbid-Absorberstäbe, die in Bohrungen des Graphitreflektors eingefahren werden. Dieser Reaktortyp ist selbststabilisierend, die Leistung wird durch den Kühlgas-Durchsatz geregelt, und diese Leistung ist umgekehrt proportional zur Temperatur: Bei jeder Temperatur-Exkursion wird selbsttätig und ohne jeglichen Eingriff von außen die Leistung gedrosselt. Das chemisch inerte, phasenstabile und keine Neutronen absorbierende Kühlmittel Helium übt keinerlei Einfluß auf die Reaktivität aus.

Heute ist das alles durch den jahrzehntelangen Betrieb des AVR-Prototyp-Leistungsreaktors von 15 MWe in Jülich erwiesen: Schulten hat nicht nur ein Unternehmen von Weltruf für seine Ideen gewonnen, sondern auch Wilhelm Engel, den Generaldirektor der Düsseldorfer Stadtwerke, den Kraftwerksbauer W. Cautius und den damaligen nordrhein-westfälischen Staatssekretär Dr. Leo Brandt. Am 20. November 1956 kommt die „Arbeitsgemeinschaft Versuchsreaktor AVR“

zustande, zu der sich neun Elektrizitätsversorgungsunternehmen zusammenschließen. Sie erteilt den Firmen Brown, Boveri und Friedrich Krupp 1957 den Auftrag zum Bau der Versuchsanlage, die 82 Millionen DM kostet und seit 1963 Strom ins Netz liefert.

Besteht der Reaktorkern des AVR-Prototyps aus einer losen Schüttung von rund 100 000 kugelförmigen Brennelementen, so der des THTR-300 in Hamm-Uentrop mit 300 MWe Leistung aus 673 000. Hier pressen sechs Gebläse Helium mit einem Druck von 40 bar von oben nach unten durch die Kugelschüttung, wobei es sich auf 750° C erhitzt. Das Gas wird in geschlossenem Kreislauf über die Wärmeaustauscher sechs seitlich angebrachter Dampferzeuger geleitet, wo es sich auf 260° C abkühlt. Reaktor und Dampferzeuger sind in einem an der Innenwand gekühlten, berstsicheren Spannbetonbehälter mit vier Meter dicken Wänden untergebracht, der den Innendruck aufnimmt und zugleich als biologischer Schild dient. Der Trockenkühlturm, dessen Seilnetzkonstruktion an einem 178 m hohen Stahlbeton-Pfeiler hängt, ist der größte der Welt.

Der ganze Reaktor ist eine technische Großleistung, zugleich aber ein Musterbeispiel für die psychologisch-politischen Widerstände, die heute alle Energie-Unternehmen zu überwinden haben: Der Bauauftrag ist im Oktober 1970 erteilt, die Kosten sind einschließlich des Bundes-Beitrags mit 720 Millionen DM veranschlagt worden. Sie betragen schließlich vier Milliarden DM und zwar, weil die Genehmigungsbehörden während des Baus ständig ihre Vorschriften ändern und diese sich teilweise widersprechen. Seit 1975 werden die vorgeschriebenen Sicherheitsmaßnahmen immer unwahrscheinlicheren Risiken angepaßt. Beim eventuellen Flugzeugabsturz auf das Werk werden immer größere und schwerere Maschinen angenommen. Bei Erdbeben in Deutschland noch niemals aufgetretene Stärken, und nicht diese, sondern die doppelten muß der Bau aushalten. Der Begriff Einzel- und Gruppen-Sabotage wird eingeführt, Bombenlegungen an den sensitivsten Punkten innerhalb der Anlage werden erwartet. Da muß mit Terroristen gerechnet werden, die Panzerabwehr-Raketen benutzen, und schließlich mit der Druckwelle, die bei der Explosion eines Güterzuges oder eines Frachtschiffes voller Benzin in unmittelbarer Nähe des Kernkraftwerkes entstehen könnte. Die Vorschriften für die Rohrleitungen werden viermal geändert und lassen deren Kosten von rund 50 Millionen auf über eine Milliarde DM steigen. Bau-Komponenten im Wert einer weiteren Milliarde müssen verschrottet werden. Aber der Kugelhaufen-Reaktor kommt zustande und gibt im November 1985 erstmals Strom ans Netz ab.

Fünf Monate später kommt es zur Katastrophe in Tschernobyl *(→ 26. April 1986)*, und durch die Strahlungswolke erhöht sich auch die Strahlung in der Gegend von Hamm. Ein Wahlkampf ist im Gang, und als eine völlig geringfügige Menge von radioaktivem Graphitstaub, der keinerlei Erhöhung des Strahlenpegels verursacht, in die Umgebung des Hochtemperaturreaktores gelangt, verfügt die Landesregierung dessen Stillegung. In der Landtagsdebatte vom 4. Juni 1986 muß Ministerpräsident Rau zugeben, daß dieser Reaktortyp „die sicherste aller Reaktorlinien“ ist. Aber erst im Juni 1987 können die Betreiber den Reaktor in Hamm übernehmen.

Nichtsdestoweniger lassen sie Pläne für einen HTR von 520 MWe ausarbeiten und die Kraftwerksunion verwendet das Schulten-Prinzip für „Module“, die je 100 MWe leisten und deren Reaktorkern nur drei Meter Durchmesser hat, in einem Stahl-Druckbehälter untergebracht werden kann und den Bau von Spannbetonbehältern erübrigt. Langfristiges Konstruktionsziel sind statt Zweikreis-Anlagen wie die des THTR-300, in denen die Reaktorwärme durch den Heliumkreislauf auf einen Dampfkreislauf übertragen wird, Kraftwerke, in denen das heiße Helium unmittelbar genutzt wird, das heißt eine Gasturbine treibt. Bei einer Kühlmitteltemperatur von 850° C wird dadurch ein Wirkungsgrad von 41 Prozent, bei 950° C von 45 Prozent erzielt. Da auch die Abwärme auf hohem Temperaturniveau anfällt, können ohne Verlust an elektrischer Leistung große Wärmemengen in Fernheiznetze eingespeist werden, steigt der Gesamtwirkungsgrad einer solchen Anlage bis auf 80 Prozent.

Neben der Stromerzeugung werden in Zukunft die Kohle-Totalvergasung*(→ 1980)* und die Kohle-Hydrierung *(→ 2. April 1927)* immer wichtiger werden, die nötige Prozeßwärme können rationell nur Hochtemperatur-Reaktoren liefern. Eines Tages werden diese auch den Umweg über die Elektrolyse sparen und Wasserstoff chemo-thermisch durch Wasserspaltung gewinnen.

1988 — Februar

Nachdem im Rahmen der Internationalen Atomenergie-Organisation in Wien Vertreter der Vereinigten Staaten, der Sowjetunion, der Europäischen Gemeinschaft und Japans im Oktober 1987 beschlossen haben, gemeinsam bis Ende 1990

das technische Konzept eines Fusions-Reaktors

zu entwickeln, wird im Februar 1988 im Max-Planck-Institut für Plasma-Physik in München-Garching die praktische Zusammenarbeit aufgenommen. Der „International Thermonuclear Experimental Reactor" (ITER) soll beweisen, daß Fusions-Energie technisch realisierbar ist, Einleitung und Ablauf des Fusions-Prozesses beherrschbar sind, und daß die für die friedliche Nutzung der Kernfusion benötigten Einrichtungen verfügbar gemacht werden können. Vor allem aber bedeutet der ITER

die Ausweitung der europäischen Forschungs-Koordination zu einer globalen

(→ 10. April 1968), beweist er die Überwindbarkeit ideologischer und weltpolitischer Gegensätze durch Wissenschaft und Technik.

1988 — 18. März

Das „Oil & Gas Journal“ veröffentlicht eine neue Bestandsaufnahme, die

nachgewiesene Mineralölvorkommen der Erde von 121 Milliarden Tonnen

annimmt, um 27 Prozent mehr als die Schätzung von 1985 und das rund Zwölffache der Vorräte des Jahres 1950. Was aber nicht auf neuen Funden beruht, sondern auf der Umbuchung bisher als „wahrscheinlich“ betrachteter Vorräte auf „sichere“, da nun entsprechende Bohrergebnisse vorliegen.

Weiterhin beruht die spektakuläre Zunahme der Ölreserven nicht auf weltweiten Veränderungen, sondern auf der Verdoppelung der des Irak und des Iran; der Verdreifachung der venezolanischen und der Vervierfachung des sicheren Ölgehalts der Lagerstätten in den Arabischen Emiraten.

Damit verfügen die OPEC-Mitglieder über 91 Milliarden Tonnen Mineralöl = drei Viertel aller Vorräte der Erde und um 40 Prozent mehr als bei der vorangegangenen Schätzung. Das Total aller anderen Länder ist nur um 2 Prozent auf weniger als 30 Milliarden Tonnen gestiegen, die Industrieländer besitzen zusammen nur 6 Prozent der nachgewiesenen Welt-Mineralöl-Reserven. Sie sind also von der OPEC abhängiger denn je.

1988 — 2. September

Nachdem Präsident Reagan und Generalsekretär Gorbatschow am 9. Dezember 1987 in Washington ein

Nuklear-Abrüstungsabkommen

zwischen den Vereinigten Staaten und der Sowjetunion unterzeichnet haben, beginnt am 2. September 1988 der Abbau der amerikanischen landgestützten Raketen mittlerer Reichweite in der Bundesrepublik Deutschland und der sowjetischen in der DDR. Insgesamt werden unter gegenseitiger Kontrolle binnen drei Jahren rund 2600 für Ziele zwischen 500 und 5500 Kilometer Entfernung bestimmte Nuklearraketen mit rund 4000 Sprengköpfen verschrottet, deren Anschaffungswert rund 20 Milliarden Dollar betragen hat. Zwar machen sie nur etwa 4 Prozent des Atomarsenals der beiden Supermächte aus, aber erstmals in der Militär-Weltgeschichte wird nicht nur freiwillig auf die Vermehrung von Waffen verzichtet, sondern deren Zahl vermindert.

Was mit den Sprengköpfen und ihrem Spaltstoffgehalt geschehen soll, läßt das Abrüstungsabkommen offen. Sie bestehen aus einem Kernspaltungsanteil von reinem Plutonium-239 oder höchstangereichertem Uran-235, der die nötige Energie für die Zündung des Kernfusionsteils aus Lithium-Deuterid liefert. Dieses ungiftige, kreideartige Material mit einem Mantel aus nichtangereichertem Uran ergibt die Haupt-Sprengwirkung, ist aber nur für diese und nicht zur friedlichen Kernenergienutzung brauchbar. Allein das Plutonium und Uran-235 können, schwach mit Natururan verdünnt, in Schnellen Brütern und, auf 4 Prozent Plutoniumgehalt verdünnt, in Leichtwasser-Reaktoren verwendet werden. Da jeder Raketen-Sprengkopf etwa 7 Kilogramm Spaltstoff enthält, erbringt die Verschrottung insgesamt etwa 30 Tonnen Kernbrennstoff, die Erstausstattung von etwa neun großen Brutreaktoren oder den Bedarf von zwei 1200-MW-Leichtwasser-Reaktoren für je etwa 20 Jahre.

Im Vergleich zum gewaltigen Zerstörungs-Potential der zu verschrottenden Mittelstrecken-Raketen ist die Energieausbeute also gering. Selbst wenn allen in Ost und West lagernden, etwa 45 000 Nuklear-Sprengkörpern ihr Spaltstoff entzogen würde, könnten mit diesem nur 30 Leichtwasser-Reaktoren zehn Jahre lang betrieben werden: Schwerter in Pflugscharen zu verwandeln, ist im Atomzeitalter nicht mehr möglich. Aber das Verschrotten ist immerhin ein erfreulicher

Umdenk-Beginn.

Literaturverzeichnis

Die vorliegende Arbeit beruht weitgehend auf ungedruckten Erstehand-Informationen und einem seit 1924 aufgebauten eigenen Archiv. Verwendet wurde das für die 53 Bücher des Verfassers gesammelte Material, vor allem das für die 12 über Energiefragen:

„La Guerre Secrète pour le Pétrole“ (Préface de Francis Delaisi) Payot, Paris 1933

„Der Kampf um die Weltmacht Öl“, Leipzig 1934

„Ölkrieg. Wandlung der Weltmacht Öl“, Leipzig 1939

„Befreite Energie. Der Menschheitskampf um die Nutzung der Naturkräfte“, Düsseldorf 1953

„Vom Tretrad zur Atomenergie. Wie Energie die Welt verändert“, Gütersloh 1958

„Pioniere der Elektrizität. Vom Bernstein zum Zyklotron“, Gütersloh 1958

„Kohle im Atomzeitalter. Die Zukunft der Weltenergieversorgung“, Gütersloh 1961

„Weltmacht Öl. Ein Jahrhundert Wirtschaftsgeschichte“, Essen 1965

„Die Ruhr im Wandel. Ruinenfeld oder Retter von Morgen?“, Essen 1966

„Europas bedrohte Hauptschlagader“ (Die Straße von Hormus, Iran und Saudi-Arabien), Bern 1976

„Der Kampf ums Überleben. Das Menschenrecht auf Energie“, Düsseldorf 1979

„Das Nach-Öl-Zeitalter. Wandel und Wachstum durch neue Energien“, Düsseldorf 1981

„Tschernobyl kein Zufall. Sowjetwirtschaft und die Fehler des Westens“, München 1987

Eine wichtige Hilfe bei der vorliegenden Arbeit waren Verbands- und Firmenpublikationen wie z. B. die der Informationszentrale der Elektrizitätswirtschaft e.V. IZE, RWE-informiert und RWE-Anwendungstechnik usw. Wertvolle Hinweise lieferte Reinhard Wollers „Aufbruch ins Heute. Entwicklungen, Erkenntnisse, Leistungen in Chemie, Biowissenschaften, Medizin, Physik, Technik und Wirtschaft in synoptischer Darstellung 1877—1977“ des Verbandes der Chemischen Industrie e.V. und des Econ Verlages. Aber die entscheidende Anregung zu „Die alles treibende Kraft“ (und einer Geschichte unserer realen Welt, deren erster Band das vorliegende Buch ist) erhielt der Verfasser durch eine Pionier-Publikation: Professor Ludwig Darmstaedters „Handbuch der Geschichte der Naturwissenschaften und der Technik in chronologischer Darstellung“, das 1908 im Verlag von Julius Springer in Berlin erschien. Das war die umgearbeitete und erweiterte

Fassung des 1904 erschienenen Werkes „Viertausend Jahre Pionierarbeit in den exakten Wissenschaften“; die Zahl der Artikel war von 3000 auf 13 000 gestiegen.

Heute müßten es Hunderttausende sein, und darum beschränkt sich das vorliegende Buch (wie im Vorwort begründet) auf das keimkräftig Gebliebene und Weiterwirkende. Damit wäre es aber auch sinnlos und technisch unmöglich, hier die gesamte benutzte Literatur aufzuführen. Der Autor ist zahllosen Verfassern von Büchern und Artikeln zu Dank verpflichtet, denn er hat im Durchschnitt 95 Bücher und etwa 1000 Zeitschriften- und Zeitungsartikel jährlich durchgearbeitet; über 65 Jahre Berufstätigkeit sind das rund 6200 und 65 000. Im folgenden werden also nur Bücher angeführt, die den Leser durch erwähnte Personen oder im Zusammenhang mit aktuellen Energiefragen interessieren könnten — und die weniger als ein Dreihundertstel des in den vergangenen 15 Jahren über die entsprechenden Themen Publizierten ausmachen.

Al-Chalabi, Fashil J.: OPEC and the International Oil Industry. Oxford 1980

Alnasrawi, Abbas: Main Aspects of the Growing Marginalization of Third World Countries Energy. Cairo 1979

Aurand, K.: Kernenergie und Umwelt. Berlin 1976

Basler, E.: Strategie des Fortschritts. Umweltbelastung, Lebensraumverknappung und Zukunftsforschung. Frauenfeld 1973

Beatty, J. Kelly; Bryan O'Leary u. Andrew Chaikin (Hrsg.): Die Sonne und ihre Planeten. Weinheim 1984

Beckmann, Petr: The health hazards of not going nuclear. Boulder, Colorado, 1976

Beckurts, K. H., T. J. Conally, U. Hansen, W. Jaek: World Nuclear Energy Paths. Jülich 1980

Biermann, W.: Plutonium und Polizeistaat. Berlin 1977

Bischoff, Gerhard u. Werner Gocht: Energiehandbuch. Braunschweig 1978

Bockris, John O'M. u. Eduard W. Justi: Wasserstoff. Energie für alle Zeiten. München 1980

Bohr, Niels: Open Letter to the United Nations June 9th 1950. Kopenhagen 1950

Bossel, H. u. F. Krause: Energieversorgung der Bundesrepublik ohne Kernenergie und Erdöl. Freiburg 1979

Braun, H.: Umweltschutz bei nuklearer und konventioneller Energiegewinnung. Stuttgart 1973

Breitschmid, P.: Von der Wegwerf- zur Recycling-Gesellschaft. Zürich 1973

Brookhaven National Laboratory: Energy Needs, Uses and Resources in Developing Countries. Brookhaven, Missouri 1978

Bund, Karlheinz: Die neue Rolle der Steinkohle. Essen 1979

Bundesministerium für Forschung und Technologie (Hrsg.): Kohleverflüssigung. Frankfurt/Main 1978

Cox, K. E. u. K. D. Williamson: „Hydrogen, Its Technology and Implications". Cleveland, Ohio, 1977

Crowley, Maureen: Energy Sources of Print and Non-Print Materials. New York 1980

Dean, Gordon: Report on the Atom. New York 1953

Decker, E. u. A. Dickopp: Primärenergieverbrauch konkurrierender industrieller Verfahren. Chancen für die Elektrowärme. RWE, Essen 1980

Deutsche Bank: Die OPEC. Frankfurt/Main 1979

Deutsche BP AG: Energie 2000. Hamburg 1977

Deutsche Shell AG: Trendwende im Energiemarkt. Szenarium für die Bundesrepublik bis zum Jahre 2000. Hamburg 1979

Electrochemical Society Inc.: Proceedings of the Symposium on Industrial Water Electrolysis. Princeton, New Jersey, 1978

Euler, K. J.: Nichtkonventionelle Energiequellen und Verfahren. München 1977

Fermi, Laura: Atoms in the Family. Chicago 1954

Ford Foundation: A Time to Choose — America's Energy Future. New York 1974

Ford Foundation: Nuclear Power Issues and Choices. Cambridge, Mass., 1977

Gamow, G.: Birth and Death of the Sun. New York 1946 (deutsch Basel 1947)

Gemper, Bodo B. (Hrsg.): Energieversorgung — Expertenmeinungen zu einer Schicksalsfrage. München 1981

Gerlach, Walter u. Dietrich Hahn: Otto Hahn. Stuttgart 1984

Gerwin, Robert: Prometheus wird nicht sterben. Energie für Heute und Morgen. Düsseldorf 1974

Gerwin, R.: So ist das mit der Kernenergie. Düsseldorf 1976

Gerwin, R.: So ist das mit der Entsorgung. Düsseldorf 1978

Groves, Leslie: Now it can be told. New York 1963

Grümm, Hans: Vergleichsmaßstäbe für das Risiko der Kernenergie. Wien 1978

Gumpel, Werner: Energie in der Sowjetunion. Köln 1970

Guttman D. u. B. Willner: The Shadow Government. New York 1976

Häckel, Erwin, K. Kaiser u. P. Lellouche: Nuclear Policy in Europe. Bonn 1980

Haefele, W.: Second Status Report on the IIASA Project on Energy Systems. Laxenburg 1976

Haefele, W. u. W. Sassin: Zukünftige Energieversorgung. Optionen und Strategien. Bergbau, Rohstoffe, Energie. Essen 1976

Haefele, W. u. W. Sassin: Contrasting Views of the Future and their Influence on our Technological Horizons for Energy. Oakridge, Tennessee, 1977

Hahn, Otto: New Atoms. Progress and Some Memories. Amsterdam 1951

Hauff, Volker (Hrsg.): Energieversorgung und Lebensqualität. Villingen 1978

Hauptberatungsstelle für Elektrizitätsanwendung: Energieversorgung. Daten und Fakten. Frankfurt/Main 1978

Hawickhorst, W.: Reaktorsicherheit. Erlangen 1978

Hildebrandt, R., H. D. Schilling u. W. Peters: Der Verbrauch an Primärenergieträgern in der Welt, in den USA und in der BR. Essen 1977

Illich, Ivan: Selbstbegrenzung. Eine politische Kritik der Technik. Hamburg 1975

Illich, I.: Fortschrittsmythen — Schöpferische Arbeitslosigkeit, Energie und Gerechtigkeit. Hamburg 1978

Informationszentrale der Elektrizitätswirtschaft: Wärme 2000. Frankfurt/Main 1980

Institut der deutschen Wirtschaft: Angst vor der Zukunft. Köln 1980

Institut für Reaktorsicherheit: Zehn Jahre IRS. Köln 1975

International Atomic Energy Agency: Nuclear Desalination of Sea Water. Wien, 1964

International Atomic Energy Agency: Nuclear Power and Public Opinion. Five Papers. Wien 1977

International Institute for Applied Systems Analysis: A Future Energy Scenario — Year 2030. Laxenburg 1978

Irving, D.: The Virus House (Deutsche Atomarbeiten während des Zweiten Weltkrieges). London 1967

Kaiser, Karl u. Beate Lindemann: Kernenergie und Internationale Politik. München 1975

Kaiser, K. u. Franz J. Klein (Hrsg.): Kernenergie ohne Atomwaffen. Energieversorgung und Friedenssicherung. Bonn 1982

Keller, E. (Hrsg.): Abfallwirtschaft und Recycling. Essen 1977

Kertz, W.: Geothermische Energie, ihre derzeitige und eventuelle zukünftige Nutzung. Göttingen 1976

Knizia, Klaus: Energie, Ordnung, Menschlichkeit. Düsseldorf 1981

Knizia, Kl.: Energie, Entropie, Humanität. Dortmund 1981

Knizia, Kl.: Das Gesetz des Geschehens. Gedanken zur Energiefrage. Düsseldorf 1986

König, Felix von: Windenergie in praktischer Nutzung. München 1980

Kollbrunner, Curt F.: Wasserstoff. Wichtigster Energieträger der Zukunft. Zollikon/Zürich 1976

Krebs, A.: Strahlenbiologie. Berlin 1968

Landsberg, Hans H.: (Study Group Chairman): Energy. The Next Twenty Years. Cambridge, Mass., 1979

Leach, G.: Energy and Food Production. Guildford 1976

Lilienthal, David (Vors. AEC): The Journals. The Atomic Energy Years 1949—50. New York 1964

Lockheed Ocean Systems: Energy from the Sea. Sunnyvale, Calif., 1976

Lovins, Amory B.: Scale, Centralization and Electrification in Energy Systems. Oak Ridge, Tenn., 1977

Lovins, A. B.: Sanfte Energie. Hamburg 1978 (Gegenargumente/Seifritz, W.)

McDougall, Angus: Brennstoffzellen. Technik und Zukunft der elektrochemischen Stromerzeugung. München 1980

Matthöfer, Hans (Hrsg.): Energiequellen für morgen! Nichtnukleare, Nichtfossile Primärenergiequellen. Frankfurt/Main 1976

Matthöfer, H. (Hrsg.): Interviews und Gespräche zur Kernenergie. Karlsruhe 1977

Matthöfer, H. (Hrsg.): Schnelle Brüter Pro und Contra. Villingen 1977

Meadows, D. (Hrsg.): Alternatives To Growth. Cambridge, Mass., 1977

Mesarovic, M. u. E. Pestel: Menschheit am Wendepunkt. Zweiter Bericht an den Club of Rome zur Weltlage. Stuttgart 1974

Meyer-Abich, K. M. (Hrsg.): Energieeinsparung als neue Energiequelle. München 1977

Michaelis, Hans: Kernenergie. München 1977

Michaelis, H. (Hrsg.): Existenzfrage Energie. Die Antwort: Kernenergie. Düsseldorf 1980

Mobil Oil AG Deutschland: Lebensfrage Energie. Zusammenhänge, Perspektiven, Konsequenzen. Hamburg 1979

Müller, H. G.: Elektrotraktion ohne Fahrdraht. Möglichkeiten und Grenzen des elektrischen Straßenverkehrs. RWE, Essen 1980

Müller, W., u. B. Stoy: Entkoppelung. Wirtschaftswachstum ohne mehr Energie. Stuttgart 1978

Museum der Stadt Köln: Sahara — 10 000 Jahre zwischen Weide und Wüste. Köln 1978

National Research Council, Committee on Nuclear and Alternative Energy Systems: Energy in Transition 1985—2000. San Francisco, Calif., 1980

Oakridge National Laboratory a. M.I.T. (E. A. Mason): Nuclear Agro-Industrial Complexes in arid Regions. Oak Ridge, Tenn., 1968

Odell, F.: The Future of Oil. London 1980

Oppenheimer, Robert: Letters and Recollections. Cambridge, Mass., 1980

Penczynski, Peter: Welche Energiestrategie können wir wählen? Erlangen 1978

Penczynski, P.: Ausgewählte Grundbegriffe für die Soft-Hand-Energie-Diskussion. Erlangen 1978

Puiseux, L.: Energie-Kraftquellen der Erde. Perspektiven zwischen Furcht und Hoffnung. München 1974

Rau, Hans: Heliotechnik. Sonnenenergie in praktischer Anwendung. München 1976

Rau, H.: Geothermische Energie. München 1978

Renn, Ortwin: Kernenergie in der Sicht der Bevölkerung. Analyse von Einstellungen und Motiven. Jülich 1977

Schelling, Thomas: Thinking Though the Energy Problem. New York 1979

Schieber, W.: Energiequelle Windkraft. Berlin 1942

Schmidt, E. F.: Unkonventionelle Energiewandler. Berlin 1975

Schurr, Sam H. u. B. C. Netschert: Energy in the American Economy 1850-1975. Baltimore 1960

Schurr, S. H. (Project Director): Energy in Americas Future: The Choices before us. Baltimore 1979

Seifritz, Walter: Sanfte Energietechnologie — Hoffnung oder Utopie? München 1980

Stobaugh, Robert u. Daniel Yergin: Energy Future: Report on the Energy Project at the Harvard Business School. New York 1979

Stoy, Bernd: Wunschenergie Sonne. Heidelberg 1978

Stoy, B.: Sonnenenergie, Geothermische Energie, Massenanziehung. Zur Frage der wirtschaftlichen und umweltfreundlichen Nutzung unerschlossener Energiequellen. Heidelberg 1976

Straßmann, Fritz: Kernspaltung. Berlin Dezember 1938. Privatdruck Mainz 1978

Strohm, H.: Schnelle Brüter und Wiederaufarbeitungsanlagen. Hamburg 1977

Suttor, K. H. u. E. Scharff: Energiespeicherung. Rückblicke und Ausblicke. Heidelberg 1974

Technische Vereinigung der Großkraftwerksbetreiber: 60 Jahre VGB. Essen 1980

Teller, Edward: Energie für ein neues Jahrtausend. Berlin 1981

Third International Symposium on Fresh Water from the Sea: Proceedings. Dubrovnik, 1970

Wagner, Fr.: Die Wissenschaft und die gefährdete Welt — eine Soziologie der Atomphysik. München 1964

Weizsäcker, C. F. von: Wege in der Gefahr. München 1977

Winnacker, Karl: Schicksalsfrage Kernenergie. Düsseldorf 1978

Workshop on Alternative Energy Strategies (WAES): Energy Global Prospects 1985—2000. New York 1977

World Energy Conference, Istanbul 1977: Report on World Energy Demand 1985 to 2020. New York 1978

World Energy Conference, Munich 1980: Report on World Energy Demand (2020). New York 1981

World Energy Conference, New Delhi 1983: Report on World Energy Demand. New York 1984

World Energy Conference, Cannes 1986: Report on World Energy Demand (bis 2060). New York 1987

Wünschmann, Andreas: Unbewußt dagegen. Zur Psychologie der Kernenergie-Kontroverse. Stuttgart 1980

Yergin, Daniel u. Martin Hillenbrand (Hrsg.): Global Insecurity. A Strategy for Energy and Economic Renewal. New York 1982

Zischka, Anton/Einleitung Literaturverzeichnis

Personenverzeichnis

Ausführlichste oder wichtigste Erwähnung unterstrichen.
Siehe auch Literaturverzeichnis

Sachverzeichnis

Zeitlicher Zusammenhang der wichtigsten Themen durch die Stichwort-Chronologien.
Wichtigste Erwähnungen unterstrichen.